JN121561

共通テスト対策
新！虎の巻
共通テスト過去問 + センター問題

〈方程式と不等式〉（Ⅰ・Ａ）

解答 189p，解説 213p

第1回目　　第2回目

H28　①［3］（Ⅰ・Ａ）　　　／10点　　／10点

a を1以上の定数とし，x についての連立不等式

$$\begin{cases} x^2 + (20 - a^2)\,x - 20a^2 \leqq 0 & \cdots\cdots\text{①} \\ x^2 + 4ax \geqq 0 & \cdots\cdots\text{②} \end{cases}$$

を考える。このとき，不等式①の解は $\boxed{\text{チツテ}} \leqq x \leqq a^2$ である。また，

不等式②の解は $x \leqq \boxed{\text{トナ}}\,a$，$\boxed{\text{ニ}} \leqq x$ である。

この連立不等式を満たす負の実数が存在するような a の値の範囲は

$$1 \leqq a \leqq \boxed{\text{ヌ}}$$

である。

R3　①［1］（Ⅰ・Ａ）　　　／10点　　／10点

c を正の整数とする。x の2次方程式

$$2x^2 + (4c - 3)x + 2c^2 - c - 11 = 0 \quad \cdots\cdots\text{①}$$

について考える。

(1) $c = 1$ のとき，①の左辺を因数分解すると

$\left(\boxed{\text{ア}}\,x + \boxed{\text{イ}}\right)\left(x - \boxed{\text{ウ}}\right)$ であるから，①の解は

$$x = -\frac{\boxed{\text{イ}}}{\boxed{\text{ア}}},\ \boxed{\text{ウ}}\ \text{である。}$$

(2) $c = 2$ のとき，①の解は

$$x = \frac{-\boxed{\text{エ}} \pm \sqrt{\boxed{\text{オカ}}}}{\boxed{\text{キ}}}\ \text{であり，大きい方の解を } \alpha \text{ とすると}$$

$$\frac{5}{\alpha} = \frac{\boxed{\text{ク}} + \sqrt{\boxed{\text{ケコ}}}}{\boxed{\text{サ}}}$$

である。また，$m < \dfrac{5}{\alpha} < m + 1$ を満たす整数 m は $\boxed{\text{シ}}$ である。

(3) 太郎さんと花子さんは，①の解について考察している。

> 太郎：①の解は c の値によって，ともに有理数である場合もあれば，ともに無理数である場合もあるね。
> 　　　 c がどのような値のときに，解は有理数になるのかな。
> 花子：2次方程式の解の公式の根号の中に着目すればいいんじゃないかな。

①の解が異なる二つの有理数であるような正の整数 c の個数は $\boxed{\text{ス}}$ 個である。

目標
6分

実数 a, b, c が

$$a + b + c = 1 \quad \cdots\cdots①$$

および

$$a^2 + b^2 + c^2 = 13 \quad \cdots\cdots②$$

を満たしているとする。

(1) $(a + b + c)^2$ を展開した式において，①と②を用いると

$$ab + bc + ca = \boxed{\text{アイ}}$$

であることがわかる。よって

$$(a - b)^2 + (b - c)^2 + (c - a)^2 = \boxed{\text{ウエ}}$$

である。

(2) $a - b = 2\sqrt{5}$ の場合に，$(a - b)(b - c)(c - a)$ の値を求めてみよう。

$b - c = x$, $c - a = y$ をおくと

$$x + y = \boxed{\text{オカ}}\sqrt{5}$$

である。また，(1)の計算から

$$x^2 + y^2 = \boxed{\text{キク}}$$

が成り立つ。

これらより

$$(a - b)(b - c)(c - a) = \boxed{\text{ケ}}\sqrt{5}$$

である。

第1回目　　　　第2回目

目標
13分　　　H25　①（Ⅰ・A）　　　　　　　　　　／20点　　　／20点

[1]　$A = \dfrac{1}{1 + \sqrt{3} + \sqrt{6}}$，$B = \dfrac{1}{1 - \sqrt{3} + \sqrt{6}}$ とする。

このとき

$$AB = \dfrac{1}{(1 + \sqrt{6})^2 - \boxed{ア}} = \dfrac{\sqrt{6} - \boxed{イ}}{\boxed{ウ}}$$

であり，また

$$\dfrac{1}{A} + \dfrac{1}{B} = \boxed{エ} + \boxed{オ} \sqrt{6}$$

である。以上により

$$A + B = \dfrac{\boxed{カ} - \sqrt{6}}{\boxed{キ}}$$

となる。

[2]　三角形に関する条件 p, q, r を次のように定める。

　　　p：三つの内角がすべて異なる

　　　q：直角三角形でない

　　　r：45° の内角は一つもない

　　条件 p の否定を $\bar{p}$ で表し，同様に $\bar{q}$, $\bar{r}$ はそれぞれ条件 q, r の否定を表すものとする。

(1)　命題「$r \Longrightarrow$（p または q）」の対偶は「$\boxed{ク} \Longrightarrow \bar{r}$」である。

　　　$\boxed{ク}$ に当てはまるものを，次の⓪～③のうちから一つ選べ。

　　⓪（p かつ q）　　　①（$\bar{p}$ かつ $\bar{q}$）　　　②（$\bar{p}$ または q）　　　③（$\bar{p}$ または $\bar{q}$）

(2)　次の⓪～④のうち，命題「（p または q）$\Longrightarrow r$」に対する反例となっている三角形は $\boxed{ケ}$ と $\boxed{コ}$ である。

　　　$\boxed{ケ}$ と $\boxed{コ}$ に当てはまるものを，⓪～④のうちから一つずつ選べ。ただし，$\boxed{ケ}$ と $\boxed{コ}$ の解答の順序は問わない。

　　⓪　直角二等辺三角形

　　①　内角が30°，45°，105° の三角形

　　②　正三角形

　　③　三辺の長さが3，4，5 の三角形

　　④　頂角が45° の二等辺三角形

(3)　r は（p または q）であるための $\boxed{サ}$。

　　　$\boxed{サ}$ に当てはまるものを，次の⓪～③のうちから一つ選べ。

　　⓪　必要十分条件である　　　　　　　　　①　必要条件であるが，十分条件ではない

　　②　十分条件であるが，必要条件ではない　　③　必要条件でも十分条件でもない

H26　１（Ⅰ・A）　　　　　　　　　　　　　　　　　／20点　　　／20点

[1]　$a = \dfrac{1+\sqrt{3}}{1+\sqrt{2}}$,　$b = \dfrac{1-\sqrt{3}}{1-\sqrt{2}}$ とおく。

　(1)　$ab = \boxed{\text{ア}}$

　　　$a + b = \boxed{\text{イ}}\left(\boxed{\text{ウエ}} + \sqrt{\boxed{\text{オ}}}\,\right)$

　　　$a^2 + b^2 = \boxed{\text{カ}}\left(\boxed{\text{キ}} - \sqrt{\boxed{\text{ク}}}\,\right)$ である。

　(2)　$ab = \boxed{\text{ア}}$ と $a^2 + b^2 + 4(a+b) = \boxed{\text{ケコ}}$ から，a は

　　　$a^4 + \boxed{\text{サ}}\,a^3 - \boxed{\text{シス}}\,a^2 + \boxed{\text{セ}}\,a + \boxed{\text{ソ}} = 0$　を満たすことがわかる。

[2]　集合 U を $U = \{\,n \mid n$ は $5 < \sqrt{n} < 6$ を満たす自然数$\}$ で定め，また，U の部分集合 P, Q, R, S を次のように定める。

　　　$P = \{\,n \mid n \in U$ かつ n は 4 の倍数$\}$　　　$Q = \{\,n \mid n \in U$ かつ n は 5 の倍数$\}$

　　　$R = \{\,n \mid n \in U$ かつ n は 6 の倍数$\}$　　　$S = \{\,n \mid n \in U$ かつ n は 7 の倍数$\}$

　　全体集合を U とする。集合 P の補集合を $\overline{P}$ で表し，同様に Q, R, S の補集合をそれぞれ $\overline{Q}$, $\overline{R}$, $\overline{S}$ で表す。

　(1)　U の要素の個数は $\boxed{\text{タチ}}$ 個である。

　(2)　次の⓪〜④で与えられた集合のうち，空集合であるものは $\boxed{\text{ツ}}$，$\boxed{\text{テ}}$ である。
　　　$\boxed{\text{ツ}}$，$\boxed{\text{テ}}$ に当てはまるものを，次の⓪〜④のうちから一つずつ選べ。ただし，$\boxed{\text{ツ}}$，$\boxed{\text{テ}}$ の解答の順序は問わない。

　　　⓪　$P \cap R$　　　　①　$P \cap S$　　　　②　$Q \cap R$　　　　③　$P \cap \overline{Q}$　　　　④　$R \cap \overline{Q}$

　(3)　集合 X が集合 Y の部分集合であるとき，$X \subset Y$ と表す。このとき，次の⓪〜④のうち，部分集合の関係について成り立つものは $\boxed{\text{ト}}$，$\boxed{\text{ナ}}$ である。
　　　$\boxed{\text{ト}}$，$\boxed{\text{ナ}}$ に当てはまるものを，次の⓪〜④のうちから一つずつ選べ。ただし，$\boxed{\text{ト}}$，$\boxed{\text{ナ}}$ の解答の順序は問わない。

　　　⓪　$P \cup R \subset \overline{Q}$　　①　$S \cap \overline{Q} \subset P$　　②　$\overline{Q} \cap \overline{S} \subset \overline{P}$　　③　$\overline{P} \cup \overline{Q} \subset S$　　④　$\overline{R} \cap \overline{S} \subset \overline{Q}$

H27　２[1]（Ⅰ・A）　　　　　　　　　　　　　　　　／10点　　　／10点

条件 p_1, p_2, q_1, q_2 の否定をそれぞれ $\overline{p_1}$, $\overline{p_2}$, $\overline{q_1}$, $\overline{q_2}$ と書く。

　(1)　次の $\boxed{\text{ア}}$ に当てはまるものを，下の⓪〜③のうちから一つ選べ。
　　　命題「$(p_1$ かつ $p_2) \Rightarrow (q_1$ かつ $q_2)$」の対偶は $\boxed{\text{ア}}$ である。

　　⓪　$(\overline{p_1}$ または $\overline{p_2}) \Rightarrow (\overline{q_1}$ または $\overline{q_2})$　　　　①　$(\overline{q_1}$ または $\overline{q_2}) \Rightarrow (\overline{p_1}$ または $\overline{p_2})$

　　②　$(\overline{q_1}$ かつ $\overline{q_2}) \Rightarrow (\overline{p_1}$ かつ $\overline{p_2})$　　　　③　$(\overline{p_1}$ かつ $\overline{p_2}) \Rightarrow (\overline{q_1}$ かつ $\overline{q_2})$

　(2)　自然数 n に対する条件 p_1, p_2, q_1, q_2 を次のように定める。

　　　　p_1：n は素数である　　　　　　p_2：$n+2$ は素数である

　　　　q_1：$n+1$ は 5 の倍数である　　　q_2：$n+1$ は 6 の倍数である

　　30 以下の自然数 n のなかで $\boxed{\text{イ}}$ と $\boxed{\text{ウエ}}$ は命題「$(p_1$ かつ $p_2) \Rightarrow (\overline{q_1}$ かつ $q_2)$」の反例となる。

H28 ① [2]（Ⅰ・A）　　　　　　　　　　　　　　／10点　　　／10点

次の問いに答えよ。必要ならば，$\sqrt{7}$ が無理数であることを用いてよい。

(1) A を有理数全体の集合，B を無理数全体の集合とする。空集合を ϕ と表す。

　　次の(i)～(iv)が真の命題になるように，$\boxed{\text{サ}}$ ～ $\boxed{\text{セ}}$ に当てはまるものを，下の⓪～⑤のうちから一つずつ選べ。ただし，同じものを繰り返し選んでもよい。

(i) $A \boxed{\text{サ}} \{0\}$　　　(ii) $\sqrt{28} \boxed{\text{シ}} B$　　　(iii) $A = \{0\} \boxed{\text{ス}} A$　　　(iv) $\phi = A \boxed{\text{セ}} B$

⓪ $\in$　　① $\ni$　　② $\subset$　　③ $\supset$　　④ $\cap$　　⑤ $\cup$

(2) 実数 x に対する条件 $p,\ q,\ r$ を次のように定める。

　　$p : x$ は無理数

　　$q : x + \sqrt{28}$ は有理数

　　$r : \sqrt{28}\,x$ は有理数

　　次の $\boxed{\text{ソ}}$，$\boxed{\text{タ}}$ に当てはまるものを，下の⓪～③のうちから一つずつ選べ。ただし，同じものを繰り返し選んでもよい。

　　p は q であるための $\boxed{\text{ソ}}$。

　　p は r であるための $\boxed{\text{タ}}$。

⓪　必要十分条件である　　　　　　　① 必要条件であるが，十分条件でない

②　十分条件であるが，必要条件でない　③ 必要条件でも十分条件でもない

[1]　x は正の実数で，$x^2 + \dfrac{4}{x^2} = 9$ を満たすとする。このとき

$$\left(x + \dfrac{2}{x}\right)^2 = \boxed{アイ}$$

であるから，$x + \dfrac{2}{x} = \sqrt{\boxed{アイ}}$ である。さらに

$$x^3 + \dfrac{8}{x^3} = \left(x + \dfrac{2}{x}\right)\left(x^2 + \dfrac{4}{x^2} - \boxed{ウ}\right)$$

$$= \boxed{エ}\sqrt{\boxed{オカ}}\ \text{である。また}$$

$$x^4 + \dfrac{16}{x^4} = \boxed{キク}\ \text{である。}$$

[2]　実数 x に関する 2 つの条件 p, q を

　　　$p : x = 1$

　　　$q : x^2 = 1$

とする。また，条件 p, q の否定をそれぞれ $\bar{p}$, $\bar{q}$ で表す。

(1)　次の $\boxed{ケ}$，$\boxed{コ}$，$\boxed{サ}$，$\boxed{シ}$ に当てはまるものを，下の ⓪～③ のうちから一つずつ選べ。ただし，同じものを繰り返し選んでもよい。

　　　q は p であるための $\boxed{ケ}$。

　　　$\bar{p}$ は q であるための $\boxed{コ}$。

　　　（p または $\bar{q}$）は q であるための $\boxed{サ}$。

　　　（$\bar{p}$ かつ q）は q であるための $\boxed{シ}$。

　　⓪　必要条件だが十分条件でない　　　①　十分条件だが必要条件でない

　　②　必要十分条件である　　　　　　　③　必要条件でも十分条件でもない

(2)　実数 x に関する条件 r を

　　　$r : x > 0$

とする。次の $\boxed{ス}$ に当てはまるものを，下の ⓪～⑦ のうちから一つ選べ。

　　　3 の命題

　　　A：「（p かつ q）$\Longrightarrow r$」

　　　B：「$q \Longrightarrow r$」

　　　C：「$\bar{q} \Longrightarrow \bar{p}$」

　　の真偽について正しいものは $\boxed{ス}$ である。

　　⓪　A は真，B は真，C は真　　　①　A は真，B は真，C は偽

　　②　A は真，B は偽，C は真　　　③　A は真，B は偽，C は偽

　　④　A は偽，B は真，C は真　　　⑤　A は偽，B は真，C は偽

　　⑥　A は偽，B は偽，C は真　　　⑦　A は偽，B は偽，C は偽

H30 $\boxed{1}$ [1] [2] (I・A)

[1] x を実数とし

$A = x(x+1)(x+2)(5-x)(6-x)(7-x)$ とおく。整数 n に対して

$(x+n)(n+5-x) = x(5-x) + n^2 + \boxed{ア}\,n$ であり，したがって，$X = x(5-x)$ とおくと

$A = X\left(X + \boxed{イ}\right)\left(X + \boxed{ウエ}\right)$ と表せる。

$x = \dfrac{5 + \sqrt{17}}{2}$ のとき，$X = \boxed{オ}$ であり，$A = 2^{\boxed{カ}}$ である。

[2]

(1) 全体集合 U を $U = \{x \mid x$ は20以下の自然数$\}$ とし，次の部分集合 A, B, C を考える。

$A = \{x \mid x \in U$ かつ x は20の約数$\}$

$B = \{x \mid x \in U$ かつ x は3の倍数$\}$

$C = \{x \mid x \in U$ かつ x は偶数$\}$

集合 A の補集合を $\overline{A}$ と表し，空集合を ϕ と表す。

次の $\boxed{キ}$ に当てはまるものを，下の⓪〜③のうちから一つ選べ。

集合の関係

(a) $A \subset C$

(b) $A \cap B = \phi$

の正誤の組合せとして正しいものは $\boxed{キ}$ である。

	⓪	①	②	③
(a)	正	正	誤	誤
(b)	正	誤	正	誤

次の $\boxed{ク}$ に当てはまるものを，下の⓪〜③のうちから一つ選べ。

集合の関係

(c) $(A \cup C) \cap B = \{6, 12, 18\}$

(d) $(\overline{A} \cap C) \cup B = \overline{A} \cap (B \cup C)$

の正誤の組合せとして正しいものは $\boxed{ク}$ である。

	⓪	①	②	③
(c)	正	正	誤	誤
(d)	正	誤	正	誤

(2) 実数 x に関する次の条件 p, q, r, s を考える。

$p : |x-2| > 2$, $\quad q : x < 0$, $\quad r : x > 4$, $\quad s : \sqrt{x^2} > 4$

次の $\boxed{ケ}$, $\boxed{コ}$ に当てはまるものを，下の⓪〜③のうちからそれぞれ一つ選べ。ただし，同じものを繰り返し選んでもよい。

q または r であることは，p であるための $\boxed{ケ}$。また，s は r であるための $\boxed{コ}$。

⓪ 必要条件であるが，十分条件ではない　　① 十分条件であるが，必要条件ではない

② 必要十分条件である　　　　　　　　　　③ 必要条件でも十分条件でもない

目標
6分　　H30　試行　① [1] （I・A）　　　　　／8点　　／8点

有理数全体の集合を A，無理数全体の集合を B とし，空集合を ϕ と表す。このとき，次の問いに答えよ。

(1) 「集合 A と集合 B の共通部分は空集合である」という命題を，記号を用いて表すと次のようになる。

$A \cap B = \phi$

「1 のみを要素にもつ集合は集合 A の部分集合である」という命題を，記号を用いて表せ。解答は，右 ⎣あ⎦ に記述せよ。

㋐	

(2) 命題「$x \in B$，$y \in B$ ならば，$x + y \in B$ である」が偽であることを示すための反例となる x，y の組を，次の ⓪〜⑤のうちから二つ選べ。必要ならば，$\sqrt{2}$，$\sqrt{3}$，$\sqrt{2} + \sqrt{3}$ が無理数であることを用いてもよい。ただし，解答の順序は問わない。⎣ ア ⎦，⎣ イ ⎦

⓪　$x = \sqrt{2}$，$y = 0$

①　$x = 3 - \sqrt{3}$，$y = \sqrt{3} - 1$

②　$x = \sqrt{3} + 1$，$y = \sqrt{2} - 1$

③　$x = \sqrt{4}$，$y = -\sqrt{4}$

④　$x = \sqrt{8}$，$y = 1 - 2\sqrt{2}$

⑤　$x = \sqrt{2} - 2$，$y = \sqrt{2} + 2$

[1] a を実数とする。

$9a^2 - 6a + 1 = \left(\boxed{ア}\, a - \boxed{イ}\right)^2$ である。次に

$A = \sqrt{9a^2 - 6a + 1} + |a + 2|$ とおくと

$A\sqrt{\left(\boxed{ア}\, a - \boxed{イ}\right)^2} + |a + 2|$ である。

次の三つの場合に分けて考える。

・$a > \dfrac{1}{3}$ のとき，$A = \boxed{ウ}\, a + \boxed{エ}$ である。

・$-2 \leqq a \leqq \dfrac{1}{3}$ のとき，$A = \boxed{オカ}\, a + \boxed{キ}$ である。

・$a < -2$ のとき，$A = -\boxed{ウ}\, a - \boxed{エ}$ である。

$A = 2a + 13$ となる a の値は

$\boxed{ク}$，$\dfrac{\boxed{ケコ}}{\boxed{サ}}$ である。

[2] 二つの自然数 $m,\ n$ に関する三つの条件 $p,\ q,\ r$ を次のように定める。

p：m と n はともに奇数である

q：$3mn$ は奇数である

r：$m + 5n$ は偶数である

また，条件 p の否定を $\bar{p}$ で表す。

(1) 次の $\boxed{シ}$，$\boxed{ス}$ に当てはまるものを，下の⓪～②のうちから一つずつ選べ。ただし，同じものを繰り返し選んでもよい。

　二つの自然数 $m,\ n$ が条件 $\bar{p}$ を満たすとする。このとき，m が奇数ならば n は $\boxed{シ}$。また，m が偶数ならば n は $\boxed{ス}$。

⓪　偶数である

①　奇数である

②　偶数でも奇数でもよい

(2) 次の $\boxed{セ}$，$\boxed{ソ}$，$\boxed{タ}$ に当てはまるものを，下の⓪～③のうちから一つずつ選べ。ただし，同じものを繰り返し選んでもよい。

p は q であるための $\boxed{セ}$。

p は r であるための $\boxed{ソ}$。

$\bar{p}$ は r であるための $\boxed{タ}$。

⓪　必要十分条件である

①　必要条件であるが，十分条件ではない

②　十分条件であるが，必要条件ではない

③　必要条件でも十分条件でもない

目標
13分

[1] a を定数とする。

(1) 直線 $\ell : y = (a^2 - 2a - 8)x + a$ の傾きが負となるのは，a の値の範囲が

$\boxed{アイ}$ $< a <$ $\boxed{ウ}$ のときである。

(2) $a^2 - 2a - 8 \neq 0$ とし，(1)の直線 ℓ と x 軸との交点の x 座標を b とする。

$a > 0$ の場合，$b > 0$ となるのは $\boxed{エ}$ $< a <$ $\boxed{オ}$ のときである。

$a \leqq 0$ の場合，$b > 0$ となるのは $a <$ $\boxed{カキ}$ のときである。

また，$a = \sqrt{3}$ のとき

$$b = \frac{\boxed{ク}\sqrt{\boxed{ケ}} - \boxed{コ}}{\boxed{サシ}}$$ である。

[2] 自然数 n に関する三つの条件 p, q, r を次のように定める。

　　$p : n$ は 4 の倍数である

　　$q : n$ は 6 の倍数である

　　$r : n$ は 24 の倍数である

条件 p, q, r の否定をそれぞれ $\bar{p}$, $\bar{q}$, $\bar{r}$ で表す。

条件 p を満たす自然数全体の集合を P とし，条件 q を満たす自然数全体の集合を Q とし，条件 r を満たす自然数全体の集合を R とする。自然数全体の集合を全体集合とし，集合 P, Q, R の補集合をそれぞれ $\bar{P}$, $\bar{Q}$, $\bar{R}$ で表す。

(1) 次の $\boxed{ス}$ に当てはまるものを，下の⓪〜⑤のうちから一つ選べ。

$32 \in \boxed{ス}$ である。

　⓪ $P \cap Q \cap R$　　① $P \cap Q \cap \bar{R}$　　② $P \cap \bar{Q}$

　③ $\bar{P} \cap Q$　　④ $\bar{P} \cap \bar{Q} \cap R$　　⑤ $\bar{P} \cap \bar{Q} \cap \bar{R}$

(2) 次の $\boxed{タ}$ に当てはまるものを，下の⓪〜④のうちから一つ選べ。

$P \cap Q$ に属する自然数のうち最小のものは $\boxed{セソ}$ である。また，$\boxed{セソ}$ $\boxed{タ}$ R である。

　⓪ $=$　　① $\subset$　　② $\supset$　　③ $\in$　　④ $\not\in$

(3) 次の $\boxed{チ}$ に当てはまるものを，下の⓪〜③のうちから一つ選べ。

自然数 $\boxed{セソ}$ は，命題 $\boxed{チ}$ の反例である。

　⓪「(p かつ q) $\Longrightarrow \bar{r}$」　　①「(p または q) $\Longrightarrow \bar{r}$」

　②「$r \Longrightarrow$ (p かつ q)」　　③「(p かつ q) $\Longrightarrow r$」

R3　追試　①［1］（Ⅰ・A）　　　／10点　　　／10点

a, b を定数とするとき，x についての不等式

　　$|ax - b - 7| < 3$　………①

を考える。

(1)　$a = -3$, $b = -2$ とする。①を満たす整数全体の集合を P とする。この集合 P を，要素を書き並べて表すと

　　$P = \left\{\boxed{\text{アイ}}, \boxed{\text{ウエ}}\right\}$

となる。ただし，$\boxed{\text{アイ}}$, $\boxed{\text{ウエ}}$ の解答の順序は問わない。

(2)　$a = \dfrac{1}{\sqrt{2}}$ とする。

　(i)　$b = 1$ のとき，①を満たす整数は全部で $\boxed{\text{オ}}$ 個である。

　(ii)　①を満たす整数が全部で $\left(\boxed{\text{オ}} + 1\right)$ 個であるような正の整数 b のうち，最小のものは $\boxed{\text{カ}}$ である。

R4　②［1］（Ⅰ・A）　　　／15点　　　／15点

p, q を実数とする。

　花子さんと太郎さんは，次の二つの2次方程式について考えている。

　　$x^2 + px + q = 0$　………①

　　$x^2 + qx + p = 0$　………②

①または②を満たす実数 x の個数を n とおく。

(1)　$p = 4$, $q = -4$ のとき，$n = \boxed{\text{ア}}$ である。

　　また，$p = 1$, $q = -2$ のとき，$n = \boxed{\text{イ}}$ である。

(2)　$p = -6$ のとき，$n = 3$ になる場合を考える。

花子：例えば，①と②をともに満たす実数 x があるときは $n = 3$ になりそうだね。

太郎：それを a としたら，$a^2 - 6a + q = 0$ と $a^2 + qa - 6 = 0$ が成り立つよ。

花子：なるほど。それならば，a^2 を消去すれば，a の値が求められそうだね。

太郎：確かに a の値が求まるけど，実際に $n = 3$ となっているかどうかの確認が必要だね。

花子：これ以外にも $n = 3$ となる場合がありそうだね。

　　$n = 3$ となる q の値は

　　$q = \boxed{\text{ウ}}$, $\boxed{\text{エ}}$ である。

　　ただし，$\boxed{\text{ウ}} < \boxed{\text{エ}}$ とする。

(3) 花子さんと太郎さんは，グラフ表示ソフトを用いて，①，②の左辺を y とおいた2次関数 $y = x^2 + px + q$ と $y = x^2 + qx + p$ のグラフの動きを考えている。

$p = -6$ に固定したまま，q の値だけを変化させる。

$y = x^2 - 6x + q$ ………③

$y = x^2 + qx - 6$ ………④

の二つのグラフについて，$q = 1$ のときのグラフを点線で，q の値を1から増加させたときのグラフを実線でそれぞれ表す。このとき，③のグラフの移動の様子を示すと オ となり，④のグラフの移動の様子を示すと カ となる。

 オ ， カ については，最も適当なものを，次の⓪〜⑦のうちから一つずつ選べ。ただし，同じものを繰り返し選んでもよい。なお，x 軸と y 軸は省略しているが，x 軸は右方向，y 軸は上方向がそれぞれ正の方向である。

⓪ 　　① 　　② 　　③

④ 　　⑤ 　　⑥ 　　⑦

(4) ウ $< q <$ エ とする。全体集合 U を実数全体の集合とし，U の部分集合 A，B を

$A = \{x | x^2 - 6x + q < 0\}$

$B = \{x | x^2 + qx - 6 < 0\}$

とする。U の部分集合 X に対し，X の補集合を $\overline{X}$ と表す。このとき，次のことが成り立つ。

・$x \in A$ は，$x \in B$ であるための キ 。

・$x \in B$ は，$x \in \overline{A}$ であるための ク 。

 キ ， ク の解答群（同じものを繰り返し選んでもよい。）

⓪ 必要条件であるが，十分条件ではない

① 十分条件であるが，必要条件ではない

② 必要十分条件である

③ 必要条件でも十分条件でもない

13

目標 15分

H25 ②（Ⅰ・A）　　　　　　　　　　　　　　　　　　　／25点　　　／25点

座標平面上にある点 P は，点 A（−8, 8）から出発して，直線 $y = -x$ 上を x 座標が 1 秒あたり 2 増加するように一定の速さで動く。また，同じ座標平面上にある点 Q は，点 P が A を出発すると同時に原点 O から出発して，直線 $y = 10x$ 上を x 座標が 1 秒あたり 1 増加するように一定の速さで動く。出発してから t 秒後の 2 点 P，Q を考える。点 P が O に到達するのは $t = \boxed{\text{ア}}$ のときである。以下，$0 < t < \boxed{\text{ア}}$ で考える。

(1) 点 P と x 座標が等しい x 軸上の点を P′，点 Q と x 座標が等しい x 軸上の点を Q′ とおく。△OPP′ と △OQQ′ の面積の和 S を t で表せば

$$S = \boxed{\text{イ}}\, t^2 - \boxed{\text{ウエ}}\, t + \boxed{\text{オカ}}$$

となる。これより $0 < t < \boxed{\text{ア}}$ においては，$t = \dfrac{\boxed{\text{キ}}}{\boxed{\text{ク}}}$ で S は最小値 $\dfrac{\boxed{\text{ケコサ}}}{\boxed{\text{シ}}}$ をとる。

次に，a を $0 < a < \boxed{\text{ア}} - 1$ を満たす定数とする。以下，$a \leqq t \leqq a + 1$ における S の最小・最大について考える。

(i) S が $t = \dfrac{\boxed{\text{キ}}}{\boxed{\text{ク}}}$ で最小となるような a の値の範囲は $\dfrac{\boxed{\text{ス}}}{\boxed{\text{セ}}} \leqq a \leqq \dfrac{\boxed{\text{ソ}}}{\boxed{\text{タ}}}$ である。

(ii) S が $t = a$ で最大となるような a の値の範囲は $0 < a \leqq \dfrac{\boxed{\text{チ}}}{\boxed{\text{ツテ}}}$ である。

(2) 3 点 O，P，Q を通る 2 次関数のグラフが関数 $y = 2x^2$ のグラフを平行移動したものになるのは，

$t = \dfrac{\boxed{\text{ト}}}{\boxed{\text{ナ}}}$ のときであり，x 軸方向に $\dfrac{\boxed{\text{ニヌ}}}{\boxed{\text{ネ}}}$，$y$ 軸方向に $\dfrac{\boxed{\text{ノハヒ}}}{\boxed{\text{フ}}}$ だけ平行移動すればよい。

H26　②（Ⅰ・A）　　　　　　　　　　　　　　／25点　　　／25点

a を定数とし，x の2次関数

$$y = x^2 + 2ax + 3a^2 - 6a - 36 \qquad \cdots\cdots ①$$

のグラフを G とする。G の頂点の座標は

$\left(\boxed{ア}\,a,\ \boxed{イ}\,a^2 - \boxed{ウ}\,a - \boxed{エオ}\right)$ である。G と y 軸との交点の y 座標を p とする。

⑴　$p = -27$ のとき，a の値は $a = \boxed{カ}$，$\boxed{キク}$ である。$a = \boxed{カ}$ のときの①のグラフを x 軸方向に $\boxed{ケ}$，y 軸方向に $\boxed{コ}$ だけ平行移動すると，$a = \boxed{キク}$ のときの①のグラフに一致する。

⑵　下の $\boxed{ス}$，$\boxed{セ}$，$\boxed{ノ}$，$\boxed{ハ}$ には，次の⓪〜③のうちから当てはまるものを一つずつ選べ。ただし，同じものを繰り返し選んでもよい。

　⓪　$>$　　　①　$<$　　　②　$\geqq$　　　③　$\leqq$

　G が x 軸と共有点を持つような a の値の範囲を表す不等式は

　$\boxed{サシ}\ \boxed{ス}\ a\ \boxed{セ}\ \boxed{ソ} \qquad \cdots\cdots ②$

である。a が②の範囲にあるとき，p は，$a = \boxed{タ}$ で最小値 $\boxed{チツテ}$ をとり，$a = \boxed{ト}$ で最大値 $\boxed{ナニ}$ をとる。

　G が x 軸と共有点を持ち，さらにそのすべての共有点の x 座標が -1 より大きくなるような a の値の範囲を表す不等式は

　$\boxed{ヌネ}\ \boxed{ノ}\ a\ \boxed{ハ}\ \dfrac{\boxed{ヒフ}}{\boxed{ヘ}}$ である。

H27　①（Ⅰ・A）　　　　　　　　　　　　　　／20点　　　／20点

　2次関数　$y = -x^2 + 2x + 2 \qquad \cdots\cdots ①$

のグラフの頂点の座標は $\left(\boxed{ア},\ \boxed{イ}\right)$ である。また　$y = f(x)$

は x の2次関数で，そのグラフは，①のグラフを x 軸方向に p，y 軸方向に q だけ平行移動したものであるとする。

⑴　下の $\boxed{ウ}$，$\boxed{オ}$ には，次の⓪〜④のうちから当てはまるものを一つずつ選べ。ただし，同じものを繰り返し選んでもよい。

　⓪　$>$　　　①　$<$　　　②　$\geqq$　　　③　$\leqq$　　　④　$\pm$

　$2 \leqq x \leqq 4$ における $f(x)$ の最大値が $f(2)$ になるような p の値の範囲は　$p\ \boxed{ウ}\ \boxed{エ}$

であり，最小値が $f(2)$ になるような p の値の範囲は　$p\ \boxed{オ}\ \boxed{カ}$ である。

⑵　2次不等式 $f(x) > 0$ の解が $-2 < x < 3$ になるのは

　$p = \dfrac{\boxed{キク}}{\boxed{ケ}}$，$q = \dfrac{\boxed{コサ}}{\boxed{シ}}$ のときである。

H28　$\boxed{1}$　[1]　(I・A)　　　　　　　／10点　　　／10点

a を実数とする。x の関数

$$f(x) = (1 + 2a)(1 - x) + (2 - a)x \quad を考える。$$
$$f(x) = \left(-\boxed{ア}\,a + \boxed{イ}\right)x + 2a + 1 \quad である。$$

(1)　$0 \leqq x \leqq 1$ における $f(x)$ の最小値は，

$$a \leqq \dfrac{\boxed{イ}}{\boxed{ア}} \quad のとき, \quad \boxed{ウ}\,a + \boxed{エ} \quad であり, \quad a > \dfrac{\boxed{イ}}{\boxed{ア}} \quad のとき, \quad \boxed{オ}\,a + \boxed{カ} \quad である。$$

(2)　$0 \leqq x \leqq 1$ において，常に $f(x) \geqq \dfrac{2(a+2)}{3}$ となる a の値の範囲は，$\dfrac{\boxed{キ}}{\boxed{ク}} \leqq a \leqq \dfrac{\boxed{ケ}}{\boxed{コ}}$ である。

H29　$\boxed{1}$　[3]　(I・A)　　　　　　　／10点　　　／10点

a を定数とし，$g(x) = x^2 - 2(3a^2 + 5a)x + 18a^4 + 30a^3 + 49a^2 + 16$ とおく。2次関数 $y = g(x)$ のグラフの頂点は

$$\left(\boxed{セ}\,a^2 + \boxed{ソ}\,a,\ \boxed{タ}\,a^4 + \boxed{チツ}\,a^2 + \boxed{テト}\right) \quad である。$$

a が実数全体を動くとき，頂点の x 座標の最小値は $-\dfrac{\boxed{ナニ}}{\boxed{ヌネ}}$ である。

次に，$t = a^2$ とおくと，頂点の y 座標は

$$\boxed{タ}\,t^2 + \boxed{チツ}\,t + \boxed{テト}$$

と表せる。したがって，a が実数全体を動くとき，頂点の y 座標の最小値は $\boxed{ノハ}$ である。

目標
10分

H30　$\boxed{1}$　[3]　(I・A)　　　　　　　／10点　　　／10点

a を正の実数とし

$$f(x) = ax^2 - 2(a + 3)x - 3a + 21$$

とする。2次関数 $y = f(x)$ のグラフの頂点の x 座標を p とおくと　$p = \boxed{サ} + \dfrac{\boxed{シ}}{a}$　である。

$0 \leqq x \leqq 4$ における関数 $y = f(x)$ の最小値が $f(4)$ となるような a の値の範囲は
$0 < a \leqq \boxed{ス}$　である。

また，$0 \leqq x \leqq 4$ における関数 $y = f(x)$ の最小値が $f(p)$ となるような a の値の範囲は
$\boxed{セ} \leqq a$　である。

したがって，$0 \leqq x \leqq 4$ における関数 $y = f(x)$ の最小値が 1 であるのは

$$a = \dfrac{\boxed{ソ}}{\boxed{タ}} \quad または \quad a = \dfrac{\boxed{チ} + \sqrt{\boxed{ツテ}}}{\boxed{ト}} \quad のときである。$$

H29　試行　1[1]（Ⅰ・A）　　　

数学の授業で，2次関数 $y = ax^2 + bx + c$ についてコンピュータのグラフ表示ソフトを用いて考察している。

このソフトでは，図1の画面上の　A ，B ，C にそれぞれ係数 a, b, c の値を入力すると，その値に応じたグラフが表示される。さらに A ，B ，C それぞれの下にある • を左に動かすと係数の値が減少し，右に動かすと係数の値が増加するようになっており，値の変化に応じて2次関数のグラフが座標平面上を動く仕組みになっている。

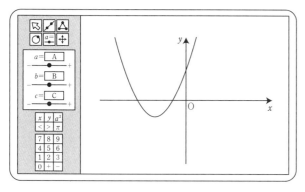

図1

また，座標平面は x 軸，y 軸によって四つの部分に分けられる。これらの各部分を「象限」といい，右の図のように，それぞれを「第1象限」「第2象限」「第3象限」「第4象限」という。ただし，座標軸上の点は，どの象限にも属さないものとする。

このとき，次の問いに答えよ。

(1) はじめに，図1の画面のように，頂点が第3象限にあるグラフが表示された。このときの a, b, c の値の組合せとして最も適当なものを，次の⓪～⑤のうちから一つ選べ。　ア

	a	b	c
⓪	2	1	3
①	2	-1	3
②	-2	3	-3
③	$\dfrac{1}{2}$	3	3
④	$\dfrac{1}{2}$	-3	3
⑤	$-\dfrac{1}{2}$	3	-3

(2) 次に a, b の値を(1)の値のまま変えずに，c の値だけを変化させた。このときの頂点の移動について正しく述べたものを，次の⓪～③のうちから一つ選べ。 **イ**

    ⓪ 最初の位置から移動しない。   ① x 軸方向に移動する。

    ② y 軸方向に移動する。   ③ 原点を中心として回転移動する。

(3) また，b, c の値を(1)の値のまま変えずに，a の値だけをグラフが下に凸の状態を維持するように変化させた。このとき，頂点は，$a = \dfrac{b^2}{4c}$ のときは **ウ** にあり，それ以外のときは **エ** を移動した。 **ウ** ， **エ** に当てはまるものを，次の⓪～⑧のうちから一つずつ選べ。ただし，同じものを選んでもよい。

    ⓪ 原点   ① x 軸上   ② y 軸上

    ③ 第3象限のみ   ④ 第1象限と第3象限

    ⑤ 第2象限と第3象限   ⑥ 第3象限と第4象限

    ⑦ 第2象限と第3象限と第4象限   ⑧ すべての象限

(4) 最初の a, b, c の値を変更して，下の図2のようなグラフを表示させた。このとき，a, c の値をこのまま変えずに，b の値だけを変化させても，頂点は第1象限および第2象限には移動しなかった。

    その理由を，頂点の y 座標についての不等式を用いて説明せよ。解答は，右の **（あ）** に記述せよ。

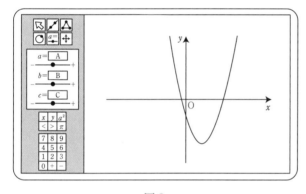

図2

（あ）

H29　試行　② [1]（Ⅰ・A）

　○○高校の生徒会では，文化祭でTシャツを販売し，その利益をボランティア団体に寄付する企画を考えている。

　生徒会執行部では，できるだけ利益が多くなる価格を決定するために，次のような手順で考えることにした。

┌─ 価格決定の手順 ─────────────────────────────
│ 　（ⅰ）　アンケート調査の実施
│ 　　　200人の生徒に，「Tシャツ1枚の価格がいくらまでであればTシャツを購入してもよいと思うか」
│ 　について尋ね，500円，1000円，1500円，2000円の四つの金額から一つを選んでもらう。
│ 　（ⅱ）　業者の選定
│ 　　　無地のTシャツ代とプリント代を合わせた「製作費用」が最も安い業者を選ぶ。
│ 　（ⅲ）　Tシャツ1枚の価格の決定
│ 　　　価格は「製作費用」と「見込まれる販売数」をもとに決めるが，販売時に釣り銭の処理で手間取ら
│ 　ないよう50の倍数の金額とする。
└──

　下の表1は，アンケート調査の結果である。生徒会執行部では，例えば，価格が1000円のときには1500円や2000円と回答した生徒も1枚購入すると考えて，それぞれの価格に対し，その価格以上の金額を回答した生徒の人数を「累積人数」として表示した。

表1

Tシャツ1枚 の価格（円）	人数 （人）	累積人数 （人）
2000	50	50
1500	43	93
1000	61	154
500	46	200

　このとき，次の問いに答えよ。

⑴　売上額は

　　　（売上額）＝（Tシャツ1枚の価格）×（販売数）

と表せるので，生徒会執行部では，アンケートに回答した200人の生徒について，調査結果をもとに，表1にない価格の場合についても販売数を予測することにした。そのために，Tシャツ1枚の価格をx円，このときの販売数をy枚とし，xとyの関係を調べることにした。

　表1のTシャツ1枚の価格と　ア　の値の組を(x, y)として座標平面上に表すと，その4点が直線に沿って分布しているように見えたので，この直線を，Tシャツ1枚の価格xと販売数yの関係を表すグラフとみなすことにした。

　このとき，yはxの　イ　であるので，売上額を$S(x)$とおくと，$S(x)$はxの　ウ　である。このように考えると，表1にない価格の場合についても売上額を予測することができる。

　ア，イ，ウに入るものとして最も適当なものを，次の⓪～⑥のうちから一つずつ選べ。ただし，同じものを繰り返し選んでもよい。

　⓪　人数　　　　　①　累積人数　　　②　製作費用　　　③　比例

　④　反比例　　　⑤　1次関数　　　⑥　2次関数

生徒会執行部が(1)で考えた直線は，表1を用いて座標平面上にとった4点のうち x の値が最小の点と最大の点を通る直線である。この直線を用いて，次の問いに答えよ。

(2) 売上額 $S(x)$ が最大になる x の値を求めよ。 エオ.カキ

(3) Tシャツ1枚当たりの「製作費用」が400円の業者に120枚を依頼することにしたとき，利益が最大になるTシャツ1枚の価格を求めよ。

クケコサ 円

第1回目　　第2回目

H30　試行　①［2］（I・A）　　　／6点　　／6点

関数 $f(x) = a(x - p)^2 + q$ について，$y = f(x)$ のグラフをコンピュータのグラフ表示ソフトを用いて表示させる。

このソフトでは，a，p，q の値を入力すると，その値に応じたグラフが表示される。さらに，それぞれの □ の下にある•を左に動かすと値が減少し，右に動かすと値が増加するようになっており，値の変化に応じて関数のグラフが画面上で変化する仕組みになっている。

最初に，a，p，q をある値に定めたところ，図1のように，x 軸の負の部分と2点で交わる下に凸の放物線が表示された。

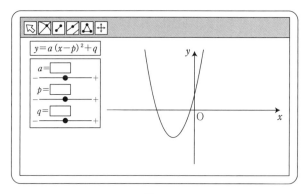

図1

(1) 図1の放物線を表示させる a，p，q の値に対して，方程式 $f(x) = 0$ の解について正しく記述したものを，次の⓪～④のうちから一つ選べ。 ウ

　⓪　方程式 $f(x) = 0$ は異なる二つの正の解をもつ。
　①　方程式 $f(x) = 0$ は異なる二つの負の解をもつ。
　②　方程式 $f(x) = 0$ は正の解と負の解をもつ。
　③　方程式 $f(x) = 0$ は重解をもつ。
　④　方程式 $f(x) = 0$ は実数解をもたない。

⑵ 次の操作 A，操作 P，操作 Q のうち，いずれか一つの操作を行い，不等式 $f(x) > 0$ の解を考える。

操作A：図1の状態から p，q の値は変えず，a の値だけを変化させる。

操作P：図1の状態から a，q の値は変えず，p の値だけを変化させる。

操作Q：図1の状態から a，p の値は変えず，q の値だけを変化させる。

　このとき，操作 A，操作 P，操作 Q のうち，「不等式 $f(x) > 0$ の解がすべての実数となること」が起こり得る操作は 　エ　 。また，「不等式 $f(x) > 0$ の解がないこと」が起こり得る操作は 　オ　 。

　エ　，　オ　 に当てはまるものを，次の⓪～⑦のうちから一つずつ選べ。ただし同じものを選んでもよい。

　　⓪　ない

　　①　操作 A だけである

　　②　操作 P だけである

　　③　操作 Q だけである

　　④　操作 A と操作 P だけである

　　⑤　操作 A と操作 Q だけである

　　⑥　操作 P と操作 Q だけである

　　⑦　操作 A と操作 P と操作 Q のすべてである

[1] ∠ACB = 90°である直角三角形ABCと，その辺上を移動する3点P，Q，Rがある。点P，Q，Rは，次の規則に従って移動する。

> ・最初，点P，Q，Rはそれぞれ点A，B，Cの位置にあり，点P，Q，Rは同時刻に移動を開始する。
>
> ・点Pは辺AC上を，点Qは辺BA上を，点Rは辺CB上を，それぞれ向きを変えることなく，一定の速さで移動する。ただし点Pは毎秒1の速さで移動する。
>
> ・点P，Q，Rは，それぞれ点C，A，Bの位置に同時刻に到達し，移動を終了する。

次の問いに答えよ。

(1) 図1の直角三角形ABCを考える。

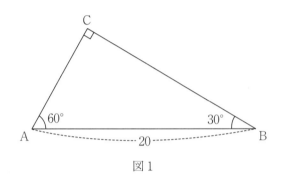

図1

(i) 各点が移動を開始してから2秒後の線分PQの長さと三角形APQの面積Sを求めよ。

$$PQ = \boxed{ア}\sqrt{\boxed{イウ}}, \quad S = \boxed{エ}\sqrt{\boxed{オ}}$$

(ii) 各点が移動する間の線分PRの長さとして，とり得ない値，一回だけとり得る値，二回だけとり得る値を，次の⓪～④のうちからそれぞれ**すべて選べ**。ただし，移動には出発点と到達点も含まれるものとする。

とり得ない値 　　$\boxed{カ}$

一回だけとり得る値 $\boxed{キ}$

二回だけとり得る値 $\boxed{ク}$

⓪ $5\sqrt{2}$ 　① $5\sqrt{3}$ 　② $4\sqrt{5}$ 　③ 10 　④ $10\sqrt{3}$

(iii) 各点が移動する間における三角形APQ，三角形BQR，三角形CRPの面積をそれぞれS_1，S_2，S_3とする。各時刻におけるS_1，S_2，S_3の間の大小関係と，その大小関係が時刻とともにどのように変化するかを答えよ。解答は右の $\boxed{(う)}$ に記述せよ。

(う)

(2) 直角三角形ABCの辺の長さを右の図2のように変えたとき，三角形PQRの面積が12となるのは，各点が移動を開始してから何秒後かを求めよ。

秒後

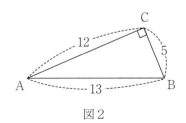

図2

H31 ① [3] (I・A)

a と b はともに正の実数とする。x の2次関数

$$y = x^2 + (2a - b)x + a^2 + 1$$

のグラフを G とする。

(1) グラフ G の頂点の座標は

$$\left(\frac{b}{\boxed{チ}} - a, \ -\frac{b^2}{\boxed{ツ}} + ab + \boxed{テ} \right)$$ である。

(2) グラフ G が点 $(-1, 6)$ を通るとき，b のとり得る値の最大値は $\boxed{ト}$ であり，そのときの a の値は $\boxed{ナ}$ である。

$b = \boxed{ト}$，$a = \boxed{ナ}$ のとき，

グラフ G は2次関数 $y = x^2$ のグラフを x 軸方向に $\dfrac{\boxed{ニ}}{\boxed{ヌ}}$，

y 軸方向に $\dfrac{\boxed{ネノ}}{\boxed{ハ}}$ だけ平行移動したものである。

R2 ① [3] (I・A)

c を定数とする。2次関数 $y = x^2$ のグラフを，2点 $(c, 0)$，$(c + 4, 0)$ を通るように平行移動して得られるグラフを G とする。

(1) G をグラフにもつ2次関数は，c を用いて

$$y = x^2 - 2\left(c + \boxed{ツ}\right)x + c\left(c + \boxed{テ}\right)$$ と表せる。

2点 $(3, 0)$，$(3, -3)$ を両端とする線分と G が共有点をもつような c の値の範囲は

$-\boxed{ト} \leqq c \leqq \boxed{ナ}$，$\boxed{ニ} \leqq c \leqq \boxed{ヌ}$ である。

(2) $\boxed{ニ} \leqq c \leqq \boxed{ヌ}$ の場合を考える。G が点 $(3, -1)$ を通るとき，G は2次関数 $y = x^2$ のグラフを x 軸方向に $\boxed{ネ} + \sqrt{\boxed{ノ}}$，$y$ 軸方向に $\boxed{ハヒ}$ だけ平行移動したものである。また，このとき G と y 軸との交点の y 座標は $\boxed{フ} + \boxed{ヘ}\sqrt{\boxed{ホ}}$ である。

陸上競技の短距離100m走では，100mを走るのにかかる時間（以下，タイムと呼ぶ）は，1歩あたりの進む距離（以下，ストライドと呼ぶ）と1秒あたりの歩数（以下，ピッチと呼ぶ）に関係がある。ストライドとピッチはそれぞれ以下の式で与えられる。

$$ストライド（m/歩）= \frac{100（m）}{100mを走るのにかかった歩数（歩）}$$

$$ピッチ（歩/秒）= \frac{100mを走るのにかかった歩数（歩）}{タイム（秒）}$$

ただし，100mを走るのにかかった歩数は，最後の1歩がゴールラインをまたぐこともあるので，小数で表される。以下，単位は必要のない限り省略する。

例えば，タイムが10.81で，そのときの歩数が48.5であったとき，ストライドは $\frac{100}{48.5}$ より約2.06，ピッチは $\frac{48.5}{10.81}$ より約4.49である。

なお，小数の形で解答する場合は，指定された桁数の一つ下の桁を四捨五入して答えよ。また，必要に応じて，指定された桁まで⓪にマークせよ。

(1)　ストライドを x，ピッチを z とおく。ピッチは1秒あたりの歩数，ストライドは1歩あたりの進む距離なので，1秒あたりの進む距離すなわち平均速度は，x と z を用いて　ア　（m/秒）と表される。

これより，タイムと，ストライド，ピッチとの関係は

$$タイム = \frac{100}{\boxed{ア}} \quad \cdots\cdots①$$

と表されるので，　ア　が最大になるときにタイムが最もよくなる。ただし，タイムがよくなるとは，タイムの値が小さくなることである。

　ア　の解答群

⓪ $x + z$	① z　x	② xz	③ $\frac{x+z}{2}$	④ $\frac{z-x}{2}$	⑤ $\frac{xz}{2}$

(2)　男子短距離100m走の選手である太郎さんは，①に着目して，タイムが最もよくなるストライドとピッチを考えることにした。

次の表は，太郎さんが練習で100mを3回走ったときのストライドとピッチのデータである。

	1回目	2回目	3回目
ストライド	2.05	2.10	2.15
ピッチ	4.70	4.60	4.50

また，ストライドとピッチにはそれぞれ限界がある。太郎さんの場合，ストライドの最大値は2.40，ピッチの最大値は4.80である。

太郎さんは，上の表から，ストライドが0.05大きくなるとピッチが0.1小さくなるという関係があると考えて，ピッチがストライドの1次関数として表されると仮定した。このとき，ピッチ z はストライド x を用いて

$$z = \boxed{イウ}\, x + \frac{\boxed{エオ}}{5} \quad \cdots\cdots\cdots②$$

と表される。

　②が太郎さんのストライドの最大値 2.40 とピッチの最大値 4.80 まで成り立つと仮定すると，x の値の範囲は次のようになる。

$$\boxed{カ}.\boxed{キク} \leqq x \leqq 2.40$$

$y = \boxed{ア}$ とおく。②を $y = \boxed{ア}$ に代入することにより，y を x の関数として表すことができる。太郎さんのタイムが最もよくなるストライドとピッチを求めるためには，$\boxed{カ}.\boxed{キク} \leqq x \leqq 2.40$ の範囲で y の値を最大にする x の値を見つければよい。このとき，y の値が最大になるのは $x = \boxed{ケ}.\boxed{コサ}$ のときである。

　よって，太郎さんのタイムが最もよくなるのは，ストライドが $\boxed{ケ}.\boxed{コサ}$ のときであり，このとき，ピッチは $\boxed{シ}.\boxed{スセ}$ である。また，このときの太郎さんのタイムは，①により $\boxed{ソ}$ である。

　$\boxed{ソ}$ については，最も適当なものを，次の ⓪ ～ ⑤ のうちから一つ選べ。

⓪ 9.68	① 9.97	② 10.09	③ 10.33	④ 10.42	⑤ 10.55

花子さんと太郎さんのクラスでは，文化祭でたこ焼き店を出店することになった。二人は1皿あたりの価格をいくらにするかを検討している。次の表は，過去の文化祭でのたこ焼き店の売り上げデータから，1皿あたりの価格と売り上げ数の関係をまとめたものである。

1皿あたりの価格（円）	200	250	300
売り上げ数（皿）	200	150	100

(1)　まず，二人は，上の表から，1皿あたりの価格が50円上がると売り上げ数が50皿減ると考えて，売り上げ数が1皿あたりの価格の1次関数で表されると仮定した。このとき，1皿あたりの価格を x 円とおくと，売り上げ数は

　　　$\boxed{アイウ} - x$　………①

と表される。

(2)　次に，二人は，利益の求め方について考えた。

> 花子：利益は，売り上げ金額から必要な経費を引けば求められるよ。
> 太郎：売り上げ金額は，1皿あたりの価格と売り上げ数の積で求まるね。
> 花子：必要な経費は，たこ焼き用器具の賃貸料と材料費の合計だね。
> 　　　材料費は，売り上げ数と1皿あたりの材料費の積になるね。

　　二人は，次の三つの条件のもとで，1皿あたりの価格 x を用いて利益を表すことにした。

（条件1）　1皿あたりの価格が x 円のときの売り上げ数として①を用いる。

（条件2）　材料は，①により得られる売り上げ数に必要な分量だけ仕入れる。

（条件3）　1皿あたりの材料費は160円である。たこ焼き用器具の賃貸料は6000円である。材料費とたこ焼き用器具の賃貸料以外の経費はない。

　　利益を y 円とおく。y を x の式で表すと

　　　$y = -x^2 + \boxed{エオカ}\,x - \boxed{キ} \times 10000$　………②

　　である。

(3)　太郎さんは利益を最大にしたいと考えた。②を用いて考えると，利益が最大になるのは1皿あたりの価格が $\boxed{クケコ}$ 円のときであり，そのときの利益は $\boxed{サシスセ}$ 円である。

(4)　花子さんは，利益を7500円以上となるようにしつつ，できるだけ安い価格で提供したいと考えた。②を用いて考えると，利益が7500円以上となる1皿あたりの価格のうち，最も安い価格は $\boxed{ソタチ}$ 円となる。

目標
15分　　H25 ③（Ⅰ・A）　　　　　　　　　　　　　　　　　　／30点　　　／30点

点 O を中心とする半径 3 の円 O と，点 O を通り，点 P を中心とする半径 1 の円 P を考える。円 P の点 O における接線と円 O との交点を A, B とする。また，円 O の周上に，点 B と異なる点 C を，弦 AC が円 P に接するようにとる。弦 AC と円 P の接点を D とする。このとき

$$AP = \sqrt{\boxed{アイ}}, \quad OD = \frac{\boxed{ウ}\sqrt{\boxed{エオ}}}{\boxed{カ}}$$

である。さらに，$\cos\angle OAD = \dfrac{\boxed{キ}}{\boxed{ク}}$ であり，$AC = \dfrac{\boxed{ケコ}}{\boxed{サ}}$ である。

$\triangle ABC$ の面積は $\dfrac{\boxed{シスセ}}{\boxed{ソタ}}$ であり，$\triangle ABC$ の内接円の半径は $\dfrac{\boxed{チ}}{\boxed{ツ}}$ である。

(1) 円 O の周上に，点 E を線分 CE が円 O の直径となるようにとる。$\triangle ABC$ の内接円の中心を Q とし，$\triangle CEA$ の内接円の中心を R とする。このとき，

$$QR = \frac{\boxed{テト}}{\boxed{ナ}}$$ である。したがって，内接円 Q と内接円 R は $\boxed{ニ}$ 。

$\boxed{ニ}$ に当てはまるものを，次の ⓪～③ のうちから一つ選べ。

⓪　内接する　　　①　異なる 2 点で交わる　　　②　外接する　　　③　共有点を持たない

(2) $AQ = \dfrac{\boxed{ヌ}\sqrt{\boxed{ネノ}}}{\boxed{ハ}}$ であるから，$PQ = \dfrac{\sqrt{\boxed{ヒフ}}}{\boxed{ヘ}}$ となる。

したがって，$\boxed{ホ}$。

$\boxed{ホ}$ に当てはまるものを，次の ⓪～③ のうちから一つ選べ。

⓪　点 P は内接円 Q の周上にある

①　点 Q は円 P の周上にある

②　点 P は内接円 Q の内部にあり，点 Q は円 P の内部にある

③　点 P は内接円 Q の内部にあり，点 Q は円 P の外部にある

H26　③（I・A）

第1回目　　　第2回目

／30点　　／30点

△ABC は，AB = 4，BC = 2，$\cos\angle ABC = \dfrac{1}{4}$ を満たすとする。このとき

$$CA = \boxed{\text{ア}}, \quad \cos\angle BAC = \frac{\boxed{\text{イ}}}{\boxed{\text{ウ}}}, \quad \sin\angle BAC = \frac{\sqrt{\boxed{\text{エオ}}}}{\boxed{\text{カ}}}$$

であり，△ABC の外接円 O の半径は $\dfrac{\boxed{\text{キ}}\sqrt{\boxed{\text{クケ}}}}{\boxed{\text{コサ}}}$ である。∠ABC の二等分線と ∠BAC の二等分線の交点を

D，直線 BD と辺 AC の交点を E，直線 BD と円 O との交点で B と異なる交点を F とする。

(1) このとき

$$AE = \frac{\boxed{\text{シ}}}{\boxed{\text{ス}}}, \quad BE = \frac{\boxed{\text{セ}}\sqrt{\boxed{\text{ソタ}}}}{\boxed{\text{チ}}}, \quad BD = \frac{\boxed{\text{ツ}}\sqrt{\boxed{\text{テト}}}}{\boxed{\text{ナ}}}$$

となる。

(2) △EBC の面積は △EAF の面積の $\dfrac{\boxed{\text{ニ}}}{\boxed{\text{ヌ}}}$ 倍である。

(3) 角度に注目すると，線分 FA，FC，FD の関係で正しいのは $\boxed{\text{ネ}}$ であることが分かる。

$\boxed{\text{ネ}}$ に当てはまるものを，次の⓪〜⑤のうちから一つ選べ。

⓪ FA < FC = FD 　　　① FA = FC < FD

② FC < FA = FD 　　　③ FD < FC < FA

④ FA = FC = FD 　　　⑤ FD < FC = FA

H27　②［2］（I・A）

／15点　　／15点

△ABCにおいて，AB = 3，BC = 5，∠ABC = 120° とする。

このとき，$AC = \boxed{\text{オ}}$，$\sin\angle ABC = \dfrac{\sqrt{\boxed{\text{カ}}}}{\boxed{\text{キ}}}$ であり，

$$\sin\angle BCA = \frac{\boxed{\text{ク}}\sqrt{\boxed{\text{ケ}}}}{\boxed{\text{コサ}}}$$ である。

直線 BC 上に点 D を，$AD = 3\sqrt{3}$ かつ ∠ADC が鋭角，となるようにとる。点 P を線分 BD 上の点とし，

△APC の外接円の半径を R とすると，R のとり得る値の範囲は $\dfrac{\boxed{\text{シ}}}{\boxed{\text{ス}}} \leqq R \leqq \boxed{\text{セ}}$ である。

H27 6 (Ⅰ・A)

第1回目　　　第2回目

／20点　　　／20点

△ABC において，AB = AC = 5，BC = $\sqrt{5}$ とする。辺 AC 上に点 D を AD = 3 となるようにとり，辺 BC の B の側の延長と △ABD の外接円との交点で B と異なるものを E とする。

CE・CB = $\boxed{アイ}$ であるから，BE = $\sqrt{\boxed{ウ}}$ である。

△ACE の重心を G とすると，AG = $\dfrac{\boxed{エオ}}{\boxed{カ}}$ である。

AB と DE の交点を P とすると

$$\frac{DP}{EP} = \frac{\boxed{キ}}{\boxed{ク}} \qquad \cdots\cdots\cdots ①$$

である。

△ABC と △EDC において，点 A，B，D，E は同一円周上にあるので ∠CAB = ∠CED で，∠C は共通であるから

$$DE = \boxed{ケ}\sqrt{\boxed{コ}} \qquad \cdots\cdots\cdots ②$$

である。

①，②から，EP = $\dfrac{\boxed{サ}\sqrt{\boxed{シ}}}{\boxed{ス}}$ である。

H28 2 [1]（Ⅰ・A）

／15点　　　／15点

△ABC の辺の長さと角の大きさを測ったところ，AB = $7\sqrt{3}$ および ∠ACB = 60° であった。

したがって，△ABC の外接円 O の半径は $\boxed{ア}$ である。

外接円 O の，点 C を含む弧 AB 上で点 P を動かす。

(1) 2PA = 3PB となるのは PA = $\boxed{イ}\sqrt{\boxed{ウエ}}$ のときである。

(2) △PAB の面積が最大となるのは PA = $\boxed{オ}\sqrt{\boxed{カ}}$ のときである。

(3) sin∠PBA の値が最大となるのは PA = $\boxed{キク}$ のときであり，このとき △PAB の面積は $\dfrac{\boxed{ケコ}\sqrt{\boxed{サ}}}{\boxed{シ}}$ である。

四角形 ABCD において，AB = 4，BC = 2，DA = DC であり，4 つの頂点 A，B，C，Dは同一円周上にある。対角線 AC と対角線 BD の交点を E，線分 AD を 2 : 3 の比に内分する点をF，直線 FE と直線 DC の交点を G とする。

次の　ア　には，下の⓪～④のうちから当てはまるものを一つ選べ。

∠ABC の大きさが変化するとき四角形 ABCD の外接円の大きさも変化することに注意すると，∠ABC の大きさがいくらであっても，∠DAC と大きさが等しい角は，∠DCA と ∠DBC と　ア　である。

　⓪　∠ABD　　①　∠ACB　　②　∠ADB

　③　∠BCG　　④　∠BEG

このことより $\dfrac{\text{EC}}{\text{AE}} = \dfrac{\boxed{\text{イ}}}{\boxed{\text{ウ}}}$ である。次に，△ACDと直線FEに着目すると，$\dfrac{\text{GC}}{\text{DG}} = \dfrac{\boxed{\text{エ}}}{\boxed{\text{オ}}}$ である。

(1) 直線 AB が点 G を通る場合について考える。

　　このとき，△AGD の辺 AG 上に点 B があるので，BG = 　カ　である。

　　また，直線 AB と直線 DC が点 G で交わり，4 点 A，B，C，D は同一円周上にあるので，

DC = $\boxed{\text{キ}}\sqrt{\boxed{\text{ク}}}$ である。

(2) 四角形 ABCD の外接円の直径が最小となる場合について考える。

　　このとき，四角形 ABCD の外接円の直径は　ケ　であり，

∠BAC = $\boxed{\text{コサ}}$° である。

　　また，直線 FE と直線 AB の交点を H とするとき，$\dfrac{\text{GC}}{\text{DG}} = \dfrac{\boxed{\text{エ}}}{\boxed{\text{オ}}}$ の関係に着目して AH を求めると，

AH = 　シ　である。

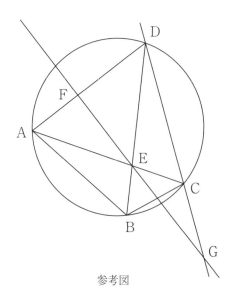

参考図

H29 ②〔1〕（Ⅰ・A）

△ABC において，AB $= \sqrt{3} - 1$，BC $= \sqrt{3} + 1$，∠ABC $= 60°$ とする。

(1)　AC $= \sqrt{\boxed{ア}}$ であるから，△ABC の外接円の半径は $\sqrt{\boxed{イ}}$ であり

$$\sin \angle BAC = \frac{\sqrt{\boxed{ウ}} + \sqrt{\boxed{エ}}}{\boxed{オ}}$$

である。ただし，$\boxed{ウ}$，$\boxed{エ}$ の解答の順序は問わない。

(2)　辺 AC 上に点 D を，△ABD の面積が $\dfrac{\sqrt{2}}{6}$ になるようにとるとき

$$AB \cdot AD = \frac{\boxed{カ}\sqrt{\boxed{キ}} - \boxed{ク}}{\boxed{ケ}}$$

であるから，AD $= \dfrac{\boxed{コ}}{\boxed{サ}}$ である。

H29 ⑤（Ⅰ・A）

△ABC において，AB $= 3$，BC $= 8$，AC $= 7$ とする。

(1)　辺 AC 上に点 D を AD $= 3$ となるようにとり，△ABD の外接円と直線 BC の交点で B と異なるものを E とする。このとき，BC $\cdot$ CE $= \boxed{アイ}$ であるから，CE $= \dfrac{\boxed{ウ}}{\boxed{エ}}$ である。

直線 AB と直線 DE の交点を F とするとき，$\dfrac{BF}{AF} = \dfrac{\boxed{オカ}}{\boxed{キ}}$ であるから，AF $= \dfrac{\boxed{クケ}}{\boxed{コ}}$ である。

(2)　∠ABC $= \boxed{サシ}°$ である。△ABC の内接円の半径は $\dfrac{\boxed{ス}\sqrt{\boxed{セ}}}{\boxed{ソ}}$ であり，△ABC の内心を I とすると

BI $= \dfrac{\boxed{タ}\sqrt{\boxed{チ}}}{\boxed{ツ}}$ である。

H30　②［1］（Ⅰ・A）　　　　　　　　　　　　　　　　／15点　　　／15点

四角形 ABCD において，3 辺の長さをそれぞれ AB = 5，BC = 9，CD = 3，対角線 AC の長さを AC = 6 とする。このとき

$$\cos\angle ABC = \frac{\boxed{ア}}{\boxed{イ}}, \quad \sin\angle ABC = \frac{\boxed{ウ}\sqrt{\boxed{エ}}}{\boxed{オ}} \quad である。$$

　　ここで，四角形 ABCD は台形であるとする。

　　次の　 カ　には下の⓪～②から，　キ　には③・④から当てはまるものを一つずつ選べ。

　　CD　カ　AB・sin∠ABC であるから　キ　である。

⓪　　＜　　　　　　　　　　①　　＝　　　　　　　　　　②　　＞

③　辺 AD と辺 BC が平行　　　④　辺 AB と辺 CD が平行

　　したがって　　　$BD = \boxed{ク}\sqrt{\boxed{ケコ}}$　　である。

H30　⑤（Ⅰ・A）　　　　　　　　　　　　　　　　　　／20点　　　／20点

△ABC において AB = 2，AC = 1，∠A = 90° とする。

　　∠A の二等分線と辺 BC との交点を D とすると，$BD = \dfrac{\boxed{ア}\sqrt{\boxed{イ}}}{\boxed{ウ}}$ である。

　　点 A を通り点 D で辺 BC に接する円と辺 AB との交点で A と異なるものを E とすると，

$AB \cdot BE = \dfrac{\boxed{エオ}}{\boxed{カ}}$ であるから，$BE = \dfrac{\boxed{キク}}{\boxed{ケ}}$ である。

　　次の　コ　には下の⓪～②から，　サ　には③・④から当てはまるものを一つずつ選べ。

　　$\dfrac{BE}{BD}$　コ　$\dfrac{AB}{BC}$ であるから，直線 AC と直線 DE の交点は辺 AC の端点　サ　の側の延長上にある。

　　⓪　＜　　　　①　＝　　　　②　＞　　　　③　A　　　　④　C

　　その交点を F とすると，$\dfrac{CF}{AF} = \dfrac{\boxed{シ}}{\boxed{ス}}$ であるから，$CF = \dfrac{\boxed{セ}}{\boxed{ソ}}$ である。したがって，BF の長さが求まり，

$\dfrac{CF}{AC} = \dfrac{BF}{AB}$ であることがわかる。

　　次の　タ　には下の⓪～③から当てはまるものを一つ選べ。

　　点 D は △ABF の　タ　。

　　　⓪　外心である　　　　①　内心である　　　　②　重心である

　　　③　外心，内心，重心のいずれでもない

以下の問題では，△ABC に対して，∠A，∠B，∠C の大きさをそれぞれ A，B，C で表すものとする。

　　ある日，太郎さんと花子さんのクラスでは，数学の授業で先生から次のような宿題が出された。

宿題　△ABC において $A = 60°$ であるとする。このとき，
$$X = 4\cos^2 B + 4\sin^2 C - 4\sqrt{3}\cos B \sin C$$
の値について調べなさい。

　　放課後，太郎さんと花子さんは出された宿題について会話をした。二人の会話を読んで，下の問いに答えよ。

太郎：A は60°だけど，B も C も分からないから，方針が立たないよ。

花子：まずは，具体的に一つ例を作って考えてみようよ。もし $B = 90°$ であるとすると，$\cos B = \boxed{\text{オ}}$，

　　　$\sin C = \boxed{\text{カ}}$ だね。だから，この場合の X の値を計算すると1になるね。

---

(1)　$\boxed{\text{オ}}$，$\boxed{\text{カ}}$ に当てはまるものを，次の⓪〜⑧のうちから一つずつ選べ。ただし，同じものを選んでもよい。

　　⓪　0　　　　　①　1　　　　　②　-2　　　　　③　$\dfrac{1}{2}$　　　　　④　$\dfrac{\sqrt{2}}{2}$

　　⑤　$\dfrac{\sqrt{3}}{2}$　　　⑥　$-\dfrac{1}{2}$　　　⑦　$-\dfrac{\sqrt{2}}{2}$　　　⑧　$-\dfrac{\sqrt{3}}{2}$

太郎：$B = 13°$ にしてみよう。数学の教科書に三角比の表があるから，それを見ると，$\cos B = 0.9744$ で，

　　　$\sin C$ は……あれっ？　表には 0° から 90° までの三角比の値しか載っていないから分からないね。

花子：そういうときは，$\boxed{\text{キ}}$ という関係を利用したらいいよ。この関係を使うと，教科書の三角比の表か

　　　ら $\sin C = \boxed{\text{ク}}$ だと分かるよ。

太郎：じゃあ，この場合の X の値を電卓を使って計算してみよう。$\sqrt{3}$ は 1.732 として計算すると……あ

　　　れっ？　ぴったりにはならなかったけど，小数第4位を四捨五入すると，X は 1.000 になったよ！

　　　(a)これで，$A = 60°$，$B = 13°$ のときに $X = 1$ になることが証明できたことになるね。さらに，

　　　(b)「$A = 60°$ ならば $X = 1$」という命題が真であると証明できたね。

花子：本当にそうなのかな？

---

(2)　$\boxed{\text{キ}}$，$\boxed{\text{ク}}$ に当てはまる最も適当なものを，次の各解答群のうちから一つずつ選べ。

　　$\boxed{\text{キ}}$ の解答群：

　　⓪　$\sin(90° - \theta) = \sin\theta$　　　　①　$\sin(90° - \theta) = -\sin\theta$

　　②　$\sin(90° - \theta) = \cos\theta$　　　　③　$\sin(90° - \theta) = -\cos\theta$

　　④　$\sin(180° - \theta) = \sin\theta$　　　⑤　$\sin(180° - \theta) = -\sin\theta$

　　⑥　$\sin(180° - \theta) = \cos\theta$　　　⑦　$\sin(180° - \theta) = -\cos\theta$

　　$\boxed{\text{ク}}$ の解答群：

　　⓪　-3.2709　　　①　-0.9563　　　②　0.9563　　　③　3.2709

(3) 太郎さんが言った下線部(a), (b)について，その正誤の組合せとして正しいものを，次の⓪〜③のうちから一つ選べ。　ケ

    ⓪　下線部(a), (b)ともに正しい。

    ①　下線部(a)は正しいが，(b)は誤りである。

    ②　下線部(a)は誤りであるが，(b)は正しい。

    ③　下線部(a), (b)ともに誤りである。

花子：$A = 60°$ ならば $X = 1$ となるかどうかを，数式を使って考えてみよう。△ABC の外接円の半径を R とするね。すると，$A = 60°$ だから，BC $= \sqrt{\boxed{コ}} R$ になるね。

太郎：AB $= \boxed{サ}$，AC $= \boxed{シ}$ になるよ。

---

(4) 　コ　に当てはまる数を答えよ。また，　サ　，　シ　に当てはまるものを，次の⓪〜⑦のうちから一つずつ選べ。ただし，同じものを選んでもよい。

  ⓪　$R \sin B$　　　　①　$2R \sin B$　　　　②　$R \cos B$　　　　③　$2R \cos B$

  ④　$R \sin C$　　　　⑤　$2R \sin C$　　　　⑥　$R \cos C$　　　　⑦　$2R \cos C$

花子：まず，B が鋭角の場合を考えてみたよ。

  ―――〈花子さんのノート〉―――

    点 C から直線 AB に垂線 CH を引くと

    AH $= \underline{\text{AC}\cos 60°}_{①}$

    BH $= \underline{\text{BC}\cos B}_{②}$　である。AB を AH，BH を用いて表すと

    AB $= \underline{\text{AH} + \text{BH}}_{③}$　であるから

    AB $= \underline{\boxed{ス} \sin B + \boxed{セ} \cos B}_{④}$　が得られる。

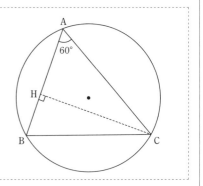

太郎：さっき，AB $= \boxed{サ}$ と求めたから，④の式とあわせると，$X = 1$ となることが証明できたよ。

花子：B が直角のときは，すでに $X = 1$ となることを計算したね。

  (c)B が鈍角のときは，証明を少し変えれば，やはり $X = 1$ であることが示せるね。

---

(5) 　ス　，　セ　に当てはまるものを，次の⓪〜⑧のうちから一つずつ選べ。ただし，同じものを選んでもよい。

  ⓪　$\dfrac{1}{2}R$　　　　①　$\dfrac{\sqrt{2}}{2}R$　　　　②　$\dfrac{\sqrt{3}}{2}R$

  ③　R　　　　④　$\sqrt{2}\,R$　　　　⑤　$\sqrt{3}\,R$

  ⑥　$2R$　　　　⑦　$2\sqrt{2}\,R$　　　　⑧　$2\sqrt{3}\,R$

（い）

(6) 下線部(c)について，B が鈍角のときには下線部①〜③の式のうち修正が必要なものがある。修正が必要な番号についてのみ，修正した式をそれぞれ答えよ。解答は，前の　（い）　に記述せよ。

花子：今まではずっと $A = 60°$ の場合を考えてきたんだけど，$A = 120°$ で $B = 30°$ の場合を考えてみたよ。$\sin B$ と $\cos C$ の値を求めて，X の値を計算したら，この場合にも 1 になったんだよね。

太郎：わっ，本当だ。計算してみたら X の値は 1 になるね。

(7) △ABC について，次の条件 p, q を考える。

$p : A = 60°$

$q : 4\cos^2 B + 4\sin^2 C - 4\sqrt{3}\cos B \sin C = 1$

これまでの太郎さんと花子さんが行った考察をもとに，正しいと判断できるものを，次の⓪〜③のうちから一つ選べ。 ソ

⓪ p は q であるための必要十分条件である。

① p は q であるための必要条件であるが，十分条件でない。

② p は q であるための十分条件であるが，必要条件でない。

③ p は q であるための必要条件でも十分条件でもない。

第1回目　　　第2回目

H29　試行　④（Ⅰ・A）　　　　　／20点　　　／20点

花子さんと太郎さんは，正四面体 ABCD の各辺の中点を次の図のように E, F, G, H, I, J としたときに成り立つ性質について，コンピュータソフトを使いながら，下のように話している。二人の会話を読んで，下の問いに答えよ。

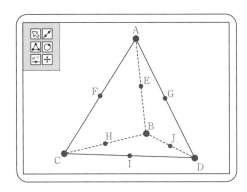

花子：四角形 FHJG は平行四辺形に見えるけれど，正方形ではないかな。

太郎：4辺の長さが等しいことは，簡単に証明できそうだよ。

(1) 太郎さんは四角形 FHJG の4辺の長さが等しいことを，次のように証明した。

─ 太郎さんの証明 ─

ア により，四角形 FHJG の各辺の長さはいずれも正四面体 ABCD の1辺の長さの イ 倍であるから，4辺の長さが等しくなる。

(i) ア に当てはまる最も適当なものを，次の⓪〜④のうちから一つ選べ。

⓪ 中線定理　　　① 方べきの定理　　　② 三平方の定理

③ 中点連結定理　　　④ 円周角の定理

(ii) イ に当てはまるものを，次の⓪〜④のうちから一つ選べ。

⓪ 2　　　① $\dfrac{3}{4}$　　　② $\dfrac{2}{3}$　　　③ $\dfrac{1}{2}$　　　④ $\dfrac{1}{3}$

(2) 花子さんは，太郎さんの考えをもとに，正四面体をいろいろな方向から見て，四角形 FHJG が正方形であることの証明について，下のような構想をもとに，実際に証明した。

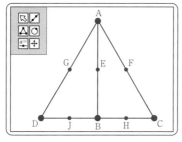 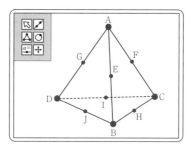

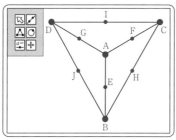

> ┌─ 花子さんの構想 ────────────────────────────
> 　　四角形において，4 辺の長さが等しいことは正方形であるための ⬚ウ⬚ 。さらに，対角線 FJ と GH の長さが等しいことがいえれば，四角形 FHJG が正方形であることの証明となるので，△FJC と △GHD が合同であることを示したい。
> 　　しかし，この二つの三角形が合同であることの証明は難しいので，別の三角形の組に着目する。
> ──

> ┌─ 花子さんの証明 ────────────────────────────
> 　　点 F，点 G はそれぞれ AC，AD の中点なので，二つの三角形 ⬚エ⬚ と ⬚オ⬚ に着目する。⬚エ⬚ と ⬚オ⬚ は 3 辺の長さがそれぞれ等しいので合同である。このとき，⬚エ⬚ と ⬚オ⬚ は ⬚カ⬚ で，F と G はそれぞれ AC，AD の中点なので，FJ = GH である。
> 　　よって，四角形 FHJG は，4 辺の長さが等しく対角線の長さが等しいので正方形である。
> ──

(i) ⬚ウ⬚ に当てはまるものを，次の ⓪～③ のうちから一つ選べ。

　⓪　必要条件であるが十分条件でない　　　①　十分条件であるが必要条件でない

　②　必要十分条件である　　　③　必要条件でも十分条件でもない

(ii) ⬚エ⬚，⬚オ⬚ に当てはまるものが，次の ⓪～⑤ の中にある。当てはまるものを一つずつ選べ。ただし，⬚エ⬚ と ⬚オ⬚ の解答の順序は問わない。

　⓪　△AGH　　　①　△AIB　　　②　△AJC

　③　△AHD　　　④　△AHC　　　⑤　△AJD

(iii) ⬚カ⬚ に当てはまるものを，次の ⓪～③ のうちから一つ選べ。

　⓪　正三角形　　　①　二等辺三角形　　　②　直角三角形　　　③　直角二等辺三角形

四角形 FHJG が正方形であることを証明した太郎さんと花子さんは，さらに，正四面体 ABCD において成り立つ他の性質を見いだし，下のように話している。

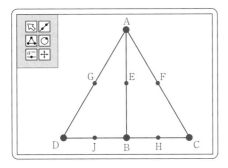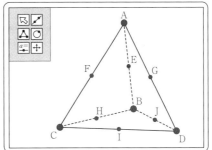

花子：線分 EI と辺 CD は垂直に交わるね。

太郎：そう見えるだけかもしれないよ。証明できる？

花子：(a) 辺 CD は線分 AI とも BI とも垂直だから，(b) 線分 EI と辺 CD は垂直といえるよ。

太郎：そうか……。ということは，(c) この性質は，四面体 ABCD が正四面体でなくても成り立つ場合がありそうだね。

(3) 下線部(a)から下線部(b)を導く過程で用いる性質として正しいものを，次の ⓪～④ のうちから**すべて選べ**。

　　[キ]

　　⓪ 平面 α 上にある直線 ℓ と平面 α 上にない直線 m が平行ならば，$\alpha \parallel m$ である。

　　① 平面 α 上にある直線 ℓ，m が点 P で交わっているとき，点 P を通り平面 α 上にない直線 n が直線 ℓ，m に垂直ならば，$\alpha \perp n$ である。

　　② 平面 α と直線 ℓ が点 P で交わっているとき，$\alpha \perp \ell$ ならば，平面 α 上の点 P を通るすべての直線 m に対して，$\ell \perp m$ である。

　　③ 平面 α 上にある直線 ℓ，m がともに平面 α 上にない直線 n に垂直ならば，$\alpha \perp n$ である。

　　④ 平面 α 上に直線 ℓ，平面 β 上に直線 m があるとき，$\alpha \perp \beta$ ならば，$\ell \perp m$ である。

(4) 下線部(c)について，太郎さんと花子さんは正四面体でない場合についても考えてみることにした。

　　四面体 ABCD において，AB，CD の中点をそれぞれ E，I とするとき，下線部(b)が常に成り立つ条件について，次のように考えた。

　　　　太郎さんが考えた条件：AC ＝ AD，BC ＝ BD

　　　　花子さんが考えた条件：BC ＝ AD，AC ＝ BD

　　四面体 ABCD において，下線部(b)が成り立つ条件について正しく述べているものを，次の ⓪～③ のうちから一つ選べ。　[ク]

　　⓪ 太郎さんが考えた条件，花子さんが考えた条件のどちらにおいても常に成り立つ。

　　① 太郎さんが考えた条件では常に成り立つが，花子さんが考えた条件では必ずしも成り立つとは限らない。

　　② 太郎さんが考えた条件では必ずしも成り立つとは限らないが，花子さんが考えた条件では常に成り立つ。

　　③ 太郎さんが考えた条件，花子さんが考えた条件のどちらにおいても必ずしも成り立つとは限らない。

目標 **6**分　　　H30　試行　①［3］（Ⅰ・A）　　　／5点　　／5点

久しぶりに小学校に行くと，階段の一段一段の高さが低く感じられることがある。

これは，小学校と高等学校とでは階段の基準が異なるからである。学校の階段の基準は，下のように建築基準法によって定められている。

高等学校の階段では，蹴上げが18cm以下，踏面が26cm以上となっており，この基準では，傾斜は最大で約35°である。

階段の傾斜をちょうど33°とするとき，蹴上げを18cm以下にするためには，踏面をどのような範囲に設定すればよいか。踏面を x cmとして，x のとり得る値の範囲を求めるための不等式を，33°の三角比と x を用いて表せ。解答は，あとの　（い）　に記述せよ。ただし，踏面と蹴上げの長さはそれぞれ一定であるとし，また，踏面は水平であり，蹴上げは踏面に対して垂直であるとする。

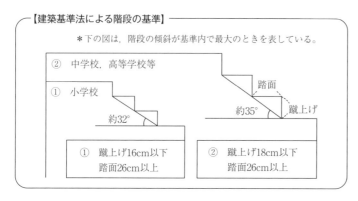

【建築基準法による階段の基準】
＊下の図は，階段の傾斜が基準内で最大のときを表している。

② 中学校，高等学校等
① 小学校
約32°
約35°
踏面
蹴上げ

① 蹴上げ16cm以下
　踏面26cm以上

② 蹴上げ18cm以下
　踏面26cm以上

（い）

（本問題の図は，「建築基準法の階段に係る基準について」（国土交通省）をもとに作成している。）

目標
10分

H30　試行　① [4] （I・A）　　　　　　　　／6点　　／6点

三角形 ABC の外接円を O とし，円 O の半径を R とする。辺 BC, CA, AB の長さをそれぞれ a, b, c とし，∠CAB, ∠ABC, ∠BCA の大きさをそれぞれ A, B, C とする。

太郎さんと花子さんは三角形 ABC について

$$\frac{a}{\sin A} = \frac{b}{\sin B} = \frac{c}{\sin C} = 2R \qquad \cdots\cdots（＊）$$

の関係が成り立つことを知り，その理由について，まず直角三角形の場合を次のように考察した。

$C = 90°$ のとき，円周角の定理より，線分 AB は円 O の直径である。

よって，

$$\sin A = \frac{BC}{AB} = \frac{a}{2R} \quad \text{であるから，}$$

$$\frac{a}{\sin A} = 2R \quad \text{となる。}$$

同様にして，

$$\frac{b}{\sin B} = 2R \quad \text{である。}$$

また，$\sin C = 1$ なので，

$$\frac{c}{\sin C} = AB = 2R \quad \text{である。}$$

よって，$C = 90°$ のとき（＊）の関係が成り立つ。

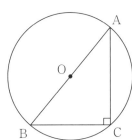

次に，太郎さんと花子さんは，三角形 ABC が鋭角三角形や鈍角三角形のときにも（＊）の関係が成り立つことを証明しようとしている。

(1)　三角形 ABC が鋭角三角形の場合についても（＊）の関係が成り立つことは，直角三角形の場合に（＊）の関係が成り立つことをもとにして，次のような太郎さんの構想により証明できる。

太郎さんの証明の構想

点 A を含む弧 BC 上に点 A′ をとると，円周角の定理より

$$∠CAB = ∠CA′B$$

が成り立つ。

特に，　カ　を点 A′ とし，三角形 A′BC に対して $C = 90°$ の場合の考察の結果を利用すれば，

$$\frac{a}{\sin A} = 2R$$

が成り立つことを証明できる。

$\frac{b}{\sin B} = 2R$，$\frac{c}{\sin C} = 2R$ についても同様に証明できる。

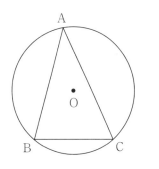

カ　に当てはまる最も適当なものを，次の⓪～④のうちから一つ選べ。

⓪　点 B から辺 AC に下ろした垂線と，円 O との交点のうち点 B と異なる点

①　直線 BO と円 O との交点のうち点 B と異なる点

②　点 B を中心とし点 C を通る円と，円 O との交点のうち点 C と異なる点

③ 点 O を通り辺 BC に平行な直線と，円 O との交点のうちの一つ

④ 辺 BC と直交する円 O の直径と，円 O との交点のうちの一つ

(2) 三角形 ABC が $A > 90°$ である鈍角三角形の場合についても $\dfrac{a}{\sin A} = 2R$ が成り立つことは，次のような花子さんの構想により証明できる。

花子さんの証明の構想 ─────

右図のように，線分 BD が円 O の直径となるように点 D をとると，

三角形 BCD において

$$\sin \boxed{\text{キ}} = \frac{a}{2R} \quad \text{である。}$$

このとき，四角形 ABDC は円 O に内接するから，

$$\angle \text{CAB} = \boxed{\text{ク}} \quad \text{であり，}$$

$$\sin\angle \text{CAB} = \sin(\boxed{\text{ク}}) = \sin \boxed{\text{キ}}$$

となることを用いる。

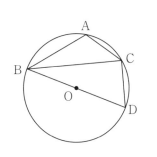

$\boxed{\text{キ}}$，$\boxed{\text{ク}}$ に当てはまるものを，次の各解答群のうちから一つずつ選べ。

$\boxed{\text{キ}}$ の解答群

⓪ $\angle$ABC ① $\angle$ABD ② $\angle$ACB ③ $\angle$ACD

④ $\angle$BCD ⑤ $\angle$BDC ⑥ $\angle$CBD

$\boxed{\text{ク}}$ の解答群

⓪ $90° + \angle$ABC ① $180° - \angle$ABC

② $90° + \angle$ACB ③ $180° - \angle$ACB

④ $90° + \angle$BDC ⑤ $180° - \angle$BDC

⑥ $90° + \angle$ABD ⑦ $180° - \angle$CBD

ある日，太郎さんと花子さんのクラスでは，数学の授業で先生から次の**問題1**が宿題として出された。下の問いに答えよ。なお，円周上に異なる2点をとった場合，弧は二つできるが，本問題において，弧は二つあるうちの小さい方を指す。

問題1 正三角形 ABC の外接円の弧 BC 上に点 X があるとき，

AX = BX + CX が成り立つことを証明せよ。

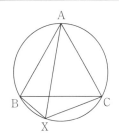

---

(1) **問題1**は次のような構想をもとにして証明できる。

線分 AX 上に BX = B′X となる点 B′ をとり，B と B′ を結ぶ。

AX = AB′ + B′X なので，AX = BX + CX を示すには，AB′ = CX を示せばよく，AB′ = CX を示すには，二つの三角形 ア と イ が合同であることを示せばよい。

ア ， イ に当てはまるものを，次の⓪〜⑦のうちから一つずつ選べ。ただし，ア ， イ の解答の順序は問わない。

⓪　△ABB′　　　①　△AB′C　　　②　△ABX　　　③　△AXC

④　△BCB′　　　⑤　△BXB′　　　⑥　△B′XC　　　⑦　△CBX

太郎さんたちは，次の日の数学の授業で**問題1**を証明した後，点Xが弧 BC 上にないときについて先生に質問をした。その質問に対して先生は，一般に次の**定理**が成り立つことや，その**定理**と**問題1**で証明したことを使うと，下の**問題2**が解決できることを教えてくれた。

定理 平面上の点 X と正三角形 ABC の各頂点からの距離 AX, BX, CX について，点 X が三角形 ABC の外接円の弧 BC 上にないときは，AX < BX + CX が成り立つ。

問題2 三角形 PQR について，各頂点からの距離の和 PY + QY + RY が最小になる点 Y はどのような位置にあるかを求めよ。

---

(2) 太郎さんと花子さんは**問題2**について，次のような会話をしている。

> 花子：**問題1**で証明したことは，二つの線分BXとCXの長さの和を一つの線分AXの長さに置き換えられるってことだよね。
>
> 太郎：例えば，右の図の三角形PQRで辺PQを1辺とする正三角形をかいてみたらどうかな。ただし，辺QRを最も長い辺とするよ。
>
> 　　　辺PQに関して点Rとは反対側に点Sをとって，正三角形PSQをかき，その外接円をかいてみよう。
>
> 花子：正三角形PSQの外接円の弧PQ上に点Tをとると，PTとQTの長さの和は線分 **ウ** の長さに置き換えられるから，
>
> 　　　PT + QT + RT = **ウ** + RT になるね。
>
> 太郎：**定理**と**問題1**で証明したことを使うと**問題2**の点Yは，点 **エ** と点 **オ** を通る直線と **カ** との交点になることが示せるよ。
>
> 花子：でも，∠QPRが **キ** °より大きいときは，点 **エ** と点 **オ** を通る直線と **カ** が交わらないから，∠QPRが **キ** °より小さいときという条件がつくよ。
>
> 太郎：では，∠QPRが **キ** °より大きいときは，点Yはどのような点になるのかな。

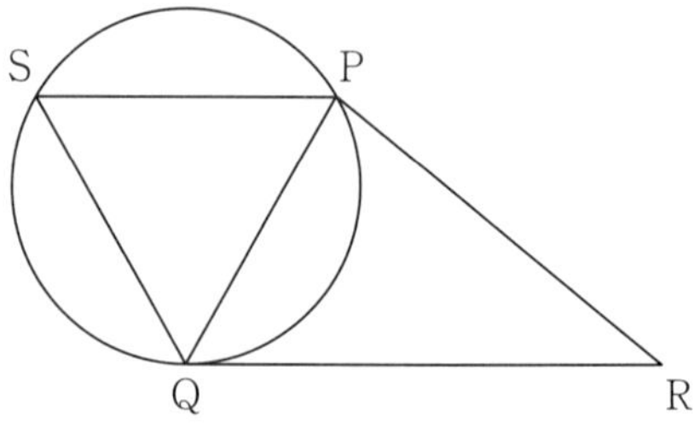

(i) **ウ** に当てはまるものを，次の⓪〜⑤のうちから一つ選べ。

　　⓪ PQ　　　　① PS　　　　② QS　　　　③ RS　　　　④ RT　　　　⑤ ST

(ii) **エ** , **オ** に当てはまるものを，次の⓪〜④のうちから一つずつ選べ。ただし **エ** , **オ** の解答の順序は問わない。

　　⓪ P　　　　① Q　　　　② R　　　　③ S　　　　④ T

(iii) **カ** に当てはまるものを，次の⓪〜⑤のうちから一つ選べ。

　　⓪ 辺PQ　　　① 辺PS　　　② 辺QS　　　③ 弧PQ　　　④ 弧PS　　　⑤ 弧QS

(iv) **キ** に当てはまるものを，次の⓪〜⑥のうちから一つ選べ。

　　⓪ 30　　　① 45　　　② 60　　　③ 90　　　④ 120　　　⑤ 135　　　⑥ 150

(v) ∠QPRが **キ** °より「小さいとき」と「大きいとき」の点Yについて正しく述べたものを，それぞれ次の⓪〜⑥のうちから一つずつ選べ。ただし，同じものを選んでもよい。

　　　　　小さいとき **ク** 　　　大きいとき **ケ**

　　⓪ 点Yは，三角形PQRの外心である。

　　① 点Yは，三角形PQRの内心である。

　　② 点Yは，三角形PQRの重心である。

　　③ 点Yは，∠PYR = ∠QYP = ∠RYQ となる点である。

　　④ 点Yは，∠PQY + ∠PRY + ∠QPR = 180° となる点である。

　　⑤ 点Yは，三角形PQRの三つの辺のうち，最も短い辺を除く二つの辺の交点である。

　　⑥ 点Yは，三角形PQRの三つの辺のうち，最も長い辺を除く二つの辺の交点である。

目標
7分　H31　② [1]（Ⅰ・A）　　　　　　　　　　　　

△ABC において，AB = 3，BC = 4，AC = 2 とする。

次の $\boxed{エ}$ には，下の⓪～②のうちから当てはまるものを一つ選べ。

$\cos\angle BAC = \dfrac{\boxed{アイ}}{\boxed{ウ}}$ であり，∠BAC は $\boxed{エ}$ である。また，

$\sin\angle BAC = \dfrac{\sqrt{\boxed{オカ}}}{\boxed{キ}}$ である。

⓪　鋭角　　　①　直角　　　②　鈍角

線分 AC の垂直二等分線と直線 AB の交点を D とする。

$\cos\angle CAD = \dfrac{\boxed{ク}}{\boxed{ケ}}$ であるから，AD = $\boxed{コ}$ であり，

△DBC の面積は $\dfrac{\boxed{サ}\sqrt{\boxed{シス}}}{\boxed{セ}}$ である。

目標
12分　H31　⑤（Ⅰ・A）　　　　　　　　　　　　

△ABC において，AB = 4，BC = 7，AC = 5 とする。

このとき，$\cos\angle BAC = -\dfrac{1}{5}$，$\sin\angle BAC = \dfrac{2\sqrt{6}}{5}$ である。

△ABC の内接円の半径は $\dfrac{\sqrt{\boxed{ア}}}{\boxed{イ}}$ である。

この内接円と辺 AB との接点を D，辺 AC との接点を E とする。

AD = $\boxed{ウ}$，DE = $\dfrac{\boxed{エ}\sqrt{\boxed{オカ}}}{\boxed{キ}}$

である。

線分 BE と線分 CD の交点を P，直線 AP と辺 BC の交点を Q とする。

$\dfrac{BQ}{CQ} = \dfrac{\boxed{ク}}{\boxed{ケ}}$

であるから，BQ = $\boxed{コ}$ であり，△ABC の内心を I とすると

IQ = $\dfrac{\sqrt{\boxed{サ}}}{\boxed{シ}}$

である。また，直線 CP と△ABC の内接円との交点で D とは異なる点を F とすると

$\cos\angle DFE = \dfrac{\sqrt{\boxed{スセ}}}{\boxed{ソ}}$ である。

R2　②　[1]（I・A）　　　／15点　　　／15点

△ABC において，BC ＝ $2\sqrt{2}$ とする。∠ACB の二等分線と辺 AB の交点を D とし，

CD ＝ $\sqrt{2}$，$\cos\angle BCD = \dfrac{3}{4}$ とする。このとき，BD ＝ $\boxed{\text{ア}}$ であり

$\sin\angle ADC = \dfrac{\sqrt{\boxed{\text{イウ}}}}{\boxed{\text{エ}}}$ である。$\dfrac{AC}{AD} = \sqrt{\boxed{\text{オ}}}$ であるから

AD ＝ $\boxed{\text{カ}}$

である。また，△ABC の外接円の半径は $\dfrac{\boxed{\text{キ}}\sqrt{\boxed{\text{ク}}}}{\boxed{\text{ケ}}}$ である。

目標 **12** 分　R2　⑤（I・A）　　　／20点　　　／20点

△ABC において，辺 BC を 7：1 に内分する点を D とし，辺 AC を 7：1 に内分する点を E とする。線分 AD と線分 BE の交点を F とし，直線 CF と辺 AB の交点を G とすると

$\dfrac{GB}{AG} = \boxed{\text{ア}}$，$\dfrac{FD}{AF} = \dfrac{\boxed{\text{イ}}}{\boxed{\text{ウ}}}$，$\dfrac{FC}{GF} = \dfrac{\boxed{\text{エ}}}{\boxed{\text{オ}}}$

である。したがって

$\dfrac{\triangle CDG \text{ の面積}}{\triangle BFG \text{ の面積}} = \dfrac{\boxed{\text{カ}}}{\boxed{\text{キク}}}$ となる。

4 点 B，D，F，G が同一円周上にあり，かつ FD ＝ 1 のとき

AB ＝ $\boxed{\text{ケコ}}$

である。さらに，AE ＝ $3\sqrt{7}$ とするとき，AE・AC ＝ $\boxed{\text{サシ}}$ であり

∠AEG ＝ $\boxed{\text{ス}}$

である。$\boxed{\text{ス}}$ に当てはまるものを，次の⓪～③のうちから一つ選べ。

　⓪　∠BGE　　①　∠ADB　　②　∠ABC　　③　∠BAD

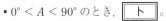

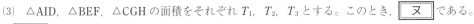

右の図のように，△ABC の外側に辺 AB，BC，CA をそれぞれ 1 辺とする正方形 ADEB，BFGC，CHIA をかき，2 点 E と F，G と H，I と D をそれぞれ線分で結んだ図形を考える。以下において

$$BC = a, \quad CA = b, \quad AB = c$$

$$\angle CAB = A, \quad \angle ABC = B, \quad \angle BCA = C \quad とする。$$

(1) $b = 6$, $c = 5$, $\cos A = \dfrac{3}{5}$ のとき，$\sin A = \dfrac{\boxed{セ}}{\boxed{ソ}}$ であり，△ABC の

面積は $\boxed{タチ}$，△AID の面積は $\boxed{ツテ}$ である。

(2) 正方形 BFGC，CHIA，ADEB の面積をそれぞれ S_1, S_2, S_3 とする。

このとき，$S_1 - S_2 - S_3$ は

- $0° < A < 90°$ のとき，$\boxed{ト}$。
- $A = 90°$ のとき，$\boxed{ナ}$。
- $90° < A < 180°$ のとき，$\boxed{ニ}$。

$\boxed{ト}$ ～ $\boxed{ニ}$ の解答群（同じものを繰り返し選んでもよい。）

⓪　0 である	①　正の値である
②　負の値である	③　正の値も負の値もとる

(3) △AID，△BEF，△CGH の面積をそれぞれ T_1, T_2, T_3 とする。このとき，$\boxed{ヌ}$ である。

$\boxed{ヌ}$ の解答群

⓪　$a < b < c$ ならば，$T_1 > T_2 > T_3$

①　$a < b < c$ ならば，$T_1 < T_2 < T_3$

②　A が鈍角ならば，$T_1 < T_2$ かつ $T_1 < T_3$

③　a, b, c の値に関係なく，$T_1 = T_2 = T_3$

(4) △ABC，△AID，△BEF，△CGH のうち，外接円の半径が最も小さいものを求める。

$0° < A < 90°$ のとき，ID $\boxed{ネ}$ BC であり

（△AID の外接円の半径）$\boxed{ノ}$（△ABC の外接円の半径）

であるから，外接円の半径が最も小さい三角形は

- $0° < A < B < C < 90°$ のとき，$\boxed{ハ}$ である。
- $0° < A < B < 90° < C$ のとき，$\boxed{ヒ}$ である。

$\boxed{ネ}$，$\boxed{ノ}$ の解答群（同じものを繰り返し選んでもよい。）

⓪　<	①　=	②　>

$\boxed{ハ}$，$\boxed{ヒ}$ の解答群（同じものを繰り返し選んでもよい。）

⓪　△ABC	①　△AID	②　△BEF	③　△CGH

参考図

△ABC において，AB = 3，BC = 4，AC = 5 とする。

∠BAC の二等分線と辺 BC との交点を D とすると

$$BD = \frac{\boxed{ア}}{\boxed{イ}}, \quad AD = \frac{\boxed{ウ}\sqrt{\boxed{エ}}}{\boxed{オ}}$$

である。

また，∠BAC の二等分線と △ABC の外接円 O との交点で点 A とは異なる点を E とする。△AEC に着目すると

$$AE = \boxed{カ}\sqrt{\boxed{キ}}$$

である。

△ABC の 2 辺 AB と AC の両方に接し，外接円 O に内接する円の中心を P とする。円 P の半径を r とする。さらに，円 P と外接円 O との接点を F とし，直線 PF と外接円 O との交点で点 F とは異なる点を G とする。このとき

$$AP = \sqrt{\boxed{ク}}\, r, \quad PG = \boxed{ケ} - r$$

と表せる。したがって，方べきの定理により $r = \dfrac{\boxed{コ}}{\boxed{サ}}$ である。

△ABC の内心を Q とする。内接円 Q の半径は $\boxed{シ}$ で，$AQ = \sqrt{\boxed{ス}}$ である。また，円 P と辺 AB との接点を H とすると，$AH = \dfrac{\boxed{セ}}{\boxed{ソ}}$ である。

以上から，点 H に関する次の(a)，(b)の正誤の組合せとして正しいものは $\boxed{タ}$ である。

(a)　点 H は 3 点 B，D，Q を通る円の周上にある。

(b)　点 H は 3 点 B，E，Q を通る円の周上にある。

$\boxed{タ}$ の解答群

	⓪	①	②	③
(a)	正	正	誤	誤
(b)	正	誤	正	誤

平面上に2点A, Bがあり, AB = 8である. 直線AB上にない点Pをとり, △ABPをつくり, その外接円の半径をRとする.

太郎さんは, 図1のように, コンピュータソフトを使って点Pをいろいろな位置にとった.

図1は, 点Pをいろいろな位置にとったときの△ABPの外接円をかいたものである.

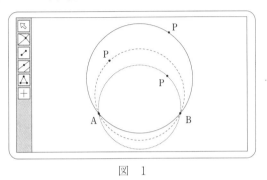

図　1

(1)　太郎さんは, 点Pのとり方によって外接円の半径が異なることに気づき, 次の**問題1**を考えることにした.

> **問題1**　点Pをいろいろな位置にとるとき, 外接円の半径Rが最小となる△ABPはどのような三角形か.

正弦定理により, $2R = \dfrac{\boxed{キ}}{\sin\angle APB}$ である. よって, Rが最小となるのは $\angle APB = \boxed{クケ}°$ の三角形である. このとき, $R = \boxed{コ}$ である.

(2)　太郎さんは, 図2のように, **問題1**の点Pのとり方に条件を付けて, 次の**問題2**を考えた.

> **問題2**　直線ABに平行な直線をℓとし, 直線ℓ上で点Pをいろいろな位置にとる. このとき, 外接円の半径Rが最小となる△ABPはどのような三角形か.

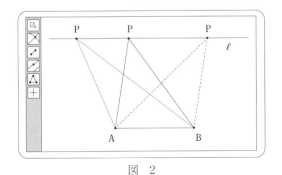

図　2

太郎さんは, この問題を解決するために, 次の構想を立てた.

┌─ 問題2の解決の構想 ─────────────────────────────
問題1の考察から, 線分ABを直径とする円をCとし, 円Cに着目する. 直線ℓは, その位置によって, 円Cと共有点をもつ場合ともたない場合があるので, それぞれの場合に分けて考える.
└──

直線 AB と直線 ℓ との距離を h とする。直線 ℓ が円 C と共有点をもつ場合は，$h \leqq$ サ のときであり，共有点をもたない場合は，$h >$ サ のときである。

(i) $h \leqq$ サ のとき

直線 ℓ が円 C と共有点をもつので，R が最小となる $\triangle$ABP は，$h <$ サ のとき シ であり，$h =$ サ のとき直角二等辺三角形である。

(ii) $h >$ サ のとき

線分 AB の垂直二等分線を m とし，直線 m と直線 ℓ との交点を P_1 とする。直線 ℓ 上にあり点 P_1 とは異なる点を P_2 とするとき $\sin\angle AP_1B$ と $\sin\angle AP_2B$ の大小を考える。

$\triangle ABP_2$ の外接円と直線 m との共有点のうち，直線 AB に関して点 P_2 と同じ側にある点を P_3 とすると，$\angle AP_3B$ ス $\angle AP_2B$ である。

また，$\angle AP_3B < \angle AP_1B < 90°$ より $\sin\angle AP_3B$ セ $\sin\angle AP_1B$ である。このとき（$\triangle ABP_1$ の外接円の半径）ソ（$\triangle ABP_2$ の外接円の半径）であり，R が最小となる $\triangle$ABP は タ である。

シ ，タ については，最も適当なものを，次の⓪〜④のうちから一つずつ選べ。ただし，同じものを繰り返し選んでもよい。

⓪ 鈍角三角形	① 直角三角形	② 正三角形
③ 二等辺三角形	④ 直角二等辺三角形	

ス 〜 ソ の解答群（同じものを繰り返し選んでもよい。）

⓪ $<$	① $=$	② $>$

(3) **問題2**の考察を振り返って，$h = 8$ のとき，$\triangle$ABP の外接円の半径 R が最小である場合について考える。このとき，$\sin\angle APB = \dfrac{\text{チ}}{\text{ツ}}$ であり，$R =$ テ である。

目標 15分

第1回目   第2回目

R3　追試　⑤（Ⅰ・A）　　　　　　／20点　　　／20点

点 Z を端点とする半直線 ZX と半直線 ZY があり，$0° < \angle XZY < 90°$ とする。また，$0° < \angle SZX < \angle XZY$ かつ $0° < \angle SZY < \angle XZY$ を満たす点 S をとる。点 S を通り，半直線 ZX と半直線 ZY の両方に接する円を作図したい。

円 O を，次の（Step 1）〜（Step 5）の**手順**で作図する。

手順

（Step 1）∠XZY の二等分線 ℓ 上に点 C をとり，下図のように半直線 ZX と半直線 ZY の両方に接する円 C を作図する。また，円 C と半直線 ZX との接点を D，半直線 ZY との接点を E とする。

（Step 2）円 C と直線 ZS との交点の一つを G とする。

（Step 3）半直線 ZX 上に点 H を DG ∥ HS を満たすようにとる。

（Step 4）点 H を通り，半直線 ZX に垂直な直線を引き，ℓ との交点を O とする。

（Step 5）点 O を中心とする半径 OH の円 O をかく。

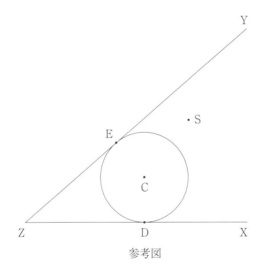

参考図

(1)（Step 1）〜（Step 5）の**手順**で作図した円 O が求める円であることは，次の**構想**に基づいて下のように説明できる。

構想

円 O が点 S を通り，半直線 ZX と半直線 ZY の両方に接する円であることを示すには，OH = $\boxed{\text{ア}}$ が成り立つことを示せばよい。

作図の**手順**より，△ZDG と △ZHS との関係，および △ZDC と △ZHO との関係に着目すると

$$DG : \boxed{\text{イ}} = \boxed{\text{ウ}} : \boxed{\text{エ}}$$
$$DC : \boxed{\text{オ}} = \boxed{\text{ウ}} : \boxed{\text{エ}}$$

であるから，DG : $\boxed{\text{イ}}$ = DC : $\boxed{\text{オ}}$ となる。

ここで，3 点 S, O, H が一直線上にない場合は，∠CDG = ∠$\boxed{\text{カ}}$ であるので，△CDG と △$\boxed{\text{カ}}$ との関係に着目すると，CD = CG より OH = $\boxed{\text{ア}}$ であることがわかる。

49

なお，3点 S, O, H が一直線上にある場合は，DG = $\boxed{キ}$ DC となり，DG : $\boxed{イ}$ = DC : $\boxed{オ}$ より OH = $\boxed{ア}$ であることがわかる。

$\boxed{ア}$ ～ $\boxed{オ}$ の解答群（同じものを繰り返し選んでもよい。）

⓪ DH	① HO	② HS	③ OD	④ OG
⑤ OS	⑥ ZD	⑦ ZH	⑧ ZO	⑨ ZS

$\boxed{カ}$ の解答群

⓪ OHD	① OHG	② OHS	③ ZDS
④ ZHG	⑤ ZHS	⑥ ZOS	⑦ ZCG

(2) 点 S を通り，半直線 ZX と半直線 ZY の両方に接する円は二つ作図できる。特に，点 S が ∠XZY の二等分線 ℓ 上にある場合を考える。半径が大きい方の円の中心を O_1 とし，半径が小さい方の円の中心を O_2 とする。また，円 O_2 と半直線 ZY が接する点を I とする。円 O_1 と半直線 ZY が接する点を J とし，円 O_1 と半直線 ZX が接する点を K とする。

作図をした結果，円 O_1 の半径は 5，円 O_2 の半径は 3 であったとする。このとき，IJ = $\boxed{ク}\sqrt{\boxed{ケコ}}$ である。さらに，円 O_1 と円 O_2 の接点 S における共通接線と半直線 ZY との交点を L とし，直線 LK と円 O_1 との交点で点 K とは異なる点を M とすると

LM・LK = $\boxed{サシ}$

である。

また，ZI = $\boxed{ス}\sqrt{\boxed{セソ}}$ であるので，直線 LK と直線 ℓ との交点を N とすると

$\dfrac{LN}{NK} = \dfrac{\boxed{タ}}{\boxed{チ}}$，SN = $\dfrac{\boxed{ツ}}{\boxed{テ}}$

である。

R4 ①〔2〕（Ⅰ・A）　　　　　　　　　　／6点　　／6点

〔2〕　以下の問題を解答するにあたっては，必要に応じて次ページの三角比の表を用いてもよい。

太郎さんと花子さんは，キャンプ場のガイドブックにある地図を見ながら，後のように話している。

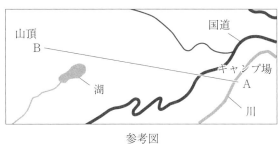

参考図

太郎：キャンプ場の地点 A から山頂 B を見上げる角度はどれくらいかな。
花子：地図アプリを使って，地点 A と山頂 B を含む断面図を調べたら，図1のようになったよ。点 C は，山
　　　頂 B から地点 A を通る水平面に下ろした垂線とその水平面との交点のことだよ。
太郎：図1の角度 θ は，AC，BC の長さを定規で測って，三角比の表を用いて調べたら 16° だったよ。
花子：本当に 16° なの？　図1の鉛直方向の縮尺と水平方向の縮尺は等しいのかな？

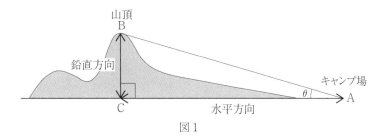

図1

　図1の θ はちょうど 16° であったとする。しかし，図1の縮尺は，水平方向が $\dfrac{1}{100000}$ であるのに対して，鉛

直方向は $\dfrac{1}{25000}$ であった。

　実際にキャンプ場の地点 A から山頂 B を見上げる角である ∠BAC を考えると，tan ＝ ∠BAC は　コ　.
サシス　となる。したがって，∠BAC の大きさは　セ　。ただし，目の高さは無視して考えるものとする。

　セ　の解答群

⓪　3° より大きく 4° より小さい	①　ちょうど 4° である
②　4° より大きく 5° より小さい	③　ちょうど 16° である
④　48° より大きく 49° より小さい	⑤　ちょうど 49° である
⑥　49° より大きく 50° より小さい	⑦　63° より大きく 64° より小さい
⑧　ちょうど 64° である	⑨　64° より大きく 65° より小さい

三角比の表

角	正弦（sin）	余弦（cos）	正接（tan）	角	正弦（sin）	余弦（cos）	正接（tan）
0°	0.0000	1.0000	0.0000	45°	0.7071	0.7071	1.0000
1°	0.0175	0.9998	0.0175	46°	0.7193	0.6947	1.0355
2°	0.0349	0.9994	0.0349	47°	0.7314	0.6820	1.0724
3°	0.0523	0.9986	0.0524	48°	0.7431	0.6691	1.1106
4°	0.0698	0.9976	0.0699	49°	0.7547	0.6561	1.1504
5°	0.0872	0.9962	0.0875	50°	0.7660	0.6428	1.1918
6°	0.1045	0.9945	0.1051	51°	0.7771	0.6293	1.2349
7°	0.1219	0.9925	0.1228	52°	0.7880	0.6157	1.2799
8°	0.1392	0.9903	0.1405	53°	0.7986	0.6018	1.3270
9°	0.1564	0.9877	0.1584	54°	0.8090	0.5878	1.3764
10°	0.1736	0.9848	0.1763	55°	0.8192	0.5736	1.4281
11°	0.1908	0.9816	0.1944	56°	0.8290	0.5592	1.4826
12°	0.2079	0.9781	0.2126	57°	0.8387	0.5446	1.5399
13°	0.2250	0.9744	0.2309	58°	0.8480	0.5299	1.6003
14°	0.2419	0.9703	0.2493	59°	0.8572	0.5150	1.6643
15°	0.2588	0.9659	0.2679	60°	0.8660	0.5000	1.7321
16°	0.2756	0.9613	0.2867	61°	0.8746	0.4848	1.8040
17°	0.2924	0.9563	0.3057	62°	0.8829	0.4695	1.8807
18°	0.3090	0.9511	0.3249	63°	0.8910	0.4540	1.9626
19°	0.3256	0.9455	0.3443	64°	0.8988	0.4384	2.0503
20°	0.3420	0.9397	0.3640	65°	0.9063	0.4226	2.1445
21°	0.3584	0.9336	0.3839	66°	0.9135	0.4067	2.2460
22°	0.3746	0.9272	0.4040	67°	0.9205	0.3907	2.3559
23°	0.3907	0.9205	0.4245	68°	0.9272	0.3746	2.4751
24°	0.4067	0.9135	0.4452	69°	0.9336	0.3584	2.6051
25°	0.4226	0.9063	0.4663	70°	0.9397	0.3420	2.7475
26°	0.4384	0.8988	0.4877	71°	0.9455	0.3256	2.9042
27°	0.4540	0.8910	0.5095	72°	0.9511	0.3090	3.0777
28°	0.4695	0.8829	0.5317	73°	0.9563	0.2924	3.2709
29°	0.4848	0.8746	0.5543	74°	0.9613	0.2756	3.4874
30°	0.5000	0.8660	0.5774	75°	0.9659	0.2588	3.7321
31°	0.5150	0.8572	0.6009	76°	0.9703	0.2419	4.0108
32°	0.5299	0.8480	0.6249	77°	0.9744	0.2250	4.3315
33°	0.5446	0.8387	0.6494	78°	0.9781	0.2079	4.7046
34°	0.5592	0.8290	0.6745	79°	0.9816	0.1908	5.1446
35°	0.5736	0.8192	0.7002	80°	0.9848	0.1736	5.6713
36°	0.5878	0.8090	0.7265	81°	0.9877	0.1564	6.3138
37°	0.6018	0.7986	0.7536	82°	0.9903	0.1392	7.1154
38°	0.6157	0.7880	0.7813	83°	0.9925	0.1219	8.1443
39°	0.6293	0.7771	0.8098	84°	0.9945	0.1045	9.5144
40°	0.6428	0.7660	0.8391	85°	0.9962	0.0872	11.4301
41°	0.6561	0.7547	0.8693	86°	0.9976	0.0698	14.3007
42°	0.6691	0.7431	0.9004	87°	0.9986	0.0523	19.0811
43°	0.6820	0.7314	0.9325	88°	0.9994	0.0349	28.6363
44°	0.6947	0.7193	0.9657	89°	0.9998	0.0175	57.2900
45°	0.7071	0.7071	1.0000	90°	1.0000	0.0000	—

目標
7分

R4　1　[3]（I・A）　　　　　　　　　　　　／14点　　　／14点

外接円の半径が3である △ABC を考える。点 A から直線 BC に引いた垂線と直線 BC との交点を D とする。

(1)　AB ＝ 5，AC ＝ 4 とする。このとき

$$\sin\angle ABC = \dfrac{\boxed{ソ}}{\boxed{タ}}, \quad AD = \dfrac{\boxed{チツ}}{\boxed{テ}} \quad である。$$

(2)　2 辺 AB，AC の長さの間に 2AB ＋ AC ＝ 14 の関係があるとする。

このとき，AB の長さのとり得る値の範囲は $\boxed{ト} \leqq AB \leqq \boxed{ナ}$ であり

$$AD = \dfrac{\boxed{ニヌ}}{\boxed{ネ}}AB^2 + \dfrac{\boxed{ノ}}{\boxed{ハ}}AB \quad と表せるので，AD の長さの最大値は \boxed{ヒ} である。$$

目標
12分

R4　5　（I・A）　　　　　　　　　　　　／20点　　　／20点

△ABC の重心を G とし，線分 AG 上で点 A とは異なる位置に点 D をとる。直線 AG と辺 BC の交点を E とする。また，直線 BC 上で辺 BC 上にはない位置に点 F をとる。直線 DF と辺 AB の交点を P，直線 DF と辺 AC の交点を Q とする。

(1)　点 D は線分 AG の中点であるとする。このとき，△ABC の形状に関係なく

$$\dfrac{AD}{DE} = \dfrac{\boxed{ア}}{\boxed{イ}} \quad である。また，点 F の位置に関係なく$$

$$\dfrac{BP}{AP} = \boxed{ウ} \times \dfrac{\boxed{エ}}{\boxed{オ}}, \quad \dfrac{CQ}{AQ} = \boxed{カ} \times \dfrac{\boxed{キ}}{\boxed{ク}}$$

であるので，つねに

$$\dfrac{BP}{AP} + \dfrac{CQ}{AQ} = \boxed{ケ} \quad となる。$$

$\boxed{エ}$，$\boxed{オ}$，$\boxed{キ}$，$\boxed{ク}$ の解答群（同じものを繰り返し選んでもよい。）

⓪ BC	① BF	② CF	③ EF	④ FP	⑤ FQ	⑥ PQ

(2)　AB ＝ 9，BC ＝ 8，AC ＝ 6 とし，(1)と同様に，点 D は線分 AG の中点であるとする。ここで，4 点 B，C，Q，P が同一円周上にあるように点 F をとる。

このとき，$AQ = \dfrac{\boxed{コ}}{\boxed{サ}} AP$ であるから

$$AP = \dfrac{\boxed{シス}}{\boxed{セ}}, \quad AQ = \dfrac{\boxed{ソタ}}{\boxed{チ}} \quad であり \quad CF = \dfrac{\boxed{ツテ}}{\boxed{トナ}} \quad である。$$

(3)　△ABC の形状や点 F の位置に関係なく，つねに $\dfrac{BP}{AP} + \dfrac{CQ}{AQ} = 10$ となるのは，$\dfrac{AD}{DG} = \dfrac{\boxed{ニ}}{\boxed{ヌ}}$ のときである。

目標 15分　　H25　④（Ⅰ・A）　　　　　　　　　　　　／25点　　　／25点

(1) 1から4までの数字を，重複を許して並べてできる4桁の自然数は，全部で アイウ 個ある。

(2) (1)の アイウ 個の自然数のうちで，1から4までの数字を重複なく使ってできるものは エオ 個ある。

(3) (1)の アイウ 個の自然数のうちで，1331のように，異なる二つの数字を2回ずつ使ってできるものの個数を，次の考え方に従って求めよう。

　(i) 1から4までの数字から異なる二つを選ぶ。この選び方は カ 通りある。

　(ii) (i)で選んだ数字のうち小さい方を，一・十・百・千の位のうち，どの2箇所に置くか決める。置く2箇所の決め方は キ 通りある。小さい方の数字を置く場所を決めると，大きい方の数字を置く場所は残りの2箇所に決まる。

　(iii) (i)と(ii)より，求める個数は クケ 個である。

(4) (1)の アイウ 個の自然数を，それぞれ別々のカードに書く。できた アイウ 枚のカードから1枚引き，それに書かれた数の四つの数字に応じて，得点を次のように定める。

　　・四つとも同じ数字のとき　　　　　　　　　　　　　　　　9点
　　・2回現れる数字が二つあるとき　　　　　　　　　　　　　3点
　　・3回現れる数字が一つと，1回だけ現れる数字が一つあるとき　2点
　　・2回現れる数字が一つと，1回だけ現れる数字が二つあるとき　1点
　　・数字の重複がないとき　　　　　　　　　　　　　　　　　0点

　(i) 得点が9点となる確率は $\dfrac{\text{コ}}{\text{サシ}}$，得点が3点となる確率は $\dfrac{\text{ス}}{\text{セソ}}$ である。

　(ii) 得点が2点となる確率は $\dfrac{\text{タ}}{\text{チツ}}$，得点が1点となる確率は $\dfrac{\text{テ}}{\text{トナ}}$ である。

　(iii) 得点の期待値は $\dfrac{\text{ニ}}{\text{ヌ}}$ 点である。

目標
15分

H26　④（Ⅰ・A）

下の図は，ある町の街路図の一部である。

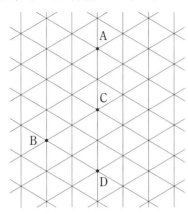

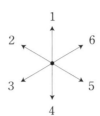

ある人が，交差点 A から出発し，次の規則に従って，交差点から隣の交差点への移動を繰り返す。

① 　街路上のみを移動する。

② 　出発前にサイコロを投げ，出た目に応じて上図の 1〜6 の矢印の方向の隣の交差点に移動する。

③ 　交差点に達したら，再びサイコロを投げ，出た目に応じて図の 1〜6 の矢印の方向の隣の交差点に移動する。（一度通った道を引き返すこともできる。）

④ 　交差点に達するたびに，③と同じことを繰り返す。

(1)　交差点 A を出発し，4 回移動して交差点 B にいる移動の仕方について考える。この場合，3 の矢印の方向の移動と 4 の矢印の方向の移動をそれぞれ 2 回ずつ行うので，このような移動の仕方は　ア　通りある。

(2)　交差点 A を出発し，3 回移動して交差点 C にいる移動の仕方は　イ　通りある。

(3)　交差点 A を出発し，6 回移動することを考える。このとき，交差点 A を出発し，3 回の移動が終わった時点で交差点 C にいて，次に 3 回移動して交差点 D にいる移動の仕方は　ウエ　通りあり，その確率は

$$\frac{オ}{カキクケ}$$

である。

(4)　交差点 A を出発し，6 回移動して交差点 D にいる移動の仕方について考える。

・1 の矢印の向きの移動を含むものは　コ　通りある。

・2 の矢印の向きの移動を含むものは　サシ　通りある。

・6 の矢印の向きの移動を含むものも　サシ　通りある。

・上記 3 つ以外の場合，4 の矢印の向きの移動は　ス　回だけに決まるので，移動の仕方は　セソ　通りある。

よって，交差点 A を出発し，6 回移動して交差点 D にいる移動の仕方は　タチツ　通りある。

目標 15分　H27 ④（I・A）　　　／20点　　／20点

同じ大きさの5枚の正方形の板を一列に並べて，図のような掲示板を作り，壁に固定する。赤色，緑色，青色のペンキを用いて，隣り合う正方形どうしが異なる色となるように，この掲示板を塗り分ける。ただし，塗り分ける際には，3色のペンキをすべて使わなければならないわけではなく，2色のペンキだけで塗り分けることがあってもよいものとする。

(1) このような塗り方は，全部で　アイ　通りある。

(2) 塗り方が左右対称となるのは，　ウエ　通りある。

(3) 青色と緑色の2色だけで塗り分けるのは，　オ　通りある。

(4) 赤色に塗られる正方形が3枚であるのは，　カ　通りある。

(5) 赤色に塗られる正方形が1枚である場合について考える。

　・どちらかの端の1枚が赤色に塗られるのは，　キ　通りある。

　・端以外の1枚が赤色に塗られるのは，　クケ　通りある。

　よって，赤色に塗られる正方形が1枚であるのは，　コサ　通りある。

(6) 赤色に塗られる正方形が2枚であるのは，　シス　通りある。

目標 14分　H28 ③（I・A）　　　／20点　　／20点

赤球4個，青球3個，白球5個，合計12個の球がある。これら12個の球を袋の中に入れ，この袋からAさんがまず1個取り出し，その球をもとに戻さずに続いてBさんが1個取り出す。

(1) AさんとBさんが取り出した2個の球のなかに，赤球か青球が少なくとも1個含まれている確率は $\dfrac{アイ}{ウエ}$ である。

(2) Aさんが赤球を取り出し，かつBさんが白球を取り出す確率は $\dfrac{オ}{カキ}$ である。これより，Aさんが取り出した球が赤球であったとき，Bさんが取り出した球が白球である条件付き確率は $\dfrac{ク}{ケコ}$ である。

(3) Aさんは1球取り出したのち，その色を見ずにポケットの中にしまった。Bさんが取り出した球が白球であることがわかったとき，Aさんが取り出した球も白球であった条件付き確率を求めたい。

　Aさんが赤球を取り出し，かつBさんが白球を取り出す確率は $\dfrac{オ}{カキ}$ であり，Aさんが青球を取り出し，かつBさんが白球を取り出す確率は $\dfrac{サ}{シス}$ である。同様に，Aさんが白球を取り出し，かつBさんが白球を取り出す確率を求めることができ，これらの事象は互いに排反であるから，Bさんが白球を取り出す確率は $\dfrac{セ}{ソタ}$ である。

　よって，求める条件付き確率は $\dfrac{チ}{ツテ}$ である。

あたりが2本，はずれが2本の合計4本からなるくじがある。A，B，Cの3人がこの順に1本ずつくじを引く。ただし，1度引いたくじはもとに戻さない。

(1) A，Bの少なくとも一方があたりのくじを引く事象 E_1 の確率は，$\dfrac{\boxed{ア}}{\boxed{イ}}$ である。

(2) 次の $\boxed{ウ}$，$\boxed{エ}$，$\boxed{オ}$ に当てはまるものを，下の⓪～⑤のうちから一つずつ選べ。

ただし，解答の順序は問わない。

A，B，Cの3人で2本のあたりのくじを引く事象 E は，3つの排反な事象 $\boxed{ウ}$，$\boxed{エ}$，$\boxed{オ}$ の和事象である。

⓪　Aがはずれのくじを引く事象　　　①　Aだけがはずれのくじを引く事象

②　Bがはずれのくじを引く事象　　　③　Bだけがはずれのくじを引く事象

④　Cがはずれのくじを引く事象　　　⑤　Cだけがはずれのくじを引く事象

また，その和事象の確率は $\dfrac{\boxed{カ}}{\boxed{キ}}$ である。

(3) 事象 E_1 が起こったときの事象 E の起こる条件付き確率は，$\dfrac{\boxed{ク}}{\boxed{ケ}}$ である。

(4) 次の $\boxed{コ}$，$\boxed{サ}$，$\boxed{シ}$ に当てはまるものを，下の⓪～⑤のうちから一つずつ選べ。

ただし，解答の順序は問わない。

B，Cの少なくとも一方があたりのくじを引く事象 E_2 は，3つの排反な事象 $\boxed{コ}$，$\boxed{サ}$，$\boxed{シ}$ の和事象である。

⓪　Aがはずれのくじを引く事象　　　①　Aだけがはずれのくじを引く事象

②　Bがはずれのくじを引く事象　　　③　Bだけがはずれのくじを引く事象

④　Cがはずれのくじを引く事象　　　⑤　Cだけがはずれのくじを引く事象

また，その和事象の確率は $\dfrac{\boxed{ス}}{\boxed{セ}}$ である。

他方，A，Cの少なくとも一方があたりのくじをひく事象 E_3 の確率は，$\dfrac{\boxed{ソ}}{\boxed{タ}}$ である。

(5) 次の $\boxed{チ}$ に当てはまるものを，下の⓪～⑥のうちから一つ選べ。

事象 E_1 が起こったときの事象 E の起こる条件付き確率 p_1，事象 E_2 が起こったときの事象 E の起こる条件付き確率 p_2，事象 E_3 が起こったときの事象 E の起こる条件付き確率 p_3 の間の大小関係は，$\boxed{チ}$ である。

⓪　$p_1 < p_2 < p_3$　　　①　$p_1 > p_2 > p_3$　　　②　$p_1 < p_2 = p_3$

③　$p_1 > p_2 = p_3$　　　④　$p_1 = p_2 < p_3$　　　⑤　$p_1 = p_2 > p_3$

⑥　$p_1 = p_2 = p_3$

目標 **14** 分

H30 ③ (Ⅰ・A) ／20点　　／20点

一般に，事象 A の確率を $P(A)$ で表す。また，事象 A の余事象を $\overline{A}$ と表し，二つの事象 A, B の積事象を $A \cap B$ と表す。

大小2個のさいころを同時に投げる試行において

　　A を「大きいさいころについて，4の目が出る」という事象

　　B を「2個のさいころの出た目の和が7である」という事象

　　C を「2個のさいころの出た目の和が9である」という事象

とする。

(1) 事象 A, B, C の確率は，それぞれ

$$P(A) = \frac{\boxed{\text{ア}}}{\boxed{\text{イ}}}, \quad P(B) = \frac{\boxed{\text{ウ}}}{\boxed{\text{エ}}}, \quad P(C) = \frac{\boxed{\text{オ}}}{\boxed{\text{カ}}} \quad \text{である。}$$

(2) 事象 C が起こったときの事象 A が起こる条件付き確率は $\dfrac{\boxed{\text{キ}}}{\boxed{\text{ク}}}$ であり，

事象 A が起こったときの事象 C が起こる条件付き確率は $\dfrac{\boxed{\text{ケ}}}{\boxed{\text{コ}}}$ である。

(3) 次の $\boxed{\text{サ}}$，$\boxed{\text{シ}}$ に当てはまるものを，下の⓪～②のうちからそれぞれ一つ選べ。ただし，同じものを繰り返し選んでもよい。

$P(A \cap B) \boxed{\text{サ}} P(A)P(B)$

$P(A \cap C) \boxed{\text{シ}} P(A)P(C)$

　⓪　＜　　　①　＝　　　②　＞

(4) 大小2個のさいころを同時に投げる試行を2回繰り返す。1回目に事象 $A \cap B$ が起こり，2回目に事象 $\overline{A} \cap C$ が起こる確率は $\dfrac{\boxed{\text{ス}}}{\boxed{\text{セソタ}}}$ である。三つの事象 A, B, C がいずれもちょうど1回ずつ起こる確率は

$\dfrac{\boxed{\text{チ}}}{\boxed{\text{ツテ}}}$ である。

高速道路には，渋滞状況が表示されていることがある。目的地に行く経路が複数ある場合は，渋滞中を示す表示を見て経路を決める運転手も少なくない。太郎さんと花子さんは渋滞中の表示と車の流れについて，仮定をおいて考えてみることにした。

A地点（入口）からB地点（出口）に向かって北上する高速道路には，図1のように分岐点A，C，Eと合流点B，Dがある。①，②，③は主要道路であり，④，⑤，⑥，⑦は迂回道路である。ただし，矢印は車の進行方向を表し，図1の経路以外にA地点からB地点に向かう経路はないとする。また，各分岐点A，C，Eには，それぞれ①と④，②と⑦，⑤と⑥の渋滞状況が表示される。

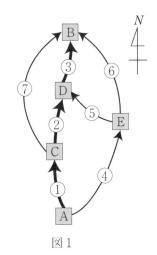

図1

太郎さんと花子さんは，まず渋滞中の表示がないときに，A，C，Eの各分岐点において運転手がどのような選択をしているか調査した。その結果が表1である。

表1

調査日	地点	台数	選択した道路	台数
5月10日	A	1183	①	1092
			④	91
5月11日	C	1008	②	882
			⑦	126
5月12日	E	496	⑤	248
			⑥	248

これに対して太郎さんは，運転手の選択について，次のような仮定をおいて確率を使って考えることにした。

太郎さんの仮定

(ⅰ)　表1の選択の割合を確率とみなす。

(ⅱ)　分岐点において，二つの道路のいずれにも渋滞中の表示がない場合，またはいずれにも渋滞中の表示がある場合，運転手が道路を選択する確率は(ⅰ)でみなした確率とする。

(ⅲ)　分岐点において，片方の道路にのみ渋滞中の表示がある場合，運転手が渋滞中の表示のある道路を選択する確率は(ⅰ)でみなした確率の $\dfrac{2}{3}$ 倍とする。

ここで，(ⅰ)の選択の割合を確率とみなすとは，例えばA地点の分岐において④の道路を選択した割合 $\dfrac{91}{1183}=\dfrac{1}{13}$ を④の道路を選択する確率とみなすということである。

太郎さんの仮定のもとで，次の問いに答えよ。

(1)　すべての道路に渋滞中の表示がない場合，

A地点の分岐において運転手が①の道路を選択する確率を求めよ。　$\dfrac{\boxed{アイ}}{\boxed{ウエ}}$

(2)　すべての道路に渋滞中の表示がない場合，

A地点からB地点に向かう車がD地点を通過する確率を求めよ。　$\dfrac{\boxed{オカ}}{\boxed{キク}}$

(3)　すべての道路に渋滞中の表示がない場合，

A地点からB地点に向かう車でD地点を通過した車が，E地点を通過していた確率を求めよ。　$\dfrac{\boxed{ケ}}{\boxed{コサ}}$

(4) ①の道路にのみ渋滞中の表示がある場合，

A 地点から B 地点に向かう車が D 地点を通過する確率を求めよ。$\dfrac{\boxed{シス}}{\boxed{セソ}}$

　　各道路を通過する車の台数が 1000 台を超えると車の流れが急激に悪くなる。一方で各道路の通過台数が 1000 台を超えない限り，主要道路である①，②，③をより多くの車が通過することが社会の効率化に繋がる。したがって，各道路の通過台数が 1000 台を超えない範囲で，①，②，③をそれぞれ通過する台数の合計が最大になるようにしたい。

　　このことを踏まえて，花子さんは，太郎さんの仮定を参考にしながら，次のような仮定をおいて考えることにした。

> **花子さんの仮定**
> （ⅰ）分岐点において，二つの道路のいずれにも渋滞中の表示がない場合，またはいずれにも渋滞中の表示がある場合，それぞれの道路に進む車の割合は表1の割合とする。
> （ⅱ）分岐点において，片方の道路にのみ渋滞中の表示がある場合，渋滞中の表示のある道路に進む車の台数の割合は表1の割合の $\dfrac{2}{3}$ 倍とする。

　　過去のデータから 5 月 13 日に A 地点から B 地点に向かう車は 1560 台と想定している。そこで，花子さんの仮定のもとでこの台数を想定してシミュレーションを行った。このとき，次の問いに答えよ。

(5) すべての道路に渋滞中の表示がない場合，①を通過する台数は $\boxed{タチツテ}$ 台となる。よって，①の通過台数を 1000 台以下にするには，①に渋滞中の表示を出す必要がある。

　　①に渋滞中の表示を出した場合，①の通過台数は $\boxed{トナニ}$ 台となる。

(6) 各道路の通過台数が 1000 台を超えない範囲で，①，②，③をそれぞれ通過する台数の合計を最大にするには，渋滞中の表示を $\boxed{ヌ}$ のようにすればよい。$\boxed{ヌ}$ に当てはまるものを，次の⓪～③のうちから一つ選べ。

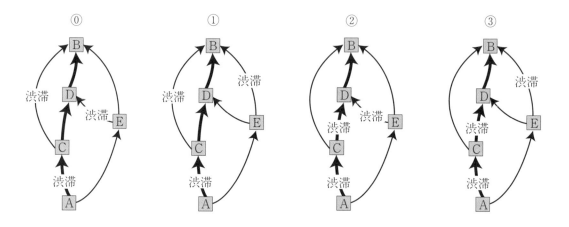

第1回目　第2回目

目標 15分

H30　試行　3（Ⅰ・A）　／20点　／20点

くじが100本ずつ入った二つの箱があり，それぞれの箱に入っている当たりくじの本数は異なる。これらの箱から二人の人が順にどちらかの箱を選んで1本ずつくじを引く。ただし，引いたくじはもとに戻さないものとする。

また，くじを引く人は，最初にそれぞれの箱に入れる当たりくじの本数は知っているが，それらがどちらの箱に入っているかはわからないものとする。

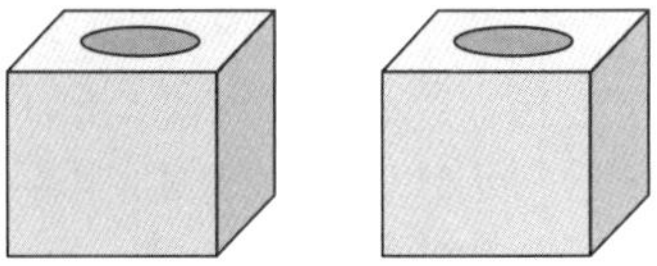

今，1番目の人が一方の箱からくじを1本引いたところ，当たりくじであったとする。2番目の人が当たりくじを引く確率を大きくするためには，1番目の人が引いた箱と同じ箱，異なる箱のどちらを選ぶべきかを考察しよう。

最初に当たりくじが多く入っている方の箱をA，もう一方の箱をBとし，1番目の人がくじを引いた箱がAである事象をA，Bである事象をBとする。このとき，$P(A)=P(B)=\frac{1}{2}$とする。また，1番目の人が当たりくじを引く事象をWとする。

太郎さんと花子さんは，箱A，箱Bに入っている当たりくじの本数によって，2番目の人が当たりくじを引く確率がどのようになるかを調べている。

(1)　箱Aには当たりくじが10本入っていて，箱Bには当たりくじが5本入っている場合を考える。

> 花子：1番目の人が当たりくじを引いたから，その箱が箱Aである可能性が高そうだね。その場合，箱Aには当たりくじが9本残っているから，2番目の人は，1番目の人と同じ箱からくじを引いた方がよさそうだよ。
>
> 太郎：確率を計算してみようよ。

1番目の人が引いた箱が箱Aで，かつ当たりくじを引く確率は，

$$P(A\cap W)=P(A)\cdot P_A(W)=\frac{\boxed{\text{ア}}}{\boxed{\text{イウ}}}$$

である。一方で，1番目の人が当たりくじを引く事象Wは，箱Aから当たりくじを引くか箱Bから当たりくじを引くかのいずれかであるので，その確率は，

$$P(W)=\frac{\boxed{\text{エ}}}{\boxed{\text{オカ}}}$$ である。

よって，1番目の人が当たりくじを引いたという条件の下で，その箱が箱Aであるという条件付き確率$P_W(A)$は，

$$P_W(A)=\frac{P(A\cap W)}{P(W)}=\frac{\boxed{\text{キ}}}{\boxed{\text{ク}}}$$

と求められる。

また，1番目の人が当たりくじを引いた後，同じ箱から2番目の人がくじを引くとき，そのくじが当たりくじである確率は，

$$P_W(A)\times\frac{9}{99}+P_W(B)\times\frac{\boxed{\text{ケ}}}{99}=\frac{\boxed{\text{コ}}}{\boxed{\text{サシ}}}$$ である。

それに対して，1番目の人が当たりくじを引いた後，異なる箱から2番目の人がくじを引くとき，そのくじが当たりくじである確率は，$\frac{\boxed{\text{ス}}}{\boxed{\text{セソ}}}$である。

花子：やっぱり1番目の人が当たりくじを引いた場合は，同じ箱から引いた方が当たりくじを引く確率が大きいよ。

太郎：そうだね。でも，思ったより確率の差はないんだね。もう少し当たりくじの本数の差が小さかったらどうなるのだろう。

花子：1番目の人が引いた箱が箱Aの可能性が高いから，箱Bの当たりくじの本数が8本以下だったら，同じ箱のくじを引いた方がよいのではないかな。

太郎：確率を計算してみようよ。

(2) 今度は箱Aには当たりくじが10本入っていて，箱Bには当たりくじが7本入っている場合を考える。

1番目の人が当たりくじを引いた後，同じ箱から2番目の人がくじを引くとき，そのくじが当たりくじである

確率は $\dfrac{\boxed{タ}}{\boxed{チツ}}$ である。それに対して異なる箱からくじを引くとき，そのくじが当たりくじである確率は $\dfrac{7}{85}$

である。

太郎：今度は異なる箱から引く方が当たりくじを引く確率が大きくなったね。

花子：最初に当たりくじを引いた箱の方が箱Aである確率が大きいのに不思議だね。計算してみないと直観ではわからなかったな。

太郎：二つの箱に入っている当たりくじの本数の差が小さくなれば，最初に当たりくじを引いた箱がAである確率とBである確率の差も小さくなるよ。最初に当たりくじを引いた箱がBである場合は，もともと当たりくじが少ない上に前の人が1本引いてしまっているから当たりくじはなおさら引きにくいね。

花子：なるほどね。箱Aに入っている当たりくじの本数は10本として，箱Bに入っている当たりくじが何本であれば同じ箱から引く方がよいのかを調べてみよう。

(3) 箱Aに当たりくじが10本入っている場合，1番目の人が当たりくじを引いたとき，2番目の人が当たりくじを引く確率を大きくするためには，1番目の人が引いた箱と同じ箱，異なる箱のどちらを選ぶべきか。箱Bに入っている当たりくじの本数が4本，5本，6本，7本のそれぞれの場合において選ぶべき箱の組み合わせとして正しいものを，次の⓪～④のうちから一つ選べ。 $\boxed{テ}$

	箱Bに入っている当たりくじの本数			
	4本	5本	6本	7本
⓪	同じ箱	同じ箱	同じ箱	同じ箱
①	同じ箱	同じ箱	同じ箱	異なる箱
②	同じ箱	同じ箱	異なる箱	異なる箱
③	同じ箱	異なる箱	異なる箱	異なる箱
④	異なる箱	異なる箱	異なる箱	異なる箱

H31　③（Ⅰ・A）

赤い袋には赤球2個と白球1個が入っており，白い袋には赤球1個と白球1個が入っている。

最初に，さいころ1個を投げて，3の倍数の目が出たら白い袋を選び，それ以外の目が出たら赤い袋を選び，選んだ袋から球を1個取り出して，球の色を確認してその袋に戻す。ここまでの操作を1回目の操作とする。2回目と3回目の操作では，直前に取り出した球の色と同じ色の袋から球を1個取り出して，球の色を確認してその袋に戻す。

(1)　1回目の操作で，赤い袋が選ばれ赤球が取り出される確率は $\dfrac{\boxed{\text{ア}}}{\boxed{\text{イ}}}$ であり，白い袋が選ばれ赤球が取り出される確率は $\dfrac{\boxed{\text{ウ}}}{\boxed{\text{エ}}}$ である。

(2)　2回目の操作が白い袋で行われる確率は $\dfrac{\boxed{\text{オ}}}{\boxed{\text{カキ}}}$ である。

(3)　1回目の操作で白球を取り出す確率を p で表すと，2回目の操作で白球が取り出される確率は

$\dfrac{\boxed{\text{ク}}}{\boxed{\text{ケ}}}p+\dfrac{1}{3}$ と表される。

よって，2回目の操作で白球が取り出される確率は $\dfrac{\boxed{\text{コサ}}}{\boxed{\text{シスセ}}}$ である。

同様に考えると，3回目の操作で白球が取り出される確率は $\dfrac{\boxed{\text{ソタチ}}}{\boxed{\text{ツテト}}}$ である。

(4)　2回目の操作で取り出した球が白球であったとき，その球を取り出した袋の色が白である条件付き確率は $\dfrac{\boxed{\text{ナニ}}}{\boxed{\text{ヌネ}}}$ である。

また，3回目の操作で取り出した球が白球であったとき，はじめて白球が取り出されたのが3回目の操作である条件付き確率は $\dfrac{\boxed{\text{ノハ}}}{\boxed{\text{ヒフヘ}}}$ である。

[1]　次の　ア　，　イ　に当てはまるものを，下の⓪～③のうちから一つずつ選べ。ただし，解答の順序は問わない。

　　正しい記述は　ア　と　イ　である。

⓪　1枚のコインを投げる試行を5回繰り返すとき，少なくとも1回は表が出る確率をpとすると，$p > 0.95$である。

①　袋の中に赤球と白球が合わせて8個入っている。球を1個取り出し，色を調べてから袋に戻す試行を行う。この試行を5回繰り返したところ赤球が3回出た。したがって，1回の試行で赤球が出る確率は$\dfrac{3}{5}$である。

②　箱の中に「い」と書かれたカードが1枚，「ろ」と書かれたカードが2枚，「は」と書かれたカードが2枚の合計5枚のカードが入っている。同時に2枚のカードを取り出すとき，書かれた文字が異なる確率は$\dfrac{4}{5}$である。

③　コインの面を見て「オモテ（表）」または「ウラ（裏）」とだけ発言するロボットが2体ある。ただし，どちらのロボットも出た面に対して正しく発言する確率が0.9，正しく発言しない確率が0.1であり，これら2体は互いに影響されることなく発言するものとする。いま，ある人が1枚のコインを投げる。出た面を見た2体が，ともに「オモテ」と発言したときに，実際に表が出ている確率をpとすると，$p \leqq 0.9$である。

[2]　1枚のコインを最大で5回投げるゲームを行う。このゲームでは，1回投げるごとに表が出たら持ち点に2点を加え，裏が出たら持ち点に −1点を加える。はじめの持ち点は0点とし，ゲーム終了のルールを次のように定める。

・持ち点が再び0点になった場合は，その時点で終了する。

・持ち点が再び0点にならない場合は，コインを5回投げ終わった時点で終了する。

(1)　コインを2回投げ終わって持ち点が −2点である確率は$\dfrac{ウ}{エ}$である。また，コインを2回投げ終わって持ち点が1点である確率は$\dfrac{オ}{カ}$である。

(2)　持ち点が再び0点になることが起こるのは，コインを　キ　回投げ終わったときである。コインを　キ　回投げ終わって持ち点が0点になる確率は$\dfrac{ク}{ケ}$である。

(3)　ゲームが終了した時点で持ち点が4点である確率は$\dfrac{コ}{サシ}$である。

(4)　ゲームが終了した時点で持ち点が4点であるとき，コインを2回投げ終わって持ち点が1点である条件付き確率は$\dfrac{ス}{セ}$である。

中にくじが入っている箱が複数あり，各箱の外見は同じであるが，当たりくじを引く確率は異なっている。くじ引きの結果から，どの箱からくじを引いた可能性が高いかを，条件付き確率を用いて考えよう。

(1) 当たりくじを引く確率が $\dfrac{1}{2}$ である箱 A と，当たりくじを引く確率が $\dfrac{1}{3}$ である箱 B の二つの箱の場合を考える。

(i) 各箱で，くじを 1 本引いてはもとに戻す試行を 3 回繰り返したとき

箱 A において，3 回中ちょうど 1 回当たる確率は $\dfrac{\boxed{ア}}{\boxed{イ}}$ ………①

箱 B において，3 回中ちょうど 1 回当たる確率は $\dfrac{\boxed{ウ}}{\boxed{エ}}$ ………② である。

(ii) まず，A と B のどちらか一方の箱をでたらめに選ぶ。次にその選んだ箱において，くじを 1 本引いてはもとに戻す試行を 3 回繰り返したところ，3 回中ちょうど 1 回当たった。このとき，箱 A が選ばれる事象を A，箱 B が選ばれる事象を B，3 回中ちょうど 1 回当たる事象を W とすると

$$P(A \cap W) = \dfrac{1}{2} \times \dfrac{\boxed{ア}}{\boxed{イ}}, \quad P(B \cap W) = \dfrac{1}{2} \times \dfrac{\boxed{ウ}}{\boxed{エ}}$$

である。$P(W) = P(A \cap W) + P(B \cap W)$ であるから，3 回中ちょうど 1 回当たったとき，選んだ箱が A である条件付き確率 $P_W(A)$ は $\dfrac{\boxed{オカ}}{\boxed{キク}}$ となる。また，条件付き確率 $P_W(B)$ は $\dfrac{\boxed{ケコ}}{\boxed{サシ}}$ となる。

(2) (1)の $P_W(A)$ と $P_W(B)$ について，次の**事実（＊）**が成り立つ。

┌─ **事実（＊）** ─────────────────────────────
│ $P_W(A)$ と $P_W(B)$ の $\boxed{ス}$ は，①の確率と②の確率の $\boxed{ス}$ に等しい。
└───────────────────────────────────────

$\boxed{ス}$ の解答群

⓪　和	①　2 乗の和	②　3 乗の和	③　比	④　積

(3) 花子さんと太郎さんは**事実（＊）**について話している。

┌──
│ 花子：**事実（＊）**はなぜ成り立つのかな？
│ 太郎：$P_W(A)$ と $P_W(B)$ を求めるのに必要な $P(A \cap W)$ と $P(B \cap W)$ の計算で，①，②の確率に同じ
│ 　　　数 $\dfrac{1}{2}$ をかけているからだよ。
│ 花子：なるほどね。外見が同じ三つの箱の場合は，同じ数 $\dfrac{1}{3}$ をかけることになるので，同様のことが成
│ 　　　り立ちそうだね。
└──

当たりくじを引く確率が，$\dfrac{1}{2}$ である箱 A，$\dfrac{1}{3}$ である箱 B，$\dfrac{1}{4}$ である箱 C の三つの箱の場合を考える。まず，A，B，C のうちどれか一つの箱をでたらめに選ぶ。次にその選んだ箱において，くじを 1 本引いてはもとに戻す試行を 3 回繰り返したところ，3 回中ちょうど 1 回当たった。このとき，選んだ箱が A である条件付き確率は $\dfrac{\boxed{セソタ}}{\boxed{チツテ}}$ となる。

(4)

当たりくじを引く確率が，$\frac{1}{2}$ である箱A，$\frac{1}{3}$ である箱B，$\frac{1}{4}$ である箱C，$\frac{1}{5}$ である箱Dの四つの箱の場合を考える。まず，A，B，C，Dのうちどれか一つの箱をでたらめに選ぶ。次にその選んだ箱において，くじを1本引いてはもとに戻す試行を3回繰り返したところ，3回中ちょうど1回当たった。このとき，条件付き確率を用いて，どの箱からくじを引いた可能性が高いかを考える。可能性が高い方から順に並べると　ト　となる。

　ト　の解答群

⓪ A, B, C, D	① A, B, D, C	② A, C, B, D
③ A, C, D, B	④ A, D, B, C	⑤ B, A, C, D
⑥ B, A, D, C	⑦ B, C, A, D	⑧ B, C, D, A

目標 13分　　R3　追試　③（Ⅰ・A）　　　／20点　　／20点

二つの袋A，Bと一つの箱がある。Aの袋には赤球2個と白球1個が入っており，Bの袋には赤球3個と白球1個が入っている。また，箱には何も入っていない。

(1) A，Bの袋から球をそれぞれ1個ずつ同時に取り出し，球の色を調べずに箱に入れる。

　(i) 箱の中の2個の球のうち少なくとも1個が赤球である確率は $\frac{アイ}{ウエ}$ である。

　(ii) 箱の中をよくかき混ぜてから球を1個取り出すとき，取り出した球が赤球である確率は $\frac{オカ}{キク}$ であり，取り出した球が赤球であったときに，それがBの袋に入っていたものである条件付き確率は $\frac{ケ}{コサ}$ である。

(2) A，Bの袋から球をそれぞれ2個ずつ同時に取り出し，球の色を調べずに箱に入れる。

　(i) 箱の中の4個の球のうち，ちょうど2個が赤球である確率は $\frac{シ}{ス}$ である。また，箱の中の4個の球のうち，ちょうど3個が赤球である確率は $\frac{セ}{ソ}$ である。

　(ii) 箱の中をよくかき混ぜてから球を2個同時に取り出すとき，どちらの球も赤球である確率は $\frac{タチ}{ツテ}$ である。また，取り出した2個の球がどちらも赤球であったときに，それらのうちの1個のみがBの袋に入っていたものである条件付き確率は $\frac{トナ}{ニヌ}$ である。

R 4　③　（ I ・ A ）　　　　　　　　　　　　　　　　　　／20点　　　／20点

複数人がそれぞれプレゼントを一つずつ持ち寄り，交換会を開く。ただし，プレゼントはすべて異なるとする。プレゼントの交換は次の**手順**で行う。

> ―手順―――
>
> 　外見が同じ袋を人数分用意し，各袋にプレゼントを一つずつ入れたうえで，各参加者に袋を一つずつでたらめに配る。各参加者は配られた袋の中のプレゼントを受け取る。

交換の結果，1 人でも自分の持参したプレゼントを受け取った場合は，交換をやり直す。そして，全員が自分以外の人の持参したプレゼントを受け取ったところで交換会を終了する。

(1)　2 人または 3 人で交換会を開く場合を考える。

　(ⅰ)　2 人で交換会を開く場合，1 回目の交換で交換会が終了するプレゼントの受け取り方は　ア　通りある。したがって，1 回目の交換で交換会が終了する確率は $\dfrac{イ}{ウ}$ である。

　(ⅱ)　3 人で交換会を開く場合，1 回目の交換で交換会が終了するプレゼントの受け取り方は　エ　通りある。したがって，1 回目の交換で交換会が終了する確率は $\dfrac{オ}{カ}$ である。

　(ⅲ)　3 人で交換会を開く場合，4 回以下の交換で交換会が終了する確率は $\dfrac{キク}{ケコ}$ である。

(2)　4 人で交換会を開く場合，1 回目の交換で交換会が終了する確率を次の**構想**に基づいて求めてみよう。

> ―構想―――
>
> 　1 回目の交換で交換会が**終了しない**プレゼントの受け取り方の総数を求める。そのために，自分の持参したプレゼントを受け取る人数によって場合分けをする。

　1 回目の交換で，4 人のうち，ちょうど 1 人が自分の持参したプレゼントを受け取る場合は　サ　通りあり，ちょうど 2 人が自分のプレゼントを受け取る場合は　シ　通りある。このように考えていくと，1 回目のプレゼントの受け取り方のうち，1 回目の交換で交換会が終了しない受け取り方の総数は　スセ　である。

　したがって，1 回目の交換で交換会が終了する確率は $\dfrac{ソ}{タ}$ である。

(3)　5 人で交換会を開く場合，1 回目の交換で交換会が終了する確率は $\dfrac{チツ}{テト}$ である。

(4)　A, B, C, D, E の 5 人が交換会を開く。1 回目の交換で A, B, C, D がそれぞれ自分以外の人の持参したプレゼントを受け取ったとき，その回で交換会が終了する条件付き確率は $\dfrac{ナニ}{ヌネ}$ である。

目標 15分

センター　試作問題　　　　　　　　　　　　　　　　　　　／7題　　　／7題

　20 人の生徒に対して，100 点満点で行った国語，数学，英語の 3 教科のテストの得点のデータについて，それぞれの平均値，最小値，第 1 四分位数，中央値，第 3 四分位数，最大値を調べたところ、次の表のようになった。ここで表の数値は四捨五入されていない正確な値である。

　以下，小数の形で解答する場合，指定された桁数の一つ下の桁を四捨五入し，解答せよ。途中で割り切れた場合，指定された桁まで⓪にマークすること。

	国 語	数 学	英 語
平均値	57.25	69.40	57.25
最小値	33	33	33
第 1 四分位数	44.0	58.5	46.5
中央値	54.0	68.0	54.5
第 3 四分位数	64.5	84.0	70.5
最大値	98	98	98

(1)　国語，数学，英語の得点の箱ひげ図は，それぞれ，｜ ア ｜，｜ イ ｜，｜ ウ ｜である。｜ ア ｜，｜ イ ｜，｜ ウ ｜に当てはまるものを，それぞれ次の⓪〜⑤のうちから一つずつ選べ。

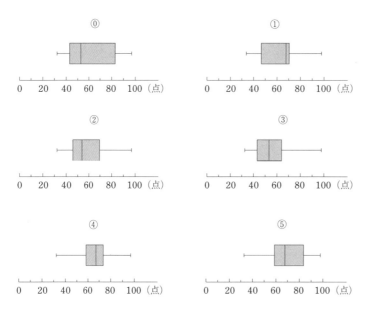

(2)　この 20 人の生徒における数学の各得点を 0.5 倍して，さらに各得点に 50 点を加えると，平均値は，｜ エオ ｜．｜ カ ｜点となり，分散の値は，82.8 となった。このことより，数学の分散の値は，｜ キクケ ｜．｜ コ ｜である。

　　　いま，国語と英語の間のおおよその相関係数の値を求めるために，国語の標準偏差の値と英語の標準偏差の値を小数第 2 位を四捨五入して小数第 1 位まで求めたところ，それぞれ，18.0 点と 17.0 点であった。また，国語と英語の共分散の値を 1 の位まで求めると 205 であった。この結果を用いると，国語と英語の相関係数の値は，0.｜ サシ ｜と計算できる。

⑶ 相関係数の一般的な性質に関する次の［A］から［C］の説明について，　ス　ということがいえる。　ス　に
当てはまるものを，次の⓪〜④のうちから一つ選べ。

［A］　相関係数 r は，常に $-1 \leqq r \leqq 1$ であり，すべてのデータが1つの曲線上に存在するときには，いつでも
　　　 $r = 1$ または $r = -1$ である。

［B］　もとのデータを定数倍しても，相関係数の値は変わらないが，もとのデータに定数を加えると相関係数の
　　　 値は変わる。

［C］　2つの変量間の相関係数の値が高い場合には，これらの2つの変量には因果関係があるといえる。

⓪　［A］だけが正しい　　　　①　［B］だけが正しい

②　［C］だけが正しい　　　　③　［A］だけが間違っている

④　⓪〜③のどれでもない

目標
15分

H27　③（Ⅰ・A）　　　　　　　　　　　　　　　　　　／15点　　／15点

[1]　ある高校3年生1クラスの生徒40人について，ハンドボール投げの飛距離のデータを取った。次の図1は，このクラスで最初に取ったデータのヒストグラムである。

(1)　次の ア に当てはまるものを，下の⓪～⑧のうちから一つ選べ。

この40人のデータの第3四分位数が含まれる階級は， ア である。

⓪　5 m以上10 m未満　　①　10 m以上15 m未満

②　15 m以上20 m未満　　③　20 m以上25 m未満

④　25 m以上30 m未満　　⑤　30 m以上35 m未満

⑥　35 m以上40 m未満　　⑦　40 m以上45 m未満

⑧　45 m以上50 m未満

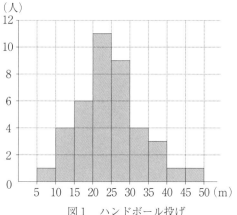

図1　ハンドボール投げ

(2)　次の イ ～ オ に当てはまるものを，下の⓪～⑤のうちから一つずつ選べ。ただし， イ ～ オ の解答の順序は問わない。

このデータを箱ひげ図にまとめたとき，図1のヒストグラムと**矛盾する**ものは， イ ， ウ ， エ ， オ である。

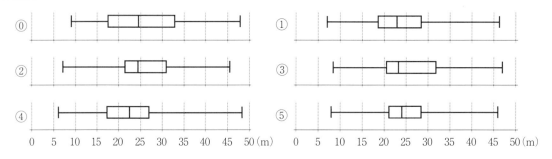

(3)　次の文章中の カ ， キ に入れるものとして最も適当なものを，下の⓪～③のうちから一つずつ選べ。ただし， カ ， キ の解答の順序は問わない。

後日，このクラスでハンドボール投げの記録を取り直した。次に示したA～Dは，最初に取った記録から今回の記録への変化の分析結果を記述したものである。a～dの各々が今回取り直したデータの箱ひげ図となる場合に，⓪～③の組合せのうち分析結果と箱ひげ図が**矛盾する**ものは， カ ， キ である。

⓪　A－a　　　①　B－b　　　②　C－c　　　③　D－d

A：どの生徒の記録も下がった。

B：どの生徒の記録も伸びた。

C：最初に取ったデータで上位 $\frac{1}{3}$ に入るすべての生徒の記録が伸びた。

D：最初に取ったデータで上位 $\frac{1}{3}$ に入るすべての生徒の記録は伸び，下位 $\frac{1}{3}$ に入るすべての生徒の記録は下がった。

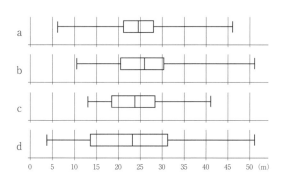

[2]　ある高校2年生40人のクラスで一人2回ずつハンドボール投げの飛距離のデータを取ることにした。次の図2は、1回目のデータを横軸に、2回目のデータを縦軸にとった散布図である。なお、一人の生徒が欠席したため、39人のデータとなっている。

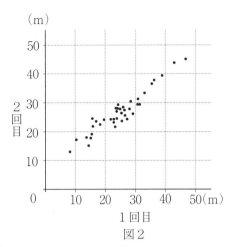

(m)

2回目

1回目

図2

	平均値	中央値	分　散	標準偏差
1回目のデータ	24.70	24.30	67.40	8.21
2回目のデータ	26.90	26.40	48.72	6.98

1回目のデータと2回目のデータの共分散	54.30

(共分散とは1回目のデータの偏差と2回目のデータの偏差の積の平均である)

次の ク に当てはまるものを、下の⓪～⑨のうちから一つ選べ。

1回目のデータと2回目のデータの相関係数に最も近い値は、 ク である。

　⓪　0.67　　①　0.71　　②　0.75　　③　0.79　　④　0.83

　⑤　0.87　　⑥　0.91　　⑦　0.95　　⑧　0.99　　⑨　1.03

［2］　次の4つの散布図は，2003年から2012年までの120か月の東京の月別データをまとめたものである。それぞれ，1日の最高気温の月平均（以下，平均最高気温），1日あたり平均降水量，平均湿度，最高気温25℃以上の日数の割合を横軸にとり，各世帯の1日あたりアイスクリーム平均購入額（以下，購入額）を縦軸としてある。

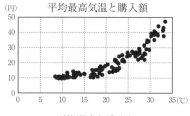

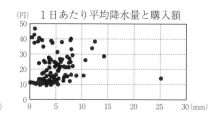

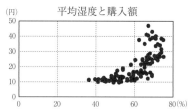

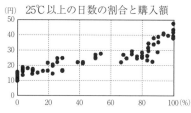

出典：総務省統計局（2013）『家計調査年報』，『過去の気象データ』（気象庁Webページ）などにより作成

次の　ス　，　セ　に当てはまるものを，下の⓪～④のうちから一つずつ選べ。ただし，解答の順序は問わない。これらの散布図から読み取れることとして正しいものは，　ス　と　セ　である。

⓪　平均最高気温が高くなるほど購入額は増加する傾向がある。

①　1日あたり平均降水量が多くなるほど購入額は増加する傾向がある。

②　平均湿度が高くなるほど購入額の散らばりは小さくなる傾向がある。

③　25℃以上の日数の割合が80％未満の月は，購入額が30円を超えていない。

④　この中で正の相関があるのは，平均湿度と購入額の間のみである。

[3]　世界4都市（東京，O市，N市，M市）の2013年の365日の各日の最高気温のデータについて考える。

(1)　次のヒストグラムは，東京，N市，M市のデータをまとめたもので，この3都市の箱ひげ図はあとのa，b，cの
　　いずれかである。

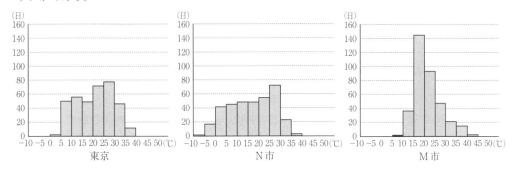

　　　次の ソ に当てはまるものを，下の⓪～⑤のうちから一つ選べ。
　　　都市名と箱ひげ図の組合せとして正しいものは， ソ である。

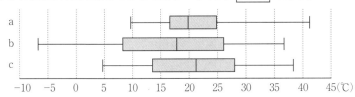

　　　　　出典：『過去の気象データ』（気象庁 Web ページ）などにより作成

　　⓪　東京―a，N市―b，M市―c　　　①　東京―a，N市―c，M市―b

　　②　東京―b，N市―a，M市―c　　　③　東京―b，N市―c，M市―a

　　④　東京―c，N市―a，M市―b　　　⑤　東京―c，N市―b，M市―a

(2)　次の3つの散布図は，東京，O市，N市，M市の2013年の365日の各日の最高気温のデータをまとめたものであ
　　る。それぞれ，O市，N市，M市の最高気温を縦軸にとり，東京の最高気温を横軸にとってある。

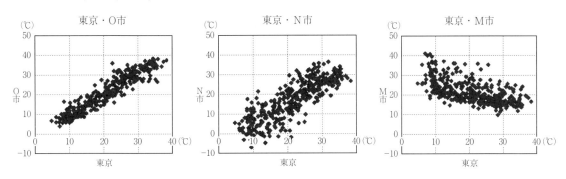

　　　　　　　出典：『過去の気象データ』（気象庁 Web ページ）などにより作成

　　　次の タ ， チ に当てはまるものを，下の⓪～④のうちから一つずつ選べ。ただし，解答の順序は問わない。
　　　これらの散布図から読み取れることとして正しいものは， タ と チ である。

　　⓪　東京とN市，東京とM市の最高気温の間にはそれぞれ正の相関がある。

　　①　東京とN市の最高気温の間には正の相関，東京とM市の最高気温の間には負の相関がある。

　　②　東京とN市の最高気温の間には負の相関，東京とM市の最高気温の間には正の相関がある。

　　③　東京とO市の最高気温の間の相関の方が，東京とN市の最高気温の間の相関より強い。

　　④　東京とO市の最高気温の間の相関の方が，東京とN市の最高気温の間の相関より弱い。

(3) 次の ツ , テ , ト に当てはまるものを，下の⓪〜⑨のうちから一つずつ選べ。ただし，同じものを繰り返し選んでもよい。

N市では温度の単位として摂氏（℃）のほかに華氏（℉）も使われている。華氏（℉）での温度は，摂氏（℃）での温度を $\dfrac{9}{5}$ 倍し，32を加えると得られる。例えば，摂氏10℃は，$\dfrac{9}{5}$ 倍し32を加えることで華氏 50℉ となる。

したがって，N市の最高気温について，摂氏での分散を X，華氏での分散を Y とすると，$\dfrac{Y}{X}$ は ツ になる。

東京（摂氏）とN市（摂氏）の共分散を Z，東京（摂氏）とN市（華氏）の共分散を W とすると，$\dfrac{W}{Z}$ は テ になる（ただし，共分散は2つの変量のそれぞれの偏差の積の平均値）。

東京（摂氏）とN市（摂氏）の相関係数を U，東京（摂氏）とN市（華氏）の相関係数を V とすると，$\dfrac{V}{U}$ は ト になる。

⓪ $-\dfrac{81}{25}$　　　① $-\dfrac{9}{5}$　　　② -1　　　③ $-\dfrac{5}{9}$　　　④ $-\dfrac{25}{81}$

⑤ $\dfrac{25}{81}$　　　⑥ $\dfrac{5}{9}$　　　⑦ 1　　　⑧ $\dfrac{9}{5}$　　　⑨ $\dfrac{81}{25}$

H29 ②〔2〕（Ⅰ・A） 　　　　　　　　　　　　／15点　　　／15点

目標
14分

　スキージャンプは，飛距離および空中姿勢の美しさを競う競技である。選手は斜面を滑り降り，斜面の端から空中に飛び出す。飛距離 D（単位は m）から得点 X が決まり，空中姿勢から得点 Y が決まる。ある大会における58回のジャンプについて考える。

(1)　得点 X，得点 Y および飛び出すときの速度 V（単位は km/h）について，図1の3つの散布図を得た。

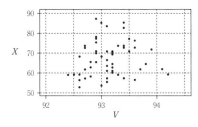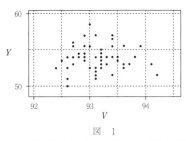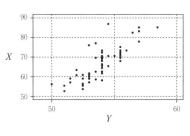

図　1

（出典：国際スキー連盟の Web ページにより作成）

　次の シ ， ス ， セ に当てはまるものを，下の⓪～⑥のうちから一つずつ選べ。ただし，解答の順序は問わない。

　図1から読み取れることとして正しいものは， シ ， ス ， セ である。

⓪　X と V の間の相関は，X と Y の間の相関より強い。

①　X と Y の間には正の相関がある。

②　V が最大のジャンプは，X も最大である。

③　V が最大のジャンプは，Y も最大である。

④　Y が最小のジャンプは，X は最小ではない。

⑤　X が80以上のジャンプは，すべて V が93以上である。

⑥　Y が55以上かつ V が94以上のジャンプはない。

(2)　得点 X は，飛距離 D から次の計算式によって算出される。

　　$X = 1.80 \times (D - 125.0) + 60.0$

　次の ソ ， タ ， チ にそれぞれ当てはまるものを，下の⓪～⑥のうちから一つずつ選べ。ただし，同じものを繰り返し選んでもよい。

　・X の分散は，D の分散の ソ 倍になる。

　・X と Y の共分散は，D と Y の共分散の タ 倍である。ただし，共分散は，2つの変量のそれぞれにおいて平均値からの偏差を求め，偏差の積の平均値として定義される。

　・X と Y の相関係数は，D と Y の相関係数の チ 倍である。

⓪　-125　　①　-1.80　　②　2　　③　1.80　　④　3.24　　⑤　3.60　　⑥　60.0

(3)　58回のジャンプは29名の選手が2回ずつ行ったものである。1回目の $X + Y$（得点 X と得点 Y の和）の値に対するヒストグラムと2回目の $X + Y$ の値に対するヒストグラムは図2のA，Bのうちのいずれかである。また，1回目の $X + Y$ の値に対する箱ひげ図と2回目の $X + Y$ の値に対する箱ひげ図は図3の a，b のうちのいずれかである。ただし，1回目の $X + Y$ の最小値は108.0であった。

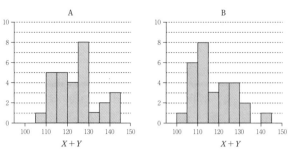

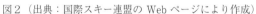

図2（出典：国際スキー連盟の Web ページにより作成）

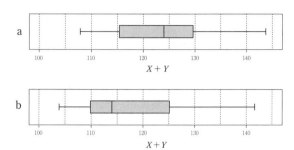

図3（出典：国際スキー連盟の Web ページにより作成）

次の ツ に当てはまるものを，下の表の⓪～③のうちから一つ選べ。

1回目の $X + Y$ の値について，ヒストグラムおよび箱ひげ図の組合せとして正しいものは， ツ である。

	⓪	①	②	③
ヒストグラム	A	A	B	B
箱ひげ図	a	b	a	b

次の テ に当てはまるものを，下の⓪～③のうちから一つ選べ。

図3から読み取れることとして正しいものは， テ である。

⓪ 1回目の $X + Y$ の四分位範囲は，2回目の $X + Y$ の四分位範囲より大きい。

① 1回目の $X + Y$ の中央値は，2回目の $X + Y$ の中央値より大きい。

② 1回目の $X + Y$ の最大値は，2回目の $X + Y$ の最大値より小さい。

③ 1回目の $X + Y$ の最小値は，2回目の $X + Y$ の最小値より小さい。

目標 **14分**　H30　②〔2〕（Ⅰ・A）　　　　　　　　　　　　　　　　／15点　　／15点

　ある陸上競技大会に出場した選手の身長（単位はcm）と体重（単位はkg）のデータが得られた。男子短距離，男子長距離，女子短距離，女子長距離の四つのグループに分けると，それぞれのグループの選手数は，男子短距離が328人，男子長距離が271人，女子短距離が319人，女子長距離が263人である。

(1)　次ページの図1および図2は，男子短距離，男子長距離，女子短距離，女子長距離の四つのグループにおける，身長のヒストグラムおよび箱ひげ図である。

　　　次の サ ， シ に当てはまるものを，下の⓪〜⑥のうちから一つずつ選べ。ただし，解答の順序は問わない。

　　　図1および図2から読み取れる内容として正しいものは， サ ， シ である。

⓪　四つのグループのうちで範囲が最も大きいのは，女子短距離グループである。

①　四つのグループのすべてにおいて，四分位範囲は12未満である。

②　男子長距離グループのヒストグラムでは，度数最大の階級に中央値が入っている。

③　女子長距離グループのヒストグラムでは，度数最大の階級に第1四分位数が入っている。

④　すべての選手の中で最も身長の高い選手は，男子長距離グループの中にいる。

⑤　すべての選手の中で最も身長の低い選手は，女子長距離グループの中にいる。

⑥　男子短距離グループの中央値と男子長距離グループの第3四分位数は，ともに180以上182未満である。

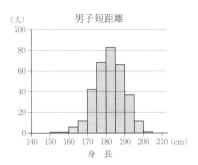

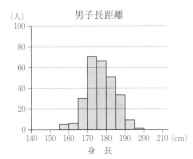

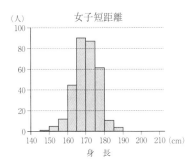

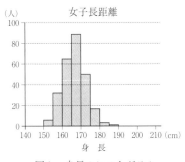

図1　身長のヒストグラム

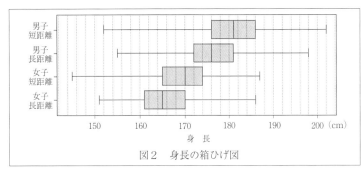

図2　身長の箱ひげ図

（出典：図1，図2はガーディアン社のWebページにより作成）

(2)　身長をH，体重をWとし，Xを$X = \left(\dfrac{H}{100}\right)^2$で，$Z$を$Z = \dfrac{W}{X}$で定義する。次ページの図3は，男子短距離，男子長距離，女子短距離，女子長距離の四つのグループにおけるXとWのデータの散布図である。ただし，原点を通り，傾きが15，20，25，30である四つの直線l_1，l_2，l_3，l_4も補助的に描いている。また，次ページの図4の(a)，(b)，(c)，(d)で示すZの四つの箱ひげ図は，男子短距離，男子長距離，女子短距離，女子長距離の四つのグループのいずれかの箱ひげ図に対応している。

次の ス ， セ に当てはまるものを，下の⓪〜⑤のうちから一つずつ選べ。ただし，解答の順序は問わない。

図3および図4から読み取れる内容として正しいものは， ス ， セ である。

⓪ 四つのグループのすべてにおいて，X と W には負の相関がある。

① 四つのグループのうちで Z の中央値が一番大きいのは，男子長距離グループである。

② 四つのグループのうちで Z の範囲が最小なのは，男子長距離グループである。

③ 四つのグループのうちで Z の四分位範囲が最小なのは，男子短距離グループである。

④ 女子長距離グループのすべての Z の値は 25 より小さい。

⑤ 男子長距離グループの Z の箱ひげ図は(c)である。

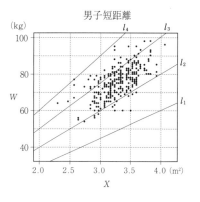

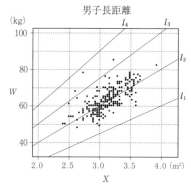

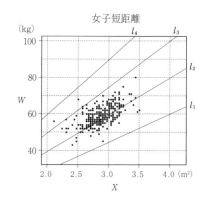

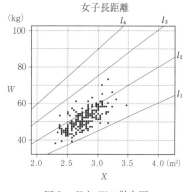

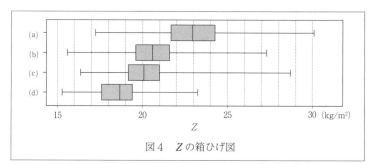

図4　Z の箱ひげ図

図3　X と W の散布図

（出典：図3，図4はガーディアン社の Web ページにより作成）

(3) n を自然数とする。実数値のデータ $x_1, x_2, \cdots, x_n$ および $w_1, w_2, \cdots, w_n$ に対して，それぞれの平均値を

$$\overline{x} = \frac{x_1 + x_2 + \cdots + x_n}{n}, \quad \overline{w} = \frac{w_1 + w_2 + \cdots + w_n}{n}$$

とおく。等式 $(x_1 + x_2 + \cdots + x_n)\overline{w} = n\,\overline{x}\,\overline{w}$ などに注意すると，偏差の積の和は

$$(x_1 - \overline{x})(w_1 - \overline{w}) + (x_2 - \overline{x})(w_2 - \overline{w}) + \cdots + (x_n - \overline{x})(w_n - \overline{w})$$

$$= x_1 w_1 + x_2 w_2 + \cdots + x_n w_n - \boxed{\text{ソ}}$$

となることがわかる。 ソ に当てはまるものを，次の⓪〜③のうちから一つ選べ。

⓪ $\overline{x}\,\overline{w}$ 　　① $(\overline{x}\,\overline{w})^2$ 　　② $n\,\overline{x}\,\overline{w}$ 　　③ $n^2\,\overline{x}\,\overline{w}$

H29　試行　②[2]（Ⅰ・A）　　　　　　　　　　　／15点　　　／15点

地方の経済活性化のため，太郎さんと花子さんは観光客の消費に着目し，その拡大に向けて基礎的な情報を整理することにした。以下は，都道府県別の統計データを集め，分析しているときの二人の会話である。会話を読んで下の問いに答えよ。ただし，東京都，大阪府，福井県の3都府県のデータは含まれていない。また，以後の問題文では「道府県」を単に「県」として表記する。

> 太郎：各県を訪れた観光客数を x 軸，消費総額を y 軸にとり，散布図をつくると図1のようになったよ。
>
> 花子：消費総額を観光客数で割った消費額単価が最も高いのはどこかな。
>
> 太郎：元のデータを使って県ごとに割り算をすれば分かるよ。
>
> 　　　北海道は……。44回も計算するのは大変だし，間違えそうだな。
>
> 花子：図1を使えばすぐ分かるよ。

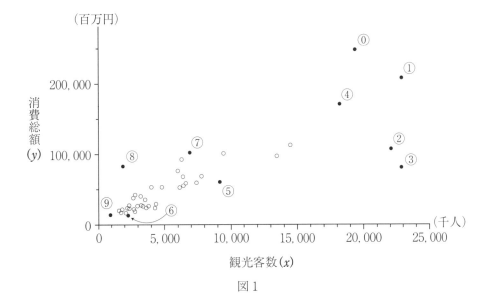

図1

(1)　図1の観光客数と消費総額の間の相関係数に最も近い値を，次の⓪〜④のうちから一つ選べ。　シ

　　　⓪　－0.85　　　①　－0.52　　　②　0.02　　　③　0.34　　　④　0.83

(2)　44県それぞれの消費額単価を計算しなくても，図1の散布図から消費額単価が最も高い県を表す点を特定することができる。その方法を，「直線」という単語を用いて説明せよ。解答は，下の　(う)　に記述せよ。

(3)　消費額単価が最も高い県を表す点を，図1の⓪〜⑨のうちから一つ選べ。　ス

(う)

花子：元のデータを見ると消費額単価が最も高いのは沖縄県だね。沖縄県の消費額単価が高いのは，県外からの観光客数の影響かな。

太郎：県内からの観光客と県外からの観光客とに分けて44県の観光客数と消費総額を箱ひげ図で表すと図2のようになったよ。

花子：私は県内と県外からの観光客の消費額単価をそれぞれ横軸と縦軸にとって図3の散布図をつくってみたよ。沖縄県は県内，県外ともに観光客の消費額単価は高いね。それに，北海道，鹿児島県，沖縄県は全体の傾向から外れているみたい。

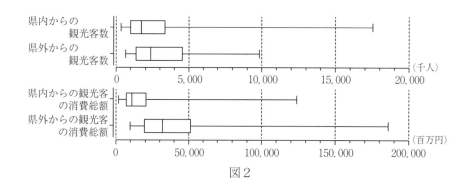

図2

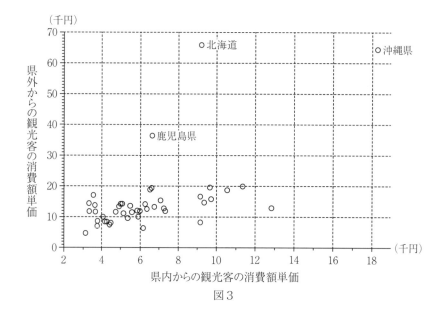

図3

(4) 図2，図3から読み取れる事柄として正しいものを，次の⓪～④のうちから二つ選べ。 セ

　⓪　44県の半分の県では，県内からの観光客数よりも県外からの観光客数の方が多い。

　①　44県の半分の県では，県内からの観光客の消費総額よりも県外からの観光客の消費総額の方が高い。

　②　44県の4分の3以上の県では，県外からの観光客の消費額単価の方が県内からの観光客の消費額単価より高い。

　③　県外からの観光客の消費額単価の平均値は，北海道，鹿児島県，沖縄県を除いた41県の平均値の方が44県の平均値より小さい。

　④　北海道，鹿児島県，沖縄県を除いて考えると，県内からの観光客の消費額単価の分散よりも県外からの観光客の消費額単価の分散の方が小さい。

(5) 二人は県外からの観光客に焦点を絞って考えることにした。

花子：県外からの観光客数を増やすには，イベントなどを増やしたらいいんじゃないかな。

太郎：44県の行祭事・イベントの開催数と県外からの観光客数を散布図にすると，図4のようになったよ。

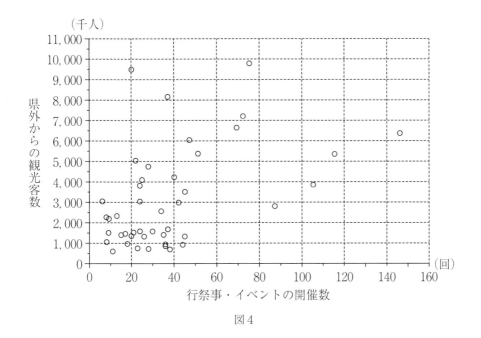

図4

図4から読み取れることとして最も適切な記述を，次の⓪～④のうちから一つ選べ。 ソ

⓪ 44県の行祭事・イベント開催数の中央値は，その平均値よりも大きい。

① 行祭事・イベントを多く開催し過ぎると，県外からの観光客数は減ってしまう傾向がある。

② 県外からの観光客数を増やすには行祭事・イベントの開催数を増やせばよい。

③ 行祭事・イベントの開催数が最も多い県では，行祭事・イベントの開催一回当たりの県外からの観光客数は6,000千人を超えている。

④ 県外からの観光客数が多い県ほど，行祭事・イベントを多く開催している傾向がある。

(本問題の図は，「共通基準による観光入込客統計」（観光庁）をもとにして作成している。)

目標
14分

H30　試行　②［2］（Ⅰ・A）　　　　　　　　／19点　　　／19点

［2］　太郎さんと花子さんは二つの変量 x, y の相関係数について考えている。

二人の会話を読み，下の問いに答えよ。

> 花子：先生からもらった表計算ソフトの A 列と B 列に値を入れると，E 列には D 列に対応する正しい値
> 　　　が表示されるよ。
> 太郎：最初は簡単なところで二組の値から考えてみよう。
> 花子：2 行目を $(x, y) = (1, 2)$，3 行目を $(x, y) = (2, 1)$ としてみるね。

このときのコンピュータの画面のようすが次の図である。

	A	B	C	D	E	
1	変量 x	変量 y		（x の平均値）＝	セ	
2	1	2		（x の標準偏差）＝	ソ	
3	2	1		（y の平均値）＝	セ	
4				（y の標準偏差）＝	ソ	
5						
6				（x と y の相関係数）＝	タ	
7						

(1)　 セ ， ソ ， タ に当てはまるものを，次の⓪～⑨のうちから一つずつ選べ。ただし，同じものを繰り
返し選んでもよい。

　　　⓪　−1.50　　①　−1.00　　②　−0.50　　③　−0.25　　④　0.00

　　　⑤　0.25　　⑥　0.50　　⑦　1.00　　⑧　1.50　　⑨　2.00

> 太郎：3 行目の変量 y の値を 0 や −1 に変えても相関係数の値は タ になったね。
> 花子：今度は，3 行目の変量 y の値を 2 に変えてみよう。
> 太郎：エラーが表示されて，相関係数は計算できないみたいだ。

(2) 変量 x と変量 y の値の組を変更して，$(x, y) = (1, 2)$，$(2, 2)$ としたときには相関係数が計算できなかった。その理由として最も適当なものを，次の⓪～③のうちから一つ選べ。 チ

⓪ 値の組の個数が 2 個しかないから。

① 変量 x の平均値と変量 y の平均値が異なるから。

② 変量 x の標準偏差の値と変量 y の標準偏差の値が異なるから。

③ 変量 y の標準偏差の値が 0 であるから。

花子：3 行目の変量 y の値を 3 に変更してみよう。相関係数の値は 1.00 だね。

太郎：3 行目の変量 y の値が 4 のときも 5 のときも，相関係数の値は 1.00 だ。

花子：相関係数の値が 1.00 になるのはどんな特徴があるときかな。

太郎：値の組の個数を多くすると何かわかるかもしれないよ。

花子：じゃあ，次に値の組の個数を 3 としてみよう。

太郎：$(x, y) = (1, 1)$，$(2, 2)$，$(3, 3)$ とすると相関係数の値は 1.00 だ。

花子：$(x, y) = (1, 1)$，$(2, 2)$，$(3, 1)$ とすると相関係数の値は 0.00 になった。

太郎：$(x, y) = (1, 1)$，$(2, 2)$，$(2, 2)$ とすると相関係数の値は 1.00 だね。

花子：まったく同じ値の組が含まれていても相関係数の値は計算できることがあるんだね。

太郎：思い切って，値の組の個数を 100 にして，1 個だけ $(x, y) = (1, 1)$ で，99 個は $(x, y) = (2, 2)$
　　　としてみるね……。相関係数の値は 1.00 になったよ。

花子：値の組の個数が多くても，相関係数の値が 1.00 になるときもあるね。

---

(3) 相関係数の値についての記述として**誤っているもの**を，次の⓪～④のうちから一つ選べ。 ツ

⓪ 値の組の個数が 2 のときには相関係数の値が 0.00 になることはない。

① 値の組の個数が 3 のときには相関係数の値が -1.00 となることがある。

② 値の組の個数が 4 のときには相関係数の値が 1.00 となることはない。

③ 値の組の個数が 50 であり，1 個の値の組が $(x, y) = (1, 1)$，残りの 49 個の値の組が $(x, y) = (2, 0)$ の
　　ときは相関係数の値は -1.00 である。

④ 値の組の個数が 100 であり，50 個の値の組が $(x, y) = (1, 1)$，残りの 50 個の値の組が $(x, y) = (2, 2)$
　　のときは相関係数の値は 1.00 である。

花子：値の組の個数が 2 のときは，相関係数の値は 1.00 か ［ タ ］，または計算できない場合の 3 通りしかないね。

太郎：値の組を散布図に表したとき，相関係数の値はあくまで散布図の点が ［ テ ］ 程度を表していて，値の組の個数が 2 の場合に，花子さんが言った 3 通りに限られるのは ［ ト ］ からだね。値の組の個数が多くても値の組が 2 種類のときはそれらにしかならないんだね。

花子：なるほどね。相関係数は，そもそも値の組の個数が多いときに使われるものだから，組の個数が極端に少ないときなどにはあまり意味がないのかもしれないね。

太郎：値の組の個数が少ないときはもちろんのことだけど，基本的に散布図と相関係数を合わせてデータの特徴を考えるとよさそうだね。

(4) ［ テ ］，［ ト ］ に当てはまる最も適当なものを，次の各解答群のうちから一つずつ選べ。

［ テ ］ の解答群

⓪ x 軸に関して対称に分布する

① 変量 x，y のそれぞれの中央値を表す点の近くに分布する

② 変量 x，y のそれぞれの平均値を表す点の近くに分布する

③ 円周に沿って分布する

④ 直線に沿って分布する

［ ト ］ の解答群

⓪ 変量 x の中央値と平均値が一致する

① 変量 x の四分位数を考えることができない

② 変量 x，y のそれぞれの平均値を表す点からの距離が等しい

③ 平面上の異なる 2 点は必ずある直線上にある

④ 平面上の異なる 2 点を通る円はただ 1 つに決まらない

　H31　②［2］（Ⅰ・Ａ）　　　　　　　

[2]　全国各地の気象台が観測した「ソメイヨシノ（桜の種類）の開花日」や、「モンシロチョウの初見日（初めて観測した日）」、「ツバメの初見日」などの日付を気象庁が発表している。気象庁発表の日付は普通の月日形式であるが、この問題では該当する年の1月1日を「1」とし、12月31日を「365」（うるう年の場合は「366」）とする「年間通し日」に変更している。例えば、2月3日は、1月31日の「31」に2月3日の3を加えた「34」となる。

⑴　図1は全国48地点で観測しているソメイヨシノの2012年から2017年までの6年間の開花日を、年ごとに箱ひげ図にして並べたものである。

　図2はソメイヨシノの開花日の年ごとのヒストグラムである。ただし、順番は年の順に並んでいるとは限らない。なお、ヒストグラムの各階級の区間は、左側の数値を含み、右側の数値を含まない。

　次の ソ ， タ に当てはまるものを、図2の⓪～⑤のうちから一つずつ選べ。

・2013年のヒストグラムは ソ である。

・2017年のヒストグラムは タ である。

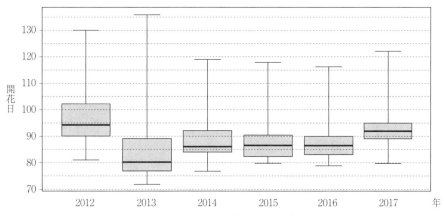

図1　ソメイヨシノの開花日の年別の箱ひげ図

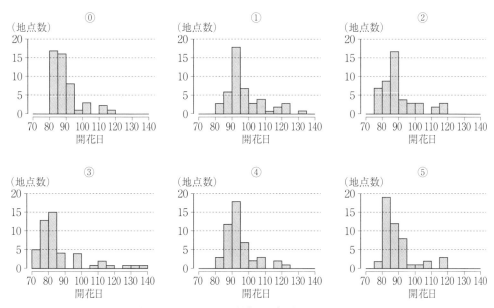

図2　ソメイヨシノの開花日の年別のヒストグラム

（出展：図1、図2は気象庁「生物季節観測データ」Web ページにより作成）

(2) 図3と図4は，モンシロチョウとツバメの両方を観測している41地点における，2017年の初見日の箱ひげ図と散布図である。散布図の点には重なった点が2点ある。なお，散布図には原点を通り傾き1の直線（実線），切片が−15および15で傾きが1の2本の直線（破線）を付加している。

次の チ ， ツ に当てはまるものを，下の⓪〜⑦のうちから一つずつ選べ。ただし，解答の順序は問わない。

図3，図4から読み取れることとして**正しくないもの**は， チ ， ツ である。

⓪ モンシロチョウの初見日の最小値はツバメの初見日の最小値と同じである。

① モンシロチョウの初見日の最大値はツバメの初見日の最大値より大きい。

② モンシロチョウの初見日の中央値はツバメの初見日の中央値より大きい。

③ モンシロチョウの初見日の四分位範囲はツバメの初見日の四分位範囲の3倍より小さい。

④ モンシロチョウの初見日の四分位範囲は15日以下である。

⑤ ツバメの初見日の四分位範囲は15日以下である。

⑥ モンシロチョウとツバメの初見日が同じ所が少なくとも4地点ある。

⑦ 同一地点でのモンシロチョウの初見日とツバメの初見日の差は15日以下である。

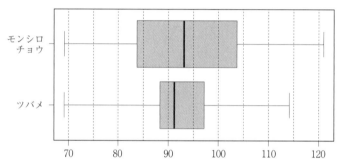

図3　モンシロチョウとツバメの初見日（2017年）の箱ひげ図

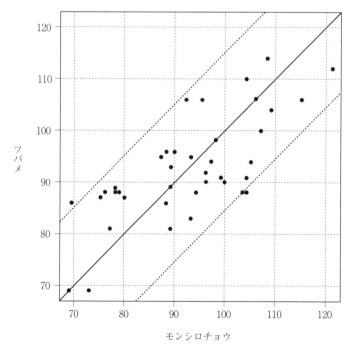

図4　モンシロチョウとツバメの初見日（2017年）の散布図

（出典：図3，図4は気象庁「生物季節観測データ」Webページにより作成）

(3) 一般に n 個の数値 x_1, x_2, $\cdots$, x_n からなるデータ X の平均値を $\overline{x}$, 分散を s^2, 標準偏差を s とする。各 x_i に対して

$$x'_i = \frac{x_i - \overline{x}}{s} \quad (i = 1,\ 2,\ \cdots,\ n)$$

と変換した x'_1, x'_2, $\cdots$, x'_n をデータ X' とする。ただし，$n \geqq 2$，$s > 0$ とする。

次の テ ， ト ， ナ に当てはまるものを，下の⓪～⑧のうちから一つずつ選べ。ただし，同じものを繰り返し選んでもよい。

・X の偏差 $x_1 - \overline{x}$, $x_2 - \overline{x}$, $\cdots$, $x_n - \overline{x}$ の平均値は テ である。

・X' の平均値は ト である。

・X' の標準偏差は ナ である。

⓪ 0　　　　① 1　　　　② -1　　　③ $\overline{x}$　　　④ s

⑤ $\dfrac{1}{s}$　　　⑥ s^2　　　⑦ $\dfrac{1}{s^2}$　　　⑧ $\dfrac{\overline{x}}{s}$

図4で示されたモンシロチョウの初見日のデータ M とツバメの初見日のデータ T について上の変換を行ったデータをそれぞれ M', T' とする。

次の ニ に当てはまるものを，図5の⓪～③のうちから一つ選べ。

変換後のモンシロチョウの初見日のデータ M' と変換後のツバメの初見日のデータ T' の散布図は，M' と T' の標準偏差の値を考慮すると ニ である。

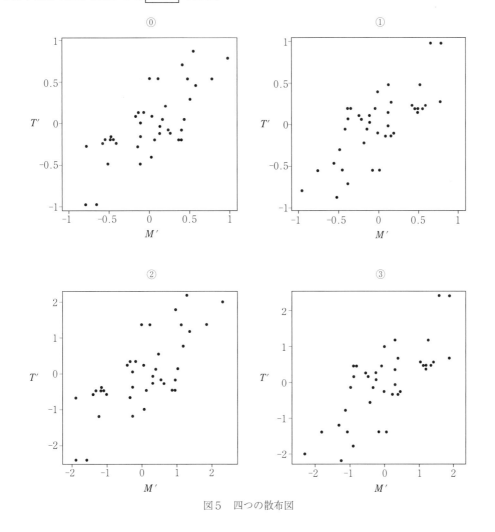

図5　四つの散布図

目標
14分

R2　②[2]（Ⅰ・A）　　　　　　　　　　　　　　　／15点　　／15点

(1)　次の　コ　,　サ　に当てはまるものを，下の⓪～⑤のうちから一つずつ選べ。ただし，解答の順序は問わない。

99個の観測値からなるデータがある。四分位数について述べた記述で，どのようなデータでも成り立つもの

は　コ　と　サ　である。

　⓪　平均値は第1四分位数と第3四分位数の間にある。

　①　四分位範囲は標準偏差より大きい。

　②　中央値より小さい観測値の個数は49個である。

　③　最大値に等しい観測値を1個削除しても第1四分位数は変わらない。

　④　第1四分位数より小さい観測値と，第3四分位数より大きい観測値とをすべて削除すると，残りの観測値
　　　の個数は51個である。

　⑤　第1四分位数より小さい観測値と，第3四分位数より大きい観測値とをすべて削除すると，残りの観測値
　　　からなるデータの範囲はもとのデータの四分位範囲に等しい。

(2)　図1は，平成27年の男の市区町村別平均寿命のデータを47の都道府県 P1, P2, …, P47 ごとに箱ひげ図にし
て，並べたものである。

　　次の（Ⅰ），（Ⅱ），（Ⅲ）は図1に関する記述である。

　（Ⅰ）　四分位範囲はどの都道府県においても1以下である。

　（Ⅱ）　箱ひげ図は中央値が小さい値から大きい値の順に上から下へ並んでいる。

　（Ⅲ）　P1のデータのどの値と P47 のデータのどの値とを比較しても1.5以上の差がある。

　　　次の　シ　に当てはまるものを，下の⓪～⑦のうちから一つ選べ。

　　　（Ⅰ），（Ⅱ），（Ⅲ）の正誤の組合せとして正しいものは　シ　である。

	⓪	①	②	③	④	⑤	⑥	⑦
（Ⅰ）	正	正	正	誤	正	誤	誤	誤
（Ⅱ）	正	正	誤	正	誤	正	誤	誤
（Ⅲ）	正	誤	正	正	誤	誤	正	誤

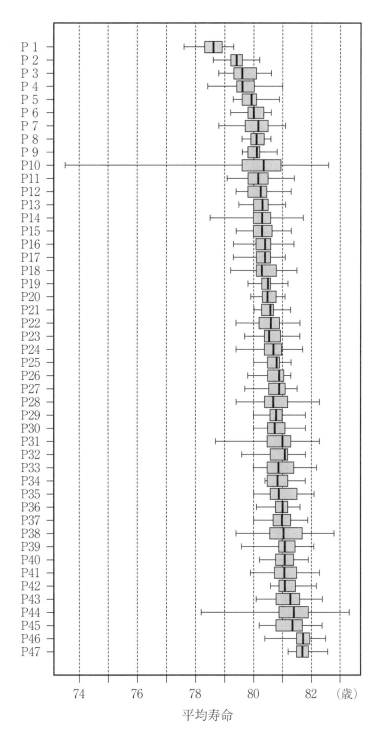

図1　男の市区町村別平均寿命の箱ひげ図
（出典：厚生労働省のWebページにより作成）

(3) ある県は 20 の市区町村からなる。図 2 はその県の男の市区町村別平均寿命のヒストグラムである。なお，ヒストグラムの各階級の区間は，左側の数値を含み，右側の数値を含まない。

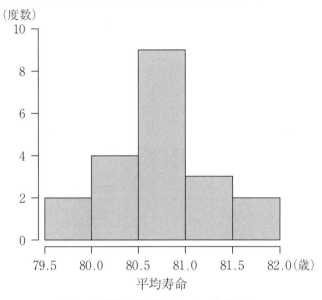

図 2　市区町村別平均寿命のヒストグラム
（出典：厚生労働省の Web ページにより作成）

次の　ス　に当てはまるものを，下の⓪〜⑦のうちから一つ選べ。

図 2 のヒストグラムに対応する箱ひげ図は　ス　である。

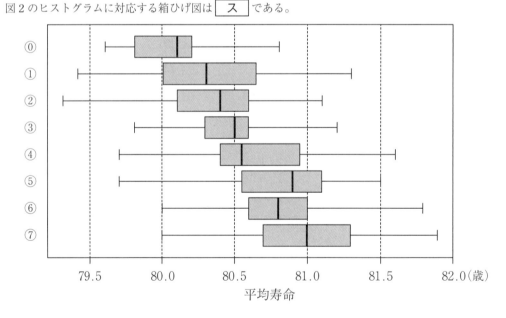

(4) 図 3 は，平成 27 年の男の都道府県別平均寿命と女の都道府県別平均寿命の散布図である。2 個の点が重なって区別できない所は黒丸にしている。図には補助的に切片が 5.5 から 7.5 まで 0.5 刻みで傾き 1 の直線を 5 本付加している。

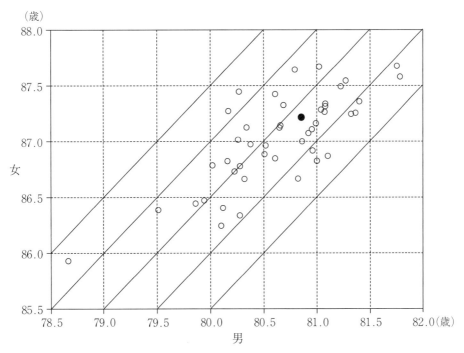

図3　男と女の都道府県別平均寿命の散布図
（出典：厚生労働省のWebページにより作成）

次の　セ　に当てはまるものを，下の⓪〜③のうちから一つ選べ。

都道府県ごとに男女の平均寿命の差をとったデータに対するヒストグラムは　セ　である。なお，ヒストグラムの各階級の区間は，左側の数値を含み，右側の数値を含まない。

⓪

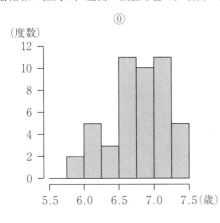

①

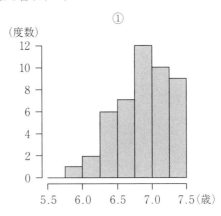

②

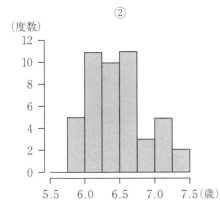

③

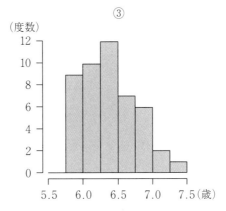

　　就業者の従事する産業は，勤務する事業所の主な経済活動の種類によって，第1次産業（農業，林業と漁業），第2次産業（鉱業，建設業と製造業），第3次産業（前記以外の産業）の三つに分類される。国の労働状況の調査（国勢調査）では，47の都道府県別に第1次，第2次，第3次それぞれの産業ごとの就業者数が発表されている。ここでは都道府県別に，就業者数に対する各産業に就業する人数の割合を算出したものを，各産業の「就業者数割合」と呼ぶことにする。

(1)　図1は，1975年度から2010年度まで5年ごとの8個の年度（それぞれを時点という）における都道府県別の三つの産業の就業者数割合を箱ひげ図で表したものである。各時点の箱ひげ図は，それぞれ上から順に第1次産業，第2次産業，第3次産業のものである。

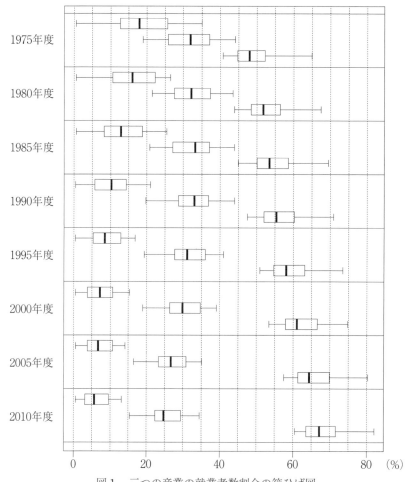

図1　三つの産業の就業者数割合の箱ひげ図
（出典：総務省のWebページにより作成）

次の⓪〜⑤のうち，図1から読み取れることとして正しくないものは　タ　と　チ　である。

　タ　，　チ　の解答群（解答の順序は問わない。）

⓪　第1次産業の就業者数割合の四分位範囲は，2000年度までは，後の時点になるにしたがって減少している。

①　第1次産業の就業者数割合について，左側のひげの長さと右側のひげの長さを比較すると，どの時点においても左側の方が長い。

②　第2次産業の就業者数割合の中央値は，1990年度以降，後の時点になるにしたがって減少している。

③　第2次産業の就業者数割合の第1四分位数は，後の時点になるにしたがって減少している。

④　第3次産業の就業者数割合の第3四分位数は，後の時点になるにしたがって増加している。

⑤　第3次産業の就業者数割合の最小値は，後の時点になるにしたがって増加している。

(2)　(1)で取り上げた8時点の中から5時点を取り出して考える。各時点における都道府県別の，第1次産業と第3次産業の就業者数割合のヒストグラムを一つのグラフにまとめてかいたものが，次ページの五つのグラフである。それぞれの右側の網掛けしたヒストグラムが第3次産業のものである。なお，ヒストグラムの各階級の区間は，左側の数値を含み，右側の数値を含まない。

・1985年度におけるグラフは　ツ　である。

・1995年度におけるグラフは　テ　である。

　ツ　，　テ　については，最も適当なものを，次の⓪〜④のうちから一つずつ選べ。ただし，同じものを繰り返し選んでもよい。

⓪

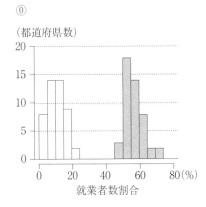

①

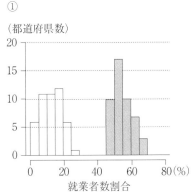

②

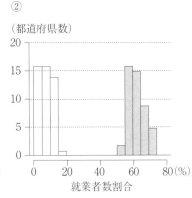

③

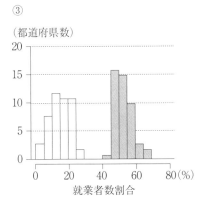

④

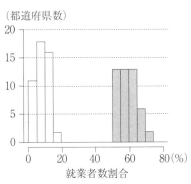

（出典：総務省のWebページにより作成）

(3) 三つの産業から二つずつを組み合わせて都道府県別の就業者数割合の散布図を作成した。図2の散布図群は，左から順に1975年度における第1次産業（横軸）と第2次産業（縦軸）の散布図，第2次産業（横軸）と第3次産業（縦軸）の散布図，および第3次産業（横軸）と第1次産業（縦軸）の散布図である。また，図3は同様に作成した2015年度の散布図群である。

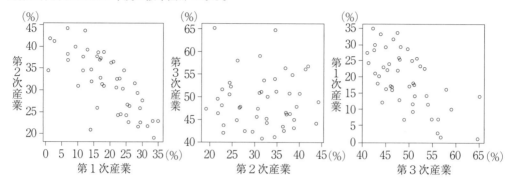

図2　1975年度の散布図群

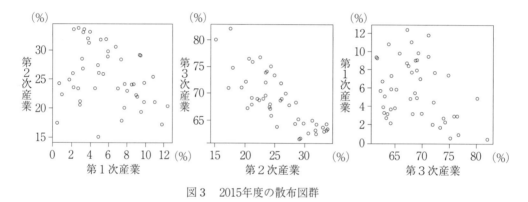

図3　2015年度の散布図群

（出典：図2，図3はともに総務省のWebページにより作成）

下の(I), (II), (III)は，1975年度を基準としたときの，2015年度の変化を記述したものである。ただし，ここで「相関が強くなった」とは，相関係数の絶対値が大きくなったことを意味する。

(I) 都道府県別の第1次産業の就業者数割合と第2次産業の就業者数割合の間の相関は強くなった。

(II) 都道府県別の第2次産業の就業者数割合と第3次産業の就業者数割合の間の相関は強くなった。

(III) 都道府県別の第3次産業の就業者数割合と第1次産業の就業者数割合の間の相関は強くなった。

(I), (II), (III)の正誤の組合せとして正しいものは　ト　である。

ト　の解答群

	⓪	①	②	③	④	⑤	⑥	⑦
(I)	正	正	正	正	誤	誤	誤	誤
(II)	正	正	誤	誤	正	正	誤	誤
(III)	正	誤	正	誤	正	誤	正	誤

(4) 各都道府県の就業者数の内訳として男女別の就業者数も発表されている。そこで，就業者数に対する男性・女性の就業者数の割合をそれぞれ「男性の就業者数割合」，「女性の就業者数割合」と呼ぶことにし，これらを都道府県別に算出した。図 4 は，2015 年度における都道府県別の，第 1 次産業の就業者数割合（横軸）と，男性の就業者数割合（縦軸）の散布図である。

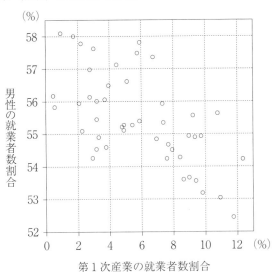

図 4　都道府県別の，第 1 次産業の就業者数割合と，
　　　男性の就業者数割合の散布図
　　　　（出典：総務省の Web ページにより作成）

　各都道府県の，男性の就業者数と女性の就業者数を合計すると就業者数の全体となることに注意すると，2015 年度における都道府県別の，第 1 次産業の就業者数割合（横軸）と，女性の就業者数割合（縦軸）の散布図は　ナ　である。

　　ナ　については，最も適当なものを，下の⓪～③のうちから一つ選べ。なお，設問の都合で各散布図の横軸と縦軸の目盛りは省略しているが，横軸は右方向，縦軸は上方向がそれぞれ正の方向である。

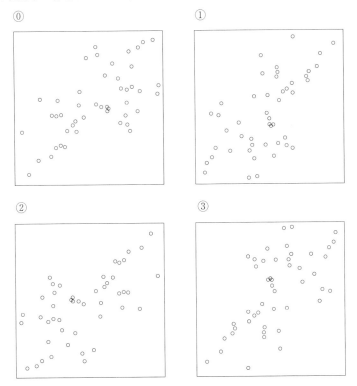

　総務省が実施している国勢調査では都道府県ごとの総人口が調べられており，その内訳として日本人人口と外国人人口が公表されている。また，外務省では旅券（パスポート）を取得した人数を都道府県ごとに公表している。加えて，文部科学省では都道府県ごとの小学校に在籍する児童数を公表している。

　そこで，47 都道府県の，人口 1 万人あたりの外国人人口（以下，外国人数），人口 1 万人あたりの小学校児童数（以下，小学生数），また，日本人 1 万人あたりの旅券を取得した人数（以下，旅券取得者数）を，それぞれ計算した。

(1)　図 1 は，2010 年における 47 都道府県の，旅券取得者数（横軸）と小学生数（縦軸）の関係を黒丸で，また，旅券取得者数（横軸）と外国人数（縦軸）の関係を白丸で表した散布図である。

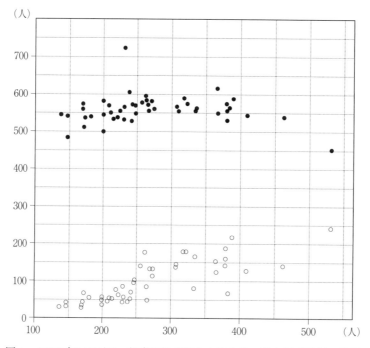

図 1　2010 年における，旅券取得者数と小学生数の散布図（黒丸），旅券
　　　取得者数と外国人数の散布図（白丸）
　　　（出典：外務省，文部科学省および総務省の Web ページにより作成）

　次の(I)，(II)，(III)は図 1 の散布図に関する記述である。

(I)　小学生数の四分位範囲は，外国人数の四分位範囲より大きい。

(II)　旅券取得者数の範囲は，外国人数の範囲より大きい。

(III)　旅券取得者数と小学生数の相関係数は，旅券取得者数と外国人数の相関係数より大きい。

　(I)，(II)，(III)の正誤の組合せとして正しいものは ツ である。

ツ の解答群

	⓪	①	②	③	④	⑤	⑥	⑦
(I)	正	正	正	正	誤	誤	誤	誤
(II)	正	正	誤	誤	正	正	誤	誤
(III)	正	誤	正	誤	正	誤	正	誤

(2) 一般に，度数分布表

階級値	x_1	x_2	x_3	x_4	計	x_k	計
度数	f_1	f_2	f_3	f_4	n	f_k	n

が与えられていて，各階級に含まれるデータの値がすべてその階級値に等しいと仮定すると，平均値 $\bar{x}$ は

$$\bar{x} = \frac{1}{n}(x_1f_1 + x_2f_2 + x_3f_3 + x_4f_4 + \cdots + x_kf_k)$$

で求めることができる。さらに階級の幅が一定で，その値が h のときは

$$x_2 = x_1 + h, \ x_3 = x_1 + 2h, \ x_4 = x_1 + 3h, \ \cdots, \ x_k = x_1 + (k-1)h$$

に注意すると

$$\bar{x} = \boxed{\ \text{テ}\ }$$

と変形できる。

$\boxed{\ \text{テ}\ }$ については，最も適当なものを，次の⓪～④のうちから一つ選べ。

⓪ $\dfrac{x_1}{n}(f_1 + f_2 + f_3 + f_4 + \cdots + f_k)$

① $\dfrac{h}{n}(f_1 + 2f_2 + 3f_3 + 4f_4 + \cdots + kf_k)$

② $x_1 + \dfrac{h}{n}(f_2 + f_3 + f_4 + \cdots + f_k)$

③ $x_1 + \dfrac{h}{n}\{f_2 + 2f_3 + 3f_4 + \cdots + (k-1)f_k\}$

④ $\dfrac{1}{2}(f_1 + f_k)x_1 - \dfrac{1}{2}(f_1 + kf_k)$

図2は，2008年における47都道府県の旅券取得者数のヒストグラムである。なお，ヒストグラムの各階級の区間は，左側の数値を含み，右側の数値を含まない。

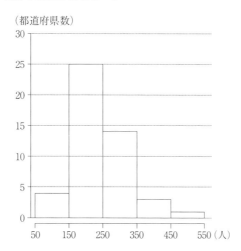

(都道府県数)

図2　2008年における旅券取得者数のヒストグラム
（出典：外務省のWebページにより作成）

図2のヒストグラムに関して，各階級に含まれるデータの値がすべてその階級値に等しいと仮定する。このとき，平均値 $\bar{x}$ は小数第1位を四捨五入すると $\boxed{\ \text{トナニ}\ }$ である。

(3) 一般に，度数分布表

階級値	x_1	x_2	$\cdots$	x_k	計
度数	f_1	f_2	$\cdots$	f_k	n

が与えられていて，各階級に含まれるデータの値がすべてその階級値に等しいと仮定すると，分散 s^2 は

$$s^2 = \frac{1}{n}\left\{(x_1-\bar{x})^2 f_1 + (x_2-\bar{x})^2 f_2 + \cdots + (x_k-\bar{x})^2 f_k\right\}$$

で求めることができる。さらに s^2 は

$$s^2 = \frac{1}{n}\left\{(x_1{}^2 f_1 + x_2{}^2 f_2 + \cdots + x_k{}^2 f_k) - 2\bar{x} \times \boxed{\text{ヌ}} + (\bar{x})^2 \times \boxed{\text{ネ}}\right\}$$

と変形できるので

$$s^2 = \frac{1}{n}(x_1{}^2 f_1 + x_2{}^2 f_2 + \cdots + x_k{}^2 f_k) - \boxed{\text{ノ}} \quad\cdots\cdots\cdots ①$$

である。

$\boxed{\text{ヌ}} \sim \boxed{\text{ノ}}$ の解答群（同じものを繰り返し選んでもよい。）

⓪ n	① n^2	② $\bar{x}$	③ $n\bar{x}$	④ $2n\bar{x}$
⑤ $n^2\bar{x}$	⑥ $(\bar{x})^2$	⑦ $n(\bar{x})^2$	⑧ $2n(\bar{x})^2$	⑨ $3n(\bar{x})^2$

図3は，図2を再掲したヒストグラムである。

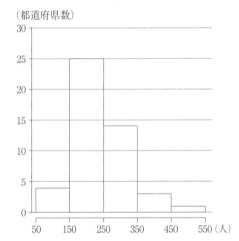

（都道府県数）

図3　2008年における旅券取得者数のヒストグラム
（出典：外務省のWebページにより作成）

　図3のヒストグラムに関して，各階級に含まれるデータの値がすべてその階級値に等しいと仮定すると，平均値 $\bar{x}$ は(2)で求めた $\boxed{\text{トナニ}}$ である。$\boxed{\text{トナニ}}$ の値と式①を用いると，分散 s^2 は $\boxed{\text{ハ}}$ である。

$\boxed{\text{ハ}}$ については，最も近いものを，次の⓪〜⑦のうちから一つ選べ。

⓪ 3900	① 4900	② 5900	③ 6900
④ 7900	⑤ 8900	⑥ 9900	⑦ 10900

目標
13分
R4　②　[2]（Ⅰ・A）

[2]　日本国外における日本語教育の状況を調べるために，独立行政法人国際交流基金では「海外日本語教育機関調査」を実施しており，各国における教育機関数，教員数，学習者数が調べられている。2018年度において学習者数が5000人以上の国と地域（以下，国）は29か国であった。これら29か国について，2009年度と2018年度のデータが得られている。

(1)　各国において，学習者数を教員数で割ることにより，国ごとの「教員1人あたりの学習者数」を算出することができる。図1と図2は，2009年度および2018年度における「教員1人あたりの学習者数」のヒストグラムである。これら二つのヒストグラムから，9年間の変化に関して，後のことが読み取れる。なお，ヒストグラムの各階級の区間は，左側の数値を含み，右側の数値を含まない。

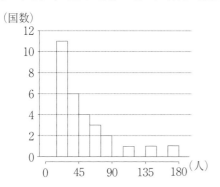

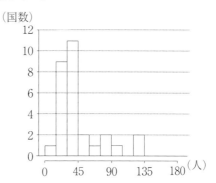

図1　2009年度における教員1人あたりの学習者数　　図2　2018年度における教員1人あたりの学習者数
　　　のヒストグラム　　　　　　　　　　　　　　　　　　のヒストグラム

（出典：国際交流基金のWebページにより作成）

・2009年度と2018年度の中央値が含まれる階級の階級値を比較すると，　ケ　。
・2009年度と2018年度の第1四分位数が含まれる階級の階級値を比較すると，　コ　。
・2009年度と2018年度の第3四分位数が含まれる階級の階級値を比較すると，　サ　。
・2009年度と2018年度の範囲を比較すると，　シ　。
・2009年度と2018年度の四分位範囲を比較すると，　ス　。

　ケ　～　ス　の解答群（同じものを繰り返し選んでもよい。）

⓪　2018年度の方が小さい
①　2018年度の方が大きい
②　両者は等しい
③　これら二つのヒストグラムからだけでは両者の大小を判断できない

(2) 各国において，学習者数を教育機関数で割ることにより，「教育機関1機関あたりの学習者数」も算出した。図3は，2009年度における「教育機関1機関あたりの学習者数」の箱ひげ図である。

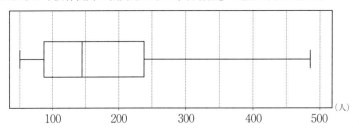

図3　2009年度における教育機関1機関あたりの学習者数の箱ひげ図
（出典：国際交流基金のWebページにより作成）

　2009年度について，「教育機関1機関あたりの学習者数」（横軸）と「教員1人あたりの学習者数」（縦軸）の散布図は　セ　である。ここで，2009年度における「教員1人あたりの学習者数」のヒストグラムである(1)の図1を，図4として再掲しておく。

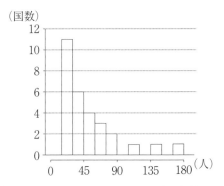

図4　2009年度における教員1人あたりの学習者数のヒストグラム
（出典：国際交流基金のWebページにより作成）

セ については，最も適当なものを，次の⓪～③のうちから一つ選べ。なお，これらの散布図には，完全に重なっている点はない。

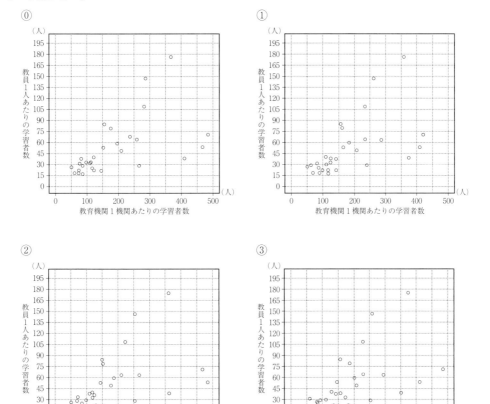

(3) 各国における 2018 年度の学習者数を 100 としたときの 2009 年度の学習者数 S，および，各国における 2018 年度の教員数を 100 としたときの 2009 年度の教員数 T を算出した。

  例えば，学習者数について説明すると，ある国において，2009 年度が 44272 人，2018 年度が 174521 人であった場合，2009 年度の学習者数 S は $\frac{44272}{174521} \times 100$ より 25.4 と算出される。

  表 1 は S と T について，平均値，標準偏差および共分散を計算したものである。ただし，S と T の共分散は，S の偏差と T の偏差の積の平均値である。

  表 1 の数値が四捨五入していない正確な値であるとして，S と T の相関係数を求めると ソ ． タチ である。

表 1　平均値，標準偏差および共分散

S の 平均値	T の 平均値	S の 標準偏差	T の 標準偏差	S と T の 共分散
81.8	72.9	39.3	29.9	753.3

(4) 表1と(3)で求めた相関係数を参考にすると，(3)で算出した2009年度の S 軸（横軸）と T（縦軸）の散布図は ツ である。

ツ については，最も適当なものを，次の⓪〜③のうちから一つ選べ。なお，これらの散布図には，完全に重なっている点はない。

⓪

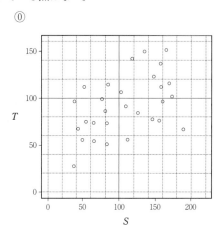

①

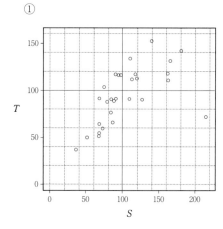

②

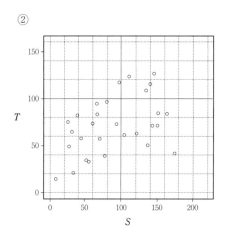

③

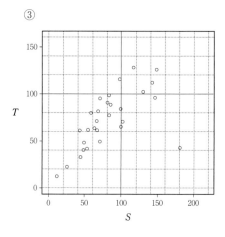

目標 15分　センター　試作問題　　　　　　　　第1回目 ／10題　第2回目 ／10題

(1) 不定方程式 $8x + 5y = k$ の整数解について考える。

(i) $k = 1$ とする。

$x > -10$, $y > -10$ を満たす解は

$(x, y) = (\boxed{アイ}, \boxed{ウエ}), (\boxed{オカ}, \boxed{キ}), (\boxed{ク}, \boxed{ケコ})$

である。ただし， $\boxed{アイ} < \boxed{オカ} < \boxed{ク}$ とする。

(ii) $k = 17$ とする。

$0 < x + y < 100$ を満たす解は $\boxed{サシ}$ 個ある。

(2) 和が 600，最小公倍数が 5772 である 2 つの自然数 a, b $(a > b)$ がある。

a, b の最大公約数を G とし， $a = a'G$, $b = b'G$ とすると， a' と b' の最大公約数は $\boxed{ス}$ である。また， $a'G + b'G = 600$, $a'b'G = 5772$ である。

ここで， 600， 5772 をそれぞれ素因数分解すると

$600 = 2^3 \cdot 3 \cdot 5^2$

$5772 = 2^{\boxed{セ}} \cdot \boxed{ソ} \cdot 13 \cdot 37$

であるから $G = \boxed{タチ}$ である。したがって， $a = \boxed{ツテト}$, $b = \boxed{ナニヌ}$ である。

このとき， $G = ma + nb$ を満たす整数 m, n の組のうち， m の値が正で最小であるものは，

$m = \boxed{ネ}$, $n = \boxed{ノハヒ}$ である。

目標 15分　H27 ⑤（Ⅰ・A）　　　　　　　　　　　／20点　／20点

以下では， $a = 756$ とし， m は自然数とする。

(1) a を素因数分解すると

$a = 2^{\boxed{ア}} \cdot 3^{\boxed{イ}} \cdot \boxed{ウ}$ である。

a の正の約数の個数は $\boxed{エオ}$ 個である。

(2) $\sqrt{am}$ が自然数となる最小の自然数 m は $\boxed{カキ}$ である。 $\sqrt{am}$ が自然数となるとき， m はある自然数 k により， $m = \boxed{カキ} k^2$ と表される数であり，そのときの $\sqrt{am}$ の値は $\boxed{クケコ} k$ である。

(3) 次に，自然数 k により $\boxed{クケコ} k$ と表される数で， 11 で割った余りが 1 となる最小の k を求める。 1 次不定方程式

$\boxed{クケコ} k - 11\ell = 1$

を解くと， $k > 0$ となる整数解 (k, ℓ) のうち k が最小のものは，

$k = \boxed{サ}$, $\ell = \boxed{シスセ}$ である。

(4) $\sqrt{am}$ が 11 で割ると 1 余る自然数となるとき，そのような自然数 m のなかで最小のものは $\boxed{ソタチツ}$ である。

整数の性質

H28 ④（I・A）　　　　　　　　　　　　　　　／20点　　　／20点

(1) 不定方程式　$92x + 197y = 1$　をみたす整数 x, y の組の中で，x の絶対値が最小のものは

$x = \boxed{アイ}$，$y = \boxed{ウエ}$　である。

不定方程式　$92x + 197y = 10$　をみたす整数 x, y の組の中で，x の絶対値が最小のものは

$x = \boxed{オカキ}$，$y = \boxed{クケ}$　である。

(2) 2進法で$11011_{(2)}$ と表される数を4進法で表すと　$\boxed{コサシ}_{(4)}$　である。

次の⓪～⑤の6進法の小数のうち，10進法で表すと有限小数として表せるのは，$\boxed{ス}$，$\boxed{セ}$，$\boxed{ソ}$　である。ただし，解答の順序は問わない。

⓪　$0.3_{(6)}$　　　①　$0.4_{(6)}$　　　②　$0.33_{(6)}$　　　③　$0.43_{(6)}$　　　④　$0.033_{(6)}$　　　⑤　$0.043_{(6)}$

H29 ④（I・A）　　　　　　　　　　　　　　　／20点　　　／20点

(1) 百の位の数が3，十の位の数が7，一の位の数が a である3桁の自然数を $37a$ と表記する。

$37a$ が4で割り切れるのは

$a = \boxed{ア}$，$\boxed{イ}$　のときである。ただし，$\boxed{ア}$，$\boxed{イ}$　の解答の順序は問わない。

(2) 千の位の数が7，百の位の数が b，十の位の数が5，一の位の数が c である4桁の自然数を $7b5c$ と表記する。

$7b5c$ が4でも9でも割り切れる b, c の組は，全部で $\boxed{ウ}$ 個ある。これらのうち，$7b5c$ の値が最小になるのは $b = \boxed{エ}$，$c = \boxed{オ}$ のときで，$7b5c$ の値が最大になるのは $b = \boxed{カ}$，$c = \boxed{キ}$ のときである。

また，$7b5c = (6 \times n)^2$ となる b, c と自然数 n は　$b = \boxed{ク}$，$c = \boxed{ケ}$，$n = \boxed{コサ}$　である。

(3) 1188の正の約数は全部で $\boxed{シス}$ 個ある。

これらのうち，2の倍数は $\boxed{セソ}$ 個，4の倍数は $\boxed{タ}$ 個ある。

1188のすべての正の約数の積を2進法で表すと，末尾には0が連続して $\boxed{チツ}$ 個並ぶ。

H30 ④（I・A）　　　　　　　　　　　　　　　／20点　　　／20点

(1) 144 を素因数分解すると

$144 = 2^{\boxed{ア}} \times \boxed{イ}^{\boxed{ウ}}$ であり，144 の正の約数の個数は $\boxed{エオ}$ 個である。

(2) 不定方程式　$144x - 7y = 1$　の整数解 x, y の中で，x の絶対値が最小になるのは

$x = \boxed{カ}$，$y = \boxed{キク}$　であり，すべての整数解は，k を整数として

$x = \boxed{ケ}k + \boxed{カ}$，$y = \boxed{コサシ}k + \boxed{キク}$　と表される。

(3) 144 の倍数で，7で割ったら余りが1となる自然数のうち，正の約数の個数が18個である最小のものは

$144 \times \boxed{ス}$ であり，正の約数の個数が30個である最小のものは $144 \times \boxed{セソ}$ である。

目標 13分　H29　試行　⑤（Ⅰ・A）　　　　　　　　／20点　　　／20点

n を3以上の整数とする。紙に正方形のマスが縦横とも $(n-1)$ 個ずつ並んだマス目を書く。その $(n-1)^2$ 個のマスに，以下の**ルール**に従って数字を一つずつ書き込んだものを「方盤」と呼ぶことにする。なお，横の並びを「行」，縦の並びを「列」という。

　　　ルール：上から k 行目，左から ℓ 列目のマスに，k と ℓ の積を n で割った余りを記入する。

　　　$n=3$，$n=4$ のとき，方盤はそれぞれ下の図1，図2のようになる。

1	2
2	1

1	2	3
2	0	2
3	2	1

図1　　　　　図2

　例えば，図2において，上から2行目，左から3列目には，$2 \times 3 = 6$ を4で割った余りである2が書かれている。このとき，次の問いに答えよ。

(1)　$n=8$ のとき，下の図3の方盤の **A** に当てはまる数を答えよ。　[ア]

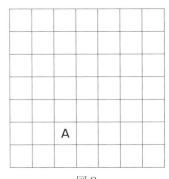

図3

　　　また，図3の方盤の上から5行目に並ぶ数のうち，1が書かれているのは左から何列目であるかを答えよ。左から [イ] 列目

(2)　$n=7$ のとき，下の図4のように，方盤のいずれのマスにも0が現れない。

1	2	3	4	5	6
2	4	6	1	3	5
3	6	2	5	1	4
4	1	5	2	6	3
5	3	1	6	4	2
6	5	4	3	2	1

図4

このように，方盤のいずれのマスにも 0 が現れないための，n に関する必要十分条件を，次の ⓪ ～ ⑤ のうちから一つ選べ。　ウ

 ⓪　n が奇数であること。

 ①　n が 4 で割って 3 余る整数であること。

 ②　n が 2 の倍数でも 5 の倍数でもない整数であること。

 ③　n が素数であること。

 ④　n が素数ではないこと。

 ⑤　$n-1$ と n が互いに素であること。

(3)　n の値がもっと大きい場合を考えよう。方盤においてどの数字がどのマスにあるかは，整数の性質を用いると簡単に求めることができる。

 $n = 56$ のとき，方盤の上から 27 行目に並ぶ数のうち，1 は左から何列目にあるかを考えよう。

 (i)　方盤の上から 27 行目，左から ℓ 列目の数が 1 であるとする（ただし，$1 \leqq \ell \leqq 55$）。ℓ を求めるためにはどのようにすれば良いか。正しいものを，次の ⓪ ～ ③ のうちから一つ選べ。　エ

  ⓪　1 次不定方程式 $27\ell - 56m = 1$ の整数解のうち，$1 \leqq \ell \leqq 55$ を満たすものを求める。

  ①　1 次不定方程式 $27\ell - 56m = -1$ の整数解のうち，$1 \leqq \ell \leqq 55$ を満たすものを求める。

  ②　1 次不定方程式 $56\ell - 27m = 1$ の整数解のうち，$1 \leqq \ell \leqq 55$ を満たすものを求める。

  ③　1 次不定方程式 $56\ell - 27m = -1$ の整数解のうち，$1 \leqq \ell \leqq 55$ を満たすものを求める。

 (ii)　(i)で選んだ方法により，方盤の上から 27 行目に並ぶ数のうち，1 は左から何列目にあるかを求めよ。左から　オカ　列目

(4)　$n = 56$ のとき，方盤の各行にそれぞれ何個の 0 があるか考えよう。

 (i)　方盤の上から 24 行目には 0 が何個あるか考える。

 左から ℓ 列目が 0 であるための必要十分条件は，24ℓ が 56 の倍数であること，すなわち，ℓ が　キ　の倍数であることである。したがって，上から 24 行目には 0 が　ク　個ある。

 (ii)　上から 1 行目から 55 行目までのうち，0 の個数が最も多いのは上から何行目であるか答えよ。上から　ケコ　行目

(5)　$n = 56$ のときの方盤について，正しいものを，次の ⓪ ～ ⑤ のうちから<u>すべて</u>選べ。　サ

 ⓪　上から 5 行目には 0 がある。 ①　上から 6 行目には 0 がある。

 ②　上から 9 行目には 1 がある。 ③　上から 10 行目には 1 がある。

 ④　上から 15 行目には 7 がある。 ⑤　上から 21 行目には 7 がある。

H30　試行　④（Ⅰ・A）

ある物体Xの質量を天秤ばかりと分銅を用いて量りたい。天秤ばかりは支点の両側に皿A，Bが取り付けられており，両側の皿にのせたものの質量が等しいときに釣り合うように作られている。分銅は3gのものと8gのものを何個でも使うことができ，天秤ばかりの皿の上には分銅を何個でものせることができるものとする。以下では，物体Xの質量を M(g) とし，M は自然数であるとする。

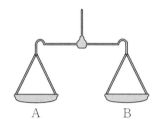

A　　　　　　B

(1) 天秤ばかりの皿Aに物体Xをのせ，皿Bに3gの分銅3個をのせたところ，天秤ばかりはBの側に傾いた。さらに，皿Aに8gの分銅1個をのせたところ，天秤ばかりはAの側に傾き，皿Bに3gの分銅2個をのせると天秤ばかりは釣り合った。このとき，皿A，Bにのせているものの質量を比較すると

$$M + 8 \times \boxed{\text{ア}} = 3 \times \boxed{\text{イ}}$$

が成り立ち $M = \boxed{\text{ウ}}$ である。上の式は

$$3 \times \boxed{\text{イ}} + 8 \times \left(- \boxed{\text{ア}} \right) = M$$

と変形することができ，$x = \boxed{\text{イ}}$，$y = - \boxed{\text{ア}}$ は，方程式 $3x + 8y = M$ の整数解の一つである。

(2) $M = 1$ のとき，皿Aに物体Xと8gの分銅 $\boxed{\text{エ}}$ 個をのせ，皿Bに3gの分銅3個をのせると釣り合う。よって，M がどのような自然数であっても，皿Aに物体Xと8gの分銅 $\boxed{\text{オ}}$ 個をのせ，皿Bに3gの分銅 $\boxed{\text{カ}}$ 個をのせることで釣り合うことになる。$\boxed{\text{オ}}$，$\boxed{\text{カ}}$ に当てはまるものを，次の⓪～⑤のうちから一つずつ選べ。ただし同じものを選んでもよい。

⓪　$M - 1$　　　　①　M　　　　②　$M + 1$

③　$M + 3$　　　　④　$3M$　　　　⑤　$5M$

(3) $M = 20$ のとき，皿Aに物体Xと3gの分銅 p 個を，皿Bに8gの分銅 q 個をのせたところ，天秤ばかりが釣り合ったとする。このような自然数の組 (p, q) のうちで，p の値が最小であるものは $p = \boxed{\text{キ}}$，$q = \boxed{\text{ク}}$ であり，方程式 $3x + 8y = 20$ のすべての整数解は，整数 n を用いて

$$x = \boxed{\text{ケコ}} + \boxed{\text{サ}} n,\ y = \boxed{\text{ク}} - \boxed{\text{シ}} n$$

と表すことができる。

(4) $M = \boxed{\text{ウ}}$ とする。3gと8gの分銅を，他の質量の分銅の組み合わせに変えると，分銅をどのようにのせても天秤ばかりが釣り合わない場合がある。この場合の分銅の質量の組み合わせを，次の⓪～③のうちから**すべて**選べ。ただし，2種類の分銅は，皿A，皿Bのいずれにも何個でものせることができるものとする。$\boxed{\text{ス}}$

⓪　3gと14g　　　①　3gと21g

②　8gと14g　　　③　8gと21g

(5) 皿 A には物体 X のみをのせ，3g と 8g の分銅は皿 B にしかのせられないとすると，天秤ばかりを釣り合わせることでは M の値を量ることができない場合がある。このような自然数 M の値は セ 通りあり，そのうち最も大きい値は ソタ である。

　ここで，$M >$ ソタ であれば，天秤ばかりを釣り合わせることで M の値を量ることができる理由を考えてみよう。x を 0 以上の整数とするとき，

(i) $3x + 8 \times 0$ は 0 以上であって，3 の倍数である。

(ii) $3x + 8 \times 1$ は 8 以上であって，3 で割ると 2 余る整数である。

(iii) $3x + 8 \times 2$ は 16 以上であって，3 で割ると 1 余る整数である。

ソタ より大きな M の値は，(i), (ii), (iii)のいずれかに当てはまることから，0 以上の整数 x，y を用いて $M = 3x + 8y$ と表すことができ，3g の分銅 x 個と 8g の分銅 y 個を皿 B にのせることで M の値を量ることができる。

　このような考え方で，0 以上の整数 x，y を用いて $3x + 2018y$ と表すことができないような自然数の最大値を求めると，チツテト である。

H31 4 （Ⅰ・Ａ）　　　　　　　　　　　　　　　　　　　　　/20点　　　/20点

(1) 不定方程式
$$49x - 23y = 1$$
の解となる自然数 x，y の中で，x の値が最小のものは
$$x = \boxed{ア}, \quad y = \boxed{イウ}$$
であり，すべての整数解は，k を整数として
$$x = \boxed{エオ}k + \boxed{ア}, \quad y = \boxed{カキ}k + \boxed{イウ} \quad と表せる。$$

(2) 49 の倍数である自然数 A と 23 の倍数である自然数 B の組 (A, B) を考える。A と B の差の絶対値が 1 となる組 (A, B) の中で，A が最小になるのは
$$(A, B) = \left(49 \times \boxed{ク}, \ 23 \times \boxed{ケコ}\right)$$
である。また，A と B の差の絶対値が 2 となる組 (A, B) の中で，A が最小になるのは
$$(A, B) = \left(49 \times \boxed{サ}, \ 23 \times \boxed{シス}\right)$$
である。

(3) 連続する三つの自然数 a，$a + 1$，$a + 2$ を考える。

　　a と $a + 1$ の最大公約数は 1

　　$a + 1$ と $a + 2$ の最大公約数は 1

　　a と $a + 2$ の最大公約数は 1 または セ

である。

　また，次の条件がすべての自然数 a で成り立つような自然数 m のうち，最大のものは $m = \boxed{ソ}$ である。

　条件：$a(a+1)(a+2)$ は m の倍数である。

(4) 6762 を素因数分解すると
$$6762 = 2 \times \boxed{タ} \times 7^{\boxed{チ}} \times \boxed{ツテ} \quad である。$$

　b を，$b(b+1)(b+2)$ が 6762 の倍数となる最小の自然数とする。このとき，b，$b + 1$，$b + 2$ のいずれかは $7^{\boxed{チ}}$ の倍数であり，また，b，$b + 1$，$b + 2$ のいずれかは ツテ の倍数である。したがって，$b = \boxed{トナニ}$ である。

R2　④（I・A）

(1)　x を循環小数 $2.\dot{3}\dot{6}$ とする。すなわち

$$x = 2.363636\cdots\cdots$$

とする。このとき

$$100 \times x - x = 236.\dot{3}\dot{6} - 2.\dot{3}\dot{6}$$

であるから，x を分数で表すと

$$x = \frac{\boxed{アイ}}{\boxed{ウエ}}\ \text{である。}$$

(2)　有理数 y は，7 進法で表すと，二つの数字の並び ab が繰り返し現れる循環小数 $2.\dot{a}\dot{b}_{(7)}$ になるとする。ただし，a，b は 0 以上 6 以下の**異なる**整数である。このとき

$$49 \times y - y = 2ab.\dot{a}\dot{b}_{(7)} - 2.\dot{a}\dot{b}_{(7)}\ \text{であるから}$$

$$y = \frac{\boxed{オカ} + 7 \times a + b}{\boxed{キク}}\ \text{と表せる。}$$

(i)　y が，分子が奇数で分母が 4 である分数で表されるのは

$$y = \frac{\boxed{ケ}}{4}\ \text{または}\ y = \frac{\boxed{コサ}}{4}\ \text{のときである。}$$

$$y = \frac{\boxed{コサ}}{4}\ \text{のときは，}\ 7 \times a + b = \boxed{シス}\ \text{であるから}$$

$$a = \boxed{セ}, \quad b = \boxed{ソ}\ \text{である。}$$

(ii)　$y - 2$ は，分子が 1 で分母が 2 以上の整数である分数で表されるとする。このような y の個数は，全部で $\boxed{タ}$ 個である。

円周上に 15 個の点 P_0, P_1, $\cdots$, P_{14} が反時計回りに順に並んでいる。最初，点 P_0 に石がある。さいころを投げて偶数の目が出たら石を反時計回りに 5 個先の点に移動させ，奇数の目が出たら石を時計回りに 3 個先の点に移動させる。この操作を繰り返す。例えば，石が点 P_5 にあるとき，さいころを投げて 6 の目が出たら石を点 P_{10} に移動させる。次に，5 の目が出たら点 P_{10} にある石を点 P_7 に移動させる。

(1)　さいころを 5 回投げて，偶数の目が　$\boxed{\text{ア}}$　回，奇数の目が　$\boxed{\text{イ}}$　回出れば，点 P_0 にある石を点 P_1 に移動させることができる。このとき，$x = \boxed{\text{ア}}$，$y = \boxed{\text{イ}}$ は，不定方程式 $5x - 3y = 1$ の整数解になっている。

(2)　不定方程式　　　$5x - 3y = 8$　………①　　　　のすべての整数解 x, y は，k を整数として

$$x = \boxed{\text{ア}} \times 8 + \boxed{\text{ウ}} k, \quad y = \boxed{\text{イ}} \times 8 + \boxed{\text{エ}} k$$

と表される。①の整数解 x, y の中で，$0 \leqq y < \boxed{\text{エ}}$ を満たすものは

$$x = \boxed{\text{オ}}, \quad y = \boxed{\text{カ}}$$

である。したがって，さいころを　$\boxed{\text{キ}}$　回投げて，偶数の目が　$\boxed{\text{オ}}$　回，奇数の目が　$\boxed{\text{カ}}$　回出れば，点 P_0 にある石を点 P_8 に移動させることができる。

(3)　(2)において，さいころを　$\boxed{\text{キ}}$　回より少ない回数だけ投げて，点 P_0 にある石を点 P_8 に移動させることはできないだろうか。

　　（＊）石を反時計回りまたは時計回りに 15 個先の点に移動させると元の点に戻る。

　　（＊）に注意すると，偶数の目が　$\boxed{\text{ク}}$　回，奇数の目が　$\boxed{\text{ケ}}$　回出れば，さいころを投げる回数が　$\boxed{\text{コ}}$　回で，点 P_0 にある石を点 P_8 に移動させることができる。このとき，$\boxed{\text{コ}} < \boxed{\text{キ}}$ である。

(4)　点 P_1, P_2, $\cdots$, P_{14} のうちから点を一つ選び，点 P_0 にある石をさいころを何回か投げてその点に移動させる。そのために必要となる，さいころを投げる最小回数を考える。例えば，さいころを 1 回だけ投げて点 P_0 にある石を点 P_2 へ移動させることはできないが，さいころを 2 回投げて偶数の目と奇数の目が 1 回ずつ出れば，点 P_0 にある石を点 P_2 へ移動させることができる。したがって，点 P_2 を選んだ場合には，この最小回数は 2 回である。

　　点 P_1, P_2, $\cdots$, P_{14} のうち，この最小回数が最も大きいのは点　$\boxed{\text{サ}}$　であり，その最小回数は　$\boxed{\text{シ}}$　回である。

$\boxed{\text{サ}}$ の解答群

⓪ P_{10}	① P_{11}	② P_{12}	③ P_{13}	④ P_{14}

目標 13分

R3　追試　4（I・A）

正の整数 m に対して

$$a^2 + b^2 + c^2 + d^2 = m, \quad a \geqq b \geqq c \geqq d \geqq 0 \quad \cdots\cdots①$$

を満たす整数 a, b, c, d の組がいくつあるかを考える。

(1)　$m = 14$ のとき，①を満たす整数 a, b, c, d の組 (a, b, c, d) は

$$(\boxed{\text{ア}}, \boxed{\text{イ}}, \boxed{\text{ウ}}, \boxed{\text{エ}})$$

のただ一つである。

　　また，$m = 28$ のとき，①を満たす整数 a, b, c, d の組の個数は $\boxed{\text{オ}}$ 個である。

(2)　a が奇数のとき，整数 n を用いて $a = 2n + 1$ と表すことができる。このとき，$n(n + 1)$ は偶数であるから，次の条件がすべての奇数 a で成り立つような正の整数 h のうち，最大のものは $h = \boxed{\text{カ}}$ である。

　　　条件：$a^2 - 1$ は h の倍数である。

よって，a が奇数のとき，a^2 を $\boxed{\text{カ}}$ で割ったときの余りは1である。

また，a が偶数のとき，a^2 を $\boxed{\text{カ}}$ で割ったときの余りは，0 または 4 のいずれかである。

(3)　(2)により，$a^2 + b^2 + c^2 + d^2$ が $\boxed{\text{カ}}$ の倍数ならば，整数 a, b, c, d のうち，偶数であるものの個数は $\boxed{\text{キ}}$ 個である。

(4)　(3)を用いることにより，m が $\boxed{\text{カ}}$ の倍数であるとき，①を満たす整数 a, b, c, d が求めやすくなる。

　　例えば，$m = 224$ のとき，①を満たす整数 a, b, c, d の組 (a, b, c, d) は

$$(\boxed{\text{クケ}}, \boxed{\text{コ}}, \boxed{\text{サ}}, \boxed{\text{シ}})$$

のただ一つであることがわかる。

(5)　7の倍数で896の約数である正の整数 m のうち，①を満たす整数 a, b, c, d の組の個数が $\boxed{\text{オ}}$ 個であるものの個数は $\boxed{\text{ス}}$ 個であり，そのうち最大のものは $m = \boxed{\text{セソタ}}$ である。

(1)　$5^4 = 625$ を 2^4 で割ったときの余りは 1 に等しい。このことを用いると，不定方程式

$5^4 x - 2^4 y = 1$ ………①

の整数解のうち，x が正の整数で最小になるのは

$x = \boxed{\text{ア}}$, $y = \boxed{\text{イウ}}$

であることがわかる。

　　また，①の整数解のうち，x が 2 桁の正の整数で最小になるのは

$x = \boxed{\text{エオ}}$, $y = \boxed{\text{カキク}}$

である。

(2)　次に，625^2 を 5^5 で割ったときの余りと，2^5 で割ったときの余りについて考えてみよう。

　　まず

$625^2 = 5^{\boxed{\text{ケ}}}$

であり，また，$m = \boxed{\text{イウ}}$ とすると

$625^2 = 2^{\boxed{\text{ケ}}} m^2 + 2^{\boxed{\text{コ}}} m + 1$

である。これらより，625^2 を 5^5 で割ったときの余りと，2^5 で割ったときの余りがわかる。

(3)　(2)の考察は，不定方程式

$5^5 x - 2^5 y = 1$ ………②

の整数解を調べるために利用できる。

　　x, y を②の整数解とする。$5^5 x$ は 5^5 の倍数であり，2^5 で割ったときの余りは 1 となる。よって，(2)により，$5^5 x - 625^2$ は 5^5 でも 2^5 でも割り切れる。5^5 と 2^5 は互いに素なので，$5^5 x - 625^2$ は $5^5 \cdot 2^5$ の倍数である。

　　このことから，②の整数解のうち，x が 3 桁の正の整数で最小になるのは

$x = \boxed{\text{サシス}}$, $y = \boxed{\text{セソタチツ}}$

であることがわかる。

(4)　11^4 を 2^4 で割ったときの余りは 1 に等しい。不定方程式

$11^5 x - 2^5 y = 1$

の整数解のうち，x が正の整数で最小になるのは

$x = \boxed{\text{テト}}$, $y = \boxed{\text{ナニヌネノ}}$

である。

目標 **7**分　　　H29　試行　①［1］［4］（Ⅱ・B）　　　　　　　/12点　　　/12点

［1］　a を定数とする。座標平面上に，原点を中心とする半径 5 の円 C と，直線 $\ell : x + y = a$ がある。

　　　C と ℓ が異なる 2 点で交わるための条件は，

$$-\boxed{\text{ア}}\sqrt{\boxed{\text{イ}}} < a < \boxed{\text{ア}}\sqrt{\boxed{\text{イ}}} \qquad \cdots\cdots\cdots ①$$

　　　である。①の条件を満たすとき，C と ℓ の交点の一つを $\mathrm{P}(s,\ t)$ とする。このとき，

$$st = \frac{a^2 - \boxed{\text{ウエ}}}{\boxed{\text{オ}}} \quad \text{である。}$$

［4］　先生と太郎さんと花子さんは，次の問題とその解答について話している。

　　　三人の会話を読んで，下の問いに答えよ。

【問題】

　$x,\ y$ を正の実数とするとき，$\left(x + \dfrac{1}{y}\right)\left(y + \dfrac{4}{x}\right)$ の最小値を求めよ。

【解答A】

$x > 0,\ \dfrac{1}{y} > 0$ であるから，相加平均と相乗平均の関係により

$$x + \frac{1}{y} \geqq 2\sqrt{x \cdot \frac{1}{y}} = 2\sqrt{\frac{x}{y}} \qquad \cdots\cdots\cdots ①$$

$y > 0,\ \dfrac{4}{x} > 0$ であるから，相加平均と相乗平均の関係により

$$y + \frac{4}{x} \geqq 2\sqrt{y \cdot \frac{4}{x}} = 4\sqrt{\frac{y}{x}} \qquad \cdots\cdots\cdots ②$$

である。①，②の両辺は正であるから，

$$\left(x + \frac{1}{y}\right)\left(y + \frac{4}{x}\right) \geqq 2\sqrt{\frac{x}{y}} \cdot 4\sqrt{\frac{y}{x}} = 8$$

よって，求める最小値は 8 である。

【解答B】

$$\left(x + \frac{1}{y}\right)\left(y + \frac{4}{x}\right) = xy + \frac{4}{xy} + 5$$

であり，$xy > 0$ であるから，相加平均と相乗平均の関係により

$$xy + \frac{4}{xy} \geqq 2\sqrt{xy \cdot \frac{4}{xy}} = 4$$

である。すなわち，

$$xy + \frac{4}{xy} + 5 \geqq 4 + 5 = 9$$

よって，求める最小値は 9 である。

い
ろ
い
ろ
な
式

先生「同じ問題なのに，解答Aと解答Bで答えが違っていますね。」

太郎「計算が間違っているのかな。」

花子「いや，どちらも計算は間違えていないみたい。」

太郎「答えが違うということは，どちらかは正しくないということだよね。」

先生「なぜ解答Aと解答Bで違う答えが出てしまったのか，考えてみましょう。」

花子「実際に x と y に値を代入して調べてみよう。」

太郎「例えば $x=1$，$y=1$ を代入してみると，$\left(x+\dfrac{1}{y}\right)\left(y+\dfrac{4}{x}\right)$ の値は 2×5 だから 10 だ。」

花子「$x=2$，$y=2$ のときの値は $\dfrac{5}{2} \times 4 = 10$ になった。」

太郎「$x=2$，$y=1$ のときの値は $3 \times 3 = 9$ になる。」

（太郎と花子，いろいろな値を代入して計算する）

花子「先生，ひょっとして　シ　ということですか。」

先生「そのとおりです。よく気づきましたね。」

花子「正しい最小値は　ス　ですね。」

(1) 　シ　に当てはまるものを，次の⓪～③のうちから一つ選べ。

  ⓪ $xy+\dfrac{4}{xy}=4$ を満たす x，y の値がない

  ① $x+\dfrac{1}{y}=2\sqrt{\dfrac{x}{y}}$ かつ $xy+\dfrac{4}{xy}=4$ を満たす x，y の値がある

  ② $x+\dfrac{1}{y}=2\sqrt{\dfrac{x}{y}}$ かつ $y+\dfrac{4}{x}=4\sqrt{\dfrac{y}{x}}$ を満たす x，y の値がない

  ③ $x+\dfrac{1}{y}=2\sqrt{\dfrac{x}{y}}$ かつ $y+\dfrac{4}{x}=4\sqrt{\dfrac{y}{x}}$ を満たす x，y の値がある

(2) 　ス　に当てはまる数を答えよ。

H25　1　[1]（Ⅱ・B）　　　　　　　　　　　　　　　　　　／15点　　　／15点

O を原点とする座標平面上に 2 点 A (6, 0)，B (3, 3) をとり，線分 AB を 2：1 に内分する点を P，1：2 に外分する点を Q とする。3 点 O，P，Q を通る円を C とする。

(1)　P の座標は $\left(\boxed{ア}, \boxed{イ}\right)$ であり，Q の座標は $\left(\boxed{ウ}, \boxed{エオ}\right)$ である。

(2)　円 C の方程式を次のように求めよう。線分 OP の中点を通り，OP に垂直な直線の方程式は

$$y = \boxed{カキ}x + \boxed{ク}$$

であり，線分 PQ の中点を通り，PQ に垂直な直線の方程式は

$$y = x - \boxed{ケ}$$ である。

これらの 2 直線の交点が円 C の中心であることから，円 C の方程式は

$$\left(x - \boxed{コ}\right)^2 + \left(y + \boxed{サ}\right)^2 = \boxed{シス}$$ であることがわかる。

(3)　円 C と x 軸の二つの交点のうち，点 O と異なる交点を R とすると，R は線分 OA を $\boxed{セ}$：1 に外分する。

H26　1　[1]（Ⅱ・B）　　　　　　　　　　　　　　　　　　／15点　　　／15点

O を原点とする座標平面において，点 P (p, q) を中心とする円 C が，方程式 $y = \dfrac{4}{3}x$ で表される直線 ℓ に接しているとする。

(1)　円 C の半径 r を求めよう。

点 P を通り直線 ℓ に垂直な直線の方程式は　　$y = -\dfrac{\boxed{ア}}{\boxed{イ}}(x - p) + q$

なので，P から ℓ に引いた垂線と ℓ の交点 Q の座標は

$$\left(\frac{3}{25}\left(\boxed{ウ}p + \boxed{エ}q\right), \frac{4}{25}\left(\boxed{ウ}p + \boxed{エ}q\right)\right)$$　　となる。

求める C の半径 r は，P と ℓ の距離 PQ に等しいので

$$r = \frac{1}{5}\left|\boxed{オ}p - \boxed{カ}q\right| \quad \cdots\cdots\cdots① \quad である。$$

(2)　円 C が，x 軸に接し，点 R (2, 2) を通る場合を考える。このとき，$p > 0$，$q > 0$である。C の方程式を求めよう。

C は x 軸に接するので，C の半径 r は q に等しい。したがって，①により，$p = \boxed{キ}q$ である。

C は点 R を通るので，求める C の方程式は

$$\left(x - \boxed{ク}\right)^2 + \left(y - \boxed{ケ}\right)^2 = \boxed{コ} \quad \cdots\cdots\cdots②$$

または　$\left(x - \boxed{サ}\right)^2 + \left(y - \boxed{シ}\right)^2 = \boxed{ス} \quad \cdots\cdots\cdots③$

であることがわかる。ただし，$\boxed{コ} < \boxed{ス}$ とする。

(3)　方程式②の表す円の中心を S，方程式③の表す円の中心を T とおくと，直線 ST は原点 O を通り，点 O は線分 ST を $\boxed{セ}$ する。$\boxed{セ}$ に当てはまるものを，次の⓪〜⑤のうちから一つ選べ。

　⓪　1：1に内分　　　①　1：2に内分　　　②　2：1に内分
　③　1：1に外分　　　④　1：2に外分　　　⑤　2：1に外分

[1]　100gずつ袋詰めされている食品AとBがある。1袋あたりのエネルギーは食品Aが200kcal，食品Bが300kcalであり，1袋あたりの脂質の含有量は食品Aが4g，食品Bが2gである。

(1)　太郎さんは，食品AとBを食べるにあたり，エネルギーは1500kcal以下に，脂質は16g以下に抑えたいと考えている。食べる量(g)の合計が最も多くなるのは，食品AとBをどのような量の組合せで食べるときかを調べよう。ただし，一方のみを食べる場合も含めて考えるものとする。

(i)　食品Aを x 袋分，食品Bを y 袋分だけ食べるとする。このとき，x，y は次の条件①，②を満たす必要がある。

摂取するエネルギー量についての条件　　　ア　………①
摂取する脂質の量についての条件　　　　　イ　………②

ア ， イ に当てはまる式を，次の各解答群のうちから一つずつ選べ。

ア の解答群

⓪　$200x + 300y \leqq 1500$　　①　$200x + 300y \geqq 1500$

②　$300x + 200y \leqq 1500$　　③　$300x + 200y \geqq 1500$

イ の解答群

⓪　$2x + 4y \leqq 16$　　　①　$2x + 4y \geqq 16$　　　②　$4x + 2y \leqq 16$　　　③　$4x + 2y \geqq 16$

(ii)　x，y の値と条件①，②の関係について正しいものを，次の⓪～③のうちから二つ選べ。ただし，解答の順序は問わない。 ウ ， エ

⓪　$(x, y) = (0, 5)$ は条件①を満たさないが，条件②は満たす。

①　$(x, y) = (5, 0)$ は条件①を満たすが，条件②は満たさない。

②　$(x, y) = (4, 1)$ は条件①も条件②も満たさない。

③　$(x, y) = (3, 2)$ は条件①と条件②をともに満たす。

(iii)　条件①，②をともに満たす (x, y) について，食品AとBを食べる量の合計の最大値を二つの場合で考えてみよう。

食品A，Bが1袋を小分けにして食べられるような食品のとき，すなわち x，y のとり得る値が実数の場合，食べる量の合計の最大値は オカキ g である。このときの (x, y) の組は，

$$(x, y) = \left(\frac{ク}{ケ}, \frac{コ}{サ} \right) \text{である。}$$

次に，食品A，Bが1袋を小分けにして食べられないような食品のとき，すなわち x，y のとり得る値が整数の場合，食べる量の合計の最大値は シスセ g である。このときの (x, y) の組は ソ 通りある。

(2)　花子さんは，食品AとBを合計600g以上食べて，エネルギーは1500kcal以下にしたい。脂質を最も少なくできるのは，食品A，Bが1袋を小分けにして食べられない食品の場合，Aを タ 袋，Bを チ 袋食べるときで，そのときの脂質は ツテ g である。

[2]

(1) 座標平面上に点 A をとる。点 P が放物線 $y = x^2$ 上を動くとき，線分 AP の中点 M の軌跡を考える。

  (i) 点 A の座標が $(0, -2)$ のとき，点 M の軌跡の方程式として正しいものを，次の⓪～⑤のうちから一つ選べ。

    | ト |

    ⓪ $y = x^2 - 1$ ① $y = 2x^2 - 1$ ② $y = \dfrac{1}{2}x^2 - 1$

    ③ $y = |x| - 1$ ④ $y = 2|x| - 1$ ⑤ $y = \dfrac{1}{2}|x| - 1$

  (ii) p を実数とする。点 A の座標が $(p, -2)$ のとき，点 M の軌跡は(i)の軌跡を x 軸方向に | ナ | だけ平行移動したものである。| ナ | に当てはまるものを，次の⓪～⑤のうちから一つ選べ。

    ⓪ $\dfrac{1}{2}p$ ① p ② $2p$

    ③ $-\dfrac{1}{2}p$ ④ $-p$ ⑤ $-2p$

  (iii) p, q を実数とする。点 A の座標が (p, q) のとき，点 M の軌跡と放物線 $y = x^2$ との共有点について正しいものを，次の⓪～⑤のうちから**すべて**選べ。| 二 |

    ⓪ $q = 0$ のとき，共有点はつねに 2 個である。

    ① $q = 0$ のとき，共有点が 1 個になるのは $p = 0$ のときだけである。

    ② $q = 0$ のとき，共有点は 0 個，1 個，2 個のいずれの場合もある。

    ③ $q < p^2$ のとき，共有点はつねに 0 個である。

    ④ $q = p^2$ のとき，共有点はつねに 1 個である。

    ⑤ $q > p^2$ のとき，共有点はつねに 0 個である。

(2) ある円 C 上を動く点 Q がある。下の図は定点 $O(0, 0)$, $A_1(-9, 0)$, $A_2(-5, -5)$, $A_3(5, -5)$, $A_4(9, 0)$ に対して，線分 OQ, A_1Q, A_2Q, A_3Q, A_4Q のそれぞれの中点の軌跡である。このとき，円 C の方程式として最も適当なものを，下の⓪～⑦のうちから一つ選べ。| ヌ |

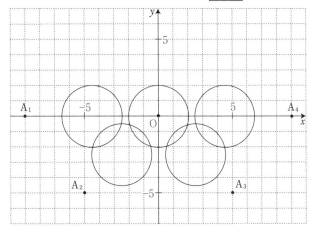

    ⓪ $x^2 + y^2 = 1$ ① $x^2 + y^2 = 2$ ② $x^2 + y^2 = 4$

    ③ $x^2 + y^2 = 16$ ④ $x^2 + (y + 1)^2 = 1$ ⑤ $x^2 + (y + 1)^2 = 2$

    ⑥ $x^2 + (y + 1)^2 = 4$ ⑦ $x^2 + (y + 1)^2 = 16$

座標平面上に点 A(-8, 0) をとる。また，不等式

$$x^2 + y^2 - 4x - 10y + 4 \leqq 0$$

の表す領域を D とする。

(1) 領域 D は，中心が点(ア , イ)，半径が ウ の円の エ である。

　 エ の解答群

⓪ 周	① 内部	② 外部
③ 周および内部	④ 周および外部	

以下，点(ア , イ)を Q とし，方程式

$$x^2 + y^2 - 4x - 10y + 4 = 0$$

の表す図形を C とする。

(2) 点 A を通る直線と領域 D が共有点をもつのはどのようなときかを考えよう。

　(i) (1)により，直線 $y =$ オ は点 A を通る C の接線の一つとなることがわかる。

太郎さんと花子さんは点 A を通る C のもう一つの接線について話している。

点 A を通り，傾きが k の直線を ℓ とする。

> 太郎：直線 ℓ の方程式は $y = k(x + 8)$ と表すことができるから，これを
> $$x^2 + y^2 - 4x - 10y + 4 = 0$$
> に代入することで接線を求められそうだね。
> 花子：x 軸と直線 AQ のなす角のタンジェントに着目することでも求められそうだよ。

　(ii) 太郎さんの求め方について考えてみよう。

$y = k(x + 8)$ を $x^2 + y^2 - 4x - 10y + 4 = 0$ に代入すると，x についての2次方程式

$$(k^2 + 1)x^2 + (16k^2 - 10k - 4)x + 64k^2 - 80k + 4 = 0$$

が得られる。この方程式が カ のときの k の値が接線の傾きとなる。

　 カ の解答群

> ⓪ 重解をもつ
> ① 異なる二つの実数解をもち，一つは 0 である
> ② 異なる二つの正の実数解をもつ
> ③ 正の実数解と負の実数解をもつ
> ④ 異なる二つの負の実数解をもつ
> ⑤ 異なる二つの虚数解をもつ

(iii) 花子さんの求め方について考えてみよう。

x 軸と直線 AQ のなす角を $\theta\left(0 < \theta \leqq \dfrac{\pi}{2}\right)$ とすると

$$\tan\theta = \dfrac{\boxed{\text{キ}}}{\boxed{\text{ク}}}$$

であり，直線 $y = \boxed{\text{オ}}$ と異なる接線の傾きは $\tan\boxed{\text{ケ}}$ と表すことができる。

$\boxed{\text{ケ}}$ の解答群

⓪	θ	①	2θ	②	$\left(\theta + \dfrac{\pi}{2}\right)$
③	$\left(\theta - \dfrac{\pi}{2}\right)$	④	$(\theta + \pi)$	⑤	$(\theta - \pi)$
⑥	$\left(2\theta + \dfrac{\pi}{2}\right)$	⑦	$\left(2\theta - \dfrac{\pi}{2}\right)$		

(iv) 点 A を通る C の接線のうち，直線 $y = \boxed{\text{オ}}$ と異なる接線の傾きを k_0 とする。このとき，(ii)または(iii)の考え方を用いることにより

$$k_0 = \dfrac{\boxed{\text{コ}}}{\boxed{\text{サ}}}$$

であることがわかる。

直線 ℓ と領域 D が共有点をもつような k の値の範囲は $\boxed{\text{シ}}$ である。

$\boxed{\text{シ}}$ の解答群

⓪	$k > k_0$	①	$k \geqq k_0$
②	$k < k_0$	③	$k \leqq k_0$
④	$0 < k < k_0$	⑤	$0 \leqq k \leqq k_0$

〈指数・対数関数〉（Ⅱ・B）

解答 201p，解説 259p

目標 **8**分

H25　① [2]（Ⅱ・B）

第1回目　／15点　　第2回目　／15点

連立方程式

$$(*) \begin{cases} x + y + z = 3 \\ 2^x + 2^y + 2^z = \dfrac{35}{2} \\ \dfrac{1}{2^x} + \dfrac{1}{2^y} + \dfrac{1}{2^z} = \dfrac{49}{16} \end{cases}$$

を満たす実数 x, y, z を求めよう。ただし，$x \leqq y \leqq z$ とする。

$X = 2^x$, $Y = 2^y$, $Z = 2^z$ とおくと，$x \leqq y \leqq z$ により $X \leqq Y \leqq Z$ である。

（*）から，X, Y, Z の関係式

$$\begin{cases} XYZ = \boxed{ソ} \\ X + Y + Z = \dfrac{35}{2} \\ XY + YZ + ZX = \dfrac{\boxed{タチ}}{\boxed{ツ}} \end{cases} \quad \text{が得られる。}$$

この関係式を利用すると，t の3次式 $(t - X)(t - Y)(t - Z)$ は

$$(t - X)(t - Y)(t - Z) = t^3 - (X + Y + Z)t^2 + (XY + YZ + ZX)t - XYZ$$

$$= t^3 - \frac{35}{2}t^2 + \frac{\boxed{タチ}}{\boxed{ツ}}t - \boxed{ソ} = \left(t - \frac{1}{2}\right)\left(t - \boxed{テ}\right)\left(t - \boxed{トナ}\right)$$

となる。したがって，$X \leqq Y \leqq Z$ により　　　$X = \dfrac{1}{2}$, $Y = \boxed{テ}$, $Z = \boxed{トナ}$

となり，$x = \log_{\boxed{ニ}} X$, $y = \log_{\boxed{ニ}} Y$, $z = \log_{\boxed{ニ}} Z$ から

$x = \boxed{ヌネ}$, $y = \boxed{ノ}$, $z = \boxed{ハ}$ であることがわかる。

H26　①［2］（Ⅱ・B）　　　　　　／15点　　　／15点

自然数 m, n に対して，不等式

$$\log_2 m^3 + \log_3 n^2 \leqq 3 \qquad \cdots\cdots\text{④}$$

を考える。

　$m = 2$, $n = 1$ のとき，$\log_2 m^3 + \log_3 n^2 = \boxed{\text{ソ}}$ であり，この m, n の値の組は④を満たす。

　$m = 4$, $n = 3$ のとき，$\log_2 m^3 + \log_3 n^2 = \boxed{\text{タ}}$ であり，この m, n の値の組は④を満たさない。

　不等式④を満たす自然数 m, n の組の個数を調べよう。④は

$$\log_2 m + \dfrac{\boxed{\text{チ}}}{\boxed{\text{ツ}}}\log_3 n \leqq \boxed{\text{テ}} \qquad \cdots\cdots\text{⑤} \qquad と変形できる。$$

　n が自然数のとき，$\log_3 n$ のとり得る最小の値は $\boxed{\text{ト}}$ であるから，⑤により，$\log_2 m \leqq \boxed{\text{テ}}$ でなければならない。$\log_2 m \leqq \boxed{\text{テ}}$ により，$m = \boxed{\text{ナ}}$ または $m = \boxed{\text{ニ}}$ でなければならない。ただし，$\boxed{\text{ナ}} < \boxed{\text{ニ}}$ とする。

　$m = \boxed{\text{ナ}}$ の場合，⑤は，$\log_3 n \leqq \dfrac{\boxed{\text{ヌ}}}{\boxed{\text{ネ}}}$ となり，$n^2 \leqq \boxed{\text{ノハ}}$ と変形できる。よって，$m = \boxed{\text{ナ}}$ のとき，⑤を満たす自然数 n のとり得る値の範囲は $n \leqq \boxed{\text{ヒ}}$ である。したがって，$m = \boxed{\text{ナ}}$ の場合，④を満たす自然数 m, n の組の個数は $\boxed{\text{ヒ}}$ である。

　同様にして，$m = \boxed{\text{ニ}}$ の場合，④を満たす自然数 m, n の組の個数は $\boxed{\text{フ}}$ である。

　以上のことから，④を満たす自然数 m, n の組の個数は $\boxed{\text{ヘ}}$ である。

H27　①［2］（Ⅱ・B）　　　　　　／15点　　　／15点

a, b を正の実数とする。連立方程式

$$(\ast) \quad \begin{cases} x\sqrt{y^3} = a \\ \sqrt[3]{x}\,y = b \end{cases}$$

を満たす正の実数 x, y について考えよう。

(1)　連立方程式 $(\ast)$ を満たす正の実数 x, y は

$$x = a^{\boxed{\text{ス}}} b^{\boxed{\text{セソ}}}, \quad y = a^p b^{\boxed{\text{タ}}} \qquad となる。ただし\quad p = \dfrac{\boxed{\text{チツ}}}{\boxed{\text{テ}}} である。$$

(2)　$b = 2\sqrt[3]{a^4}$ とする。a が $a > 0$ の範囲を動くとき，連立方程式 $(\ast)$ を満たす正の実数 x, y について，$x + y$ の最小値を求めよう。

　$b = 2\sqrt[3]{a^4}$ であるから，$(\ast)$ を満たす正の実数 x, y は，a を用いて　$x = 2^{\boxed{\text{セソ}}} a^{\boxed{\text{トナ}}}$，$y = 2^{\boxed{\text{タ}}} a^{\boxed{\text{ニ}}}$ と表される。したがって，相加平均と相乗平均の関係を利用すると，$x + y$ は $a = 2^q$ のとき最小値 $\sqrt{\boxed{\text{ヌ}}}$ をとることがわかる。ただし　$q = \dfrac{\boxed{\text{ネノ}}}{\boxed{\text{ハ}}}$ である。

H28 ① [1]（Ⅱ・B） ／15点　　／15点

(1) $8^{\frac{5}{6}} = \boxed{\text{ア}}\sqrt{\boxed{\text{イ}}}$，$\log_{27}\dfrac{1}{9} = \dfrac{\boxed{\text{ウエ}}}{\boxed{\text{オ}}}$ である。

(2) $y = 2^x$ のグラフと $y = \left(\dfrac{1}{2}\right)^x$ のグラフは $\boxed{\text{カ}}$ である。

　　$y = 2^x$ のグラフと $y = \log_2 x$ のグラフは $\boxed{\text{キ}}$ である。

　　$y = \log_2 x$ のグラフと $y = \log_{\frac{1}{2}} x$ のグラフは $\boxed{\text{ク}}$ である。

　　$y = \log_2 x$ のグラフと $y = \log_2 \dfrac{1}{x}$ のグラフは $\boxed{\text{ケ}}$ である。

　　$\boxed{\text{カ}}$ ～ $\boxed{\text{ケ}}$ に当てはまるものを，次の⓪～③のうちから一つずつ選べ。ただし，同じものを繰り返し選んでもよい。

⓪　同一のもの　　　　　①　x 軸に関して対称

②　y 軸に関して対称　　③　直線 $y = x$ に関して対称

(3) $x > 0$ の範囲における関数 $y = \left(\log_2 \dfrac{x}{4}\right)^2 - 4\log_4 x + 3$ の最小値を求めよう。

　　$t = \log_2 x$ とおく。このとき，$y = t^2 - \boxed{\text{コ}}\, t + \boxed{\text{サ}}$ である。

　　また，x が $x > 0$ の範囲を動くとき，t のとり得る値の範囲は $\boxed{\text{シ}}$ である。

　　$\boxed{\text{シ}}$ に当てはまるものを，次の⓪～③のうちから一つ選べ。

⓪　$t > 0$　　　　　　　①　$t > 1$

②　$t > 0$ かつ $t \neq 1$　　③　実数全体

　　したがって，y は $t = \boxed{\text{ス}}$ のとき，すなわち $x = \boxed{\text{セ}}$ のとき，最小値 $\boxed{\text{ソタ}}$ をとる。

座標平面上に点 $A\left(0, \dfrac{3}{2}\right)$ をとり，関数 $y = \log_2 x$ のグラフ上に 2 点 $B(p, \log_2 p)$，$C(q, \log_2 q)$ をとる。線分 AB を $1:2$ に内分する点が C であるとき，p，q の値を求めよう。

真数の条件により，$p > \boxed{タ}$，$q > \boxed{タ}$ である。ただし，対数 $\log_a b$ に対し，a を底といい，b を真数という。

線分 AB を $1:2$ に内分する点の座標は，p を用いて $\left(\dfrac{\boxed{チ}}{\boxed{ツ}}\,p,\ \dfrac{\boxed{テ}}{\boxed{ト}}\log_2 p + \boxed{ナ}\right)$ と表される。

これが C の座標と一致するので $\dfrac{\boxed{チ}}{\boxed{ツ}}\,p = q$ ………④

$\dfrac{\boxed{テ}}{\boxed{ト}}\log_2 p + \boxed{ナ} = \log_2 q$ ………⑤　が成り立つ。

⑤は $p = \dfrac{\boxed{ニ}}{\boxed{ヌ}}\,q^{\boxed{ネ}}$ ………⑥　と変形できる。

④と⑥を連立させた方程式を解いて，$p > \boxed{タ}$，$q > \boxed{タ}$ に注意すると

$p = \boxed{ノ}\sqrt{\boxed{ハ}}$，$q = \boxed{ヒ}\sqrt{\boxed{フ}}$ である。

また，C の y 座標 $\log_2\left(\boxed{ヒ}\sqrt{\boxed{フ}}\right)$ の値を，小数第 2 位を四捨五入して小数第 1 位まで求めると，$\boxed{ヘ}$ である。$\boxed{ヘ}$ に当てはまるものを，次の ⓪～ⓑ のうちから一つ選べ。ただし，$\log_{10} 2 = 0.3010$，$\log_{10} 3 = 0.4771$，$\log_{10} 7 = 0.8451$ とする。

⓪　0.3　　①　0.6　　②　0.9　　③　1.3　　④　1.6　　⑤　1.9

⑥　2.3　　⑦　2.6　　⑧　2.9　　⑨　3.3　　ⓐ　3.6　　ⓑ　3.9

c を正の定数として，不等式 $x^{\log_3 x} \geqq \left(\dfrac{x}{c}\right)^3$ ………② を考える。

3 を底とする②の両辺の対数をとり，$t = \log_3 x$ とおくと $t^{\boxed{ソ}} - \boxed{タ}\,t + \boxed{タ}\log_3 c \geqq 0$ ………③ となる。ただし，対数 $\log_a b$ に対し，a を底といい，b を真数という。

$c = \sqrt[3]{9}$ のとき，②を満たす x の値の範囲を求めよう。③により $t \leqq \boxed{チ}$，$t \geqq \boxed{ツ}$ である。さらに，真数の条件を考えて $\boxed{テ} < x \leqq \boxed{ト}$，$x \geqq \boxed{ナ}$ となる。

次に，②が $x > \boxed{テ}$ の範囲でつねに成り立つような c の値の範囲を求めよう。

x が $x > \boxed{テ}$ の範囲を動くとき，t のとり得る値の範囲は $\boxed{ニ}$ である。$\boxed{ニ}$ に当てはまるものを，次の ⓪～③ のうちから一つ選べ。

⓪　正の実数全体　　①　負の実数全体　　②　実数全体　　③　1 以外の実数全体

この範囲の t に対して，③がつねに成り立つための必要十分条件は，$\log_3 c \geqq \dfrac{\boxed{ヌ}}{\boxed{ネ}}$ である。すなわち，$c \geqq \boxed{ノ}\sqrt{\boxed{ハヒ}}$ である。

目標 **4**分　　H29　試行　① [2] (Ⅱ・B)　　　　　／9点　　　／9点

a を1でない正の実数とする。(ⅰ)〜(ⅲ)のそれぞれの式について，正しいものを，下の⓪〜③のうちから一つずつ選べ。ただし，同じものを繰り返し選んでもよい。

(ⅰ)　$\sqrt[4]{a^3} \times a^{\frac{2}{3}} = a^2$　　　　　　　カ

(ⅱ)　$\dfrac{(2a)^6}{(4a)^2} = \dfrac{a^3}{2}$　　　　　　　キ

(ⅲ)　$4(\log_2 a - \log_4 a) = \log_{\sqrt{2}} a$　　　　ク

　⓪　式を満たす a の値は存在しない。　　　　①　式を満たす a の値はちょうど一つである。

　②　式を満たす a の値はちょうど二つである。　　③　どのような a の値を代入しても成り立つ式である。

目標 **7**分　　H30　試行　① [3] (Ⅱ・B)　　　　　／13点　　　／13点

(1)　$\log_{10}2 = 0.3010$ とする。このとき，$10^{\boxed{チ}} = 2$，$2^{\boxed{ツ}} = 10$ となる。　チ ，　ツ に当てはまるものを，次の⓪〜⑧のうちから一つずつ選べ。ただし，同じものを選んでもよい。

　⓪　0　　　　　　　①　0.3010　　　　　②　-0.3010

　③　0.6990　　　　④　-0.6990　　　　⑤　$\dfrac{1}{0.3010}$

　⑥　$-\dfrac{1}{0.3010}$　　　⑦　$\dfrac{1}{0.6990}$　　　⑧　$-\dfrac{1}{0.6990}$

(2)　次のようにして**対数ものさしA**を作る。

─── **対数ものさしA** ───

2以上の整数 n のそれぞれに対して，1の目盛りから右に $\log_{10}n$ だけ離れた場所に n の目盛りを書く。

$\log_{10}n$

$\log_{10}2$

　　1　　2　　…　　　　n　　…

対数ものさしA

(ⅰ)　**対数ものさしA**において，3の目盛りと4の目盛りの間隔は，1の目盛りと2の目盛りの間隔　テ 。

　テ に当てはまるものを，次の⓪〜②のうちから一つ選べ

　⓪　より大きい　　　①　に等しい　　　②　より小さい

また，次のようにして**対数ものさしB**を作る。

対数ものさしB

2以上の整数 n のそれぞれに対して，1 の目盛りから左に $\log_{10}n$ だけ離れた場所に n の目盛りを書く。

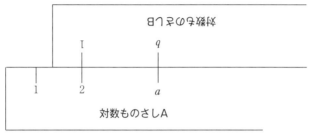

(ii) 次の図のように，**対数ものさしA**の 2 の目盛りと**対数ものさしB**の 1 の目盛りを合わせた。このとき，**対数ものさしB**の b の目盛りに対応する**対数ものさしA**の目盛りは a になった。

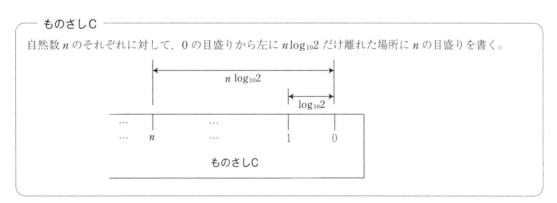

a と b の関係について，いつでも成り立つ式を，次の⓪～③のうちから一つ選べ。　| ト |

　⓪　$a = b + 2$ 　　　①　$a = 2b$

　②　$a = \log_{10}(b + 2)$ 　　③　$a = \log_{10}2b$

さらに，次のようにして**ものさしC**を作る。

ものさしC

自然数 n のそれぞれに対して，0 の目盛りから左に $n\log_{10}2$ だけ離れた場所に n の目盛りを書く。

(iii) 次の図のように**対数ものさしA**の1の目盛りと**ものさしC**の0の目盛りを合わせた。このとき，**ものさしC**の c の目盛りに対応する**対数ものさしA**の目盛りは d になった。

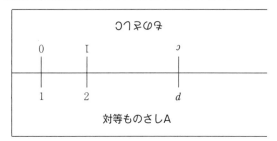

c と d の関係について，いつでも成り立つ式を，次の⓪～③のうちから一つ選べ。　$\boxed{\text{ナ}}$

⓪　$d = 2c$ 　　　①　$d = c^2$ 　　　②　$d = 2^c$ 　　　③　$c = \log_{10} d$

(iv) **対数ものさしA**と**対数ものさしB**の目盛りを一度だけ合わせるか，**対数ものさしA**と**ものさしC**の目盛りを一度だけ合わせることにする。

このとき，適切な箇所の目盛りを読み取るだけで実行できるものを，次の⓪～⑤のうちから<u>**すべて選べ**</u>。
$\boxed{\text{ニ}}$

⓪　17 に 9 を足すこと。　　　①　23 から 15 を引くこと。　　　②　13 に 4 をかけること。

③　63 を 9 で割ること。　　　④　2 を 4 乗すること。　　　⑤　$\log_2 64$ の値を求めること。

目標 **8** 分

H31　$\boxed{1}$　[2]　(Ⅱ・Ｂ)　　　　　　　　　　　　　　　／15点　　　／15点

連立方程式
$$\begin{cases} \log_2(x+2) - 2\log_4(y+3) = -1 & \cdots\cdots② \\ \left(\dfrac{1}{3}\right)^y - 11\left(\dfrac{1}{3}\right)^{x+1} + 6 = 0 & \cdots\cdots③ \end{cases}$$
を満たす実数 $x,\ y$ を求めよう。

真数の条件により，$x,\ y$ のとり得る値の範囲は $\boxed{\text{タ}}$ である。$\boxed{\text{タ}}$ に当てはまるものを，次の⓪～⑤のうちから一つ選べ。ただし，対数 $\log_a b$ に対し，a を底といい，b を真数という。

⓪　$x > 0,\ y > 0$ 　　　①　$x > 2,\ y > 3$ 　　　②　$x > -2,\ y > -3$

③　$x < 0,\ y < 0$ 　　　④　$x < 2,\ y < 3$ 　　　⑤　$x < -2,\ y < -3$

底の変換公式により

$\log_4(y+3) = \dfrac{\log_2(y+3)}{\boxed{\text{チ}}}$　である。よって②から

$y = \boxed{\text{ツ}}\,x + \boxed{\text{テ}}$ 　$\cdots\cdots④$　　が得られる。

次に，$t = \left(\dfrac{1}{3}\right)^x$ とおき，④を用いて③を t の方程式に書き直すと

$t^2 - \boxed{\text{トナ}}\,t + \boxed{\text{ニヌ}} = 0$ 　$\cdots\cdots⑤$

が得られる。また，x が $\boxed{\text{タ}}$ における x の範囲を動くとき，t のとり得る値の範囲は

$\boxed{\text{ネ}} < t < \boxed{\text{ノ}}$ 　$\cdots\cdots⑥$　である。

⑥の範囲で方程式⑤を解くと，$t = \boxed{\text{ハ}}$ となる。したがって，連立方程式②，③を満たす実数 $x,\ y$ の値は

$x = \log_3 \dfrac{\boxed{\text{ヒ}}}{\boxed{\text{フ}}}$，$y = \log_3 \dfrac{\boxed{\text{ヘ}}}{\boxed{\text{ホ}}}$　であることがわかる。

二つの関数 $f(x) = \dfrac{2^x + 2^{-x}}{2}$, $g(x) = \dfrac{2^x - 2^{-x}}{2}$ について考える。

(1) $f(0) = \boxed{セ}$, $g(0) = \boxed{ソ}$ である。また，$f(x)$ は相加平均と相乗平均の関係から，$x = \boxed{タ}$ で最小値 $\boxed{チ}$ をとる。

$g(x) = -2$ となる x の値は $\log_2\left(\sqrt{\boxed{ツ}} - \boxed{テ}\right)$ である。

(2) 次の①～④は，x にどのような値を代入してもつねに成り立つ。

$f(-x) = \boxed{ト}$ ………①

$g(-x) = \boxed{ナ}$ ………②

$\{f(x)\}^2 - \{g(x)\}^2 = \boxed{ニ}$ ………③

$g(2x) = \boxed{ヌ}\ f(x)\,g(x)$ ………④

$\boxed{ト}$, $\boxed{ナ}$ の解答群（同じものを繰り返し選んでもよい。）

⓪ $f(x)$	① $-f(x)$	② $g(x)$	③ $-g(x)$

(3) 花子さんと太郎さんは，$f(x)$ と $g(x)$ の性質について話している。

花子：①～④は三角関数の性質に似ているね。

太郎：三角関数の加法定理に類似した式(A)～(D)を考えてみたけど，つねに成り立つ式はあるだろうか。

花子：成り立たない式を見つけるために，式(A)～(D)の β に何か具体的な値を代入して調べてみたらどうかな。

太郎さんが考えた式

$f(\alpha - \beta) = f(\alpha)g(\beta) + g(\alpha)f(\beta)$ ………(A)

$f(\alpha + \beta) = f(\alpha)f(\beta) + g(\alpha)g(\beta)$ ………(B)

$g(\alpha - \beta) = f(\alpha)f(\beta) + g(\alpha)g(\beta)$ ………(C)

$g(\alpha + \beta) = f(\alpha)g(\beta) - g(\alpha)f(\beta)$ ………(D)

(1), (2)で示されたことのいくつかを利用すると，式(A)～(D)のうち，$\boxed{ネ}$ 以外の三つは成り立たないことがわかる。$\boxed{ネ}$ は左辺と右辺をそれぞれ計算することによって成り立つことが確かめられる。

$\boxed{ネ}$ の解答群

⓪ (A)	① (B)	② (C)	③ (D)

R3　追試　1 [1]（Ⅱ・B）　　　　　　　／13点　　　／13点

(1) $\log_{10} 10 = \boxed{\text{ア}}$ である。また，$\log_{10} 5$，$\log_{10} 15$ をそれぞれ $\log_{10} 2$ と $\log_{10} 3$ を用いて表すと

$$\log_{10} 5 = \boxed{\text{イ}} \log_{10} 2 + \boxed{\text{ウ}}$$
$$\log_{10} 15 = \boxed{\text{エ}} \log_{10} 2 + \log_{10} 3 + \boxed{\text{オ}}$$

となる。

(2) 太郎さんと花子さんは，15^{20} について話している。

以下では，$\log_{10} 2 = 0.3010$，$\log_{10} 3 = 0.4771$ とする。

> 太郎：15^{20} は何桁の数だろう。
> 花子：15 の 20 乗を求めるのは大変だね。$\log_{10} 15^{20}$ の整数部分に着目してみようよ。

$\log_{10} 15^{20}$ は

$$\boxed{\text{カキ}} < \log_{10} 15^{20} < \boxed{\text{カキ}} + 1$$

を満たす。よって，15^{20} は $\boxed{\text{クケ}}$ 桁の数である。

> 太郎：15^{20} の最高位の数字も知りたいね。だけど，$\log_{10} 15^{20}$ の整数部分にだけ着目してもわからないな。
> 花子：$N \cdot 10^{\boxed{\text{カキ}}} < 15^{20} < (N+1) \cdot 10^{\boxed{\text{カキ}}}$ を満たすような正の整数 N に着目してみたらどうかな。

$\log_{10} 15^{20}$ の小数部分は $\log_{10} 15^{20} - \boxed{\text{カキ}}$ であり

$$\log_{10} \boxed{\text{コ}} < \log_{10} 15^{20} - \boxed{\text{カキ}} < \log_{10} \left(\boxed{\text{コ}} + 1 \right)$$

が成り立つので，15^{20} の最高位の数字は $\boxed{\text{サ}}$ である。

R4　1 [2]（Ⅱ・B）　　　　　　　／15点　　　／15点

a，b は正の実数であり，$a \neq 1$，$b \neq 1$ を満たすとする。太郎さんは $\log_a b$ と $\log_b a$ の大小関係を調べることにした。

(1) 太郎さんは次のような考察をした。

まず，$\log_3 9 = \boxed{\text{ス}}$，$\log_9 3 = \dfrac{1}{\boxed{\text{ス}}}$ である。この場合

$$\log_3 9 > \log_9 3$$

が成り立つ。

一方，$\log_{\frac{1}{4}} \boxed{\text{セ}} = -\dfrac{3}{2}$，$\log_{\boxed{\text{セ}}} \dfrac{1}{4} = -\dfrac{2}{3}$ である。この場合

$$\log_{\frac{1}{4}} \boxed{\text{セ}} < \log_{\boxed{\text{セ}}} \dfrac{1}{4}$$

が成り立つ。

(2) ここで

$$\log_a b = t \quad \cdots\cdots①$$

とおく。

(1)の考察をもとにして，太郎さんは次の式が成り立つと推測し，それが正しいことを確かめることにした。

$$\log_b a = \frac{1}{t} \quad \cdots\cdots②$$

①により，$\boxed{ソ}$である。このことにより$\boxed{タ}$が得られ，②が成り立つことが確かめられる。

$\boxed{ソ}$ の解答群

⓪ $a^b = t$	① $a^t = b$	② $b^a = t$
③ $b^t = a$	④ $t^a = b$	⑤ $t^b = a$

$\boxed{タ}$ の解答群

⓪ $a = t^{\frac{1}{b}}$	① $a = b^{\frac{1}{t}}$	② $b = t^{\frac{1}{a}}$
③ $b = a^{\frac{1}{t}}$	④ $t = b^{\frac{1}{a}}$	⑤ $t = a^{\frac{1}{b}}$

(3) 次に，太郎さんは(2)の考察をもとにして

$$t > \frac{1}{t} \quad \cdots\cdots③$$

を満たす実数 $t\,(t \neq 0)$ の値の範囲を求めた。

┌─ 太郎さんの考察 ─────────────────

$t > 0$ ならば，③の両辺に t を掛けることにより，$t^2 > 1$ を得る。
このような $t\,(t > 0)$ の値の範囲は $1 < t$ である。
$t < 0$ ならば，③の両辺に t を掛けることにより，$t^2 < 1$ を得る。
このような $t\,(t < 0)$ の値の範囲は $-1 < t < 0$ である。

└──────────────────────────────

この考察により，③を満たす $t\,(t \neq 0)$ の値の範囲は

$$-1 < t < 0, \ 1 < t$$

であることがわかる。

ここで，a の値を一つ定めたとき，不等式

$$\log_a b > \log_b a \quad \cdots\cdots④$$

を満たす実数 $b\,(b > 0, \ b \neq 1)$ の値の範囲について考える。

④を満たす b の値の範囲は，$a > 1$ のときは $\boxed{チ}$ であり，

$0 < a < 1$ のときは $\boxed{ツ}$ である。

$\boxed{チ}$ の解答群

⓪ $0 < b < \frac{1}{a}, \ 1 < b < a$	① $0 < b < \frac{1}{a}, \ a < b$
② $\frac{1}{a} < b < 1, \ 1 < b < a$	③ $\frac{1}{a} < b < 1, \ a < b$

ツ の解答群

$$⓪ \quad 0 < b < a, \ 1 < b < \frac{1}{a} \qquad ① \quad 0 < b < a, \ \frac{1}{a} < b$$

$$② \quad a < b < 1, \ 1 < b < \frac{1}{a} \qquad ③ \quad a < b < 1, \ \frac{1}{a} < b$$

(4) $p = \dfrac{12}{13}$, $q = \dfrac{12}{11}$, $r = \dfrac{14}{13}$ とする。

次の⓪〜③のうち，正しいものは テ である。

テ の解答群

⓪ $\log_p q > \log_q p$ かつ $\log_p r > \log_r p$

① $\log_p q > \log_q p$ かつ $\log_p r < \log_r p$

② $\log_p q < \log_q p$ かつ $\log_p r > \log_r p$

③ $\log_p q < \log_q p$ かつ $\log_p r < \log_r p$

目標
8分

H27　①［1］（Ⅱ・B）　　　　　　　　　　　　　　　　／15点　　　／15点

O を原点とする座標平面上の 2 点 P $(2\cos\theta,\ 2\sin\theta)$，Q $(2\cos\theta + \cos7\theta,\ 2\sin\theta + \sin7\theta)$ を考える。ただし，$\dfrac{\pi}{8} \leqq \theta \leqq \dfrac{\pi}{4}$ とする。

(1) OP = $\boxed{\ \text{ア}\ }$，PQ = $\boxed{\ \text{イ}\ }$ である。

また OQ² = $\boxed{\ \text{ウ}\ }$ + $\boxed{\ \text{エ}\ }$ $(\cos7\theta\cos\theta + \sin7\theta\sin\theta)$ = $\boxed{\ \text{ウ}\ }$ + $\boxed{\ \text{エ}\ }\cos\left(\boxed{\ \text{オ}\ }\theta\right)$ である。

よって，$\dfrac{\pi}{8} \leqq \theta \leqq \dfrac{\pi}{4}$ の範囲で，OQ は $\theta = \dfrac{\pi}{\boxed{\ \text{カ}\ }}$ のとき最大値 $\sqrt{\boxed{\ \text{キ}\ }}$ をとる。

(2) 3 点 O，P，Q が一直線上にあるような θ の値を求めよう。

直線 OP を表す方程式は $\boxed{\ \text{ク}\ }$ である。$\boxed{\ \text{ク}\ }$ に当てはまるものを，次の⓪〜③のうちから一つ選べ。

⓪　$(\cos\theta)\,x + (\sin\theta)\,y = 0$　　　　　①　$(\sin\theta)\,x + (\cos\theta)\,y = 0$

②　$(\cos\theta)\,x - (\sin\theta)\,y = 0$　　　　　③　$(\sin\theta)\,x - (\cos\theta)\,y = 0$

このことにより，$\dfrac{\pi}{8} \leqq \theta \leqq \dfrac{\pi}{4}$ の範囲で，3 点 O，P，Q が一直線上にあるのは $\theta = \dfrac{\pi}{\boxed{\ \text{ケ}\ }}$ のときである

ことがわかる。

(3) $\angle$OQP が直角となるのは OQ = $\sqrt{\boxed{\ \text{コ}\ }}$ のときである。したがって，$\dfrac{\pi}{8} \leqq \theta \leqq \dfrac{\pi}{4}$ の範囲で，$\angle$OQP

が直角となるのは $\theta = \dfrac{\boxed{\ \text{サ}\ }}{\boxed{\ \text{シ}\ }}\pi$ のときである。

k の正の定数として

$$\cos^2 x - \sin^2 x + k\left(\frac{1}{\cos^2 x} - \frac{1}{\sin^2 x}\right) = 0 \quad \cdots\cdots\cdots ①$$

を満たす x について考える。

(1) $0 < x < \dfrac{\pi}{2}$ の範囲で①を満たす x の個数について考えよう。

①の両辺に $\sin^2 x \cos^2 x$ をかけ，2 倍角の公式を用いて変形すると

$$\left(\frac{\sin^2 2x}{\boxed{チ}} - k\right)\cos 2\,x = 0 \quad \cdots\cdots\cdots ②$$

を得る。したがって，k の値に関係なく，$x = \dfrac{\pi}{\boxed{ツ}}$ のときはつねに①が成り立つ。また，$0 < x < \dfrac{\pi}{2}$ の範

囲で $0 < \sin^2 2x \leqq 1$ であるから，$k > \dfrac{\boxed{テ}}{\boxed{ト}}$ のとき，①を満たす x は $\dfrac{\pi}{\boxed{ツ}}$ のみである。

一方，$0 < k < \dfrac{\boxed{テ}}{\boxed{ト}}$ のとき，①を満たす x の個数は $\boxed{ナ}$ 個であり，

$k = \dfrac{\boxed{テ}}{\boxed{ト}}$ のときは $\boxed{ニ}$ 個である。

(2) $k = \dfrac{4}{25}$ とし，$\dfrac{\pi}{4} < x < \dfrac{\pi}{2}$ の範囲で①を満たす x について考えよう。

②により $\sin 2\,x = \dfrac{\boxed{ヌ}}{\boxed{ネ}}$ であるから

$$\cos 2\,x = \frac{\boxed{ノハ}}{\boxed{ヒ}}$$ である。したがって $\cos x = \sqrt{\dfrac{\boxed{フ}}{\boxed{ヘ}}}$ である。

H29 ① [1] (Ⅱ・B)　　　　　　　　／15点　　　／15点

連立方程式

$$\begin{cases} \cos 2\alpha + \cos 2\beta = \dfrac{4}{15} & \cdots\cdots\cdots① \\[2mm] \cos\alpha \cos\beta = -\dfrac{2\sqrt{15}}{15} & \cdots\cdots\cdots② \end{cases}$$

を考える。ただし，$0 \leqq \alpha \leqq \pi$，$0 \leqq \beta \leqq \pi$ であり，$\alpha < \beta$ かつ $|\cos\alpha| \geqq |\cos\beta|$　$\cdots\cdots\cdots③$
とする。このとき，$\cos\alpha$ と $\cos\beta$ の値を求めよう。

　2倍角の公式を用いると，①から $\cos^2\alpha + \cos^2\beta = \dfrac{\boxed{アイ}}{\boxed{ウエ}}$

が得られる。また，②から，$\cos^2\alpha \cos^2\beta = \dfrac{\boxed{オ}}{15}$ である。

　したがって，条件③を用いると $\cos^2\alpha = \dfrac{\boxed{カ}}{\boxed{キ}}$，$\cos^2\beta = \dfrac{\boxed{ク}}{\boxed{ケ}}$

である。よって，②と条件 $0 \leqq \alpha \leqq \pi$，$0 \leqq \beta \leqq \pi$，$\alpha < \beta$ から

$$\cos\alpha = \dfrac{\boxed{コ}\sqrt{\boxed{サ}}}{\boxed{シ}}, \quad \cos\beta = \dfrac{\boxed{ス}\sqrt{\boxed{セ}}}{\boxed{ソ}} \text{ である。}$$

H30 ① [1] (Ⅱ・B)　　　　　　　　／15点　　　／15点

(1) 1ラジアンとは，$\boxed{ア}$ のことである。$\boxed{ア}$ に当てはまるものを，次の⓪〜③のうちから一つ選べ。

　⓪ 半径が1，面積が1の扇形の中心角の大きさ

　① 半径が π，面積が1の扇形の中心角の大きさ

　② 半径が1，弧の長さが1の扇形の中心角の大きさ

　③ 半径が π，弧の長さが1の扇形の中心角の大きさ

(2) $144°$ を弧度で表すと $\dfrac{\boxed{イ}}{\boxed{ウ}}\pi$ ラジアンである。また，$\dfrac{23}{12}\pi$ ラジアンを度で表すと $\boxed{エオカ}°$ である。

(3) $\dfrac{\pi}{2} \leqq \theta \leqq \pi$ の範囲で　$2\sin\left(\theta + \dfrac{\pi}{5}\right) - 2\cos\left(\theta + \dfrac{\pi}{30}\right) = 1$　$\cdots\cdots\cdots①$

　を満たす θ の値を求めよう。

　$x = \theta + \dfrac{\pi}{5}$ とおくと，①は　$2\sin x - 2\cos\left(x - \dfrac{\pi}{\boxed{キ}}\right) = 1$　と表せる。

　加法定理を用いると，この式は $\sin x - \sqrt{\boxed{ク}}\cos x = 1$ となる。

　さらに，三角関数の合成を用いると $\sin\left(x - \dfrac{\pi}{\boxed{ケ}}\right) = \dfrac{1}{\boxed{コ}}$　と変形できる。

　$x = \theta + \dfrac{\pi}{5}$，$\dfrac{\pi}{2} \leqq \theta \leqq \pi$ だから，$\theta = \dfrac{\boxed{サシ}}{\boxed{スセ}}\pi$ である。

(1)　下の図の点線は $y = \sin x$ のグラフである。(i), (ii)の三角関数のグラフが実線で正しくかかれているものを，下の⓪〜⑨のうちから一つずつ選べ。ただし，同じものを選んでもよい。

（i）　$y = \sin 2x$　ケ　　　（ii）　$y = \sin\left(x + \dfrac{3}{2}\pi\right)$　コ

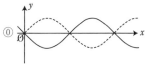
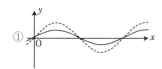
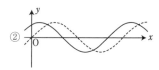
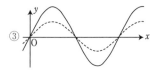
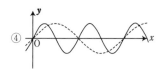
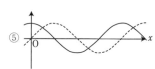
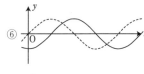
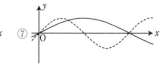
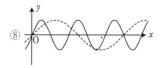
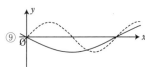

(2)　次の図はある三角関数のグラフである。その関数の式として正しいものを，下の⓪〜⑦のうちから**すべて**選べ。

サ

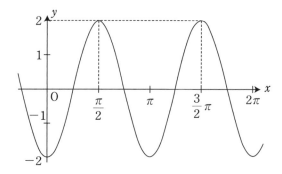

⓪　$y = 2\sin\left(2x + \dfrac{\pi}{2}\right)$　　　①　$y = 2\sin\left(2x - \dfrac{\pi}{2}\right)$

②　$y = 2\sin 2\left(x + \dfrac{\pi}{2}\right)$　　　③　$y = \sin 2\left(2x - \dfrac{\pi}{2}\right)$

④　$y = 2\cos\left(2x + \dfrac{\pi}{2}\right)$　　　⑤　$y = 2\cos 2\left(x - \dfrac{\pi}{2}\right)$

⑥　$y = 2\cos 2\left(x + \dfrac{\pi}{2}\right)$　　　⑦　$y = \cos 2\left(2x - \dfrac{\pi}{2}\right)$

O を原点とする座標平面上に，点 A(0，−1) と，中心が O で半径が 1 の円 C がある。円 C 上に y 座標が正である点 P をとり，線分 OP と x 軸の正の部分とのなす角を θ (0 < θ < π) とする。また，円 C 上に x 座標が正である点 Q を，つねに ∠POQ = $\dfrac{\pi}{2}$ となるようにとる。次の問いに答えよ。

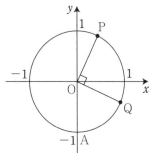

(1) P，Q の座標をそれぞれ θ を用いて表すと

　　　P(ア ， イ)

　　　Q(ウ ， エ)

　　である。 ア ～ エ に当てはまるものを，次の⓪～⑤のうちから一つずつ選べ。

　　ただし同じものを繰り返し選んでもよい。

　　⓪　$\sin\theta$　　　①　$\cos\theta$　　　②　$\tan\theta$　　　③　$-\sin\theta$　　　④　$-\cos\theta$　　　⑤　$-\tan\theta$

(2) θ は 0 < θ < π の範囲を動くものとする。このとき線分 AQ の長さ ℓ は θ の関数である。関数 ℓ のグラフとして最も適当なものを，次の⓪～⑨のうちから一つ選べ。 オ

⓪

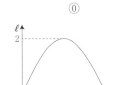

①

②

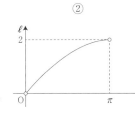

③

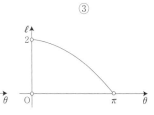

④

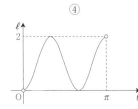

⑤

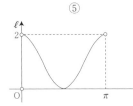

⑥

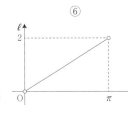

⑦

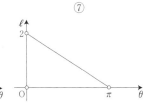

⑧

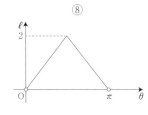

⑨

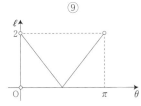

135

関数 $f(\theta) = 3\sin^2\theta + 4\sin\theta\cos\theta - \cos^2\theta$ を考える。

(1)　$f(0) = \boxed{\text{アイ}}$, $f\left(\dfrac{\pi}{3}\right) = \boxed{\text{ウ}} + \sqrt{\boxed{\text{エ}}}$ である。

(2)　2倍角の公式を用いて計算すると，$\cos^2\theta = \dfrac{\cos 2\theta + \boxed{\text{オ}}}{\boxed{\text{カ}}}$ となる。さらに，$\sin 2\theta$，$\cos 2\theta$ を用いて

　　$f(\theta)$ を表すと

　　$f(\theta) = \boxed{\text{キ}}\sin 2\theta - \boxed{\text{ク}}\cos 2\theta + \boxed{\text{ケ}}$　………①　となる。

(3)　θ が $0 \leqq \theta \leqq \pi$ の範囲を動くとき，関数 $f(\theta)$ のとり得る最大の整数の値 m とそのときの θ の値を求めよう。

　　三角関数の合成を用いると，①は

　　$f(\theta) = \boxed{\text{コ}}\sqrt{\boxed{\text{サ}}}\sin\left(2\theta - \dfrac{\pi}{\boxed{\text{シ}}}\right) + \boxed{\text{ケ}}$

と変形できる。したがって，$m = \boxed{\text{ス}}$ である。

　　また，$0 \leqq \theta \leqq \pi$ において，$f(\theta) = \boxed{\text{ス}}$ となる θ の値は，小さい順に，$\dfrac{\pi}{\boxed{\text{セ}}}$，$\dfrac{\pi}{\boxed{\text{ソ}}}$ である。

R3　①〔1〕（Ⅱ・B）　　　　　　　　　　　　　／15点　　　／15点

(1)　次の**問題 A** について考えよう。

> **問題 A**　関数 $y = \sin\theta + \sqrt{3}\cos\theta \left(0 \leqq \theta \leqq \dfrac{\pi}{2}\right)$ の最大値を求めよ。

$$\sin\frac{\pi}{\boxed{ア}} = \frac{\sqrt{3}}{2}, \quad \cos\frac{\pi}{\boxed{ア}} = \frac{1}{2}$$

であるから，三角関数の合成により

$$y = \boxed{イ}\, \sin\left(\theta + \frac{\pi}{\boxed{ア}}\right)$$

と変形できる。よって，y は $\theta = \dfrac{\pi}{\boxed{ウ}}$ で最大値 $\boxed{エ}$ をとる。

(2)　p を定数とし，次の**問題 B** について考えよう。

> **問題 B**　関数 $y = \sin\theta + p\cos\theta \left(0 \leqq \theta \leqq \dfrac{\pi}{2}\right)$ の最大値を求めよ。

(i)　$p = 0$ のとき，y は $\theta = \dfrac{\pi}{\boxed{オ}}$ で最大値 $\boxed{カ}$ をとる。

(ii)　$p > 0$ のときは，加法定理

$$\cos(\theta - \alpha) = \cos\theta\cos\alpha + \sin\theta\sin\alpha$$

を用いると

$$y = \sin\theta + p\cos\theta = \sqrt{\boxed{キ}}\, \cos(\theta - \alpha)$$

と表すことができる。ただし，α は

$$\sin\alpha = \frac{\boxed{ク}}{\sqrt{\boxed{キ}}}, \quad \cos\alpha = \frac{\boxed{ケ}}{\sqrt{\boxed{キ}}}, \quad 0 < \alpha < \frac{\pi}{2}$$

を満たすものとする。このとき，y は $\theta = \boxed{コ}$ で最大値 $\sqrt{\boxed{サ}}$ をとる。

(iii)　$p < 0$ のとき，y は $\theta = \boxed{シ}$ で最大値 $\boxed{ス}$ をとる。

$\boxed{キ}$ ～ $\boxed{ケ}$，$\boxed{サ}$，$\boxed{ス}$ の解答群（同じものを繰り返し選んでもよい。）

⓪ -1	① 1	② $-p$	③ p	④ $1-p$	⑤ $1+p$
⑥ $-p^2$	⑦ p^2	⑧ $1-p^2$	⑨ $1+p^2$	ⓐ $(1-p)^2$	ⓑ $(1+p)^2$

$\boxed{コ}$，$\boxed{シ}$ の解答群（同じものを繰り返し選んでもよい。）

⓪ 0	① α	② $\dfrac{\pi}{2}$

R3 追試 ① [2] (Ⅱ・B) ／17点 ／17点

座標平面上の原点を中心とする半径1の円周上に3点 $P(\cos\theta,\ \sin\theta)$, $Q(\cos\alpha,\ \sin\alpha)$, $R(\cos\beta,\ \sin\beta)$ がある。ただし，$0 \leqq \theta < \alpha < \beta < 2\pi$ とする。このとき，s と t を次のように定める。

$$s = \cos\theta + \cos\alpha + \cos\beta,\quad t = \sin\theta + \sin\alpha + \sin\beta$$

(1) △PQR が正三角形や二等辺三角形のときの s と t の値について考察しよう。

> ── 考察1 ──
> △PQR が正三角形である場合を考える。

この場合，α, β を θ で表すと

$$\alpha = \theta + \frac{\boxed{シ}}{3}\pi,\quad \beta = \theta + \frac{\boxed{ス}}{3}\pi$$

であり，加法定理により

$$\cos\alpha = \boxed{セ},\quad \sin\alpha = \boxed{ソ}$$

である。同様に，$\cos\beta$ および $\sin\beta$ を，$\sin\theta$ と $\cos\theta$ を用いて表すことができる。
これらのことから，$s = t = \boxed{タ}$ である。

$\boxed{セ}$, $\boxed{ソ}$ の解答群（同じものを繰り返し選んでもよい。）

⓪ $\dfrac{1}{2}\sin\theta + \dfrac{\sqrt{3}}{2}\cos\theta$ ① $\dfrac{\sqrt{3}}{2}\sin\theta + \dfrac{1}{2}\cos\theta$

② $\dfrac{1}{2}\sin\theta - \dfrac{\sqrt{3}}{2}\cos\theta$ ③ $\dfrac{\sqrt{3}}{2}\sin\theta - \dfrac{1}{2}\cos\theta$

④ $-\dfrac{1}{2}\sin\theta + \dfrac{\sqrt{3}}{2}\cos\theta$ ⑤ $-\dfrac{\sqrt{3}}{2}\sin\theta + \dfrac{1}{2}\cos\theta$

⑥ $-\dfrac{1}{2}\sin\theta - \dfrac{\sqrt{3}}{2}\cos\theta$ ⑦ $-\dfrac{\sqrt{3}}{2}\sin\theta - \dfrac{1}{2}\cos\theta$

> ── 考察2 ──
> △PQR が PQ = PR となる二等辺三角形である場合を考える。

例えば，点 P が直線 $y = x$ 上にあり，点 Q，R が直線 $y = x$ に関して対称であるときを考える。このとき，$\theta = \dfrac{\pi}{4}$ である。また，α は $\alpha < \dfrac{5}{4}\pi$, β は $\dfrac{5}{4}\pi < \beta$ を満たし，点 Q，R の座標について，$\sin\beta = \cos\alpha$, $\cos\beta = \sin\alpha$ が成り立つ。よって

$$s = t = \frac{\sqrt{\boxed{チ}}}{\boxed{ツ}} + \sin\alpha + \cos\alpha$$

である。
ここで，三角関係の合成により

$$\sin\alpha + \cos\alpha = \sqrt{\boxed{\text{テ}}}\sin\left(\alpha + \frac{\pi}{\boxed{\text{ト}}}\right)$$

である。したがって

$$\alpha = \frac{\boxed{\text{ナニ}}}{12}\pi, \quad \beta = \frac{\boxed{\text{ヌネ}}}{12}\pi$$

のとき，$s = t = 0$ である。

(2) 次に，s と t の値を定めたときの θ，α，β の関係について考察しよう。

> ── 考察3 ───────────
>
> $s = t = 0$ の場合を考える。

この場合，$\sin^2\theta + \cos^2\theta = 1$ により，α と β について考えると

$$\cos\alpha \cos\beta + \sin\alpha \sin\beta = \frac{\boxed{\text{ノハ}}}{\boxed{\text{ヒ}}}$$

である。

同様に，θ と α について考えると

$$\cos\theta \cos\alpha + \sin\theta \sin\alpha = \frac{\boxed{\text{ノハ}}}{\boxed{\text{ヒ}}}$$

であるから，θ，α，β の範囲に注意すると

$$\beta - \alpha = \alpha - \theta = \frac{\boxed{\text{フ}}}{\boxed{\text{ヘ}}}\pi$$

という関係が得られる。

(3) これまでの考察を振り返ると，次の⓪〜③のうち，正しいものは $\boxed{\text{ホ}}$ であることがわかる。

$\boxed{\text{ホ}}$ の解答群

⓪ △PQR が正三角形ならば $s = t = 0$ であり，$s = t = 0$ ならば △PQR は正三角形である。

① △PQR が正三角形ならば $s = t = 0$ であるが，$s = t = 0$ であっても △PQR が正三角形でない場合がある。

② △PQR が正三角形であっても $s = t = 0$ でない場合があるが，$s = t = 0$ ならば△PQR は正三角形である。

③ △PQR が正三角形であっても $s = t = 0$ でない場合があり，$s = t = 0$ であっても △PQR が正三角形でない場合がある。

〈微分法・積分法〉（Ⅱ・B）　　　　　　　　　　　　　解答 204p，解説 268p

目標 **15**分　　H25　2（Ⅱ・B）　　　　　　　　　　／30点　　　／30点

a を正の実数として，x の関数 $f(x)$ を

$$f(x) = x^3 - 3a^2x + a^3 \text{ とする。}$$

関数 $y = f(x)$ は，$x = \boxed{アイ}$ で極大値 $\boxed{ウ}a^{\boxed{エ}}$ をとり，$x = \boxed{オ}$ で極小値 $\boxed{カ}a^{\boxed{キ}}$ をとる。

このとき，2 点

$$\left(\boxed{アイ},\ \boxed{ウ}a^{\boxed{エ}}\right),\ \left(\boxed{オ},\ \boxed{カ}a^{\boxed{キ}}\right)$$

と原点を通る放物線

$$y = \boxed{ク}x^2 - \boxed{ケ}a^{\boxed{コ}}x$$

を C とする。原点における C の接線 ℓ の方程式は

$$y = \boxed{サシ}a^{\boxed{ス}}x$$

である。また，原点を通り ℓ に垂直な直線 m の方程式は

$$y = \frac{1}{\boxed{セ}a^{\boxed{ソ}}}x$$

である。

x 軸に関して放物線 C と対称な放物線

$$y = -\boxed{ク}x^2 + \boxed{ケ}a^{\boxed{コ}}x$$

を D とする。D と ℓ で囲まれた図形の面積 S は

$$S = \frac{\boxed{タチ}}{\boxed{ツ}}a^{\boxed{テ}}$$

である。

放物線 C と直線 m の交点の x 座標は，0 と $\dfrac{4a^{\boxed{ト}}+1}{2a^{\boxed{ナ}}}$ である。C と m で囲まれた図形の面積を T とする。

$S = T$ となるのは $a^{\boxed{テ}} = \dfrac{\boxed{ニ}}{\boxed{ヌ}}$ のときであり，このとき，$S = \dfrac{\boxed{ネ}}{\boxed{ノ}}$ である。

p を実数とし，$f(x) = x^3 - px$ とする。

(1) 関数，$f(x)$ が極値をもつための p の条件を求めよう。$f(x)$ の導関数は，$f'(x) = \boxed{ア} x^{\boxed{イ}} - p$ である。

したがって，$f(x)$ が $x = a$ で極値をとるならば，

$\boxed{ア} a^{\boxed{イ}} - p = \boxed{ウ}$ が成り立つ。さらに，$x = a$ の前後での $f'(x)$ の符号の変化を考えることにより，p が条件 $\boxed{エ}$ を満たす場合は，$f(x)$ は必ず極値をもつことがわかる。$\boxed{エ}$ に当てはまるものを，次の⓪〜④のうちから一つ選べ。

⓪　$p = 0$　　①　$p > 0$　　②　$p \geqq 0$　　③　$p < 0$　　④　$p \leqq 0$

(2) 関数 $f(x)$ が $x = \dfrac{p}{3}$ で極値をとるとする。また，曲線 $y = f(x)$ を C とし，C 上の点 $\left(\dfrac{p}{3},\ f\left(\dfrac{p}{3} \right) \right)$ を A とする。

$f(x)$ が $x = \dfrac{p}{3}$ で極値をとることから，$p = \boxed{オ}$ であり，$f(x)$ は $x = \boxed{カキ}$ で極大値をとり，$x = \boxed{ク}$ で極小値をとる。

曲線 C の接線で，点 A を通り傾きが 0 でないものを ℓ とする。ℓ の方程式を求めよう。ℓ と C の接点の x 座標を b とすると，ℓ は点 $(b,\ f(b))$ における C の接線であるから，ℓ の方程式は b を用いて

$$y = \left(\boxed{ケ} b^2 - \boxed{コ} \right)(x - b) + f(b)$$

と表すことができる。また，ℓ は点 A を通るから，方程式

$$\boxed{サ} b^3 - \boxed{シ} b^2 + 1 = 0$$

を得る。この方程式を解くと，$b = \boxed{ス},\ \dfrac{\boxed{セソ}}{\boxed{タ}}$ であるが，ℓ の傾きが 0 でないことから，ℓ の方程式は

$$y = \frac{\boxed{チツ}}{\boxed{テ}} x + \frac{\boxed{ト}}{\boxed{ナ}}$$

である。

点 A を頂点とし，原点を通る放物線を D とする。ℓ と D で囲まれた図形のうち，不等式 $x \geqq 0$ の表す領域に含まれる部分の面積 S を求めよう。D の方程式は

$$y = \boxed{ニ} x^2 - \boxed{ヌ} x$$

であるから，定積分を計算することにより，$S = \dfrac{\boxed{ネノ}}{24}$ となる。

⑴　関数 $f(x) = \dfrac{1}{2}x^2$ の $x = a$ における微分係数 $f'(a)$ を求めよう。h が 0 でないとき，x が a から $a+h$ まで

変化するときの $f(x)$ の平均変化率は $\boxed{\text{ア}} + \dfrac{h}{\boxed{\text{イ}}}$ である。したがって，求める微分係数は

$$f'(a) = \lim_{h \to \boxed{\text{ウ}}} \left(\boxed{\text{ア}} + \dfrac{h}{\boxed{\text{イ}}} \right) = \boxed{\text{エ}}$$

である。

⑵　放物線 $y = \dfrac{1}{2}x^2$ を C とし，C 上に点 $P\left(a, \dfrac{1}{2}a^2\right)$ をとる。ただし，$a > 0$ とする。点 P における C の接線 ℓ

の方程式は

$$y = \boxed{\text{オ}}\, x - \dfrac{1}{\boxed{\text{カ}}}a^2$$

である。直線 ℓ と x 軸との交点 Q の座標は $\left(\dfrac{\boxed{\text{キ}}}{\boxed{\text{ク}}}, \ 0\right)$ である。点 Q を通り ℓ に垂直な直線を m とする

と，m の方程式は

$$y = \dfrac{\boxed{\text{ケコ}}}{\boxed{\text{サ}}}\, x + \dfrac{\boxed{\text{シ}}}{\boxed{\text{ス}}}$$

である。

　直線 m と y 軸との交点を A とする。三角形 APQ の面積を S とおくと

$$S = \dfrac{a\left(a^2 + \boxed{\text{セ}}\right)}{\boxed{\text{ソ}}}$$

となる。また y 軸と線分 AP および曲線 C によって囲まれた図形の面積を T とおくと

$$T = \dfrac{a\left(a^2 + \boxed{\text{タ}}\right)}{\boxed{\text{チツ}}}$$

となる。

　$a > 0$ の範囲における $S - T$ の値について調べよう。

$$S - T = \dfrac{a\left(a^2 - \boxed{\text{テ}}\right)}{\boxed{\text{トナ}}}$$

である。$a > 0$ であるから，$S - T > 0$ となるような a のとり得る値の範囲は $a > \sqrt{\boxed{\text{ニ}}}$ である。また，

$a > 0$ のときの $S - T$ の増減を調べると，$S - T$ は $a = \boxed{\text{ヌ}}$ で最小値 $\dfrac{\boxed{\text{ネノ}}}{\boxed{\text{ハヒ}}}$ をとることがわかる。

H28 ② (Ⅱ・B)

座標平面上で, 放物線 $y = \dfrac{1}{2}x^2 + \dfrac{1}{2}$ を C_1 とし, 放物線 $y = \dfrac{1}{4}x^2$ を C_2 とする.

(1) 実数 a に対して, 2直線 $x = a$, $x = a + 1$ と C_1, C_2 で囲まれた図形 D の面積 S は

$$S = \int_a^{a+1} \left(\frac{1}{\boxed{ア}} x^2 + \frac{1}{\boxed{イ}} \right) dx$$

$$= \frac{a^2}{\boxed{ウ}} + \frac{a}{\boxed{エ}} + \frac{\boxed{オ}}{\boxed{カキ}}$$

である. S は $a = \dfrac{\boxed{クケ}}{\boxed{コ}}$ で最小値 $\dfrac{\boxed{サシ}}{\boxed{スセ}}$ をとる.

(2) 4点 $(a,\ 0)$, $(a+1,\ 0)$, $(a+1,\ 1)$, $(a,\ 1)$ を頂点とする正方形を R で表す. a が $a \geqq 0$ の範囲を動くとき, 正方形 R と(1)の図形 D の共通部分の面積を T とおく. T が最大となる a の値を求めよう.

直線 $y = 1$ は, C_1 と $(\pm \boxed{ソ},\ 1)$ で, C_2 と $(\pm \boxed{タ},\ 1)$ で交わる.

したがって, 正方形 R と図形 D の共通部分が空集合にならないのは, $0 \leqq a \leqq \boxed{チ}$ のときである.

$\boxed{ソ} \leqq a \leqq \boxed{チ}$ のとき, 正方形 R は放物線 C_1 と x 軸の間にあり, この範囲で a が増加するとき, T は $\boxed{ツ}$. $\boxed{ツ}$ に当てはまるものを, 次の⓪〜②のうちから一つ選べ.

　　　⓪　増加する　　　①　減少する　　　②　変化しない

したがって, T が最大になる a の値は, $0 \leqq a \leqq \boxed{ソ}$ の範囲にある.

$0 \leqq a \leqq \boxed{ソ}$ のとき, (1)の図形 D のうち, 正方形 R の外側にある部分の面積 U は

$$U = \frac{a^3}{\boxed{テ}} + \frac{a^2}{\boxed{ト}}$$

である. よって, $0 \leqq a \leqq \boxed{ソ}$ において

$$T = -\frac{a^3}{\boxed{ナ}} - \frac{a^2}{\boxed{ニ}} + \frac{a}{\boxed{ヌ}} + \frac{\boxed{オ}}{\boxed{カキ}} \quad \cdots\cdots\text{①}$$

である. ①の右辺の増減を調べることにより, T は

$$a = \frac{\boxed{ネノ} + \sqrt{\boxed{ハ}}}{\boxed{ヒ}}$$

で最大値をとることがわかる.

Oを原点とする座標平面上の放物線 $y = x^2 + 1$ を C とし，点 $(a, 2a)$ を P とする。

(1) 点 P を通り，放物線 C に接する直線の方程式を求めよう。

C 上の点 $(t, t^2 + 1)$ における接線の方程式は

$$y = \boxed{ア} \, tx - t^2 + \boxed{イ}$$

である。この直線が P を通るとすると，t は方程式

$$t^2 - \boxed{ウ} \, at + \boxed{エ} \, a - \boxed{オ} = 0$$

を満たすから，$t = \boxed{カ} \, a - \boxed{キ}, \boxed{ク}$ である。よって，$a \neq \boxed{ケ}$ のとき，P を通る C の接線は 2 本あり，それらの方程式は

$$y = \left(\boxed{コ} \, a - \boxed{サ} \right) x - \boxed{シ} \, a^2 + \boxed{ス} \, a \quad \cdots\cdots①$$

と

$$y = \boxed{セ} \, x$$

である。

(2) (1)の方程式①で表される直線を ℓ とする。ℓ と y 軸との交点を R $(0, r)$ とすると，$r = - \boxed{シ} \, a^2 + \boxed{ス} \, a$ である。$r > 0$ となるのは，$\boxed{ソ} < a < \boxed{タ}$ のときであり，このとき，三角形 OPR の面積 S は

$$S = \boxed{チ} \left(a^{\boxed{ツ}} - a^{\boxed{テ}} \right)$$

となる。

$\boxed{ソ} < a < \boxed{タ}$ のとき，S の増減を調べると，S は $a = \dfrac{\boxed{ト}}{\boxed{ナ}}$ で最大値 $\dfrac{\boxed{ニ}}{\boxed{ヌネ}}$ をとることがわかる。

(3) $\boxed{ソ} < a < \boxed{タ}$ のとき，放物線 C と(2)の直線 ℓ および 2 直線 $x = 0$，$x = a$ で囲まれた図形の面積を T とすると

$$T = \dfrac{\boxed{ノ}}{\boxed{ハ}} \, a^3 - \boxed{ヒ} \, a^2 + \boxed{フ}$$

である。$\dfrac{\boxed{ト}}{\boxed{ナ}} \leq a < \boxed{タ}$ の範囲において，T は $\boxed{ヘ}$。$\boxed{ヘ}$ に当てはまるものを，次の⓪～⑤のうちから一つ選べ。

⓪ 減少する　　　① 極小値をとるが，極大値はとらない

② 増加する　　　③ 極大値をとるが，極小値はとらない

④ 一定である　　⑤ 極小値と極大値の両方をとる

目標 **15分**　H30　[2]（II・B）　　　　　　　　　　　　　　　/30点　　/30点

[1] $p > 0$ とする。座標平面上の放物線 $y = px^2 + qx + r$ を C とし，直線 $y = 2x - 1$ を ℓ とする。C は点 $A(1, 1)$ において ℓ と接しているとする。

(1)　q と r を，p を用いて表そう。放物線 C 上の点 A における接線 ℓ の傾きは $\boxed{\text{ア}}$ であることから，$q = \boxed{\text{イウ}} p + \boxed{\text{エ}}$ がわかる。さらに，C は点 A を通ることから，$r = p - \boxed{\text{オ}}$ となる。

(2)　$v > 1$ とする。放物線 C と直線 ℓ および直線 $x = v$ で囲まれた図形の面積 S は
$$S = \frac{p}{\boxed{\text{カ}}}\left(v^3 - \boxed{\text{キ}}v^2 + \boxed{\text{ク}}v - \boxed{\text{ケ}}\right) \text{である。}$$

また，x 軸と ℓ および 2 直線 $x = 1$，$x = v$ で囲まれた図形の面積 T は，
$$T = v^{\boxed{\text{コ}}} - v \text{である。}$$

$U = S - T$ は $v = 2$ で極値をとるとする。このとき，$p = \boxed{\text{サ}}$ であり，$v > 1$ の範囲で $U = 0$ となる v の値を v_0 とすると，
$$v_0 = \frac{\boxed{\text{シ}} + \sqrt{\boxed{\text{ス}}}}{\boxed{\text{セ}}} \text{である。} 1 < v < v_0 \text{の範囲で} U \text{は} \boxed{\text{ソ}}\text{。}$$

$\boxed{\text{ソ}}$ に当てはまるものを，次の⓪〜④のうちから一つ選べ。

⓪　つねに増加する　　　①　つねに減少する　　　②　正の値のみをとる

③　負の値のみをとる　　　④　正と負のどちらの値もとる

$p = \boxed{\text{サ}}$ のとき，$v > 1$ における U の最小値は $\boxed{\text{タチ}}$ である。

[2]　関数 $f(x)$ は $x \geqq 1$ の範囲でつねに $f(x) \leqq 0$ を満たすとする。$t > 1$ のとき，曲線 $y = f(x)$ と x 軸および 2 直線 $x = 1$，$x = t$ で囲まれた図形の面積を W とする。t が $t > 1$ の範囲を動くとき，W は，底辺の長さが $2t^2 - 2$，他の 2 辺の長さがそれぞれ $t^2 + 1$ の二等辺三角形の面積とつねに等しいとする。このとき，$x > 1$ における $f(x)$ を求めよう。

$F(x)$ を $f(x)$ の不定積分とする。一般に，$F'(x) = \boxed{\text{ツ}}$，$W = \boxed{\text{テ}}$ が成り立つ。$\boxed{\text{ツ}}$，$\boxed{\text{テ}}$ に当てはまるものを，次の⓪〜⑧のうちから一つずつ選べ。ただし，同じものを選んでもよい。

⓪　$-F(t)$　　　　　①　$F(t)$　　　　　②　$F(t) - F(1)$

③　$F(t) + F(1)$　　　④　$-F(t) + F(1)$　　　⑤　$-F(t) - F(1)$

⑥　$-f(x)$　　　　　⑦　$f(x)$　　　　　⑧　$f(x) - f(1)$

したがって，$t > 1$ において
$$f(t) = \boxed{\text{トナ}}t^{\boxed{\text{ニ}}} + \boxed{\text{ヌ}}$$
である。よって，$x > 1$ における $f(x)$ がわかる。

H29　試行　2（Ⅱ・B）　　　　　　　　　　　　　／30点　　／30点

a を定数とする。関数 $f(x)$ に対し，$S(x) = \int_a^x f(t)\,dt$ とおく。このとき，関数 $S(x)$ の増減から $y = f(x)$ のグラフの概形を考えよう。

(1)　$S(x)$ は 3 次関数であるとし，$y = S(x)$ のグラフは次の図のように，2 点 $(-1,\ 0)$，$(0,\ 4)$ を通り，点 $(2,\ 0)$ で x 軸に接しているとする。

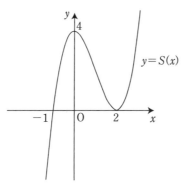

このとき，

$$S(x) = (x + \boxed{\ \text{ア}\ })(x - \boxed{\ \text{イ}\ })^{\boxed{\text{ウ}}}$$

である。$S(a) = \boxed{\ \text{エ}\ }$ であるから，a を負の定数とするとき，$a = \boxed{\ \text{オカ}\ }$ である。

　関数 $S(x)$ は $x = \boxed{\ \text{キ}\ }$ を境に増加から減少に移り，$x = \boxed{\ \text{ク}\ }$ を境に減少から増加に移っている。したがって，関数 $f(x)$ について，$x = \boxed{\ \text{キ}\ }$ のとき $\boxed{\ \text{ケ}\ }$ であり，$x = \boxed{\ \text{ク}\ }$ のとき $\boxed{\ \text{コ}\ }$ である。また，$\boxed{\ \text{キ}\ } < x < \boxed{\ \text{ク}\ }$ の範囲では $\boxed{\ \text{サ}\ }$ である。

　$\boxed{\ \text{ケ}\ }$，$\boxed{\ \text{コ}\ }$，$\boxed{\ \text{サ}\ }$ については，当てはまるものを，次の⓪～④のうちから一つずつ選べ。ただし，同じものを繰り返し選んでもよい。

　　⓪　$f(x)$ の値は0　　　①　$f(x)$ の値は正　　　②　$f(x)$ の値は負

　　③　$f(x)$ は極大　　　④　$f(x)$ は極小

　$y = f(x)$ のグラフの概形として最も適当なものを，次の⓪～⑤のうちから一つ選べ。$\boxed{\ \text{シ}\ }$

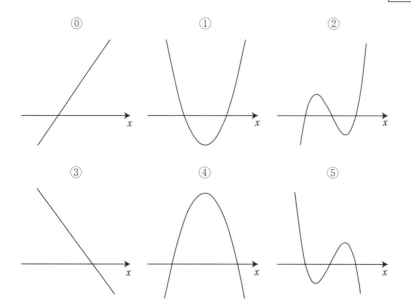

(2) (1)からわかるように，関数 $S(x)$ の増減から $y = f(x)$ のグラフの概形を考えることができる。

　　$a = 0$ とする。次の⓪〜④は $y = S(x)$ のグラフの概形と $y = f(x)$ のグラフの概形の組である。このうち，

　　$S(x) = \displaystyle\int_0^x f(t)\,dt$ の関係と**矛盾するもの**を<u>二つ選べ</u>。　| ス |

⓪　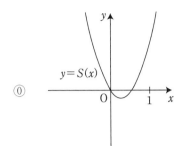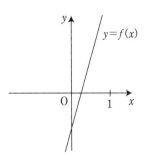

①　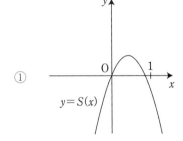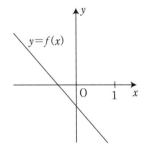

②　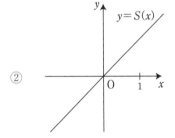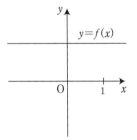

③　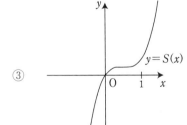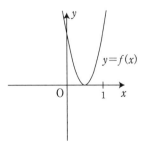

④　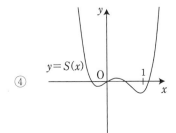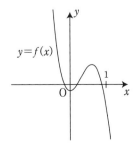

目標 **14**分

H30　試行　①〔2〕（Ⅱ・B）

3次関数 $f(x)$ は，$x = -1$ で極小値 $-\dfrac{4}{3}$ をとり，$x = 3$ で極大値をとる。

　また，曲線 $y = f(x)$ は点 $(0, 2)$ を通る。

(1)　$f(x)$ の導関数 $f'(x)$ は　カ　次関数であり，$f'(x)$ は

$$\left(x + \boxed{\text{キ}}\right)\left(x - \boxed{\text{ク}}\right)$$

　で割り切れる。

(2)　$f(x) = \dfrac{\boxed{\text{ケコ}}}{\boxed{\text{サ}}}x^3 + \boxed{\text{シ}}\,x^2 + \boxed{\text{ス}}\,x + \boxed{\text{セ}}$ である。

(3)　方程式 $f(x) = 0$ は三つの実数解をもち，そのうち負の解は　ソ　個である。

　　また，$f(x) = 0$ の解を $a,\ b,\ c(a < b < c)$ とし，曲線 $y = f(x)$ の $a \leqq x \leqq b$ の部分と x 軸とで囲まれた図形の面積を S，曲線 $y = f(x)$ の $b \leqq x \leqq c$ の部分と x 軸とで囲まれた図形の面積を T とする。

　　このとき

$$\int_{a}^{c} f(x)\,dx = \boxed{\text{タ}}$$

　である。　タ　に当てはまるものを，次の⓪〜⑧のうちから一つ選べ。

⓪　0　　　　　①　S　　　　　②　T　　　　　③　$-S$　　　　　④　$-T$

⑤　$S + T$　　　⑥　$S - T$　　　⑦　$-S + T$　　　⑧　$-S - T$

p, q を実数とし，関数 $f(x) = x^3 + px^2 + qx$ は $x = -1$ で極値 2 をとるとする。また，座標平面上の曲線 $y = f(x)$ を C，放物線 $y = -kx^2$ を D，放物線 D 上の点 $(a, -ka^2)$ を A とする。ただし，$k > 0$, $a > 0$ である。

(1) 関数 $f(x)$ が $x = -1$ で極値をとるので，$f'(-1) = \boxed{ア}$ である。これと $f(-1) = 2$ より，$p = \boxed{イ}$，$q = \boxed{ウエ}$ である。よって，$f(x)$ は $x = \boxed{オ}$ で極小値 $\boxed{カキ}$ をとる。

(2) 点 A における放物線 D の接線を ℓ とする。D と ℓ および x 軸で囲まれた図形の面積 S を a と k を用いて表そう。

　　ℓ の方程式は

$$y = \boxed{クケ}\, kax + ka^{\boxed{コ}} \quad \cdots\cdots①$$

と表せる。ℓ と x 軸の交点の x 座標は $\dfrac{\boxed{サ}}{\boxed{シ}}$ であり，D と x 軸および直線 $x = a$ で囲まれた図形の面積は

$\dfrac{k}{\boxed{ス}}\, a^{\boxed{セ}}$ である。よって，$S = \dfrac{k}{\boxed{ソタ}}\, a^{\boxed{セ}}$ である。

(3) さらに，点 A が曲線 C 上にあり，かつ(2)の直線 ℓ が C にも接するとする。このときの(2)の S の値を求めよう。

　　A が C 上にあるので，$k = \dfrac{\boxed{チ}}{\boxed{ツ}} - \boxed{テ}$ である。

　　ℓ と C の接点の x 座標を b とすると，ℓ の方程式は b を用いて

$$y = \boxed{ト}\,(b^2 - \boxed{ナ})x - \boxed{ニ}\,b^3 \quad \cdots\cdots②$$

と表される。②の右辺を $g(x)$ とおくと

$$f(x) - g(x) = \left(x - \boxed{ヌ}\right)^2 \left(x + \boxed{ネ}\,b\right)$$

と因数分解されるので，$a = -\boxed{ネ}\,b$ となる。①と②の表す直線の傾きを比較することにより，

$a^2 = \dfrac{\boxed{ノハ}}{\boxed{ヒ}}$ である。

　　したがって，求める S の値は $\dfrac{\boxed{フ}}{\boxed{ヘホ}}$ である。

R2　②（Ⅱ・B）　　　　　　　　　　　　／30点　　　／30点

$a > 0$ とし，$f(x) = x^2 - (4a - 2)x + 4a^2 + 1$ とおく。座標平面上で，放物線 $y = x^2 + 2x + 1$ を C，放物線 $y = f(x)$ を D とする。また，ℓ を C と D の両方に接する直線とする。

(1) ℓ の方程式を求めよう。

　　ℓ と C は点 $(t,\ t^2 + 2t + 1)$ において接するとすると，ℓ の方程式は

$$y = \left(\boxed{\text{ア}}\ t + \boxed{\text{イ}} \right)x - t^2 + \boxed{\text{ウ}} \quad \cdots\cdots\cdots \ ①$$

　　である。また，ℓ と D は点 $(s,\ f(s))$ において接するとすると，ℓ の方程式は

$$y = \left(\boxed{\text{エ}}\ s - \boxed{\text{オ}}\ a + \boxed{\text{カ}} \right)x - s^2 + \boxed{\text{キ}}\ a^2 + \boxed{\text{ク}} \quad \cdots\cdots\cdots \ ②$$

　　である。ここで，①と②は同じ直線を表しているので，$t = \boxed{\text{ケ}}$，$s = \boxed{\text{コ}}\ a$ が成り立つ。

　　したがって，ℓ の方程式は $y = \boxed{\text{サ}}\ x + \boxed{\text{シ}}$ である。

(2) 二つの放物線 C，D の交点の x 座標は $\boxed{\text{ス}}$ である。

　　C と直線 ℓ，および直線 $x = \boxed{\text{ス}}$ で囲まれた図形の面積を S とすると，

$$S = \dfrac{a^{\boxed{\text{セ}}}}{\boxed{\text{ソ}}}\ \text{である。}$$

(3) $a \geqq \dfrac{1}{2}$ とする。二つの放物線 C，D と直線 ℓ で囲まれた図形の中で $0 \leqq x \leqq 1$ を満たす部分の面積 T は，$a > \boxed{\text{タ}}$ のとき，a の値によらず

$$T = \dfrac{\boxed{\text{チ}}}{\boxed{\text{ツ}}}$$

　　であり，$\dfrac{1}{2} \leqq a \leqq \boxed{\text{タ}}$ のとき

$$T = - \boxed{\text{テ}}\ a^3 + \boxed{\text{ト}}\ a^2 - \boxed{\text{ナ}}\ a + \dfrac{\boxed{\text{ニ}}}{\boxed{\text{ヌ}}}$$

　　である。

(4) 次に，(2), (3)で定めた S，T に対して，$U = 2T - 3S$ とおく。a が

　　$\dfrac{1}{2} \leqq a \leqq \boxed{\text{タ}}$ の範囲を動くとき，U は $a = \dfrac{\boxed{\text{ネ}}}{\boxed{\text{ノ}}}$ で最大値 $\dfrac{\boxed{\text{ハ}}}{\boxed{\text{ヒフ}}}$ をとる。

R3　②（Ⅱ・B）　　　　　　　　　　　　　　　／30点　　／30点

(1) 座標平面上で，次の二つの2次関数のグラフについて考える。

$$y = 3x^2 + 2x + 3 \quad \cdots\cdots\cdots ①$$

$$y = 2x^2 + 2x + 3 \quad \cdots\cdots\cdots ②$$

①，②の2次関数のグラフには次の**共通点**がある。

┌─ **共通点** ─────────────────────────────
│
│ ・y軸との交点のy座標は　ア　である。
│
│ ・y軸との交点における接線の方程式は$y =$　イ　$x +$　ウ　である。
│
└────────────────────────────────────

　次の⓪〜⑤の2次関数のグラフのうち，y軸との交点における接線の方程式が$y =$　イ　$x +$　ウ　となるものは　エ　である。

エ　の解答群

┌──┐
│ ⓪　$y = 3x^2 - 2x - 3$　　　①　$y = -3x^2 + 2x - 3$　　　②　$y = 2x^2 + 2x - 3$ │
│ ③　$y = 2x^2 - 2x + 3$　　　④　$y = -x^2 + 2x + 3$　　　⑤　$y = -x^2 - 2x + 3$ │
└──┘

　a，b，cを0でない実数とする。

　曲線$y = ax^2 + bx + c$上の点$\left(0,\ \boxed{オ}\right)$における接線を$\ell$とすると，その方程式は

$$y = \boxed{カ}\,x + \boxed{キ} \text{である。}$$

　接線ℓとx軸との交点のx座標は $\dfrac{\boxed{クケ}}{\boxed{コ}}$ である。

　a，b，cが正の実数であるとき，曲線$y = ax^2 + bx + c$と接線ℓおよび直線$x = \dfrac{\boxed{クケ}}{\boxed{コ}}$で囲まれた図形の

面積をSとすると　$S = \dfrac{ac^{\boxed{サ}}}{\boxed{シ}\,b^{\boxed{ス}}}$　$\cdots\cdots\cdots ③$　である。

　③において，$a = 1$とし，Sの値が一定となるように正の実数b，cの値を変化させる。このとき，bとcの関係を表すグラフの概形は　セ　である。

　セ　については，最も適当なものを，次の⓪〜⑤のうちから一つ選べ。

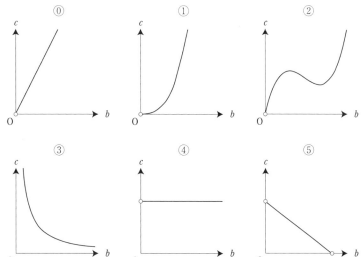

(2) 座標平面上で，次の三つの3次関数のグラフについて考える。

$$y = 4x^3 + 2x^2 + 3x + 5 \quad \cdots\cdots④$$

$$y = -2x^3 + 7x^2 + 3x + 5 \quad \cdots\cdots⑤$$

$$y = 5x^3 - x^2 + 3x + 5 \quad \cdots\cdots⑥$$

④，⑤，⑥の3次関数のグラフには次の**共通点**がある。

> **共通点**
>
> ・y 軸との交点の y 座標は $\boxed{ソ}$ である。
>
> ・y 軸との交点における接線の方程式は $y = \boxed{タ}\,x + \boxed{チ}$ である。

a，b，c，d を0でない実数とする。

曲線 $y = ax^3 + bx^2 + cx + d$ 上の点 $\left(0,\ \boxed{ツ}\right)$ における接線の方程式は $y = \boxed{テ}\,x + \boxed{ト}$ である。

次に，$f(x) = ax^3 + bx^2 + cx + d$，$g(x) = \boxed{テ}\,x + \boxed{ト}$ とし，$f(x) - g(x)$ について考える。

$h(x) = f(x) - g(x)$ とおく。a，b，c，d が正の実数であるとき，$y = h(x)$ のグラフの概形は $\boxed{ナ}$ である。

$y = f(x)$ のグラフと $y = g(x)$ のグラフの共有点の x 座標は $\dfrac{\boxed{ニヌ}}{\boxed{ネ}}$ と $\boxed{ノ}$ である。また，x が $\dfrac{\boxed{ニヌ}}{\boxed{ネ}}$

と $\boxed{ノ}$ の間を動くとき，$|f(x) - g(x)|$ の値が最大となるのは，$x = \dfrac{\boxed{ハヒフ}}{\boxed{ヘホ}}$ のときである。

$\boxed{ナ}$ については，最も適当なものを，次の⓪～⑤のうちから一つ選べ。

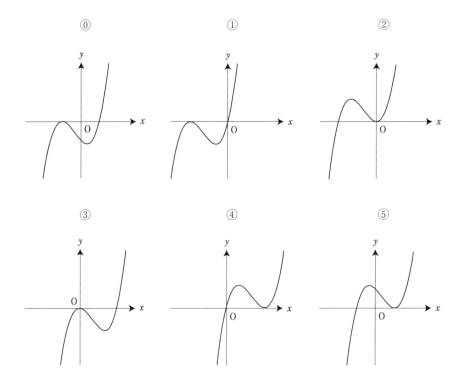

[1]　a を実数とし，$f(x) = (x - a)(x - 2)$ とおく。また，$F(x) = \int_0^x f(t)\,dt$ とする。

(1)　$a = 1$ のとき，$F(x)$ は $x = \boxed{\text{ア}}$ で極小になる。

(2)　$a = \boxed{\text{イ}}$ のとき，$F(x)$ はつねに増加する。また，$F(0) = \boxed{\text{ウ}}$ であるから，$a = \boxed{\text{イ}}$ のとき，$F(2)$ の値は $\boxed{\text{エ}}$ である。

$\boxed{\text{エ}}$ の解答群

⓪　0	①　正	②　負

(3)　$a > \boxed{\text{イ}}$ とする。

b を実数とし，$G(x) = \int_b^x f(t)\,dt$ とおく。

関数 $y = G(x)$ のグラフは，$y = F(x)$ のグラフを $\boxed{\text{オ}}$ 方向に $\boxed{\text{カ}}$ だけ平行移動したものと一致する。また，$G(x)$ は $x = \boxed{\text{キ}}$ で極大になり，$x = \boxed{\text{ク}}$ で極小になる。

$G(b) = \boxed{\text{ケ}}$ であるから，$b = \boxed{\text{キ}}$ のとき，曲線 $y = G(x)$ と x 軸との共有点の個数は $\boxed{\text{コ}}$ 個である。

$\boxed{\text{オ}}$ の解答群

⓪　x 軸	①　y 軸

$\boxed{\text{カ}}$ の解答群

⓪　b	①　$-b$	②　$F(b)$
③　$-F(b)$	④　$F(-b)$	⑤　$-F(-b)$

[2]　$g(x) = |x|(x + 1)$ とおく。

点 P $(-1, 0)$ を通り，傾きが c の直線を ℓ とする。$g'(-1) = \boxed{\text{サ}}$ であるから，$0 < c < \boxed{\text{サ}}$ のとき，曲線 $y = g(x)$ と直線 ℓ は 3 点で交わる。そのうちの 1 点は P であり，残りの 2 点を点 P に近い方から順に Q，R とすると，点 Q の x 座標は $\boxed{\text{シス}}$ であり，点 R の x 座標は $\boxed{\text{セ}}$ である。

また，$0 < c < \boxed{\text{サ}}$ のとき，線分 PQ と曲線 $y = g(x)$ で囲まれた図形の面積を S とし，線分 QR と曲線 $y = g(x)$ で囲まれた図形の面積を T とすると

$$S = \frac{\boxed{\text{ソ}}\,c^3 + \boxed{\text{タ}}\,c^2 - \boxed{\text{チ}}\,c + 1}{\boxed{\text{ツ}}}$$

$$T = c^{\boxed{\text{テ}}}$$

である。

[1] a を実数とし，$f(x) = x^3 - 6ax + 16$ とおく。

(1) $y = f(x)$ のグラフの概形は

　　　$a = 0$ のとき，|ア|

　　　$a < 0$ のとき，|イ|

である。

　　|ア|，|イ| については，最も適当なものを，次の⓪〜⑤のうちから一つずつ選べ。ただし，同じものを繰り返し選んでもよい。

⓪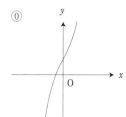　　①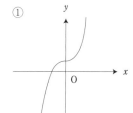　　②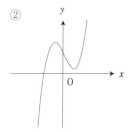

③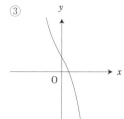　　④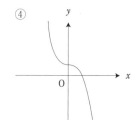　　⑤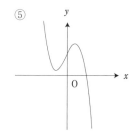

(2) $a > 0$ とし，p を実数とする。座標平面上の曲線 $y = f(x)$ と直線 $y = p$ が 3 個の共有点をもつような p の値の範囲は |ウ| $< p <$ |エ| である。

　　$p = $ |ウ| のとき，曲線 $y = f(x)$ と直線 $y = p$ は 2 個の共有点をもつ。それらの x 座標を $q, r\,(q < r)$ とする。曲線 $y = f(x)$ と直線 $y = p$ が点 (r, p) で接することに注意すると

　　　$q = $ |オカ| $\sqrt{\text{|キ|}}\,a^{\frac{1}{2}},\ r = \sqrt{\text{|ク|}}\,a^{\frac{1}{2}}$

と表せる。

　　|ウ|，|エ| の解答群（同じものを繰り返し選んでもよい。）

⓪	$2\sqrt{2}\,a^{\frac{3}{2}} + 16$	①	$-2\sqrt{2}\,a^{\frac{3}{2}} + 16$
②	$4\sqrt{2}\,a^{\frac{3}{2}} + 16$	③	$-4\sqrt{2}\,a^{\frac{3}{2}} + 16$
④	$8\sqrt{2}\,a^{\frac{3}{2}} + 16$	⑤	$-8\sqrt{2}\,a^{\frac{3}{2}} + 16$

(3) 方程式 $f(x) = 0$ の異なる実数解の個数を n とする。次の ⓪～⑤ のうち，正しいものは ケ と コ である。

ケ ， コ の解答群（解答の順序は問わない。）

⓪ $n = 1$ ならば $a < 0$	① $a < 0$ ならば $n = 1$
② $n = 2$ ならば $a < 0$	③ $a < 0$ ならば $n = 2$
④ $n = 3$ ならば $a > 0$	⑤ $a > 0$ ならば $n = 3$

[2] $b > 0$ とし，$g(x) = x^3 - 3bx + 3b^2$，$h(x) = x^3 - x^2 + b^2$ とおく。座標平面上の曲線 $y = g(x)$ を C_1，曲線 $y = h(x)$ を C_2 とする。

C_1 と C_2 は 2 点で交わる。これらの交点の x 座標をそれぞれ α，β $(\alpha < \beta)$ とすると，$\alpha = $ サ ，$\beta = $ シス である。

$\alpha \leq x \leq \beta$ の範囲で C_1 と C_2 で囲まれた図形の面積を S とする。また，$t > \beta$ とし，$\beta \leq x \leq t$ の範囲で C_1 と C_2 および直線 $x = t$ で囲まれた図形の面積を T とする。

このとき

$$S = \int_\alpha^\beta \boxed{\text{セ}}\, dx$$

$$T = \int_\beta^t \boxed{\text{ソ}}\, dx$$

$$S - T = \int_\alpha^t \boxed{\text{タ}}\, dx$$

であるので

$$S - T = \frac{\boxed{\text{チツ}}}{\boxed{\text{テ}}}\left(2t^3 - \boxed{\text{ト}}\, bt^2 + \boxed{\text{ナニ}}\, b^2 t - \boxed{\text{ヌ}}\, b^3\right)$$

が得られる。

したがって，$S = T$ となるのは $t = \dfrac{\boxed{\text{ネ}}}{\boxed{\text{ノ}}}\, b$ のときである。

セ ～ タ の解答群（同じものを繰り返し選んでもよい。）

⓪ $\{g(x) + h(x)\}$	① $\{g(x) - h(x)\}$
② $\{h(x) - g(x)\}$	③ $\{2g(x) + 2h(x)\}$
④ $\{2g(x) - 2h(x)\}$	⑤ $\{2h(x) - 2g(x)\}$
⑥ $2g(x)$	⑦ $2h(x)$

155

第1回目　　　　第2回目

目標 15分　H25 ③（Ⅱ・B）　　　　　　　　　　　　　　　　　／20点　　　／20点

(1) 数列 $\{p_n\}$ は次を満たすとする。

$$p_1 = 3, \quad p_{n+1} = \frac{1}{3}p_n + 1 \qquad (n = 1, 2, 3, \cdots) \qquad \cdots\cdots\cdots ①$$

数列 $\{p_n\}$ の一般項と，初項から第 n 項までの和を求めよう。まず，①から

$$p_{n+1} - \frac{\boxed{ア}}{\boxed{イ}} = \frac{1}{3}\left(p_n - \frac{\boxed{ア}}{\boxed{イ}}\right) \qquad (n = 1, 2, 3, \cdots)$$

となるので，数列 $\{p_n\}$ の一般項は　　　$p_n = \dfrac{1}{\boxed{ウ}\cdot\boxed{エ}^{\,n-2}} + \dfrac{\boxed{オ}}{\boxed{カ}}$

である。したがって，自然数 n に対して　　　$\displaystyle\sum_{k=1}^{n} p_k = \dfrac{\boxed{キ}}{\boxed{ク}}\left(1 - \dfrac{1}{\boxed{ケ}^{\,n}}\right) + \dfrac{\boxed{コ}^{\,n}}{\boxed{サ}}$　　　である。

(2) 正の数からなる数列 $\{a_n\}$ は，初項から第3項が $a_1 = 3$，$a_2 = 3$，$a_3 = 3$ であり，すべての自然数 n に対して

$$a_{n+3} = \frac{a_n + a_{n+1}}{a_{n+2}} \qquad \cdots\cdots\cdots ②$$

を満たすとする。また，数列 $\{b_n\}$，$\{c_n\}$ を，自然数 n に対して，$b_n = a_{2n-1}$，$c_n = a_{2n}$ で定める。数列 $\{b_n\}$，

$\{c_n\}$ の一般項を求めよう。まず，②から　　　$a_4 = \dfrac{a_1 + a_2}{a_3} = \boxed{シ}$，$a_5 = 3$，$a_6 = \dfrac{\boxed{ス}}{\boxed{セ}}$，$a_7 = 3$

である。したがって，$b_1 = b_2 = b_3 = b_4 = 3$ となるので

$$b_n = 3 \qquad (n = 1, 2, 3, \cdots) \qquad \cdots\cdots\cdots ③ \qquad \text{と推定できる。}$$

③を示すためには，$b_1 = 3$ から，すべての自然数 n に対して　　　$b_{n+1} = b_n$　　　$\cdots\cdots\cdots ④$

であることを示せばよい。このことを「まず，$n = 1$ のとき④が成り立つことを示し，次に，$n = k$ のとき④が成り立つと仮定すると，$n = k + 1$ のときも④が成り立つことを示す方法」を用いて証明しよう。この方法を $\boxed{ソ}$ という。$\boxed{ソ}$ に当てはまるものを，次の⓪〜③のうちから一つ選べ。

⓪　組立除法　　　①　弧度法　　　②　数学的帰納法　　　③　背理法

[Ⅰ]　$n = 1$ のとき，$b_1 = 3$，$b_2 = 3$ であることから④は成り立つ。

[Ⅱ]　$n = k$ のとき，④が成り立つ，すなわち　　　$b_{k+1} = b_k$　　　$\cdots\cdots\cdots ⑤$

と仮定する。$n = k + 1$ のとき，②の n に $2k$ を代入して得られる等式と，$2k - 1$ を代入して得られる等式から

$$b_{k+2} = \frac{c_k + \boxed{タ}_{\,k+1}}{\boxed{チ}_{\,k+1}}, \quad c_{k+1} = \frac{\boxed{ツ}_{\,k} + c_k}{\boxed{テ}_{\,k+1}}$$

となるので，b_{k+2} は　　　$b_{k+2} = \dfrac{(\boxed{ト}_{\,k} + \boxed{ナ}_{\,k+1})\,\boxed{ニ}_{\,k+1}}{b_k + c_k}$

と表される。したがって，⑤により，$b_{k+2} = b_{k+1}$ が成り立つので，④は $n = k + 1$ のときにも成り立つ。

[Ⅰ]，[Ⅱ]により，すべての自然数 n に対して④の成り立つことが証明された。したがって，③が成り立つので，数列 $\{b_n\}$ の一般項は $b_n = 3$ である。

次に，②の n を $2n - 1$ に置き換えて得られる等式と③から　　　$c_{n+1} = \dfrac{1}{3}c_n + 1 \qquad (n = 1, 2, 3, \cdots)$

となり，$c_1 = \boxed{ヌ}$ であることと①から，数列 $\{c_n\}$ の一般項は，(1)で求めた数列 $\{p_n\}$ の一般項と等しくなることがわかる。

数列 $\{a_n\}$ の初項は 6 であり，$\{a_n\}$ の階差数列は初項が 9，公差が 4 の等差数列である。

(1)　$a_2 = \boxed{アイ}$，$a_3 = \boxed{ウエ}$ である。数列 $\{a_n\}$ の一般項を求めよう。$\{a_n\}$ の階差数列の第 n 項が
$\boxed{オ}\, n + \boxed{カ}$ であるから，数列 $\{a_n\}$ の一般項は
$$a_n = \boxed{キ}\, n^{\boxed{ク}} + \boxed{ケ}\, n + \boxed{コ} \qquad \cdots\cdots\cdots ①$$
である。

(2)　数列 $\{b_n\}$ は，初項が $\dfrac{2}{5}$ で，漸化式
$$b_{n+1} = \frac{a_n}{a_{n+1}-1}\, b_n \quad (n = 1,\ 2,\ 3,\ \cdots) \qquad \cdots\cdots\cdots ②$$

を満たすとする。$b_2 = \dfrac{\boxed{サ}}{\boxed{シス}}$ である。数列 $\{b_n\}$ の一般項と初項から第 n 項までの和 S_n を求めよう。

　①，②により，すべての自然数 n に対して
$$b_{n+1} = \frac{\boxed{セ}\, n + \boxed{ソ}}{\boxed{セ}\, n + \boxed{タ}}\, b_n \qquad \cdots\cdots\cdots ③$$

が成り立つことがわかる。

ここで
$$c_n = \left(\boxed{セ}\, n + \boxed{ソ}\right) b_n \qquad \cdots\cdots\cdots ④$$
とするとき，③を c_n と c_{n+1} を用いて変形すると，すべての自然数 n に対して
$$\left(\boxed{セ}\, n + \boxed{チ}\right) c_{n+1} = \left(\boxed{セ}\, n + \boxed{ツ}\right) c_n$$

が成り立つことがわかる。これにより
$$d_n = \left(\boxed{セ}\, n + \boxed{テ}\right) c_n \qquad \cdots\cdots\cdots ⑤$$
とおくと，すべての自然数 n に対して，$d_{n+1} = d_n$ が成り立つことがわかる。
$d_1 = \boxed{ト}$ であるから，すべての自然数 n に対して，$d_n = \boxed{ト}$ である。
したがって，④と⑤により，数列 $\{b_n\}$ の一般項は
$$b_n = \frac{\boxed{ト}}{\left(\boxed{セ}\, n + \boxed{ソ}\right)\left(\boxed{セ}\, n + \boxed{テ}\right)}$$
である。また
$$b_n = \frac{\boxed{ナ}}{\boxed{セ}\, n + \boxed{ソ}} - \frac{\boxed{ニ}}{\boxed{セ}\, n + \boxed{テ}}$$

が成り立つことを利用すると，数列 $\{b_n\}$ の初項から第 n 項までの和 S_n は
$$S_n = \frac{\boxed{ヌ}\, n}{\boxed{ネ}\, n + \boxed{ノ}}$$ であることがわかる。

157

目標
15分

H27 ③ (Ⅱ・B)

自然数 n に対し，2^n の一の位の数を a_n とする。また，数列 $\{b_n\}$ は

$$b_1 = 1, \quad b_{n+1} = \frac{a_n b_n}{4} \quad (n = 1, \ 2, \ 3, \ \cdots) \ \cdots\cdots\cdots ①$$

を満たすとする。

(1) $a_1 = 2$, $a_2 = \boxed{\text{ア}}$, $a_3 = \boxed{\text{イ}}$, $a_4 = \boxed{\text{ウ}}$, $a_5 = \boxed{\text{エ}}$ である。このことから，すべての自然数 n に対して，$a_{\boxed{\text{オ}}} = a_n$ となることがわかる。$\boxed{\text{オ}}$ に当てはまるものを，次の ⓪〜④ のうちから一つ選べ。

⓪ $5n$　　① $4n+1$　　② $n+3$　　③ $n+4$　　④ $n+5$

(2) 数列 $\{b_n\}$ の一般項を求めよう。① を繰り返し用いることにより

$$b_{n+4} = \frac{a_{n+3}\, a_{n+2}\, a_{n+1}\, a_n}{2^{\boxed{\text{カ}}}} b_n \quad (n = 1, \ 2, \ 3, \ \cdots)$$

が成り立つことがわかる。ここで，$a_{n+3}\, a_{n+2}\, a_{n+1}\, a_n = 3 \cdot 2^{\boxed{\text{キ}}}$ であることから，

$$b_{n+4} = \frac{\boxed{\text{ク}}}{\boxed{\text{ケ}}} b_n$$ が成り立つ。このことから，自然数 k に対して

$$b_{4k-3} = \left(\frac{\boxed{\text{コ}}}{\boxed{\text{サ}}}\right)^{k-1}, \quad b_{4k-2} = \frac{\boxed{\text{シ}}}{\boxed{\text{ス}}}\left(\frac{\boxed{\text{コ}}}{\boxed{\text{サ}}}\right)^{k-1}$$

$$b_{4k-1} = \frac{\boxed{\text{セ}}}{\boxed{\text{ソ}}}\left(\frac{\boxed{\text{コ}}}{\boxed{\text{サ}}}\right)^{k-1}, \quad b_{4k} = \left(\frac{\boxed{\text{コ}}}{\boxed{\text{サ}}}\right)^{k-1}$$ である。

(3) $S_n = \displaystyle\sum_{j=1}^{n} b_j$ とおく。自然数 m に対して

$$S_{4m} = \boxed{\text{タ}}\left(\frac{\boxed{\text{コ}}}{\boxed{\text{サ}}}\right)^m - \boxed{\text{チ}}$$ である。

(4) 積 $b_1 b_2 \cdots b_n$ を T_n とおく。自然数 k に対して

$$b_{4k-3}\, b_{4k-2}\, b_{4k-1}\, b_{4k} = \frac{1}{\boxed{\text{ツ}}}\left(\frac{\boxed{\text{コ}}}{\boxed{\text{サ}}}\right)^{\boxed{\text{テ}}(k-1)}$$

であることから，自然数 m に対して

$$T_{4m} = \frac{1}{\boxed{\text{ツ}}^{\,m}}\left(\frac{\boxed{\text{コ}}}{\boxed{\text{サ}}}\right)^{\boxed{\text{ト}}m^2 - \boxed{\text{ナ}}m}$$

である。また，T_{10} を計算すると，$T_{10} = \dfrac{3^{\boxed{\text{ニ}}}}{2^{\boxed{\text{ヌネ}}}}$ である。

H28　③（Ⅱ・B）　　　　　　　　　　　　　／20点　　　／20点

真分数を分母の小さい順に，分母が同じ場合には分子の小さい順に並べてできる数列

$\dfrac{1}{2}, \dfrac{1}{3}, \dfrac{2}{3}, \dfrac{1}{4}, \dfrac{2}{4}, \dfrac{3}{4}, \dfrac{1}{5}, \cdots$ を $\{a_n\}$ とする。真分数とは，分子と分母がともに自然数で，分子が分母より

小さい分数のことであり，上の数列では，約分ができる形の分数も含めて並べている。以下の問題に分数形で解答する場合は，それ以上約分できない形で答えよ。

(1) $a_{15} = \dfrac{\boxed{\text{ア}}}{\boxed{\text{イ}}}$ である。また，分母に初めて 8 が現れる項は，$a_{\boxed{\text{ウエ}}}$ である。

(2) k を 2 以上の自然数とする。数列 $\{a_n\}$ において，$\dfrac{1}{k}$ が初めて現れる項を第 M_k 項とし，$\dfrac{k-1}{k}$ が初めて現れる項を第 N_k 項とすると

$$M_k = \dfrac{\boxed{\text{オ}}}{\boxed{\text{カ}}} k^2 - \dfrac{\boxed{\text{キ}}}{\boxed{\text{ク}}} k + \boxed{\text{ケ}}$$

$$N_k = \dfrac{\boxed{\text{コ}}}{\boxed{\text{サ}}} k^2 - \dfrac{\boxed{\text{シ}}}{\boxed{\text{ス}}} k \quad \text{である。よって } a_{104} = \dfrac{\boxed{\text{セソ}}}{\boxed{\text{タチ}}} \text{である。}$$

(3) k を 2 以上の自然数とする。数列 $\{a_n\}$ の第 M_k 項から第 N_k 項までの和は，$\dfrac{\boxed{\text{ツ}}}{\boxed{\text{テ}}} k - \dfrac{\boxed{\text{ト}}}{\boxed{\text{ナ}}}$ である。

したがって，数列 $\{a_n\}$ の初項から第 N_k 項までの和は

$$\dfrac{\boxed{\text{ニ}}}{\boxed{\text{ヌ}}} k^2 - \dfrac{\boxed{\text{ネ}}}{\boxed{\text{ノ}}} k \quad \text{である。よって } \sum_{n=1}^{103} a_n = \dfrac{\boxed{\text{ハヒフ}}}{\boxed{\text{ヘホ}}} \text{である。}$$

以下において考察する数列の項は，すべて実数であるとする。

(1)　等比数列 $\{s_n\}$ の初項が 1，公比が 2 であるとき

$$s_1 s_2 s_3 = \boxed{\text{ア}}, \quad s_1 + s_2 + s_3 = \boxed{\text{イ}}$$

である。

(2)　$\{s_n\}$ を初項 x，公比 r の等比数列とする。a，b を実数（ただし $a \neq 0$）とし，$\{s_n\}$ の最初の 3 項が

$$s_1 s_2 s_3 = a^3 \quad \cdots\cdots\cdots ①$$

$$s_1 + s_2 + s_3 = b \quad \cdots\cdots\cdots ②$$

を満たすとする。このとき

$$xr = \boxed{\text{ウ}} \quad \cdots\cdots\cdots ③$$

である。さらに，②，③を用いて r，a，b の満たす関係式を求めると

$$\boxed{\text{エ}}\, r^2 + \left(\boxed{\text{オ}} - \boxed{\text{カ}} \right)r + \boxed{\text{キ}} = 0 \quad \cdots\cdots\cdots ④$$

を得る。④を満たす実数 r が存在するので

$$\boxed{\text{ク}}\, a^2 + \boxed{\text{ケ}}\, ab - b^2 \leqq 0 \quad \cdots\cdots\cdots ⑤$$

である。

　逆に，a，b が⑤を満たすとき，③，④を用いて r，x の値を求めることができる。

(3)　$a = 64$，$b = 336$ のとき，(2)の条件①，②を満たし，公比が 1 より大きい等比数列 $\{s_n\}$ を考える。③，④を用いて $\{s_n\}$ の公比 r と初項 x を求めると，$r = \boxed{\text{コ}}$，$x = \boxed{\text{サシ}}$ である。

　$\{s_n\}$ を用いて，数列 $\{t_n\}$ を

$$t_n = s_n \log_{\boxed{\text{コ}}} s_n \quad (n = 1,\ 2,\ 3,\ \cdots)$$

と定める。このとき，$\{t_n\}$ の一般項は　$t_n = \left(n + \boxed{\text{ス}} \right) \cdot \boxed{\text{コ}}^{\,n + \boxed{\text{セ}}}$　である。$\{t_n\}$ の初項から第 n 項までの和 U_n は，$U_n - \boxed{\text{コ}}\, U_n$ を計算することにより

$$U_n = \frac{\boxed{\text{ソ}}\, n + \boxed{\text{タ}}}{\boxed{\text{チ}}} \cdot \boxed{\text{コ}}^{\,n + \boxed{\text{ツ}}} - \frac{\boxed{\text{テト}}}{\boxed{\text{ナ}}}$$

であることがわかる。

H30　③（Ⅱ・B）

第 4 項が 30，初項から第 8 項までの和が 288 である等差数列を $\{a_n\}$ とし，$\{a_n\}$ の初項から第 n 項までの和を S_n とする。また，第 2 項が 36，初項から第 3 項までの和が 156 である等比数列で公比が 1 より大きいものを $\{b_n\}$ とし，$\{b_n\}$ の初項から第 n 項までの和を T_n とする。

(1) $\{a_n\}$ の初項は $\boxed{\text{アイ}}$，公差は $\boxed{\text{ウエ}}$ であり　$S_n = \boxed{\text{オ}}\,n^2 - \boxed{\text{カキ}}\,n$　である。

(2) $\{b_n\}$ の初項は $\boxed{\text{クケ}}$，公比は $\boxed{\text{コ}}$ であり　$T_n = \boxed{\text{サ}}\left(\boxed{\text{シ}}^{\,n} - \boxed{\text{ス}}\right)$　である。

(3) 数列 $\{c_n\}$ を次のように定義する。

$$c_n = \sum_{k=1}^{n} (n - k + 1)(a_k - b_k)$$

$$= n(a_1 - b_1) + (n-1)(a_2 - b_2) + \cdots + 2(a_{n-1} - b_{n-1}) + (a_n - b_n)$$

$$(n = 1,\ 2,\ 3,\ \cdots)$$

たとえば

$$c_1 = a_1 - b_1, \qquad c_2 = 2(a_1 - b_1) + (a_2 - b_2)$$

$$c_3 = 3(a_1 - b_1) + 2(a_2 - b_2) + (a_3 - b_3)$$

である。数列 $\{c_n\}$ の一般項を求めよう。

$\{c_n\}$ の階差数列を $\{d_n\}$ とする。$d_n = c_{n+1} - c_n$ であるから，$d_n = \boxed{\text{セ}}$ を満たす。$\boxed{\text{セ}}$ に当てはまるものを，次の ⓪〜⑦ のうちから一つ選べ。

⓪　$S_n + T_n$ 　　　　① 　$S_n - T_n$ 　　　　② 　$-S_n + T_n$ 　　　　③ 　$-S_n - T_n$

④　$S_{n+1} + T_{n+1}$ 　　⑤ 　$S_{n+1} - T_{n+1}$ 　　⑥ 　$-S_{n+1} + T_{n+1}$ 　　⑦ 　$-S_{n+1} - T_{n+1}$

したがって，(1)と(2)により　$d_n = \boxed{\text{ソ}}\,n^2 - 2 \cdot \boxed{\text{タ}}^{\,n+\boxed{\text{チ}}}$　である。

$c_1 = \boxed{\text{ツテト}}$ であるから，$\{c_n\}$ の一般項は

$$c_n = \boxed{\text{ナ}}\,n^3 - \boxed{\text{ニ}}\,n^2 + n + \boxed{\text{ヌ}} - \boxed{\text{タ}}^{\,n+\boxed{\text{ネ}}}$$　である。

目標
15分

H29　試行　③（Ⅱ・B）

次の文章を読んで，下の問いに答えよ。

> ある薬 D を服用したとき，有効成分の血液中の濃度（血中濃度）は一定の割合で減少し，T 時間が経過すると $\frac{1}{2}$ 倍になる。薬 D を1錠服用すると，服用直後の血中濃度は P だけ増加する。時間 0 で血中濃度が P であるとき，血中濃度の変化は次のグラフで表される。適切な効果が得られる血中濃度の最小値を M，副作用を起こさない血中濃度の最大値を L とする。
>
>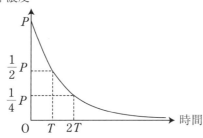
>
> 薬 D については，$M = 2$，$L = 40$，$P = 5$，$T = 12$ である。

(1) 薬 D について，12時間ごとに1錠ずつ服用するときの血中濃度の変化は次のグラフのようになる。

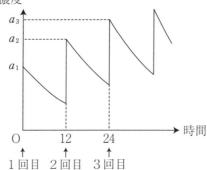

　n を自然数とする。a_n は n 回目の服用直後の血中濃度である。a_1 は P と一致すると考えてよい。第 $(n+1)$ 回目の服用直前には，血中濃度は第 n 回目の服用直後から時間の経過に応じて減少しており，薬を服用した直後に血中濃度が P だけ上昇する。この血中濃度が a_{n+1} である。

　$P = 5$，$T = 12$ であるから，数列 $\{a_n\}$ の初項と漸化式は

$$a_1 = \boxed{\text{ア}} \ ,\quad a_{n+1} = \frac{\boxed{\text{イ}}}{\boxed{\text{ウ}}}\, a_n + \boxed{\text{エ}} \quad (n = 1,\ 2,\ 3,\ \cdots) \quad \text{となる。}$$

数列 $\{a_n\}$ の一般項を求めてみよう。

【考え方1】

　数列 $\{a_n - d\}$ が等比数列となるような定数 d を求める。$d = \boxed{\text{オカ}}$ に対して，数列 $\{a_n - d\}$ が公比 $\dfrac{\boxed{\text{キ}}}{\boxed{\text{ク}}}$ の等比数列になることを用いる。

【考え方2】

階差数列をとって考える。数列 $\{a_{n+1} - a_n\}$ が公比 $\dfrac{\boxed{\text{ケ}}}{\boxed{\text{コ}}}$ の等比数列になることを用いる。

いずれの考え方を用いても，一般項を求めることができ，

$$a_n = \boxed{\text{サシ}} - \boxed{\text{ス}}\left(\frac{\boxed{\text{セ}}}{\boxed{\text{ソ}}}\right)^{n-1} \quad (n = 1,\ 2,\ 3,\ \cdots)\quad \text{である。}$$

(2) 薬Dについては，$M = 2$，$L = 40$ である。薬Dを 12 時間ごとに 1 錠ずつ服用する場合，n 回目の服用直前の血中濃度が $a_n - P$ であることに注意して，正しいものを，次の⓪〜⑤のうちから二つ選べ。$\boxed{\text{タ}}$

⓪ 4 回目の服用までは血中濃度が L を超えないが，5 回目の服用直後に血中濃度が L を超える。

① 5 回目の服用までは血中濃度が L を超えないが，服用し続けるといつか必ず L を超える。

② どれだけ継続して服用しても血中濃度が L を超えることはない。

③ 1 回目の服用直後に血中濃度が P に達して以降，血中濃度が M を下回ることはないので，1 回目の服用以降は適切な効果が持続する。

④ 2 回目までは服用直前に血中濃度が M 未満になるが，2 回目の服用以降は，血中濃度が M を下回ることはないので，適切な効果が持続する。

⑤ 5 回目までは服用直前に血中濃度が M 未満になるが，5 回目の服用以降は，血中濃度が M を下回ることはないので，適切な効果が持続する。

(3) (1)と同じ服用量で，服用間隔の条件のみを 24 時間に変えた場合の血中濃度を調べよう。薬Dを 24 時間ごとに 1 錠ずつ服用するときの，n 回目の服用直後の血中濃度を b_n とする。n 回目の服用直前の血中濃度は $b_n - P$ である。最初の服用から $24n$ 時間経過後の服用直前の血中濃度である $a_{2n+1} - P$ と $b_{n+1} - P$ を比較する。$b_{n+1} - P$ と $a_{2n+1} - P$ の比を求めると，

$$\frac{b_{n+1} - P}{a_{2n+1} - P} = \frac{\boxed{\text{チ}}}{\boxed{\text{ツ}}}\quad \text{となる。}$$

(4) 薬Dを 24 時間ごとに k 錠ずつ服用する場合には，最初の服用直後の血中濃度は kP となる。服用量を変化させても T の値は変わらないものとする。

薬Dを 12 時間ごとに 1 錠ずつ服用した場合と 24 時間ごとに k 錠ずつ服用した場合の血中濃度を比較すると，最初の服用から $24n$ 時間経過後の各服用直前の血中濃度が等しくなるのは，$k = \boxed{\text{テ}}$ のときである。したがって，24 時間ごとに k 錠ずつ服用する場合の各服用直前の血中濃度を，12 時間ごとに 1 錠ずつ服用する場合の血中濃度以上とするためには $k \geqq \boxed{\text{テ}}$ でなくてはならない。

また，24 時間ごとの服用量を $\boxed{\text{テ}}$ 錠にするとき，正しいものを，次の⓪〜③のうちから一つ選べ。$\boxed{\text{ト}}$

⓪ 1 回目の服用以降，服用直後の血中濃度が常に L を超える。

① 4 回目の服用直後までの血中濃度は L 未満だが，5 回目以降は服用直後の血中濃度が常に L を超える。

② 9 回目の服用直後までの血中濃度は L 未満だが，10 回目以降は服用直後の血中濃度が常に L を超える。

③ どれだけ継続して服用しても血中濃度が L を超えることはない。

目標
15分

H30　試行　④（Ⅱ・B）

　太郎さんと花子さんは，数列の漸化式に関する**問題A，問題B**について話している。二人の会話を読んで，下の問い
に答えよ。

(1)

> **問題A**　次のように定められた数列 $\{a_n\}$ の一般項を求めよ。
>
> $a_1 = 6,\ a_{n+1} = 3a_n - 8\ \ (n = 1,\ 2,\ 3,\ \cdots)$

> 花子：これは前に授業で学習した漸化式の問題だね。まず，k を定数として，$a_{n+1} = 3a_n - 8$ を
> 　　　$a_{n+1} - k = 3(a_n - k)$ の形に変形するといいんだよね。
> 太郎：そうだね。そうすると公比が 3 の等比数列に結びつけられるね。

（ⅰ）　k の値を求めよ。

$$k = \boxed{\ \text{ア}\ }$$

（ⅱ）　数列 $\{a_n\}$ の一般項を求めよ。

$$a_n = \boxed{\ \text{イ}\ } \cdot \boxed{\ \text{ウ}\ }^{\,n-1} + \boxed{\ \text{エ}\ }$$

(2)

> **問題B**　次のように定められた数列 $\{b_n\}$ の一般項を求めよ。
>
> $b_1 = 4,\ b_{n+1} = 3b_n - 8n + 6\ \ (n = 1,\ 2,\ 3,\ \cdots)$

> 花子：求め方の方針が立たないよ。
> 太郎：そういうときは，$n = 1,\ 2,\ 3$ を代入して具体的な数列の様子をみてみよう。
> 花子：$b_2 = 10,\ b_3 = 20,\ b_4 = 42$ となったけど…。
> 太郎：階差数列を考えてみたらどうかな。

　数列 $\{b_n\}$ の階差数列 $\{p_n\}$ を，$p_n = b_{n+1} - b_n\,(n = 1,\ 2,\ 3,\ \cdots)$ と定める。

（ⅰ）　p_1 の値を求めよ。

$$p_1 = \boxed{\ \text{オ}\ }$$

（ⅱ）　p_{n+1} を p_n を用いて表せ。

$$p_{n+1} = \boxed{\ \text{カ}\ } P_n - \boxed{\ \text{キ}\ }$$

（ⅲ）　数列 $\{p_n\}$ の一般項を求めよ。

$$p_n = \boxed{\ \text{ク}\ } \cdot \boxed{\ \text{ケ}\ }^{\,n-1} + \boxed{\ \text{コ}\ }$$

(3) 二人は**問題B**について引き続き会話をしている。

太郎：解ける道筋はついたけれど，漸化式で定められた数列の一般項の求め方は一通りではないと先生もおっしゃっていたし，他のやり方も考えてみようよ。

花子：でも，授業で学習した問題は，**問題A**のタイプだけだよ。

太郎：では，**問題A**の式変形の考え方を**問題B**に応用してみようよ。**問題B**の漸化式 $b_{n+1} = 3b_n - 8n + 6$ を，定数 s, t を用いて

$$\boxed{\text{サ}} = 3\left(\boxed{\text{シ}}\right)$$

の式に変形してはどうかな。

(i) $q_n = \boxed{\text{シ}}$ とおくと太郎さんの変形により数列 $\{q_n\}$ が公比 3 の等比数列とわかる。このとき，$\boxed{\text{サ}}$，$\boxed{\text{シ}}$ に当てはまる式を，次の ⓪〜③ のうちから一つずつ選べ。ただし，同じものを選んでもよい。

⓪ $b_n + sn + t$

① $b_{n+1} + sn + t$

② $b_n + s(n+1) + t$

③ $b_{n+1} + s(n+1) + t$

(ii) s, t の値を求めよ。

$$s = \boxed{\text{スセ}}, \quad t = \boxed{\text{ソ}}$$

(4) **問題B**の数列は，(2)の方法でも(3)の方法でも一般項を求めることができる。数列 $\{b_n\}$ の一般項を求めよ。

$$b_n = \boxed{\text{タ}}^{\,n-1} + \boxed{\text{チ}}\,n - \boxed{\text{ツ}}$$

(5) 次のように定められた数列 $\{c_n\}$ がある。

$$c_1 = 16, \quad c_{n+1} = 3c_n - 4n^2 - 4n - 10 \quad (n = 1,\ 2,\ 3,\ \cdots)$$

数列 $\{c_n\}$ の一般項を求めよ。

$$c_n = \boxed{\text{テ}} \cdot \boxed{\text{ト}}^{\,n-1} + \boxed{\text{ナ}}\,n^2 + \boxed{\text{ニ}}\,n + \boxed{\text{ヌ}}$$

H31　③（Ⅱ・B）　　　　　　　　　　　　　　　／20点　　　／20点

初項が 3，公比が 4 の等比数列の初項から第 n 項までの和を S_n とする。また，数列 $\{T_n\}$ は，初項が -1 であり，$\{T_n\}$ の階差数列が列数 $\{S_n\}$ であるような数列とする。

(1)　$S_2 = \boxed{\text{アイ}}$，$T_2 = \boxed{\text{ウ}}$ である。

(2)　$\{S_n\}$ と $\{T_n\}$ の一般項は，それぞれ

$$S_n = \boxed{\text{エ}}^{\boxed{\text{オ}}} - \boxed{\text{カ}}$$

$$T_n = \frac{\boxed{\text{キ}}^{\boxed{\text{ク}}}}{\boxed{\text{ケ}}} - n - \frac{\boxed{\text{コ}}}{\boxed{\text{サ}}}$$

である。ただし，$\boxed{\text{オ}}$ と $\boxed{\text{ク}}$ については，当てはまるものを，次の ⓪〜④ のうちから一つずつ選べ。同じものを選んでもよい。

　⓪　$n-1$　　　①　n　　　②　$n+1$　　　③　$n+2$　　　④　$n+3$

(3)　数列 $\{a_n\}$ は，初項が -3 であり，漸化式

$$na_{n+1} = 4(n+1)a_n + 8T_n \quad (n = 1,\ 2,\ 3,\ \cdots)$$

を満たすとする。$\{a_n\}$ の一般項を求めよう。

　そのために，$b_n = \dfrac{a_n + 2T_n}{n}$ により定められる数列 $\{b_n\}$ を考える。$\{b_n\}$ の初項は $\boxed{\text{シス}}$ である。

$\{T_n\}$ は漸化式

$$T_{n+1} = \boxed{\text{セ}}\, T_n + \boxed{\text{ソ}}\, n + \boxed{\text{タ}} \quad (n = 1,\ 2,\ 3,\ \cdots)$$

を満たすから，$\{b_n\}$ は漸化式

$$b_{n+1} = \boxed{\text{チ}}\, b_n + \boxed{\text{ツ}} \quad (n = 1,\ 2,\ 3,\ \cdots)$$

を満たすことがわかる。よって $\{b_n\}$ の一般項は

$$b_n = \boxed{\text{テト}} \cdot \boxed{\text{チ}}^{\boxed{\text{ナ}}} - \boxed{\text{ニ}}$$

である。ただし，$\boxed{\text{ナ}}$ については，当てはまるものを，次の ⓪〜④ のうちから一つ選べ。

　⓪　$n-1$　　　①　n　　　②　$n+1$　　　③　$n+2$　　　④　$n+3$

　したがって，$\{T_n\}$，$\{b_n\}$ の一般項から $\{a_n\}$ の一般項を求めると

$$a_n = \frac{\boxed{\text{ヌ}}\left(\boxed{\text{ネ}}\, n + \boxed{\text{ノ}}\right)\boxed{\text{チ}}^{\boxed{\text{ナ}}} + \boxed{\text{ハ}}}{\boxed{\text{ヒ}}}$$

である。

目標 15分

R 2　③（Ⅱ・B）　　　　　　　　　　／20点　　／20点

数列 $\{a_n\}$ は，初項 a_1 が 0 であり，$n = 1,\ 2,\ 3,\ \cdots$ のとき次の漸化式を満たすものとする。

$$a_{n+1} = \frac{n+3}{n+1}\{3a_n + 3^{n+1} - (n+1)(n+2)\} \quad \cdots\cdots\cdots \quad ①$$

(1)　$a_2 = \boxed{\text{ア}}$ である。

(2)　$b_n = \dfrac{a_n}{3^n(n+1)(n+2)}$ とおき，数列 $\{b_n\}$ の一般項を求めよう。

　　$\{b_n\}$ の初項 b_1 は $\boxed{\text{イ}}$ である。①の両辺を $3^{n+1}(n+2)(n+3)$ で割ると

$$b_{n+1} = b_n + \frac{\boxed{\text{ウ}}}{\left(n+\boxed{\text{エ}}\right)\left(n+\boxed{\text{オ}}\right)} - \left(\frac{1}{\boxed{\text{カ}}}\right)^{n+1}$$

を得る。ただし，$\boxed{\text{エ}} < \boxed{\text{オ}}$ とする。

　　したがって

$$b_{n+1} - b_n = \left(\frac{\boxed{\text{キ}}}{n+\boxed{\text{エ}}} - \frac{\boxed{\text{キ}}}{n+\boxed{\text{オ}}}\right) - \left(\frac{1}{\boxed{\text{カ}}}\right)^{n+1}$$

である。

　　n を 2 以上の自然数とするとき

$$\sum_{k=1}^{n-1}\left(\frac{\boxed{\text{キ}}}{k+\boxed{\text{エ}}} - \frac{\boxed{\text{キ}}}{k+\boxed{\text{オ}}}\right) = \frac{1}{\boxed{\text{ク}}}\left(\frac{n-\boxed{\text{ケ}}}{n+\boxed{\text{コ}}}\right)$$

$$\sum_{k=1}^{n-1}\left(\frac{1}{\boxed{\text{カ}}}\right)^{n+1} = \frac{\boxed{\text{サ}}}{\boxed{\text{シ}}} - \frac{\boxed{\text{ス}}}{\boxed{\text{セ}}}\left(\frac{1}{\boxed{\text{カ}}}\right)^{n}$$

が成り立つことを利用すると

$$b_n = \frac{n-\boxed{\text{ソ}}}{\boxed{\text{タ}}\left(n+\boxed{\text{チ}}\right)} + \frac{\boxed{\text{ス}}}{\boxed{\text{セ}}}\left(\frac{1}{\boxed{\text{カ}}}\right)^{n}$$

が得られる。これは $n = 1$ のときも成り立つ。

(3)　(2)により，$\{a_n\}$ の一般項は

$$a_n = \boxed{\text{ツ}}^{\,n-\boxed{\text{テ}}}\left(n^2 - \boxed{\text{ト}}\right) + \frac{\left(n+\boxed{\text{ナ}}\right)\left(n+\boxed{\text{ニ}}\right)}{\boxed{\text{ヌ}}}$$

で与えられる。ただし，$\boxed{\text{ナ}} < \boxed{\text{ニ}}$ とする。

　　このことから，すべての自然数 n について，a_n は整数となることがわかる。

(4)　k を自然数とする。$a_{3k},\ a_{3k+1},\ a_{3k+2}$ を 3 で割った余りはそれぞれ $\boxed{\text{ネ}}$，$\boxed{\text{ノ}}$，$\boxed{\text{ハ}}$ である。また，$\{a_n\}$ の初項から第 2020 項までの和を 3 で割った余りは $\boxed{\text{ヒ}}$ である。

目標 15分

R3　④（Ⅱ・B）　　　　　　　　　　　　　　　　　　　／20点　　／20点

初項 3，公差 p の等差数列を $\{a_n\}$ とし，初項 3，公比 r の等比数列を $\{b_n\}$ とする。ただし，$p \neq 0$ かつ $r \neq 0$ とする。さらに，これらの数列が次を満たすとする。

$$a_n b_{n+1} - 2a_{n+1}b_n + 3b_{n+1} = 0 \quad (n = 1, 2, 3, \cdots) \quad \cdots\cdots\cdots①$$

(1) p と r の値を求めよう。自然数 n について，a_n，a_{n+1}，b_n はそれぞれ

$$a_n = \boxed{ア} + (n-1)p \quad \cdots\cdots\cdots②$$

$$a_{n+1} = \boxed{ア} + np \quad \cdots\cdots\cdots③$$

$$b_n = \boxed{イ}\, r^{n-1}$$

と表される。$r \neq 0$ により，すべての自然数 n について，$b_n \neq 0$ となる。

$\dfrac{b_{n+1}}{b_n} = r$ であることから，①の両辺を b_n で割ることにより

$$\boxed{ウ}\, a_{n+1} = r\left(a_n + \boxed{エ}\right) \quad \cdots\cdots\cdots④$$

が成り立つことがわかる。④に②と③を代入すると

$$\left(r - \boxed{オ}\right)pn = r\left(p - \boxed{カ}\right) + \boxed{キ} \quad \cdots\cdots\cdots⑤$$

となる。⑤がすべての n で成り立つことおよび $p \neq 0$ により，$r = \boxed{オ}$ を得る。さらに，このことから，$p = \boxed{ク}$ を得る。

以上から，すべての自然数 n について，a_n と b_n が正であることもわかる。

(2) $p = \boxed{ク}$，$r = \boxed{オ}$ であることから，$\{a_n\}$，$\{b_n\}$ の初項から第 n 項までの和は，それぞれ次の式で与えられる。

$$\sum_{k=1}^{n} a_k = \frac{\boxed{ケ}}{\boxed{コ}}\, n\left(n + \boxed{サ}\right)$$

$$\sum_{k=1}^{n} b_k = \boxed{シ}\left(\boxed{オ}^n - \boxed{ス}\right)$$

(3) 数列 $\{a_n\}$ に対して，初項 3 の数列 $\{c_n\}$ が次を満たすとする。

$$a_n c_{n+1} - 4a_{n+1}c_n + 3c_{n+1} = 0 \quad (n = 1, 2, 3, \cdots) \quad \cdots\cdots\cdots⑥$$

a_n が正であることから，⑥を変形して，$c_{n+1} = \dfrac{\boxed{セ}\, a_{n+1}}{a_n + \boxed{ソ}}\, c_n$ を得る。

さらに，$p = \boxed{ク}$ であることから，数列 $\{c_n\}$ は $\boxed{タ}$ ことがわかる。

$\boxed{タ}$ の解答群

⓪　すべての項が同じ値をとる数列である　　　　①　公差が 0 でない等差数列である

②　公比が 1 より大きい等比数列である　　　　　③　公比が 1 より小さい等比数列である

④　等差数列でも等比数列でもない

(4) q，u は定数で，$q \neq 0$ とする。数列 $\{b_n\}$ に対して，初項 3 の数列 $\{d_n\}$ が次を満たすとする。

$$d_n b_{n+1} - q d_{n+1} b_n + u b_{n+1} = 0 \quad (n = 1, 2, 3, \cdots) \quad \cdots\cdots\cdots⑦$$

$r = \boxed{オ}$ であることから，⑦を変形して，$d_{n+1} = \dfrac{\boxed{チ}}{q}(d_n + u)$ を得る。したがって，数列 $\{d_n\}$ が，公比が 0 より大きく 1 より小さい等比数列となるための必要十分条件は，$q > \boxed{ツ}$ かつ $u = \boxed{テ}$ である。

R3　追試　④（Ⅱ・B）

[1]　自然数 n に対して，$S_n = 5^n - 1$ とする。さらに，数列 $\{a_n\}$ の初項から第 n 項までの和が S_n であるとする。

このとき，$a_1 = \boxed{\text{ア}}$ である。また，$n \geqq 2$ のとき

$$a_n = \boxed{\text{イ}} \cdot \boxed{\text{ウ}}^{\,n-1}$$

である。この式は $n = 1$ のときにも成り立つ。

上で求めたことから，すべての自然数 n に対して

$$\sum_{k=1}^{n} \frac{1}{a_k} = \frac{\boxed{\text{エ}}}{\boxed{\text{オカ}}}\left(1 - \boxed{\text{キ}}^{\,-n}\right)$$

が成り立つことがわかる。

[2]　太郎さんは和室の畳を見て，畳の敷き方が何通りあるかに興味を持った。ちょうど手元にタイルがあったので，畳をタイルに置き換えて，数学的に考えることにした。

縦の長さが1，横の長さが2の長方形のタイルが多数ある。それらを縦か横の向きに，隙間も重なりもなく敷き詰めるとき，その敷き詰め方をタイルの「配置」と呼ぶ。

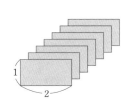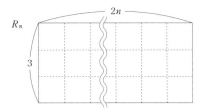

上の図のように，縦の長さが3，横の長さが $2n$ の長方形を R_n とする。$3n$ 枚のタイルを用いた R_n 内の配置の総数を r_n とする。

$n = 1$ のときは，下の図のように $r_1 = 3$ である。

また，$n = 2$ のときは，下の図のように $r_2 = 11$ である。

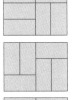

(1) 太郎さんは次のような図形 T_n 内の配置を考えた。

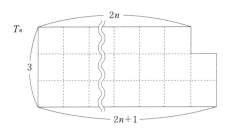

(3n + 1)枚のタイルを用いた T_n 内の配置の総数を t_n とする。$n = 1$ のときは，$t_1 = \boxed{ク}$ である。

さらに，太郎さんは T_n 内の配置について，右下隅のタイルに注目して次のような図をかいて考えた。

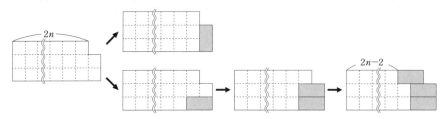

この図から，2 以上の自然数 n に対して

$$t_n = Ar_n + Bt_{n-1}$$

が成り立つことがわかる。ただし，$A = \boxed{ケ}$，$B = \boxed{コ}$ である。

以上から，$t_2 = \boxed{サシ}$ であることがわかる。

同様に，R_n の右下隅のタイルに注目して次のような図をかいて考えた。

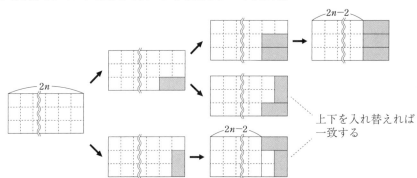

上下を入れ替えれば
一致する

この図から，2 以上の自然数 n に対して

$$r_n = Cr_{n-1} + Dt_{n-1}$$

が成り立つことがわかる。ただし，$C = \boxed{ス}$，$D = \boxed{セ}$ である。

(2) 畳を縦の長さが1，横の長さが2の長方形とみなす。縦の長さが3，横の長さが6の長方形の部屋に畳を敷き詰めるとき，敷き詰め方の総数は $\boxed{ソタ}$ である。

また，縦の長さが3，横の長さが8の長方形の部屋に畳を敷き詰めるとき，敷き詰め方の総数は $\boxed{チツテ}$ である。

以下のように，歩行者と自転車が自宅を出発して移動と停止を繰り返している。歩行者と自転車の動きについて，数学的に考えてみよう。

自宅を原点とする数直線を考え，歩行者と自転車をその数直線上を動く点とみなす。数直線上の点の座標が y であるとき，その点は位置 y にあるということにする。また，歩行者が自宅を出発してから x 分経過した時点を時刻 x と表す。歩行者は時刻 0 に自宅を出発し，正の向きに毎分 1 の速さで歩き始める。自転車は時刻 2 に自宅を出発し，毎分 2 の速さで歩行者を追いかける。自転車が歩行者に追いつくと，歩行者と自転車はともに 1 分だけ停止する。その後，歩行者は再び正の向きに毎分 1 の速さで歩き出し，自転車は毎分 2 の速さで自宅に戻る。自転車は自宅に到着すると，1 分だけ停止した後，再び毎分 2 の速さで歩行者を追いかける。これを繰り返し，自転車は自宅と歩行者の間を往復する。

$x = a_n$ を自転車が n 回目に自宅を出発する時刻とし，$y = b_n$ をそのときの歩行者の位置とする。

(1) 花子さんと太郎さんは，数列 $\{a_n\}$, $\{b_n\}$ の一般項を求めるために，歩行者と自転車について，時刻 x において位置 y にいることを O を原点とする座標平面上の点 (x, y) で表すことにした。

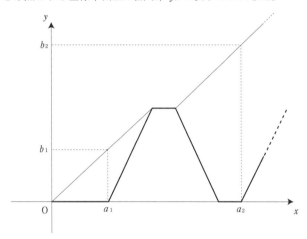

$a_1 = 2$, $b_1 = 2$ により，自転車が最初に自宅を出発するときの時刻と自転車の位置を表す点の座標は $(2, 0)$ であり，そのときの時刻と歩行者の位置を表す点の座標は $(2, 2)$ である。また，自転車が最初に歩行者に追いつくときの時刻と位置を表す点の座標は $(\boxed{\text{ア}}, \boxed{\text{ア}})$ である。よって，

$a_2 = \boxed{\text{イ}}$, $b_2 = \boxed{\text{ウ}}$

である。

> 花子：数列 $\{a_n\}$, $\{b_n\}$ の一般項について考える前に，$(\boxed{\text{ア}}, \boxed{\text{ア}})$ の求め方について整理してみようか。
>
> 太郎：花子さんはどうやって求めたの？
>
> 花子：自転車が歩行者を追いかけるときに，間隔が 1 分間に 1 ずつ縮まっていくことを利用したよ。
>
> 太郎：歩行者と自転車の動きをそれぞれ直線の方程式で表して，交点を計算して求めることもできるね。

自転車が n 回目に自宅を出発するときの時刻と自転車の位置を表す点の座標は $(a_n, 0)$ であり，そのときの時刻と

歩行者の位置を表す点の座標は $(a_n,\ b_n)$ である。よって，n 回目に自宅を出発した自転車が次に歩行者に追いつくときの時刻と位置を表す点の座標は，$a_n,\ b_n$ を用いて，$(\boxed{\text{エ}},\ \boxed{\text{オ}})$ と表せる。

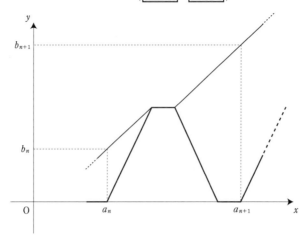

$\boxed{\text{エ}}$，$\boxed{\text{オ}}$ の解答群（同じものを繰り返し選んでもよい。）

⓪ a_n	① b_n	② $2a_n$	③ $a_n + b_n$	④ $2b_n$
⑤ $3a_n$	⑥ $2a_n + b_n$	⑦ $a_n + 2b_n$	⑧ $3b_n$	

以上から，数列 $\{a_n\}$，$\{b_n\}$ について，自然数 n に対して，関係式

$$a_{n+1} = a_n + \boxed{\text{カ}}\,b_n + \boxed{\text{キ}} \quad \cdots\cdots\text{①}$$
$$b_{n+1} = 3b_n + \boxed{\text{ク}} \quad \cdots\cdots\text{②}$$

が成り立つことがわかる。まず，$b_1 = 2$ と②から

$$b_n = \boxed{\text{ケ}} \quad (n = 1,\ 2,\ 3,\ \cdots)$$

を得る。この結果と，$a_1 = 2$ および①から

$$a_n = \boxed{\text{コ}} \quad (n = 1,\ 2,\ 3,\ \cdots)$$

がわかる。

$\boxed{\text{ケ}}$，$\boxed{\text{コ}}$ の解答群（同じものを繰り返し選んでもよい。）

⓪ $3^{n-1} + 1$	① $\dfrac{1}{2} \cdot 3^n + \dfrac{1}{2}$
② $3^{n-1} + n$	③ $\dfrac{1}{2} \cdot 3^n + n - \dfrac{1}{2}$
④ $3^{n-1} + n^2$	⑤ $\dfrac{1}{2} \cdot 3^n + n^2 - \dfrac{1}{2}$
⑥ $2 \cdot 3^{n-1}$	⑦ $\dfrac{5}{2} \cdot 3^{n-1} - \dfrac{1}{2}$
⑧ $2 \cdot 3^{n-1} + n - 1$	⑨ $\dfrac{5}{2} \cdot 3^{n-1} + n - \dfrac{3}{2}$
ⓐ $2 \cdot 3^{n-1} + n^2 - 1$	ⓑ $\dfrac{5}{2} \cdot 3^{n-1} + n^2 - \dfrac{3}{2}$

(2) 歩行者が $y = 300$ の位置に到着するときまでに，自転車が歩行者に追いつく回数は $\boxed{\text{サ}}$ 回である。また，$\boxed{\text{サ}}$ 回目に自転車が歩行者に追いつく時刻は，$x = \boxed{\text{シスセ}}$ である。

目標 **15**分　　　H25 ④（Ⅱ・B）　　　　　　　　　　　　　　／20点　　　／20点

OA = 5，OC = 4，∠AOC = θ である平行四辺形 OABC において，線分 OA を 3:2 に内分する点を D とする。また，点 A を通り直線 BD に垂直な直線と直線 OC の交点を E とする。ただし，$0 < \theta < \pi$ とする。

以下，$\overrightarrow{OA} = \vec{a}$，$\overrightarrow{OC} = \vec{c}$ とおき，実数 t を用いて $\overrightarrow{OE} = t\vec{c}$ と表す。

(1)　t を $\cos\theta$ を用いて表そう。

$$\overrightarrow{AE} = t\vec{c} - \vec{a}, \quad \overrightarrow{DB} = \frac{\boxed{ア}}{\boxed{イ}}\vec{a} + \vec{c}, \quad \vec{a} \cdot \vec{c} = \boxed{ウエ}\cos\theta$$

となるので，$\overrightarrow{AE} \cdot \overrightarrow{DB} = \boxed{オ}$ により

$$t = \frac{\boxed{カ}\left(\boxed{キ}\cos\theta + 1\right)}{\boxed{ク}\left(\cos\theta + \boxed{ケ}\right)} \quad \cdots\cdots\cdots ①$$

となる。

(2)　点 E は線分 OC 上にあるとする。θ のとり得る値の範囲を求めよう。ただし，線分 OC は両端の点 O，C を含むものとする。以下，$r = \cos\theta$ とおく。

点 E が線分 OC 上にあることから，$0 \leqq t \leqq 1$ である。$-1 < r < 1$ なので，①の右辺の $\cos\theta$ を r に置き換えた分母 $\boxed{ク}\left(r + \boxed{ケ}\right)$ は正である。したがって，条件 $0 \leqq t \leqq 1$ は

$$0 \leqq \boxed{カ}\left(\boxed{キ}r + 1\right) \leqq \boxed{ク}\left(r + \boxed{ケ}\right) \quad \cdots\cdots\cdots ②$$

となる。

r についての不等式②を解くことにより，θ のとり得る値の範囲は

$$\frac{\pi}{\boxed{コ}} \leqq \theta \leqq \frac{\boxed{サ}}{\boxed{シ}}\pi$$

であることがわかる。

(3)　$\cos\theta = -\dfrac{1}{8}$ とする。直線 AE と直線 BD の交点を F とし，三角形 BEF の面積を求めよう。①により，

$$t = \frac{\boxed{ス}}{\boxed{セ}} \text{ となり}$$

$$\overrightarrow{OF} = \frac{\boxed{ソ}}{\boxed{タ}}\vec{a} + \frac{\boxed{チ}}{\boxed{ツ}}\vec{c}$$

となる。したがって，点 F は線分 AE を 1:$\boxed{テ}$ に内分する。このことと，平行四辺形 OABC の面積は $\dfrac{\boxed{トナ}\sqrt{\boxed{ニ}}}{\boxed{ヌ}}$ であることから，三角形 BEF の面積は $\dfrac{\boxed{ネ}\sqrt{\boxed{ノ}}}{\boxed{ハ}}$ である。

ベクトル

座標空間において，立方体 OABC — DEFG の頂点を

O（0, 0, 0），A（3, 0, 0），B（3, 3, 0），C（0, 3, 0），

D（0, 0, 3），E（3, 0, 3），F（3, 3, 3），G（0, 3, 3）

とし，OD を 2 : 1 に内分する点を K，OA を 1 : 2 に内分する点を L とする。BF 上の点 M，FG 上の点 N および K，L の 4 点は同一平面上にあり，四角形 KLMN は平行四辺形であるとする。

(1) 四角形 KLMN の面積を求めよう。ベクトル $\overrightarrow{LK}$ を成分で表すと

$$\overrightarrow{LK} = (\boxed{アイ} , \boxed{ウ} , \boxed{エ})$$

となり，四角形 KLMN が平行四辺形であることにより，$\overrightarrow{LK} = \boxed{オ}$ である。$\boxed{オ}$ に当てはまるものを，次の⓪〜③のうちから一つ選べ。

⓪ $\overrightarrow{ML}$　　　① $\overrightarrow{LM}$　　　② $\overrightarrow{NM}$　　　③ $\overrightarrow{MN}$

　　ここで，M（3, 3, s），N（t, 3, 3）と表すと，$\overrightarrow{LK} = \boxed{オ}$ であるので，$s = \boxed{カ}$，$t = \boxed{キ}$ となり，N は FG を 1 : $\boxed{ク}$ に内分することがわかる。

　　また，$\overrightarrow{LK}$ と $\overrightarrow{LM}$ について

$$\overrightarrow{LK} \cdot \overrightarrow{LM} = \boxed{ケ} , \quad |\overrightarrow{LK}| = \sqrt{\boxed{コ}} , \quad |\overrightarrow{LM}| = \sqrt{\boxed{サシ}}$$

となるので，四角形 KLMN の面積は $\sqrt{\boxed{スセ}}$ である。

(2) 四角形 KLMN を含む平面を α とし，点 O を通り平面 α と垂直に交わる直線を ℓ，α と ℓ の交点を P とする。$|\overrightarrow{OP}|$ と三角錐 OLMN の体積を求めよう。

　　　P（p, q, r）とおくと，$\overrightarrow{OP}$ は $\overrightarrow{LK}$ および $\overrightarrow{LM}$ と垂直であるから，

$$\overrightarrow{OP} \cdot \overrightarrow{LK} = \overrightarrow{OP} \cdot \overrightarrow{LM} = \boxed{ソ}$$ となるので，$p = \boxed{タ} r$，$q = \dfrac{\boxed{チツ}}{\boxed{テ}} r$ であることがわかる。$\overrightarrow{OP}$ と $\overrightarrow{PL}$ が垂

直であることにより $r = \dfrac{\boxed{ト}}{\boxed{ナニ}}$ となり，$|\overrightarrow{OP}|$ を求めると

$$|\overrightarrow{OP}| = \dfrac{\boxed{ヌ} \sqrt{\boxed{ネノ}}}{\boxed{ハヒ}}$$

である。$|\overrightarrow{OP}|$ は三角形 LMN を底面とする三角錐 OLMN の高さであるから，三角錐 OLMN の体積は $\boxed{フ}$ である。

目標 15分　H27 ④ （Ⅱ・B）　　　　　　　　　　　／20点　　　／20点

1辺の長さが1のひし形 OABC において，$\angle AOC = 120°$ とする。辺 AB を 2：1 に内分する点を P とし，直線 BC 上に点 Q を $\overrightarrow{OP} \perp \overrightarrow{OQ}$ となるようにとる。以下，$\overrightarrow{OA} = \vec{a}$，$\overrightarrow{OB} = \vec{b}$ とおく。

(1) 三角形 OPQ の面積を求めよう。$\overrightarrow{OP} = \dfrac{\boxed{ア}}{\boxed{イ}}\vec{a} + \dfrac{\boxed{ウ}}{\boxed{イ}}\vec{b}$ である。

実数 t を用いて $\overrightarrow{OQ} = (1 - t)\overrightarrow{OB} + t\overrightarrow{OC}$ と表されるので，$\overrightarrow{OQ} = \boxed{エ}\, t\vec{a} + \vec{b}$ である。

ここで，$\vec{a} \cdot \vec{b} = \dfrac{\boxed{オ}}{\boxed{カ}}$，$\overrightarrow{OP} \cdot \overrightarrow{OQ} = \boxed{キ}$ であることから，$t = \dfrac{\boxed{ク}}{\boxed{ケ}}$ である。

これらのことから，$|\overrightarrow{OP}| = \dfrac{\sqrt{\boxed{コ}}}{\boxed{サ}}$，$|\overrightarrow{OQ}| = \dfrac{\sqrt{\boxed{シス}}}{\boxed{セ}}$ である。

よって，三角形 OPQ の面積 S_1 は，$S_1 = \dfrac{\boxed{ソ}\sqrt{\boxed{タ}}}{\boxed{チツ}}$ である。

(2) 辺 BC を 1：3 に内分する点を R とし，直線 OR と直線 PQ との交点を T とする。$\overrightarrow{OT}$ を $\vec{a}$ と $\vec{b}$ を用いて表し，三角形 OPQ と三角形 PRT の面積比を求めよう。

T は直線 OR 上の点であり，直線 PQ 上の点でもあるので，実数 r，s を用いて

$$\overrightarrow{OT} = r\overrightarrow{OR} = (1 - s)\overrightarrow{OP} + s\overrightarrow{OQ}$$

と表すと，$r = \dfrac{\boxed{テ}}{\boxed{ト}}$，$s = \dfrac{\boxed{ナ}}{\boxed{ニ}}$ となることがわかる。よって，$\overrightarrow{OT} = \dfrac{\boxed{ヌネ}}{\boxed{ノハ}}\vec{a} + \dfrac{\boxed{ヒ}}{\boxed{フ}}\vec{b}$ である。

上で求めた r，s の値から，三角形 OPQ の面積 S_1 と，三角形 PRT の面積 S_2 との比は，

$S_1 : S_2 = \boxed{ヘホ} : 2$ である。

四面体 OABC において，$|\overrightarrow{OA}| = 3$，$|\overrightarrow{OB}| = |\overrightarrow{OC}| = 2$，$\angle AOB = \angle BOC = \angle COA = 60°$ であるとする。また，辺 OA 上に点 P をとり，辺 BC 上に点 Q をとる。以下，$\overrightarrow{OA} = \vec{a}$，$\overrightarrow{OB} = \vec{b}$，$\overrightarrow{OC} = \vec{c}$ とおく。

(1) $0 \leqq s \leqq 1$，$0 \leqq t \leqq 1$ であるような実数 s，t を用いて $\overrightarrow{OP} = s\vec{a}$，$\overrightarrow{OQ} = (1-t)\vec{b} + t\vec{c}$ と表す。

$\vec{a} \cdot \vec{b} = \vec{a} \cdot \vec{c} = \boxed{\text{ア}}$，$\vec{b} \cdot \vec{c} = \boxed{\text{イ}}$ であることから

$$|\overrightarrow{PQ}|^2 = (\boxed{\text{ウ}}\, s - \boxed{\text{エ}})^2 + (\boxed{\text{オ}}\, t - \boxed{\text{カ}})^2 + \boxed{\text{キ}}$$

となる。したがって，$|\overrightarrow{PQ}|$ が最小となるのは $s = \dfrac{\boxed{\text{ク}}}{\boxed{\text{ケ}}}$，$t = \dfrac{\boxed{\text{コ}}}{\boxed{\text{サ}}}$ のときであり，

このとき $|\overrightarrow{PQ}| = \sqrt{\boxed{\text{シ}}}$ となる。

(2) 三角形 ABC の重心を G とする。$|\overrightarrow{PQ}| = \sqrt{\boxed{\text{シ}}}$ のとき，三角形 GPQ の面積を求めよう。

$\overrightarrow{OA} \cdot \overrightarrow{PQ} = \boxed{\text{ス}}$ から，$\angle APQ = \boxed{\text{セソ}}°$ である。したがって，三角形 APQ の面積は $\sqrt{\boxed{\text{タ}}}$ である。

また

$$\overrightarrow{OG} = \dfrac{\boxed{\text{チ}}}{\boxed{\text{ツ}}}\overrightarrow{OA} + \dfrac{\boxed{\text{テ}}}{\boxed{\text{ト}}}\overrightarrow{OQ}$$

であり，点 G は線分 AQ を $\boxed{\text{ナ}}$: 1 に内分する点である。

以上のことから，三角形 GPQ の面積は $\dfrac{\sqrt{\boxed{\text{ニ}}}}{\boxed{\text{ヌ}}}$ である。

H29 ④ (Ⅱ・B)

　座標平面上に点 A (2, 0) をとり，原点 O を中心とする半径が 2 の円周上に点 B, C, D, E, F を，点 A, B, C, D, E, F が順に正六角形の頂点となるようにとる。ただし，B は第 1 象限にあるとする。

(1) 点 B の座標は $\left(\boxed{ \text{ア} }, \sqrt{ \boxed{ \text{イ} } } \right)$，点 D の座標は $\left(- \boxed{ \text{ウ} }, 0 \right)$ である。

(2) 線分 BD の中点を M とし，直線 AM と直線 CD の交点を N とする。$\overrightarrow{\text{ON}}$ を求めよう。

　$\overrightarrow{\text{ON}}$ は実数 r, s を用いて，$\overrightarrow{\text{ON}} = \overrightarrow{\text{OA}} + r\,\overrightarrow{\text{AM}}$，$\overrightarrow{\text{ON}} = \overrightarrow{\text{OD}} + s\,\overrightarrow{\text{DC}}$ と 2 通りに表すことができる。ここで

$$\overrightarrow{\text{AM}} = \left(-\dfrac{ \boxed{ \text{エ} } }{ \boxed{ \text{オ} } }, \dfrac{ \sqrt{ \boxed{ \text{カ} } } }{ \boxed{ \text{キ} } } \right)$$

$$\overrightarrow{\text{DC}} = \left(\boxed{ \text{ク} }, \sqrt{ \boxed{ \text{ケ} } } \right)$$

であるから

$$r = \dfrac{ \boxed{ \text{コ} } }{ \boxed{ \text{サ} } },\quad s = \dfrac{ \boxed{ \text{シ} } }{ \boxed{ \text{ス} } }$$

である。よって

$$\overrightarrow{\text{ON}} = \left(-\dfrac{ \boxed{ \text{セ} } }{ \boxed{ \text{ソ} } }, \dfrac{ \boxed{ \text{タ} } \sqrt{ \boxed{ \text{チ} } } }{ \boxed{ \text{ツ} } } \right)$$

である。

(3) 線分 BF 上に点 P をとり，その y 座標を a とする，点 P から直線 CE に引いた垂線と，点 C から直線 EP に引いた垂線との交点を H とする。

　$\overrightarrow{\text{EP}}$ が

$$\overrightarrow{\text{EP}} = \left(\boxed{ \text{テ} }, \boxed{ \text{ト} } + \sqrt{ \boxed{ \text{ナ} } } \right)$$

と表せることにより，H の座標を a を用いて表すと

$$\left(\dfrac{ \boxed{ \text{ニ} } \, a^{\boxed{ \text{ヌ} }} + \boxed{ \text{ネ} } }{ \boxed{ \text{ノ} } }, \boxed{ \text{ハ} } \right)$$

である。

　さらに，$\overrightarrow{\text{OP}}$ と $\overrightarrow{\text{OH}}$ のなす角を θ とする。$\cos\theta = \dfrac{12}{13}$ のとき，a の値は

$$a = \pm\dfrac{ \boxed{ \text{ヒ} } }{ \boxed{ \text{フヘ} } }$$

である。

a を $0 < a < 1$ を満たす定数とする。三角形 ABC を考え，辺 AB を $1:3$ に内分する点を D，辺 BC を $a:(1-a)$ に内分する点を E，直線 AE と直線 CD の交点を F とする。$\overrightarrow{FA} = \vec{p}$，$\overrightarrow{FB} = \vec{q}$，$\overrightarrow{FC} = \vec{r}$ とおく。

(1) $\overrightarrow{AB} = \boxed{ア}$ であり

$$|\overrightarrow{AB}|^2 = |\vec{p}|^2 - \boxed{イ}\,\vec{p}\cdot\vec{q} + |\vec{q}|^2 \quad \cdots\cdots\cdots①$$

である。ただし，$\boxed{ア}$ については，当てはまるものを，次の ⓪～③ のうちから一つ選べ。

⓪ $\vec{p}+\vec{q}$ 　　① $\vec{p}-\vec{q}$ 　　② $\vec{q}-\vec{p}$ 　　③ $-\vec{p}-\vec{q}$

(2) $\overrightarrow{FD}$ を $\vec{p}$ と $\vec{q}$ を用いて表すと

$$\overrightarrow{FD} = \frac{\boxed{ウ}}{\boxed{エ}}\vec{p} + \frac{\boxed{オ}}{\boxed{カ}}\vec{q} \quad \cdots\cdots\cdots②$$

である。

(3) s, t をそれぞれ $\overrightarrow{FD} = s\vec{r}$，$\overrightarrow{FE} = t\vec{p}$ となる実数とする。s と t を a を用いて表そう。

$\overrightarrow{FD} = s\vec{r}$ であるから，② により

$$\vec{q} = \boxed{キク}\,\vec{p} + \boxed{ケ}\,s\vec{r} \quad \cdots\cdots\cdots③$$

である。また，$\overrightarrow{FE} = t\vec{p}$ であるから

$$\vec{q} = \frac{t}{\boxed{コ} - \boxed{サ}}\vec{p} - \frac{\boxed{シ}}{\boxed{コ} - \boxed{サ}}\vec{r} \quad \cdots\cdots\cdots④$$

である。③ と ④ により

$$s = \frac{\boxed{スセ}}{\boxed{ソ}(\boxed{コ} - \boxed{サ})}, \quad t = \boxed{タチ}(\boxed{コ} - \boxed{サ})$$

である。

(4) $|\overrightarrow{AB}| = |\overrightarrow{BE}|$ とする。$|\vec{p}| = 1$ のとき，$\vec{p}$ と $\vec{q}$ の内積を a を用いて表そう。

① により

$$|\overrightarrow{AB}|^2 - 1 - \boxed{イ}\,\vec{p}\cdot\vec{q} + |\vec{q}|^2$$

である。また

$$|\overrightarrow{BE}|^2 = \boxed{ツ}(\boxed{コ} - \boxed{サ})^2$$
$$+ \boxed{テ}(\boxed{コ} - \boxed{サ})\vec{p}\cdot\vec{q} + |\vec{q}|^2$$

である。したがって

$$\vec{p}\cdot\vec{q} = \frac{\boxed{トナ} - \boxed{ニ}}{\boxed{ヌ}}$$

である。

目標
13分

四面体 OABC について，OA⊥BC が成り立つための条件を考えよう。次の問いに答えよ。ただし，$\overrightarrow{\mathrm{OA}} = \vec{a}$，$\overrightarrow{\mathrm{OB}} = \vec{b}$，$\overrightarrow{\mathrm{OC}} = \vec{c}$とする。

(1) O(0, 0, 0)，A(1, 1, 0)，B(1, 0, 1)，C(0, 1, 1) のとき，$\vec{a} \cdot \vec{b} = $ ア となる。$\overrightarrow{\mathrm{OA}} \neq \vec{0}$，$\overrightarrow{\mathrm{BC}} \neq \vec{0}$であることに注意すると，$\overrightarrow{\mathrm{OA}} \cdot \overrightarrow{\mathrm{BC}} = $ イ により OA⊥BC である。

(2) 四面体 OABC について，OA⊥BC となるための必要十分条件を，次の⓪〜③のうちから一つ選べ。 ウ

　　⓪ $\vec{a} \cdot \vec{b} = \vec{b} \cdot \vec{c}$　　　　① $\vec{a} \cdot \vec{b} = \vec{a} \cdot \vec{c}$　　　　② $\vec{b} \cdot \vec{c} = 0$　　　　③ $|\vec{a}|^2 = \vec{b} \cdot \vec{c}$

(3) OA⊥BC が常に成り立つ四面体を，次の⓪〜⑤のうちから一つ選べ。 エ

　　⓪　OA = OB かつ ∠AOB = ∠AOC であるような四面体 OABC

　　①　OA = OB かつ ∠AOB = ∠BOC であるような四面体 OABC

　　②　OB = OC かつ ∠AOB = ∠AOC であるような四面体 OABC

　　③　OB = OC かつ ∠AOC = ∠BOC であるような四面体 OABC

　　④　OC = OA かつ ∠AOC = ∠BOC であるような四面体 OABC

　　⑤　OC = OA かつ ∠AOB = ∠BOC であるような四面体 OABC

(4) OC = OB = AB = AC を満たす四面体 OABC について，OA⊥BC が成り立つことを下のように証明した。

　┌─【証明】─────────────────────────────────────
　│
　│　線分 OA の中点を D とする。
　│
　│　　　$\overrightarrow{\mathrm{BD}} = \dfrac{1}{2}($ オ $+$ カ $)$，$\overrightarrow{\mathrm{OA}} = $ オ $-$ カ により
　│
　│　　　$\overrightarrow{\mathrm{BD}} \cdot \overrightarrow{\mathrm{OA}} = \dfrac{1}{2}\{$ | オ |$^2 - $| カ |$^2\}$ である。
　│
　│　また，| オ | $=$ | カ | により $\overrightarrow{\mathrm{OA}} \cdot \overrightarrow{\mathrm{BD}} = 0$ である。
　│
　│　同様に， キ により $\overrightarrow{\mathrm{OA}} \cdot \overrightarrow{\mathrm{CD}} = 0$ である。
　│
　│　このことから $\overrightarrow{\mathrm{OA}} \neq \vec{0}$，$\overrightarrow{\mathrm{BC}} \neq \vec{0}$ であることに注意すると，
　│
　│　$\overrightarrow{\mathrm{OA}} \cdot \overrightarrow{\mathrm{BC}} = \overrightarrow{\mathrm{OA}} \cdot (\overrightarrow{\mathrm{BD}} - \overrightarrow{\mathrm{CD}}) = 0$ により OA⊥BC である。
　│
　└───

(i) オ ， カ に当てはまるものを，次の⓪〜③のうちからそれぞれ一つずつ選べ。ただし，同じものを選んでもよい。

　　⓪ $\overrightarrow{\mathrm{BA}}$　　　① $\overrightarrow{\mathrm{BC}}$　　　② $\overrightarrow{\mathrm{BD}}$　　　③ $\overrightarrow{\mathrm{BO}}$

(ii) キ に当てはまるものを，次の⓪〜④のうちから一つ選べ。

　　⓪ $|\overrightarrow{\mathrm{CO}}| = |\overrightarrow{\mathrm{CB}}|$　　　① $|\overrightarrow{\mathrm{CO}}| = |\overrightarrow{\mathrm{CA}}|$　　　② $|\overrightarrow{\mathrm{OB}}| = |\overrightarrow{\mathrm{OC}}|$　　　③ $|\overrightarrow{\mathrm{AB}}| = |\overrightarrow{\mathrm{AC}}|$　　　④ $|\overrightarrow{\mathrm{BO}}| = |\overrightarrow{\mathrm{BA}}|$

(5) (4)の証明は，OC = OB = AB = AC のすべての等号が成り立つことを条件として用いているわけではない。このことに注意して，OA⊥BC が成り立つ四面体を，次の⓪〜③のうちから一つ選べ。 ク

　　⓪　OC = AC かつ OB = AB かつ OB ≠ OC であるような四面体 OABC

　　①　OC = AB かつ OB = AC かつ OC ≠ OB であるような四面体 OABC

　　②　OC = AB = AC かつ OC ≠ OB であるような図面体 OABC

　　③　OC = OB = AC かつ OC ≠ AB であるような四面体 OABC

H30　試行　⑤（Ⅱ・B）　　　　　　　　　　　　／20点　　　／20点

(1) 右の図のような立体を考える。ただし、六つの面 OAC, OBC, OAD,

OBD, ABC, ABD は1辺の長さが1の正三角形である。この立体の

∠COD の大きさを調べたい。

　　線分 AB の中点を M, 線分 CD の中点を N とおく。

　　$\overrightarrow{\text{OA}} = \vec{a}$, $\overrightarrow{\text{OB}} = \vec{b}$, $\overrightarrow{\text{OC}} = \vec{c}$, $\overrightarrow{\text{OD}} = \vec{d}$ とおくとき、次の問いに答えよ。

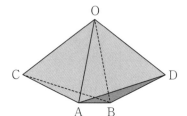

(i) 次の　ア　〜　エ　に当てはまる数を求めよ。

$$\overrightarrow{\text{OM}} = \frac{\boxed{ア}}{\boxed{イ}}(\vec{a} + \vec{b}), \quad \overrightarrow{\text{ON}} = \frac{\boxed{ア}}{\boxed{イ}}(\vec{c} + \vec{d})$$

$$\vec{a} \cdot \vec{b} = \vec{a} \cdot \vec{c} = \vec{a} \cdot \vec{d} = \vec{b} \cdot \vec{c} = \vec{b} \cdot \vec{d} = \frac{\boxed{ウ}}{\boxed{エ}}$$

(ii) 3点 O, N, M は同一直線上にある。内積 $\overrightarrow{\text{OA}} \cdot \overrightarrow{\text{CN}}$ の値を用いて、$\overrightarrow{\text{ON}} = k\overrightarrow{\text{OM}}$ を満たす k の値を求めよ。

$$k = \frac{\boxed{オ}}{\boxed{カ}}$$

(iii) ∠COD $= \theta$ とおき、$\cos\theta$ の値を求めたい。次の**方針1**または**方針2**について、　キ　〜　シ　に当てはまる数を求めよ。

┌─ **方針1** ───────────────────────────────
│
│ $\vec{d}$ を $\vec{a}$, $\vec{b}$, $\vec{c}$ を用いて表すと、
│
│ $$\vec{d} = \frac{\boxed{キ}}{\boxed{ク}}\vec{a} + \frac{\boxed{ケ}}{\boxed{コ}}\vec{b} - \vec{c}$$
│
│ であり、$\vec{c} \cdot \vec{d} = \cos\theta$ から $\cos\theta$ が求められる。
│
└──

┌─ **方針2** ───────────────────────────────
│
│ $\overrightarrow{\text{OM}}$ と $\overrightarrow{\text{ON}}$ のなす角を考えると $\overrightarrow{\text{OM}} \cdot \overrightarrow{\text{ON}} = |\overrightarrow{\text{OM}}||\overrightarrow{\text{ON}}|$ が成り立つ。
│
│ $|\overrightarrow{\text{ON}}|^2 = \dfrac{\boxed{サ}}{\boxed{シ}} + \dfrac{1}{2}\cos\theta$ であるから、$\overrightarrow{\text{OM}} \cdot \overrightarrow{\text{ON}}$, $|\overrightarrow{\text{OM}}|$ の値を用いると、$\cos\theta$ が求められる。
│
└──

(iv) **方針1**または**方針2**を用いて$\cos\theta$の値を求めよ。

$$\cos\theta = \frac{\boxed{スセ}}{\boxed{ソ}}$$

(2) (1)の図形から，四つの面 OAC，OBC，OAD，OBD だけを使って，下のような図形を作成したところ，この図形は ∠AOB を変化させると，それにともなって ∠COD も変化することがわかった。

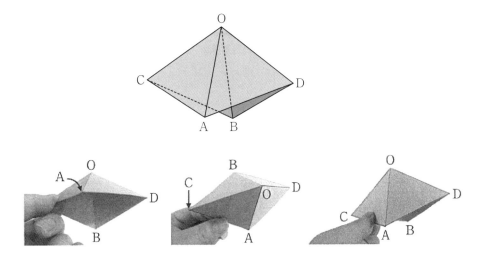

∠AOB ＝ α，∠COD ＝ β とおき，α ＞ 0，β ＞ 0 とする。このときも，線分 AB の中点と線分 CD の中点および点 O は一直線上にある。

(i) α と β が満たす関係式は(1)の**方針 2** を用いると求めることができる。その関係式として正しいものを，次の ⓪〜④のうちから一つ選べ。 $\boxed{タ}$

　⓪　$\cos\alpha + \cos\beta = 1$

　①　$(1 + \cos\alpha)(1 + \cos\beta) = 1$

　②　$(1 + \cos\alpha)(1 + \cos\beta) = -1$

　③　$(1 + 2\cos\alpha)(1 + 2\cos\beta) = \dfrac{2}{3}$

　④　$(1 - \cos\alpha)(1 - \cos\beta) = \dfrac{2}{3}$

(ii) α ＝ β のとき，α ＝ $\boxed{チツ}$ °であり，このとき，点 D は $\boxed{テ}$ にある。

　$\boxed{チツ}$ に当てはまる数を求めよ。また， $\boxed{テ}$ に当てはまるものを，次の⓪〜②のうちから一つ選べ。

　⓪　平面 ABC に関して O と同じ側

　①　平面 ABC 上

　②　平面 ABC に関して O と異なる側

目標 **13**分

H31　④（Ⅱ・B）

四角形 ABCD を底面とする四角錐 OABCD を考える。四角形 ABCD は，辺 AD と辺 BC が平行で，AB = CD，∠ABC = ∠BCD を満たすとする。さらに，$\overrightarrow{OA} = \vec{a}$，$\overrightarrow{OB} = \vec{b}$，$\overrightarrow{OC} = \vec{c}$ として

$$|\vec{a}| = 1,\ |\vec{b}| = \sqrt{3},\ |\vec{c}| = \sqrt{5}$$
$$\vec{a} \cdot \vec{b} = 1,\ \vec{b} \cdot \vec{c} = 3,\ \vec{a} \cdot \vec{c} = 0$$

であるとする。

(1)　∠AOC = $\boxed{アイ}$ ° により，三角形 OAC の面積は $\dfrac{\sqrt{\boxed{ウ}}}{\boxed{エ}}$ である。

(2)　$\overrightarrow{BA} \cdot \overrightarrow{BC} = \boxed{オカ}$，$|\overrightarrow{BA}| = \sqrt{\boxed{キ}}$，$|\overrightarrow{BC}| = \sqrt{\boxed{ク}}$ であるから，∠ABC = $\boxed{ケコサ}$ ° である。さらに，辺 AD と辺 BC が平行であるから，∠BAD = ∠ADC = $\boxed{シス}$ ° である。よって，$\overrightarrow{AD} = \boxed{セ}\ \overrightarrow{BC}$ であり

$$\overrightarrow{OD} = \vec{a} - \boxed{ソ}\ \vec{b} + \boxed{タ}\ \vec{c}$$

と表される。また，四角形 ABCD の面積は $\dfrac{\boxed{チ}\sqrt{\boxed{ツ}}}{\boxed{テ}}$ である。

(3)　三角形 OAC を底面とする三角錐 BOAC の体積 V を求めよう。

　3点 O，A，C の定める平面 a 上に，点 H を $\overrightarrow{BH} \perp \vec{a}$ と $\overrightarrow{BH} \perp \vec{c}$ が成り立つようにとる。$|\overrightarrow{BH}|$ は三角錐 BOAC の高さである。H は a 上の点であるから，実数 s，t を用いて $\overrightarrow{OH} = s\vec{a} + t\vec{c}$ の形に表される。

$\overrightarrow{BH} \cdot \vec{a} = \boxed{ト}$，$\overrightarrow{BH} \cdot \vec{c} = \boxed{ト}$ により，$s = \boxed{ナ}$，$t = \dfrac{\boxed{ニ}}{\boxed{ヌ}}$ である。

よって，$|\overrightarrow{BH}| = \dfrac{\sqrt{\boxed{ネ}}}{\boxed{ノ}}$ が得られる。したがって，(1)により，$V = \dfrac{\boxed{ハ}}{\boxed{ヒ}}$ であることがわかる。

(4)　(3)の V を用いると，四角錐 OABCD の体積は $\boxed{フ}\ V$ と表せる。さらに，四角形 ABCD を底面とする四角錐 OABCD の高さは $\dfrac{\sqrt{\boxed{ヘ}}}{\boxed{ホ}}$ である。

点 O を原点とする座標空間に 2 点

$$A(3,\ 3,\ -6),\ B(2+2\sqrt{3},\ 2-2\sqrt{3},\ -4)$$

をとる。3 点 O，A，B の定める平面を α とする。また，α に含まれる点 C は

$$\overrightarrow{OA}\perp\overrightarrow{OC},\ \overrightarrow{OB}\cdot\overrightarrow{OC}=24\ \cdots\cdots\ ①$$

を満たすとする。

(1) $|\overrightarrow{OA}|=\boxed{\ \text{ア}\ }\sqrt{\boxed{\ \text{イ}\ }}$，$|\overrightarrow{OB}|=\boxed{\ \text{ウ}\ }\sqrt{\boxed{\ \text{エ}\ }}$ であり，

$\overrightarrow{OA}\cdot\overrightarrow{OB}=\boxed{\ \text{オカ}\ }$ である。

(2) 点 C は平面 α 上にあるので，実数 s，t を用いて，$\overrightarrow{OC}=s\overrightarrow{OA}+t\overrightarrow{OB}$ と表すことができる。このとき，①から

$s=\dfrac{\boxed{\ \text{キク}\ }}{\boxed{\ \text{ケ}\ }}$，$t=\boxed{\ \text{コ}\ }$ である。したがって，$|\overrightarrow{OC}|=\boxed{\ \text{サ}\ }\sqrt{\boxed{\ \text{シ}\ }}$ である。

(3) $\overrightarrow{CB}=(\boxed{\ \text{ス}\ },\ \boxed{\ \text{セ}\ },\ \boxed{\ \text{ソタ}\ })$ である。したがって，平面 α 上の四角形 OABC は $\boxed{\ \text{チ}\ }$。$\boxed{\ \text{チ}\ }$ に当て

はまるものを，次の ⓪〜④ のうちから一つ選べ。ただし，少なくとも一組の対辺が平行な四角形を台形という。

 ⓪　正方形である

 ①　正方形ではないが，長方形である

 ②　長方形ではないが，平行四辺形である

 ③　平行四辺形ではないが，台形である

 ④　台形ではない

 $\overrightarrow{OA}\perp\overrightarrow{OC}$ であるので，四角形 OABC の面積は $\boxed{\ \text{ツテ}\ }$ である。

(4) $\overrightarrow{OA}\perp\overrightarrow{OD}$，$\overrightarrow{OC}\cdot\overrightarrow{OD}=2\sqrt{6}$ かつ z 座標が 1 であるような点 D の座標は

$$\left(\boxed{\ \text{ト}\ }+\frac{\sqrt{\boxed{\ \text{ナ}\ }}}{\boxed{\ \text{ニ}\ }},\ \boxed{\ \text{ヌ}\ }-\frac{\sqrt{\boxed{\ \text{ネ}\ }}}{\boxed{\ \text{ノ}\ }},\ 1\right)$$

である。このとき $\angle COD=\boxed{\ \text{ハヒ}\ }°$ である。

3 点 O，C，D の定める平面を β とする。α と β は垂直であるので，三角形 ABC を底面とする四面体 DABC の高

さは $\sqrt{\boxed{\ \text{フ}\ }}$ である。したがって，四面体 DABC の体積は $\boxed{\ \text{ヘ}\ }\sqrt{\boxed{\ \text{ホ}\ }}$ である。

R3　⑤（Ⅱ・B）　　　　　　　　　　　　　　　／20点　　／20点

1辺の長さが1の正五角形の対角線の長さを a とする。

(1)　1辺の長さが1の正五角形 $OA_1B_1C_1A_2$ を考える。

$\angle A_1C_1B_1 = \boxed{アイ}^\circ$，$\angle C_1A_1A_2 = \boxed{アイ}^\circ$ となることから，

$\overrightarrow{A_1A_2}$ と $\overrightarrow{B_1C_1}$ は平行である。ゆえに

$$\overrightarrow{A_1A_2} = \boxed{ウ}\,\overrightarrow{B_1C_1}$$

であるから

$$\overrightarrow{B_1C_1} = \frac{1}{\boxed{ウ}}\overrightarrow{A_1A_2} = \frac{1}{\boxed{ウ}}\left(\overrightarrow{OA_2} - \overrightarrow{OA_1}\right)$$

また，$\overrightarrow{OA_1}$ と $\overrightarrow{A_2B_1}$ は平行で，さらに，$\overrightarrow{OA_2}$ と $\overrightarrow{A_1C_1}$ も平行である

ことから

$$\overrightarrow{B_1C_1} = \overrightarrow{B_1A_2} + \overrightarrow{A_2O} + \overrightarrow{OA_1} + \overrightarrow{A_1C_1}$$

$$= -\boxed{ウ}\,\overrightarrow{OA_1} - \overrightarrow{OA_2} + \overrightarrow{OA_1} + \boxed{ウ}\,\overrightarrow{OA_2}$$

$$= \left(\boxed{エ} - \boxed{オ}\right)\left(\overrightarrow{OA_2} - \overrightarrow{OA_1}\right)$$

となる。したがって

$$\frac{1}{\boxed{ウ}} = \boxed{エ} - \boxed{オ}$$

が成り立つ。$a > 0$ に注意してこれを解くと，$a = \dfrac{1 + \sqrt{5}}{2}$ を得る。

(2)　右の図のような，1辺の長さが1の正十二面体を考える。正十

二面体とは，どの面もすべて合同な正五角形であり，どの頂点に

も三つの面が集まっているへこみのない多面体のことである。

面 $OA_1B_1C_1A_2$ に着目する。$\overrightarrow{OA_1}$ と $\overrightarrow{A_2B_1}$ が平行であることから

$$\overrightarrow{OB_1} = \overrightarrow{OA_2} + \overrightarrow{A_2B_1} = \overrightarrow{OA_2} + \boxed{ウ}\,\overrightarrow{OA_1}$$

である。また

$$\left|\overrightarrow{OA_2} - \overrightarrow{OA_1}\right|^2 = \left|\overrightarrow{A_1A_2}\right|^2 = \frac{\boxed{カ} + \sqrt{\boxed{キ}}}{\boxed{ク}}$$

に注意すると

$$\overrightarrow{OA_1} \cdot \overrightarrow{OA_2} = \frac{\boxed{ケ} - \sqrt{\boxed{コ}}}{\boxed{サ}} \quad \text{を得る。}$$

ただし，$\boxed{カ} \sim \boxed{サ}$ は，文字 a を用いない形で答えること。

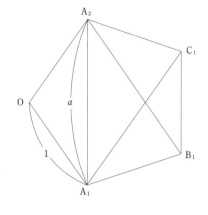

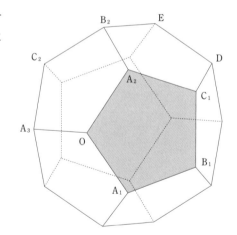

次に，面 $OA_2B_2C_2A_3$ に着目すると

$$\overrightarrow{OB_2} = \overrightarrow{OA_3} + \boxed{\text{ウ}}\ \overrightarrow{OA_2}$$

である。さらに

$$\overrightarrow{OA_2} \cdot \overrightarrow{OA_3} = \overrightarrow{OA_3} \cdot \overrightarrow{OA_1} = \frac{\boxed{\text{ケ}} - \sqrt{\boxed{\text{コ}}}}{\boxed{\text{サ}}}$$

が成り立つことがわかる。ゆえに

$$\overrightarrow{OA_1} \cdot \overrightarrow{OB_2} = \boxed{\text{シ}}, \quad \overrightarrow{OB_1} \cdot \overrightarrow{OB_2} = \boxed{\text{ス}}$$

である。

$\boxed{\text{シ}}$，$\boxed{\text{ス}}$ の解答群（同じものを繰り返し選んでもよい。）

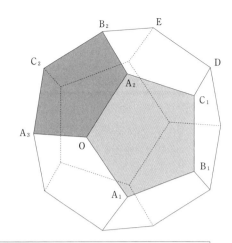

⓪ 0 ① 1 ② -1 ③ $\dfrac{1+\sqrt{5}}{2}$ ④ $\dfrac{1-\sqrt{5}}{2}$ ⑤ $\dfrac{-1+\sqrt{5}}{2}$

⑥ $\dfrac{-1-\sqrt{5}}{2}$ ⑦ $-\dfrac{1}{2}$ ⑧ $\dfrac{-1+\sqrt{5}}{4}$ ⑨ $\dfrac{-1-\sqrt{5}}{4}$

最後に，面 $A_2C_1DEB_2$ に着目する。

$$\overrightarrow{B_2D} = \boxed{\text{ウ}}\ \overrightarrow{A_2C_1} = \overrightarrow{OB_1}$$

であることに注意すると，4 点 O，B_1，D，B_2 は同一平面上にあり，四角形 OB_1DB_2 は $\boxed{\text{セ}}$ ことがわかる。

$\boxed{\text{セ}}$ の解答群

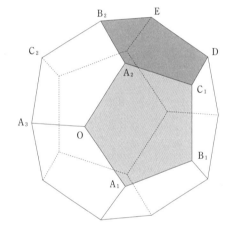

⓪ 正方形である

① 正方形ではないが，長方形である

② 正方形ではないが，ひし形である

③ 長方形でもひし形でもないが，平行四辺形である

④ 平行四辺形ではないが，台形である

⑤ 台形でない

ただし，少なくとも一組の対辺が平行な四角形を台形という。

目標 13分

R3 追試 ⑤（Ⅱ・B）

第1回目 ／20点　　第2回目 ／20点

O を原点とする座標空間に 2 点 A$(-1, 2, 0)$，B$(2, p, q)$ がある。ただし，$q > 0$ とする。線分 AB の中点 C から直線 OA に引いた垂線と直線 OA の交点 D は，線分 OA を 9：1 に内分するものとする。また，点 C から直線 OB に引いた垂線と直線 OB の交点 E は，線分 OB を 3：2 に内分するものとする。

(1) 点 B の座標を求めよう。

$|\overrightarrow{OA}|^2 = \boxed{\text{ア}}$ である。また，$\overrightarrow{OD} = \dfrac{\boxed{\text{イ}}}{\boxed{\text{ウエ}}}\overrightarrow{OA}$ であることにより，

$\overrightarrow{CD} = \dfrac{\boxed{\text{オ}}}{\boxed{\text{カ}}}\overrightarrow{OA} - \dfrac{\boxed{\text{キ}}}{\boxed{\text{ク}}}\overrightarrow{OB}$ と表される。$\overrightarrow{OA} \perp \overrightarrow{CD}$ から

$\overrightarrow{OA} \cdot \overrightarrow{OB} = \boxed{\text{ケ}}$ ………①

である。同様に，$\overrightarrow{CE}$ を $\overrightarrow{OA}$，$\overrightarrow{OB}$ を用いて表すと，$\overrightarrow{OB} \perp \overrightarrow{CE}$ から

$|\overrightarrow{OB}|^2 = 20$ ………②

を得る。

①と②，および $q > 0$ から，B の座標は $\left(2, \boxed{\text{コ}}, \sqrt{\boxed{\text{サ}}}\right)$ である。

(2) 3 点 O，A，B の定める平面を α とし，点 $(4, 4, \sqrt{7})$ を G とする。また，α 上に点 H を $\overrightarrow{GH} \perp \overrightarrow{OA}$ と $\overrightarrow{GH} \perp \overrightarrow{OB}$ が成り立つようにとる。$\overrightarrow{OH}$ を $\overrightarrow{OA}$，$\overrightarrow{OB}$ を用いて表そう。

H が α 上にあることから，実数 s，t を用いて

$\overrightarrow{OH} = s\overrightarrow{OA} + t\overrightarrow{OB}$

と表される。よって

$\overrightarrow{GH} = \boxed{\text{シ}}\,\overrightarrow{OG} + s\overrightarrow{OA} + t\overrightarrow{OB}$

である。これと，$\overrightarrow{GH} \perp \overrightarrow{OA}$ および $\overrightarrow{GH} \perp \overrightarrow{OB}$ が成り立つことから，$s = \dfrac{\boxed{\text{ス}}}{\boxed{\text{セ}}}$，$t = \dfrac{\boxed{\text{ソ}}}{\boxed{\text{タチ}}}$ が得られる。ゆえに

$\overrightarrow{OH} = \dfrac{\boxed{\text{ス}}}{\boxed{\text{セ}}}\overrightarrow{OA} + \dfrac{\boxed{\text{ソ}}}{\boxed{\text{タチ}}}\overrightarrow{OB}$

となる。また，このことから，H は $\boxed{\text{ツ}}$ であることがわかる。

$\boxed{\text{ツ}}$ の解答群

⓪ 三角形 OAC の内部の点

① 三角形 OBC の内部の点

② 点 O，C と異なる，線分 OC 上の点

③ 三角形 OAB の周上の点

④ 三角形 OAB の内部にも周上にもない点

R 4　⑤（Ⅱ・B）　　　　　　　　　　　

目標 13分

平面上の点 O を中心とする半径 1 の円周上に，3 点 A，B，C があり，$\overrightarrow{\mathrm{OA}} \cdot \overrightarrow{\mathrm{OB}} = -\dfrac{2}{3}$ および $\overrightarrow{\mathrm{OC}} = -\overrightarrow{\mathrm{OA}}$ を満たすとする．t を $0 < t < 1$ を満たす実数とし，線分 AB を $t : (1 - t)$ に内分する点を P とする．また，直線 OP 上に点 Q をとる．

(1)　$\cos\angle \mathrm{AOB} = \dfrac{\boxed{アイ}}{\boxed{ウ}}$ である．

また，実数 k を用いて，$\overrightarrow{\mathrm{OQ}} = k\overrightarrow{\mathrm{OP}}$ と表せる．したがって

$$\overrightarrow{\mathrm{OQ}} = \boxed{エ}\,\overrightarrow{\mathrm{OA}} + \boxed{オ}\,\overrightarrow{\mathrm{OB}} \quad\cdots\cdots\cdots①$$
$$\overrightarrow{\mathrm{CQ}} = \boxed{カ}\,\overrightarrow{\mathrm{OA}} + \boxed{キ}\,\overrightarrow{\mathrm{OB}}$$

となる．

$\overrightarrow{\mathrm{OA}}$ と $\overrightarrow{\mathrm{OP}}$ が垂直となるのは，$t = \dfrac{\boxed{ク}}{\boxed{ケ}}$ のときである．

$\boxed{エ} \sim \boxed{キ}$ の解答群（同じものを繰り返し選んでもよい．）

⓪　kt	①　$(k - kt)$	②　$(kt + 1)$
③　$(kt - 1)$	④　$(k - kt + 1)$	⑤　$(k - kt - 1)$

以下，$t \neq \dfrac{\boxed{ク}}{\boxed{ケ}}$ とし，$\angle \mathrm{OCQ}$ が直角であるとする．

(2)　$\angle \mathrm{OCQ}$ が直角であることにより，(1)の k は

$$k = \dfrac{\boxed{コ}}{\boxed{サ}\,t - \boxed{シ}} \quad\cdots\cdots\cdots②$$

となることがわかる．

平面から直線 OA を除いた部分は，直線 OA を境に二つの部分に分けられる．そのうち，点 B を含む部分を D_1，含まない部分を D_2 とする．また，平面から直線 OB を除いた部分は，直線 OB を境に二つの部分に分けられる．そのうち，点 A を含む部分を E_1，含まない部分を E_2 とする．

・$0 < t < \dfrac{\boxed{ク}}{\boxed{ケ}}$ ならば，点 Q は $\boxed{ス}$ 。

・$\dfrac{\boxed{ク}}{\boxed{ケ}} < t < 1$ ならば，点 Q は $\boxed{セ}$ 。

$\boxed{ス}$，$\boxed{セ}$ の解答群（同じものを繰り返し選んでもよい．）

⓪　D_1 に含まれ，かつ E_1 に含まれる	①　D_1 に含まれ，かつ E_2 に含まれる
②　D_2 に含まれ，かつ E_1 に含まれる	③　D_2 に含まれ，かつ E_2 に含まれる

(3) 太郎さんと花子さんは，点 P の位置と $|\overrightarrow{OQ}|$ の関係について考えている。

$t = \dfrac{1}{2}$ のとき，①と②により，$|\overrightarrow{OQ}| = \sqrt{\boxed{\text{ソ}}}$ とわかる。

太郎：$t \neq \dfrac{1}{2}$ のときにも，$|\overrightarrow{OQ}| = \sqrt{\boxed{\text{ソ}}}$ となる場合があるかな。

花子：$|\overrightarrow{OQ}|$ を t を用いて表して，$|\overrightarrow{OQ}| = \sqrt{\boxed{\text{ソ}}}$ を満たす t の値について考えればいいと思うよ。

太郎：計算が大変そうだね。

花子：直線 OA に関して，$t = \dfrac{1}{2}$ のときの点 Q と対称な点を R としたら，$|\overrightarrow{OR}| = \sqrt{\boxed{\text{ソ}}}$ となるよ。

太郎：$\overrightarrow{OR}$ を $\overrightarrow{OA}$ と $\overrightarrow{OB}$ を用いて表すことができれば，t の値が求められそうだね。

直線 OA に関して，$t = \dfrac{1}{2}$ のときの点 Q と対称な点を R とすると

$\overrightarrow{CR} = \boxed{\text{タ}} \, \overrightarrow{CQ}$

$\qquad = \boxed{\text{チ}} \, \overrightarrow{OA} + \boxed{\text{ツ}} \, \overrightarrow{OB}$

となる。

$t \neq \dfrac{1}{2}$ のとき，$|\overrightarrow{OQ}| = \sqrt{\boxed{\text{ソ}}}$ となる t の値は $\dfrac{\boxed{\text{テ}}}{\boxed{\text{ト}}}$ である。

共通テスト虎の巻　解答

[Ⅰ・A]

〈方程式と不等式〉

年度	解答記号	正解	配点	第1回目得点	第2回目得点
H28 ① [3]	チツテ	−20	3	日付 /	日付 /
	トナ・ニ	−4・0	3		
	ヌ	5	4	/10	/10
R3 ① [1]	(ア x+ イ)(x− ウ)	$(2x+5)(x-2)$	2	日付 /	日付 /
	$\dfrac{-\boxed{エ}\pm\sqrt{\boxed{オカ}}}{\boxed{キ}}$	$\dfrac{-5\pm\sqrt{65}}{4}$	2		
	$\dfrac{\boxed{ク}+\sqrt{\boxed{ケコ}}}{\boxed{サ}}$	$\dfrac{5+\sqrt{65}}{2}$	2		
	シ	6	2		
	ス	3	2	/10	/10
R4 ① [1]	アイ	−6	2	日付 /	日付 /
	ウエ	38	2		
	オカ	−2	2		
	キク	18	2		
	ケ	2	2	/10	/10

〈数と式・集合と論理〉

年度	解答記号	正解	配点	第1回目得点	第2回目得点
H25 ①	ア	3	2	日付 /	日付 /
	イ・ウ	2・4	3		
	エ・オ	2・2	2		
	カ・キ	4・2	3		
	ク	1	3		
	ケ と コ	1と4または4と1	4*		
	サ	2	3	/20	/20

（注）*は，両方正解の場合は4点、片方のみ正解の場合は2点を与える。

年度	解答記号	正解	配点	第1回目得点	第2回目得点
H26 ①	ア	2	1	日付 /	日付 /
	イ・ウエ・オ	2・−1・6	2		
	カ・キ・ク	8・3・6	2		
	ケコ	16	2		
	サ・シス・セ・ソ	4・16・8・4	3		
	タチ	10	2		
	ツ と テ	0と4または4と0	4		
	ト と ナ	1と4または4と1	4	/20	/20
H27 ② [1]	ア	1	4	日付 /	日付 /
	イ	3	3		
	ウエ	29	3	/10	/10
H28 ① [2]	サ・シ	3・0	2	日付 /	日付 /
	ス・セ	5・4	2		
	ソ	1	3		
	タ	3	3	/10	/10
H29 ① [1] [2]	アイ	13	3	日付 /	日付 /
	ウ	2	1		
	エ・オカ	7・13	3		
	キク	73	3		
	ケ	0	1		
	コ	3	2		
	サ	3	2		
	シ	1	2		
	ス	2	3	/20	/20
H30 ① [1] [2]	ア	5	2	日付 /	日付 /
	イ・ウエ	6・14	4		
	オ	2	2		
	カ	8	2		
	キ	2	3		
	ク	0	3		
	ケ	2	2		
	コ	0	2	/20	/20

解答

〈2次関数〉

年度	解答記号	正 解	配点	第1回目得点	第2回目得点
H30試行 [1][1]	（あ）	（記述解答を参照）	5	日付／	日付／
	ア・イ	1・4 (解答の順序は問わない)	3	／8	／8
H31 [1][1][2]	ア・イ	3・1	2	日付／	日付／
	ウ・エ	4・1	2		
	オカ・キ	−2・3	2		
	ク	6	2		
	ケコ・サ	−7・3	2		
	シ	0	2		
	ス	2	2		
	セ	0	2		
	ソ	2	2		
	タ	3	2	／20	／20
R2 [1][1][2]	アイ・ウ	−2・4	3	日付／	日付／
	エ・オ	0・4	2		
	カキ	−2	2		
	ク・ケ・コ・サシ	5・3・6・13	3		
	ス	2	2		
	セソ	12	2		
	タ	4	2		
	チ	3	2	／18	／18
R3追試 [1][1]	アイ . ウエ	−2, −1又は−1, −2	3	日付／	日付／
	オ	8	3		
	カ	3	4	／10	／10
R4 [2][1]	ア	3	2	日付／	日付／
	イ	2	2		
	ウ	5	3		
	エ	9	2		
	オ	6	1		
	カ	1	2		
	キ , ク	3, 1	3	／15	／15

年度	解答記号	正 解	配点	第1回目得点	第2回目得点
H25 [2]	ア	4	3	日付／	日付／
	イ・ウエ・オカ	7・16・32	3		
	キ・ク	8・7	3		
	ケコサ・シ	160・7	3		
	ス・セ・ソ・タ	1・7・8・7	3		
	チ・ツテ	9・14	3		
	ト・ナ	5・2	3		
	ニヌ・ネ	−5・4	2		
	ノハヒ・フ	−25・8	2	／25	／25
H26 [2]	ア・イ・ウ・エオ	−・2・6・36	3	日付／	日付／
	カ・キク	3・−1	2		
	ケ	4	2		
	コ	8	2		
	サシ	−3	1		
	ス・セ	3・3	1		
	ソ	6	1		
	タ	1	3		
	チツテ	−39	1		
	ト	6	3		
	ナニ	36	1		
	ヌネ	−3	2		
	ノ・ハ	3・1	1		
	ヒフ・ヘ	−7・3	2	／25	／25
H27 [1]	ア・イ	1・3	5	日付／	日付／
	ウ・エ	3・1	5		
	オ・カ	2・2	5		
	キク・ケ	−1・2	2		
	コサ・シ	13・4	3	／20	／20
H28 [1][1]	ア・イ	3・1	2	日付／	日付／
	ウ・エ	2・1	2		
	オ・カ	−・2	2		
	キ・ク	1・4	2		
	ケ・コ	2・5	2	／10	／10

H30　試行　[1]　[1]（あ）

《正答例》$\{1\} \subset A$

《留意点》

・正答例とは異なる記述であっても題意を満たしているものは正答とする。

年度	解答記号	正解	配点	第1回目得点	第2回目得点
H29 [1] [3]	セ・ソ	3・5	2	日付 /	日付 /
	タ・チツ・テト	9・24・16	2		
	ナニ・ヌネ	25・12	3		
	ノハ	16	3	/10	/10
H30 [1] [3]	サ・シ	1・3	2	日付 /	日付 /
	ス	1	2		
	セ	1	2		
	ソ・タ	4・5	2		
	チ・ツテ・ト	7・13・4	2	/10	/10
H29 試行 [1] [1]	ア	3	1	日付 /	日付 /
	イ	2	1		
	ウ	1	1		
	エ	5	2		
	(あ)	(記述解答を参照)	5	/10	/10
H29 試行 [2] [1]	ア	1	2	日付 /	日付 /
	イ	5	2		
	ウ	6	2		
	エオカキ	1250	2		
	クケコサ	1300	2	/10	/10
H30 試行 [1] [2]	ウ	1	2	日付 /	日付 /
	エ	3	2		
	オ	1	2	/6	/6

年度	解答記号	正解	配点	第1回目得点	第2回目得点
H30 試行 [2] [1]	$\boxed{ア}\sqrt{\boxed{イウ}}$	$2\sqrt{57}$	2	日付 /	日付 /
	$\boxed{エ}\sqrt{\boxed{オ}}$	$8\sqrt{3}$	2		
	$\boxed{カ}$ $\boxed{キ}$ $\boxed{ク}$	0 / 1, 4 / 2, 3 (それぞれマークして正解)	4		
	(う)	(記述解答を参照)	5		
	$\dfrac{\boxed{ケコ}\pm\boxed{サ}\sqrt{\boxed{シ}}}{\boxed{ス}}$	$\dfrac{30\pm6\sqrt{5}}{5}$	3	/16	/16
H31 [1] [3]	チ	2	2	日付 /	日付 /
	ツ・テ	4・1	2		
	ト・ナ	5・1	2		
	ニ・ヌ	3・2	2		
	ネノ・ハ	−1・4	2	/10	/10
R2 [1] [3]	ツ・テ	2・4	2	日付 /	日付 /
	ト・ナ	1・0	2		
	ニ・ヌ	2・3	2		
	ネ・ノ	3・3	2		
	ハヒ	−4	2		
	フ・ヘ・ホ	8・6・3	2	/12	/12
R3 [2] [1]	ア	2	3	日付 /	日付 /
	$\boxed{イウ}x+\dfrac{\boxed{エオ}}{5}$	$-2x+\dfrac{44}{5}$	3		
	カ・キク	2.00	2		
	ケ・コサ	2.20	2		
	シ・スセ	4.40	2		
	ソ	3	2	/15	/15

H29 試行 [1] [1] (あ)

《正答の条件》

　次の(a)と(b)の両方について正しく記述している。

(a) 頂点の y 座標 $-\dfrac{b^2-4ac}{4a}<0$ であること。

(b) (a)の根拠として，$a>0$ かつ $c<0$ であること。

《正答例1》$a>0$，$c<0$ であることにより，頂点の y 座標について，

つねに $-\dfrac{b^2-4ac}{4a}<0$ となるから。

《正答例2》 a は正で，c は負なので，頂点の y 座標 $-\dfrac{b^2}{4a}+c<0$ となるから第1象限，第2象限には移動しない。

《正答例3》グラフが下に凸なので $a>0$，y 切片が負なので $c<0$。
よって $-4ac>0$ となるので，$b^2-4ac>0$ である。

したがって，頂点の y 座標 $-\dfrac{b^2-4ac}{4a}<0$ となる。

※頂点の y 座標に関する不等式を使っていないものは不可とする。

H30 試行 [2] [1] (う)

《正答例1》時刻によらず，$S_1=S_2=S_3$ である。

《正答例2》移動を開始してからの時間を t とおくとき，移動の間におけるすべての t について $S_1=S_2=S_3$ である。

《留意点》

・時刻によって面積の大小関係が変化しないことについて言及していないものは誤答とする。

・S_1 と S_2 と S_3 の値が等しいことについて言及していないものは誤答とする。

・移動を開始してからの時間を表す文字を説明せずに用いているものは誤答とする。

・前後の文脈により正しいと判断できる書き間違いは基本的に許容するが，正誤の判断に影響するような誤字・脱字は誤答とする。

年度	解答記号	正 解	配点	第1回目得点	第2回目得点
R3 追試 ② [1]	アイウ−x	400−x	3	日付 ／	日付 ／
	エオカ．キ	560．7	3		
	クケコ	280	3		
	サシスセ	8400	3		
	ソタチ	250	3	／15	／15

〈平面・空間図形〉

年度	解答記号	正 解	配点	第1回目得点	第2回目得点
H25 ③	アイ	10	3	日付 ／	日付 ／
	ウ・エオ・カ	3・10・5	3		
	キ・ク	4・5	2		
	ケコ・サ	24・5	2		
	シスセ・ソタ	216・25	3		
	チ・ツ	6・5	3		
	テト・ナ	12・5	3		
	ニ	2	3		
	ヌ・ネノ・ハ	6・10・5	2		
	ヒフ・ヘ	10・5	3		
	ホ	2	3	／30	／30
H26 ③	ア	4	3	日付 ／	日付 ／
	イ・ウ	7・8	3		
	エオ・カ	15・8	3		
	キ・クケ・コサ	8・15・15	3		
	シ・ス	8・3	4		
	セ・ソタ・チ	2・10・3	4		
	ツ・テト・ナ	2・10・5	4		
	ニ・ヌ	5・8	3		
	ネ	4	3	／30	／30
H27 ② [2]	オ	7	3	日付 ／	日付 ／
	カ・キ	3・2	3		
	ク・ケ・コサ	3・3・14	3		
	シ・ス	7・2	3		
	セ	7	3	／15	／15

年度	解答記号	正 解	配点	第1回目得点	第2回目得点
H27 ⑥	アイ	10	3	日付 ／	日付 ／
	ウ	5	3		
	エオ・カ	10・3	3		
	キ・ク	3・5	4		
	ケ・コ	2・5	4		
	サ・シ・ス	5・5・4	3	／20	／20
H28 ② [1]	ア	7	3	日付 ／	日付 ／
	イ・ウエ	3・21	3		
	オ・カ	7・3	3		
	キク	14	3		
	ケコ・サ・シ	49・3・2	3	／15	／15
H28 ⑤	ア	0	2	日付 ／	日付 ／
	イ・ウ	1・2	3		
	エ・オ	1・3	3		
	カ	3	3		
	キ・ク	2・7	3		
	ケ	4	2		
	コサ	30	2		
	シ	2	2	／20	／20
H29 ② [1]	ア	6	3	日付 ／	日付 ／
	イ	2	3		
	ウ・エ・オ	2・6・4または 6・2・4	3		
	カ・キ・ク・ケ	2・3・2・3	3		
	コ・サ	2・3	3	／15	／15
H29 ⑤	アイ	28	3	日付 ／	日付 ／
	ウ・エ	7・2	3		
	オカ・キ	12・7	3		
	クケ・コ	21・5	3		
	サシ	60	2		
	ス・セ・ソ	2・3・3	3		
	タ・チ・ツ	4・3・3	3	／20	／20

年度	解答記号	正解	配点	第1回目得点	第2回目得点
H30 [2] [1]	ア・イ	7・9	3	日付 ／	日付 ／
	ウ・エ・オ	4・2・9	3		
	カ・キ	0・4	5		
	ク・ケコ	2・33	4	／15	／15
H30 [5]	ア・イ・ウ	2・5・3	3	日付 ／	日付 ／
	エオ・カ	20・9	3		
	キク・ケ	10・9	2		
	コ・サ	0・4	4		
	シ・ス	5・8	3		
	セ・ソ	5・3	2		
	タ	1	3	／20	／20
H29 試行 [1] [2]	オ	0	2	日付 ／	日付 ／
	カ	3	2		
	キ	4	2		
	ク	2	2		
	ケ	3	2		
	$\sqrt{[コ]}R$	$\sqrt{3}R$	2		
	サ・シ	5・1	2		
	ス・セ	3・5	3		
	(い)	(記述解答を参照)	5		
	ソ	2	3	／25	／25

年度	解答記号	正解	配点	第1回目得点	第2回目得点
H29 試行 [4]	ア	3	2	日付 ／	日付 ／
	イ	3	3		
	ウ	0	3		
	エ・オ	2・3 (解答の順序は問わない)	3		
	カ	1	3		
	キ	1・2 (2つマークして正解)	3		
	ク	0	3	／20	／20
H30 試行 [1] [3] [4]	(い)	(記述解答を参照)	5	日付 ／	日付 ／
	カ	1	2		
	キ	5	2		
	ク	5	2	／11	／11
H30 試行 [5]	ア・イ	0・7 (解答の順序は問わない)	3	日付 ／	日付 ／
	ウ	5	2		
	エオ	2・3 (解答の順序は問わない)	2		
	カ	3	3		
	キ	4	3		
	ク	3	4		
	ケ	6	4	／20	／20
H31 [2] [1]	アイ・ウ・エ	−1・4・2	4	日付 ／	日付 ／
	オカ・キ	15・4	3		
	ク・ケ	1・4	2		
	コ	4	3		
	サ・シス・セ	7・15・4	3	／15	／15
H31 [5]	ア・イ	6・2	4	日付 ／	日付 ／
	ウ	1	3		
	エ・オカ・キ	2・15・5	3		
	ク・ケ	3・4	2		
	コ	3	2		
	サ・シ	6・2	3		
	スセ・ソ	15・5	3	／20	／20

H29 試行 1 [2] (い)

《正答の条件》

②，③の両方について，次のように正しく記述している。

②について，BC cos(180°−B) またはそれと同値な式。

③について，AH−BH またはそれと同値な式。

《正答例1》AH＝＿＿＿＿＿＿＿①

　　　　　BH＝ BC cos(180°−B) ②

　　　　　AB＝ AH−BH ③

《正答例2》AH＝＿＿＿＿＿＿＿①

　　　　　BH＝ −BC cos B ②

　　　　　AB＝ −BH＋AH ③

※①については，修正の必要がないと判断したことが読み取れるものは可とする。

H30 試行 1 [3] (い)

《正答例》$26 \leq x \leq \dfrac{18}{\tan 33°}$

《留意点》

・「$\leq$」を「$<$」と記述しているものは誤答とする。

・33° の三角比を用いずに記述しているものは誤答とする。

・正答例とは異なる記述であっても題意を満たしているものは正答とする。

年度	解答記号	正解	配点	第1回目得点	第2回目得点
R 2 ②[1]	ア	2	3	日付／	日付／
	イウ・エ	14・4	3		
	オ	2	3		
	カ	1	3		
	キ・ク・ケ	4・7・7	3	／15	／15
R 2 ⑤	ア	1	2	日付／	日付／
	イ・ウ	1・8	2		
	エ・オ	2・7	2		
	カ・キク	9・56	4		
	ケコ	12	4		
	サシ	72	2		
	ス	2	4	／20	／20
R 3 ①[2]	$\dfrac{セ}{ソ}$	$\dfrac{4}{5}$	2	日付／	日付／
	タチ	12	2		
	ツテ	12	2		
	ト	2	1		
	ナ	0	1		
	ニ	1	1		
	ヌ	3	3		
	ネ	2	2		
	ノ	2	2		
	ハ	0	2		
	ヒ	3	2	／20	／20

年度	解答記号	正解	配点	第1回目得点	第2回目得点
R 3 ⑤	$\dfrac{ア}{イ}$	$\dfrac{3}{2}$	2	日付／	日付／
	$\dfrac{ウ\sqrt{エ}}{オ}$	$\dfrac{3\sqrt{5}}{2}$	2		
	$カ\sqrt{キ}$	$2\sqrt{5}$	2		
	$\sqrt{ク}\,r$	$\sqrt{5}\,r$	2		
	$ケ-r$	$5-r$	2		
	$\dfrac{コ}{サ}$	$\dfrac{5}{4}$	2		
	シ	1	2		
	$\sqrt{ス}$	$\sqrt{5}$	2		
	$\dfrac{セ}{ソ}$	$\dfrac{5}{2}$	2		
	タ	1	2	／20	／20
R 3 追試 ①[2]	キ	8	2	日付／	日付／
	クケ	90	2		
	コ	4	2		
	サ	4	2		
	シ	1	2		
	ス	1	1		
	セ	0	1		
	ソ	0	2		
	タ	3	2		
	$\dfrac{チ}{ツ}$	$\dfrac{4}{5}$	2		
	テ	5	2	／20	／20

年度	解答記号	正解	配点	第1回目得点	第2回目得点
R3 追試 ⑤	ア	5	2	日付 /	日付 /
	イ・ウ・エ	2, 6, 7	2		
	オ	1	1		
	カ	2	2		
	キ	2	1		
	ク√ケコ	$2\sqrt{15}$	2		
	サシ	15	3		
	ス√セソ	$3\sqrt{15}$	2		
	タ/チ	$\dfrac{4}{5}$	2		
	ツ/テ	$\dfrac{5}{3}$	3	／20	／20
R4 ① [2] [3]	コ.サシス	0.072	3	日付 /	日付 /
	セ	2	3		
	ソ/タ	$\dfrac{2}{3}$	3		
	チツ/テ	$\dfrac{10}{3}$	2		
	ト ≦AB≦ ナ	$4 \leqq AB \leqq 6$	3		
	ニヌ/ネ, ノ/ハ	$\dfrac{-1}{3}, \dfrac{7}{3}$	3		
	ヒ	4	3	／20	／20
R4 ⑤	ア/イ	$\dfrac{1}{2}$	2	日付 /	日付 /
	ウ.エ.オ	2, 1, 3	2		
	カ.キ.ク	2, 2, 3	2		
	ケ	4	2		
	コ/サ	$\dfrac{3}{2}$	2		
	シス/セ	$\dfrac{13}{6}$	2		
	ソタ/チ	$\dfrac{13}{4}$	2		
	ツテ/トナ	$\dfrac{44}{15}$	3		
	ニ/ヌ	$\dfrac{1}{3}$	3	／20	／20

年度	解答記号	正解	配点	第1回目得点	第2回目得点
H25 ④	アイウ	256	3	日付 /	日付 /
	エオ	24	3		
	カ	6	2		
	キ	6	2		
	クケ	36	2		
	コ・サシ	1・64	2		
	ス・セソ	9・64	2		
	タ・チツ	3・16	3		
	テ・トナ	9・16	4		
	ニ・ヌ	3・2	2	／25	／25
H26 ④	ア	6	2	日付 /	日付 /
	イ	6	2		
	ウエ	36	2		
	オ・カキクケ	1・1296	3		
	コ	6	3		
	サシ	30	3		
	ス	2	3		
	セソ	90	3		
	タチツ	156	3	／25	／25
H27 ④	アイ	48	3	日付 /	日付 /
	ウエ	12	2		
	オ	2	3		
	カ	4	3		
	キ	4	2		
	クケ	12	2		
	コサ	16	2		
	シス	26	3	／20	／20

年度	解答記号	正解	配点	第1回目得点	第2回目得点
H28 ③	アイ・ウエ	28・33	3	日付／	日付／
	オ・カキ	5・33	3		
	ク・ケコ	5・11	3		
	サ・シス	5・44	3		
	セ・ソタ	5・12	4		
	チ・ツテ	4・11	4	／20	／20
H29 ③	ア・イ	5・6	2	日付／	日付／
	ウ・エ・オ	1・3・5 (解答の順序は問わない)	3		
	カ・キ	1・2	2		
	ク・ケ	3・5	2		
	コ・サ・シ	0・3・5 (解答の順序は問わない)	3		
	ス・セ	5・6	2		
	ソ・タ	5・6	2		
	チ	6	4	／20	／20
H30 ③	ア・イ	1・6	2	日付／	日付／
	ウ・エ	1・6	2		
	オ・カ	1・9	2		
	キ・ク	1・4	2		
	ケ・コ	1・6	2		
	サ	1	2		
	シ	2	2		
	ス・セソタ	1・432	3		
	チ・ツテ	1・81	3	／20	／20
H29試行 ③	$\dfrac{アイ}{ウエ}$	$\dfrac{12}{13}$	2	日付／	日付／
	$\dfrac{オカ}{キク}$	$\dfrac{11}{13}$	3		
	$\dfrac{ケ}{コサ}$	$\dfrac{1}{22}$	3		
	$\dfrac{シス}{セソ}$	$\dfrac{19}{26}$	3		
	タチツテ	1440	3		
	トナニ	960	3		
	ヌ	3	3	／20	／20

年度	解答記号	正解	配点	第1回目得点	第2回目得点
H30試行 ③	$\dfrac{ア}{イウ}$	$\dfrac{1}{20}$	2	日付／	日付／
	$\dfrac{エ}{オカ}$	$\dfrac{3}{40}$	2		
	$\dfrac{キ}{ク}$	$\dfrac{2}{3}$	2		
	ケ	4	1		
	$\dfrac{コ}{サシ}$	$\dfrac{2}{27}$	2		
	$\dfrac{ス}{セソ}$	$\dfrac{1}{15}$	3		
	$\dfrac{タ}{チツ}$	$\dfrac{4}{51}$	4		
	テ	1	4	／20	／20
H31 ③	ア・イ	4・9	2	日付／	日付／
	ウ・エ	1・6	2		
	オ・カキ	7・18	3		
	ク・ケ	1・6	2		
	コサ・シスセ	43・108	2		
	ソタチ・ツテト	259・648	3		
	ナニ・ヌネ	21・43	3		
	ノハ・ヒフヘ	88・259	3	／20	／20
R 2 ③	ア・イ	0・2 (解答の順序は問わない)	4 (各2)	日付／	日付／
	ウ・エ	1・4	2		
	オ・カ	1・2	2		
	キ	3	2		
	ク・ケ	3・8	3		
	コ・サシ	7・32	4		
	ス・セ	4・7	3	／20	／20

年度	解答記号	正解	配点	第1回目得点	第2回目得点
R3 [3]	$\dfrac{ア}{イ}$	$\dfrac{3}{8}$	2	日付 ／	日付 ／
	$\dfrac{ウ}{エ}$	$\dfrac{4}{9}$	3		
	$\dfrac{オカ}{キク}$	$\dfrac{27}{59}$	3		
	$\dfrac{ケコ}{サシ}$	$\dfrac{32}{59}$	2		
	ス	3	3		
	$\dfrac{セソタ}{チツテ}$	$\dfrac{216}{715}$	4		
	ト	8	3	／20	／20
R3 追試 [3]	$\dfrac{アイ}{ウエ}$	$\dfrac{11}{12}$	2	日付 ／	日付 ／
	$\dfrac{オカ}{キク}$	$\dfrac{17}{24}$	2		
	$\dfrac{ケ}{コサ}$	$\dfrac{9}{17}$	3		
	$\dfrac{シ}{ス}$	$\dfrac{1}{3}$	3		
	$\dfrac{セ}{ソ}$	$\dfrac{1}{2}$	3		
	$\dfrac{タチ}{ツテ}$	$\dfrac{17}{36}$	3		
	$\dfrac{トナ}{ニヌ}$	$\dfrac{12}{17}$	4	／20	／20

年度	解答記号	正解	配点	第1回目得点	第2回目得点
R4 [3]	ア	1	1	日付 ／	日付 ／
	$\dfrac{イ}{ウ}$	1, 2	1		
	エ	2	2		
	$\dfrac{オ}{カ}$	1, 3	1		
	$\dfrac{キク}{ケコ}$	65, 81	2		
	サ	8	2		
	シ	6	2		
	スセ	15	1		
	$\dfrac{ソ}{タ}$	3, 8	2		
	$\dfrac{チツ}{テト}$	11, 30	3		
	$\dfrac{ナニ}{ヌネ}$	44, 53	3	／20	／20

〈データの分析〉

番号	解答記号	正解	第1回目	第2回目
センター試作問題	ア	③	日付 ／	日付 ／
	イ	⑤		
	ウ	②		
	エオ．カ	84.7		
	キクケ．コ	331.2		
	0．サシ	67		
	ス	④	／7題	／7題

年度	解答記号	正解	配点	第1回目得点	第2回目得点
H27 [3]	ア	4	3	日付 ／	日付 ／
	イ・ウ・エ・オ	0・2・3・5 (解答の順序は問わない)	4		
	カ・キ	0・2 (解答の順序は問わない)	6		
	ク	7	2	／15	／15
H28 [2] [3]	ス・セ	0・3 (解答の順序は問わない)	3	日付 ／	日付 ／
	ソ	5	3		
	タ・チ	1・3 (解答の順序は問わない)	3		
	ツ	9	2		
	テ	8	2		
	ト	7	2	／15	／15

年度	解答記号	正解	配点	第1回目得点	第2回目得点
H29 ② [2]	シ・ス・セ	1・4・6 (解答の順序は問わない)	6 (各2)	日付 /	日付 /
	ソ	4	2		
	タ	3	2		
	チ	2	2		
	ツ	0	1		
	テ	1	2	/15	/15
H30 ② [2]	サ・シ	1・6 (解答の順序は問わない)	6 (各3)	日付 /	日付 /
	ス・セ	4・5 (解答の順序は問わない)	6 (各3)		
	ソ	2	3	/15	/15
H29 試行 ② [2]	シ	4	2	日付 /	日付 /
	(う)	(記述解答を参照)	4		
	ス	8	2		
	セ	2・3 (2つマークして正解)	4		
	ソ	4	3	/15	/15
H30 試行 ② [2]	セ	8	2	日付 /	日付 /
	ソ	6	2		
	タ	1	3		
	チ	3	3		
	ツ	2	3		
	テ	4	3		
	ト	3	3	/19	/19

年度	解答記号	正解	配点	第1回目得点	第2回目得点
H31 ② [2]	ソ	3	3	日付 /	日付 /
	タ	4	3		
	チ・ツ	4・7 (解答の順序は問わない)	4 (各2)		
	テ	0	1		
	ト	0	1		
	ナ	1	1		
	ニ	2	2	/15	/15
R2 ② [2]	コ・サ	3・5 (解答の順序は問わない)	6 (各3)	日付 /	日付 /
	シ	6	3		
	ス	4	3		
	セ	3	3	/15	/15
R3 ② [2]	タ と チ	1と3 (解答の順序は問わない)	4 (各2)	日付 /	日付 /
	ツ	1	2		
	テ	4	3		
	ト	5	3		
	ナ	2	3	/15	/15
R3 追試 ② [2]	ツ	5	4	日付 /	日付 /
	テ	3	3		
	トナニ	240	2		
	ヌ, ネ	3, 0	2		
	ノ	6	2		
	ハ	3	2	/15	/15
R4 ② [2]	ケ, コ, サ	2, 2, 0	3	日付 /	日付 /
	シ, ス	0, 3	2		
	セ	2	4		
	ソ・タチ	0.63	3		
	ツ	3	3	/15	/15

H29 試行 ② [2] (う)

《正答の条件》

「直線」という単語を用いて，次の(a)と(b)の両方について正しく記述している。

(a) 用いる直線が各県を表す点と原点を通ること。

(b) (a)の直線の傾きが最も大きい点を選ぶこと。

《正答例1》各県を表す点のうち，その点と原点を通る直線の傾きが最も大きい点を選ぶ。

《正答例2》各県を表す点と原点を通る直線のうち，x軸とのなす角が最も大きい点を選ぶ。

《正答例3》各点と (0, 0) を通る直線のうち，直線の上側に他の点がないような点を探す。

※「傾きが急」のように，数学の表現として正確でない記述は不可とする。

〈整数の性質〉

番号	解答記号	正解	第1回目	第2回目
センター試作問題	アイ . ウエ	$-8, 13$	日付 ／	日付 ／
	オカ . キ	$-3, 5$		
	ク . ケコ	$2, -3$		
	サシ	33		
	ス	1		
	セ . ソ	2, 3		
	タチ	12		
	ツテト	444		
	ナニヌ	156		
	ネ . ノハヒ	$6, -17$	／10題	／10題

年度	解答記号	正解	配点	第1回目得点	第2回目得点
H27 ⑤	ア・イ・ウ	2・3・7	3	日付 ／	日付 ／
	エオ	24	3		
	カキ	21	3		
	クケコ	126	3		
	サ	9	2		
	シスセ	103	2		
	ソタチツ	1701	4	／20	／20
H28 ④	アイ	15	3	日付 ／	日付 ／
	ウエ	-7	3		
	オカキ	-47	2		
	クケ	22	2		
	コサシ	123	4		
	ス・セ・ソ	0・3・5 (解答の順序は問わない)	6	／20	／20
H29 ④	ア・イ	2・6 (解答の順序は問わない)	2 (各1)	日付 ／	日付 ／
	ウ	3	2		
	エ・オ	0・6	2		
	カ・キ	9・6	2		
	ク・ケ・コサ	0・6・14	3		
	シス	24	2		
	セソ	16	2		
	タ	8	2		
	チツ	24	3	／20	／20

年度	解答記号	正解	配点	第1回目得点	第2回目得点
H30 ④	ア・イ・ウ	4・3・2	3	日付 ／	日付 ／
	エオ	15	3		
	カ	2	2		
	キク	41	2		
	ケ	7	2		
	コサシ	144	2		
	ス	2	3		
	セソ	23	3	／20	／20
H29 試行 ⑤	ア	2	2	日付 ／	日付 ／
	イ 列目	5列目	2		
	ウ	3	2		
	エ	0	2		
	オカ 列目	27列目	3		
	キ	7	2		
	ク	7	2		
	ケコ 列目	28列目	2		
	サ	1・2・4・5 (4つマークして正解)	3	／20	／20
H30 試行 ④	ア・イ	1・5	1	日付 ／	日付 ／
	ウ	7	1		
	エ	1	1		
	オ・カ	1・4	2		
	キ・ク	4・4	2		
	$x=$ ケコ $+$ サ n	$x=-4+8n$	2		
	$-$ シ n	$-3n$	2		
	ス	1・2 (2つマークして正解)	2		
	セ 通り	7通り	2		
	ソタ	13	2		
	チツテト	4033	3	／20	／20

年度	解 答 記 号	正　解	配点	第1回目得点	第2回目得点
H31 [4]	ア ・ イウ	8 ・ 17	3	日付　／	日付　／
	エオ ・ カキ	23 ・ 49	2		
	ク ・ ケコ	8 ・ 17	3		
	サ ・ シス	7 ・ 15	3		
	セ	2	2		
	ソ	6	2		
	タ ・ チ ・ ツテ	3 ・ 2 ・ 23	2		
	トナニ	343	3	／20	／20
R2 [4]	アイ ・ ウエ	26 ・ 11	3	日付　／	日付　／
	オカ ・ キク	96 ・ 48	3		
	ケ	9	2		
	コサ	11	2		
	シス	36	3		
	セ ・ ソ	5 ・ 1	3		
	タ	6	4	／20	／20
R3 [4]	ア	2	1	日付　／	日付　／
	イ	3	1		
	ウ ・ エ	3, 5	3		
	オ	4	2		
	カ	4	2		
	キ	8	1		
	ク	1	2		
	ケ	4	2		
	コ	5	1		
	サ	3	2		
	シ	6	3	／20	／20
R3 追試 [4]	ア ， イ ， ウ ， エ	3, 2, 1, 0	3	日付　／	日付　／
	オ	3	3		
	カ	8	3		
	キ	4	3		
	クケ ， コ ， サ ， シ	12, 8, 4, 0	4		
	ス	3	2		
	セソタ	448	2	／20	／20

年度	解 答 記 号	正　解	配点	第1回目得点	第2回目得点
R4 [4]	ア ， イウ	1, 39	3	日付　／	日付　／
	エオ	17	2		
	カキク	664	2		
	ケ ， コ	8, 5	2		
	サシス	125	3		
	セソタチツ	12207	3		
	テト	19	3		
	ナニヌネノ	95624	2	／20	／20

[Ⅱ・B]

〈いろいろな式〉

年度	解 答 記 号	正　解	配点	第1回目得点	第2回目得点
H29 試行 [1] [1] [4]	$-\dfrac{\boxed{ア}}{}\sqrt{\boxed{イ}}$	$-5\sqrt{2}$	3	日付　／	日付　／
	$\dfrac{a^2\sqrt{\boxed{ウエ}}}{\boxed{オ}}$	$\dfrac{a^2-25}{2}$	3		
	シ	2	3		
	ス	9	3	／12	／12

〈図形と方程式〉

年度	解 答 記 号	正　解	配点	第1回目得点	第2回目得点
H25 [1] [1]	ア ・ イ	4 ・ 2	1	日付　／	日付　／
	ウ ・ エオ	9 ・ −3	1		
	カキ ・ ク	−2 ・ 5	3		
	ケ	7	2		
	コ ・ サ	4 ・ 3	3		
	シス	25	2		
	セ	4	3	／15	／15
H26 [1] [1]	ア ・ イ	3 ・ 4	2	日付　／	日付　／
	ウ ・ エ	3 ・ 4	2		
	オ ・ カ	4 ・ 3	2		
	キ	2	3		
	ク ・ ケ ・ コ	2 ・ 1 ・ 1	2		
	サ ・ シ ・ ス	4 ・ 2 ・ 4	2		
	セ	4	2	／15	／15

年度	解答記号	正解	配点	第1回目得点	第2回目得点
H30 試行 [2]	ア	0	1	日付／	日付／
	イ	2	1		
	ウ・エ	1，3 (解答の順序は問わない)	2		
	オカキ	575	3		
	ク/ケ・コ/サ	$\frac{9}{4}$・$\frac{7}{2}$	2		
	シスセ	500	2		
	ソ	4	3		
	タ・チ	3・3	2		
	ツテ	18	3		
	ト	1	2		
	ナ	0	3		
	ニ	1・4・5 (3つマークして正解)	3		
	ヌ	3	3	／30	／30
R4 [1] [1]	ア・イ	2・5	1	日付／	日付／
	ウ	5	1		
	エ	3	2		
	オ	0	2		
	カ	0	2		
	キ/ク	$\frac{1}{2}$	1		
	ケ	1	2		
	コ/サ	$\frac{4}{3}$	2		
	シ	5	2	／15	／15

年度	解答記号	正解	配点	第1回目得点	第2回目得点
H25 [1] [2]	ソ	8	3	日付／	日付／
	タチ・ツ	49・2	3		
	テ・トナ	1・16	2		
	ニ	2	1		
	ヌネ	−1	2		
	ノ	0	2		
	ハ	4	2	／15	／15
H26 [1] [2]	ソ	3	1	日付／	日付／
	タ	8	1		
	チ・ツ	2・3	1		
	テ	1	1		
	ト	0	1		
	ナ	1	1		
	ニ	2	1		
	ヌ・ネ	3・2	1		
	ノハ	27	2		
	ヒ	5	2		
	フ	1	2		
	ヘ	6	1	／15	／15
H27 [1] [2]	ス・セソ	2・−3	3	日付／	日付／
	タ・チツ・テ	2・−2・3	3		
	トナ	−2	2		
	ニ	2	2		
	ヌ	2	2		
	ネノ・ハ	−5・4	3	／15	／15
H28 [1] [1]	ア・イ	4・2	2	日付／	日付／
	ウエ・オ	−2・3	2		
	カ	2	1		
	キ	3	1		
	ク	1	1		
	ケ	1	1		
	コ・サ	6・7	2		
	シ	3	2		
	ス・セ	3・8	2		
	ソタ	−2	1	／15	／15

年度	解 答 記 号	正 解	配点	第1回目得点	第2回目得点
H29 ①[2]	タ	0	2	日付 ／	日付 ／
	チ・ツ	1・3	2		
	テ・ト・ナ	1・3・1	2		
	ニ・ヌ・ネ	1・8・3	3		
	ノ・ハ	6・6	2		
	ヒ・フ	2・6	2		
	ヘ	6	2	／15	／15
H30 ①[2]	ソ・タ	2・3	3	日付 ／	日付 ／
	チ・ツ	1・2	2		
	テ	0	1		
	ト・ナ	3・9	1		
	ニ	2	2		
	ヌ・ネ	3・4	3		
	ノ・ハヒ	4・27	3	／15	／15
H29 試行 ①[2]	カ	0	3	日付 ／	日付 ／
	キ	1	3		
	ク	3	3	／9	／9
H30 試行 ①[3]	チ	1	1	日付 ／	日付 ／
	ツ	5	1		
	テ	2	2		
	ト	1	3		
	ナ	2	3		
	ニ	2, 3, 4, 5 (4つマークして正解)	3	／13	／13
H31 ①[2]	タ	2	2	日付 ／	日付 ／
	チ	2	2		
	ツ・テ	2・1	2		
	トナ・ニヌ	11・18	2		
	ネ	0	1		
	ノ	9	1		
	ハ	2	1		
	ヒ・フ	1・2	2		
	ヘ・ホ	3・4	2	／15	／15

年度	解 答 記 号	正 解	配点	第1回目得点	第2回目得点
R3 ①[2]	セ	1	1	日付 ／	日付 ／
	ソ	0	1		
	タ	0	1		
	チ	1	1		
	$\log_2\left(\sqrt{\boxed{ツ}}-\boxed{テ}\right)$	$\log_2\left(\sqrt{5}-2\right)$	2		
	ト	0	1		
	ナ	3	1		
	ニ	1	2		
	ヌ	2	2		
	ネ	1	3	／15	／15
R3 追試 ①[1]	ア	1	1	日付 ／	日付 ／
	イ $\log_{10}2+$ ウ	$-\log_{10}2+1$	2		
	エ $\log_{10}2+\log_{10}3+$ オ	$-\log_{10}2+\log_{10}3+1$	2		
	カキ	23	2		
	クケ	24	2		
	$\log_{10}$ コ	$\log_{10}3$	2		
	サ	3	2	／13	／13
R4 ①[2]	ス	2	2	日付 ／	日付 ／
	セ	8	3		
	ソ	1	2		
	タ	1	1		
	チ	3	2		
	ツ	0	2		
	テ	2	3	／15	／15

年度	解 答 記 号	正　解	配点	第1回目得点	第2回目得点
H27 ① [1]	ア	2	1	日付　／	日付　／
	イ	1	1		
	ウ	5	1		
	エ	4	1		
	オ	6	2		
	カ・キ	4・5	2		
	ク	3	1		
	ケ	6	2		
	コ	3	1		
	サ・シ	2・9	3	／15	／15
H28 ① [2]	チ	4	3	日付　／	日付　／
	ツ	4	2		
	テ・ト	1・4	2		
	ナ	3	2		
	ニ	1	2		
	ヌ・ネ	4・5	1		
	ノハ・ヒ	−3・5	1		
	フ・ヘ	5・5	2	／15	／15
H29 ① [1]	アイ・ウエ	17・15	3	日付　／	日付　／
	オ	4	2		
	カ・キ	4・5	3		
	ク・ケ	1・3	3		
	コ・サ・シ	2・5・5	2		
	ス・セ・ソ	−・3・3	2	／15	／15
H30 ① [1]	ア	2	1	日付　／	日付　／
	イ・ウ	4・5	2		
	エオカ	345	2		
	キ	6	2		
	ク	3	2		
	ケ・コ	3・2	3		
	サシ・スセ	29・30	3	／15	／15

年度	解 答 記 号	正　解	配点	第1回目得点	第2回目得点
H29 試行 ① [3]	ケ	4	3	日付　／	日付　／
	コ	6	3		
	サ	1・5・6 (3つマークして正解)	3	／9	／9
H30 試行 ① [1]	ア・イ	1・0	1	日付　／	日付　／
	ウ・エ	0・4	2		
	オ	2	3	／6	／6
H31 ① [1]	アイ	−1	1	日付　／	日付　／
	ウ・エ	2・3	2		
	オ・カ	1・2	2		
	キ・ク・ケ	2・2・1	3		
	コ・サ・シ	2・2・4	3		
	ス	3	3		
	セ・ソ	4・2	2	／15	／15
R3 ① [1]	$\sin\dfrac{\pi}{\boxed{ア}}$	$\sin\dfrac{\pi}{3}$	2	日付　／	日付　／
	イ	2	2		
	$\dfrac{\pi}{\boxed{ウ}}$, エ	$\dfrac{\pi}{6}$, 2	2		
	$\dfrac{\pi}{\boxed{オ}}$, カ	$\dfrac{\pi}{2}$, 1	1		
	キ	9	2		
	ク	1	1		
	ケ	3	1		
	コ, サ	1, 9	2		
	シ, ス	2, 1	2	／15	／15

年度	解答記号	正　解	配点	第1回目得点	第2回目得点
	シ	2	1	日付 /	日付 /
	ス	4	1		
	セ	7	2		
	ソ	4	2		
	タ	0	1		
R3 追試 [1][2]	$\dfrac{\sqrt{チ}}{ツ}$	$\dfrac{\sqrt{2}}{2}$	1		
	$\sqrt{テ}\sin\left(\alpha+\dfrac{\pi}{ト}\right)$	$\sqrt{2}\sin\left(\alpha+\dfrac{\pi}{4}\right)$	1		
	ナニ	11	2		
	ヌネ	19	1		
	$\dfrac{ノハ}{ヒ}$	$\dfrac{-1}{2}$	2		
	$\dfrac{フ}{ヘ}\pi$	$\dfrac{2}{3}\pi$	1		
	ホ	0	2	／17	／17

〈微分法・積分法〉

年度	解答記号	正　解	配点	第1回目得点	第2回目得点
	アイ	$-a$	2	日付 /	日付 /
	ウ・エ	3・3	3		
	オ	a	2		
	カ・キ	−・3	3		
	ク・ケ・コ	a・2・2	3		
H25 [2]	サシ・ス	−2・2	3		
	セ・ソ	2・2	3		
	タチ・ツ・テ	32・3・4	5		
	ト・ナ	4・3	2		
	ニ・ヌ	1・4	3		
	ネ・ノ	8・3	1	／30	／30

年度	解答記号	正　解	配点	第1回目得点	第2回目得点
	ア・イ	3・2	2	日付 /	日付 /
	ウ	0	2		
	エ	1	3		
	オ	3	3		
	カキ・ク	−1・1	3		
H26 [2]	ケ・コ	3・3	2		
	サ・シ	2・3	2		
	ス・セソ・タ	1・−1・2	3		
	チツ・テ・ト・ナ	−9・4・1・4	3		
	ニ・ヌ	2・4	3		
	ネノ	11	4	／30	／30
	ア・イ	a・2	2	日付 /	日付 /
	ウ	0	2		
	エ	a	1		
	オ・カ	a・2	3		
	キ・ク	a・2	1		
H27 [2]	ケコ・サ・シ・ス	−1・a・1・2	3		
	セ・ソ	1・8	4		
	タ・チツ	3・12	5		
	テ・トナ	3・24	2		
	ニ	3	2		
	ヌ	1	2		
	ネノ・ハヒ	−1・12	3	／30	／30

年度	解答記号	正　解	配点	第1回目得点	第2回目得点
H28 [2]	ア・イ	4・2	2	日付／	日付／
	ウ・エ	4・4	3		
	オ・カキ	7・12	3		
	クケ・コ	−1・2	2		
	サシ・スセ	25・48	3		
	ソ	1	2		
	タ	2	1		
	チ	2	2		
	ツ	1	2		
	テ	6	2		
	ト	2	2		
	ナ・ニ・ヌ	6・4・4	3		
	ネノ・ハ・ヒ	−1・3・2	3	／30	／30
H29 [2]	ア	2	2	日付／	日付／
	イ	1	1		
	ウ・エ・オ	2・2・1	2		
	カ・キ	2・1	1		
	ク	1	1		
	ケ	1	1		
	コ・サ・シ・ス	4・2・4・4	2		
	セ	2	2		
	ソ・タ	0・1	2		
	チ・ツ・テ	2・2・3	3		
	ト・ナ	2・3	3		
	ニ・ヌネ	8・27	3		
	ノ・ハ・ヒ	7・3・3	3		
	フ	a	1		
	ヘ	2	3	／30	／30

年度	解答記号	正　解	配点	第1回目得点	第2回目得点
H30 [2]	ア	2	1	日付／	日付／
	イウ・エ	−2・2	2		
	オ	1	2		
	カ・キ・ク・ケ	3・3・3・1	4		
	コ	2	2		
	サ	3	3		
	シ・ス・セ	3・5・2	3		
	ソ	3	2		
	タチ	−1	3		
	ツ	7	1		
	テ	4	3		
	トナ・ニ・ヌ	−6・2・2	4	／30	／30
H29 試行 [2]	$(x+$ア$)(x-$イ$)^{\boxed{ウ}}$	$(x+1)(x-2)^2$	3	日付／	日付／
	$S(a)=$エ	$S(a)=0$	3		
	$a=$オカ	$a=-1$	3		
	キ・ク	0・2	3		
	ケ	0	3		
	コ	0	3		
	サ	2	4		
	シ	1	4		
	ス	1・4 (2つマークして正解)	4	／30	／30
H30 試行 [1][2]	カ	2	1	日付／	日付／
	$(x+$キ$)(x-$ク$)$	$(x+1)(x-3)$	2		
	$f(x)=\dfrac{\boxed{ケコ}}{\boxed{サ}}x^3+\boxed{シ}x^2+\boxed{ス}x+\boxed{セ}$	$f(x)=\dfrac{-2}{3}x^3+2x^2+6x+2$	3		
	ソ	2	2		
	タ	7	3	／11	／11

年度	解答記号	正 解	配点	第1回目得点	第2回目得点
H31 ②	ア	0	1	日付 ／	日付 ／
	イ	0	1		
	ウエ	−3	1		
	オ	1	2		
	カキ	−2	1		
	クケ	−2	2		
	コ	2	1		
	サ・シ	a・2	2		
	ス・セ	3・3	2		
	ソタ	12	2		
	チ・ツ・テ	3・a・a	3		
	ト・ナ	3・1	2		
	ニ	2	1		
	ヌ	b	1		
	ネ	2	2		
	ノハ・ヒ	12・5	3		
	フ・ヘホ	3・25	3	／30	／30
R2 ②	ア・イ	2・2	2	日付 ／	日付 ／
	ウ	1	2		
	エ・オ・カ	2・4・2	2		
	キ・ク	4・1	2		
	ケ・コ	0・2	3		
	サ・シ	2・1	2		
	ス	a	2		
	セ・ソ	3・3	3		
	タ	1	2		
	チ・ツ	1・3	3		
	テ・ト・ナ・ニ・ヌ	2・4・2・1・3	3		
	ネ・ノ	2・3	3		
	ハ・ヒフ	2・27	1	／30	／30

年度	解答記号	正 解	配点	第1回目得点	第2回目得点
R3 ②	ア	3	1	日付 ／	日付 ／
	イ $x+$ ウ	$2x+3$	2		
	エ	4	2		
	オ	c	1		
	カ $x+$ キ	$bx+c$	2		
	クケ／コ	$\dfrac{-c}{b}$	1		
	$\dfrac{ac\,サ}{シ\,b\,ス}$	$\dfrac{ac^3}{3b^3}$	4		
	セ	0	3		
	ソ	5	1		
	タ $x+$ チ	$3x+5$	2		
	ツ	d	1		
	テ $x+$ ト	$cx+d$	2		
	ナ	2	3		
	$\dfrac{ニヌ}{ネ}$ ・ ノ	$\dfrac{-b}{a}$, 0	2		
	$\dfrac{ハヒフ}{ヘホ}$	$\dfrac{-2b}{3a}$	3	／30	／30
R3 追試 ②	ア	2	2	日付 ／	日付 ／
	イ	2	2		
	ウ	0	1		
	エ	1	2		
	オ , カ	1, 3	2		
	キ	2	2		
	ク	a	2		
	ケ	0	1		
	コ *	2	3		
	サ	1	3		
	シス	−c	2		
	セ	c	2		
	ソ , タ , チ , ツ	−, 3, 3, 6	3		
	テ	2	3	／30	／30

(注) ＊R3追試② 問 コ で b と解答した場合, キ で2と解答しているときにのみ 3点を与える。

年度	解答記号	正解	配点	第1回目得点	第2回目得点
R 4 [2]	ア	1	2	日付 ／	日付 ／
	イ	0	2		
	ウ	3	2		
	エ	2	2		
	オカ・キ	−2・2	2		
	ク	2	2		
	ケ・コ	1・4 (解答の順序は問わない)	6(各3)		
	サ・シス	$b \cdot 2b$	2		
	セ・ソ	2・1	2		
	タ	2	2		
	チツ/テ・ト・ナニ・ヌ	$\frac{-1}{6} \cdot 9 \cdot 12 \cdot 5$	4		
	ネ/ノ	$\frac{5}{2}$	2		
				／30	／30

〈数列〉

年度	解答記号	正解	配点	第1回目得点	第2回目得点
H25 [3]	ア・イ	3・2	2	日付 ／	日付 ／
	ウ・エ	2・3	2		
	オ・カ	3・2	1		
	キ・ク・ケ	9・4・3	2		
	コ・サ	3・2	1		
	シ	2	1		
	ス・セ	5・3	2		
	ソ	2	2		
	タ・チ	$b \cdot c$	2		
	ツ・テ	$b \cdot b$	2		
	ト・ナ・ニ	$c \cdot b \cdot b$	2		
	ヌ	3	1		
				／20	／20

年度	解答記号	正解	配点	第1回目得点	第2回目得点
H26 [3]	アイ	15	1	日付 ／	日付 ／
	ウエ	28	2		
	オ・カ	4・5	2		
	キ・ク・ケ・コ	2・2・3・1	2		
	サ・シス	6・35	1		
	セ・ソ・タ	2・1・5	2		
	チ・ツ	5・3	2		
	テ	3	2		
	ト	6	2		
	ナ・ニ	3・3	2		
	ヌ・ネ・ノ	2・2・3	2	／20	／20
H27 [3]	ア・イ・ウ・エ	4・8・6・2	2	日付 ／	日付 ／
	オ	0 又は 3	1		
	カ	8	2		
	キ	7	2		
	ク・ケ	3・2	1		
	コ・サ	3・2	1		
	シ・ス	1・2	1		
	セ・ソ	1・2	1		
	タ・チ	6・6	3		
	ツ・テ	4・4	2		
	ト・ナ	2・2	3		
	ニ・ヌネ	8・13	1	／20	／20
H28 [3]	ア・イ	5・6	2	日付 ／	日付 ／
	ウエ	22	2		
	オ・カ・キ・ク・ケ	1・2・3・2・2	2		
	コ・サ・シ・ス	1・2・1・2	2		
	セソ・タチ	13・15	4		
	ツ・テ・ト・ナ	1・2・1・2	2		
	ニ・ヌ・ネ・ノ	1・4・1・4	2		
	ハヒフ・ヘホ	507・10	4	／20	／20

年度	解答記号	正解	配点	第1回目得点	第2回目得点
H29 ③	ア	8	2	日付 /	日付 /
	イ	7	2		
	ウ	a	2		
	エ・オ・カ・キ	$a \cdot a \cdot b \cdot a$	3		
	ク・ケ	$3 \cdot 2$	2		
	コ	4	2		
	サシ	16	2		
	ス・セ	$1 \cdot 1$	2		
	ソ・タ・チ・ツ	$3 \cdot 2 \cdot 9 \cdot 2$	2		
	テト・ナ	$32 \cdot 9$	1	／20	／20
H30 ③	アイ	-6	2	日付 /	日付 /
	ウエ	12	2		
	オ・カキ	$6 \cdot 12$	2		
	クケ	12	2		
	コ	3	2		
	サ・シ・ス	$6 \cdot 3 \cdot 1$	2		
	セ	5	2		
	ソ・タ・チ	$6 \cdot 3 \cdot 2$	2		
	ツテト	-18	1		
	ナ・ニ・ヌ・ネ	$2 \cdot 3 \cdot 9 \cdot 2$	3	／20	／20
H29 試行 ③	$a_1=$ ア	$a_1=5$	2	日付 /	日付 /
	$\dfrac{\text{イ}}{\text{ウ}} a_n +$ エ	$\dfrac{1}{2}a_n+5$	2		
	$d=$ オカ	$d=10$	2		
	$\dfrac{\text{キ}}{\text{ク}}$	$\dfrac{1}{2}$	2		
	$\dfrac{\text{ケ}}{\text{コ}}$	$\dfrac{1}{2}$	2		
	サシ $-$ ス $\left(\dfrac{\text{セ}}{\text{ソ}}\right)^{n-1}$	$10-5\left(\dfrac{1}{2}\right)^{n-1}$	2		
	タ	$2 \cdot 3$ (2つマークして正解)	2		
	$\dfrac{\text{チ}}{\text{ツ}}$	$\dfrac{1}{3}$	2		
	$k=$ テ	$k=3$	2		
	ト	3	2	／20	／20

年度	解答記号	正解	配点	第1回目得点	第2回目得点
H30 試行 ④	ア	4	1	日付 /	日付 /
	$a_n=$ イ ・ ウ$^{n-1}+$ エ	$a_n=2 \cdot 3^{n-1}+4$	2		
	オ	6	1		
	$p_{n+1}=$ カ p_n- キ	$p_{n+1}=3p_n-8$	2		
	$p_n=$ ク ・ ケ$^{n-1}$ $+$ コ	$p_n=2 \cdot 3^{n-1}+4$	2		
	サ ・ シ	$3 \cdot 0$	2		
	スセ ・ ソ	$-4 \cdot 1$	3		
	$b_n=$ タ$^{n-1}+$ チ $n-$ ツ	$b_n=3^{n-1}+4n-1$	3		
	$c_n=$ テ ・ ト$^{n-1}+$ ナ n^2+ ニ $n+$ ヌ	$c_n=2 \cdot 3^{n-1}$ $+2n^2+4n+8$	4	／20	／20
H31 ③	アイ	15	2	日付 /	日付 /
	ウ	2	2		
	エ・オ・カ	$4 \cdot 1 \cdot 1$	2		
	キ・ク・ケ・コ・サ	$4 \cdot 1 \cdot 3 \cdot 4 \cdot 3$	3		
	シス	-5	1		
	セ・ソ・タ	$4 \cdot 3 \cdot 3$	3		
	チ・ツ	$4 \cdot 6$	2		
	テト・ナ・ニ	$-3 \cdot 0 \cdot 2$	2		
	ヌ・ネ・ノ・ハ・ヒ	$- \cdot 9 \cdot 8 \cdot 8 \cdot 3$	3	／20	／20
R2 ③	ア	6	2	日付 /	日付 /
	イ	0	1		
	ウ・エ・オ	$1 \cdot 1 \cdot 2$	2		
	カ	3	1		
	キ	1	1		
	ク・ケ・コ	$2 \cdot 1 \cdot 1$	2		
	サ・シ・ス・セ	$1 \cdot 6 \cdot 1 \cdot 2$	2		
	ソ・タ・チ	$2 \cdot 3 \cdot 1$	2		
	ツ・テ・ト	$3 \cdot 1 \cdot 4$	2		
	ナ・ニ・ヌ	$1 \cdot 2 \cdot 2$	2		
	ネ・ノ・ハ	$1 \cdot 0 \cdot 0$	1		
	ヒ	1	2	／20	／20

年度	解答記号	正　解	配点	第1回目得点	第2回目得点
R 3 ④	$\boxed{ア}+(n-1)p$	$3+(n-1)p$	1	日付 /	日付 /
	$\boxed{イ}\,r^{n-1}$	$3r^{n-1}$	1		
	$\boxed{ウ}\,a_{n+1}=r(a_n+\boxed{エ})$	$2a_{n+1}=r(a_n+3)$	2		
	$\boxed{オ}\cdot\boxed{カ}\cdot\boxed{キ}$	2, 6, 6	2		
	$\boxed{ク}$	3	2		
	$\dfrac{\boxed{ケ}}{\boxed{コ}}\,n(n+\boxed{サ})$	$\dfrac{3}{2}n(n+1)$	2		
	$\boxed{シ}\,,\,\boxed{ス}$	3, 1	2		
	$\dfrac{\boxed{セ}\,a_{n+1}}{a_n+\boxed{ソ}}\,c_n$	$\dfrac{4a_{n+1}}{a_n+3}\,c_n$	2		
	$\boxed{タ}$	2	2		
	$\dfrac{\boxed{チ}}{q}(d_n+u)$	$\dfrac{2}{q}(d_n+u)$	2		
	$q>\boxed{ツ}$	$q>2$	1		
	$u=\boxed{テ}$	$u=0$	1	／20	／20
R 3 追試 ④	$\boxed{ア}$	4	1	日付 /	日付 /
	$\boxed{イ}\cdot\boxed{ウ}^{\,n-1}$	$4\cdot5^{n-1}$	2		
	$\dfrac{\boxed{エ}}{\boxed{オカ}}$	$\dfrac{5}{16}$	2		
	$\boxed{キ}$	5	1		
	$\boxed{ク}$	4	2		
	$\boxed{ケ}\,,\,\boxed{コ}$	1, 1	3		
	$\boxed{サシ}$	15	2		
	$\boxed{ス}\,,\,\boxed{セ}$	1, 2	3		
	$\boxed{ソタ}$	41	2		
	$\boxed{チツテ}$	153	2	／20	／20
R 4 ④	$\boxed{ア}$	4	1	日付 /	日付 /
	$\boxed{イ}$	8	1		
	$\boxed{ウ}$	7	1		
	$\boxed{エ}$	3	2		
	$\boxed{オ}$	4	2		
	$\boxed{カ}\cdot\boxed{キ}$	2・2	2		
	$\boxed{ク}$	1	2		
	$\boxed{ケ}$	7	2		
	$\boxed{コ}$	9	3		
	$\boxed{サ}$	4	2		
	$\boxed{シスセ}$	137	2	／20	／20

年度	解答記号	正　解	配点	第1回目得点	第2回目得点
H25 ④	$\boxed{ア}\cdot\boxed{イ}$	2・5	2	日付 /	日付 /
	$\boxed{ウエ}$	20	1		
	$\boxed{オ}$	0	1		
	$\boxed{カ}\cdot\boxed{キ}\cdot\boxed{ク}\cdot\boxed{ケ}$	5・2・4・2	3		
	$\boxed{コ}$	3	2		
	$\boxed{サ}\cdot\boxed{シ}$	2・3	2		
	$\boxed{ス}\cdot\boxed{セ}$	1・2	1		
	$\boxed{ソ}\cdot\boxed{タ}\cdot\boxed{チ}\cdot\boxed{ツ}$	2・3・1・6	3		
	$\boxed{テ}$	2	1		
	$\boxed{トナ}\cdot\boxed{ニ}\cdot\boxed{ヌ}$	15・7・2	2		
	$\boxed{ネ}\cdot\boxed{ノ}\cdot\boxed{ハ}$	5・7・2	2	／20	／20
H26 ④	$\boxed{アイ}\cdot\boxed{ウ}\cdot\boxed{エ}$	$-1・0・2$	2	日付 /	日付 /
	$\boxed{オ}$	3	1		
	$\boxed{カ}\cdot\boxed{キ}$	1・2	2		
	$\boxed{ク}$	2	2		
	$\boxed{ケ}$	0	1		
	$\boxed{コ}$	5	1		
	$\boxed{サシ}$	14	1		
	$\boxed{スセ}$	70	2		
	$\boxed{ソ}$	0	1		
	$\boxed{タ}\cdot\boxed{チツ}\cdot\boxed{テ}$	$2・-5・3$	2		
	$\boxed{ト}\cdot\boxed{ナニ}$	9・35	2		
	$\boxed{ヌ}\cdot\boxed{ネノ}\cdot\boxed{ハヒ}$	3・70・35	2		
	$\boxed{フ}$	1	1	／20	／20

年度	解 答 記 号	正　解	配点	第1回目得点	第2回目得点
H27 ④	ア・イ・ウ	1・3・2	2	日付 /	日付 /
	エ	−	1		
	オ・カ	1・2	1		
	キ	0	1		
	ク・ケ	5・4	2		
	コ・サ	7・3	1		
	シス・セ	21・4	1		
	ソ・タ・チツ	7・3・24	2		
	テ・ト	7・9	2		
	ナ・ニ	1・3	2		
	ヌネ・ノハ・ヒ・フ	−7・36・7・9	2		
	ヘホ	21	3	/20	/20
H28 ④	ア	3	1	日付 /	日付 /
	イ	2	1		
	ウ・エ	3・1	2		
	オ・カ	2・1	2		
	キ	2	1		
	ク・ケ	1・3	1		
	コ・サ	1・2	1		
	シ	2	1		
	ス	0	1		
	セソ	90	1		
	タ	2	2		
	チ・ツ・テ・ト	1・3・2・3	2		
	ナ	2	2		
	ニ・ヌ	2・3	2	/20	/20

年度	解 答 記 号	正　解	配点	第1回目得点	第2回目得点
H29 ④	ア・イ	1・3	1	日付 /	日付 /
	ウ	2	1		
	エ・オ・カ・キ	5・2・3・2	2		
	ク・ケ	1・3	2		
	コ・サ	4・3	2		
	シ・ス	2・3	2		
	セ・ソ・タ・チ・ツ	4・3・2・3・3	2		
	テ・ト・ナ	2・a・3	2		
	ニ・ヌ・ネ・ノ・ハ	−・2・1・2・a	3		
	ヒ・フへ	5・12	3	/20	/20
H30 ④	ア	2	1	日付 /	日付 /
	イ	2	1		
	ウ・エ・オ・カ	3・4・1・4	2		
	キク・ケ	−3・4	2		
	コ・サ・シ	1・a・a	4		
	スセ・ソ	−a・4	2		
	タチ	−3	2		
	ツ・テ	9・6	3		
	トナ・ニ・ヌ	3a・2・2	3	/20	/20
H29 試行 ④	$\vec{a}\cdot\vec{b}=$ ア	$\vec{a}\cdot\vec{b}=1$	2	日付 /	日付 /
	$\overrightarrow{OA}\cdot\overrightarrow{BC}=$ イ	$\overrightarrow{OA}\cdot\overrightarrow{BC}=0$	3		
	ウ	1	3		
	エ	2	3		
	オ・カ	0・3	3		
	キ	1	3		
	ク	0	3	/20	/20

年度	解答記号	正解	配点	第1回目得点	第2回目得点
H30 試行 ⑤	$\dfrac{ア}{イ}$	$\dfrac{1}{2}$	1	日付 ／	日付 ／
	$\dfrac{ウ}{エ}$	$\dfrac{1}{2}$	1		
	$k=\dfrac{オ}{カ}$	$k=\dfrac{2}{3}$	2		
	$\vec{d}=\dfrac{キ}{ク}\vec{a}+\dfrac{ケ}{コ}\vec{b}-\vec{c}$	$\vec{d}=\dfrac{2}{3}\vec{a}+\dfrac{2}{3}\vec{b}-\vec{c}$	3		
	$\dfrac{サ}{シ}$	$\dfrac{1}{2}$	2		
	$\dfrac{スセ}{ソ}$	$\dfrac{-1}{3}$	3		
	タ	1	4		
	$\alpha=$ チツ $°$	$\alpha=90°$	2		
	テ	1	2	／20	／20
H31 ④	アイ	90	1	日付 ／	日付 ／
	ウ・エ	5・2	1		
	オカ	-1	1		
	キ	2	1		
	ク	2	1		
	ケコサ	120	1		
	シス	60	1		
	セ	2	1		
	ソ・タ	2・2	1		
	チ・ツ・テ	3・3・2	2		
	ト	0	1		
	ナ・ニ・ヌ	1・3・5	2		
	ネ・ノ	5・5	2		
	ハ・ヒ	1・6	1		
	フ	3	1		
	ヘ・ホ	3・3	2	／20	／20

年度	解答記号	正解	配点	第1回目得点	第2回目得点
R2 ④	ア・イ	3・6	2	日付 ／	日付 ／
	ウ・エ	4・3	2		
	オカ	36	2		
	キク・ケ	-2・3	1		
	コ	1	1		
	サ・シ	2・6	2		
	ス・セ・ソタ	2・2・-4	1		
	チ	3	2		
	ツテ	30	2		
	ト・ナ・ニ／ヌ・ネ・ノ	1・2・2・1・2・2	2		
	ハヒ	60	1		
	フ	3	1		
	ヘ・ホ	4・3	1	／20	／20
R3 ⑤	アイ	36	2	日付 ／	日付 ／
	ウ	a	2		
	エ-オ	$a-1$	3		
	$\dfrac{カ+\sqrt{キ}}{ク}$	$\dfrac{3+\sqrt{5}}{2}$	2		
	$\dfrac{ケ-\sqrt{コ}}{サ}$	$\dfrac{1-\sqrt{5}}{4}$	3		
	シ	9	3		
	ス	0	3		
	セ	0	2	／20	／20
R3 追試 ⑤	ア	5	2	日付 ／	日付 ／
	$\dfrac{イ}{ウエ}$	$\dfrac{9}{10}$	2		
	$\dfrac{オ}{カ}$ $\dfrac{キ}{ク}$	$\dfrac{2}{5}$, $\dfrac{1}{2}$	2		
	ケ	4	2		
	コ・$\sqrt{サ}$	3, $\sqrt{7}$	2		
	シ	-	2		
	$\dfrac{ス}{セ}$	$\dfrac{1}{3}$	3		
	$\dfrac{ソ}{タチ}$	$\dfrac{7}{12}$	3		
	ツ	1	2	／20	／20

年度	解答記号	正　解	配点	第1回目得点	第2回目得点
R 4 ⑤	$\dfrac{アイ}{ウ}$	$\dfrac{-2}{3}$	1	日付　／	日付　／
	エ ・ オ	$1 \cdot 0$	2		
	カ ・ キ	$4 \cdot 0$	2		
	$\dfrac{ク}{ケ}$	$\dfrac{3}{5}$	2		
	コ ・ サ ・ シ	$3 \cdot 5 \cdot 3$	2		
	ス	3	2		
	セ	0	2		
	ソ	6	2		
	タ	$-$	1		
	チ ・ ツ	$2 \cdot 3$	1		
	$\dfrac{テ}{ト}$	$\dfrac{3}{4}$	3	／20	／20

H28　① [3]

$x^2+(20-a^2)x-20a^2 \leqq 0$

$(x+20)(x-a^2) \leqq 0$

$a \geqq 1$ より，$-20<a^2$ なので，

$-20 \leqq x \leqq a^2$ ────①′

$a \geqq 1$ より，$x^2+4ax \geqq 0$

$x(x+4a) \geqq 0$

$-4a<0$ より，$x \leqq -4a$，$0 \leqq x$ ────②′

①′，②′ の範囲を数直線上に表すと，$a \geqq 1$ より

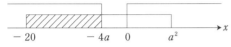

これを満たす負の実数が存在するには，

$-4a \geqq -20$ でなければならない。

$-4a \geqq -20$，$a \leqq 5$

そして，$a \geqq 1$ より，$1 \leqq a \leqq 5$

R3　① [1]

(1) $c=1$ のとき

$2x^2+(4 \cdot 1-3)x+2 \cdot 1^2-1-11=0$

$2x^2+x-10=0$

$(2x+5)(x-2)=0$

(2) $c=2$ のとき

$2x^2+(4 \cdot 2-3)x+2 \cdot 2^2-2-11=0$

$2x^2+5x-5=0$

解の公式より

$x=\dfrac{-5 \pm \sqrt{5^2-4 \cdot 2 \cdot (-5)}}{2 \cdot 2}$

$=\dfrac{-5 \pm \sqrt{65}}{4}$

大きい方の解を α とすると

$\dfrac{1}{\alpha}=\dfrac{4}{-5+\sqrt{65}}>\alpha=\dfrac{-5+\sqrt{65}}{4}$

$\dfrac{5}{\alpha}=\dfrac{4 \cdot 5}{-5+\sqrt{65}}=\dfrac{20(\sqrt{65}+5)}{(\sqrt{65}-5)(\sqrt{65}+5)}$

$=\dfrac{\overset{1}{\cancel{20}}(\sqrt{65}+5)}{\underset{2}{\cancel{40}}}=\dfrac{5+\sqrt{65}}{2}$

$m<\dfrac{5}{\alpha}<m+1$ を満たす整数 m を求めるために $\sqrt{65}$ について考える。

$\sqrt{8^2}<\sqrt{65}<\sqrt{9^2}$

$8<\sqrt{65}<9$

$\dfrac{5+8}{2}<\dfrac{5+\sqrt{65}}{2}<\dfrac{5+9}{2}$

$6.5<\dfrac{5+\sqrt{65}}{2}<7$　　　$m=6$

(3) $2x^2+(4c-3)x+2c^2-c-11=0$

解の公式より

$x=\dfrac{-(4c-3) \pm \sqrt{(4c-3)^2-4 \cdot 2(2c^2-c-11)}}{2 \cdot 2}$

$=\dfrac{-4c+3 \pm \sqrt{-16c+97}}{4}$

これが異なる 2 つの有理数になるのは

$-16c+97>0$ で，平方数であるときである。

$-16c+97>0$

$16c<97$　　　　　　　$c<6\dfrac{1}{16}$

c は正の整数なので，$c=1, 2, 3, 4, 5, 6$

これらのうち $-16c+97$ が平方数になるのは以下より

$c=1, 3, 6$ のとき

$c=1 \cdots\cdots -16+97=81=9^2$

$c=2 \cdots\cdots -32+97=65$

$c=3 \cdots\cdots -48+97=49=7^2$

$c=4 \cdots\cdots -64+97=33$

$c=5 \cdots\cdots -80+97=17$

$c=6 \cdots\cdots -96+97=1=1^2$

よって，3 個

R4　① [1]

$a+b+c=1 \cdots ①$，$a^2+b^2+c^2=13 \cdots ②$

(1) $(a+b+c)^2=a^2+b^2+c^2+2(ab+bc+ca)$

①，② より，$1^2=13+2(ab+bc+ca)$

$2(ab+bc+ca)=-12$

$ab+bc+ca=-6 \cdots ③$

$(a-b)^2+(b-c)^2+(c-a)^2$

$=(a^2-2ab+b^2)+(b^2-2bc+c^2)+(c^2-2ca+a^2)$

$=2\{(a^2+b^2+c^2)-(ab+bc+ca)\}$

②，③ より，$=2\{13-(-6)\}$

$=38 \cdots ④$

(2) $a-b=2\sqrt{5}$ のとき，$b-c=x$，$c-a=y$ とおくと，

$x+y=(b-c)+(c-a)$

$=-(a-b)$

$=-2\sqrt{5} \cdots ⑤$

$x^2+y^2=(b-c)^2+(c-a)^2$

$=\{(a-b)^2+(b-c)^2+(c-a)^2\}-(a-b)^2$

④，⑤ より，$=38-(2\sqrt{5})^2$

$=38-20$

$=18 \cdots ⑥$

$x^2+y^2=(x+y)^2-2xy$

$18=(-2\sqrt{5})^2-2xy$

$xy=1 \cdots ⑦$

⑦ より，$(a-b)(b-c)(c-a)=2\sqrt{5} xy$

$=2\sqrt{5} \cdot 1=2\sqrt{5}$

解説

H25 ① [1]

$$AB=\frac{1}{(1+\sqrt{6})+\sqrt{3}}\times\frac{1}{(1+\sqrt{6})-3}$$

$$=\frac{1}{(1+\sqrt{6})^2-3}$$

$$=\frac{1}{(1+2\sqrt{6}+6)-3}=\frac{1}{2(\sqrt{6}+2)}$$

$$=\frac{\sqrt{6}-2}{2(\sqrt{6}+2)(\sqrt{6}-2)}=\frac{\sqrt{6}-2}{2(6-4)}=\frac{\sqrt{6}-2}{4}$$

また，

$$\frac{1}{A}+\frac{1}{B}=(1+\sqrt{3}+\sqrt{6})+(1-\sqrt{3}+\sqrt{6})$$

$$=2+2\sqrt{6}$$

以上により，

$$A+B=AB\left(\frac{1}{B}+\frac{1}{A}\right)=AB\left(\frac{1}{A}+\frac{1}{B}\right)$$

$$=\frac{\sqrt{6}-2}{4}\times(2+2\sqrt{6})=\frac{4-\sqrt{6}}{2}$$

[2]

(1) 命題「$r\Longrightarrow(p$ または q）」の対偶は

$$「(\bar{p}\text{ かつ }\bar{q})\Longrightarrow\bar{r}」\qquad\therefore①$$

(2) 反例となっているもの，つまり

「$(p$ または $q)\Longrightarrow\bar{r}$」

$\Longleftrightarrow$「(三つの内角がすべて異なる，または直角三角形でない三角形)

$\Longrightarrow$ 45°の内角が少なくとも一つある三角形」

となるものを挙げればよい。

①～④のうち，$(p$ または q) の三角形は①～④

①～④のうち，$\bar{r}$ の三角形は①，④

$\therefore$①，④

(3) (2)より命題「$(p$ または $q)\Longrightarrow r$」は偽

また，命題「$r\Longrightarrow(p$ または q)」の対偶

「$(\bar{p}\text{ かつ }\bar{q})\Longrightarrow\bar{r}$」

$\Longleftrightarrow$「等しい内角があり，直角三角形$\Longrightarrow$45°の内角がある」は真。（$(\bar{p}\text{ かつ }\bar{q})$：直角二等辺三角形）

命題とその対偶の真偽は一致するため，命題「$r\Longrightarrow$ $(p$ または q)」も真。

したがって

r は $(p$ または q) であるための十分条件であるが必要条件ではない。

$\therefore$②

H26 ① [1]

(1) $ab=\dfrac{1+\sqrt{3}}{1+\sqrt{2}}\times\dfrac{1-\sqrt{3}}{1-\sqrt{2}}=\dfrac{1^2-(\sqrt{3})^2}{1^2-(\sqrt{2})^2}=\dfrac{1-3}{1-2}$

$$=2$$

$$a+b=\frac{1+\sqrt{3}}{1+\sqrt{2}}+\frac{1-\sqrt{3}}{1-\sqrt{2}}$$

$$=\frac{(1+\sqrt{3})(1-\sqrt{2})}{(1+\sqrt{2})(1-\sqrt{2})}+\frac{(1-\sqrt{3})(1+\sqrt{2})}{(1-\sqrt{2})(1+\sqrt{2})}$$

$$=\frac{1-\sqrt{2}+\sqrt{3}-\sqrt{6}+1+\sqrt{2}-\sqrt{3}-\sqrt{6}}{1^2-(\sqrt{2})^2}$$

$$=\frac{2-2\sqrt{6}}{-1}=2(-1+\sqrt{6})$$

$$a^2+b^2=(a+b)^2-2ab$$

$$=\{2(-1+\sqrt{6})\}^2-2\cdot2$$

$$=4(-1+\sqrt{6})^2-4$$

$$=4-8\sqrt{6}+24-4$$

$$=8(3-\sqrt{6})$$

(2) $a^2+b^2+4(a+b)$

$$=8(3-\sqrt{6})+4\cdot2(-1+\sqrt{6})=16\qquad\cdots①$$

$ab=2$ より，$b=\dfrac{2}{a}$ を①に代入すると

$$a^2+\left(\frac{2}{a}\right)^2+4\left(a+\frac{2}{a}\right)=16$$

$$a^2+\frac{4}{a^2}+4a+\frac{8}{a}-16=0$$

両辺に a^2 をかけると，

$$a^4+4+4a^3+8a-16a^2=0$$

$$a^4+4a^3-16a^2+8a+4=0$$

[2]

(1) $5<\sqrt{n}<6\Rightarrow\sqrt{25}<\sqrt{n}<\sqrt{36}$ より，これを満たす自然数 n は26～35。

よって，**10**個。

(2) (1)より P=28, 32

　　　　　Q=30, 35

　　　　　R=30

　　　　　S=28, 35

よって，空集合になるのは，P∩R と R∩$\overline{\text{Q}}$

$\therefore$⓪，④

(3) ⓪…P∪R=28, 30, 32

$\overline{\text{Q}}$=26, 27, 28, 29, 31, 32, 33, 34

より，P∪R⊂$\overline{\text{Q}}$ は成り立たない。

①…S∩$\overline{\text{Q}}$=28, P=28, 32

より，S∩$\overline{\text{Q}}$⊂P が成り立つ。

②…$\overline{\text{Q}}$∩$\overline{\text{S}}$=$\overline{\text{Q}\cup\text{S}}$

　　　=26, 27, 29, 31, 32, 33, 34

$\overline{\text{P}}$=26, 27, 29, 30, 31, 33, 34, 35 より，

$\overline{\text{Q}}$∩$\overline{\text{S}}$⊂$\overline{\text{P}}$ は成り立たない。

③…$\overline{\text{P}}$∪$\overline{\text{Q}}$=$\overline{\text{P}\cap\text{Q}}$=26～35

$\overline{\text{S}}$=26, 27, 29, 30, 31, 32, 33, 34 より，

$\overline{\text{P}}$∪$\overline{\text{Q}}$⊂$\overline{\text{S}}$ は成り立たない。

④…$\overline{\text{R}}$∩$\overline{\text{S}}$=$\overline{\text{R}\cup\text{S}}$=26, 27, 29, 31, 32, 33, 34

$\overline{\text{S}}$=26, 27, 29, 30, 31, 32, 33, 34 より，

$\overline{\text{R}}$∩$\overline{\text{S}}$⊂$\overline{\text{Q}}$ が成り立つ。

H27 ②【1】

(1) $(p_1\text{かつ}p_2)\Rightarrow(q_1\text{かつ}q_2)$ の対偶は,

$$\overline{(q_1\text{かつ}q_2)}\Rightarrow\overline{(p_1\text{かつ}p_2)}$$
$$\|$$
$$(\overline{q_1}\text{または}\overline{q_2})\Rightarrow(\boldsymbol{\overline{p_1}\text{または}\overline{p_2}})$$

(2) $p_1: n=2,\ 3,\ 5,\ 7,\ 11,\ 13,\ 17,\ 19,\ 23,\ 29$

$p_2: n=1,\ 3,\ 5,\ 9,\ 11,\ 15,\ 17,\ 21,\ 27,\ 29$

$q_1: n=4,\ 9,\ 14,\ 19,\ 24,\ 29$

$q_2: n=5,\ 11,\ 17,\ 23,\ 29$

よって, $(p_1\text{かつ}p_2)=3,\ ⑤,\ ⑪,\ ⑰,\ 29$

$(\overline{q_1}\text{かつ}q_2)=⑤,\ ⑪,\ ⑰,\ 23$

なので, 反例は, **3 と 29**

H28 ①【2】

(1) (i) 集合 $\{0\}$ は, 有理数全体の集合 A に含まれるので,

$$A\supset\{0\}$$

(ii) 要素 $\sqrt{28}$ は, 無理数全体の集合 B に含まれるので,

$$\sqrt{28}\in B$$

(iii)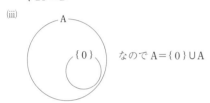

なので $A=\{0\}\cup A$

(iv) 「有理数」かつ「無理数」である数は存在しないので,

$$\phi=A\cap B$$

(2) ・「p ならば q」は偽 (反例:$x=\sqrt{2}$)

「q ならば p」は真→「$x+\sqrt{28}$ は有理数」となる

$$x=-\sqrt{28}$$

これは無理数なので。

よって, p は q であるための**必要条件であるが十分条件ではない**。

・「p ならば r」は偽 (反例:$x=\sqrt{2}$)

・「r ならば p」は偽 (反例:$x=0$)

よって, p は r であるための**必要条件でも十分条件でもない**。

H29 ①【1】

$$\left(x+\frac{2}{x}\right)^2=x^2+\frac{4}{x^2}+2\cdot x\cdot\frac{2}{x}=9+4=\boldsymbol{13}$$

$$x^3+\frac{8}{x^3}=\left(x+\frac{2}{x}\right)\left(x^2-x\cdot\frac{2}{x}+\frac{4}{x^2}\right)$$
$$=\left(x+\frac{2}{x}\right)\left(x^2+\frac{4}{x^2}-2\right)$$
$$=\sqrt{13}\times(9-2)=\boldsymbol{7\sqrt{13}}$$

$$x^4+\frac{16}{x^4}=\left(x^2+\frac{4}{x^2}\right)^2-2\cdot x^2\cdot\frac{4}{x^2}=81-8=\boldsymbol{73}$$

【2】

(1) 条件 p を満たす集合を P, 条件 q を満たす集合を Q とおくと, ベン図は右図のように描ける。

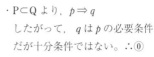

・P⊂Q より, $p\Rightarrow q$
したがって, q は p の必要条件だが十分条件ではない。∴⓪

・$\overline{P}$ と Q に包含関係はない。したがって, 必要条件でも十分条件でもない。∴③

・$P\cup\overline{Q}$ と Q に包含関係はない。したがって, 必要条件でも十分条件でもない。∴③

・$\overline{P}\cap Q\subset Q$ より,
$(\overline{p}\text{かつ}q)\Rightarrow q$
したがって, $(\overline{p}\text{かつ}q)$ は q であるための十分条件だが必要条件ではない。∴①

(2) 条件 r を満たす集合を R としてベン図を描くと, 右下図のようになる。

A:$(P\cap Q)\subset R$ より,
$(p\text{かつ}q)\Rightarrow r$
よって A は真。

B:Q と R に包含関係はない。よって, B は偽。

C:$\overline{Q}\subset\overline{P}$ より $\overline{q}\Rightarrow\overline{p}$
よって, C は真。∴②

H30 ①【1】

$$(x+n)(n+5-x)=(x+n)\{n+(5-x)\}$$
$$=xn+x(5-x)+n^2+n(5-x)$$
$$=x(5-x)+n^2+5n$$

したがって,

$$A=x(5-x)\times(x+1)(6-x)\times(x+2)(7-x)$$
$$=x(5-x)\times(x+1)(1+5-x)\times(x+2)(2+5-x)$$
$$=x(5-x)\times\{x(5-x)+1^2+5\cdot1\}\{x(5-x)+2^2+5\cdot2\}$$
$$=X(X+\boldsymbol{6})(X+\boldsymbol{14})$$

$x=\dfrac{5+\sqrt{17}}{2}$ のとき,

$$X=x(5-x)=\frac{5+\sqrt{17}}{2}\left(5-\frac{5+\sqrt{17}}{2}\right)$$
$$=\frac{5+\sqrt{17}}{2}\times\frac{5-\sqrt{17}}{2}=\frac{(5+\sqrt{17})(5-\sqrt{17})}{4}$$
$$=\frac{25-17}{4}=2 \qquad\text{より,}$$

$$A=2\times(2+6)\times(2+14)$$
$$=2\times8\times16=2\times2^3\times2^4=2^8$$

[2]

(1) $A=\{1, 2, 4, 5, 10, 20\}$

$B=\{3, 6, 9, 12, 15, 18\}$

$C=\{2, 4, 6, 8, 10, 12,$

$\quad 14, 16, 18, 20\}$

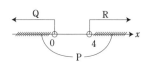

(a) 例えば，$5\in A$ だが

$5\notin C$ なので誤り

(b) 上のベン図より正しい

よって②

(c) $A\cup C=\{1, 2, 4, 5, 6, 8, 10, 12, 14, 16, 18,$

$20\}$ より，$(A\cup C)\cap B=\{6, 12, 18\}$ となり正しい。

(d) $(\overline{A}\cap C)\cup B=\{3, 6, 8, 9, 12, 14, 15, 16, 18\}$

$\overline{A}\cap(B\cup C)=\{3, 6, 8, 9, 12, 14, 15, 16, 18\}$

よって正しい。⓪

(2) $p: x-2<-2,\ x-2>2,$

つまり $x<0,\ x>4$

$q: x<0$

$r: x>4$

$s: \sqrt{x^2}=|x|$ より，$|x|>4,$

つまり $x<-4,\ x>4$

p, q, r, s をみたす集合を

P, Q, R, Sとおくと，

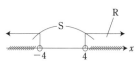

$Q\cup R=\{x$ は実数 $|x<0,\ x>4\}$

$P=\{x$ は実数 $|x<0,\ x>4\}$

したがって，$P\cup R=P$より②

$S=\{x$ は実数$|x<-4,\ x>4\}$

$R=\{x$ は実数$|x>4\}$

したがって，$R\subset S$より$r\Rightarrow s$　⓪

H30　試行　①[1]

(2) ①$3-\sqrt{3}$，$\sqrt{3}-1$ は無理数だが，

$(3-\sqrt{3})+(\sqrt{3}-1)=2$は有理数となるので偽。

③$\sqrt{4}=2$，$-\sqrt{4}=-2$ なので，そもそも $x,\ y\in B$ という仮定を満たしていないので，反例にならない。

④$\sqrt{8}$，$1-2\sqrt{2}$ は無理数だが，$\sqrt{8}+(1-2\sqrt{2})=2\sqrt{2}+1-2\sqrt{2}=1$は有理数となるので偽。

H31　①[1]

$9a^2-6a+1=(3a-1)^2$

$A=\sqrt{(3a-1)^2}+|a+2|$

$\quad =|3a-1|+|a+2|$

		$a=-2$		$a=\frac{1}{3}$	
$3a-1$		$-$		$-$	$+$
$a+2$		$-$		$+$	$+$

・$a>\frac{1}{3}$ のとき

$A=3a-1+a+2=4a+1$ ——①

・$-2\leqq a\leqq\frac{1}{3}$ のとき

$A=-(3a-1)+a+2=-2a+3$ ——②

・$a<-2$ のとき

$A=-(3a-1)-(a+2)=-4a-1$ ——③

①について　$4a+1=2a+13$

$\qquad a=6$　これは $a>\frac{1}{3}$ に合う

②について　$-2a+3=2a+13$

$\qquad a=-\frac{5}{2}$　これは $-2\leqq a\leqq\frac{1}{3}$ に合わないので

不適

③について　$-4a-1=2a+13$

$\qquad a=-\frac{7}{3}$　これは $a<-2$ に合う

よって $A=2a+13$ となる a の値は

$$a=6,\ \frac{-7}{3}$$

[2]

(1) $\overline{p}: m$ は偶数または n は偶数

よって，m が奇数ならば n は偶数⓪

$\qquad\qquad m$ が偶数ならば n はどちらでもよい②

(2) $p\Longleftrightarrow m$ と n は素因数2を持たない

$\qquad \Longleftrightarrow 3mn$ は素因数2を持たない

$\qquad \Longleftrightarrow q$

よって $p\Longleftrightarrow q$ より p は q の必要十分条件⓪

$p\Rightarrow r$ について

p の仮定より $5n$ は奇数

奇数＋奇数＝偶数なので，$m+5n$ は偶数

よって $p\Rightarrow r$ は真

$r\Rightarrow p$ について

$m=n=2$ とすると，$m+5n=2+5\cdot 2=12$

したがって $m+5n$ は偶数だが $m,\ n$ はともに奇数でない

よって $r\Rightarrow p$ は偽

以上より p は r の十分条件②

$\overline{p}\Rightarrow r$ について

$m=2,\ n=3$ とすると，これは $\overline{p}$ をみたす

しかし，$m+5n=2+5\cdot 3=17$ となり r をみたさない

よって $\overline{p}\Rightarrow r$ は偽

$r\Rightarrow\overline{p}$ について対偶をとると $p\Rightarrow\overline{r}$

上で $p\Rightarrow r$ が真なので $p\Rightarrow\overline{r}$ は偽

よって $r\Rightarrow\overline{p}$ は偽

以上より $\overline{p}$ は r の必要条件でも十分条件でもない③

R2　①[1]

(1) $a^2-2a-8<0$ を解けばよい。$(a-4)(a+2)<0$ より

$-2<a<4$

(2) $b=-\dfrac{a}{a^2-2a-8}$ である。$a>0$ のとき

$b=-\dfrac{a}{a^2-2a-8}>0\Longleftrightarrow\dfrac{a}{a^2-2a-8}<0$

$\qquad\qquad\qquad\qquad \Longleftrightarrow\dfrac{a^2-2a-8}{a}<0$

$\Longleftrightarrow a^2-2a-8<0$

したがって(1)より $0<a<4$。$a\le0$ のとき同様に考えると $a^2-2a-8>0$。よって $a<-2$。$a=\sqrt{3}$ のとき，

$$b=-\frac{\sqrt{3}}{(\sqrt{3})^2-2\sqrt{3}-8}=\frac{\sqrt{3}}{5+2\sqrt{3}}$$

$$=\frac{\sqrt{3}(5-2\sqrt{3})}{(5+2\sqrt{3})(5-2\sqrt{3})}$$

$$=\frac{5\sqrt{3}-6}{13}$$

[2]

(1) 32 は4の倍数かつ6の倍数だが，24の倍数でない。

よって $32\in P\cap Q\cap\overline{R}$

(2) $P\cap Q$ に属する要素は4の倍数かつ6の倍数，つまり12の倍数である。よって，求める自然数は12

また，12は24の倍数ではないので $12\notin R$

(3) (2)より $P\cap Q\subset R$ は偽。したがって，12は（p かつ q）$\Longrightarrow r$ の反例である。

R3　追試　[1] [1]

$|ax-b-7|<3$ …①

(1) $a=-3$，$b=-2$ のとき

$|-3x-(-2)-7|<3$

$|-3x-5|<3$

(i) $-3x-5\ge0$ すなわち $x\le-\dfrac{5}{3}$ のとき

$|-3x-5|=-3x-5$

$-3x-5<3$

$-3x<8$

$x>-\dfrac{8}{3}$

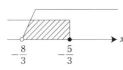

$x\le-\dfrac{5}{3}$ との共通範囲は $-\dfrac{8}{3}<x\le-\dfrac{5}{3}$

(ii) $-3x-5<0$ すなわち $x>-\dfrac{5}{3}$ のとき

$|-3x-5|=-(-3x-5)=3x+5$

$3x+5<3$

$3x<-2$

$x<-\dfrac{2}{3}$

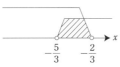

$x>-\dfrac{5}{3}$ との共通範囲は $-\dfrac{5}{3}<x<-\dfrac{2}{3}$

(i)(ii)を合わせると $-\dfrac{8}{3}<x<-\dfrac{2}{3}$

これを満たす整数は -2，-1

$P=\{-2,-1\}$

(2) $a=\dfrac{1}{\sqrt{2}}$ とする

(i) $b=1$ のとき

$\left|\dfrac{1}{\sqrt{2}}x-1-7\right|<3$

(1)と同様にして

$5\sqrt{2}<x<11\sqrt{2}$

これを満たす整数は 8 ～ 15 の8個

(ii) $a=\dfrac{1}{\sqrt{2}}$ のとき $\left|\dfrac{1}{\sqrt{2}}x-b-7\right|<3$ となり(i)と同様にして

$(b+4)\sqrt{2}<x<(b+10)\sqrt{2}$

この式に $b=1,2,3\cdots$ と順に考えてこれを満たす整数が $8+1=9$ 個となればよい

$b=1$ のとき，(i)より8個なので不適

$b=2$ のとき，$(2+4)\sqrt{2}<x<(2+10)\sqrt{2}$

$6\sqrt{2}<x<12\sqrt{2}$

これを満たす整数は 9 ～ 16 の8個なので不適

$b=3$ のとき，$(3+4)\sqrt{2}<x<(3+10)\sqrt{2}$

$7\sqrt{2}<x<13\sqrt{2}$

これを満たす整数は 10 ～ 18 の9個。

よって①を満たす整数が全部で9個であるような正の整数のうち，最小のものは3である。

R4　[2] [1]

$x^2+px+q=0$ …①　　x^2+qx+p …②

(1) $p=4$，$q=-4$ のとき，①，②の解はそれぞれ

$x^2+4x-4=0$ 　　　　　　$x^2-4x+4=0$

$x=-2\pm\sqrt{1^2-(-4)}$ 　　$(x-2)^2=0$

$\quad=-2\pm2\sqrt{2}$ 　　　　　$x=2$

よって①または②を満たす実数は $-2\pm2\sqrt{2}$，2 の3つとなり

$n=3$

$p=1$，$q=-2$ のとき，①，②の解はそれぞれ

$x^2+x-2=0$ 　　　　　$x^2-2x+1=0$

$(x+2)(x-1)=0$ 　　　$(x-1)^2=0$

$\quad x=1,-2$ 　　　　　$x=1$

よって①または②を満たす実数は 1，-2 の2つとなり，

$n=2$

(2) $p=-6$ のとき，①，②はそれぞれ

$x^2-6x+q=0$，$x^2+qx-6=0$ となり，

①，②をともに満たす実数 x を α とすると，

$\alpha^2-6\alpha+q=0$，$\alpha^2+q\alpha-6=0$ となり，

$\alpha^2-6\alpha+q=\alpha^2+q\alpha-6$

$(q+6)\alpha-(q+6)=0$

$(q+6)(\alpha-1)=0$

よって，$q=-6$ または $\alpha=1$ のとき成り立つが，$q=-6$ の場合，$p=q$ となり①と②の解が一致するため，実数解の個数 $n\le2$ となり不適。よって $\alpha=1$ となる。これを代入すると，

$1-6+q=0$

$q=5$

よって $p=-6$，$q=5$ のとき①，②の解はそれぞれ

$x^2-6x+5=0$ 　　　　$x^2+5x-6=0$

$(x-5)(x-1)=0$ 　　　$(x+6)(x-1)=0$

$\quad x=1,5$ 　　　　　　$x=1,-6$

よって①または②を満たす実数は 1, 5, -6 の 3 つ, $n=3$ となる。

他に $n=3$ になる場合として①, ②いずれか一方が重解をもち, 他方が異なる 2 つの実数解をもち, 解が重複しない場合が考えられる。

①が重解をもち, ②が異なる実数解をもつ場合を考えると,

$$x^2-6x+q=0$$

これが重解をもつには①の判別式を D とすると, D=0 となればよい。

$$\frac{D}{4}=(-3)^2-1\cdot q=0$$
$$9-q=0$$
$$q=9$$

$p=-6$, $q=9$ のとき①, ②の解はそれぞれ

$$x^2-6x+9=0 \qquad x^2+9x-6=0$$
$$(x-3)^2=0 \qquad x=\frac{-9\pm\sqrt{9^2-4\cdot1\cdot(-6)}}{2\cdot1}$$
$$x=3 \qquad\qquad =\frac{-9\pm\sqrt{105}}{2}$$

よって①または②を満たす実数は 3, $\dfrac{-9\pm\sqrt{105}}{2}$ の 3 つ, $n=3$ となる。

①が異なる実数解, ②が重解をもつ場合を考えると,

$$x^2+qx-6=0$$

これが重解をもつには②の判別式を D とすると, D=0 となればよい。

$$D=q^2-4\cdot1\cdot(-6)=0$$
$$q^2+24=0$$

q は実数であるから, $q^2+24=0$ となる q は存在しない。
よって, ②は重解をもつ場合はない。
以上のことから, $n=3$ となる q の値は

$$q=\mathbf{5},\ \mathbf{9}$$

(3) $y=x^2-6x+q$ …③ $\quad y=x^2+qx-6$ …④

③, ④をそれぞれ平方完成すると,

$$y=(x-3)^2+q-9 \qquad y=\left(x+\frac{q}{2}\right)^2-\frac{q^2}{4}-6$$

それぞれ頂点は,

$$(3,\ q-9),\ \left(-\frac{q}{2},\ -\frac{q^2}{4}-6\right)\ となる。$$

③の頂点は q が 1 から増加させると, x 座標は一定で, y 座標は増加するのでグラフは上方に動く。⑥

④の頂点は q が 1 から増加させると, x 座標, y 座標ともに減少するのでグラフは左下方に動く。①

(4) $A=\{x\mid x^2-6x+q<0\}$
$\quad B=\{x\mid x^2+qx-6<0\}$

(2)より, $q=5$, $q=9$ のとき③, ④のグラフはそれぞれ下図のようになる。

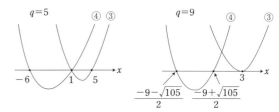
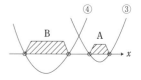

また, (3)より q が増加すると③は上方に, ④は左下方に動くので, $5<q<9$ の AB の関係は下図のようになる。

ここで「$x\in A$ ならば $x\in B$」, 「$x\in B$ ならば $x\in A$」はいずれも偽であるから,

$x\in A$ は $x\in B$ であるための必要条件でも十分条件でもない。③

また, 「$x\in B$ ならば $x\in\overline{A}$」は真, 「$x\in\overline{A}$ ならば $x\in B$」は偽であるから,

$x\in B$ は $x\in\overline{A}$ であるための十分条件ではあるが, 必要条件ではない。①

H25 ②

点 P は，点 A から出発して，x 座標が 1 秒あたり 2 増加するように動くので，t 秒後の点 P の x 座標 P_x は，

$$P_x = 2t - 8$$

また，点 P は直線 $y = -x$ 上を動くので，t 秒後の点 P の y 座標 P_y は，

$$P_y = -2t + 8 \qquad \therefore P(2t-8,\ -2t+8)$$

同様にして，点 Q の座標を求めると，$Q(t,\ 10t)$

P が O に到達するのは，$P_x = 0$　つまり，

$$2t - 8 = 0 \qquad \therefore t = 4 \qquad \text{のときである。}$$

(1)　$S = \triangle OPP' + \triangle OQQ'$

$$= OP' \times PP' \times \frac{1}{2}$$

$$\quad + OQ' \times QQ' \times \frac{1}{2}$$

$$= |P_x| \times |P_y| \times \frac{1}{2}$$

$$\quad + |Q_x| \times |Q_y| \times \frac{1}{2}$$

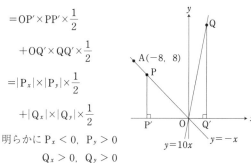

明らかに $P_x < 0,\ P_y > 0$

$\qquad\qquad Q_x > 0,\ Q_y > 0$

であるので，

$$S = (-2t+8) \times (-2t+8) \times \frac{1}{2} + t \times 10t \times \frac{1}{2}$$

$$= 7t^2 - 16t + 32$$

また，$S = 7t^2 - 16t + 32 = 7\left(t - \dfrac{8}{7}\right)^2 + \dfrac{160}{7}$

と変形できるので，

$0 < t < 4$ においては，$t = \dfrac{8}{7}$ で S は最小値 $\dfrac{160}{7}$ をとる。

(ⅰ)　S が $t = \dfrac{8}{7}$ で最小となる

のは，S の軸 $t = \dfrac{8}{7}$ が t の

変域内にあるときである。

右図より

$$a \leqq \frac{8}{7} \leqq a + 1$$

$$\therefore \frac{1}{7} \leqq a \leqq \frac{8}{7}$$

 $S = 7t^2 - 16t + 32$

(ⅱ)　S が $t = a$ で最大となる

のは，

S の軸 $t = \dfrac{8}{7}$ が t の変域

の中央の値 $\left(t = a + \dfrac{1}{2}\right)$

以上のとき。

右図より，$a + \dfrac{1}{2} \leqq \dfrac{8}{7}$

$$\therefore a \leqq \frac{9}{14}$$

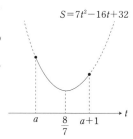 $S = 7t^2 - 16t + 32$

$0 < a < 3$ と合わせて $0 < a \leqq \dfrac{9}{14}$

(2)　$y = 2x^2$ のグラフを平行移動したものを，

$y = 2x^2 + bx + c$ とおく。

O を通るとき，$c = 0$

P，Q を通るとき，

$$\begin{cases} -(2t-8) = 2(2t-8)^2 + b(2t-8) \\ 10t = 2t^2 + bt \end{cases}$$

$0 < t < 4$ より $t \neq 0$，$t \neq 4$ であるので，

上式を変形して

$$\begin{cases} -1 = 2(2t-8) + b \\ 10 = 2t + b \end{cases} \qquad \begin{cases} t = \dfrac{5}{2} \\ b = 5 \end{cases}$$

$$\therefore y = 2x^2 + 5x = 2\left(x + \frac{5}{4}\right)^2 - \frac{25}{8}$$

このグラフは，$y = 2x^2$ のグラフを

x 軸方向に $\dfrac{-5}{4}$

y 軸方向に $\dfrac{-25}{8}$

だけ平行移動したものである。

H26 ②

①を平方完成させると，$y = (x+a)^2 + 2a^2 - 6a - 36$

したがって G の頂点は $(-a,\ 2a^2 - 6a - 36)$

(1)　①に $x = 0$ を代入して，

$$-27 = 3a^2 - 6a - 36$$

$$3a^2 - 6a - 9 = 0$$

$$a^2 - 2a - 3 = 0$$

$$(a+1)(a-3) = 0 \qquad \therefore a = 3,\ -1$$

$a = 3$ のとき，G の頂点は

$$(-3,\ 2 \cdot 3^2 - 6 \cdot 3 - 36) = (-3,\ -36)$$

$a = -1$ のとき，G の頂点は

$$(1,\ 2 \cdot (-1)^2 - 6 \cdot (-1) - 36) = (1,\ -28)$$

したがって，x 軸方向に 4，y 軸方向に 8 だけ平行移動すると一致する。

(2)　G は下に凸なので，x 軸と共有点を持つには，G の頂点の y 座標 $\leqq 0$ である。

したがって，$2a^2 - 6a - 36 \leqq 0$

$$a^2 - 3a - 18 \leqq 0$$

$$(a+3)(a-6) \leqq 0 \qquad \therefore -3 \leqq a \leqq 6$$

$p = 3a^2 - 6a - 36 \ (-3 \leqq a \leqq 6)$

$$= 3(a-1)^2 - 39$$

これをグラフにすると

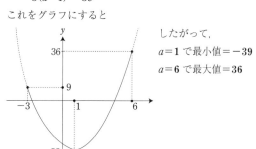

したがって，

$a = 1$ で最小値 $= -39$

$a = 6$ で最大値 $= 36$

Gがx軸と共有点を持つときのaの範囲は,

$-3 \leqq a \leqq 6$　…②

さらに, そのすべての共有点のx座標が-1より大きくなるようなaの範囲は, 軸>-1　…③

かつ　$a=-1$のときの$y>0$　…④

③…$-a>-1$　　$\therefore a<1$

④…$y=(-1)^2-2a+3a^2-6a-36>0$

　　$3a^2-8a-35>0$

　　$(3a+7)(a-5)>0$　　　$\therefore a<-\dfrac{7}{3}$, $5<a$

②, ③, ④より

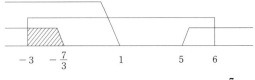

$$\therefore -3 \leqq a<-\dfrac{7}{3}$$

H27　1

①の式を平方完成させて,

$y=-x^2+2x+2$

　$=-(x-1)^2+3$　　　　　$\therefore$頂点$(1,\ 3)$

(1)　$2 \leqq x \leqq 4$において, 最大値が$f(2)$になるのは, 移動させて, 軸が1から2になるときまでである.

　　よって, $p \leqq 1$

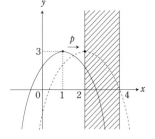

　　$2 \leqq x \leqq 4$において, 最小値が$f(2)$になるのは, 軸が, 斜線で示された範囲のちょうど真ん中, つまり3よりも, 大きくなったときである.

　　よって, $p \geqq 2$

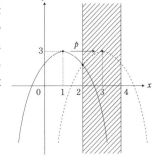

(2)　$f(x)$を移動させて, 解が$-2<x<3$になるのは, $-(x+2)(x-3)>0$となるときである.

　　左辺$=-x^2+x+6$

　　　　$=-\left(x-\dfrac{1}{2}\right)^2+\dfrac{25}{4}$より, 頂点$\left(\dfrac{1}{2},\ \dfrac{25}{4}\right)$なので$f(x)$

の頂点$(1,\ 3)$と比較して, $\begin{cases}p=\dfrac{1}{2}-1=\dfrac{-1}{2}\\[2mm]q=\dfrac{25}{4}-3=\dfrac{13}{4}\end{cases}$

H28　1　[1]

$\begin{aligned}f(x)&=(1+2a)(1-x)+(2-a)x\\&=1-x+2a-2ax+(2-a)x\\&=(-1-2a+2-a)x+2a+1\\&=(-3a+1)x+2a+1\end{aligned}$

(1)　i) $a \leqq \dfrac{1}{3}$のとき

$-3a+1 \geqq 0$より傾きが正なので

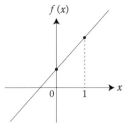

最小値は$f(0)=2a+1$

ii) $a>\dfrac{1}{3}$のとき

$-3a+1<0$より傾きが負なので

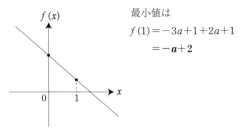

最小値は

$\begin{aligned}f(1)&=-3a+1+2a+1\\&=-a+2\end{aligned}$

(2)　常に$f(x) \geqq \dfrac{2(a+2)}{3}$となるためには,

(1)で求めた最小値$\geqq \dfrac{2(a+2)}{3}$となればよい.

i) $a \leqq \dfrac{1}{3}$のとき

$2a+1 \geqq \dfrac{2(a+2)}{3}$

$6a+3 \geqq 2a+4$

$a \geqq \dfrac{1}{4}$　　$a \leqq \dfrac{1}{3}$より, $\dfrac{1}{4} \leqq a \leqq \dfrac{1}{3}$

ii) $a>\dfrac{1}{3}$のとき

$-a+2 \geqq \dfrac{2(a+2)}{3}$

$-3a+6 \geqq 2a+4$

$a \leqq \dfrac{2}{5}$　　$a>\dfrac{1}{3}$より, $\dfrac{1}{3}<a \leqq \dfrac{2}{5}$

i), ii) より$\dfrac{1}{4} \leqq a \leqq \dfrac{2}{5}$

H29 ① [3]

$$g(x) = \{x - (3a^2 + 5a)\}^2 - (3a^2 + 5a)^2$$
$$+ 18a^4 + 30a^3 + 49a^2 + 16$$
$$= \{x - (3a^2 + 5a)\}^2 + 9a^4 + 24a^2 + 16$$

したがって，頂点は $(3a^2 + 5a,\ 9a^4 + 24a^2 + 16)$

$3a^2 + 5a = 3\left(a + \dfrac{5}{6}\right)^2 - \dfrac{25}{12}$ より，

頂点の x 座標の最小値は $-\dfrac{25}{12}$

$t = a^2$ とおくと，頂点の y 座標は，

$9t^2 + 24t + 16 = 9\left(t + \dfrac{4}{3}\right)^2 = 9\left(a^2 + \dfrac{4}{3}\right)^2$

$a^2 + \dfrac{4}{3}$ の最小値は $\dfrac{4}{3}$ より，

頂点の y 座標の最小値は $9 \times \left(\dfrac{4}{3}\right)^2 = 16$

H30 ① [3]

$$f(x) = a\left(x - \dfrac{a+3}{a}\right)^2 - \dfrac{(a+3)^2}{a} - 3a + 21$$
$$= a\left(x - \dfrac{a+3}{a}\right)^2 - 4a + 15 - \dfrac{9}{a}$$

よって，$p = \dfrac{a+3}{a} = 1 + \dfrac{3}{a}$

$0 \leqq x \leqq 4$ において $f(x)$ の最小値が
$f(4)$ となるのは，$p \geqq 4$ のとき，

よって，$1 + \dfrac{3}{a} \geqq 4$

つまり　$0 < a \leqq 1$

また，$0 \leqq x \leqq 4$ において
$f(x)$ の最小値が $f(p)$ となるのは，
$0 \leqq p \leqq 4$

よって，$0 \leqq 1 + \dfrac{3}{a} \leqq 4$

つまり　$1 \leqq a$

$0 < a \leqq 1$ のとき，$f(4)$ が最小値なので，
$f(4) = 16a - 8(a+3) - 3a + 21$
$= 5a - 3 = 1$

$$a = \dfrac{4}{5} \quad \text{これは } a \text{ の条件に合う}$$

$1 \leqq a$ のとき，$f(p)$ が最小値なので，

$f(p) = -4a + 15 - \dfrac{9}{a} = 1$

$4a^2 - 14a + 9 = 0 \qquad a = \dfrac{7 \pm \sqrt{13}}{4}$

$a \geqq 1$ より　$a = \dfrac{7 + \sqrt{13}}{4}$

H29 試行 ① [1]

(1) 図 1 の放物線は下に凸なので $a > 0$

$y = ax^2 + bx + c = a\left(x + \dfrac{b}{2a}\right)^2 - \dfrac{b^2}{4a} + c$ より頂点の座標は

$$\left(-\dfrac{b}{2a},\ -\dfrac{b^2}{4a} + c\right)$$

ここで頂点の x 座標が 0 より小さいことから，

$-\dfrac{b}{2a} < 0 \qquad a > 0$ より $b > 0$

この時点で⓪，または③まで絞られる。また，放物線は x 軸と異なる 2 点で交わっているので，$b^2 - 4ac > 0$
この条件を満たしているかを確認すればよい。

(2) c を $c + \delta$ と変化させたとすると，
$y - \delta = ax^2 + bx + c$ と変形できる。これは元のグラフを y 軸方向に δ だけ平行移動させたことを表す。

(3) $b = 3 > 0$ なのですべての $a > 0$ に対して，$-\dfrac{b}{2a} < 0$ が常に成り立つ。よって，頂点は第 2 象限と第 3 象限，または x 軸上にある。$a = \dfrac{b^2}{4c}$ のとき，頂点の y 座標は

$-\dfrac{b^2}{4 \cdot \dfrac{b^2}{4c}} + c = -\dfrac{b^2 c}{b^2} + c = 0$

よって，このときに頂点は x 軸上にある。

② [1]

(1) 例えば，T シャツが 1 枚 2000 円のときに購入してもよいと思っている生徒は，最終的に値段が 1500 円になっても購入するだろうと考えるほうが自然である。これを反映しているのが累積人数なので，y に適切なのは累積人数である。
グラフが直線になるのは 1 次関数なので，y は x の 1 次関数であり，$S(x) = xy$ と計算できるので，$S(x)$ は 2 次関数。

(2) グラフの直線は $(2000,\ 50)$，$(500,\ 200)$ を通るので，

$y = -\dfrac{1}{10}x + 250$　したがって，

$S(x) = -\dfrac{1}{10}x^2 + 250x = -\dfrac{1}{10}(x - 1250)^2 + \alpha$

（α はある定数）。
したがって，$S(x)$ は $x = 1250$ で最大値をとる。

(3) 販売数は 120 以下なので，$y = -\dfrac{1}{10}x + 250 \leqq 120$

これを解くと $x \geqq 1300$。(2)より価格が 1250 円より高いと売上額が下がることがわかるので，求める価格は 1300 円。

H30 試行 ① [2]

(1) 図 1 の放物線は，x 軸と 2 点で交わり，その x 座標はともに負なので $f(x) = 0$ は異なる 2 つの負の解を持つことがわかる。

(2) a を変化させると放物線の「開き具合」，特に $a > 0$ のとき下に凸，$a < 0$ のとき上に凸となる。p を変化させると x 軸方向に，q を変化させると y 軸方向にそれぞれ平行移動する。不等式 $f(x) > 0$ の解がすべての実数となるには $q > 0$ と，不等式 $f(x) > 0$ の解がないようにするには，$a < 0$ とすればよい。

2 【1】

(1) (i) $\angle A=60°$, $\angle B=30°$, $\angle C=90°$ より AB$=20$, AC$=10$,
BC$=10\sqrt{3}$　点 P, Q, R が同時刻の点 C, A, B に到達するので, それぞれの速さは, 点 P は毎秒 1, 点 Q は毎秒 2, 点 R は毎秒 $10\sqrt{3}$　したがって, 2 秒後は AP$=2$, AQ$=20-4=16$
△APQ において余弦定理より
$$PQ^2=2^2+16^2-2\cdot2\cdot16\cos60°$$
$$=228$$
PQ>0 より, PQ$=2\sqrt{57}$　また,
$$S=\frac{1}{2}\cdot AP\cdot AQ\cdot\sin60°$$
$$=\frac{1}{2}\cdot2\cdot16\cdot\frac{\sqrt{3}}{2}=8\sqrt{3}$$

(ii) x 秒後の PR の長さを y とおく。
このとき, PC$=10-x$, CR$=\sqrt{3}x$ なので
$$y^2=(10-x)^2+(\sqrt{3}x)^2$$
$$=4x^2-20x+100$$
したがって, 縦軸を y^2 で取るとグラフは下図のようになるので, とり得ない値は $5\sqrt{2}$,
一回だけとり得る値は $5\sqrt{3}$, $10\sqrt{3}$,
二回だけとり得る値は $4\sqrt{5}$, 10

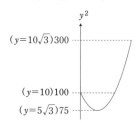

(iii) x 秒後の S_1, S_2, S_3 をそれぞれ求めると,
$$S_1=\frac{1}{2}\cdot AP\cdot AQ\cdot\sin60°$$
$$=\frac{1}{2}\cdot x\cdot(20-2x)\cdot\frac{\sqrt{3}}{2}$$
$$=\frac{\sqrt{3}}{2}x(10-x),$$
$$S_2=\frac{1}{2}\cdot BQ\cdot BR\cdot\sin30°$$
$$=\frac{1}{2}\cdot2x\cdot(10\sqrt{3}-\sqrt{3}x)\cdot\frac{1}{2}$$
$$=\frac{\sqrt{3}}{2}x(10-x)$$
$$S_3=\frac{1}{2}\cdot CP\cdot CR$$
$$=\frac{1}{2}\cdot(10-x)\cdot\sqrt{3}x=\frac{\sqrt{3}}{2}x(10-x)$$
よって, 時間によらず $S_1=S_2=S_3$

(2) 同様の計算により, (iii)の関係はこの三角形についても成り立つ。△ABC$=\frac{1}{2}\cdot12\cdot5=30$ より, $S_1=S_2=$
$$S_3=\frac{30-12}{3}=6$$　今回, 点 P が点 C に到達するまでに 12 秒かかるので, R は毎秒 $\frac{12}{5}$ 移動する。よって,
$$6=S_3=\frac{1}{2}\cdot CP\cdot CR=\frac{1}{2}\cdot(12-x)\cdot\frac{5}{12}x$$
式を整理すると $5x^2-60x+144=0$ となり,
これを解いて $x=\frac{30+6\sqrt{5}}{5}$

H31 1 【3】

(1) $$y=\left(x+\frac{2a-b}{2}\right)^2-\left(\frac{2a-b}{2}\right)^2+a^2+1$$
$$=\left(x+a-\frac{b}{2}\right)^2+ab-\frac{b^2}{4}+1\ \ \ \ \ ーー（＊）$$
よって頂点は $\left(\frac{b}{2}-a, -\frac{b^2}{4}+ab+1\right)$

(2) G の式に $(-1, 6)$ を代入すると,
$$6=1-(2a-b)+a^2+1$$
$$b=-a^2+2a+4$$
$$=-(a-1)^2+5$$
したがって b の最大値は **5** であり, そのときの a の値は **1**
これらを（＊）に代入すると,
$$y=\left(x-\frac{3}{2}\right)^2-\frac{1}{4}$$
よって, G は $y=x^2$ を x 軸方向に $\frac{3}{2}$, y 軸方向に $\frac{-1}{4}$ だけ平行移動したものである。

R2 1 【3】

(1) x 軸との交点の x 座標が c, $c+4$ なので, 求める式は
$$y=(x-c)(x-(c+4))=x^2-2(c+2)x+c(c+4)$$
$(3, 0)$, $(3, -3)$ を両端に持つ線分は
$x=3(0\leqq y\leqq3)$ と表せる。したがって, (1)の関数に $x=3$ を代入した値が -3 以上 0 以下であれば良い。その値は c^2-2c-3 なので $-3\leqq c^2-2c-3\leqq0$
これを解くと $-1\leqq c\leqq0$, $2\leqq c\leqq3$

(2) $(x, y)=(3, -1)$ を(1)の式に代入すると,
$-1=c^2-2c-3$　これを解くと $c=1\pm\sqrt{3}$
$2\leqq c\leqq3$ より $c=1+\sqrt{3}$
ここで(1)の式を平方完成すると, $y=(x-(c+2))^2-4$ であることから
$y=(x-(3+\sqrt{3}))^2-4$
よって, $y=x^2$ を x 軸方向に $3+\sqrt{3}$, y 軸方向に -4 だけ平行移動したもの。また, y 軸との交点は
$(0+(3+\sqrt{3}))^2-4=8+6\sqrt{3}$

R3 ②[1]

(1) ストライドをx(m／歩)，ピッチをz(歩／秒)とすると，

平均速度＝m／秒

$$=(m／歩)\times(歩／秒)=xz \quad ②$$

100m あたりのタイムは

タイム＝距離／速さ$=\dfrac{100}{xz}$

(2) 1回目，2回目，3回目のストライドとピッチをそれぞれ $x_1,\ x_2,\ x_3,\ z_1,\ z_2,\ z_3$ とおくと

$$z-z_1=\frac{z_2-z_1}{x_2-x_1}(x-x_1)$$

$$z-4.70=-2(x-2.05)$$

$$z=-2x+8.80=-2x+\frac{44}{5}$$

右図より

x が最大値 2.40 のとき

z が最小値をとり

x が最小値のとき

z が最大値 4.80 をとるので

$$4.80=-2x+8.80$$

$$x=2.00$$

$$2.00\leqq x\leqq 2.40$$

$y=xz$

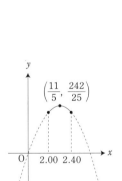

$$=x\left(-2x+\frac{44}{5}\right)$$

$$=-2x^2+\frac{44}{5}x$$

$$=-2\left\{\left(x-\frac{11}{5}\right)^2-\frac{11^2}{5^2}\right\}$$

$$=-2\left(x-\frac{11}{5}\right)^2+\frac{242}{25}$$

右図より

$2.00\leqq x\leqq 2.40$ より

$x=\dfrac{11}{5}=2.20$ のとき

y は最大値 $\dfrac{242}{25}$ をとる。

$$z=-2x+8.80=4.40$$

タイム $=\dfrac{100}{xz}$

$$=\frac{100}{2.20\times 4.40}=\frac{100}{9.68}=10.330 \quad ③$$

R3 追試 ②[1]

(1) 1皿あたりの価格を x 円，売り上げ数を y 皿とすると，1皿あたりの価格が 50 円上がると売り上げ数が 50 皿減るので，傾き $=\dfrac{-50}{50}=-1$

表より

$$y-200=-(x-200)$$

$$y=-x+400$$

よって

売り上げ数は $400-x$ …①と表される。

(2) 利益を y とおくと，条件 1 ～ 3 より，

(利益)＝(売り上げ金額)－(必要な経費)

＝(1皿あたりの価格)×(売り上げ数)－{(材料費)＋(たこ焼き用器具の賃貸料)}

$$y=x\times(400-x)-\{160\times(400-x)+6000\}$$

$$=-x^2+400x-(70000-160x)$$

$$=-x^2+560x-7\times 10000 \quad …②$$

(3) $y=-x^2+560x-70000$

$$=-(x^2-560x)-70000$$

$$=-\{(x-280)^2-280^2\}-70000$$

$$=-(x-280)^2+78400-70000$$

$$=-(x-280)^2+8400$$

よって利益が最大になるのは1皿あたりの価格が 280 円のときであり，そのときの利益は 8400 円である。

(4) $7500\leqq -x^2+560x-70000$ を満たす整数 x のうち最も小さいものを求めればよい。

$$x^2-560x+77500\leqq 0$$

$$(x-310)(x-250)\leqq 0$$

$$250\leqq x\leqq 310$$

よって，利益が 7500 円以上となる1皿あたりの価格のうち，最も安い価格は 250 円となる。

H25 ③

線分 AB は円 O の直径な
ので，OA＝3
点 O は円 P の周上にあるの
で，OP＝1
線分 AB は円 P の点 O にお
ける接線なので，
∠AOP＝90°

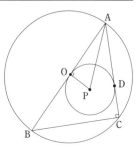

三平方の定理より
$$AP＝\sqrt{OA^2＋OP^2}＝\sqrt{9＋1}＝\sqrt{10}$$
OA，AD は円 P の接線であるので，
OA＝AD，∠AOP＝∠ADP＝90°
右図のように点 T をとると
$$\sin\angle OAP＝\sin\angle OAT$$
$$\frac{OP}{AP}＝\frac{OT}{OA}$$
$$OT＝\frac{OP}{AP}×OA＝\frac{1}{\sqrt{10}}×3＝\frac{3}{\sqrt{10}}$$
$$\therefore OD＝2OT＝\frac{6}{\sqrt{10}}＝\frac{3\sqrt{10}}{5}$$

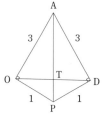

さらに，余弦定理より
$$\cos\angle OAD＝\frac{OA^2＋AD^2－OD^2}{2・OA・AD}$$
$$＝\frac{3^2＋3^2－\left(\frac{3\sqrt{10}}{5}\right)^2}{2・3・3}＝\frac{4}{5}$$
$$AC＝AB×\cos\angle BAC(＝\cos\angle OAD)$$
$$＝6×\frac{4}{5}＝\frac{24}{5}$$
また，
$$\sin\angle BAC＝\sqrt{1－\cos^2\angle BAC}＝\sqrt{1－\frac{16}{25}}＝\frac{3}{5}$$
よって △ABC＝$\frac{1}{2}$×AB×AC×sin∠BAC
$$＝\frac{1}{2}×6×\frac{24}{5}×\frac{3}{5}＝\frac{216}{25}$$
ここで，BC＝AB×sin∠BAC＝$\frac{18}{5}$
△ABC の内接円の半径を r とおくと

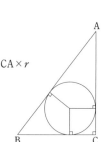

$$△ABC＝\frac{1}{2}×AB×r＋\frac{1}{2}×BC×r＋\frac{1}{2}×CA×r$$
$$＝\frac{1}{2}r(AB＋BC＋CA)$$
$$＝\frac{1}{2}r\left(6＋\frac{18}{5}＋\frac{24}{5}\right)＝\frac{36}{5}r$$
△ABC＝$\frac{216}{25}$ より　　$\frac{36}{5}r＝\frac{216}{25}$　　$r＝\frac{6}{5}$

(1)

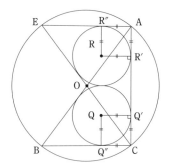

　点 Q，R から線分 AC に垂線を下ろし，その足を Q′，
R′とする。
△ABC≡△CEA なので，円 Q と円 R も合同。
AR′＋Q′R′＋CQ′＝AC
RR′＋QR＋QQ′＝AC
　（∵ AR′RR″，CQ′QQ″ は正方形）
$$r＋QR＋r＝\frac{3}{5}$$
$$\therefore QR＝\frac{24}{5}－2r＝\frac{12}{5}$$
QR＝（円 Q の半径）＋（円 R の半径）
となっているので，内接円 Q と内接円 R は外接する。

(2) 直角三角形 AQQ′ において，三平方の定理より
$$AQ＝\sqrt{AQ′^2＋QQ′^2}＝\sqrt{\left(\frac{18}{5}\right)^2＋\left(\frac{6}{5}\right)^2}＝\frac{6\sqrt{10}}{5}$$
点 Q は △ABC の内接円なので，
∠OAD の二等分線上にある。
　また，点 P も ∠OAD の二等分
線上にあるので，3 点 A，P，Q
は一直線上にある。
したがって
PQ＝AQ－AP
$$＝\frac{6\sqrt{10}}{5}－\sqrt{10}＝\frac{\sqrt{10}}{5}$$
PQ＜（円Qの半径），PQ＜（円 P の半径）
であるので，点 P は内接円 Q の内部にあり，点 Q は円
P の内部にある。
$$\therefore ②$$

H26 ③

余弦定理より

$$CA^2 = AB^2 + BC^2 - 2 \cdot AB \cdot BC \cdot \cos\angle ABC$$

$$= 4^2 + 2^2 - 2 \cdot 4 \cdot 2 \cdot \frac{1}{4} = 16$$

$CA > 0$ より，$CA = 4$

余弦定理より

$$\cos\angle BAC = \frac{AB^2 + CA^2 - BC^2}{2 \cdot AB \cdot CA} = \frac{4^2 + 4^2 - 2^2}{2 \cdot 4 \cdot 4}$$

$$= \frac{7}{8}$$

$$\sin^2\angle BAC = 1 - \cos^2\angle BAC = 1 - \left(\frac{7}{8}\right)^2 = \frac{15}{64}$$

$\sin\angle BAC > 0$ より，$\sin\angle BAC = \dfrac{\sqrt{15}}{8}$

△ABC の外接円 O の半径を R とすると，正弦定理より

$$\frac{BC}{\sin\angle BAC} = 2R$$

$$\frac{2}{\frac{\sqrt{15}}{8}} = 2R \qquad \therefore R = \frac{8\sqrt{15}}{15}$$

(1) BE は ∠ABC の二等分線なので，

AB : BC = AE : EC = 4 : 2

よって，$AE = 4 \times \dfrac{4}{6} = \dfrac{8}{3}$

△ABE において余弦定理より，

$$BE^2 = AB^2 + AE^2 - 2 \cdot AB \cdot AE \cdot \cos\angle BAE$$

$$= 4^2 + \left(\frac{8}{3}\right)^2 - 2 \cdot 4 \cdot \frac{8}{3} \cdot \frac{7}{8} = \frac{40}{9}$$

$BE > 0$ より，$BE = \dfrac{2\sqrt{10}}{3}$

AD は ∠BAE の二等分線なので，

$AB : AE = BD : DE = 4 : \dfrac{8}{3} = 3 : 2$

よって，$BD = \dfrac{2\sqrt{10}}{3} \times \dfrac{3}{5} = \dfrac{2\sqrt{10}}{5}$

(2) △EBC と △EAF において

対頂角は等しいので，∠BEC = ∠AEF　　…①

弧 AB における円周角は等しいので，

　　∠BCE = ∠AFE　…②

①，②より 2 組の角がそれぞれ等しいので，

　　　　　　　△EBC ∽ △EAF

したがって，その相似比は

$BE : AE = \dfrac{2\sqrt{10}}{3} : \dfrac{8}{3} = \sqrt{10} : 4$

面積比は，$(\sqrt{10})^2 : 4^2 = 5 : 8$，よって △EBC の面積

は △EAF の面積の $\dfrac{5}{8}$ 倍

(3)

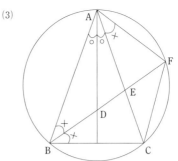

角の二等分線と円周角の関係により等しい角を示すと，図のようになる。

まず，∠ABF = ∠FBC より，FA = FC　…(i)

そして，∠ADF は △ABD における ∠D の外角なので，

∠ADF = ∠○ + ∠× = ∠FAD

したがって，FA = FD　………(ii)

(i)，(ii)より，**FA = FC = FD**　　∴④

H27 ②【2】

余弦定理より，$AC^2 = 3^2 + 5^2 - 2 \cdot 3 \cdot 5\cos 120°$

$= 9 + 25 + 15 = 49$

$AC > 0$ より，$AC = 7$

$\sin\angle ABC = \sin 120° = \dfrac{\sqrt{3}}{2}$

正弦定理より，$\dfrac{AC}{\sin\angle ABC} = \dfrac{AB}{\sin\angle BCA}$

$\dfrac{7}{\frac{\sqrt{3}}{2}} = \dfrac{3}{\sin\angle BCA} \qquad 7\sin\angle BCA = \dfrac{\sqrt{3}}{2} \times 3$

$$\therefore \sin\angle BCA = \frac{3\sqrt{3}}{14}$$

R が最大になるのは，P が D の位置にあるとき，つまり P_1 の位置のときである。

△AP_1C において，

正弦定理より，

$$2R = \frac{AD}{\sin\angle BCA} = \frac{3\sqrt{3}}{\frac{3\sqrt{3}}{14}}$$

$$\therefore R = 7$$

また，R が最小になるのは，∠APB が直角になるとき，つまり P_2 の位置のときである。

∠ABP_2 = 180° − 120° = 60° より，$AP_2 = \dfrac{3\sqrt{3}}{2}$

△AP_2C において，正弦定理より，

$$2R = \frac{AP_2}{\sin\angle BCA} = \frac{\frac{3\sqrt{3}}{2}}{\frac{3\sqrt{3}}{14}}$$

$$\therefore R = \frac{7}{2}$$

したがって，R の範囲は，$\dfrac{7}{2} \le R \le 7$

H27 ⑥

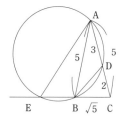

方べきの定理より，CE・CB＝CA・CD＝5・2＝**10**

$CE=\dfrac{10}{\sqrt{5}}=2\sqrt{5}$

よって，$BE=2\sqrt{5}-\sqrt{5}=\boldsymbol{\sqrt{5}}$

$BE=BC=\sqrt{5}$ より，△ACE の重心 G は，AB 上にあり，かつ AB を 2：1 に内分する点である。したがって，

$AG=5\times\dfrac{2}{3}=\boldsymbol{\dfrac{10}{3}}$

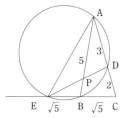

メネラウスの定理より，$\dfrac{CA}{AD}\cdot\dfrac{DP}{EP}\cdot\dfrac{EB}{BC}=1$

$\dfrac{5}{3}\cdot\dfrac{DP}{EP}\cdot\dfrac{\sqrt{5}}{\sqrt{5}}=1$　　　　$\therefore\dfrac{DP}{EP}=\dfrac{3}{5}$ …①

△ABC と △EDC において，∠CAB＝∠CED（$\overarc{BD}$ における円周角は等しい），∠C は共通であるから，2 組の角がそれぞれ等しいので，△ABC ∽ △EDCである。

$AB=AC=5$ より，$DE=CE=\boldsymbol{2\sqrt{5}}$ …②

①，②から，$EP=DE\times\dfrac{5}{8}=2\sqrt{5}\times\dfrac{5}{8}=\boldsymbol{\dfrac{5\sqrt{5}}{4}}$

H28 ② 〔1〕

外接円の半径を R とおくと，正弦定理より

$$2R=\dfrac{7\sqrt{3}}{\sin60°}\qquad\therefore R=\boldsymbol{7}$$

(1)

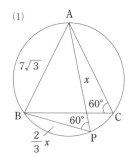

$\overarc{AB}$ に対する円周角は等しいので，∠ACB＝∠APB＝60°

2PA＝3PB より，

PA＝x とおくと PB＝$\dfrac{2}{3}x$

△PAB において余弦定理より

$(7\sqrt{3})^2=x^2+\left(\dfrac{2}{3}x\right)^2-2\cdot x\cdot\dfrac{2}{3}x\cos60°$

$147=x^2+\dfrac{4}{9}x^2-\dfrac{2}{3}x^2\qquad x^2=189$

$x>0$ より，$x=\boldsymbol{3\sqrt{21}}$　　　$\therefore PA=\boldsymbol{3\sqrt{21}}$

(2)

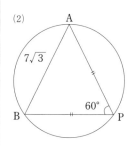

△PAB の面積が最大となるのは，AB を底辺としたときの高さが最大となるとき，つまり PA＝PB となる位置に P があるときである。このとき，△PAB は ∠APB＝60°，PA＝PB より正三角形であるので，PA＝AB＝**7√3**

(3)

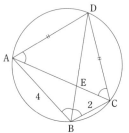

$\sin\angle PBA$ の値が最大となるのは，$\sin\angle PBA=1$，つまり ∠PBA＝90° のときである。このとき，PA は外接円の直径となるので，PA＝**14**

PB＝$7\sqrt{3}\times\dfrac{1}{\sqrt{3}}=7$ より，

$\triangle PAB=7\times7\sqrt{3}\times\dfrac{1}{2}=\boldsymbol{\dfrac{49\sqrt{3}}{2}}$

H28 ⑤

同じ（長さの）弧に対する円周角は等しいので，

∠DAC＝∠DCA＝∠DBC＝**∠ABD**

△ABC において，直線 BE は ∠B を二等分しているので，

AB：BC＝AE：EC＝4：2

したがって，$\dfrac{EC}{AE}=\dfrac{2}{4}=\boldsymbol{\dfrac{1}{2}}$

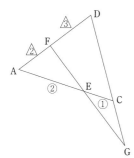

メネラウスの定理より，

$$\frac{DG}{GC} \cdot \frac{CE}{EA} \cdot \frac{AF}{FD} = 1$$

$$\frac{DG}{GC} \cdot \frac{1}{2} \cdot \frac{2}{3} = 1$$

$$\frac{DG}{GC} = \frac{3}{1}$$

したがって，$\dfrac{GC}{DG} = \dfrac{1}{3}$

(1)

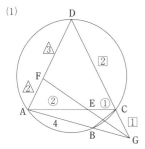

直線 B が点 G を通る場合は，左図のようになる。これに仮定と上で求めた比を書き入れる。

チェバの定理より，

$$\frac{AB}{BG} \cdot \frac{GC}{CD} \cdot \frac{DF}{FA} = 1$$

$$\frac{4}{BG} \cdot \frac{1}{2} \cdot \frac{3}{2} = 1$$

$$\therefore BG = 3$$

また，方べきの定理より，$GB \cdot GA = GC \cdot GD$

ここで $GC = t$，$GD = 3t$ $(t>0)$ とおくと，

$$3 \times 7 = t \times 3t$$

$$t^2 = 7 \quad t>0 \text{ より，} \quad t = \sqrt{7}$$

よって $DC = GD - GC = 2t = \mathbf{2\sqrt{7}}$

(2) AB は外接円の弦なので，直径よりも大きくなることはない。つまり，AB ≦ 直径である。したがって，外接円の直径が最小となるのは，直径 = AB = 4 のときである。弦が直径であるときの円周角は直角なので，
∠ACB = 90°。△ABC において，AB : BC = 2 : 1 より，
∠BAC = **30°**。

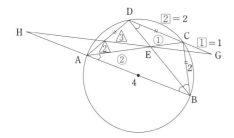

∠ACB = 90°，∠BAC = 30° より，
∠ABD = ∠CBD = $60° \times \dfrac{1}{2} = 30°$

$\overset{\frown}{AD}$，$\overset{\frown}{DC}$，$\overset{\frown}{CB}$ の円周角はすべて等しいので，
$\overset{\frown}{AD} = \overset{\frown}{DC} = \overset{\frown}{CB}$　したがって，AD = DC = CB = 2
よって，CG = 1
∠CDB = ∠DBA で錯角が等しいことから，DC∥AB
このとき，△CEG∽△AEH なので
CG : AH = CE : AE = 1 : 2
よって AH = 2CG = 2×1 = **2**

H29 ② 【1】

(1) 余弦定理より，

$$AC^2 = (\sqrt{3}-1)^2 + (\sqrt{3}+1)^2$$
$$\qquad - 2(\sqrt{3}-1)(\sqrt{3}+1)\cos 60°$$
$$= 8 - 2$$
$$= 6$$

AC > 0 より AC = $\sqrt{6}$

△ABC の外接円の半径を R とおくと，正弦定理より，

$$\frac{AC}{\sin 60°} = 2R, \quad \text{つまり} \quad R = \frac{\sqrt{6}}{2 \cdot \frac{\sqrt{3}}{2}} = \sqrt{2}$$

同様に正弦定理より

$$\frac{AC}{\sin 60°} = \frac{BC}{\sin\angle BAC}$$

つまり $\sin\angle BAC = (\sqrt{3}+1) \cdot \dfrac{\frac{\sqrt{3}}{2}}{\sqrt{6}} = \dfrac{\sqrt{6}+\sqrt{2}}{4}$

(2) △ABD の面積を S とすると，

$$S = \frac{1}{2} \cdot AB \cdot AD \cdot \sin\angle BAC = \frac{\sqrt{2}}{6}$$

したがって，

$$AB \cdot AD = \frac{\sqrt{2}}{3} \cdot \frac{4}{\sqrt{6}+\sqrt{2}}$$
$$= \frac{\sqrt{2}}{3} \cdot \frac{4(\sqrt{6}-\sqrt{2})}{(\sqrt{6}+\sqrt{2})(\sqrt{6}-\sqrt{2})}$$
$$= \frac{2\sqrt{3}-2}{3}$$

よって，$AD = \dfrac{1}{\sqrt{3}-1} \cdot \dfrac{2(\sqrt{3}-1)}{3} = \dfrac{2}{3}$

H29 ⑤

(1) 方べきの定理より，

$$BC \cdot CE = AC \cdot CD$$
$$= 7 \times 4 = \mathbf{28}$$

したがって，

$$CE = \frac{28}{BC} = \frac{7}{2}$$

また，△ABC と直線 DE におけるメネラウスの定理より

$$\frac{AD}{DC} \cdot \frac{CE}{EB} \cdot \frac{BF}{FA} = 1$$

$$\frac{3}{4} \cdot \frac{\frac{7}{2}}{\frac{9}{2}} \cdot \frac{BF}{FA} = 1, \quad \text{つまり} \quad \frac{BF}{FA} = \frac{12}{7}$$

したがって，$AF = BF \cdot \dfrac{7}{12} = (AF+3) \cdot \dfrac{7}{12}$

$$\therefore AF = \frac{21}{5}$$

(2) △ABCにおける余弦定理より,

$$\cos\angle ABC=\frac{3^2+8^2-7^2}{2\cdot3\cdot8}=\frac{1}{2}$$

$0°<\angle ABC<180°$より, $\angle ABC=\mathbf{60°}$

△ABCの面積は, $\frac{1}{2}\cdot3\cdot8\cdot\sin60°=\mathbf{6\sqrt{3}}$

よって, △ABCの内接円の半径をrとおくと,

△ABC=△IAB+△IBC+△ICA

$$=\frac{1}{2}r(3+8+7)=6\sqrt{3} \qquad r=\frac{2\sqrt{3}}{3}$$

内心の性質から,

$$\begin{cases} x+y=3 \\ y+z=8 \\ z+x=7 \end{cases}$$

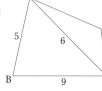

これを解くと,

$x=1,\ y=2,\ z=6$

したがって, 三平方の定理より,

$$BI^2=y^2+r^2=4+\frac{4}{3}=\frac{16}{3}$$

$BI>0$より, $BI=\dfrac{4\sqrt{3}}{3}$

H30 ② [1]

△ABCにおける余弦定理より,

$36=25+81-2\cdot5\cdot9\cos\angle ABC$

$$\cos\angle ABC=\frac{25+81-36}{2\cdot5\cdot9}$$

$$=\frac{70}{2\cdot5\cdot9}=\frac{7}{9}$$

$0°<\angle ABC<180°$より

$$\sin\angle ABC=\sqrt{1-\cos^2\angle ABC}=\frac{4\sqrt{2}}{9}$$

したがって,

$AB\cdot\sin\angle ABC=5\times\dfrac{4\sqrt{2}}{9}=\dfrac{20\sqrt{2}}{9}>3$ なので,

$CD<AB\cdot\sin\angle ABC$

ここで, $AB\cdot\sin\angle AB$とはAからBCに下ろした垂線である。
BC∥ADになるためには, CDは少なくともこの垂線の長さよりも長くなければならない。

このことから,
BC∥ADとなることはなく,
AB∥CDとなるしかない。
よって ④

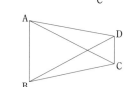

したがって, $\angle BCD=180°-\angle ABC$なので,
△BCDにおける余弦定理より,

$BD^2=9^2+3^2-2\cdot9\cdot3\cos\angle BCD$

$=81+9-2\cdot9\cdot3\cos(180°-\angle ABC)$

$=81+9+2\cdot9\cdot3\cos\angle ABC$

$=81+9+2\cdot9\cdot3\cdot\dfrac{7}{9}=132$

よって $BD=\mathbf{2\sqrt{33}}$

H30 ⑤

線分ADは∠Aの二等分線なので,

CD:DB=CA:AB
 =1:2

ここで, 三平方の定理より

$BC=\sqrt{1^2+2^2}=\sqrt{5}$

よって, $BD=\dfrac{2}{3}\times\sqrt{5}=\dfrac{2\sqrt{5}}{3}$

また, 方べきの定理より

$$AB\cdot BE=BD^2=\left(\frac{2\sqrt{5}}{3}\right)^2=\frac{20}{9}$$

したがって, $BE=\dfrac{1}{AB}\cdot\dfrac{20}{9}=\dfrac{1}{2}\cdot\dfrac{20}{9}=\dfrac{10}{9}$

今までの計算から

$$\frac{BE}{BD}=\frac{\dfrac{10}{9}}{\dfrac{2\sqrt{5}}{3}}=\frac{\sqrt{5}}{3}$$

$$\frac{AB}{BC}=\frac{2}{\sqrt{5}}=\frac{2\sqrt{5}}{5}$$

$\dfrac{BE}{BD}>0,\ \dfrac{AB}{BC}>0$より

2乗して比較すると

$$\left(\frac{BE}{BD}\right)^2=\left(\frac{\sqrt{5}}{3}\right)^2=\frac{5}{9},\ \left(\frac{AB}{BC}\right)^2=\left(\frac{2\sqrt{5}}{5}\right)^2=\frac{4}{5}$$ なので,

$$\left(\frac{BE}{BD}\right)^2<\left(\frac{AB}{BC}\right)^2 \qquad \frac{BE}{BD}<\frac{AB}{BC}$$

ここで, 線分BC上に, CA∥ED′となるように点D′をとると,

△BD′E∽△BCAより $\dfrac{BE}{BD'}=\dfrac{BA}{BC}$

よって, $\dfrac{BE}{BD'}>\dfrac{BE}{BD}$より BD>BD′となるので,
端点C側の延長上にある。

また, △ABCと直線EFにおけるメネラウスの定理より,

$$\frac{BE}{EA}\cdot\frac{AF}{FC}\cdot\frac{CD}{DB}=1$$

つまり, $\dfrac{CF}{AF}=\dfrac{BE}{EA}\cdot\dfrac{CD}{DB}$

$$=\frac{\dfrac{10}{9}}{2-\dfrac{10}{9}}\cdot\frac{\sqrt{5}-\dfrac{2\sqrt{5}}{3}}{\dfrac{2\sqrt{5}}{3}}=\frac{5}{8}$$

よって, $CF=\dfrac{5}{8}\times AF=\dfrac{5}{8}(1+CF)$

$$CF=\frac{5}{3}$$

$\dfrac{CF}{AC}=\dfrac{BF}{AB}$より, 線分BCは∠ABFの二等分線であることが分かる。よって点Dは角の二等分線の交点なので,
△ABFの**内心である**。

H29　試行　① [2]

(1)　$\cos B = \cos 90° = 0$

また，$C = 180° - (60° + 90°) = 30°$ より $\sin C = \dfrac{1}{2}$

(2)　$\sin(180° - \theta) = \sin\theta$ は公式である。

$C = 180° - (60° + 90°) = 87°$ より $0 < \sin C < 1$ より②が答えになる。

(3)　(a)に関しては有効数字4桁の範囲でのみ正しい。(b)は一般の B について議論していないので，誤りである。

(4)　正弦定理より $\dfrac{BC}{\sin 60°} = 2R$　よって，

$BC = 2R\sin 60° = 2R \cdot \dfrac{\sqrt{3}}{2} = \sqrt{3}\,R$

同様に正弦定理より $AB = 2R\sin C$, $AC = 2R\sin B$

(5)　(4)より $AH = 2R\sin B \cdot \dfrac{1}{2} = R\sin B$

$BH = \sqrt{3}\,R\cos B$

よって，$AB = AH + BH = R\sin B + \sqrt{3}\,R\cos B$

(6)　B が鈍角のとき，下図のようになる。

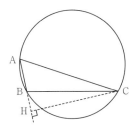

(7)　$p \Longrightarrow q$ は(6)までによって証明されているので真である。$q \Longrightarrow p$ は直前の花子さんの発言から，$A = 120°$，$B = 30°$ が反例になっている。

H29　試行　④

(2)　(i) 4辺の長さが等しいが，正方形でない四角形として，ひし形がある。このことから，4辺の長さが等しいことは正方形であるための十分条件ではない。

(ii), (iii) △AJC, △AHD が二等辺三角形なので，$\angle JFC = \angle HGD = 90°$ となり，$\triangle FJC \equiv \triangle GHD$ がわかる。

(3)　線分 CD が線分 AI, BI に垂直なので，①より平面 ABI は線分 CD に垂直である。線分 EI は平面 ABI 上に存在するので，②より線分 EI と線分 CD は垂直である。

(4)　「線分 CD が線分 AI, BI に垂直」というのは，△ACD, △BCD が二等辺三角形であるからなので，太郎さんが考えた条件が常に成り立つ。また，花子さんが考えた条件から $\triangle ACB \equiv \triangle BDC$ となるので，$CE = DE$ となる。したがって，△ECD が二等辺三角形となるので，常に成り立つ。

H30　試行　① [3]

まず，建築基準法の基準より $x \geqq 26$　また，傾斜が33°において蹴上げを18cm以下にするためには下図のようにしなければならない。

したがって，$\dfrac{18}{x} \leqq \tan 33°$,

つまり $x \leqq \dfrac{18}{\tan 33°}$

以上より $26 \leqq x \leqq \dfrac{18}{\tan 33°}$

[4]

(1)　$C = 90°$ の場合の考察より $\dfrac{a}{\sin A'} = 2R$

円周角の定理より $\angle CAB = \angle CA'B$ なので，$\sin A = \sin A'$

よって $\dfrac{a}{\sin A} = \dfrac{a}{\sin A'} = 2R$

(2)　直角三角形による定義から $\sin\angle BDC = \dfrac{a}{2R}$　円に内接する四角形の性質は向かい合う角の和が180°なので，

$\angle CAB = 180° - \angle BDC$

H30　試行　⑤

(1)　AB′, CX が含まれている三角形を探せばよい。

(2)　(i) 問題1より $ST = PT + QT$

(ii), (iii) ST + RT の値が最小になるのは S, R, T が一直線に並んだときである。

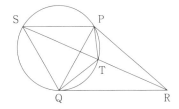

(iv)下図のように線分 SR 上に点 P や点 Q がのるとき，同様の作図ができなくなる。

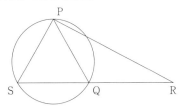

(v)$\angle QPR < 120°$ のとき，(ii), (iii)の図より

$\angle PYQ = 120°$　また，円周角の定理より

$\angle SYQ = \angle SPQ = 60°$

よって，$\angle RYQ = 120°$　以上より

∠PYR＝∠QYP＝RYQ

また，∠QPR＞120°のときに同様の作図を行うと，点Tの動く範囲が弧PQであることから，点Tを直線SRと円の交点として取ることが出来ない。つまり，三角形PQRの最も長い辺を除く2つの辺の交点が点Yになる。

H31 ② [1]

余弦定理より

$$\cos\angle BAC=\frac{9+4-16}{2\cdot3\cdot2}$$

$$=\frac{-1}{4}$$

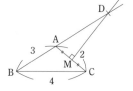

$0°<\angle BAC<180°$ であり，

$\cos\angle BAC=-\dfrac{1}{4}<0$ より

$90°<\angle BAC<180°$ だから，②鈍角

また，$\sin\angle BAC>0$ より

$$\sin\angle BAC=\sqrt{1-\left(-\frac{1}{4}\right)^2}=\frac{\sqrt{15}}{4}$$

$$\cos\angle CAD=\cos(180°-\angle BAC)$$

$$=-\cos\angle BAC$$

$$=\frac{1}{4}$$

よって，右上図のように点Mを定めると，

$$AD=\frac{AM}{\cos\angle CAD}=\frac{1}{\frac{1}{4}}=4$$

また，$\triangle ABC=\dfrac{1}{2}\cdot3\cdot2\cdot\sin\angle BAC$

$$=\frac{1}{2}\cdot3\cdot2\cdot\frac{\sqrt{15}}{4}$$

$$=\frac{3\sqrt{15}}{4}$$

$$\triangle CAD=\frac{1}{2}\cdot2\cdot4\cdot\sin\angle CAD$$

$$=\frac{1}{2}\cdot2\cdot4\cdot\sin(180°-\angle BAC)$$

$$=\frac{1}{2}\cdot2\cdot4\cdot\sin\angle BAC$$

$$=\frac{1}{2}\cdot2\cdot4\cdot\frac{\sqrt{15}}{4}=\sqrt{15}$$

よって，$\triangle DBC=\triangle ABC+\triangle CAD$

$$=\frac{3\sqrt{15}}{4}+\sqrt{15}=\frac{7\sqrt{15}}{4}$$

H31 ⑤

$$\triangle ABC=\frac{1}{2}\cdot4\cdot5\cdot\sin\angle BAC$$

$$=4\sqrt{6}\quad\text{より}$$

$\triangle ABC$ の内接円の半径を r とすると，

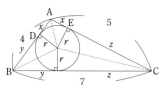

$$4\sqrt{6}=\frac{1}{2}(4+5+7)\cdot r$$

つまり，$r=\dfrac{\sqrt{6}}{2}$

$AD=x$，$DB=y$，$EC=z$ とおくと，内接円の性質から

$$\begin{cases}x+y=4\\y+z=7\\z+x=5\end{cases}\quad\text{これをとくと，}\quad\begin{cases}x=1\\y=3\\z=4\end{cases}$$

$\triangle ADE$ についての余弦定理より，

$$DE^2=1^2+1^2-2\cdot1\cdot1\cos\angle BAC$$

$$=1+1-2\cdot1\cdot1\cdot\left(-\frac{1}{5}\right)$$

$$=\frac{12}{5}$$

$DE>0$ より

$$DE=\frac{2\sqrt{15}}{5}$$

また，点Pと

$\triangle ABC$ におけるチェバの定理より

$$\frac{1}{3}\cdot\frac{BQ}{QC}\cdot\frac{4}{1}=1$$

$$\therefore\frac{BQ}{QC}=\frac{3}{4}$$

$BC=7$ より　　$BQ=7\times\dfrac{3}{7}=3$

このことから，内接円と直線BCの接点がQと分かるので，Iは直線AQ上にある。

よって，$IQ=r=\dfrac{\sqrt{6}}{2}$

ここで，直線DIと内接円の交点をGとすると，円周角の定理より，$\angle DFE=\angle DGE$

また，$\angle DEG=90°$ より

$$\sin\angle DFE=\sin\angle DGE=\frac{DE}{DG}=\frac{\sqrt{10}}{5}$$

よって $\angle DFE<90°$ より

$$\cos\angle DFE=\sqrt{1-\left(\frac{\sqrt{10}}{5}\right)^2}$$

$$=\frac{\sqrt{15}}{5}$$

R2 ② [1]

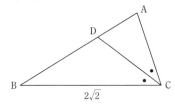

△BCD における余弦定理より

$BD^2 = (2\sqrt{2})^2 + (\sqrt{2})^2 - 2 \cdot 2\sqrt{2} \cdot \sqrt{2} \cos\angle BCD = 4$

$BD > 0$ より $BD = 2$

また，△BCD における余弦定理より

$(2\sqrt{2})^2 = 2^2 + (\sqrt{2})^2 - 2 \cdot 2 \cdot \sqrt{2} \cos\angle BDC$

したがって $\cos\angle BDC = -\dfrac{\sqrt{2}}{4}$　したがって，

$\cos\angle ADC = \cos(180° - \angle BDC) = -\cos\angle BDC = \dfrac{\sqrt{2}}{4}$

よって $0° < \angle ADC < 180°$ より

$\sin\angle ADC = \sqrt{1 - \left(\dfrac{\sqrt{2}}{4}\right)^2} = \dfrac{\sqrt{14}}{4}$

△ADC における正弦定理より

$\dfrac{AC}{\sin\angle ADC} = \dfrac{AD}{\sin\angle ACD} \Longleftrightarrow \dfrac{AC}{AD} = \dfrac{\sin\angle ADC}{\sin\angle ACD}$

ここで，$\angle ACD = \angle BCD$ であり，

$\sin\angle BCD = \sqrt{1 - \left(\dfrac{3}{4}\right)^2} = \dfrac{\sqrt{7}}{4}$　よって，

$\dfrac{AC}{AD} = \dfrac{\sin\angle ADC}{\sin\angle ACD} = \dfrac{\dfrac{\sqrt{14}}{4}}{\dfrac{\sqrt{7}}{4}} = \sqrt{2}$

これより $AC = \sqrt{2} AD$ より △ADC における余弦定理より

$AD^2 = 2 + AC^2 - 2 \cdot \sqrt{2} \cdot AC \cos\angle ACD$

$\quad = 2 + 2AD^2 - 3AD$

これを整理すると $AD^2 - 3AD + 2 = 0$ となり $AD = 1$, 2

もし $AD = 2$ なら，$AD = DB$, $\angle ACD = \angle BCD$ より
$\angle BDC = 90°$ となるが，$\cos\angle BDC \neq 0$ より矛盾。

よって $AD = 1$

また，△ABC の余弦定理より

$3^2 = (2\sqrt{2})^2 + (\sqrt{2})^2 - 2 \cdot 2\sqrt{2} \cdot \sqrt{2} \cos\angle ACB$

これを整理すると$\cos\angle ACB = \dfrac{1}{8}$　したがって

$\sin\angle ACB = \sqrt{1 - \left(\dfrac{1}{8}\right)^2} = \dfrac{3\sqrt{7}}{8}$　求める外接円の半径を R

とおくと正弦定理より，$\dfrac{3}{\sin\angle ACB} = 2R$

よって $R = \dfrac{3}{2\sin\angle ACB} = \dfrac{4\sqrt{7}}{7}$

R2 ⑤

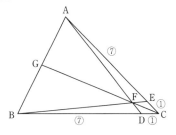

△ABC と点 F によるチェバの定理より

$\dfrac{AG}{GB} \cdot \dfrac{7}{1} \cdot \dfrac{1}{7} = 1$, つまり $\dfrac{AG}{GB} = 1$

△ADC と直線 BE によるメネラウスの定理より

$\dfrac{7}{1} \cdot \dfrac{8}{7} \cdot \dfrac{FD}{AF} = 1$, つまり $\dfrac{FD}{AF} = \dfrac{1}{8}$

△BCG と直線 AF によるメネラウスの定理より

$\dfrac{1}{7} \cdot \dfrac{2}{1} \cdot \dfrac{GF}{FC} = 1$, つまり $\dfrac{FC}{GF} = \dfrac{2}{7}$

△CDF $= 2S$ とおくと，

△DCF : △DFG $=$ CF : FG $=$ 2 : 7 より

$\quad$ △DFG $= \dfrac{7}{2}$△CDF $= 7S$

また △GCD : △GDB $=$ CD : DB $=$ 1 : 7 より

$\quad$ △GDB $= 7$△GCD $= 63S$

さらに，△BFG : △BCF $=$ GF : FC $=$ 7 : 2 より

$\quad$ △BFG $= \dfrac{7}{7+2}$△BCG $= 56S$　よって，

$\quad \dfrac{\text{△CDG}}{\text{△BFG}} = \dfrac{9S}{56S} = \dfrac{9}{56}$

FD $= 1$ のとき，AF : FD $=$ 8 : 1 より AF $= 8$

AB $= t$ とおくと，AG $=$ GB $= \dfrac{t}{2}$ なので，

方べきの定理より $\dfrac{t}{2} \cdot t = 8 \cdot 9$, つまり $t = 12$

また，AE : EC $=$ 7 : 1 より

$\quad$ AE $\cdot$ AC $=$ AE $\cdot \dfrac{8}{7}$AE $= \dfrac{8}{7}$AE$^2 = 72$

ここで，AG $\cdot$ AB $= 72$ なので，

方べきの定理の逆により点 B, C, E, G は同一円周上にある。

したがって，

$\angle AEG = \angle ABC$

R3 ① [2]

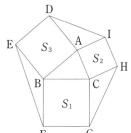

(1) $b=6$, $c=5$, $\cos A=\dfrac{3}{5}$ のとき，$0°<A<180°$ より

$\sin A>0$

$$\sin A=\sqrt{1-\cos^2 A}$$
$$=\sqrt{1-\left(\frac{3}{5}\right)^2}$$
$$=\sqrt{\frac{16}{25}}=\mathbf{\frac{4}{5}}$$

△ABC の面積は

$$\frac{1}{2}bc\sin A=\frac{1}{\cancel{2}}\cdot 6\cdot\cancel{5}\cdot\frac{\overset{2}{\cancel{4}}}{\cancel{5}}=\mathbf{12}$$

また $\angle IAC=\angle BAD=90°$ より，

$\angle DAI+A=180°$

$\angle DAI=180°-A$

$\sin\angle DAI=\sin(180°-A)$

$=\sin A$

$$\triangle AID=\frac{1}{2}bc\sin A=\frac{1}{2}\cdot 6\cdot 5\cdot\frac{4}{5}$$
$$=\mathbf{12}$$

(2) $S_1-S_2-S_3=a^2-b^2-c^2$

余弦定理より

$a^2=b^2+c^2-2bc\cos A$

$a^2-b^2-c^2=-2bc\cos A$

辺なので b，c はともに正なので $a^2-b^2-c^2$ の正負は $\cos A$ によって決まる。

$0°<A<90°$ のとき $\cos A>0$ $\therefore a^2-b^2-c^2<0$ ②

$A=90°$ のとき $\cos A=0$ $\therefore a^2-b^2-c^2=0$ ⓪

$90°<A<180°$ のとき $\cos A<0$ $\therefore a^2-b^2-c^2>0$ ①

(3) (1)と同様にして $T_1=T_2=T_3=\angle ABC$ ③

(4) $0°<A<90°$ のとき $\angle IAD=180°-A$ より

$\angle IAD>A$

$AB=AD$，$AC=AI$，$\angle IAD>A$ より $ID>BC$ ②

ここで △ABC，△AID の外接円の半径をそれぞれ R_1，R_2 とすると

$$2R_2=\frac{ID}{\sin IAD}=\frac{ID}{\sin(180°-A)}=\frac{ID}{\sin A}$$

$$2R_1=\frac{BC}{\sin A}$$

$ID>BC$ により $R_2>R_1$ ②

△BEF，△CGH の外接円の半径をそれぞれ R_3，R_4 とすると，$0°<A<B<C<90°$ のとき，同様に $R_3>R_1$，$R_4\ R_1$ となり，△ABC である ⓪

$0°<A<B<90°<C$ のとき $C>\angle HCG$

$CA=CH$，$CB=CG$，$C>\angle HCG$ より $AB<HG$

$R_4<R_1$

$0°<A<B<90°$ より，$R_2>R_1$，$R_3>R_1$

よって，△CGH ③

R3 5

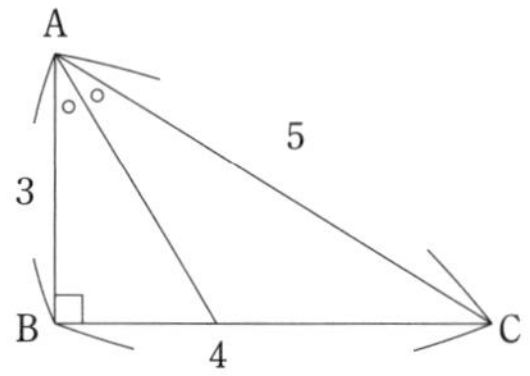

$3^2+4^2=5^2$

$AB^2+BC^2=CA^2$ より

△ABCは $\angle B=90°$ の直角三角形

角の二等分線の性質より

$BD:DC=BA:AC=3:5$

$$BD=\frac{3}{3+5}BC=\frac{3}{8}\times 4=\mathbf{\frac{3}{2}}$$

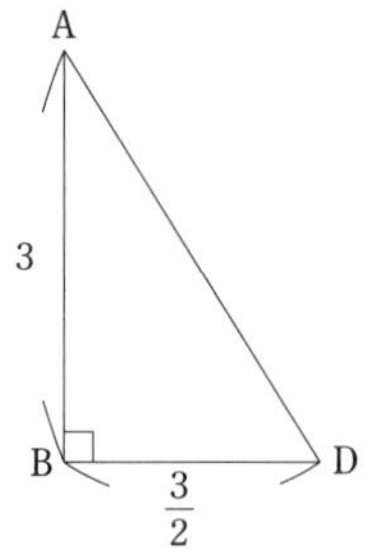

三平方の定理より

$$AD=\sqrt{AB^2+BD^2}$$
$$=\sqrt{3^2+\left(\frac{3}{2}\right)^2}$$
$$=\mathbf{\frac{3\sqrt{5}}{2}}$$

$\angle CAE=\angle DAB$

1つの弧に対する円周角の大きさは一定なので，

$\angle AEC=\angle ABC=90°$

2組の角がそれぞれ等しいので

△AEC∽△ABD

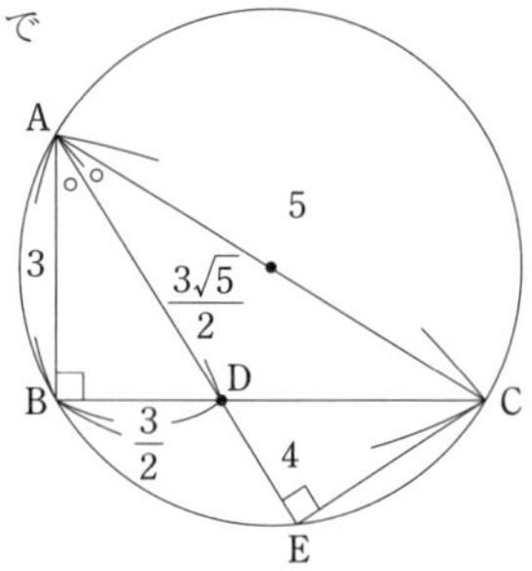

$AE:AB=AC:AD$

$$AE=\frac{AB\times AC}{AD}$$
$$=\frac{3\times 5}{\dfrac{3\sqrt{5}}{2}}$$
$$=\mathbf{2\sqrt{5}}$$

外接円Oと，その直径ACに内接する円の中心をPとすると，右の図のようになる。

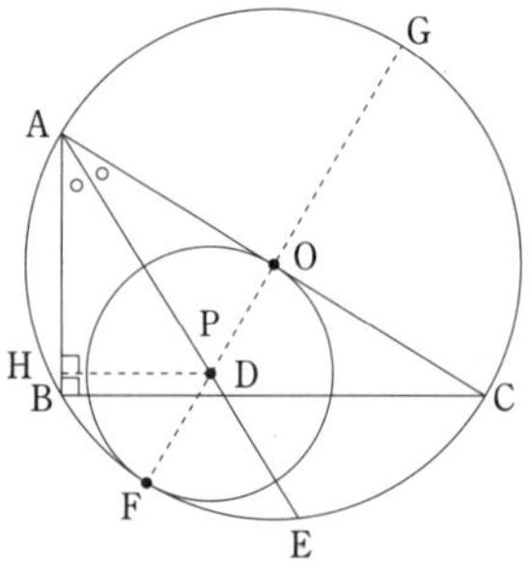

円PとABとの接点をHとすると，

$\angle PAH=\angle DAB$

$\angle AHP=\angle ABD=90°$

なので

△AHP∽△ABD より

$AP:AD=HP:BD$

$$AP=\frac{AD\times HP}{BD}=\frac{\dfrac{3\sqrt{5}}{2}\times r}{\dfrac{3}{2}}=\sqrt{\mathbf{5}}\,r$$

円Oと内接する円との接点Fと内接する円の中心Pを結ぶ直線FPは2円の中心線であるからFGは円Oの直径となる。

よって，$PG=FG-FP=\mathbf{5}-r$

と表せる。したがって，方べきの定理により

$AP\times EP=FP\times GP$

$\sqrt{5}\,r\times(2\sqrt{5}-\sqrt{5}\,r)=r\times(5-r)$

r は半径より $r\neq 0$

$\sqrt{5}(2\sqrt{5}-\sqrt{5}\,r)=5-r$

$$10-5r=5-r$$
$$r=\frac{5}{4}$$

$\triangle ABC$ の内接円 Q の半径を q とすると
$$\triangle ABC=\frac{1}{2}\times AB\times q+\frac{1}{2}\times BC\times q+\frac{1}{2}\times CA\times q$$
$$=\frac{1}{2}AB\times AC$$
$$\frac{1}{2}\times(3+4+5)\times q=\frac{1}{2}\times3\times4$$
$$12q=12 \qquad q=\mathbf{1}$$

AB と Q との接点を I とすると
$\angle AIQ \backsim \angle ABD$ より
$$AQ:AD=QI:DB$$
$$AQ=\frac{AD\times QI}{DB}$$
$$=\frac{\frac{3\sqrt{5}}{2}\times1}{\frac{3}{2}}=\sqrt{5}$$

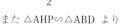

また $\triangle AHP \backsim \triangle ABD$ より
$$AH=\frac{AB\times HP}{BD}$$
$$=\frac{3\times\frac{5}{4}}{\frac{3}{2}}=\frac{5}{2}$$

このとき
$$AH\times AB=\frac{5}{2}\times3=\frac{15}{2}$$
$$AQ\times AD=\sqrt{5}\times\frac{3\sqrt{5}}{2}$$
$$=\frac{15}{2}$$

よって,
$AH\times AB=AQ\times AD$ が成り立つから,
方べきの定理の逆より,
4 点 H, B, D, Q は同一円周上にある。
$AD>AE$ より
$AH\times AB \neq AQ\times AE$ であるから,
方べきの定理の逆より
4 点 H, B, E, Q は同一円周上にない。
よって①が正しい。

R3 追試 ①[2]

(1) 正弦定理より $2R=\dfrac{AB}{\sin\angle APB}=\dfrac{8}{\sin\angle APB}$ である。

よって R が最小となるのは $\sin\angle APB$ が最大のとき。
$\sin\angle APB$ が最大となるのは $\sin\angle APB=1$, すなわち
$\sin\angle APB=\mathbf{90°}$ の三角形のときである。

このとき, $2R=\dfrac{AB}{\sin\angle APB}$
$$2R=\frac{8}{1}$$

$R=4$ である。

(2) 直線 ℓ が円 C と共有点を持つのは下図
すなわち $h\leqq R$
$$h\leqq4 \text{ のときであり,}$$

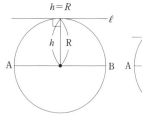 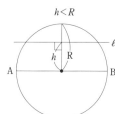

共有点を持たないのは右図
すなわち $h>R$
$$h>4 \text{ のときである。}$$

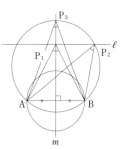

(i) $h\leqq4$ のとき
R が最小となるのは
$\angle ABP=90°$ のときであ
り, 右図。

よって, $h<4$ のとき直
角三角形であり,
①
$h=4$ のとき右図のよう
な直角二等辺三角形であ
る。

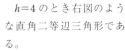 

(ii) $h>4$ のとき
$\angle AP_3B$ と $\angle AP_2B$ は
同一円周上にあるので
$\angle AP_3B=\angle AP_2B$
①
$\angle AP_3B<\angle AP_1B<90°$
より,
$$\sin\angle AP_3B<\angle AP_1B$$
⓪

正弦定理より $\triangle ABP_1$ の外接円の半径 $=\dfrac{AB}{2\sin\angle AP_1B}$

$\triangle ABP_2$ の外接円の半径 $=\dfrac{AB}{2\sin\angle AP_2B}$

$\angle AP_3B=\angle AP_2B$, $\sin\angle AP_3B<\sin\angle AP_1B$ より
$$\sin\angle AP_2B<\sin AP_1B \text{ なので}$$
⓪

$\triangle ABP_1$ の外接円の半径 $<\triangle ABP_2$ の外接円の半径であ
り, R が最小となる $\triangle ABP$ は
$\sin\angle APB$ が最大のときすなわ
ち, $\triangle ABP_1$ のときであり, 右図
のような**二等辺三角形**である。
③

(3) $h=8$ のとき右図

三平方の定理より

$AP^2=8^2+4^2$

$=80$

$AP>0$ より

$AP=4\sqrt{5}$

$\triangle APB=\dfrac{1}{2}\cdot 4\sqrt{5}\cdot 4\sqrt{5}\cdot \sin\angle APB$

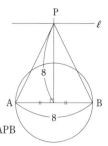

また

$\triangle APB=\dfrac{1}{2}\cdot 8\cdot 8$ より

$\dfrac{1}{2}\cdot 4\sqrt{5}\cdot 4\sqrt{5}\cdot \sin\angle APB=\dfrac{1}{2}\cdot 8\cdot 8$

$40\sin\angle APB=32$

$\sin\angle APB=\dfrac{4}{5}$

正弦定理より

$2R=\dfrac{A}{\sin\angle APB}$

$2R=\dfrac{8}{\dfrac{4}{5}}$

$2R=10$

$R=5$

R3 追試 5

手順に沿って作図すると右図のようになる。

(1) 直 線 ℓ は $\angle XZY$ の二等分線より中心点 O が ℓ 上にあり，半径 OH である円 O は半直線 ZX と半直線 ZY の両方に接するので，点 S が円 O の円周上にあることすなわち OH=OS が成り立つことを示せばよい。

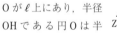

⑤

作図の手順より，右図のように

$\triangle ZDG\backsim\triangle ZHS$,

$\triangle ZDC\backsim\triangle ZHO$ となり対応する辺の比は等しいので

DG : HS=ZD : ZH

② ⑥ ⑦

DC : HO=ZD : ZH

①

であるから

DG : HS=DC : HO となる。

ここで 3 点 S，O，H が一直線上にないとき，

$\angle CDG=90°-\angle GDZ$

$\angle OHS=90°-\angle SHZ$

$\triangle ZDG\backsim\triangle ZHS$ より

$\angle GDZ=\angle SHZ$ なので

$\angle CDG=\angle OHS$

②

3 点 S，O，H が一直線上にあるとき右図

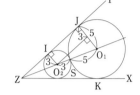

このとき 3 点 G，C，D も一直線上にあるので

DG は円 C の直径

よって DG=2DC

(2) 作図すると右図の通り

点 O_2 から JO_1 に下ろした垂線は IJ と等しいので O_1 とこの垂線で直角三角形を作ると，

$IJ^2+2^2=8^2$

$IJ^2=60$

$IJ=\sqrt{60}$

$=2\sqrt{5}$

右図のようになるので，方べきの定理より，$LM\cdot LK=LJ^2$

円の外部の点から接点までの距離は等しいので

LI=LS=LJ

よって，$LJ=\dfrac{1}{2}IJ$

$=\dfrac{1}{2}\cdot 2\sqrt{15}$

$=\sqrt{15}$

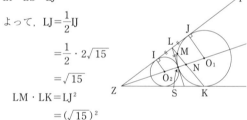

$LM\cdot LK=LJ^2$

$=(\sqrt{15})^2$

$=15$

$\triangle ZIO_2\backsim\triangle ZJO_1$, 相似比 3 : 5 なので右図より

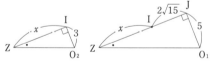

$ZI : ZJ=3 : 5$

$x : (x+2\sqrt{15})=3 : 5$

$5x=3x+6\sqrt{15}$

$x=3\sqrt{15}$

よって $ZI=3\sqrt{15}$

右図 ℓ は $\angle XZY$ の角の二等分線より

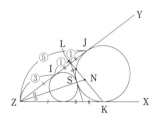

$LN : NK=ZL : ZK$

$=4 : 5$

よって $\dfrac{LN}{NK}=\dfrac{4}{5}$

共通接線と半直線 ZX との交点を P とすると右図

メネラウスの定理より

$\dfrac{ZP}{PK}\cdot\dfrac{KL}{LN}\cdot\dfrac{NS}{SZ}=1$

$$\frac{4}{1}\cdot\frac{9}{4}\cdot\frac{NS}{SZ}=1$$

$$SN=\frac{1}{9}SZ$$

下図より

$$SZ=O_2Z+3$$

$IO_2:JO_1=3:5$ より

$$O_2Z:O_1Z=3:5$$

$$O_2Z:O_2Z+8=3:5$$

$O_2Z=x$ とおくと

$$x:(x+8)=3:5$$

$$3x+24=5x$$

$$x=12$$

$$O_2Z=12$$

$$SZ=O_2Z+3$$

$$=12+3$$

$$=15$$

$$SN=\frac{1}{9}\cdot SZ$$

$$=\frac{1}{9}\cdot15$$

$$=\frac{5}{3}$$

R4　①　[2]

図1における AC, BC の長さをそれぞれ x, y とおくと,

$$\tan\angle BAC=\frac{BC}{AC}=\frac{y}{x}=\tan16°=0.2867$$

図1の縮尺は水平方向が $\frac{1}{100000}$, 鉛直方向が $\frac{1}{25000}$ であることから, 実際の長さは $AC=100000x$, $BC=25000y$ となり

$$\tan\angle BAC=\frac{BC}{AC}=\frac{25000y}{100000x}=\frac{1}{4}\cdot\frac{y}{x}=\frac{1}{4}\times0.2867$$
$$=0.0071675\fallingdotseq\mathbf{0.072}$$

三角比の表より $0.0699<0.072<0.0875$

$\tan4°<\tan\angle BAC<\tan5°$

よって, $\angle BAC$ の大きさは 4° より大きく 5° より小さい。②

[3]

(1)　右図のようになり, 正弦定理より,

$$\frac{AC}{\sin\angle ABC}=2R$$

$$\sin\angle ABC=\frac{AC}{2R}$$

$$=\frac{4}{2\cdot3}$$

$$=\frac{2}{3}$$

$$\sin\angle ABC=\frac{AD}{AB}$$

$$AD=AB\sin\angle ABC$$

$$=5\times\frac{2}{3}$$

$$=\frac{10}{3}$$

(2)　$2AB+AC=14$

$$AC=14-2AB\quad\cdots①$$

AB, AC は △ABC の外接円の弦より, 円の直径以下の正の値をとる。

△ABC の外接円の直径 $2R=6$ より,

$0<AB\leqq6$ かつ $0<AC\leqq6$

①より　$0<AB\leqq6$ かつ $0<14-2AB\leqq6$

$$-14<-2AB\leqq-8$$

$$4\leqq AB<7$$

よって **$4\leqq AB\leqq6$**

(1)より, $\sin\angle ABC=\frac{AC}{2R}$

$$=\frac{14-2AB}{2\cdot3}$$

$$=\frac{7-AB}{3}$$

正弦定理より, $\sin\angle ABD=\frac{AD}{AB}$

$$AD=AB\sin\angle ABD$$

$$=AB\sin\angle ABC$$

$$=AB\cdot\frac{7-AB}{3}$$

$$=\frac{-1}{3}AB^2+\frac{7}{3}AB$$

$$=-\frac{1}{3}\left\{\left(AB-\frac{7}{2}\right)^2-\frac{49}{4}\right\}$$

$$=-\frac{1}{3}\left(AB-\frac{7}{2}\right)^2+\frac{49}{12}$$

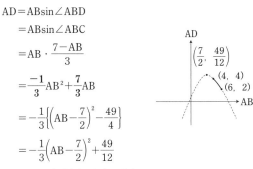

$4\leqq AB\leqq6$ より右図のようになり,

AD の長さは, $AB=4$ のとき最大値 4 をとる。

R4　⑤

(1)　点 G は $\angle ABC$ の重心より

$$AG:GE=2:1$$

点 D は線分 AG の中点であるから右図のようになる。

$$AD=\frac{1}{2}AG$$

$$=\frac{1}{2}\times\frac{2}{3}AE$$

$$=\frac{1}{3}AE$$

$$DE=AE-AD$$

$$=AE-\frac{1}{3}AE$$

$$=\frac{2}{3}AE$$

よって

$$\frac{AD}{DE} = \frac{\frac{1}{3}AE}{\frac{2}{3}AE} = \frac{1}{2}$$

$\triangle ABE$ と直線 PD に関するメネラウスの定理より

$$\frac{BP}{PA} \cdot \frac{AD}{DE} \cdot \frac{EF}{FB} = 1$$

$\dfrac{AD}{DE} = \dfrac{1}{2}$ より

$$\frac{BP}{PA} \cdot \frac{1}{2} \cdot \frac{EF}{FB} = 1$$

$$\frac{BP}{AP} = 2 \times \frac{BF}{EF} \quad \frac{①}{③} \cdots ①$$

$\triangle AEC$ と直線 DQ に関するメネラウスの定理より

$$\frac{CQ}{QA} \cdot \frac{AD}{DE} \cdot \frac{EF}{FC} = 1$$

$\dfrac{AD}{DE} = \dfrac{1}{2}$ より

$$\frac{CQ}{QA} \cdot \frac{1}{2} \cdot \frac{EF}{FC} = 1$$

$$\frac{CQ}{AQ} = 2 \times \frac{CF}{EF} \quad \frac{②}{③} \cdots ②$$

①②より

$$\frac{BP}{AP} + \frac{CQ}{AQ} = 2 \times \frac{BF}{EF} + 2 \times \frac{CF}{EF}$$

$$= 2 \times \frac{BF + CF}{EF}$$

点 E は辺 BC の中点より
BF＝2EC＋CF であり

$$= 2 \times \frac{2EC + CF + CF}{EF}$$

$$= 2 \times \frac{2(EC + CF)}{EF}$$

$$= 2 \times \frac{2\cancel{EF}}{\cancel{EF}}$$

$$= 4 \quad \cdots ③$$

(2) AB＝9, BC＝8, AC＝6, 点 D は線分 AG の中点, 4 点 B, C, Q, P が同一円周上にあるように点 F をとると, 下図のようになる。

方べきの定理より
AP・AB＝AQ・AC

$$\frac{AQ}{AP} = \frac{AB}{AC}$$

$$\frac{AQ}{AP} = \frac{9}{6}$$

$$AQ = \frac{9}{6}AP$$

$$= \frac{3}{2}AP$$

AP : AQ＝2 : 3 なので AP＝2x, AQ＝3x とおくと
③より

$$\frac{BP}{AP} + \frac{CQ}{AQ} = 4$$

$$\frac{9 - 2x}{2x} + \frac{6 - 3x}{3x} = 4$$

$$3(9 - 2x) + 2(6 - 3x) = 24x$$

$$27 - 6x + 12 - 6x = 24x$$

$$36x = 39$$

$$x = \frac{13}{12}$$

$$AP = 2x = 2 \times \frac{13}{12} = \frac{13}{6}, \quad AQ = 3x = 3 \times \frac{13}{12} = \frac{13}{4}$$

$$BP : PA = \left(9 - \frac{13}{6}\right) : \frac{13}{6}$$

$$= 41 : 13 \text{ なので CF} = y \text{ とおくと}$$

①より $\dfrac{BP}{AP} = 2 \times \dfrac{BF}{EF}$

$$\frac{41}{13} = 2 \times \frac{8 + y}{4 + y}$$

$$26(8 + y) = 41(4 + y)$$

$$208 + 26y = 164 + 41y$$

$$15y = 44$$

$$y = \frac{44}{15}$$

よって CF $= \dfrac{44}{15}$

(3) $\dfrac{AD}{DE} = k$ とし, (1)と同様にして

$$\frac{BP}{AP} = \frac{1}{k} \times \frac{BF}{EF}, \quad \frac{CQ}{AQ} = \frac{1}{k} \times \frac{CF}{EF}$$

$$\frac{BP}{AP} + \frac{CQ}{AQ} = \frac{1}{k} \times \frac{BF + CF}{EF}$$

$$= \frac{1}{k} \times 2$$

$$= \frac{2}{k}$$

これが 10 となればよいので

$$\frac{2}{k} = 10$$

$$k = \frac{1}{5}$$

$\dfrac{AD}{DE} = \dfrac{1}{5}$ より AD : DE＝1 : 5

$$AD = \frac{1}{1 + 5}AE = \frac{1}{6}AE$$

また, 点 G は $\triangle ABC$ の重心より, $AG = \dfrac{2}{3}AE$

よって $DG = AG - AD = \dfrac{2}{3}AE - \dfrac{1}{6}AE = \dfrac{1}{2}AE$

したがって, $\dfrac{BP}{AP} + \dfrac{CQ}{AQ} = 10$ となるのは,

$$\frac{AD}{DG} = \frac{\frac{1}{6}AE}{\frac{1}{2}AE} = \frac{1}{3} \text{ のときである。}$$

H25　④

(1) 重複を許しているので，各位 4 通りずつ考えられる。

∴ $4^4 = 256$（個）

(2) 重複なしの場合なので，千の位から順に選ぶと考えて，

$4 \cdot 3 \cdot 2 \cdot 1 = 24$（個）

(3) (ⅰ) $_4C_2 = 6$（通り）

　　(ⅱ) $_4C_2 = 6$（通り）

　　(ⅲ) (ⅰ)(ⅱ)より $6 \times 6 = 36$（通り）

(4) (ⅰ) 得点が 9 点となるのは，

1111，2222，3333，4444 の 4 通り。

よって確率は $\dfrac{4}{256} = \dfrac{1}{64}$

得点が 3 点となるのは(3)(ⅲ)より 36 通り。

よって確率は $\dfrac{36}{256} = \dfrac{9}{64}$

　　(ⅱ) 得点が 2 点となるのは，(3)と同様に考えて，

3 回現れる数字と 1 回だけ現れる数字の選び方

→$_4C_1 \times _3C_1 = 12$（通り）

1 回だけ現れる数字を置く箇所の選び方

→$_4C_1 = 4$（通り）

したがって $12 \times 4 = 48$（通り）

よって確率は $\dfrac{48}{256} = \dfrac{3}{16}$

また

9 点→4 通り

3 点→36 通り

2 点→48 通り

0 点→24 通り（∵(2)）

より，余事象を利用して，得点が 1 点となるのは，

$256 - (4 + 36 + 48 + 24) = 144$（通り）

よって確率は $\dfrac{144}{256} = \dfrac{9}{16}$

　　(ⅲ) $9 \times \dfrac{4}{256} + 3 \times \dfrac{36}{256} + 2 \times \dfrac{48}{256} + 1 \times \dfrac{144}{256} = \dfrac{3}{2}$

H26　④

(1) 4 回の移動のなかで，3 の矢印が 2 回出るところを決めれば，残りの 2 回は自動的に 4 の矢印なので，$_4C_2 = 6$（通り）。

(2) 3，4，5 の矢印が，それぞれ 1 回ずつ出ればよいので，$3! = 6$（通り）。

(3) 3 回の移動で A から C に行くのは，(2)より 6 通り。

また，C から 3 回の移動で D に行くのも，同じ移動の仕方なので，同様に 6 通り。したがって，$6 \times 6 = 36$（通り）。

そして，6 回移動するときの移動の仕方は，6^6 なので，

求める確率は，$\dfrac{36}{6^6} = \dfrac{1}{1296}$

(4) A を出発し，6 回の移動で D に行くとき

　　(ⅰ) 1 の矢印の向きの移動を含むもの

6 回の移動のなかで，1 の矢印が 1 回で，残りの 5 回が全て 4 の矢印でなければならないので，

$_6C_1 = 6$（通り）。

　　(ⅱ) 2 の矢印の向きの移動を含むもの

6 回の移動のなかで，2 の矢印が 1 回，5 の矢印が 1 回，残りの 4 回が全て 4 の矢印でなければならないので，

$_6C_1 \times _5C_1 = 30$（通り）。

　　(ⅲ) 6 の矢印の向きの移動を含むもの

→30（通り）

$\left(\begin{array}{l} \text{6 回の移動のなかで，6 の矢印が 1 回，3 の矢印が} \\ \text{1 回，残りの 4 回が全て 4 の矢印でなければなら} \\ \text{ないので，(ⅱ)と同じ考え方。} \end{array} \right)$

　　(ⅳ) (ⅰ)〜(ⅲ)以外の場合，4 の矢印の向きの移動は，2 回だけに決まる。

この場合は，4 の矢印が 2 回，3 の矢印が 2 回，5 の矢印が 2 回でなければならないので，$_6C_2 \times _4C_2 = 90$（通り）。

(ⅰ)〜(ⅳ)より，$6 + 30 + 30 + 90 = 156$（通り）

H27 4

(1) 並べた正方形の板に次のように番号をつける。

| ① | ② | ③ | ④ | ⑤ |

・①を塗る場合，赤・緑・青の 3 通り。
・②を塗る場合，①以外の色なので，2 通り。
・③を塗る場合，②以外の色なので，2 通り。
・④を塗る場合，③以外の色なので，2 通り。
・⑤を塗る場合，④以外の色なので，2 通り。

よって，$3 \times 2 \times 2 \times 2 \times 2 = 48$（通り）。

(2) 左右対称となるには，①，②，③の塗り方を決めて，④を②の色，⑤を①の色にすればよい。

したがって，①，②，③の塗り方は(1)と同様なので，$3 \times 2 \times 2 = 12$（通り）。

(3) 青と緑の 2 色だけで塗り分けるのは，

| 青 | 緑 | 青 | 緑 | 青 | と | 緑 | 青 | 緑 | 青 | 緑 | の **2 通り**

しかない。

(4) 赤に塗られる正方形が 3 枚であるのは，次のように①，③，⑤が必ず赤になる場合である。

| 赤 | ② | 赤 | ④ | 赤 |

したがって，②を塗る場合は，緑・青の 2 通り，④を塗る場合は緑・青の 2 通りなので，$2 \times 2 = 4$（通り）。

(5) ・①が赤に塗られる場合は，| 赤 | 青 | 緑 | 青 | 緑 | と | 赤 | 緑 | 青 | 緑 | 青 | の 2 通り。

⑤が赤に塗られる場合は，| 青 | 緑 | 青 | 緑 | 赤 | と | 緑 | 青 | 緑 | 青 | 赤 | の 2 通り。

したがって，$2+2 = 4$（通り）。

・ⅰ）②が赤に塗られる場合… | ① | 赤 | ③ | ④ | ⑤ |

①は，青か緑の 2 通り。
③，④，⑤は，青・緑・青か緑・青・緑の 2 通り。

したがって，$2 \times 2 = 4$（通り）。

ⅱ）③が赤に塗られる場合… | ① | ② | 赤 | ④ | ⑤ |

①，②は，青・緑か，緑・青の 2 通り。
④，⑤は，青・緑か，緑・青の 2 通り。

したがって，$2 \times 2 = 4$（通り）。

ⅲ）④が赤に塗られる場合… | ① | ② | ③ | 赤 | ⑤ |

①，②，③は，青・緑・青か，緑・青・緑の 2 通り。
⑤は，青か緑の 2 通り。

したがって，$2 \times 2 = 4$（通り）。

ⅰ），ⅱ），ⅲ）より，$4+4+4 = 12$（通り）。

よって，赤に塗られる正方形が 1 枚であるのは，$4+12 = \mathbf{16}$（通り）。

(6) (1), (3)より，赤で塗られるのは，$48-2 = 46$ 通り。

(4), (5)より，赤で塗られる正方形が，1 枚あるいは 3 枚である場合は，$4+16 = 20$（通り）。

よって，赤に塗られる正方形が 2 枚であるのは，余事象を考えて $46-20 = \mathbf{26}$（通り）。

（赤で塗られる正方形が 4 枚，5 枚である場合はないので）

H28 3

(1) 余事象を考える。

A さんと B さんがともに白球を取り出す確率は，

$$\frac{5}{12} \times \frac{4}{11} = \frac{5}{33}$$

よって，A さんと B さんが取り出した球のなかに少なくとも赤球か青球が含まれている確率は，

$$1 - \frac{5}{33} = \frac{28}{33}$$

(2) A さんが赤球，かつ B さんが白球を取り出す確率は，

$$\frac{4}{12} \times \frac{5}{11} = \frac{5}{33}$$

A さんが赤球を取り出す確率 $P(A) = \frac{4}{12} = \frac{1}{3}$，

$P(A \cap B) = \frac{5}{33}$ より，求める条件付き確率は

$$P_A(B) = \frac{P(A \cap B)}{P(A)} = \frac{\frac{5}{33}}{\frac{1}{3}} = \frac{5}{11}$$

(3) A さんが青球を取り出し，かつ B さんが白球を取り出す確率は，

$$\frac{3}{12} \times \frac{5}{11} = \frac{5}{44} \quad\text{——①}$$

A さんが白球を取り出し，かつ B さんが白球を取り出す確率は，

$$\frac{5}{12} \times \frac{4}{11} = \frac{5}{33} \quad\text{——②}$$

A さんが赤球を取り出し，かつ B さんが白球を取り出す確率は，

$$\frac{5}{33} \quad\text{——③}$$

①，②，③は互いに排反なので，B さんが白球を取り出す確率は，

$$\frac{5}{44} + \frac{5}{33} + \frac{5}{33} = \frac{5}{12}$$

よって，求める条件付き確率は，$\dfrac{\frac{5}{33}}{\frac{5}{12}} = \dfrac{4}{11}$

H29 ③

(1) 余事象を考える。

AもBもはずれを引く確率は，$\dfrac{2}{4}\cdot\dfrac{1}{3}=\dfrac{1}{6}$

よって，$P(E_1)=1-\dfrac{1}{6}=\dfrac{5}{6}$

(2) A，B，Cの3人中2人があたりを引くことは，A，B，Cの3人中1人だけがはずれを引くことと同値である。
よって①，③，⑤

Aだけがはずれを引く確率は，$\dfrac{2}{4}\cdot\dfrac{2}{3}\cdot\dfrac{1}{2}=\dfrac{1}{6}$

Bだけがはずれを引く確率は，$\dfrac{2}{4}\cdot\dfrac{2}{3}\cdot\dfrac{1}{2}=\dfrac{1}{6}$

Cだけがはずれを引く確率は，$\dfrac{2}{4}\cdot\dfrac{1}{3}\cdot\dfrac{2}{2}=\dfrac{1}{6}$

よって $P(E)=\dfrac{1}{6}+\dfrac{1}{6}+\dfrac{1}{6}=\dfrac{1}{2}$

(3) $P_{E_1}(E)=\dfrac{P(E_1\cap E)}{P(E_1)}$

ここで(2)から $E_1\supset E$ より $E_1\cap E=E$ なので，

$P_{E_1}(E)=\dfrac{P(E)}{P(E_1)}=\dfrac{\dfrac{1}{2}}{\dfrac{5}{6}}=\dfrac{3}{5}$

(4) B，Cの少なくとも一方があたりのくじを引くことは，
(i)BがあたりCがはずれ，(ii)Bがはずれ，Cがあたり，
(iii)BもCもあたりの和事象である。
これは，⓪，③，⑤の和事象と同値であり，
それぞれは排反な事象である。

⓪について，$\dfrac{2}{4}=\dfrac{1}{2}$

③について，$\dfrac{2}{4}\cdot\dfrac{2}{3}\cdot\dfrac{1}{2}=\dfrac{1}{6}$

⑤について，$\dfrac{2}{4}\cdot\dfrac{1}{3}\cdot\dfrac{2}{2}=\dfrac{1}{6}$

よって，$P(E_2)=\dfrac{1}{2}+\dfrac{1}{6}+\dfrac{1}{6}=\dfrac{5}{6}$

事象 E_3 も同様に考えると，①，②，⑤の和事象であり，

①について，$\dfrac{2}{4}\cdot\dfrac{2}{3}\cdot\dfrac{1}{2}=\dfrac{1}{6}$

②について，Aがあたりを引いたとき $\dfrac{2}{4}\cdot\dfrac{2}{3}=\dfrac{1}{3}$

Aがはずれを引いたとき $\dfrac{2}{4}\cdot\dfrac{1}{3}=\dfrac{1}{6}$

したがって $\dfrac{1}{3}+\dfrac{1}{6}=\dfrac{1}{2}$

よって，$P(E_3)=\dfrac{1}{6}+\dfrac{1}{2}+\dfrac{1}{6}=\dfrac{5}{6}$

(5) $E_2\supset E$，$E_3\supset E$ より $E_2\cap E=E$，$E_3\cap E=E$
したがって

$p_2=P_{E_2}(E)=\dfrac{P(E_2\cap E)}{P(E_2)}=\dfrac{P(E)}{P(E_2)}=\dfrac{3}{5}$

$p_3=P_{E_3}(E)=\dfrac{P(E_3\cap E)}{P(E_3)}=\dfrac{P(E)}{P(E_3)}=\dfrac{3}{5}$

よって $p_1=p_2=p_3$ ∴⑥

H30 ③

(1) 大きいさいころで4の目が出るのは，(大，小)＝(4，1)，(4，2)，(4，3)，(4，4)，(4，5)，(4，6)の6通りなので，

$\dfrac{6}{36}=\dfrac{1}{6}$

出た目の和が7になるのは，(大，小)＝(1，6)，(2，5)，(3，4)，(4，3)，(5，2)，(6，1)の6通りなので，$\dfrac{6}{36}=\dfrac{1}{6}$

出た目の和が9になるのは，(大，小)＝(3，6)，(4，5)，(5，4)，(6，3)の4通りなので，$\dfrac{4}{36}=\dfrac{1}{9}$

(2) 事象 C が起こったときの事象 A が起こる条件付き確率は $P_C(A)=\dfrac{P(A\cap C)}{P(C)}$

ここで事象 $A\cap C$ は大きいさいころで4，小さいさいころで5が出るときのみなので

$P(A\cap C)=\dfrac{1}{36}$　よって $P_C(A)=\dfrac{\dfrac{1}{36}}{\dfrac{1}{9}}=\dfrac{1}{4}$

同様に考えると，$P_A(C)=\dfrac{P(C\cap A)}{P(A)}=\dfrac{P(A\cap C)}{P(A)}=\dfrac{\dfrac{1}{36}}{\dfrac{1}{6}}=\dfrac{1}{6}$

(3) 事象 $A\cap B$ は大きいさいころで4，小さいさいころで3が出るときのみなので

$P(A\cap B)=\dfrac{1}{36}$　よって，$P(A\cap B)=\dfrac{1}{36}=\dfrac{1}{36}=P(A)P(B)$

また，$P(A\cap C)=\dfrac{1}{36}>\dfrac{1}{54}=P(A)P(C)$

(4) 大小2個のさいころを同時に投げる試行は1回目と2目で独立である。
事象 $\overline{A}\cap C$ は (大きいさいころの目，小さいさいころの目)＝(3，6)，(5，4)，(6，3) のときのみなので，
$P(\overline{A}\cap C)=\dfrac{3}{36}=\dfrac{1}{12}$　よって求める確率は

$P(A\cap B)P(\overline{A}\cap C)=\dfrac{1}{36}\cdot\dfrac{1}{12}=\dfrac{1}{432}$

また，2回の試行で事象 A，B，C がいずれもちょうど1回ずつ起こるのは，以下の4通りである。

1回目	$A\cap B$	$\overline{A}\cap C$	$A\cap C$	$\overline{A}\cap B$
2回目	$\overline{A}\cap C$	$A\cap B$	$\overline{A}\cap B$	$A\cap C$
	①	②	③	④

このうち，①と②，③と④の確率は等しい。

①，②の確率は $P(A\cap B)P(\overline{A}\cap C)=\dfrac{1}{36}\cdot\dfrac{1}{12}$

事象 $\overline{A}\cap B$ が起こる目の出方は
(大，小)＝(1，6)，(2，5)，(3，4)，(5，2)，(6，1)の5通りなので $P(\overline{A}\cap B)=\dfrac{5}{36}$

よって，③，④の確率は $P(A\cap C)P(\overline{A}\cap B)=\dfrac{1}{36}\cdot\dfrac{5}{36}$
したがって，求める確率は，

$2\cdot\dfrac{1}{36}\cdot\dfrac{1}{12}+2\cdot\dfrac{1}{36}\cdot\dfrac{5}{36}=2\cdot\dfrac{1}{36}\cdot\dfrac{1}{36}(3+5)=\dfrac{1}{81}$

H29 試行 ③

(1) 直前の文章で，$\frac{91}{1183}=\frac{1}{13}$ とあるので，これを用いて計算すると $\frac{1092}{1183}=1-\frac{91}{1183}=\frac{12}{13}$

(2) ①，②を通って D 地点を通過する確率は $\frac{12}{13}\cdot\frac{7}{8}$

④，⑤を D 地点を通過する確率は $\frac{1}{13}\cdot\frac{1}{2}$

これらは互いに排反な事象なので，求める確率は

$\frac{12}{13}\cdot\frac{7}{8}+\frac{1}{13}\cdot\frac{1}{2}=\frac{11}{13}$

(3) (2)より $\dfrac{\frac{1}{26}}{\frac{11}{13}}=\frac{1}{22}$

(4) (2)と全く同様の計算をする。①，②を通って D 地点を通過する確率は $\frac{12}{13}\cdot\frac{2}{3}\cdot\frac{7}{8}$

④，⑤を D 地点を通過する確率は $\left(1-\frac{12}{13}\cdot\frac{2}{3}\right)\cdot\frac{1}{2}$

よって，求める確率は

$\frac{12}{13}\cdot\frac{2}{3}\cdot\frac{7}{8}+\left(1-\frac{12}{13}\cdot\frac{2}{3}\right)\cdot\frac{1}{2}=\frac{19}{26}$

(5) 渋滞の表示がないとき①を通過する台数は

$\frac{12}{13}\cdot1560=1440$

また，渋滞の表示があるとき，$\frac{12}{13}\cdot\frac{2}{3}\cdot1560=960$

(6) まず C→D に渋滞中の表示がない⓪，①に注目する。
このとき D→B を通過する台数は⓪では

$\left(1-\frac{1}{8}\cdot\frac{2}{3}\right)\cdot960+\left(\frac{1}{2}\cdot\frac{2}{3}\right)\cdot600=880+200$
$\qquad\qquad\qquad\qquad\qquad\qquad\quad=1080$

一方，①では，

$\left(1-\frac{1}{8}\cdot\frac{2}{3}\right)\cdot960+\left(1-\frac{1}{2}\cdot\frac{2}{3}\right)\cdot600=880+400$
$\qquad\qquad\qquad\qquad\qquad\qquad\qquad=1280$

となり，どちらの場合も 1000 台を超える。
したがって，②か③に絞られる。あとは単純に D→B を通過する台数を増やすためには E→B に渋滞中の表示を出せばよい。よって③。

H30 試行 ③

(1) $P(A)=\frac{1}{2}$，箱 A からあたりを引く確率

$P_A(W)=\frac{10}{100}=\frac{1}{10}$

よって $P(A\cap W)=\frac{1}{2}\cdot\frac{1}{10}=\frac{1}{20}$

同様にして $P(B\cap W)=\frac{1}{40}$ であり，箱 A であたりを引く事象と箱 B であたりを引く事象は排反なので，

$P(W)=P(A)+P(B)=\frac{3}{40}$　以上より，

$P_W(A)=\dfrac{\frac{1}{10}}{\frac{3}{40}}=\frac{2}{3}$　$P_W(B)=1-\frac{2}{3}=\frac{1}{3}$ であり，

1 番目の人が箱 B から当たりくじを引いたあと，残っている当たりくじの本数は 4 本なので，

$P_W(A)\times\frac{9}{99}+P_W(B)\times\frac{4}{99}=\frac{2}{27}$

同様にして，1 番目の人が当たりくじを引いたあとに 2 番目の人が異なる箱からくじを引くときに当たる確率は

$P_W(A)\times\frac{5}{100}+P_W(B)\times\frac{10}{100}=\frac{1}{15}$

(2) (1)での計算を箱 B に当たりくじが 7 本入っている場合に変更すると，$P(A\cap W)=\frac{1}{20}$，$P(B\cap W)=\frac{7}{200}$

$P(W)=\frac{1}{20}+\frac{7}{200}=\frac{17}{200}$，$P_W(A)=\frac{10}{17}$

$P_W(B)=\frac{7}{17}$ となる。したがって，1 番目の人が当たりくじを引いたあとに 2 番目の人が同じ箱からくじを引くときに当たる確率は

$P_W(A)\times\frac{9}{99}+P_W(B)\times\frac{6}{99}=\frac{4}{51}$

(3) (1)，(2)の結果より①，②に絞られる。したがって，箱 B に当たりくじが 6 本入っているときについて調べれば良い。このとき，$P(A\cap W)=\frac{1}{20}$，$P(B\cap W)=\frac{3}{100}$

$P(W)=\frac{1}{20}+\frac{3}{100}=\frac{2}{25}$，$P_W(A)=\frac{5}{8}$，$P_W(B)=\frac{3}{8}$ となる。

よって 1 番目の人が当たりくじを引いたあとに 2 番目の人が同じ箱からくじを引くときに当たる確率は

$P_W(A)\times\frac{9}{99}+P_W(B)\times\frac{5}{99}=\frac{5}{66}$

一方，1 番目の人が当たりくじを引いたあとに 2 番目の人が異なる箱からくじを引くときに当たる確率は

$P_W(A)\times\frac{3}{50}+P_W(B)\times\frac{1}{10}=\frac{3}{40}$

よって，同じ箱から引いたほうが確率は高くなる。

H31 ③

(1) 赤い袋が選ばれる確率は $\frac{4}{6}=\frac{2}{3}$

赤い袋から赤球が選ばれる確率は $\frac{2}{3}$

よって，$\frac{2}{3}\cdot\frac{2}{3}=\frac{4}{9}$

また，白い袋が選ばれる確率は $\frac{2}{6}=\frac{1}{3}$

白い袋から赤球が選ばれる確率は $\frac{1}{2}$

よって $\frac{1}{3}\cdot\frac{1}{2}=\frac{1}{6}$

(2) (1)より2回目の操作で赤い袋が選ばれる確率は

$$\frac{4}{9}+\frac{1}{6}=\frac{11}{18}$$

したがって余事象を考えて $1-\frac{11}{18}=\frac{7}{18}$

(3) 白い袋から白球を取り出す確率は $\frac{1}{2}$

赤い袋から白球を取り出す確率は $\frac{1}{3}$

よって, $p\cdot\frac{1}{2}+(1-p)\cdot\frac{1}{3}=\frac{1}{6}p+\frac{1}{3}$

(2)より $p=\frac{7}{18}$ を代入して

$$\frac{1}{6}\cdot\frac{7}{18}+\frac{1}{3}=\frac{43}{108}$$

$q=\frac{43}{108}$ とおくと, 3回目に白球を取り出す確率は

$$q\cdot\frac{1}{2}+(1-q)\cdot\frac{1}{3}=\frac{1}{6}q+\frac{1}{3}$$

よって, $\frac{1}{6}\cdot\frac{43}{108}+\frac{1}{3}=\frac{259}{648}$

(4) 2回目に白い袋を選び, 白球を取り出す確率は $\frac{7}{18}\cdot\frac{1}{2}$

よって, 2回目に関する求める条件付き確率は

$$\frac{\frac{7}{18}\cdot\frac{1}{2}}{\frac{43}{108}}=\frac{21}{43}$$

また, 3回目で初めて白球を取り出すには, 赤→赤→白と選ばなければならない。

1回目に赤球を取り出す確率は(1)より $\frac{11}{18}$

2回目は赤い袋から選ぶので, そこから赤球を取り出す確率は $\frac{2}{3}$

3回目も赤い袋から選ぶので, そこから白球を取り出す確率は $\frac{1}{3}$

以上より $\frac{11}{18}\cdot\frac{2}{3}\cdot\frac{1}{3}$

よって3回目に関する求める条件付き確率は

$$\frac{\frac{11}{18}\cdot\frac{2}{3}\cdot\frac{1}{3}}{\frac{259}{648}}=\frac{88}{259}$$

R2 ③ [1]

⓪確率 p は一度も表が出ない事象の余事象なので,

$$p=1-\left(\frac{1}{2}\right)^5=\frac{31}{32}=0.968\cdots となり正しい。$$

①箱の中の赤玉の個数を n 個とすると, 確率の定義から求める確率は $\frac{n}{8}$ なので誤り。また, 統計的に求めるとしても試行回数が少なすぎるため, そこから確率を推測することはできない。

②全事象は $_5C_2=10$ [通り]。2枚とも同じ文字を引くのは「ろ」を2枚引いたときと, 「は」を2枚引いたときのみである。よって, 求める確率は $1-\frac{2}{10}=\frac{4}{5}$ となり正しい。

③考えている事象は, どちらのロボットも正しくない発言をした事象の余事象である。

よって $p=1-0.1^2=0.99>0.9$ となり誤り。

以上より, 答えは⓪, ②。

[2]

(1) コインを2回投げ終わって持ち点が2点であるには, 2回とも裏であれば良いので $\left(\frac{1}{2}\right)^2=\frac{1}{4}$ また, 持ち点が1点であるには, 表と裏が1度ずつ出れば良いので,

$$_2C_1\cdot\frac{1}{2}\cdot\frac{1}{2}=\frac{1}{2}$$

(2) 持ち点が再び0点となるのは表が1回, 裏が2回出るときである。よって, 合計3回投げ終わったときであり, その確率は,

$$_3C_2\cdot\left(\frac{1}{2}\right)^2\cdot\left(\frac{1}{2}\right)=\frac{3}{8}$$

(3) 表が出る回数を x 回, 裏が出る回数を y 回とすると,

$$\begin{cases} x+y=5 \\ 2x-y=4 \end{cases}$$

これを解くと, $x=3$, $y=2$。ただし, 最初の3回で表が1回, 裏が2回出てしまうと持ち点が0点になることに注意すると, 求める確率は

$$_5C_2\left(\frac{1}{2}\right)^3\left(\frac{1}{2}\right)^2-_3C_2\left(\frac{1}{2}\right)\left(\frac{1}{2}\right)^2\cdot\left(\frac{1}{2}\right)^2=\frac{7}{32}$$

(4) 最初の2回で裏が1回, 3回目が表, 残りの2回で裏が1回出れば良いので,

$$_2C_1\frac{1}{2}\frac{1}{2}\cdot\frac{1}{2}\cdot_2C_1\frac{1}{2}\frac{1}{2}=\frac{1}{8}$$

よって求める条件付き確率は $\dfrac{\frac{1}{8}}{\frac{7}{32}}=\frac{4}{7}$

R3 ③

(1)(i) 箱Aにおいて当たりくじを引く確率は $\frac{1}{2}$,

外れくじを引く確率は $1-\frac{1}{2}=\frac{1}{2}$

3回中ちょうど1回当たる組み合わせは $_3C_1$ なので, その確率は,

$$_3C_1\left(\frac{1}{2}\right)\left(\frac{1}{2}\right)^2=\frac{3}{8}\cdots\cdots①$$

箱Bにおいて当たりくじを引く確率は $\frac{1}{3}$,

外れくじを引く確率は $1-\frac{1}{3}=\frac{2}{3}$

3回中ちょうど1回当たる組み合わせは $_3C_1$, なので
その確率は,

$$_3C_1\left(\frac{1}{3}\right)\left(\frac{2}{3}\right)^2=\frac{4}{9}\cdots\cdots②$$

(ii) 箱Aを選ぶ確率と箱Bを選ぶ確率はともに $\frac{1}{2}$ である
から, ①②より

$$P(A\cap W)=\frac{1}{2}\times\frac{3}{8}=\frac{3}{16}\cdots\cdots③$$

$$P(B\cap W)=\frac{1}{2}\times\frac{4}{9}=\frac{2}{9}\cdots\cdots④$$

$$P(W)=P(A\cap W)+P(B\cap W)=\frac{59}{144}\cdots\cdots⑤$$

$P_W(A)$ は3回中ちょうど1回当たり, それがAの箱で
ある確率なので,

③, ⑤より $P_W(A)=\dfrac{P(A\cap W)}{P(W)}=\dfrac{3}{16}\times\dfrac{144}{59}=\dfrac{27}{59}$

同様に,

④, ⑤より $P_W(B)=\dfrac{P(A\cap W)}{P(W)}=\dfrac{2}{9}\times\dfrac{144}{59}=\dfrac{32}{59}$

(2) $P_W(A)+P_W(B)=1$

①+② $=\dfrac{59}{72}$ より⓪は不適。

$\{P_W(A)\}^2+\{P_W(B)\}^2=\left(\dfrac{27}{59}\right)^2+\left(\dfrac{32}{59}\right)^2=\dfrac{1753}{3481}$

①²+②² $=\left(\dfrac{3}{8}\right)^2+\left(\dfrac{4}{9}\right)^2=\dfrac{1753}{5184}$ より①は不適。

$\{P_W(A)\}^3+\{P_W(B)\}^3=\left(\dfrac{27}{59}\right)^3+\left(\dfrac{32}{59}\right)^3=\dfrac{52451}{205379}$

①³+②³ $=\left(\dfrac{3}{8}\right)^3+\left(\dfrac{4}{9}\right)^3=\dfrac{52451}{373248}$ より②は不適。

$P_W(A)+P_W(B)=\dfrac{864}{3481}$ ①×② $=\dfrac{1}{6}$ より④は不適。

$P_W(A):P_W(B)=\dfrac{27}{59}:\dfrac{32}{59}=27:32$

① : ② $=\dfrac{3}{8}:\dfrac{4}{9}=\dfrac{27}{72}:\dfrac{32}{72}=27:32$ ③

(3) 箱Cにおいて当たりくじを引く確率は $\dfrac{1}{4}$, 外れくじを引

く確率は $1-\dfrac{1}{4}=\dfrac{3}{4}$

3回中ちょうど1回当たる組み合わせは $_3C_1$ なので,
その確率は,

$$_3C_1\left(\frac{1}{4}\right)\left(\frac{3}{4}\right)^2=\frac{27}{64}\cdots\cdots⑥$$

よって①, ②, ⑥より

$$P(W)=P(A\cap W)+P(B\cap W)+P(C\cap W)$$

$$=\frac{1}{3}\times\frac{3}{8}+\frac{1}{3}\times\frac{4}{9}+\frac{1}{3}\times\frac{27}{64}$$

$$=\frac{1}{3}\left(\frac{3}{8}+\frac{4}{9}+\frac{27}{64}\right)$$

$$=\frac{1}{3}\left(\frac{216+256+243}{9\times64}\right)=\frac{715}{1728}\cdots\cdots⑦$$

(1)と同様に

①, ⑦より

$$P_W(A)=\frac{P(A\cap W)}{P(W)}$$

$$=\frac{1}{3}\times\frac{3}{8}\times\frac{1728}{715}=\frac{216}{715}$$

(4) 箱Dにおいて当たりくじを引く確率は $\dfrac{1}{5}$,

外れくじを引く確率は $1-\dfrac{1}{5}=\dfrac{4}{5}$

3回中ちょうど1回当たる組み合わせは $_3C_1$ なので,
その確率は,

$$_3C_1\left(\frac{1}{5}\right)\left(\frac{4}{5}\right)^2=\frac{48}{125}$$

①, ②, ⑥, ⑧より

$$P_W(A):P_W(B):P_W(C):P_W(D)=\frac{3}{8}:\frac{4}{9}:\frac{27}{64}:\frac{48}{125}$$

$$=27000:32000:30375:27648$$

よってB, C, D, A ⑧

R3 追試 ③

(1)

(i) 箱の中の2個の球のうち少なくとも1個が赤球である
ことの余事象は全て白球であることなので, 全て白球であ
る確率を1から引けばよい。

全て白球となるのはAの袋から白球, Bの袋から白球
を取り出す場合なので, 全て白球である確率は,

$$\frac{_1C_1}{_3C_1}\cdot\frac{_1C_1}{_4C_1}=\frac{1}{12}$$

箱の中の2個の球のうち少なくとも1個が赤球である
確率は,

$$1-\frac{1}{12}=\frac{11}{12}$$

(ii) 箱の中から赤球を取り出す場合として, 赤球2個から赤
球1個を取り出す場合と, 赤球1個白球1個から赤球1個
を取り出す場合が考えられる。

まず, 赤球2個から赤球1個を取り出す場合, 赤球2個
になるのはAの袋からもBの袋からも赤球を取り出す場
合であり, 赤球2個から赤球1個を取り出す確率は1であ
るから,

$$\frac{_2C_1}{_3C_1}\cdot\frac{_3C_1}{_4C_1}\cdot1=\frac{1}{2}$$

次に赤球1個白球1個から赤球を取り出す場合, 赤球1
個白球1個になるのはAの袋から赤球1個, Bの袋から
白球1個取り出す場合と, Aの袋から白球1個, Bの袋か
ら赤球1個を取り出す場合があり, 赤球1個白球1個から

赤球1個を取り出す確率は $\dfrac{1}{2}$ であるから,

$$\left(\frac{_2C_1}{_3C_1}\cdot\frac{_1C_1}{_4C_1}+\frac{_1C_1}{_3C_1}\cdot\frac{_3C_1}{_4C_1}\right)\cdot\frac{1}{2}=\frac{5}{24}$$

以上のことから箱から赤球が取り出される確率は

$$\frac{1}{2}+\frac{5}{24}=\frac{17}{24}$$

取り出した球が赤球であった時に，それがBの袋に入っていたものである条件付き確率は，箱から取り出された球が赤球であるという事象をX，事象Xが起こる確率をP(X)，箱から取り出された球がBから取り出された球であるという事象をY，事象Yが起こる確率をP(Y)とすると，取り出された球が赤球であったときに，それがBの袋に入っていたものである条件付き確率は

$P_X(Y)=\dfrac{P(X\cap Y)}{P(X)}$ である。

取り出した赤球がBの袋から取り出されたものであるのは，Aの袋から赤球，Bの袋から赤球が取り出された場合と，Aの袋から白球，Bの袋から赤球が取り出された場合が考えられ，その中からBの袋から取り出された球を取り出す確率は $\dfrac{1}{2}$ であるから，

$$P(X\cap Y)=\dfrac{_2C_1}{_3C_1}\cdot\dfrac{_3C_1}{_4C_1}\cdot\dfrac{1}{2}+\dfrac{_1C_1}{_3C_1}\cdot\dfrac{_3C_1}{_4C_1}\cdot\dfrac{1}{2}$$
$$=\dfrac{1}{4}+\dfrac{1}{8}$$
$$=\dfrac{3}{8}$$
$$P_X(Y)=\dfrac{P(X\cap Y)}{P(X)}$$
$$=\dfrac{\dfrac{3}{8}}{\dfrac{17}{24}}$$
$$=\dfrac{9}{17}$$

(2)
(i) 箱の中の4個の球のうち，ちょうど2個が赤球であるのは，Aの袋もBの袋も白球は1つしかないため，Aの袋から赤球1個白球1個とBの袋から赤球1個白球1個が取り出される場合を求めればよいので，箱の中の4個の球のうち，ちょうど2個が赤球である確率は

$$\dfrac{_2C_1\cdot_1C_1}{_3C_2}\cdot\dfrac{_3C_1\cdot_1C_1}{_4C_2}=\dfrac{1}{3}$$

また，箱の中の4個の球のうちちょうど3個が赤球である場合について考えると，Aの袋から赤球2個，Bの袋から赤球1個白球1個が取り出される場合と，Aの袋から赤球1個白球1個，Bの袋から赤球2個の場合が考えられるので，

$$\dfrac{_2C_2}{_3C_2}\cdot\dfrac{_3C_1\cdot_1C_1}{_4C_2}+\dfrac{_2C_1\cdot_1C_1}{_3C_2}\cdot\dfrac{_3C_2}{_4C_2}$$
$$=\dfrac{1}{6}+\dfrac{1}{3}=\dfrac{1}{2}$$

(ii) 箱の中をよくかき混ぜてから球を2個同時に取り出すとき，どちらの球も赤球であるのは，箱の中の4個の球が全て赤球，ちょうど3個が赤球，ちょうど2個が赤球である場合が考えられる。

(i)よりちょうど2個が赤球である確率は $\dfrac{1}{3}$，ちょうど3

個が赤球である確率は $\dfrac{1}{2}$ である。また，4個の球が全て赤球である確率は，$\dfrac{_3C_2}{_4C_2}\cdot\dfrac{_3C_2}{_3C_2}=\dfrac{1}{6}$ となる。

よって，それぞれの場合で箱の中から赤球2個を取り出す場合を求めると，

$$\dfrac{1}{3}\cdot\dfrac{_2C_2}{_4C_2}+\dfrac{1}{2}\cdot\dfrac{_3C_2}{_4C_2}+\dfrac{1}{6}\cdot\dfrac{_4C_2}{_4C_2}$$
$$=\dfrac{1}{18}+\dfrac{1}{4}+\dfrac{1}{6}$$
$$=\dfrac{17}{36}$$

また，取り出した2個の球がどちらも赤球であったときに，それらのうちの1個のみがBの袋に入っていたものである条件付き確率は，取り出した2個の球が両方赤球であるという事象をX，その確率をP(X)，取り出した球がBの袋に入っていたものであるという事象をY，その確率をP(Y)とすると，$P(X)=\dfrac{17}{36}$ である。

P(X∩Y)は箱の中の4個の球のうち赤球がちょうど2個でAの赤球1個とBの赤球1個を取り出す場合，
赤球がちょうど3個のうち
Aから赤球2個Bから赤球1個で，Aの赤球1個とBの赤球1個を取り出す場合，
Aから赤球1個Bから赤球2個で，Aの白球1個とBの赤球1個を取り出す場合，
赤球がちょうど4個でBの赤球1個とAの赤球1個を取り出す場合が考えられ，これまでの計算結果を利用すると，

$$P(X\cap Y)=\dfrac{1}{3}\cdot\dfrac{_1C_1\cdot_1C_1}{_4C_2}+\dfrac{1}{6}\cdot\dfrac{_2C_1\cdot_1C_1}{_4C_2}+\dfrac{1}{3}\cdot\dfrac{_1C_1\cdot_2C_1}{_4C_2}$$
$$\qquad+\dfrac{1}{6}\cdot\dfrac{_2C_1\cdot_2C_1}{_4C_2}$$
$$=\dfrac{12}{36}$$
$$P_X(Y)=\dfrac{P(X\cap Y)}{P(X)}$$
$$=\dfrac{\dfrac{12}{36}}{\dfrac{17}{36}}$$
$$=\dfrac{12}{17}$$

R4 ③

(1) 参加者A，B，C…それぞれ自分の持参したプレゼントを $a,\ b,\ c…$ とし，参加者と受け取ったプレゼントの受け取り方，例えばAが a を，Bが b を受け取ることを $(A,\ B)=(a,\ b)$ とする。

(i) A，Bの2人で1回目の交換で終了する受け取り方は $(A,\ B)=(b,\ a)$ の1通りである。

1回の交換の受け取り方は2!$=2\cdot1=2$（通り）であるから，1回目の交換で交換会が終了する確率は $\dfrac{1}{2}$ であ

る。

(ii) A，B，Cの3人で1回目の交換で終了する受け取り方は (A，B，C)=(*b*，*c*，*a*)，(*c*，*a*，*b*) の2通りである。

1回の交換の受け取り方は $3!=3\cdot2\cdot1=6$（通り）であるから，1回目の交換で交換会が終了する確率は $\dfrac{2}{6}=\dfrac{1}{3}$ である。

(iii) A，B，Cの3人で4回以下の交換で交換会が終了するのは，4回目で終了しないことの余事象であると考える。

(ii)より，1回の交換で終了する確率は $\dfrac{1}{3}$ なので4回目で終了しない確率は $\left(1-\dfrac{1}{3}\right)^4=\dfrac{16}{81}$ となり4回目で終了する確率は，$1-\dfrac{16}{81}=\dfrac{65}{81}$

(2) A，B，C，Dの4人で1回目の交換でちょうど1人が自分の持参したプレゼントを受け取る場合とは，1人が自分の持参したプレゼントを受け取り，他の3人が自分以外の者の持参したプレゼントを受け取る場合，すなわち，残りの3人が1回の交換で終了する場合である。

自分で持参したプレゼントを受け取る1人の選び方がA，B，C，Dの4人から1人選ぶので $_4C_1=4$ 通り，残りの3人が1回の交換で終了するのは(1)(ii)より，2通りであるから，1回目の交換で，4人のうち，ちょうど1人が自分の持参したプレゼントを受け取る場合は，$4\times2=8$（通り）である。

ちょうど2人が自分の持参したプレゼントを受け取る場合は，同様にして，自分の持参したプレゼントを受け取る2人の選び方が $_4C_2=\dfrac{4\cdot3}{2\cdot1}=6$（通り），残りの2人が1回の交換で終了するのは(1)(i)より1通りであるから，1回目の交換でちょうど2人が自分の持参したプレゼントを受け取る場合は $6\times1=6$（通り）である。

ちょうど3人が自分の持参したプレゼントを受け取る場合について考えると，3人が自分の持参したプレゼントを受け取ると，残りの1人も自分の持参したプレゼントを受け取ることになるので，このような場合はない。

ちょうど4人が自分の持参したプレゼントを受け取るのは (A，B，C，D)=(*a*，*b*，*c*，*d*) の場合の1通り。
よって，1回目のプレゼントの受け取り方のうち，1回目の交換で交換会が終了しない受け取り方の総数は $8+6+1=15$（通り）である。

4人で1回の交換でのプレゼントの受け取り方は $4!=4\cdot3\cdot2\cdot1=24$（通り）であり，1回目の交換で交換会が終了する受け取り方は $24-15=9$（通り）となり，1回目の交換で交換会が終了する確率は $\dfrac{9}{24}=\dfrac{3}{8}$ である。

(3) (2)と同様にして，ちょうど1人が自分の持参したプレゼントを受け取るのは，自分の持参したプレゼントを受け取

る1人の選び方が $_5C_1=5$ 通り，残りの4人が1回の交換で終了する場合は9通りであるから $5\times9=45$（通り）である。

ちょうど2人が自分の持参したプレゼントを受け取るのは $_5C_2\times2=20$（通り）。

ちょうど3人が自分の持参したプレゼントを受け取るのは $_5C_3\times1=10$（通り）。

ちょうど4人が自分の持参したプレゼントを受け取る場合はない。

ちょうど5人が自分の持参したプレゼントを受け取る場合は1通り。

よって，1回目のプレゼントの受け取り方のうち，1回目交換で交換会が終了しない受け取り方の総数は $45+20+10+1=76$（通り）である。

5人で1回の交換でのプレゼントの受け取り方は $5!=5\cdot4\cdot3\cdot2\cdot1=120$（通り）であり，1回目の交換で交換会が終了する受け取り方は $120-76=44$（通り）であるから，5人で交換会を開く場合1回目の交換で交換会が終了する確率は $\dfrac{44}{120}=\dfrac{11}{30}$ である。

(4) A，B，C，D，Eの5人で1回目の交換でA，B，C，Dがそれぞれ自分以外の人の持参したプレゼントを受け取る場合には，Eが自分以外の人の持参したプレゼントを受け取る場合と，Eが自分の持参したプレゼントを受け取る場合がある。

(3)よりEが自分以外の人の持参したプレゼントを受け取る場合は44通り，Eが自分の持参したプレゼントを受け取る場合は9通りであるから，A，B，C，Dがそれぞれ自分以外の持参したプレゼントを受け取る場合の受け取り方は $44+9=53$（通り）となり，1回目の交換で交換会が終了するのはEが自分以外の人の持参したプレゼントを受け取る場合の44通りであるから，A，B，C，Dがそれぞれ自分以外の人の持参したプレゼントを受け取ったとき，その会で交換会が終了する条件付き確率は $\dfrac{44}{53}$ である。

〈データの分析〉　　　問題 68p〜

センター　試作問題

(1) 最小値と最大値は 3 教科とも同じなので，第 1 四分位数，中央値，第 3 四分位数に注目して選べばよい。国語は③，数学は⑤，英語は②と考えられる。

(2) 数学の変量を x，平均値を $\bar{x}$ とすると，$\bar{x}=69.40$

$x\times0.5+50$ の平均値は，$\bar{x}\times0.5+50=\mathbf{84.7}$

この変量を X とすると，

$X=x\times0.5+50$，$\overline{X}=\mathbf{84.7}$

X の分散の値を Sx^2，x の分散の値を Sx^2 すると，

$Sx^2=(0.5)^2Sx^2$ となるので，

$Sx^2=82.8\times4=\mathbf{331.2}$

国語の変量を y，標準偏差を Sy

英語の変量を z，標準偏差を Sz

変量 y，z の共分散を Syz，相関係数を r とすると，

$r=\dfrac{Syz}{SySz}=\dfrac{205}{18.0\times17.0}=0.669\cdots$

よって相関係数は **0.67** と計算できる。

(3) ［A］相関係数が $-1\leqq r\leqq1$ というのは正しいが，$r=1$ または -1 になるのは，すべてのデータが 1 つの直線上にあるときである。

［B］もとのデータに定数を加えても標準偏差，共分散の値が変わらないので相関係数の値も変わらない。

［C］相関関係はあるが因果関係があるとはいえない。

H27　③　［1］

(1) データの個数が 40 なので，第 3 四分位数（Q_3）は，30 番目と 31 番目の階級値の中央値である。どちらの階級値も，「25 m 以上 30 m 未満」なので，④。

(2) 最小値…5 m 以上 10 m 未満
第 1 四分位数（Q_1）…15 m 以上 20 m 未満
中央値（Q_2）…20 m 以上 25 m 未満
第 3 四分位数（Q_3）…25 m 以上 30 m 未満
最大値…45 m 以上 50 m 未満

なので，これをもとに箱ひげ図をみると，

・⓪→ Q_3 の位置がおかしい。

・②→ Q_1，Q_3 の位置がおかしい。

・③→ Q_1，Q_3 の位置がおかしい。

・⑤→ Q_1 の位置がおかしい。

(3)・⓪→ A「どの生徒の記録も下がった。」のであれば，(2) に挙げた 5 つの値は全て小さくなるはずである。しかし，a をみると，Q_1 が大きくなっているので，これは矛盾する。

・②→ C「最初に取ったデータで上位 $\dfrac{1}{3}$ に入るすべての生徒の記録が伸び」たのであれば，Q_3 と最大値の値が大き

くなるはずである。しかし，C をみると，最大値が小さくなっているので，これは矛盾する。

［2］

相関係数（r）＝ $\dfrac{x \text{ と } y \text{ の共分散 } (S_{xy})}{x \text{ の標準偏差 } (S_x)\times y \text{ の標準偏差 } (S_y)}$

$=\dfrac{54.30}{8.21\times6.98}=0.947\cdots\fallingdotseq\mathbf{0.95}\cdots$ ⑦

H28　②　［2］

⓪…平均最高気温と購入額の散布図を見れば明らかであり，正しい。

①…1 日あたり平均降水量と購入額の散布図を見ると，述べられているような正の相関はないので，誤り。

②…平均湿度と購入額の散布図を見ると，平均温度が高くなるほど購入額の散らばりは大きくなっているので，誤り。

③…25 ℃以上の日数の割合と購入額の散布図を見れば明らかであり，正しい。

④…平均最高気温と購入額の間にも正の相関があるので，誤り。

［3］

(1) 最小値に注目する。

東京の最小値は 0 ℃〜5 ℃なので，該当する箱ひげ図は c。

N 市の最小値は -10 ℃〜-5 ℃なので，該当する箱ひげ図は b。

M 市の最小値は 5 ℃〜10 ℃なので，該当する箱ひげ図は a。

よって，⑤。

(2) ⓪…東京と M 市の最高気温の間にあるのは負の相関なので，誤り。

①…東京・N 市と東京・M 市の散布図を見れば明らかであり，正しい。

②…東京と N 市の最高気温の間にあるのは正の相関なので，誤り。

③…東京・O 市の散布図における点の分布が，東京・N 市のそれよりも直線に近いので，相関が強い。よって，正しい。

④…③より誤り。

(3)・N 市の摂氏を x ℃，華氏を y ℉ とすると，

$y=\dfrac{9}{5}x+32$

華氏での分散 Y を求めると，分散は偏差の 2 乗の平均値より，

$Y=\dfrac{1}{n}\{(y_1-\bar{y})^2+(y_2-\bar{y})^2+\cdots+(y_n-\bar{y})^2\}$

ここで，$y_1=\dfrac{9}{5}x_1+32$，$y_2=\dfrac{9}{5}x_2+32$，……

$y_n=\dfrac{9}{5}x_n+32$　より，$\bar{y}=\dfrac{9}{5}\bar{x}+32$

また，それぞれの偏差も，

$$(y_1-\bar{y})^2=\left\{\left(\frac{9}{5}x_1+32\right)-\left(\frac{9}{5}\bar{x}+32\right)\right\}^2$$
$$=\left\{\frac{9}{5}(x_1-\bar{x})\right\}^2,$$

$$(y_2-\bar{y})^2=\left\{\left(\frac{9}{5}x_2+32\right)-\left(\frac{9}{5}\bar{x}+32\right)\right\}^2$$
$$=\left\{\frac{9}{5}(x_2-\bar{x})\right\}^2,$$

$$(y_n-\bar{y})^2=\left\{\left(\frac{9}{5}x_n+32\right)-\left(\frac{9}{5}\bar{x}+32\right)\right\}^2=\left\{\frac{9}{5}(x_n-\bar{x})\right\}^2$$

となる。

したがって，$Y=\dfrac{1}{n}\left[\left\{\dfrac{9}{5}(x_1-\bar{x})\right\}^2+\left\{\dfrac{9}{5}(x_2-\bar{x})\right\}^2+\cdots\cdots+\left\{\dfrac{9}{5}(x_n-\bar{x})\right\}^2\right]$

$$=\frac{81}{25}\cdot\underline{\frac{1}{n}\{(x_1-\bar{x})^2+(x_2-\bar{x})^2+\cdots\cdots(x_n-\bar{x})^2\}}_{X}$$

$$=\frac{81}{25}X$$

よって，$\dfrac{Y}{X}=\dfrac{\frac{81}{25}X}{X}=\dfrac{81}{25}$

・東京の摂氏を a ℃とすると，

$$W=\frac{1}{n}\{(a_1-\bar{a})(y_1-\bar{y})+(a_2-\bar{a})(y_2-\bar{y})+$$
$$\cdots\cdots+(a_n-\bar{a})(y_n-\bar{y})\}$$

$$=\frac{1}{n}\{(a_1-\bar{a})\cdot\frac{9}{5}(x_1-\bar{x})+(a_2-\bar{a})\cdot$$
$$\frac{9}{5}(x_2-\bar{x})+\cdots\cdots+(a_n-\bar{a})\cdot\frac{9}{5}(x_n-\bar{x})\}$$

$$=\frac{9}{5}\cdot\underline{\frac{1}{n}\{(a_1-\bar{a})(x_1-\bar{x})+(a_2-\bar{a})(x_2-\bar{x})+\cdots\cdots+(a_n-\bar{a})(x_n-\bar{x})\}}_{Z}$$

$$=\frac{9}{5}Z$$

よって，$\dfrac{W}{Z}=\dfrac{\frac{9}{5}Z}{Z}=\dfrac{9}{5}$

・東京（摂氏）の分散を T とする。

相関係数 $=\dfrac{共分散}{標準偏差の積}$ ，標準偏差 $=\sqrt{分散}$

より，$U=\dfrac{Z}{\sqrt{T}\sqrt{X}}$ ，$V=\dfrac{W}{\sqrt{T}\sqrt{Y}}$

したがって，

$$\frac{V}{U}=\frac{\frac{W}{\sqrt{T}\sqrt{Y}}}{\frac{Z}{\sqrt{T}\sqrt{X}}}=\frac{W}{Z}\cdot\sqrt{\frac{X}{Y}}=\frac{9}{5}\times\sqrt{\frac{25}{81}}=\mathbf{1}$$

H29 ② 【2】

(1) ①点の分布が右上がりの直線に近いので，正しい。

④$X-Y$ 図から Y が最小のジャンプのとき X は最小のジャンプではないので，正しい。

⑥$Y-V$ 図から Y が 55 以上かつ V が 94 以上のジャンプはないので正しい。

(2)・X のデータの1つを X_i，平均を $\overline{X}$，D のデータの1つを D_i，平均を $\overline{D}$（i は自然数）とすると，

$$(X_i-\overline{X})^2=[1.80\times(D_i-125.0)+60.0$$
$$-\{1.80\times(\overline{D}-125.0)+60.0\}]^2$$
$$=\{1.80\times(D_i-\overline{D})\}^2$$
$$=3.24\times(D_i-\overline{D})^2$$

したがって，X の分散を S_X，D の分散を S_D とおくと，

$$S_X=\frac{1}{n}\sum_i(X_i-\overline{X})^2$$
$$=3.24\times\frac{1}{n}\sum_i(D_i-\overline{D})^2$$
$$=3.24\times S_D \quad\therefore④$$

・同様に，Y のデータの1つを Y_i，平均を $\overline{Y}$ とすると

$$(X_i-\overline{X})(Y_i-\overline{Y})=1.80\times(D_i-\overline{D})\times(Y_i-\overline{Y})$$

したがって，X と Y の共分散を S_{XY}，D と Y の共分散を S_{DY} とおくと，

$$S_{XY}=\frac{1}{n}\sum_i(X_i-\overline{X})(Y_i-\overline{Y})$$
$$=1.80\times\frac{1}{n}\sum_i(D_i-\overline{D})(Y_i-\overline{Y})$$
$$=1.80\times S_{DY} \quad\therefore③$$

・Y の分散を S_Y とおくと，

$$(X と Y の相関係数)=\frac{S_{XY}}{\sqrt{S_X S_Y}}$$
$$=\frac{1.80\, S_{DY}}{\sqrt{3.24}\sqrt{S_D S_Y}}$$
$$=\frac{S_{DY}}{\sqrt{S_D S_Y}}=(D と Y の相関係数)$$
$$\therefore②$$

(3) 1回目の $X+Y$ の最小値が 108.0 であることから，1回目の $X+Y$ の値に対するヒストグラムが A，箱ひげ図が a であることが分かる。 $\therefore⓪$

①1回目の $X+Y$ の中央値は 120～125，2回目の $X+Y$ の中央値は 110～115 なので，正しい。

H30 ②【2】

(1) ⓪：範囲が最も大きいのは男子短距離なので誤り

　　②：男子長距離の度数最大の階級は170〜175，中央値は176なので誤り

　　③：女子長距離の度数最大の階級は165〜170，第1四分位数は161なので誤り

　　④：最も身長の高い選手は男子短距離にいるので誤り

　　⑤：最も身長の低い選手は女子短距離にいるので誤り

(2) (a)は最大値が30を超えていることから男子短距離の箱ひげ図，(d)は最大値が25を超えていないことから女子長距離の箱ひげ図であることが分かる。(b)，(c)が判別しにくいが(a)と(d)を決めさえすれば，以下のように誤りの選択肢を判別することができ，解答できる。

　　⓪：どのグループも負の相関があるとは言えない。よって誤り

　　①：図4よりZの中央値が一番大きいのは(a)だが，(a)は男子短距離なので誤り

　　②：図4よりZの範囲が最小なのは(d)だが，(d)は女子長距離なので誤り

　　③：男子短距離の箱ひげ図は(a)だが，(a)の四分位範囲は最小ではない。よって誤り

(3) すべての$i=1, \cdots, n$ に対して，

$$(x_i-\bar{x})(w_i-\bar{w})=x_i w_i - w_i \bar{x} - x_i \bar{w} + \bar{x}\,\bar{w}$$

となるので，

$$(x_1-\bar{x})(w_1-\bar{w})+\cdots+(x_n-\bar{x})(w_n-\bar{w})$$
$$=(x_1 w_1 - w_1 \bar{x} - x_1 \bar{w} + \bar{x}\,\bar{w})+\cdots+(x_n w_n - w_n \bar{x} - x_n \bar{w}$$
$$+\bar{x}\,\bar{w})$$
$$=(x_1 w_1 + \cdots + x_n w_n)-(w_1+\cdots+w_n)\bar{x}$$
$$-(x_1+\cdots+x_n)\bar{w}+n\bar{x}\,\bar{w}$$
$$=(x_1 w_1 + \cdots + x_n w_n)-n\bar{w}\bar{x}-n\bar{x}\,\bar{w}+n\bar{x}\,\bar{w}$$
$$=(x_1 w_1 + \cdots + x_n w_n)-n\bar{x}\,\bar{w}$$

H29 試行 ②【2】

(1) 図1より強い正の相関があるといえる。

(2) 花子さんの発言から，消費額単価は図1の原点を通る直線の傾きを表すことがわかる。

(3) (2)を踏まえて選べばよい。

(4) ⓪，①は図2，図3からは判断できない。⑤について，分散は「データの散らばり具合」を表していることから，図3より県内からの観光客の消費額単価の分散のほうが大きい。

(5) 図4は正の相関があるといえることから，行祭事・イベントの開催数が多ければ多いほど，県外からの観光客数が多くなる傾向があるといえる。②は行祭事・イベントの開催数が140回以上の県よりも，80回以下で県外からの観光客数が多い県が存在するので正しいとは言えない。また，③は「1回当たりの県外からの観光客数」となっていることに注意する。

H30 試行 ②【2】

(1) x の平均値は $\frac{1}{2}(1+2)=1.5$，分散は

$$\frac{1}{2}\{(1-1.5)^2+(2-1.5)^2\}=0.25$$

したがって，x の標準偏差は $\sqrt{0.25}=0.5$

また，x と y の共分散は

$$\frac{1}{2}\{(1-1.5)(2-1.5)+(2-1.5)(1-1.5)\}$$
$$=-0.25$$

よって，x と y の相関係数は，$\dfrac{-0.25}{0.5\cdot 0.5}=-1$

(2) y の標準偏差が0のとき，相関係数を求める式の分母がが0になってしまう。

(3) 例えば，$(x, y)=(1, 1)$，$(2, 2)$，$(3, 3)$，$(4, 4)$ とすると相関係数の値は1となる。

H31 ②【2】

(1) 2013年は唯一，開花日が135日を超えている。

　よって　③

　　また，2017年も開花日が120〜125日である唯一の年である。よって　④

(2) ⓪：原点を通り傾き1の直線上にそれぞれの最小値がある。よって正しい。

　　①：モンシロチョウの初見日は120日を超えているのに対し，ツバメの初見日は120日を超えていない。よって正しい。

　　②：箱ひげ図から正しい。

　　③：モンシロチョウの四分囲範囲は約20日，ツバメの四分囲範囲は約8日とみなせる。よって正しい。

　　④：③より正しくない。

　　⑤：③より正しい。

　　⑥：原点を通り，傾き1の直線上に点が4つある。よって正しい。

　　⑦：点線の外側 $(y>x+15,\ y<x-15)$ に点が存在する。よって正しくない。

　　以上より④，⑦

(3) 平均値の定義から，$\bar{x}=\frac{1}{n}(x_1+\cdots+x_n)$

よって，$\dfrac{1}{n}\{(x_1-\bar{x})+\cdots+(x_n-\bar{x})\}$

$$=\frac{1}{n}(x_1+\cdots+x_n-n\cdot\bar{x})$$
$$=\frac{1}{n}(x_1+\cdots+x_n)-\bar{x}$$
$$=\bar{x}-\bar{x}=0$$

このことから X' の平均値 $\bar{x}'$ は

$$\bar{x}'=\frac{1}{n}(x_1'+\cdots+x_n')=\frac{1}{n}\left\{\frac{x_1-\bar{x}}{s}+\cdots+\frac{x_n-\bar{x}}{s}\right\}$$
$$=\frac{1}{s}\cdot\frac{1}{n}\{(x_1-\bar{x})+\cdots+(x_n-\bar{x})\}$$

$$=\frac{1}{s}\cdot 0=0$$

また，分散の定義から，
$$s^2=\frac{1}{n}\{(x_1-\overline{x})^2+\cdots+(x_n-\overline{x})^2\}$$

よって，X' の分散 s'^2 は
$$s'^2=\frac{1}{n}\{(x'_1-\overline{x'})^2+\cdots+(x'_n-\overline{x'})^2\}\text{————(A)}$$
$$=\frac{1}{n}\left\{\frac{(x_1-\overline{x})^2}{s^2}+\cdots+\frac{(x_n-\overline{x})^2}{s^2}\right\}$$
$$=\frac{1}{s^2}\cdot\frac{1}{n}\{(x_1-\overline{x})^2+\cdots+(x_n-\overline{x})^2\}$$
$$=\frac{1}{s^2}\cdot s^2=1$$

よって X' の標準偏差 s' は，$s'=1$

$\overline{x'}=0$，$s'^2=1$ であり，これらを(A)に代入すると
$$(x'_1)^2+(x'_2)^2+\cdots+(x'_n)^2=n$$

となる。この方程式を満たすのは，全ての $(x'_i)^2$ が1の時，あるいは全ての $(x'_i)^2$ が1ではない時の2通りある。
（ただし，$1\leqq i\leqq n$）

図4より，各データの値が異なるのは明らかなので，$(x'_i)^2<1$，もしくは $(x'_i)^2>1$ となるデータが存在する。つまり，$x'_i>1$ となるデータもあるので，②と③に絞られる。

また，$x'_i=\frac{1}{s}x_i-\frac{\overline{x}}{s}$ であることと，$\frac{1}{s}>0$ であることから，この変換で大小関係は保たれる。よって②

R2 ②[2]

(1) データが99個ある場合，中央値は小さい値から数えて45個目，第一四分位数は小さい値から数えて24個目と25個目の平均値であることに注意する。

⓪，①中央値，四分位数と平均値，分散，標準偏差などは互いに関係のない値である。よって不適。

②中央値より小さい観測値の個数は48個以下である。

③考えるデータの第一四分位数も小さい値から数えて24個目と25個目の平均値なので正しい。

④考えるデータの個数は51個「以上」であることしかわからない。例えば第一四分位数と等しいデータが49個あると，第一四分位数より小さい値はなくなってしまう。

⑤範囲，四分位範囲の定義から正しいことがわかる。

(2) (I) P10 が反例となっている。

(II) P10 から P11 にかけてが反例となっている。

(III)(P47の最大値)−(P1の最小値)を確かめればよい。

(3) 最小値が79.5から80.0，第一四分位数が80.0から80.5，中央値が80.5から81.0の間，最大値が81.5から82.0であることがわかる。

(4) 図3において，一番右の付加された直線の切片は7.5であることに注意する。このとき，7.0から7.5の間にある度数は3つなので，そのことからわかる。

R3 ②[2]

(1)

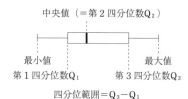

①1990年度，2000年度以降右側のひげの方が長い。×

③1975年度から1980年度，1985年度から1990年度で増加している。×

(2) 1985年度の第1次産業は最小値が0％，最大が25％強
第3次産業は最小値が45％，最大が70％弱，よって，①

1995年度の第1次産業は最小値が0％，最大値が15〜20％
第3次産業は最小値が50％強，最大値が70〜75％

最大値，最小値だけでは②か④かわからないので中央値，すなわち24番目の値を見ると
第3次産業の中央値が55〜60％にあるのは，④

(3) 散布図が直線に接近すれば相関が強くなっていると言える。
図2と図3の左の散布図を見ると散らばっているので，Ⅰは誤。
図2と図3の中央の散布図を見ると直線に接近しているので，Ⅱは正。
図2と図3の右の散布図を見ると散らばっているので，Ⅲは誤。よって，⑤

(4) 男性の就業者数割合と女性の就業者数割合の和は100％となるから，女性の就業者数割合の散布図は男性の就業者数割合の散布図と男性の就業者数割合50％の直線に関して対称なものとなる。よって，②

R3 追試 ②[2]

データは47個であるから中央値は24番目のデータ，第1四分位数は中央値を除いた下位データの中央値である12番目のデータ，第3四分位数は中央値を除いた上位データの中央値である36番目のデータであり，四分位範囲＝第3四分位数−第1四分位数である。

また，範囲＝最大値−最小値，相関係数 r は $-1\leqq r\leqq 1$ であり，正の相関が強いほど1に近づき，負の相関が強いほど−1に近づく。

(1)(I) 小学生数の第1四分位数は約540，第3四分位数は約580であるから，小学生数の四分位範囲は 580−540＝約40である。外国人数の第1四分位数は約50，第3四分位数は約150であるから，外国人数の四分位範囲は 150−50＝約100である。よって，小学生数の四分位範囲は，外国人の四分位範囲より小さいので，誤っている。

(II) 旅券取得者数の最大値は約530，最小値は約130であるから，範囲は 530−130＝400で約400である。外国人数の最大値は約250，最小値は約30であるから，範

囲は 250−30＝220 で約 220 である。旅券取得者数の範囲は外国人数の範囲より大きいので，正しい。

(Ⅲ) 散布図を見ると，旅券取得者数と小学生の関係はほぼ水平で，相関がないため，相関係数は 0 に近い値となる。旅券取得者数と外国人数の関係は右上がりでやや強い正の相関があると言え，1 に近い値となるため，旅券取得者数と小学生数の相関係数は旅券取得者数と外国人の相関係数より小さいので誤っている。したがって，(Ⅰ)誤(Ⅱ)正(Ⅲ)誤となり，正しいものは⑤である。

(2) $\bar{x}=\dfrac{1}{n}(x_1f_1+x_2f_2+x_3f_3+x_4f_4+\cdots+x_kf_k)$

$x_2=x_1+h,\ x_3=x_1+2h,\ x_4=x_1+3h,\ \cdots,$
$x_k=x_1+(k-1)h$ より

$\bar{x}=\dfrac{1}{n}[x_1f_1+(x_1+h)f_2+(x_1+2h)f_3+(x_1+3h)f_4+\cdots$
$\qquad\quad+\{x_1+(k-1)h\}f_k]$

$\quad=\dfrac{1}{n}[x_1(f_1+f_2+f_3+f_4+\cdots+f_k)+h\{f_2+2f_3+3f_4+\cdots$
$\qquad\quad+(k-1)f_k\}]$

$f_1+f_2+f_3+f_4+\cdots+f_k=n$ なので

$\quad=\dfrac{1}{n}[nx_1+h\{f_2+2f_3+3f_4+\cdots+(k-1)f_k\}]$

$\quad=x_1+\dfrac{h}{n}\{f_2+2f_3+3f_4+\cdots+(k-1)f_k\}$

$\quad=$ ③

図 2 より $n=47$, $x_1=100$, $h=100$,
$\qquad\quad f_1=4,\ f_2=25,\ f_3=14,\ f_4=3,\ f_5=1$

$\bar{x}=100+\dfrac{100}{47}(25+2\cdot14+3\cdot3+4\cdot1)$

$\quad=100+\dfrac{100}{47}\cdot66$

$\quad=240.4\cdots\cdots$

$\quad≒\mathbf{240}$

(3) $s^2=\dfrac{1}{n}\{(x_1-\bar{x})^2f_1+(x_2-\bar{x})^2f_2+\cdots+(x_k-\bar{x})^2f_k\}$

$\quad=\dfrac{1}{n}[\{x_1{}^2-2\cdot\bar{x}\cdot x_1+(\bar{x})^2\}f_1+\{x_2{}^2-2\cdot\bar{x}\cdot x_2+(\bar{x})^2\}f_2$
$\qquad\quad+\cdots+\{x_k{}^2-2\cdot\bar{x}\cdot x_k+(\bar{x})^2\}f_k]$

$\quad=\dfrac{1}{n}\{(x_1{}^2f_1+x_2{}^2f_2+\cdots+x_k{}^2f_k)-2\bar{x}(x_1f_1+x_2f_2+\cdots+x_kf_k)$
$\qquad\quad+(\bar{x})^2(f_1+f_2+\cdots+f_k)\}$

(1)より，$\bar{x}=\dfrac{1}{n}(x_1f_1+x_2f_2+\cdots+x_kf_k)$

$n\bar{x}=x_1f_1+x_2f_2+\cdots+x_kf_k$

また，$f_1+f_2+\cdots+f_k=n$ なので

$s^2=\dfrac{1}{n}\{(x_1{}^2f_1+x_2{}^2f_2+\cdots+x_k{}^2f_k)-2\bar{x}\times n\bar{x}+(\bar{x})^2\times n\}$
$\qquad\qquad\qquad\qquad\qquad\qquad\qquad\quad$③$\qquad\quad$⓪

$\quad=\dfrac{1}{n}\{(x_1{}^2f_1+x_2{}^2f_2+\cdots+x_k{}^2f_k)-2(\bar{x})^2n+(\bar{x})^2n\}$

$\quad=\dfrac{1}{n}\{(x_1{}^2f_1+x_2{}^2f_2+\cdots+x_k{}^2f_k)-(\bar{x})^2n\}$

$\quad=\dfrac{1}{n}(x_1{}^2f_1+x_2{}^2f_2+\cdots+x_k{}^2f_k)-(\bar{x})^2$
$\qquad\qquad\qquad\qquad\qquad\qquad\qquad$⑥

$s^2=\dfrac{1}{n}(x_1{}^2f_1+x_2{}^2f_2+\cdots+x_k{}^2f_k)-(\bar{x})^2$

$\quad=\dfrac{1}{47}(100^2\cdot4+200^2\cdot25+300^2\cdot14+400^2\cdot3$
$\qquad\quad+500^2\cdot1)-240^2$

$\quad=\dfrac{1}{47}(40000+1000000+1260000+480000$
$\qquad\quad+250000)-57600$

$\quad=\dfrac{1}{47}\cdot3030000-57600$

$\quad=64468.08\cdots-57600$

$\quad=6868.08\cdots$

$\quad≒6900$

$\qquad$③

R4　② [2]

(1) 29 か国について調査しているのでデータの個数は 29 個，15 番目のデータが中央値となる。また，第 1 四分位数は中央値を除いた下位 14 個のデータの中央値であるから，7 番目と 8 番目のデータの平均となる。同様に第 3 四分位数は中央値を除いた上位 14 個のデータの平均値であるから，22 番目と 23 番目のデータの平均となる。

中央値を含む階級は，2009 年度も 2018 年度も 30 人以上 45 人未満で，両者は等しい。　②

第 1 四分位数を含む階級は，2009 年度も 2018 年度も 15 人以上 30 人未満で，両者は等しい。　②

第 3 四分位数を含む階級は，2009 年度が 60 人以上 75 人未満，2018 年度が 45 人以上 60 人未満で，2018 年度の方が小さい。　⓪

範囲は最大値−最小値であり，2009 年度の最大値が 165 人以上 180 人未満，最小値が 15 人以上 30 人未満であるから，2009 年度の範囲は最小で 165−29＝136 人，最大で 179−15＝164 人となる。

同様にして，2018 年度の最大値が 120 人以上 135 人未満，最小値が 0 人以上 15 人未満であるから，2018 年度の範囲は最小で 120−14＝106 人，最大で 134−0＝134 人となる。

2009 年度の範囲の最小よりも 2018 年度の範囲の最大のほうが小さいので，2018 年度のほうが小さい。　⓪

四分位範囲は第 3 四分位数−第 1 四分位数であり，2009 年度の四分位範囲は最小で 60−29＝31 人，最大で 74−15＝59 人となり，2018 年度の四分位範囲は最小で 45−29＝16 人，最大で 59−15＝44 人となり，両者の取り得る四分位範囲は 31 人以上 44 人以下の範囲で重なるので，これら二つのヒストグラムからだけでは両者の大小を判断できない。　③

(2) 教育機関 1 機関あたりの学習者数について箱ひげ図から読み取れるのは，最小値 50 人，最大値は 450 人以上

500 人未満, 第 1 四分位数は 50 人以上 100 人未満, 第 3
四分位数は 200 人以上 250 人未満, 中央値は 100 人以上
150 人未満である。

散布図を見ると,

⓪ 第 3 四分位数が 250 人以上 300 人未満であり不適。

① 最大値が 400 人以上 450 人未満であり不適。

② 最も適当である。

③ 第 1 四分位数が 100 人以上 150 人未満であり不適。

　以上のことから, 最も適当なものは②である。

(3) （S と T の相関係数）

$$= \frac{（S と T の共分散）}{（S の標準偏差）×（T の標準偏差）}$$

$$= \frac{735.3}{39.3 × 29.9}$$

$$= 0.625 \cdots\cdots$$

$$\fallingdotseq \mathbf{0.63}$$

(4) (3)より, 相関係数は 0.63 であり, 1 にやや近いことから
S と T との間にやや強い正の相関があると言え, 右上がり
の直線に近い分布になるから, ①か③の散布図となる。

また, ①のグラフは 80 以下のデータの数があまりにも少
なすぎるので, 平均値が 80 を超えることが明らかである。
したがって, T の平均値 72.9 を超えるため不適。

　よって, 2009 年度の S（横軸）と T（縦軸）の散布図は
③である。

〈整数の性質〉（Ⅰ・Ａ）　　　　　　問題 103p〜

センター　試作問題

(1)

(i) $k=1$ を代入すると

$8x+5y=1$　……①

$3x+5\,(x+y)=1$

$5\,(x+y)=1-3x$

5 の倍数になる $1-3x$ を考えると, $x=2$ があてはまる。

これを代入すると　$8×2+5y=1$　　よって $y=-3$

また, $8×2+5×(-3)=1$　……②　とすると,

　①−②より, $8\,(x-2)+5\,(y+3)=0$

　　　　　　　　　$8\,(x-2)=-5\,(y+3)=40a$　とすると

　　　　　　　　　　$x-2=5a,\ y+3=-8a$

　　　よって $x=5a+2,\ y=-8a-3$

　$x>-10,\ y>-10$　より

　$5a+2>-10$　　$-8a-3>-10$

　　　よって, $-\dfrac{12}{5}<a<\dfrac{7}{8}$

　　$a=-2,\ -1,\ 0$ を代入すると

　$(x,\ y)=(-8,\ 13),\quad (-3,\ 5),\quad (2,\ -3)$

(ii) $k=17$ のとき

　　　　$8x+5y=17$　……③

　②×17より　$8×34+5×(-51)=17$　……④

　③−④より　　$8\,(x-34)+5\,(y+51)=0$

　　　　　　　　$8\,(x-34)=-5\,(y+51)=40b$

　　　とすると

　　　　　　　$x=5b+34,\ y=-8b-51$

　このとき　　　$x+y=-3b-17$

　$0<x+y<100$ より

　$0<-3b-17<100$

　$17<-3b<117$

　　　$-39<b<-\dfrac{17}{3}$　これを満たす整数 b は $\mathbf{33}$ 個

(2)

$a=a'G,\ b=b'G$　のとき, a' と b' は互いに素なので,

a' と b' の最大公約数は $\mathbf{1}$

5772を素因数分解すると, 　$5772=2^2\cdot3\cdot13\cdot37$

$a'+b'$ と $a'b'$ は互いに素であり,

$G\,(a'+b')=2^3\cdot3\cdot5^2$

$Ga'b'=2^2\cdot3\cdot13\cdot37$　　より

$G=2^2\cdot3=\mathbf{12}$

このとき, $a'+b'=50,\ a'b'=13\cdot37,\ a'>b'$ より

$a'=37,\ b'=13$

よって　$a=\mathbf{444}$　　$b=\mathbf{156}$　　である。

$ma+nb=G$ に数値を代入すると,

$444m+156b=12$

また, $ma+nb=ma'G+nb'G=G$

　　　よって $37m+13n=1$　……①

この式に互除法を使うと

$37 = 13 \times 2 + 11$　　よって　$11 = 37 - 13 \times 2$

$13 = 11 \times 1 + 2$　　よって　$2 = 13 - 11$

$11 = 2 \times 5 + 1$

よって　$1 = 11 - 2 \times 5$

$= (37 - 13 \times 2) - (13 - 11) \times 5$

$= 37 - 13 \times 7 + (37 - 13 \times 2) \times 5$

$= 37 \times 6 - 13 \times 17$　……②

①−②より，　$37\,(m-6) = -13\,(n+17)$

37 と 13 は互いに素であり，$m-6$ は 13 の倍数となるので，m の値が正で最小であるものは **6**，そのときの n は **−17** となる。

H27　⑤

(1)　$a = 756$ を素因数分解すると，$756 = 2^2 \cdot 3^3 \cdot 7$

よって，a の正の約数は，

$(2+1) \times (3+1) \times (1+1) = \mathbf{24}$（個）

(2)　$\sqrt{am}$ が自然数になるには，am が 2 乗の形になればよい。$am = 2^2 \cdot 3^3 \cdot 7 \cdot m$ より，最小の自然数

$m = 3 \times 7 = \mathbf{21}$

$m = 21k^2$ より，

$\sqrt{am} = \sqrt{2^2 \cdot 3^3 \cdot 7 \cdot 21 \cdot k^2} = \mathbf{126}k$

(3)　まず，ユークリッドの互除法を用いて，1 次不定方程式 $\mathbf{126}k - 11l = 1$ ──①の解を 1 組見つける。

$126 = 11 \cdot 11 + 5 \Rightarrow 126 - 11 \cdot 11 = 5$ ──②

$11 = 5 \cdot 2 + 1 \Rightarrow 11 - 5 \cdot 2 = 1$ ──③

②，③より $11 - (126 - 11 \cdot 11) \cdot 2 = 1$

整理して，$126 \cdot (-2) + 11 \cdot 23 = 1$

$126 \cdot (-2) - 11 \cdot (-23) = 1$

したがって，$k = -2$，$l = -23$ が①の 1 組の解である。

①に代入して，$126 \cdot (-2) - 11 \cdot (-23) = 1$ ──④

①−④より，$126(k+2) - 11(l+23) = 0$

$126\,(k+2) = 11(l+23)$

11 と 126 は互いに素なので，$k+2 = 11t$（t は整数）とおくと，$k = 11t - 2$　このとき，

$126 \times 11t = 11\,(l+23)$ より，$l = 126t - 23$

よって，$k > 0$ となる整数解のうち，k が最小のものは，$t = 1$ のときなので，

$k = 11 - 2 = \mathbf{9}$，$l = 126 - 23 = \mathbf{103}$

(4)　$\sqrt{am}$ が 11 で割ると 1 余る自然数となるとき，$\sqrt{am} = 11S + 1$（S は整数）とおくことができる。

これを式変形した $\sqrt{am} - 11S = 1$ は，(3)の結果である $126 \cdot 9 - 11 \cdot 103 = 1$ と比較すると，$\sqrt{am} = 126 \cdot 9$ である。

(2)より，$\sqrt{am} = 2^2 \cdot 3^2 \cdot 7 \cdot m$ なので，

$\sqrt{am} = 126 \cdot 9$

$\sqrt{2^2 \cdot 3^3 \cdot 7 \cdot m} = 126 \cdot 9$

$6\sqrt{3 \cdot 7 \cdot m} = 126 \cdot 9$

$\sqrt{3 \cdot 7 \cdot m} = 189 = 3^3 \cdot 7$

よって，$m = 3^5 \cdot 7 = \mathbf{1701}$

H28　④

(1)　$92x + 197y = 1$ ──①

ユークリッドの互除法より，

$197 = 92 \times 2 + 13$　移項して $197 - 92 \times 2 = 13$ ──②

$92 = 13 \times 7 + 1$　移項して $92 - 13 \times 7 = 1$ ──③

③に②を代入すると，$92 - (197 - 92 \times 2) \times 7 = 1$

整理して，$92 \times 15 + 197 \times (-7) = 1$ ──④

①−④より，$92\,(x-15) + 197\,(y+7) = 0$

$92\,(x-15) = 197\,(-y-7)$ ──⑤

92 と 197 は互いに素であるから，⑤のすべての整数解は，

$x - 15 = 197k$，$-y - 7 = 92k$（k は整数）と表すことができる。

$x = 197k + 15$，$y = -92k - 7$ より，x の絶対値が最小になるのは $k = 0$ のとき。

よって，$x = \mathbf{15}$，$y = \mathbf{-7}$

$92x + 197y = 10$ ──⑥

④×10 より，

$92 \times 150 + 197 \times (-70) = 10$ ──⑦

⑥−⑦より，

$92\,(x-150) + 197\,(y+70) = 0$

$92\,(x-150) = 197\,(-y-70)$ ──⑧

92 と 197 は互いに素であるから，⑧のすべての整数解は，

$x - 150 = 197\ell$，$-y - 70 = 92\ell$（ℓ は整数）と表すことができる。

$x = 197\ell + 150$，$y = -92\ell - 70$ より，x の絶対値が最小になるのは $\ell = -1$ のとき。

よって，$x = \mathbf{-47}$，$y = \mathbf{22}$

(2)　$11011_{(2)}$

$= 2^0 \times 1 + 2^1 \times 1 + 2^2 \times 0 + 2^3 \times 1 + 2^4 \times 1$

$= 1 + 2 + 8 + 16$

$= 27$

```
4 ) 27
4 )  6 … 3      ⇒ 27 = 123(4)
     1 … 2
```

⓪　$0.3_{(6)} = \dfrac{1}{6^1} \times 3 = \dfrac{1}{2} = 0.5$　→有限小数

①　$0.4_{(6)} = \dfrac{1}{6^1} \times 4 = \dfrac{2}{3}$

②　$0.33_{(6)} = \dfrac{1}{6^1} \times 3 + \dfrac{1}{6^2} \times 3 = \dfrac{7}{12}$

③　$0.43_{(6)} = \dfrac{1}{6^1} \times 4 + \dfrac{1}{6^2} \times 3 = \dfrac{3}{4} = 0.75$ →有限小数

④　$0.033_{(6)} = \dfrac{1}{6^2} \times 3 + \dfrac{1}{6^3} \times 3 = \dfrac{7}{72}$

⑤　$0.043_{(6)} = \dfrac{1}{6^2} \times 4 + \dfrac{1}{6^3} \times 3 = \dfrac{1}{8} = 0.125$ →有限小数

H29 ④

(1) ある整数が4の倍数 $\iff$ ある整数の下2桁が4の倍数。

$37a$ の下2桁，$7a$ が4の倍数となるのは $a=2$，**6**

(2) $7b5c$ の下2桁，$5c$ が4の倍数となるのは，$c=2$, 6

ある整数が9の倍数 $\iff$ ある整数の各位の和が9の倍数。

このことから，$7+b+5+c=b+c+12$ が9の倍数となる b，c を求めればよい。

$c=2$ のとき，

$\qquad b+c+12=b+14$

よって $b=4$

$c=6$ のとき，

$\qquad b+c+12=b+18$ \quad よって $b=0$, 9

したがって，求める $(b,\ c)$ の組は，$(4,\ 2)$，$(0,\ 6)$，$(9,\ 6)$ の **3個**

また，$7b5c$ の値が最小となるのは $b=0$，$c=6$ のとき，最大となるのは $b=9$，$c=6$ のとき。

それぞれを素因数分解すると，

$\qquad 7452=2^2 \cdot 3^4 \cdot 23$

$\qquad 7056=2^4 \cdot 3^2 \cdot 7^2=6^2 \cdot 14^2=(6 \times 14)^2$

$\qquad 7956=2^2 \cdot 3^2 \cdot 13 \cdot 17$ \quad より

$\qquad 7b5c=(6 \times n)^2$ となる b，c と自然数 n は

$\qquad\quad b=0$，$c=6$，$n=14$

(3) $1188=2^2 \cdot 3^3 \cdot 11$

よって，正の約数は全部で

$\qquad (1+2)(1+3)(1+1)=24$

また，正の約数が2の倍数であるものは，素因数として，2をもつときなので，$2(1+3)(1+1)=16$

正の約数が4の倍数であるものは，素因数として，2を2個もっていればよいので，

$\qquad (1+3)(1+1)=8$

ある整数を2進法で表したとき，末尾に0が n 個連続するということは，ある整数が素因数として2を n 個もつということである。

1188の正の約数のうち，2の倍数は16個，4の倍数は8個ある。したがって，1188のすべての正の約数の積は素因数として2を

$\qquad 16+8=24$ 〔個〕もっている。

H30 ④

(1) 右図より $144=2^4 \times 3^2$

正の約数の個数は

$\qquad (4+1)(2+1)=15$

```
2) 144
2)  72
2)  36
2)  18
3)   9
     3
```

(2) 144×1，144×2，…を試していけばよい。

すると，

$x=2$，$y=41$ と分かるので，

$$\begin{array}{r} 144x \quad -7y \quad =1 \\ -)\ \underline{144 \cdot 2-7 \cdot 41=1} \\ 144(x-2)-7(y-41)=0 \end{array}$$

$\qquad 144(x-2)=7(y-41)$ \quad———①

ここで，144と7は互いに素なので，k を整数として，

$x-2=7k$，つまり $x=7k+2$

と表せる。これを①に代入すると，

$\qquad 144 \cdot 7k=7(y-41)$

$\qquad\qquad y=144k+41$

よって $\begin{cases} x=7k+2 \\ y=144k+41 \end{cases}$

(3) x の値は k が大きくなるとそれに伴い大きくなる。

$k=0$, 1, 2, … と順に考えると

・$k=0$ のとき $x=2$，$144 \times 2=2^5 \times 3^2$ より

　約数の個数は $(5+1)(2+1)=\underline{18}$

・$k=1$ のとき $x=9$，$144 \times 9=2^4 \times 3^4$ より

　約数の個数は $(4+1)(4+1)=25$

・$k=2$ のとき $x=16$，$144 \times 16=2^8 \times 3^2$ より

　約数の個数は $(8+1)(2+1)=27$

・$k=3$ のとき $x=23$，$144 \times 23=2^4 \times 3^2 \times 23$ より

　約数の個数は $(4+1)(2+1)(1+1)=\underline{30}$

より，答えはそれぞれ 144×2，144×23

H29 試行 ⑤

(1) 3×6 を8で割った余りを求めると2。また，後半は $5n$ を8で割った余りが1である n を見つければよい。

(2) n が素数であれば，2つの積には $1 \times n$，$n \times 1$ の2通りしか分解できない。行，列の数は n 未満なので，いずれのマスにも0は現れない。逆に n が素数でなければ，n 未満の2つの自然数 k，ℓ により $n=k\ell$ と表せる。

したがって，上から k 行目，左から ℓ 列目のマスが0になる。

(3) 条件より $27\ell=56m+1$

したがって，$27\ell-56m=1$ の整数解のうち，$1 \leqq \ell \leqq 55$ を満たすものを求めればよい。また，ユークリッドの互除法より，

$\qquad 56=27 \times 22+2 \iff 2=56-27 \times 2$

$\qquad 27=2 \times 13+1 \iff 1=27-2 \times 13$

$\qquad \therefore 1=27-(56-27 \times 2) \times 13$

$\qquad\quad =27 \times 27-56 \times 13$

よって，$\ell=27$

(4) 24ℓ が56の倍数なので，整数 m を用いて $24\ell=56m$ と表せる。よって，$3\ell=7m$

3と7は互いに素なので ℓ は7の倍数。列は55列あるので $55 \div 7=7$ あまり6より24行目には0が7個ある。

(5) a，b，G を整数として，$ax+by=G$ となる整数 x，y が存在することの必要十分条件は a，b の最大公約数が G となることである。

これを踏まえて(3)(i)と同様に式を立ててこの条件を確かめればよい。

H30 試行 ④

(1) 皿 A には $M+8\times1$g、皿 B には 3×5g 乗っている。よって、$M+8\times1=3\times5$ を解いて $M=7$

(2) (1)の後半の式を用いると、$3\times3+8\times(-y)=1$
したがって、$y=1.3\times3+8\times(-1)=1$ の両辺を M 倍することで$3\times3M+8\times(-M)=M$ となることから M がどんな自然数であっても天秤ばかりを釣り合わせることができる。

(3) (1)と同様に立式して$20+3p=8q$
この式に$p=1$、2、... を順に代入して探せばよい。すると$(p,\ q)=(4,\ 4)$ であることから、
$3\times(-4)+8\times4=20$ が成り立つ。
$3x+8y=20$ からこの式を引いて整理すると
$3(x+4)=-8(y-4)\cdots$★.3 と 8 が互いに素なので、整数 n を用いて $x+4=8n$、つまり $x=-4+8n$ と表せる。さらに、この式を★に代入することで、$y=4-3n$ を得る。

(4) 「a、b の最大公約数が G であること」と、「$ax+by=G$ となる整数 x、y が存在すること」が必要十分条件なので、最大公約数が 1、7 以外であるものを選べば良い。

(5) 求める M の値は 1、2、4、5、7、10、13 の 7 通り。
また、途中の説明と同様に考えると、求める数は2018×2 以下であって、3 で割ると 1 余る整数が答えとなる。

H31 ④

(1) $49=23\cdot2+3\Longleftrightarrow3=49-23\cdot2$
$23=3\cdot7+2\Longleftrightarrow2=23-3\cdot7$ }——※
$3=2\cdot1+1\Longleftrightarrow1=3-2\cdot1$
したがって、$1=3-(23-3\cdot7)\cdot1$
$=3\cdot8-23$
$=(49-23\cdot2)\cdot8-23$
$=49\cdot8-23\cdot17$
このことから特殊解は $x=8$、$y=17$
$49x-23y=1$
$-)\ 49\cdot8-23\cdot17=1$
$\overline{\quad49(x-8)-23(y-17)=0}$
$\therefore49(x-8)=23(y-17)$ ——①
49 と 23 は互いに素なので$y-17$ は 49 の倍数
したがって整数 k を用いて $y=49k+17$
①に代入して、$x=23k+8$
$x>0$、$y>0$ をみたす最小の k は $k=0$
よって求める値は $x=8$、$y=17$
求める式は、$x=23k+8$
$y=49k+17$

(2) (1)は$A-B=1$ を求めたことになる。
あとは、$A-B=-1$ の解と比較すればよいが、
$49x-23y=-1\Longleftrightarrow49(-x)-23(-y)=1$ より、
$-x=-23k-8$、$-y=-49k-17$
について調べればよい。$-x>0$、$-y>0$ をみたす最小の k は $k=-1$ で、$-x=15$、$-y=32$

よって、$(A,\ B)=(49\times8,\ 23\times17)$
※を再考すると、
$2=23-(49-23\cdot2)\cdot7$
$=23\cdot15-49\cdot7$
したがって、$23x-49y=2$ の一般解を(1)と同様に考えると、$x=49k+15$
$y=23k+7$
上と同様にして $-x$、$-y$ について考えると、
求める組は$(A,\ B)=(49\times7,\ 23\times15)$

(3) a が偶数のとき、a と $a+2$ の最大公約数は 2。
a、$a+1$、$a+2$ は連続する 3 つの整数であるから、この中に必ず少なくとも 1 つは偶数（2 で割り切れる数）が存在し、1 つは 3 の倍数が存在する。
したがって、$a(a+1)(a+2)$ は必ず 6 の倍数である。
また、$a=1$ のとき $a(a+1)(a+2)=1\cdot2\cdot3=6$ より、これは 6 よりも大きい数では割り切れない。よって、最大のものは $m=6$

(4) $7^2=49$ より、(2)の問題に帰着される。
(2)で求めた組は、$(A,\ B)=(392,\ 391)$、$(343,\ 345)$
よって、$b=343$ とすればすべての条件をみたす。

R2 ④

(1) 与えられた方程式を整理すると $99x=234$
よって$x=\dfrac{234}{99}=\dfrac{26}{11}$

(2) 与えられた方程式を整理すると
$48y=2ab_{(7)}-2_{(7)}=2\times7^2+a\times7+b-2$
$=96+a\times7+b$
よって $y=\dfrac{96+7\times a+b}{48}$

(i) 分母が 4 になることから、分子は 12 の倍数でなければならない。そこで n を整数とすると、
$96+7a+b=12n$
$7a+b=12n-96=12(n-8)$
また、分子は奇数でなければならないので、n は奇数。したがって $m=n-8$ とおくとこれは奇数であり、$7a+b=12m$ の整数解を探せば良い。a、b のとり得る値の最大はともに 6 なので$7a+b$ の最大値は $7\cdot6+6=48$。したがって $m=1$、3 を調べれば十分。
$m=1$、つまり $n=9$ のとき $a=1$、$b=5$
$m=3$、つまり $n=11$ のとき $a=5$、$b=1$ である。
求める y の値は $\dfrac{n}{4}$ と表せるので、$\dfrac{9}{4}$、$\dfrac{11}{4}$
また、$y=\dfrac{11}{4}$ のとき、$7\times5+1=36$

(ii) $y-2=\dfrac{7a+b}{48}$ より、条件をみたすには $7a+b$ が 48 の約数であれば良い。よって a、b が異なる整数であることに注意して数え上げると、$(a,\ b)=(0,\ 1)$、$(0,\ 2)$、$(0,\ 3)$、$(0,\ 4)$、$(0,\ 6)$、$(1,\ 5)$ の 6 個。

R3 4

(1) 偶数の目が出る回数を x 回，奇数の目が出る回数は y 回とすると，偶数の目が出たら反時計回りに5進み，奇数の目が出たら時計回りに3進む。つまり反時計回りに -3 進む。

5回投げるので $x+y=5$

点 P_1 に移動するので，$5x-3y=1$

これらを解いて $x=2$，$y=3$

偶数の目が **2** 回，奇数の目が **3** 回

(2) (1)より $x=2$，$y=3$ のとき，$5x-3y=1$ が成り立つので，

$5x-3y=8$ ……①

$5\cdot2-3\cdot3=1$

$x=2$，$y=3$ が成り立つので両辺×8

$5\cdot2\cdot8-3\cdot3\cdot8=1\cdot8$……②

①－② $5(x-16)-3(y-24)=0$

$\qquad\qquad 5(x-16)=3(y-24)$

x，y は整数であり，5と3は互いに素であるから $x-16$ は5，$y-24$ は3を因数に持つ。k を整数とすると，

$\quad x-16=3k \qquad\qquad y-24=5k$

$\qquad x=16+3k \qquad\qquad y=24+5k$

$\qquad =2\times8\times3k \qquad\qquad =3\times8+5k$

①の整数解 x，y の中で $0\leqq y<5$ を満たすものは

$\quad 0\leqq24+5k<5$

$\quad -24\leqq5k<-19$

$\quad -4.8\leqq k<-3.8$

$\quad k=$ 整数より $\quad k=-4$

$\quad y=24+5\cdot(-4)=4$

$\quad x=16+3\cdot(-4)=4$

奇数が4回，偶数が4回で $4+4=$ **8** 回

(3) $8-15=-7$ より，反時計回りに -7 移動しても点 P_8 に移動することができる。

$5x-3y=-7$ の解のうち8回より少ない，$x+y<8$ を満たすものは，$x=1$，$y=4$

よって偶数の目が **1** 回，奇数の目が **4** 回出れば，さいころを投げる回数が **5** 回で，点 P_0 にある石を点 P_8 に移動させることができる。

(4) 点 P_n に移動するには，

$5x-3y=n$ か $5x-3y=n-15$ となればよい。

よって

点 P_{10}

$\quad 5x-3y=10$，$(x, y)=(2, 0)$　$2+0=2$ 回

$\quad 5x-3y=10-15$，$(x, y)=(2, 5)$　$2+5=7$ 回

点 P_{11}

$\quad 5x-3y=11$，$(x, y)=(4, 3)$　$4+3=7$ 回

$\quad 5x-3y=11-15$，$(x, y)=(1, 3)$　$1+3=4$ 回

点 P_{12}

$\quad 5x-3y=12$，$(x, y)=(3, 1)$　$3+1=4$ 回

$\quad 5x-3y=12-15$，$(x, y)=(0, 1)$　$0+1=1$ 回

点 P_{13}

$\quad 5x-3y=13$，$(x, y)=(5, 4)$　$5+4=9$ 回

$\quad 5x-3y=13-15$，$(x, y)=(2, 4)$　$2+4=6$ 回

点 P_{14}

$\quad 5x-3y=14$，$(x, y)=(4, 2)$　$4+2=6$ 回

$\quad 5x-3y=14-15$，$(x, y)=(1, 2)$　$1+2=3$ 回

以上より，最小回数が最も大きいのは点 P_{13} であり，③その最小回数は **6** 回である。

R3 追試 4

$a^2+b^2+c^2+d^2=m$，$a\geqq b\geqq c\geqq d\geqq0$ …①

(1) $m=14$ のとき

a，b，c，d を順にあてはめていく。

$3^2<14<4^2$ より，$0\leqq a\leqq3$

$a=3$ のとき

$\quad 3^2+b^2+c^2+d^2=14$

$\qquad b^2+c^2+d^2=5$

$2^2<5<3^2$ より，$0\leqq b\leqq2$

$b=2$ のとき

$\quad 2^2+c^2+d^2=5$

$\qquad c^2+d^2=1$

$0\leqq d\leqq c\leqq1$ より

$c=1$，$d=0$

a，b，c，d の組はただ一つであるから

$(a, b, c, d)=(\mathbf{3}, \mathbf{2}, \mathbf{1}, \mathbf{0})$

$m=28$ のとき

同様にして

$(a, b, c, d)=(5, 1, 1, 1)$，$(4, 2, 2, 2)$，

$(3, 3, 3, 1)$ となり

①を満たす a，b，c，d の組の個数は **3** 個である。

(2) a が奇数のとき，$a=2n+1$（n は整数）と表すと

$\quad a^2-1=(2n+1)^2-1$

$\qquad\quad =4n^2+4n+1-1$

$\qquad\quad =4n(n+1)$

$n(n+1)$ は偶数であるから，$a^2-1=4n(n+1)$ は 4×2 の倍数，すなわち8の倍数となる。

よって，$h=1$，2，4，8 となり，最大のものは $h=\mathbf{8}$ である。

$a^2-1=8j$（j は整数）とおくと，

$a^2=8j+1$ となり，a^2 を8で割ったときの余りは1である。

a が偶数のとき，$a=2n$（n は整数）と表すと

$\quad a^2=(2n)^2$

$\qquad =4n^2$

ここで，n が奇数である場合と偶数である場合に分けて考えると，

n が奇数のとき，$n=2k+1$（k は整数）とおくと，

$\quad a^2=4(2k+1)^2$

$\qquad =4(4k^2+4k+1)$

$\qquad =8(2k^2+2k)+4$ となり，a^2 を8で割ったときの余りは4である。

n が偶数のとき，$n=2k$（k は整数）とおくと，

$$a^2=4(2k)^2$$
$$=4\cdot 4k^2$$
$$=8\cdot 2k^2 \text{ となり，} a^2 \text{ を } 8 \text{ で割ったときの余りは } 0$$

である。

よって，a が奇数のとき a^2 を 8 で割ったときの余りは，1 であり，a が偶数のとき a^2 を 8 で割ったときの余りは，0 または 4 のいずれかである。

(3)　$a^2+b^2+c^2+d^2$ が 8 の倍数ならば，$a^2,\ b^2,\ c^2,\ d^2$ を 8 で割ったときの余りの和は 8 の倍数となる。

(2)より，$a^2,\ b^2,\ c^2,\ d^2$ を 8 で割ったときの余りは 0，1，4 のいずれかであるから，それぞれ 8 で割ったときの余りを $ra,\ rb,\ rc,\ rd$ とおくと，

$ra+rb+rc+rd=0$（余りは全て 0）
$ra+rb+rc+rd=8$（余りは 0 が 2 つ，4 が 2 つ）
$ra+rb+rc+rd=16$（余りは全て 4）

のいずれかとなり，$ra,\ rb,\ rc,\ rd$ は全て 0 か 4 であり，$a,\ b,\ c,\ d$ はいずれも偶数であることがわかる。

よって，偶数であるものの個数は **4個** である。

$a,\ b,\ c,\ d$ はいずれも偶数であることから，$a=2a',\ b=2b',\ c=2c',\ d=2d'$ とおくと，

$$a^2+b^2+c^2+d^2=224$$
$$(2a')^2+(2b')^2+(2c')^2+(2d')^2=224$$
$$4a'^2+4b'^2+4c'^2+4d'^2=224$$
$$a'^2+b'^2+c'^2+d'^2=56$$
$$=8\cdot 7$$

$a'^2+b'^2+c'^2+d'^2$ が 8 の倍数であるから $a',\ b',\ c',\ d'$ は全て偶数。

$a'=2a'',\ b'=2b'',\ c'=2c'',\ d'=2d''$ とおくと

$$a'^2+b'^2+c'^2+d'^2=56$$
$$(2a'')^2+(2b'')^2+(2c'')^2+(2d'')^2=56$$
$$4a''^2+4b''^2+4c''^2+4d''^2=56$$
$$a''^2+b''^2+c''^2+d''^2=14$$

(1)よりこれを満たす $a'',\ b'',\ c'',\ d''$ は $(a'',\ b'',\ c'',\ d'')=(3,\ 2,\ 1,\ 0)$ ただ一つ $a=4a'',\ b=4b'',\ c=4c'',\ d=4d''$ より

$$(a,\ b,\ c,\ d)=(\mathbf{12},\ \mathbf{8},\ \mathbf{4},\ \mathbf{0})$$

7 の倍数で，896 の約数である正の整数 m のうち①を満たす整数 $a,\ b,\ c,\ d$ の組の個数が 3 個であるものの個数を求める。

$896=2^7\cdot 7$ なので，7 の倍数で 896 の約数である正の整数 m は，

$m=2^0\cdot 7,\ 2^1\cdot 7,\ 2^2\cdot 7,\ \cdots\cdots 2^7\cdot 7$ の 8 個である。

①を満たす整数 $a,\ b,\ c,\ d$ の個数は

(1)(4)より

$m=14=2^1\cdot 7$ のとき 1 個
$m=56=2^3\cdot 7$ のとき 1 個
$m=224=2^5\cdot 7$ のとき 1 個

同様に

$m=896=2^7\cdot 7$ のとき 1 個

次に(1)より

$m=28=2^2\cdot 7$ のとき 3 個
$m=112=2^4\cdot 7$ のとき 3 個
$m=448=2^6\cdot 7$ のとき 3 個

また，

$m=7=2^0\cdot 7$ のとき $(a,\ b,\ c,\ d)=(2,\ 1,\ 1,\ 1)$ の 1 個

よって 8 個の m のうち，$a,\ b,\ c,\ d$ の組が 3 個あるのは 28，112，448 の 3 個であり，そのうち最大のものは **448** である。

R4　4

$5^4x-2^4y=1$　…①

(1)　$5^4=625$ を $2^4=16$ で割ったときの商は 39，余りは 1 であるから

$$5^4=2^4\cdot 39+1$$
$$5^4-2^4\cdot 39=1$$
$$5^4\cdot 1-2^4\cdot 39=1\quad\cdots③$$

よって $5^4x-2^4y=1$ の整数解のうち，x が正の整数で最小になるのは，

$$x=\mathbf{1},\ y=\mathbf{39} \text{ であることがわかる。}$$

①－③より

$$5^4(x-1)-2^4(y-39)=0$$
$$5^4(x-1)=2^4(y-39)$$

5^4 と 2^4 は互いに素であるから，

$x-1=2^4j,\ y-39=5^4j$（j は整数）とおける。

x が 2 桁の正の整数で最小となるのは $j=1$ のとき

$$x=2^4j+1$$
$$=2^4\cdot 1+1$$
$$=16+1$$
$$=17$$

このとき，$y=5^4\cdot 1+39$

$$=625+39$$
$$=664$$

よって $x=\mathbf{17}$，$y=\mathbf{664}$

(2)　$5^4=625$ より

$$625^2=(5^4)^2$$
$$=5^8=5^5\cdot 5^3$$

$m=39$ とすると，(1)より $5^4=2^4\cdot 39+1$

$$=2^4m+1$$
$$625^2=(2^4m+1)^2$$
$$=(2^4m)^2+2\cdot 2^4m\cdot 1+1^2$$
$$625^2=2^8m^2+2^5m+1\quad\cdots④$$

これを整理すると，

$$5^5\cdot 5^3=2^5(2^3m^2+m)+1$$

よって 625^2 を 5^5 で割ったときの余りは 0，2^5 で割ったときの余りは 1 である。

(3)　$5^5x-2^5y=1$　…②

②を整理すると，

$5^5x-2^5y=1$

$5^5x=2^5y+1$ …②′

よって 5^5x を 5^5 で割ったときの余りは 0，2^5 で割ったときの余りは 1 となる。

(2)より，②′−④

$5^5x-625^2=2^5y+1-(2^8m^2+2^5m+1)$

$5^5(x-5^3)=2^5(y-2^3m^2-m)$

よって 5^5x-625^2 は 5^5 でも 2^5 でも割り切れる。

$m=39$ より

$5^5(x-5^3)=2^5(y-2^3\cdot39^2-39)$

$5^5(x-5^3)=2^5(y-12207)$

5^5 と 2^5 は互いに素なので，5^5x-625^2 は $5^5\cdot2^5$ の倍数である。

このことから

$5^5(x-5^3)=5^5\cdot2^5k$（k は整数）とおける

$x-5^3=2^5k$

$x=2^5k+5^3$

$5^3=125$，$2^5=32$ より

x が 3 桁の整数で最小になるのは $k=0$ のとき

$x=2^5k+5^3$

　$=2^5\cdot0+5^3$

　$=5^3$

　$=\mathbf{125}$

このとき②より

$5^5\cdot125-2^5y=1$

$2^5y=5^8-1$

$y=\dfrac{390624}{32}$

　$=\mathbf{12207}$

(4) $11^4=14641$ を $2^4=16$ で割ったときの商は 915，余りは 1 であるから，

$11^4=2^4\cdot915+1$

$\ell=915$ とすると

$11^4=2^4\ell+1$

両辺を 2 乗すると

$(11^4)^2=(2^4\ell+1)^2$

$11^8=(2^4\ell)^2+2\cdot2^4\ell+1^2$

$11^8=2^8\ell^2+2^5\ell+1$ …④

$11^5\cdot11^3=2^5(2^3+\ell)+1$

よって，11^8 を 11^5 で割ったときの余りは 0，2^5 で割ったときの余りは 1 である。

また，$11^5x-2^5y=1$

$11^5x=2^5y+1$ …⑤

よって，11^5x を 11^5 で割ったときの余りは 0，2^5 で割ったときの余りは 1 である。

⑤−④

$11^5x-11^8=(2^5y+1)-(2^8\ell^2+2^5\ell+1)$

$11^5(x-11^3)=2^5(y-2^3\ell^2-\ell)$

これより，11^5x-11^8 は 11^5 でも 2^5 でも割り切れ，11^5 と 2^5 は互いに素なので

11^5x-11^8 は $11^5\cdot2^5$ の倍数であり

$11^5x-11^8=11^5\cdot2^5\cdot n$（$n$ は整数）とおける。

両辺を 11^5 で割ると

$x-11^3=2^5n$

$x=11^3+2^5n$

　$=1331+32n$

x が正の整数で最小となるのは $n=-41$ のとき

$x=1331+32\cdot(-41)$

　$=1331+(-1312)$

　$=\mathbf{19}$

$11^5x-2^5y=1$

$11^5\cdot19-32y=1$

$-32y=-3059968$

$y=\mathbf{95624}$

H29　試行　① [1] [4]

[1]

$(0, 0)$ と直線 ℓ の距離が半径より小さければよいので，

$$\frac{|0 \cdot 1 + 0 \cdot 1 - a|}{\sqrt{1^2 + 1^2}} = \frac{|a|}{\sqrt{2}} < 5$$

よって，$-5\sqrt{2} < a < 5\sqrt{2}$

また，(s, t) は $s + t = a$，$s^2 + t^2 = 25$ をみたす。

1式目の両辺を2乗すると，$a^2 = s^2 + 2st + t^2 = 2st + 25$

よって，$st = \dfrac{a^2 - 25}{2}$

[4]

解答 A において，8になるためには，①，②ともに等号が成り立っていなければならない。

①の等号成立条件は $x + \dfrac{1}{y} = 2\sqrt{\dfrac{x}{y}}$，つまり $xy = 1$

一方，②の等号成立条件は $x + \dfrac{4}{y} = 4\sqrt{\dfrac{x}{y}}$，つまり，$xy = 4$

これらは同時に成り立つことはないので，8は取り得ない。よって正しい最小値は9。

H25　① [1]

(1) 点 P は，線分 AB を $2:1$ に内分する点なので，

$$\left(\frac{6 \cdot 1 + 3 \cdot 2}{2 + 1}, \ \frac{0 \cdot 1 + 3 \cdot 2}{2 + 1} \right) = (4, \ 2)$$

点 Q は，線分 AB を $1:2$ に外分する点なので，

$$\left(\frac{6 \cdot (-2) + 3 \cdot 1}{1 - 2}, \ \frac{0 \cdot (-2) + 3 \cdot 1}{1 - 2} \right) = (9, \ -3)$$

(2) 直線 OP の傾きは，$\dfrac{2}{4} = \dfrac{1}{2}$

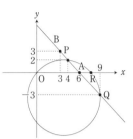

これに垂直な直線の傾きを m_1 とすると，

$$\frac{1}{2} \times m_1 = -1$$

$$\therefore m_1 = -2$$

線分 OP の中点は，

$$\left(\frac{4}{2}, \ \frac{2}{2} \right) = (2, \ 1)$$

したがって，線分 OP の中点を通り，OP に垂直な直線の方程式は，

$$y - 1 = -2(x - 2)$$

$$\therefore y = -2x + 5$$

また，直線 PQ の傾きは $\dfrac{-3 - 2}{9 - 4} = -1$

これに垂直な直線の傾きを m_2 とすると，

$$-1 \times m_2 = -1 \qquad \therefore m_2 = 1$$

線分 PQ の中点は，

$$\left(\frac{4 + 9}{2}, \ \frac{2 + (-3)}{2} \right) = \left(\frac{13}{2}, \ -\frac{1}{2} \right)$$

したがって，線分 PQ の中点を通り，PQ に垂直な直線の方程式は，

$$y - \left(-\frac{1}{2} \right) = x - \frac{13}{2}$$

$$\therefore y = x - 7$$

これらの2直線の交点は，

$$\begin{cases} y = -2x + 5 \\ y = x - 7 \end{cases} \qquad \begin{cases} x = 4 \\ y = -3 \end{cases}$$

よって円 C の中心は $(4, -3)$ であり，原点を通るので半径は

$$\sqrt{4^2 + (-3)^2} = 5$$

したがって円 C の方程式は

$$(x - 4)^2 + \{y - (-3)\}^2 = 5^2$$

$$(x - 4)^2 + (y + 3)^2 = 25$$

(3) R は x 軸上に存在するので，$R(x_R, \ 0)$ とおける。

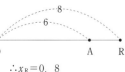

円 C の方程式に代入して，

$$(x_R - 4)^2 + (0 + 3)^2 = 25 \qquad \therefore x_R = 0, \ 8$$

R は点 O と異なる点なので，$x_R = 8$

OR : RA $= 8 : 2 = 4 : 1$

よって，R は線分 OA を $4:1$ に外分する。

H26　① [1]

(1) 求める直線の傾きを a とおくと，直線 ℓ に垂直であることから，

$$a \times \frac{4}{3} = -1 \qquad \therefore a = -\frac{3}{4}$$

点 $P(p, q)$ を通るので，$y - q = -\frac{3}{4}(x - p)$

$$\therefore y = -\frac{3}{4}(x - p) + q$$

$$\begin{cases} y = -\frac{3}{4}(x - p) + q \\ y = \frac{4}{3}x \end{cases}$$

この連立方程式を解くと，

$$\left(\frac{3}{25}(3p + 4q), \ \frac{4}{25}(3p + 4q) \right)$$

直線 ℓ の式を変形させると，$y = \frac{4}{3}x \Rightarrow 4x - 3y = 0$

したがって点 $P(p, q)$ と直線 $\ell = 4x - 3y = 0$ との距離は

公式より，$\dfrac{|4p - 3q|}{\sqrt{4^2 + (-3)^2}} = \dfrac{1}{5}|4p - 3q|$

$$\therefore r = \frac{1}{5}|4p - 3q| \qquad \cdots ①$$

(2) $\dfrac{1}{5}|4p - 3q| = q$

$$|4p - 3q| = 5q$$

$$4p - 3q = \pm 5q$$

$$4p = \pm 5q + 3q$$

$$p = 2q, \ -\frac{1}{2}q$$

$p > 0$，$q > 0$ より $p = -\dfrac{1}{2}q$ は不適。$\therefore p = 2q$

求める C の方程式は中心が点 $P(p, q)$，半径 $= q$ なので，

$$(x - p)^2 + (x - q)^2 = q^2$$

これが点 $R(2, 2)$ を通り，また $p = 2q$ より，

$$(2 - 2q)^2 + (2 - q)^2 = q^2$$

これを解くと，$q = 1, 2$

　$q = 1$ のとき，$P = 2$ より，

$$\therefore (x - 2)^2 + (x - 1)^2 = 1 \qquad \cdots ②$$

　$q = 2$ のとき，$p = 4$ より

$$\therefore (x - 4)^2 + (x - 2)^2 = 4 \qquad \cdots ③$$

(3) 図で表すと

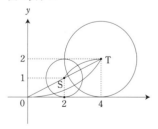

したがって，点 O は線分 ST を **1 : 2 に外分**する。

$$\therefore ④$$

H30　試行　② [1] [2]
[1]

(1) (ii)(i)の式に当てはめて確かめればよい。

　(iii) $k = x + y$ とおくと，$y = -x + k$ と変形できることから，この直線が(i)の表す領域と共有点を持ち，かつ y 切片 k が最大となるときを考えればよい。それは下図のように式①，②の境界の交点，つまり

$$(x, y) = \left(\frac{9}{4}, \ \frac{7}{2} \right)$$ を通るときである。よって，食べる

量の合計は $100 \times \left(\dfrac{9}{4} + \dfrac{7}{2} \right) = 575$

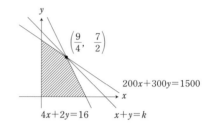

　また，1 袋を小分けにできないときは x, y それぞれの超えない最大の整数を考えればよく，x は 2，y は 3 なので求める値は $100 \times (2 + 3) = 500$[g]

$x + y = 5$ となるのは

$(x, y) = (1, 4)$，$(2, 3)$，$(3, 2)$，$(4, 1)$ の 4 通り。

(2) 条件より $x + y \geqq 6$，$200x + 300y \leqq 1500$ が領域になる。

$k = 4x + 2y$ とおくと，(1)(iii)と同様にして考えると $(x, y) = (3, 3)$ のときであり，そのときの脂質は $4 \times 3 + 2 \times 3 = 18$[g] となる。

[2]

(1) (i)点 P の座標を (t, t^2)，点 M の座標を (X, Y) とおくと，$X = \dfrac{t}{2}$，$Y = \dfrac{t^2 - 2}{2}$　2 辺から t を消去すると

$$Y = 2X^2 - 1$$

(ii)(i)と同じ文字を用いると，$X = \dfrac{t}{2} + \dfrac{p}{2}$　したがって，(1)の軌跡を x 軸方向に $\dfrac{p}{2}$ だけ平行移動したものである。

(iii)(i)と同じ文字を用いると，$X = \dfrac{t + p}{2}$，$Y = \dfrac{t^2 + q}{2}$

X の式より $t = 2X - p$ より

$$Y = \frac{(2X - p)^2 + q}{2} = 2\left(X - \frac{p}{2} \right)^2 + \frac{q}{2}$$

連立方程式 $\begin{cases} y = x^2 \\ y = 2\left(x - \dfrac{p}{2} \right)^2 + \dfrac{q}{2} \end{cases}$

の解の個数を考えればよい。両辺から y を消去して整理すると $x^2 - 2px^2 + \dfrac{p^2 + q}{2} = 0$　この方程式の判別式を D とすると，$\dfrac{D}{4} = p^2 - \dfrac{p^2 + q}{2} = \dfrac{p^2 - q}{2}$

よって，$D > 0$，つまり $p^2 > q$ のとき共有点は 2 個，

$D=0$, つまり $p^2=q$ のとき共有点は 1 個，$D<0$, つまり $p^2<q$ のとき共有点は 0 個。また $q=0$ のとき，$p=0$ なら共有点は 1 個，$p\neq0$ なら共有点は 2 個。

(2) 原点中心で半径 2 の円の軌跡があることから，円 C は原点中心で半径 4 の円であることがわかる。

R4 　□ [1]

(1) $x^2+y^2-4x-10y+4$
$$=(x^2-4x+4)+(y^2-10y+25)+4-4-25$$
$$=(x-2)^2+(y-5)^2-25$$

よって領域 D は $(x-2)^2+(y-5)^2\leqq25$ となり

中心 $(2,\ 5)$ 半径 **5** の円の**周および内部**となる。③

(2) (ⅰ) C は中心 $(2,\ 5)$ で半径 5 より x 軸に $(2,\ 0)$ で接するので $y=0$ は接する。

(ⅱ) 接線となるのは解が 1 つ（**重解をもつ**）である。⓪

(ⅲ) AQ の傾きは $\dfrac{5-0}{2-(-8)}=\dfrac{1}{2}$ なので，

$\tan\theta=\dfrac{1}{2}$ と言える。

また，各接線の角の二等分線が円の中心を通るので，$y=0$ と異なる接線の傾きは $\tan2\boldsymbol{\theta}$ と表せる。①

(ⅳ) ①(ⅱ)の考え方の場合

$$(k^2+1)x^2+(16k^2-10k-4)x+64k^2-80k+4=0$$

重解を求めるために，判別式 $\dfrac{D}{4}$ を用いると，

$$\dfrac{D}{4}=(8k^2-5k-2)^2-(k^2+1)(64k^2-80k+4)$$
$$=75k^2-100k$$

これが 0 となればよいので，

$$75k^2-100k=0$$
$$3k^2-4k=0$$
$$k(3k-4)=0$$
$$\therefore k=0,\ \dfrac{4}{3}$$

$k=0$ は $y=0$ の方の接線なので，$k_0=\dfrac{4}{3}$

②(ⅲ)の考え方の場合

$\tan2\theta=\dfrac{2\tan\theta}{1-\tan^2\theta}$ なので

$\dfrac{2\cdot\dfrac{1}{2}}{1-\left(\dfrac{1}{2}\right)^2}=\dfrac{4}{3}$ となる。

k の範囲は $0\leqq\boldsymbol{k}\leqq\boldsymbol{k_0}$ ⑤

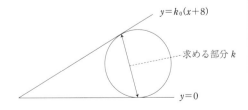

$y=k_0(x+8)$

求める部分 k

$y=0$

H25 　□ [2]

$XYZ=2^x\cdot2^y\cdot2^z=2^{x+y+z}=2^3=8$

$XY+YZ+ZX=2^x\cdot2^y+2^y\cdot2^z+2^z\cdot2^x$
$$=2^{x+y}+2^{y+z}+2^{z+x}$$

$\dfrac{1}{2^x}+\dfrac{1}{2^y}+\dfrac{1}{2^z}=\dfrac{2^{y+z}}{2^{x+y+z}}+\dfrac{2^{z+x}}{2^{x+y+z}}+\dfrac{2^{x+y}}{2^{x+y+z}}$
$$=\dfrac{2^{y+z}+2^{z+x}+2^{x+y}}{2^{x+y+z}}$$
$$=\dfrac{2^{x+y}+2^{y+z}+2^{z+x}}{2^3}=\dfrac{XY+YZ+ZX}{8}$$

（＊）より

$\dfrac{1}{2^x}+\dfrac{1}{2^y}+\dfrac{1}{2^z}=\dfrac{49}{16}$ であるので

$\dfrac{XY+YZ+ZX}{8}=\dfrac{49}{16}$

$\therefore XY+YZ+ZX=\dfrac{49}{16}\times8=\dfrac{\boldsymbol{49}}{\boldsymbol{2}}$

この関係式を利用して，

$(t-X)(t-Y)(t-Z)=t^3-\dfrac{35}{2}t^2+\dfrac{49}{2}t-8$
$$=\left(t-\dfrac{1}{2}\right)(t^2-17t+16)$$
$$=\left(t-\dfrac{1}{2}\right)(t-\boldsymbol{1})(t+\boldsymbol{16})$$

［組立除法］

$$\begin{array}{c|cccc}
\frac{1}{2} & 1 & -\frac{35}{2} & \frac{49}{2} & -8 \\
& & + & + & + \\
& & \frac{1}{2} & -\frac{17}{2} & 8 \\
\hline
& 1 & -17 & 16 & 0 \\
\end{array}$$

係数を書き出す

$\times\frac{1}{2}$ 　$\times\frac{1}{2}$ 　$\times\frac{1}{2}$

（次数を 1 つおとした）t の 2 次式の係数となる

したがって $X=\dfrac{1}{2}$，$Y=1$，$Z=16$ となる。

ここで，$X=2^x$，$Y=2^y$，$Z=2^z$ において各々両辺 2 を底とする対数をとると，

$x=\log_2X$，$y=\log_2Y$，$z=\log_2Z$

よって

$x=\log_2\dfrac{1}{2}=\log_22^{-1}=\boldsymbol{-1}$

$y=\log_21=\log_22^0=\boldsymbol{0}$

$z=\log_216=\log_22^4=\boldsymbol{4}$　　であることがわかる。

H26　①【2】

$m=2,\ n=1$ のとき,

$\log_2 2^3 + \log_3 1^2 = 3\log_2 2 + 2\log_3 3^0$

$=3+0=3 \leqq 0$

なので，④を満たす。

$m=4,\ n=3$ のとき,

$\log_2 4^3 + \log_3 3^2 = 3\log_2 2^2 + 2\log_3 3 = 6+2 = 8$

$8 \leqq 3$ ではないので，④を満たさない。

④を変形すると，$\log_2 m^3 + \log_3 n^2 \leqq 3$

$3\log_2 m + 2\log_3 n \leqq 3$

両辺を 3 で割って，$\log_2 m + \dfrac{2}{3}\log_3 n \leqq 1$

$\log_3 n$（n は自然数）が最小値をとるのは，$n=1$ のとき,

$\log_3 1 = \log_3 3^0 = \mathbf{0}$

したがって，⑤より $\log_2 m \leqq 1$ でなければならないから，

$\log_2 m \leqq \log_2 2$

底 $2>1$ より，$m \leqq 2$

m は自然数なので，$m=1$ または $m=2$

・$m=1$ の場合，⑤は，$\log_2 1 + \dfrac{2}{3}\log_3 n \leqq 1$

$\log_2 2^0 + \dfrac{2}{3}\log_3 n \leqq 1$

$\dfrac{2}{3}\log_3 n \leqq 1$　∴$\log_3 n \leqq \dfrac{3}{2}$

これを変形すると，$\log_3 n \leqq \log_3 3^{\frac{3}{2}}$

底 $3>1$ より $n \leqq 3^{\frac{3}{2}}$

$n \leqq \sqrt{27}$

$n \geqq 1$ より両辺を 2 乗して $n^2 \leqq 27$

したがって，自然数 n のとり得る範囲は $n \leqq 5$

よって，$m,\ n$ の組は，

$(m,\ n)=(1,\ 1),\ (1,\ 2),\ (1,\ 3),\ (1,\ 4),\ (1,\ 5)$ の **5** 個。

・$m=2$ の場合，⑤は，$\log_2 2 + \dfrac{2}{3}\log_3 n \leqq 1$

$1 + \dfrac{2}{3}\log_3 n \leqq 1$　$\dfrac{2}{3}\log_3 n \leqq 0$　∴$\log_3 n \leqq 0$

これを変形すると，$\log_3 n \leqq \log_3 3^0$

$\log_3 n \leqq \log_3 1$

底 $3>1$ より，$n \leqq 1$

よって，$m,\ n$ の組は，$(m,\ n)=(2,\ 1)$ の **1** 個だけ。

以上より，④を満たす自然数 $m,\ n$ の組の個数は，

$5+1 = \mathbf{6}$ 個

H27　①【2】

(1)　$(*)\begin{cases} x\sqrt{y^3}=a \\ \sqrt[3]{x}\ y=b \end{cases} \Rightarrow \begin{cases} xy^{\frac{3}{2}}=a & ——① \\ x^{\frac{1}{3}}y=b & ——② \end{cases}$

②より，$y=bx^{-\frac{1}{3}}$

①に代入して，$x\left(bx^{-\frac{1}{3}}\right)^{\frac{3}{2}}=a$

$b^{\frac{3}{2}}x^{\frac{1}{2}}=a$　　$x^{\frac{1}{2}}=ab^{-\frac{3}{2}}$　　∴$x=a^2b^{-3}$

②に代入して，$\left(a^2b^{-3}\right)^{\frac{1}{3}}y=b$

$a^{\frac{2}{3}}b^{-1}y=b$　　∴$y=a^{-\frac{2}{3}}b^2$

よって，$p=\dfrac{-2}{3}$

(2)　$b=2^3\sqrt{a^4}=2a^{\frac{4}{3}}$

よって，

$x=a^2b^{-3}=a^2\left(2a^{\frac{4}{3}}\right)^{-3}=2^{-3}a^2a^{-4}=2^{-3}a^{-2}$

$y=a^{-\frac{2}{3}}b^2=a^{-\frac{2}{3}}\left(2a^{\frac{4}{3}}\right)^2=2^2a^{-\frac{2}{3}}a^{\frac{8}{3}}=2^2a^2$

相加・相乗平均の関係より，

$x+y \geqq 2\sqrt{xy}$

$=2\sqrt{2^{-3}a^{-2}\times 2^2a^2}$

$=2\sqrt{2^{-1}}=2\times\sqrt{\dfrac{1}{2}}=\sqrt{2}$

したがって，$x+y$ の最小値は $\sqrt{2}$。

等号成立するのは，$x=y$ のときであるので，

$2^{-3}a^{-2}=2^2a^2$　　$\left(2^3a^2\right)^{-1}=2^2a^2$

$1=2^2a^2\times 2^3a^2$　　$1=2^5a^4$

$a^4=2^{-5}$　　∴$a=2^{\frac{-5}{4}}$

H28　①【1】

(1)　$8^{\frac{5}{6}}=(2^3)^{\frac{5}{6}}=2^{\frac{5}{2}}=\sqrt{2^5}=4\sqrt{2}$

$\log_{27}\dfrac{1}{9}=\dfrac{\log_3\frac{1}{9}}{\log_3 27}=\dfrac{\log_3 3^{-2}}{\log_3 3^3}=\dfrac{-2}{3}$

(2)

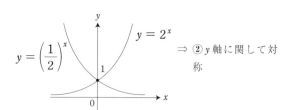

$\Rightarrow$ ②y 軸に関して対称

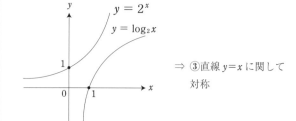

$\Rightarrow$ ③直線 $y=x$ に関して対称

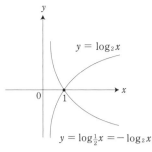

$$\log_{\frac{1}{2}}x=\frac{\log_2 x}{\log_2\frac{1}{2}}$$

$$=\frac{\log_2 x}{\log_2 2^{-1}}$$

$$=-\log_2 x$$

$\Rightarrow$ ① x 軸に関して対称

$$y=\log_{\frac{1}{2}}x=-\log_2 x$$

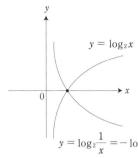

$$\log_2\frac{1}{x}=\log_2 x^{-1}$$

$$=-\log_2 x$$

$\Rightarrow$ ① x 軸に関して対称

$$y=\log_2\frac{1}{x}=-\log_2 x$$

(3) $\log_2\dfrac{x}{4}=\log_2 x-\log_2 4=\log_2 x-\log_2 2^2$

$\qquad =\log_2 x-2$

$\log_4 x=\dfrac{\log_2 x}{\log_2 4}=\dfrac{\log_2 x}{\log_2 2^2}=\dfrac{\log_2 x}{2}$

よって，$t=\log_2 x$ とおくと，

$y=\left(\log_2\dfrac{x}{4}\right)^2-4\log_4 x+3$

$\quad =(\log_2 x-2)^2-4\cdot\dfrac{\log_2 x}{2}+3$

$\quad =(t-2)^2-2t+3$

$\quad =t^2-6t+7$

$t=\log_2 x\,(x>0)$ のグラフは，

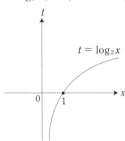

より，t のとり得る値の範囲は③実数全体

$y=t^2-6t+7=(t-3)^2-2$

したがって，$t=3$，すなわち $3=\log_2 x$，$x=2^3=8$

のとき，最小値 -2 をとる

H29 ① [2]

真数条件より $p>0$，$q>0$

線分 AB を $1:2$ に内分する点の座標は，

$$\left(\frac{1\cdot p+2\cdot 0}{3},\ \frac{1\cdot\log_2 p+2\cdot\frac{3}{2}}{3}\right)=\left(\frac{1}{3}p,\ \frac{1}{3}\log_2 p+1\right)$$

⑤より，$\log_2 q-\dfrac{1}{3}\log_2 p=1$

$\qquad \log_2\dfrac{q}{p^{\frac{1}{3}}}=1 \quad \dfrac{q}{p^{\frac{1}{3}}}=2 \quad p^{\frac{1}{3}}=\dfrac{1}{2}q$

両辺を 3 乗して，$p=\dfrac{1}{8}q^3$

これを④に代入して，$\dfrac{1}{24}q^3=q$

$q\neq 0$ より $q^2=24$ $\therefore q=2\sqrt{6}$

④より $p=3q=6\sqrt{6}$

よって $p=6\sqrt{6}$，$q=2\sqrt{6}$

また，$\log_2 2\sqrt{6}=\log_2\sqrt{24}=\log_2 24^{\frac{1}{2}}$

$\qquad\qquad =\dfrac{1}{2}\log_2 24=\dfrac{1}{2}\log_2(2^3\cdot 3)$

$\qquad\qquad =\dfrac{1}{2}(3+\log_2 3)=\dfrac{1}{2}\left(3+\dfrac{\log_{10}3}{\log_{10}2}\right)$

$\qquad\qquad =\dfrac{1}{2}\left(3+\dfrac{0.4771}{0.3010}\right)=2.29\cdots\cdots\doteqdot 2.3$ ⑥

H30 ① [2]

$x^{\log_3 x}\geqq\left(\dfrac{x}{c}\right)^3$ の両辺の，3 を底とする対数をとると，

$\log_3 x^{\log_3 x}\geqq\log_3\left(\dfrac{x}{c}\right)^3$

$(\log_3 x)(\log_3 x)\geqq 3(\log_3 x-\log_3 c)$

$t=\log_3 x$ とおくと，$t^2-3t+3\log_3 c\geqq 0$

$c=\sqrt[3]{9}$ のとき，$\log_3 c=\log_3 9^{\frac{1}{3}}=\dfrac{1}{3}\log_3 3^2=\dfrac{2}{3}$ より，

$\quad t^2-3t+3\cdot\dfrac{2}{3}=t^2-3t+2\geqq 0$

$\quad (t-1)(t-2)\geqq 0 \quad \therefore t\leqq 1,\ t\geqq 2$

真数条件より $x>0$

$\quad t=\log_3 x$ より $\log_3 x\leqq 1$，$\log_3 x\geqq 2$，

$\qquad$ つまり，$x\leqq 3$，$x\geqq 9$

$\quad$ 以上より $0<x\leqq 3$，$x\geqq 9$

$x>0$ のとき，右図のグラフ

から t は実数全体をとる

$\quad$ すべての実数に対して，

$t^2-3t+3\log_3 c\geqq 0$ が

成立するためには，$t^2-3t+3\log_3 c=0$ の判別式が負になればよい。よって，

$\qquad 9-4\cdot 3\log_3 c<0 \quad \log_3 c>\dfrac{3}{4}$

$\qquad$ つまり $c>3^{\frac{3}{4}}=\sqrt[4]{27}$

（右図: $t=\log_3 x$ のグラフ, 点 1 を通る）

H29 試行 ①【2】

(i) $\sqrt[4]{a^3} \times a^{\frac{2}{3}} = a^{\frac{3}{4}} \times a^{\frac{2}{3}} = a^{\frac{3}{4}+\frac{2}{3}} = a^{\frac{17}{12}}$

よって，与えられた式は $a^{\frac{17}{12}} = a^2$，つまり $a^{\frac{7}{12}} = 1$ となるが，これをみたす正の実数は $a = 1$ のみ。今 a は 1 でないので，この式を満たす a の値は存在しない。

(ii) $\dfrac{(2a)^6}{(4a)^2} = \dfrac{a^3}{2} \iff 4\,a^4 = \dfrac{a^3}{2} \iff a = \dfrac{1}{8}$

よって，この式を満たす a の値はちょうど 1 つである。

(iii) 底を 2 でそろえると，左辺は

$$4\left(\log_2 a - \frac{\log_2 a}{\log_2 4}\right)$$
$$= 4\left(\log_2 a - \frac{1}{2}\log_2 a\right)$$
$$= 2\log_2 a$$

右辺は $\dfrac{\log_2 a}{\log_2 \sqrt{2}} = \dfrac{\log_2 a}{\dfrac{1}{2}} = 2\log_2 a$

よって，与えられた式はどのような a の値を代入しても成り立つ。

H30 試行 ①【3】

(1) $\log$ の定義より $2 = 10^{\log_{10} 2} = 10^{0.3010}$

また，$\log_2 10 = \dfrac{\log_{10} 10}{\log_{10} 2} = \dfrac{1}{\log_{10} 2} = \dfrac{1}{0.3010}$ より，

$10 = 2^{\log_2 10} = 2^{\frac{1}{0.3010}}$

(2) (i) 3 の目盛りと 4 の目盛りの間隔は

$\log_{10} 4 - \log_{10} 3 = \log_{10}\dfrac{4}{3}$　一方，

1 の目盛りと 2 の目盛りの間隔は

$\log_{10} 2 - \log_{10} 1 = \log_{10} 2$

ここで $10 > 1$ より $\log_{10}\dfrac{4}{3} < \log_{10} 2$　より，

3 の目盛りと 4 の目盛りの間隔のほうが小さい。

(ii) a と b の設定より，

$\log_{10} a - \log_{10} 2 = \log_{10} b$

$\iff \log_{10} a = \log_{10} 2 + \log_{10} b = \log_{10} 2b$

$\iff a = 2b$

(iii) c, d の設定より，

$c\log_{10} 2 - \log_{10} 2 = \log_{10} d - \log_{10} 2$

$\iff \log_{10} 2^c = \log_{10} d$

$\iff 2^c = d$

(iv) (ii) より，対数ものさし A と対数ものさし B を用いて乗法，除法ができることがわかる。また (iii) より，対数ものさし A とものさし C を用いて累乗，log の計算を行うことができることがわかる。

H31 ①【2】

真数条件は $\begin{cases} x+2>0 \\ y+3>0 \end{cases} \iff \begin{cases} x>-2 \\ y>-3 \end{cases}$ ②

$\log_4(y+3) = \dfrac{\log_2(y+3)}{\log_2 4} = \dfrac{\log_2(y+3)}{2}$ より

$\log_2(x+2) - 2 \cdot \dfrac{\log_2(y+3)}{2} = -1$

$\log_2\left(\dfrac{x+2}{y+3}\right) = -1$

$\dfrac{x+2}{y+3} = \dfrac{1}{2}$

$\therefore y = 2x+1$

これを③に代入すると $\left(\dfrac{1}{3}\right)^{2x+1} - 11\left(\dfrac{1}{3}\right)^{x+1} + 6 = 0$

$\dfrac{1}{3}\left\{\left(\dfrac{1}{3}\right)^x\right\}^2 - \dfrac{11}{3}\left(\dfrac{1}{3}\right)^x + 6 = 0$

$t^2 - 11t + 18 = 0$

$t = \left(\dfrac{1}{3}\right)^x > 0$ であり，真数条件と $y = 2x+1$ より

　$x > -2$ つまり $t < 9$

以上より $0 < t < 9$，

したがってこの範囲で⑤をとくと，$(t-2)(t-9) = 0$

$0 < t < 9$ より，$t = 2$

　よって $\left(\dfrac{1}{3}\right)^x = 3^{-x} = 2$

$-x = \log_3 2$

$x = -\log_3 2$

$= \log_3 \dfrac{1}{2}$

$y = 2x+1 = 2\log_3 \dfrac{1}{2} + 1$

$= \log_3 \dfrac{1}{4} + \log_3 3$

$= \log_3\left(\dfrac{1}{4} \cdot 3\right)$

$= \log_3 \dfrac{3}{4}$

R3 ①【2】

(1) $f(0) = \dfrac{2^0 + 2^{-0}}{2}$　　$g(0) = \dfrac{2^0 - 2^{-0}}{2}$

$= \dfrac{2}{2} = 1$　　　　$= \dfrac{0}{2} = 0$

$f(x)$ は相加平均相乗平均の関係より

$\dfrac{2^x + 2^{-x}}{2} \geqq \sqrt{2^x \cdot 2^{-x}}$

$\dfrac{2^x + 2^{-x}}{2} \geqq 1$　$(2^x = 2^{-x}$ のとき等号が成立する$)$

よって，

　$f(x)$ は $2^x = 2^{-x}$ すなわち $x = 0$ のとき最小値

$f(0) = 1$ をとる

$$g(x)=\frac{2^x-2^{-x}}{2}=\frac{2^x-\dfrac{1}{2^x}}{2}$$

$2^x=X$ とおくと

$$\frac{X-\dfrac{1}{X}}{2}=-2 \qquad X-\frac{1}{X}=-4$$

$$X^2+4X-1=0 \qquad X=-2\pm\sqrt{5}$$

$x=2^x$ より $X>0$

$$X=-2+\sqrt{5} \qquad 2^x=-2+\sqrt{5}$$

よって $x=\log_2(\sqrt{5}-2)$

(2) $f(-x)=\dfrac{2^{-x}+2^{-(-x)}}{2}=\dfrac{2^x+2^{-x}}{2}=f(x)\cdots\cdots$① ⓪

$$g(-x)=\frac{2^{-x}-2^{-(-x)}}{2}=\frac{2^{-x}-2^x}{2}$$
$$=\left(\frac{2^x-2^{-x}}{2}\right)=-g(x) \quad\cdots\cdots② ③$$

$\{f(x)\}^2-\{g(x)\}^2$
$$=\{f(x)+g(x)\}\{f(x)-g(x)\}$$
$$=\left(\frac{2^x+2^{-x}+2^x-2^{-x}}{2}\right)\left(\frac{2^x+2^{-x}-2^x+2^{-x}}{2}\right)$$
$$=2^x\cdot2^{-x}$$
$$=1$$

まず $f(x)\cdot g(x)$ を求める

$$f(x)\cdot g(x)=\left(\frac{2^x+2^{-x}}{2}\right)\left(\frac{2^x-2^{-x}}{2}\right)$$
$$=\frac{2^{2x}-2^{-2x}}{4}$$

$$g(2x)=\frac{2^{2x}-2^{-2x}}{2}$$
$$=2\left(\frac{2^{2x}-2^{-2x}}{4}\right)$$
$$=2f(x)g(x)$$

(3) $\beta=0$ とし，(1)より $f(0)=1$，$g(0)=0$

(A) (左辺)$=f(\alpha-0)=f(\alpha)$
　(右辺)$=f(\alpha)g(0)+g(\alpha)f(0)=g(\alpha)$

(B) (左辺)$=f(\alpha+0)=f(\alpha)$
　(右辺)$=f(\alpha)f(0)+g(\alpha)g(0)=f(\alpha)$

(C) (左辺)$=g(\alpha-0)=g(\alpha)$
　(右辺)$=f(\alpha)f(0)+g(\alpha)g(0)=f(\alpha)$

(D) (左辺)$=g(\alpha+0)=g(\alpha)$
　(右辺)$=f(\alpha)g(0)-g(\alpha)f(0)=-g(\alpha)$

つねに，$f(x)=g(x)$，$g(x)=-g(x)$ とはならないので，
(A)，(C)，(D)は不成立。
以上より(B)以外の3つは成り立たない。

R3 追試 ① [1]

(1) $\log_{10}10=1$

$$\log_{10}5=\log_{10}\frac{10}{2}$$
$$=\log_{10}10-\log_{10}2$$
$$=-\log_{10}2+1$$
$$\log_{10}15=\log_{10}3\cdot5$$
$$=\log_{10}3+\log5$$
$$=-\log_{10}2+\log_{10}3+1$$

(2) $\log_{10}15^{20}=20\cdot\log_{10}15$
$$=20\cdot(-\log_{10}2+\log_{10}3+1)$$
$$=20\cdot(-0.3010+0.4771+1)$$
$$=20\times1.1761$$

23<23.522<**24**

よって 15^{20} は **24** ケタとなる。

$\log_{10}15^{20}$ は 23.522 より小数部分は $\log15^{20}-23$ をして 0.522

これは $\log_{10}3=0.4771$ より大きく，

$\log_{10}4=2\log_{10}2=0.6020$ より小さいため，

$\log_{10}3<\log_{10}15^{20}-23<\log_{10}4$

よって，最高位は 3

R4 ① [2]

(1) $\log_39=\log_33^2=\textbf{2}$

$\log_{\frac{1}{4}}\boxed{\text{セ}}=-\dfrac{3}{2}$ より

$$\boxed{\text{セ}}=\left(\frac{1}{4}\right)^{-\frac{3}{2}}$$
$$=4^{\frac{3}{2}}$$
$$=(2^2)^{\frac{3}{2}}$$
$$=2^3$$
$$=8$$

(2) $\log_ab=t$ より

$$a^t=b \quad ①$$
$$a^{t\cdot\frac{1}{t}}=b^{\frac{1}{t}}$$
$$\therefore a=b^{\frac{1}{t}} \quad ①$$

(3)(i) $a>1$ の時，

$b>1$ ならば $t>0$ なので④を満たすのは $t>1$ で，

$\log_ab>1$ と表せるので，

$\log_ab>1 \Longleftrightarrow b>a$

よって $(1<)a<b$ となる

$0<b<1$ ならば $t<0$ なので④を満たすのは $-1<t<0$ で，

$-1<\log_ab<0$ と表せるので

$-1<\log_ab<0 \Longleftrightarrow \dfrac{1}{a}<b<1$

よって以上のことから，

$\boldsymbol{a<b, \dfrac{1}{a}<b<1}$ ③

(ii) $0<a<1$ の時

(i)と同様にして,

$$1<b<\frac{1}{a} \text{ と } b<a \text{ を求められるので,}$$

$0<b<a, \ 1<b<\dfrac{1}{a}$ ⓪

(4) $0<p<1<r<q$ かつ

$$pq=\frac{12}{13}\cdot\frac{12}{11}=\frac{144}{143}>1 \text{ より, } \frac{1}{p}<q$$

$$pr=\frac{12}{13}\cdot\frac{14}{13}=\frac{168}{169}<1 \text{ より, } \frac{1}{p}>r$$

よって,(3)の a に p を,b に r を代入すると,

$0<r<p$ または $1<r<\dfrac{1}{p}$ となり,満たすのは,

$1<r<\dfrac{1}{p}$ の時であるので,

$\log_p r>\log_r p$

また,(3)の a に p を,b に q を代入すると,満たすものはないので,

$\log_p q<\log_q p$

よって答えは,$\log_p q<\log_q p$ かつ $\log_p r>\log_r p$ となる。②

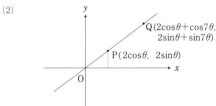

〈三角関数〉（Ⅱ・Ｂ）　　　問題 131p〜

H27 ① 〔1〕

(1)
$$OP=\sqrt{(2\cos\theta)^2+(2\sin\theta)^2}=2\sqrt{\cos^2\theta+\sin^2\theta}=2$$
$$PQ=$$
$$\sqrt{(2\cos\theta+\cos7\theta-2\cos\theta)^2+(2\sin\theta+\sin7\theta-2\sin\theta)^2}$$
$$=\sqrt{\cos^27\theta+\sin^27\theta}=1$$
$$OQ^2=(2\cos\theta+\cos7\theta)^2+(2\sin\theta+\sin7\theta)^2$$
$$=4(\cos^2\theta+\sin^2\theta)+(\cos^27\theta+\sin^27\theta)$$
$$+4(\cos7\theta\cos\theta+\sin7\theta\sin\theta)$$
$$=5+4(\cos7\theta\cos\theta+\sin7\theta\sin\theta)$$

加法定理より,$5+4\cos(7\theta-\theta)=5+4\cos6\theta$

$\dfrac{\pi}{8}\le\theta\le\dfrac{\pi}{4}$ の範囲は,$\dfrac{\pi}{8}\times6\le6\theta\le\dfrac{\pi}{4}\times6$

$\Rightarrow\dfrac{3}{4}\pi\le6\theta\le\dfrac{3}{2}\pi$ となる。この範囲において,

$\cos6\theta$ が最大値をとるのは,$6\theta=\dfrac{3}{2}\pi$,

つまり $\theta=\dfrac{\pi}{4}$ のときで,その値は $\cos6\theta=0$ である。

よって,$OQ^2=5+4\cdot0=5$

$OQ>0$ より $OQ=\sqrt{5}$

(2)

直線OP は,原点を通り,傾きが $\dfrac{2\sin\theta}{2\cos\theta}=\dfrac{\sin\theta}{\cos\theta}$ なので,

$y=\dfrac{\sin\theta}{\cos\theta}x$ である。両辺に $\cos\theta$ をかけて,式変形すると,

$(\sin\theta)\,x-(\cos\theta)\,y=0$

この直線上に,点 Q があるので代入して,

$\sin\theta(2\cos\theta+\cos7\theta)-\cos\theta(2\sin\theta+\sin7\theta)=0$

$\cos7\sin\theta-\sin7\theta\cos\theta=0$

$-(\sin7\theta\cos\theta-\cos7\theta\sin\theta)=0$

$\sin7\theta\cos\theta-\cos7\theta\sin\theta=0$

加法定理より,$\sin(7\theta-\theta)=0$　　$\sin6\theta=0$

$\dfrac{3}{4}\pi\le6\theta\le\dfrac{3}{2}\pi$ より,$6\theta=\pi$　$\therefore\theta=\dfrac{\pi}{6}$

(3)　$\angle OQP$ が直角なので,三平方の定理より,

$OQ^2=OP^2-PQ^2$。

(1)より,$OP=2$,$PQ=1$ なので,$OQ^2=2^2-1^2=3$

$OQ>0$ より,$OQ=\sqrt{3}$

また,(1)より $OQ^2=5+4\cos6\theta$ なので,代入して,

$3=5+4\cos6\theta$　　$\cos6\theta=-\dfrac{1}{2}$

$\dfrac{3}{4}\pi\le6\theta\le\dfrac{3}{2}\pi$ より,$6\theta=\dfrac{4}{3}\pi$　$\therefore\theta=\dfrac{2}{9}\pi$

H28 ☐1 [2]

(1) ① $\times \sin^2 x\ \cos^2 x$ をすると,

$\sin^2 x \cos^2 x\ (\cos^2 x - \sin^2 x) + k\ (\sin^2 x - \cos^2 x) = 0$

2倍角の公式より

$\left(\dfrac{1}{2}\sin 2x\right)^2 \times \cos 2x - k\cos 2x = 0$

$\dfrac{1}{4}\sin^2 2x \cos 2x - k\cos 2x = 0$

$\left(\dfrac{\sin^2 2x}{4} - k\right)\cos 2x = 0$ ────②

$\cos 2x = 0$ のとき,つまり $0 < 2x < \pi$ の範囲において,

$2x = \dfrac{\pi}{2}$,$x = \dfrac{\pi}{4}$ のとき,k の値に関係なく

②は成り立つ。

したがって,$x = \dfrac{\pi}{4}$ のとき,k の値に関係なく①も成り立つ。

$0 < \sin^2 2x \leqq 1$ であれば,$\dfrac{\sin^2 2x}{4}$ の最大値は $\dfrac{1}{4}$ なので,

$k > \dfrac{1}{4}$ のとき,$\left(\dfrac{\sin^2 2x}{4} - k\right)$ が 0 になることはない。

よって,$\cos 2x = 0$ のとき,つまり $x = \dfrac{\pi}{4}$ のときのみ①が成り立つ。

$0 < k < \dfrac{1}{4}$ のとき,②の $\left(\dfrac{\sin^2 2x}{4} - k\right) = 0$ となるのは,

$\sin^2 2x = 4k$,$\sin 2x = \pm 2\sqrt{k}$ のとき。

ただし,$0 < 2x < \pi$ より,$\sin 2x > 0$ なので,

$\sin 2x = 2\sqrt{k}$ のときだけである。したがって,

$\sin 2x = 2\sqrt{k}$ となる x は,

より,2個。

そして,前で求めた $x = \dfrac{\pi}{4}$ のときを合わせると,

合計 **3** 個。

$k = \dfrac{1}{4}$ のときは,$\sin 2x = 2\sqrt{k} = 2\sqrt{\dfrac{1}{4}} = 1$。

このときの x は,$2x = \dfrac{\pi}{2}$,$x = \dfrac{\pi}{4}$ より,前で求めた $x = \dfrac{\pi}{4}$ のときと一致するので,①を満たすのは **1** 個。

(2) $\dfrac{\pi}{2} < 2x < \pi$ の範囲において,$0 < \dfrac{4}{25} < \dfrac{1}{4}$ より,

$\sin 2x = 2\sqrt{k}$ に $k = \dfrac{4}{25}$ を代入して,

$\sin 2x = 2\sqrt{\dfrac{4}{25}} = \dfrac{4}{5}$

$\dfrac{\pi}{2} < 2x < \pi$ において,$\cos 2x < 0$ より,

$\cos 2x = -\sqrt{1 - \sin^2 2x} = -\sqrt{1 - \left(\dfrac{4}{5}\right)^2} = \dfrac{-3}{5}$

2倍角の公式より,$\cos 2x = 2\cos^2 x - 1$

$-\dfrac{3}{5} = 2\cos^2 x - 1$

$\cos^2 x = \dfrac{1}{5}$

$\dfrac{\pi}{4} < x < \dfrac{\pi}{2}$ の範囲において $\cos x > 0$ より,

$\cos x = \sqrt{\dfrac{1}{5}} = \dfrac{\sqrt{5}}{5}$

H29 ☐1 [1]

$\cos 2\theta = 2\cos^2 \theta - 1$ より,

$\cos 2\alpha + \cos 2\beta = 2\cos^2 \alpha - 1 + 2\cos^2 \beta - 1$

$\qquad\qquad = 2(\cos^2 \alpha + \cos^2 \beta) - 2 = \dfrac{4}{15}$

よって,$\cos^2 \alpha + \cos^2 \beta = \dfrac{17}{15}$ ────①′

②の両辺を2乗して,$\cos^2 \alpha \cos^2 \beta = \dfrac{4}{15}$ ────②′

①′ ②′ より解と係数の関係から $\cos^2 \alpha$,$\cos^2 \beta$ は

$x^2 - \dfrac{17}{15}x + \dfrac{4}{15} = 0$ の解である。

これを解くと,$x = \dfrac{4}{5}$,$\dfrac{1}{3}$

③より,$\cos^2 \alpha = \dfrac{4}{5}$,$\cos^2 \beta = \dfrac{1}{3}$

よって,$\cos \alpha = \dfrac{2\sqrt{5}}{5}$,$\cos \beta = \dfrac{-\sqrt{3}}{3}$

H30 ☐1 [1]

(1) 1ラジアンの定義は,「**半径1,弧の長さが1の扇形の中心角の大きさ**」である。したがって,半径1の円の円周の長さは 2π なので,$360° = 2\pi$ [rad] となる。

(2) $144° \times \dfrac{2\pi}{360°} = \dfrac{4}{5}\pi$ [rad],$\dfrac{23}{12}\pi \times \dfrac{360°}{2\pi} = 345$ [°]

(3) $\theta + \dfrac{\pi}{30} - x = \theta + \dfrac{\pi}{30} - \left(\theta + \dfrac{\pi}{5}\right) = -\dfrac{\pi}{6}$ より

$\theta + \dfrac{\pi}{30} = x - \dfrac{\pi}{6}$

加法定理より,

$\cos\left(x - \dfrac{\pi}{6}\right) = \cos x \cos\dfrac{\pi}{6} + \sin x \sin\dfrac{\pi}{6}$

$\qquad\qquad = \dfrac{\sqrt{3}}{2}\cos x + \dfrac{1}{2}\sin x$

よって,$2\sin x - 2\cos\left(x - \dfrac{\pi}{6}\right)$

$= 2\sin x - 2\left(\dfrac{\sqrt{3}}{2}\cos x + \dfrac{1}{2}\sin x\right)$

$= \sin x - \sqrt{3}\cos x = 1$

また,合成すると,$\sin x - \sqrt{3}\cos x = 2\sin\left(x - \dfrac{\pi}{3}\right)$ より,

$\sin\left(x - \dfrac{\pi}{3}\right) = \dfrac{1}{2}$ ────①

$x-\dfrac{\pi}{3}=\theta+\dfrac{\pi}{5}-\dfrac{\pi}{3}=\theta-\dfrac{2}{15}\pi$ より，

$\dfrac{\pi}{2}-\dfrac{2}{15}\pi\leqq x-\dfrac{\pi}{3}\leqq\pi-\dfrac{2}{15}\pi$

$\dfrac{11}{30}\pi\leqq x-\dfrac{\pi}{3}\leqq\dfrac{13}{15}\pi$

だから，この範囲において①をみたす値は，

$x-\dfrac{\pi}{3}=\theta-\dfrac{2}{15}\pi=\dfrac{5}{6}\pi$ のときである。

よって，$\theta=\dfrac{\pi}{6}+\dfrac{2}{15}\pi=\dfrac{29}{30}\pi$

H29 試行 ① [3]

(1) (i)は周期が $\dfrac{1}{2}$ 倍のもの，(ii)は x 軸方向に $-\dfrac{3}{2}\pi$ だけ平行
移動したものを選べばよい。

(2) グラフより $x=0$ のとき $y=-2$ であるかを確認して，選
択肢を絞り込む。

$\sin\left(x+\dfrac{\pi}{2}\right)=\cos x$ などの公式を用いて解いてもよい。

H30 試行 ① [1]

(1) sin, cos の定義より P$(\cos\theta,\ \sin\theta)$　また，点 Q は x 軸

正の部分から $\dfrac{\pi}{2}-\theta$ だけ進んだ点なので，点 Q の座標は

$\left(\cos\left(\dfrac{\pi}{2}-\theta\right),\ \sin\left(\dfrac{\pi}{2}-\theta\right)\right)=(\sin\theta,\ -\cos\theta)$

(2) $\angle\text{AOQ}=\theta$ より，下図から $\ell=2\cos\dfrac{\theta}{2}$

よって，
$y=\cos\theta$ の振幅と周期が
2 倍のものを選べば良い。

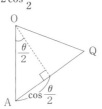

H31 ① [1]

(1) $f(0)=3\cdot0^2+4\cdot0\cdot1-1^2=-1$

$f\left(\dfrac{\pi}{3}\right)=3\cdot\left(\dfrac{\sqrt{3}}{2}\right)^2+4\cdot\dfrac{\sqrt{3}}{2}\cdot\dfrac{1}{2}-\left(\dfrac{1}{2}\right)^2$

$=2+\sqrt{3}$

(2) $\cos2\theta=2\cos^2\theta-1$ より $\cos^2\theta=\dfrac{\cos2\theta+1}{2}$

また，$\cos2\theta=1-2\sin^2\theta$ より $\sin^2\theta=\dfrac{1-\cos2\theta}{2}$，

$\sin2\theta=2\sin\theta\cos\theta$ なので

$f(\theta)=3\cdot\dfrac{1-\cos2\theta}{2}+2\sin2\theta-\dfrac{\cos2\theta+1}{2}$

$=2\sin2\theta-2\cos2\theta+1$

(3) 合成して $f(\theta)=2\sin2\theta-2\cos2\theta+1$

$=2\sqrt{2}\sin\left(2\theta-\dfrac{\pi}{4}\right)+1$

$0\leqq\theta\leqq\pi$ より　$-\dfrac{\pi}{4}\leqq2\theta-\dfrac{\pi}{4}\leqq\dfrac{7}{4}\pi$ なので

$-1\leqq\sin\left(2\theta-\dfrac{\pi}{4}\right)\leqq1$

したがって，$f(\theta)$ の最大値は $2\sqrt{2}+1$

$\sqrt{2}>1$ より $2\sqrt{2}+1>3$，よって $m=3$

$f(\theta)=2\sqrt{2}\sin\left(2\theta-\dfrac{\pi}{4}\right)+1=3$

$\sin\left(2\theta-\dfrac{\pi}{4}\right)=\dfrac{1}{\sqrt{2}}$

$-\dfrac{\pi}{4}\leqq2\theta-\dfrac{\pi}{4}\leqq\dfrac{7}{4}\pi$ より，$2\theta-\dfrac{\pi}{4}=\dfrac{\pi}{4},\ \dfrac{3}{4}\pi$

$\therefore\theta=\dfrac{\pi}{4},\ \dfrac{\pi}{2}$

R3 ① [1]

(1) $y=\sin\theta+\sqrt{3}\cos\theta\left(0\leqq\theta\leqq\dfrac{\pi}{2}\right)$ について，

$0\leqq\theta\leqq\dfrac{\pi}{2}$ より

$\sin\dfrac{\pi}{3}=\dfrac{\sqrt{3}}{2}$　$\cos\dfrac{\pi}{3}=\dfrac{1}{2}$

であるから，三角関数の合成により

$y=2\left(\sin\theta\cdot\dfrac{1}{2}+\cos\theta\cdot\dfrac{\sqrt{3}}{2}\right)$

$=2\left(\sin\theta\cos\dfrac{\pi}{3}+\cos\theta\sin\dfrac{\pi}{3}\right)$

$=2\sin\left(\theta+\dfrac{\pi}{3}\right)$

よって，$0\leqq\theta\leqq\dfrac{\pi}{2}$ のとき

$\dfrac{\pi}{3}\leqq\theta+\dfrac{\pi}{3}\leqq\dfrac{5}{6}\pi$

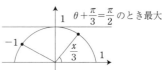

上図より y は $\theta+\dfrac{\pi}{3}=\dfrac{\pi}{2}$

すなわち $\theta=\dfrac{\pi}{6}$ で最大値 2

(2) $y=\sin\theta+p\cos\theta\left(0\leqq\theta\leqq\dfrac{\pi}{2}\right)$

(i) $p=0$ のとき　$y=\sin\theta+0\cos\theta$

$=\sin\theta$

右図より

$\theta=\dfrac{\pi}{2}$ のとき

最大値 1 をとる

(ii) $p>0$ のときは，
加法定理より
$\cos(\theta-\alpha)=\cos\theta\cos\alpha+\sin\theta\sin\alpha$ を用いると
$\sin\theta+p\cos\theta$

$=\sqrt{1^2+p^2}\left(\cos\theta\cdot\dfrac{p}{\sqrt{1^2+p^2}}+\sin\theta\cdot\dfrac{1}{\sqrt{1^2+p^2}}\right)$

$$= \sqrt{1+p^2}\left(\cos\theta \frac{p}{\sqrt{1+p^2}}+\sin\theta\frac{1}{\sqrt{1+p^2}}\right)$$

$$= \sqrt{1+p^2}(\cos\theta\cos\alpha+\sin\theta\sin\alpha)$$

⑨

ただし，α は

$$\sin\alpha=\frac{1}{\sqrt{1+p^2}} \qquad \cos\alpha=\frac{p}{\sqrt{1+p^2}}$$

① ③

よって，$0\leqq\theta\leqq\frac{\pi}{2}$ のとき

$$-\alpha\leqq\theta-\alpha\leqq\frac{\pi}{2}-\alpha$$

$\theta-\alpha=0$ のとき最大

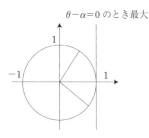

右図より

y は $\theta-\alpha=0$

$\theta=\alpha$ のとき最大値 $\sqrt{1+p^2}$

① ⑨

(iii) $p<0$ のとき

$$y=\sin\theta+p\cos\theta$$

$$0\leqq\theta\leqq\frac{\pi}{2}$$

θ が増加すると

$\sin\theta$は増加，$\cos\theta$ は減少し，

$p<0$ より　$p\cos\theta$ は増加するので

$y=\sin\theta+p\cos\theta$ は増加し，

$\theta=\frac{\pi}{2}$ のとき，$\sin\theta$，$p\cos\theta$ ともに最大

よって，

y は$\theta=\frac{\pi}{2}$ のとき，最大値 1 をとる

② ①

R3　追試　①〔2〕

(1)　△PQR は正三角形より

$$\alpha=\theta+\frac{2}{3}\pi$$

$$\beta=\theta+\frac{4}{3}\pi \text{ となる}$$

よって加法定理より

$$\cos\alpha=\cos\left(\theta+\frac{2}{3}\pi\right)$$

$$=\cos\theta\cdot\cos\frac{2}{3}\pi-\sin\theta\cdot\sin\frac{2}{3}\pi$$

$$=-\frac{\sqrt{3}}{2}\sin\theta-\frac{1}{2}\cos\theta \quad ⑦$$

$$\sin\alpha=\sin\left(\theta+\frac{2}{3}\pi\right)$$

$$=\sin\theta\cdot\cos\frac{2}{3}\pi+\cos\theta\cdot\sin\frac{2}{3}\pi$$

$$=-\frac{1}{2}\sin\theta+\frac{\sqrt{3}}{2}\cos\theta \quad ④$$

同様にして

$$\cos\beta=\frac{\sqrt{3}}{2}\sin\theta-\frac{1}{2}\cos\theta$$

$$\sin\beta=-\frac{1}{2}\sin\theta-\frac{\sqrt{3}}{2}\cos\theta \text{ と求めることが出来る}$$

よって

$$s=\cos\theta+\cos\alpha+\cos\beta$$

$$=\cos\theta+\left(-\frac{\sqrt{3}}{2}\sin\theta-\frac{1}{2}\cos\theta\right)+\left(\frac{\sqrt{3}}{2}\sin\theta-\frac{1}{2}\cos\theta\right)$$

$$=0$$

$$t=\sin\theta+\left(-\frac{1}{2}\sin\theta+\frac{\sqrt{3}}{2}\cos\theta\right)+\left(-\frac{1}{2}\sin\theta-\frac{\sqrt{3}}{2}\cos\theta\right)$$

$$=0$$

よって $s=t=\mathbf{0}$ である

$\theta=\frac{\pi}{4}$ なので

$$\cos\theta=\sin\theta=\frac{\sqrt{2}}{2} \text{ であり}$$

点 Q，R は，$y=x$ において対称なので

$$\begin{cases} \cos\alpha=\sin\beta \\ \sin\alpha=\cos\beta \end{cases} \text{ と表せる}$$

よって

$$s=\cos\theta+\cos\alpha+\cos\beta$$

$$=\frac{\sqrt{2}}{2}+\cos\alpha+\sin\alpha$$

$$t=\sin\theta+\sin\alpha+\sin\beta$$

$$=\frac{\sqrt{2}}{2}+\sin\alpha+\cos\alpha$$

よって $s=t=\dfrac{\sqrt{2}}{2}+\sin\alpha+\cos\alpha$ となる。

ここで三角関数の合成より，

$$\sin\alpha+\cos\alpha=\sqrt{2}\sin\left(\alpha+\frac{\pi}{4}\right) \text{ より}$$

$s=t=0$ となるには，

$$\frac{\sqrt{2}}{2}+\sqrt{2}\sin\left(\alpha+\frac{\pi}{4}\right)=0$$

$$\sin\left(\alpha+\frac{\pi}{4}\right)=-\frac{1}{2}$$

$$\alpha+\frac{\pi}{4}=\frac{7}{6}\pi,\ \frac{11}{6}\pi$$

ここで $\alpha<\dfrac{5}{4}\pi$ より

$$\alpha+\frac{\pi}{4}<\frac{3}{2}\pi$$

よって $\alpha+\dfrac{\pi}{4}=\dfrac{7}{6}\pi$

つまり $\alpha=\dfrac{7}{6}\pi-\dfrac{\pi}{4}$

$$=\frac{11}{12}\pi$$

また $y=x$ は ∠QOR の角の二等分線なので

$\dfrac{\alpha+\beta}{2}=\dfrac{5}{4}\pi$ となればよい

よって $\alpha+\beta=\dfrac{5}{2}\pi$

$\dfrac{11}{12}\pi+\beta=\dfrac{5}{2}\pi$

$\beta=\dfrac{19}{12}\pi$

(2) $s=t=0$ より

$\begin{cases} \cos\theta+\cos\alpha+\cos\beta=0 \\ \sin\theta+\sin\alpha+\sin\beta=0 \end{cases}$ より

$\begin{cases} \cos\theta=-\cos\alpha-\cos\beta \\ \sin\theta=-\sin\alpha-\sin\beta \end{cases}$ となり

これを $\sin^2\theta+\cos^2\theta=1$ に代入すると

$(-\sin\alpha-\sin\beta)^2+(-\cos\alpha-\cos\beta)^2=1$

$\therefore 2\sin\alpha\sin\beta+2\cos\alpha\cos\beta=-1$

$\therefore \cos\alpha\cos\beta+\sin\alpha\sin\beta=-\dfrac{1}{2}$

これに加法定理を用いると

$\cos(\beta-\alpha)=-\dfrac{1}{2}$

また $\alpha<\beta$ より $0<\beta-\alpha$

かつ $0<\alpha,\ \beta<2\pi$ より, $\beta-\alpha<2\pi$

よって $0<\beta-\alpha<2\pi$ なので

$\cos(\beta-\alpha)=-\dfrac{1}{2}$ より

$\beta-\alpha=\dfrac{2}{3}\pi,\ \dfrac{4}{3}\pi$

同様にして $\alpha-\theta=\dfrac{2}{3}\pi,\ \dfrac{4}{3}\pi$

ここで $\theta+(\beta-\alpha)+(\alpha-\theta)<2\pi$ になるので,

$\beta-\alpha=\alpha-\theta=\dfrac{2}{3}\pi$ と求まる。

(3) (2)は $\beta-\alpha=\alpha-\theta=\dfrac{2}{3}\pi$ より

△PQR は正三角形と分かるので

△PQR が正三角形 $\iff s=t=0$ ($\because$(1), (2)より)

よって答えは⓪である。

〈微分法・積分法〉（Ⅱ・Ｂ）　　問題 140p～

H25 ②

$f'(x)=3x^2-3a^2=3(x+a)(x-a)$

$f'(x)=0$ のとき $x=-a,\ a$

増減表をかくと，次のようになる。（$\because a>0$）

x	$\cdots$	$-a$	$\cdots$	a	$\cdots$
$f'(x)$	$+$	0	$-$	0	$+$
$f(x)$	↗	極大	↘	極小	↗

$f(-a)=(-a)^3-3a^2(-a)+a^3=3a^3$

$f(a)=a^3-3a^2\cdot a+a^3=-a^3$

より，関数 $f(x)$ は

$x=-a$ で極大値 $3a^3$ をとり，

$x=a$ で極小値 $-a^3$ をとる。

このとき，2点 $(-a,\ 3a^3)$, $(a,\ -a^3)$ と原点を通る

放物線 C の方程式を

$y=px^2+qx+r$ とおく。

原点を通るので，$r=0$

$(-a,\ 3a^3)$, $(a,\ -a^3)$, $r=0$ を代入して，

$\begin{cases} 3a^3=a^2p-aq \\ -a^3=a^2p+aq \end{cases}$

$a>0$ に注意して解くと，

$\begin{cases} p=a \\ q=-2a^2 \end{cases}$

よって C の方程式は

$y=ax^2-2a^2x$

$y'=2ax-2a^2$ より，

原点における C の接線 ℓ の方程式は

$y=(2a\cdot 0-2a^2)x$

$\therefore \ell:y=-2a^2x$ である。

直線 m の傾きを k とすると，

$-2a^2\times k=-1$ $\therefore k=\dfrac{1}{2a^2}$

したがって

$m:y=\dfrac{1}{2a^2}x$ である。

D と ℓ の交点の x 座標は,

$D:y=-ax^2+2a^2x$

$\ell:y=-2a^2x$ より

$-ax^2+2a^2x=-2a^2x$

$ax^2-4a^2x=0$

$ax(x-4a)=0$

$x=0,\ 4a$

したがって

$S=\displaystyle\int_0^{4a}\{(-ax^2+2a^2x)-(-2a^2x)\}\,dx$

$=-a\displaystyle\int_0^{4a}x(x-4a)\,dx$

$=-a\left\{-\dfrac{1}{6}(4a-0)^3\right\}$

$=\dfrac{32}{3}a^4$　　である。

C と m の交点の x 座標は,

　$C : y=ax^2-2a^2x$

　$m : y=\dfrac{1}{2a^2}x$　　より

　$ax^2-2a^2x=\dfrac{1}{2a^2}x$

　$ax^2-2a^2x-\dfrac{1}{2a^2}x=0$

　$ax\left\{x-\left(2a+\dfrac{1}{2a^3}\right)\right\}=0$

　$ax\left(x-\dfrac{4a^4+1}{2a^3}\right)=0$

　$x=0,\ \dfrac{4a^4+1}{2a^3}$

よって, 0 と $\dfrac{4a^4+1}{2a^3}$ である。

また,

$T=\displaystyle\int_0^{\frac{4a^4+1}{2a^3}}\left\{\dfrac{1}{2a^2}-(ax^2-2a^2x)\right\}dx$

$=-a\displaystyle\int_0^{\frac{4a^4+1}{2a^3}}x\left(x-\dfrac{4a^4+1}{2a^3}\right)dx$

$=-a\left\{-\dfrac{1}{6}\left(\dfrac{4a^4+1}{2a^3}-0\right)^3\right\}$

$=\dfrac{a}{6}\left(\dfrac{4a^4+1}{2a^3}\right)^3$

であるので, $S=T$ となるのは,

　$\dfrac{32}{3}a^4=\dfrac{a}{6}\left(\dfrac{4a^4+1}{2a^3}\right)^3$

　$64a^4=a\left(\dfrac{4a^4+1}{2a^3}\right)^3$

$a>0$ より

　$64a^3=\left(\dfrac{4a^4+1}{2a^3}\right)^3$

　$(4a)^3=\left(\dfrac{4a^4+1}{2a^3}\right)^3$

　$4a=\dfrac{4a^4+1}{2a^3}$

　$8a^4=4a^4+1$

　$a^4=\dfrac{1}{4}$　　のときであり, このとき,

$S=\dfrac{32}{3}a^4=\dfrac{32}{3}\cdot\dfrac{1}{4}=\dfrac{8}{3}$　　である。

H26　[2]

(1) $f(x)=x^3-px$ より, $f'(x)=3x^2-p$。

　$f(x)$ が $x=a$ で極値をとるということは, $f'(a)=0$。

　したがって, $f'(a)=3a^2-p=\mathbf{0}$。

　$f(x)$ が必ず極値をもつには, $x=a$ の前後で $f'(x)$ の符号が変わらないといけないので, グラフを書くと下のようになる。

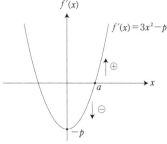

つまり, 頂点 $(0,-p)$ が x 軸よりも下になければならない。

　したがって,　$-p<0$
　　　　　$\boldsymbol{p>0}$　　　$\therefore$①

(2) $f'(x)$ が $x=\dfrac{p}{3}$ で極値をとるので, $f'\left(\dfrac{p}{3}\right)=0$

　　$f'\left(\dfrac{p}{3}\right)=3\cdot\left(\dfrac{p}{3}\right)^2-p$

　　　　　$=\dfrac{p^2}{3}-p=0$

　　　$p^2-3p=0$

　　　$p(p-3)=0$

　(1)より $p>0$ なので $p=\mathbf{3}$。

　このときの $f(x)=x^3-3x$, $f'(x)=3x^2-3$。

　　$f'(x)=0$ のとき, $3x^2-3=0$

　　　　　$(x+1)(x-1)=0$　　　$\therefore x=-1,\ 1$

増減表を書くと,

x	$\cdots$	-1	$\cdots$	1	$\cdots$
$f'(x)$	$+$	0	$-$	0	$+$
$f(x)$	↗	極大値 2	↘	極小値 -2	↗

・極大値は, $x=\mathbf{-1}$ のとき

　　$f(-1)=(-1)^3-3\cdot(-1)=2$

・極小値は, $x=\mathbf{1}$ のとき

　　$f(1)=1^3-3\cdot1=-2$

　点 $(b,\ f(b))$ における C の接線 ℓ の方程式は,

　　$y=f'(b)(x-b)+f(b)$

　　　$=(\mathbf{3b^2-3})(x-b)+f(b)$

　　　$=(3b^2-3)(x-b)+b^3-3b$

　$p=3$ より, 点 $\mathrm{A}\left(\dfrac{p}{3},\ f\left(\dfrac{p}{3}\right)\right)=(1,\ -2)$

ℓ は点 A を通るので, 代入して,

　$-2=(3b^2-3)(1-b)+b^3-3b$

　$-2=3b^2-3b^3-3+3b+b^3-3b$

　$2b^3-3b^2+1=0$

これを解くと, $(b-1)(2b^2-b-1)=0$

　　　　　　$(b-1)(b-1)(2b+1)=0$

　　　　　　$(b-1)^2(2b+1)=0$　　　$\therefore b=1,\ -\dfrac{1}{2}$

であるが, $b=1$ のとき,

ℓ の傾きは, $3b^2-3=3-3=0$ となり不適。

したがって，$b=-\dfrac{1}{2}$ のとき，ℓ の方程式は，

$$y=(3b^2-3)(x-b)+b^3-3b$$
$$=(3b^2-3)x-2b^3$$
$$=\left\{3\cdot\left(-\dfrac{1}{2}\right)^2-3\right\}x-2\left(-\dfrac{1}{2}\right)^3$$
$$=-\dfrac{9}{4}x+\dfrac{1}{4}$$

点 A$(1,-2)$ を頂点とし，原点を通る放物線 D と，ℓ をグラフにすると，

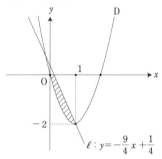

D の方程式を，$y=a(x-1)^2-2$ とおくと，原点を通るので，

$$0=a-2 \qquad \therefore a=2$$
$$y=2(x-1)^2-2=2x^2-4x$$

ℓ と D で囲まれた図形のうち，不等式 $x\geqq0$ の表す領域に含まれる部分の面積 S は

$$S=\int_0^1\left\{-\dfrac{9}{4}x+\dfrac{1}{4}-(2x^2-4x)\right\}dx$$
$$=\int_0^1\left(-2x^2+\dfrac{7}{4}x+\dfrac{1}{4}\right)dx$$
$$=\left[-\dfrac{2}{3}x^3+\dfrac{7}{8}x^2+\dfrac{1}{4}x\right]_0^1$$
$$=-\dfrac{2}{3}+\dfrac{7}{8}+\dfrac{1}{4}$$
$$=\dfrac{11}{24}$$

H27 ②

(1) $f(x)$ の平均変化率$=\dfrac{f(a+h)-f(a)}{(a+h)-a}$

$$=\dfrac{\dfrac{1}{2}(a+h)^2-\dfrac{1}{2}a^2}{h}=\dfrac{ah+\dfrac{1}{2}h^2}{h}=a+\dfrac{h}{2}$$

$$f'(a)=\lim_{h\to0}\left(a+\dfrac{h}{2}\right)=a$$

(2) 点 P$\left(a,\dfrac{1}{2}a^2\right)$ における C の接線 ℓ の方程式は，

$$y-\dfrac{1}{2}a^2=f'(a)(x-a)$$
$$y-\dfrac{1}{2}a^2=a(x-a) \qquad \therefore y=ax-\dfrac{1}{2}a^2 \text{──①}$$

①に $y=0$ を代入して，$0=ax-\dfrac{1}{2}a^2$

$$ax=\dfrac{1}{2}a^2 \qquad x=\dfrac{a}{2} \qquad \therefore a\left(\dfrac{a}{2},\ 0\right)$$

点 Q$\left(\dfrac{a}{2},\ 0\right)$ を通り，ℓ に垂直な直線 m の傾きは，

$-\dfrac{1}{a}$ なので，$m:y=-\dfrac{1}{a}\left(x-\dfrac{a}{2}\right) \qquad \therefore y=\dfrac{-1}{a}x+\dfrac{1}{2}$

$$AQ=\sqrt{\left(\dfrac{a}{2}\right)^2+\left(\dfrac{1}{2}\right)^2}=\dfrac{\sqrt{a^2+1}}{2}$$

$$PQ=\sqrt{\left(a-\dfrac{a}{2}\right)^2+\left(\dfrac{1}{2}a^2\right)^2}=\dfrac{\sqrt{a^2+a^4}}{2}=\dfrac{a\sqrt{a^2+1}}{2}$$

$$S=AQ\times PQ\times\dfrac{1}{2}$$

$$=\dfrac{\sqrt{a^2+1}}{2}\times\dfrac{a\sqrt{a^2+1}}{2}\times\dfrac{1}{2}=\dfrac{a(a^2+1)}{8}$$

P から x 軸に垂線を下ろし，その交点を R とする。

$$T=\text{台形 OAPR}-\int_0^a f(x)\,dx$$
$$=\left(\dfrac{1}{2}+\dfrac{1}{2}a^2\right)\times a\times\dfrac{1}{2}-\left[\dfrac{1}{6}x^3\right]_0^a$$
$$=\dfrac{a}{4}+\dfrac{a^3}{4}-\dfrac{a^3}{6}=\dfrac{a^3+3a}{12}=\dfrac{a(a^2+3)}{12}$$

$$S-T=\dfrac{a(a^2+1)}{8}-\dfrac{a(a^2+3)}{12}$$
$$=\dfrac{3a^3+3a-2a^3-6a}{24}=\dfrac{a^3-3a}{24}=\dfrac{a(a^2-3)}{24}$$

$$S-T=\dfrac{a(a^2-3)}{24}>0$$

$a>0$ より，$a^2-3>0 \qquad (a-\sqrt{3})(a+\sqrt{3})>0$

$a<-\sqrt{3}$，$\sqrt{3}<a$　また，$a>0$ より，$a>\sqrt{3}$

$S-T$ を $g(a)$ とおくと，$g(a)=\dfrac{a(a^2-3)}{24}$

$$g'(a)=\dfrac{1}{8}a^2-\dfrac{1}{8}=\dfrac{1}{8}(a^2-1)=\dfrac{1}{8}(a+1)(a-1)$$

$g(a)$ の増減表を書くと，$a>0$ より

a	0	$\cdots$	1	$\cdots$
$g'(a)$		$-$	0	$+$
$g(a)$		$\searrow$		$\nearrow$

よって，最小値は $a=1$ のとき，

$$g(1)=\dfrac{1(1-3)}{24}=\dfrac{-1}{12}$$

H28 ②

(1)

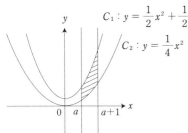

$C_1 : y = \frac{1}{2}x^2 + \frac{1}{2}$

$C_2 : y = \frac{1}{4}x^2$

$$S = \int_a^{a+1}\left(\frac{1}{2}x^2 + \frac{1}{2} - \frac{1}{4}x^2\right)dx$$

$$= \int_a^{a+1}\left(\frac{1}{4}x^2 + \frac{1}{2}\right)dx = \left[\frac{1}{12}x^3 + \frac{1}{2}x\right]_a^{a+1}$$

$$= \frac{1}{12}(a+1)^3 + \frac{1}{2}(a+1) - \left(\frac{1}{12}a^3 + \frac{1}{2}a\right)$$

$$= \frac{1}{12}a^3 + \frac{1}{4}a^2 + \frac{1}{4}a + \frac{1}{12} + \frac{1}{2}a$$
$$\quad + \frac{1}{2} - \frac{1}{12}a^3 - \frac{1}{2}a$$

$$= \frac{a^2}{4} + \frac{a}{4} + \frac{7}{12} = \frac{1}{4}\left(a + \frac{1}{2}\right)^2 + \frac{25}{48}$$

よって，S は $a = \dfrac{-1}{2}$ のときに最小値 $\dfrac{25}{48}$ をとる。

(2) $y=1$ と C_1 の交点は，$\frac{1}{2}x^2 + \frac{1}{2} = 1$

$\frac{1}{2}x^2 = \frac{1}{2}$　$x^2 = 1$　$x = \pm 1$ より，$(\pm 1, 1)$

$y = 1$ と C_2 の交点は，$\frac{1}{4}x^2 = 1$

$x^2 = 4$　$x = \pm 2$ より，$(\pm 2, 1)$

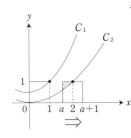

正方形 R と図形 D の共通部分は左のグラフの斜線部。
x 軸上において，a を移動して考えてみると，共通部分が空集合にならないのは，$a \geq 0$ より，$0 \leq a \leq 2$ のとき。

また，上のグラフより $1 \leq a \leq 2$ において a が増加するとき斜線部 T は **減少する** ことがわかる。

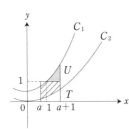

$0 \leq a \leq 1$ のとき，図形 D のうち正方形の外側にある部分 U は左のグラフの点線部。

$$U = \int_1^{a+1}\left(\frac{1}{2}x^2 + \frac{1}{2} - 1\right)dx = \left[\frac{1}{6}x^3 + \frac{1}{2}x\right]_1^{a+1}$$

$$= \frac{1}{6}(a+1)^3 - \frac{1}{2}(a+1) - \left(\frac{1}{6} - \frac{1}{2}\right)$$

$$= \frac{1}{6}a^3 + \frac{1}{2}a^2 + \frac{1}{2}a + \frac{1}{6} - \frac{1}{2}a - \frac{1}{2} - \frac{1}{6} + \frac{1}{2}$$

$$= \frac{a^3}{6} + \frac{a^2}{2}$$

$T = S - U$ より，

$$T = \left(\frac{a^2}{4} + \frac{a}{4} + \frac{7}{12}\right) - \left(\frac{a^3}{6} + \frac{a^2}{2}\right)$$

$$= -\frac{a^3}{6} - \frac{a^2}{4} + \frac{a}{4} + \frac{7}{12}$$

$T' = -\frac{1}{2}a^2 - \frac{1}{2}a + \frac{1}{4}$ より

$T' = 0$ のとき $-\frac{1}{2}a^2 - \frac{1}{2}a + \frac{1}{4} = 0$

$$2a^2 + 2a - 1 = 0$$

$a > 0$ より，$a = \dfrac{-1 + \sqrt{3}}{2}$

このとき最大値をとる。

a	0	$\cdots$	$\dfrac{-1+\sqrt{3}}{2}$	$\cdots$	1
T'		$+$	0	$-$	
T		$\nearrow$		$\searrow$	

H29 ②

(1) $y' = 2x$ なので，点 (t, t^2+1) における接線の方程式は

$$y - (t^2 + 1) = 2t(x - t)$$
$$y = 2tx - t^2 + 1$$

これに $(a, 2a)$ を代入すると，

$$2a = 2at - t^2 + 1$$
$$t^2 - 2at + 2a - 1 = 0 \text{ ——— (★)}$$
$$(t - 2a + 1)(t - 1) = 0$$
$$t = 2a - 1, \ 1$$

(★) が重解をもつとき，接線は 1 本なので，
$2a - 1 \neq 1$ つまり $a \neq 1$ のとき接線は
$y = (4a - 2)x - 4a^2 + 4a$，$y = 2x$ の 2 本。

(2) $r > 0$ より
$-4a^2 + 4a > 0$
これを解くと，
$0 < a < 1$
右図より
$$S = \frac{1}{2}(-4a^2 + 4a) \cdot a$$
$$= 2(a^2 - a^3)$$

S を a で微分すると，
$$S' = 2(2a - 3a^2) = 2a(2 - 3a)$$

$S' = 0$ のとき，$a = 0, \ \dfrac{2}{3}$

$0 < a < 1$ における S の増減表は下図より，

$a = \dfrac{2}{3}$ で最大値 $\dfrac{8}{27}$

a	0	$\cdots$	$\dfrac{2}{3}$	$\cdots$	1
S'		$+$	0	$-$	
S		$\nearrow$	$\dfrac{8}{27}$	$\searrow$	

(3) また，

$$T=\int_0^a [x^2+1-\{(4a-2)x-4a^2+4a\}]\,dx$$

$$=\int_0^a \{x^2-2(2a-1)x+(2a-1)^2\}\,dx$$

$$=\left[\frac{1}{3}x^3-(2a-1)x^2+(2a-1)^2 x\right]_0^a$$

$$=\frac{a^3}{3}-(2a-1)a^2+(2a-1)^2 a$$

$$=\frac{7}{3}a^3-3a^2+\boldsymbol{a}$$

T を a で微分すると，$T'=7a^2-6a+1$

$T'=0$ のとき $a=\dfrac{3\pm\sqrt{2}}{7}$

したがって，$\dfrac{2}{3}\leqq a<1$ における

T の増加表は右図
　　$\therefore$ ②

a	$\dfrac{2}{3}$	$\cdots$	1
T'		$+$	
T	$\dfrac{38}{81}$	↗	

H30　2　[1]

(1) 直線 ℓ の傾きは $\boldsymbol{2}$

$y'=2px+q$ より，点 A $(1,1)$ における接線の傾きは，

$2p+q$　よって，$2=2p+q$，つまり，$q=\boldsymbol{-2p+2}$

また，$y=px^2+qx+r$ に A$(1,\ 1)$ を代入して

$$1=p+q+r$$

つまり，$r=-p-q+1$

$$=-p-(-2p+2)+1$$

$$=\boldsymbol{p-1}$$

(2)

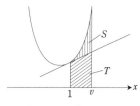

右図より

$$S=\int_1^v [\{px^2+(-2p+2)x+p-1\}-(2x-1)]\,dx$$

$$=\int_1^v (px^2-2px+p)\,dx$$

$$=\left[\frac{p}{3}x^3-px^2+px\right]_1^v =\frac{p}{3}\left[x^3-3x^2+3x\right]_1^v$$

$$=\frac{p}{3}\{v^3-3v^2+3v-(1-3+3)\}$$

$$=\frac{p}{3}(v^3-3v^2+3v-1)$$

また，T は台形なので

$$T=\frac{1}{2}\times\{(2\cdot 1-1)+(2v-1)\}\times(v-1)$$

$$=v(v-1)$$

$$=v^2-v$$

$U=S-T$ が $v=2$ で極値をとるので，U' に $v=2$ を代入すると 0 になる。

$$U'=\frac{p}{3}(3v^2-6v+3)-(2v-1)$$

$$=p(v^2-2v+1)-(2v-1)\ より$$

$$p(4-4+1)-(4-1)=0$$

$$\therefore \boldsymbol{p=3}$$

U に v_0 を代入すると，

$$(v_0{}^3-3v_0{}^2+3v_0-1)-(v_0{}^2-v_0)=0$$

$$(v_0-1)^3-v_0(v_0-1)=0$$

$$(v_0-1)(v_0{}^2-3v_0+1)=0$$

よって，$v_0=1,\ \dfrac{3\pm\sqrt{5}}{2}$

$v_0>1$ より　　$v_0=\dfrac{3+\sqrt{5}}{2}$

ここで $\sqrt{5}>2$ より $v_0=\dfrac{3+\sqrt{5}}{2}>2$ である。

また，$U'=3(v^2-2v+1)-(2v-1)$

$$=3v^2-8v+4=(v-2)(3v-2)\ より，$$

$U'=0$ のとき，$v=2,\ \dfrac{2}{3}$

よって下図の増減表より，$1<v<v_0$ のとき，

負の値のみをとる。

また $v>1$ における U の最小値は $\boldsymbol{-1}$

v	1	$\cdots$	2	$\cdots$	v_0	$\cdots$
U'		$-$	0	$+$		$+$
U	0	↘	-1	↗	0	↗

[2]

$F(x)$ は $f(x)$ の不定積分なので，$f(x)\ \underset{微分}{\overset{積分}{\rightleftarrows}}\ F(x)$ という

関係にある。

よって $F'(x)=\boldsymbol{f(x)}$

また，$x\geqq 1$ の範囲で $f(x)\leqq 0$ より，

$$W=-\int_1^t f(x)\,dx=-(F(t)-F(1))=\boldsymbol{-F(t)+F(1)}$$

問題の二等辺三角形は右図であり，

三平方の定理より，

高さ $=\sqrt{(t^2+1)^2-(t^2-1)^2}=2t$

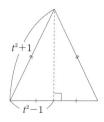

よって，$W=\dfrac{1}{2}\cdot(2t^2-2)\cdot 2t$

$$=2t(t^2-1)$$

$$=2t^3-2t$$

$$=-F(t)+F(1)$$

両辺を微分すると

$$6t^2-2=-f(t)$$

$$\therefore f(t)=\boldsymbol{-6t^2+2}$$

H29 試行 ②

(1) グラフより $x=2$ で重解をもつことがわかるので,
$$S(x)=(x+1)(x-2)^2$$

また,$S(a)=\int_a^a f(t)\,dt=0$

より,a が負の定数なら,$a=-1$

$S(x)$ の増減はグラフから読み取ればよい。

さらに,$S'(x)=\dfrac{d}{dx}\int_a^x f(x)\,dx=f(x)$ より,$S(x)$ の増減と $f(x)$ の正負が対応する。

(2) ①は $S(x)$ が極値を 0 から 1 の間で取っているのに対し,$f(x)=0$ の解が負になっているので,誤り。

④は $S(x)$ の増減と $f(x)$ の正負の対応が逆になっている。

H30 試行 ① [2]

(1) 多項式を微分すると次数は 1 下がるので,$f'(x)$ は 2 次関数。また,条件より $f'(-1)=0$,$f'(3)=0$ よって因数定理より,$f'(x)$ は $(x+1)(x-3)$ で割り切れる。

(2) (1)より $f'(x)=a(x+1)(x-3)=ax^2-2ax-3a$ より,積分して $f(x)=\dfrac{1}{3}ax^3-ax^2-3ax+C$($C$ は積分定数)。条件より $f(-1)=-\dfrac{4}{3}$ なので,$C+\dfrac{5}{3}a=-\dfrac{4}{3}$

さらに $f(0)=2$ なので,$C=2$ よって $a=-2$ となるので,$f(x)=-\dfrac{2}{3}x^3+2x^2+6x+2$(実際はこのあとに $x=1$,$x=3$ で極値を取るかどうかを調べなければならない。)

(3) 極値の情報から,負の解は少なくとも 1 つ,多くても 2 つ持つことがわかる(下図参照)。したがって,$f(0)$ の正負を見てあげればよく,$f(0)=2>0$ より負の解は 2 つである。

また,$S=-\displaystyle\int_a^b f(x)\,dx$,$T=\int_b^c f(x)\,dx$ より,
$$\int_a^c f(x)\,dx=\int_a^b f(x)\,dx+\int_b^c f(x)\,dx=-S+T$$

H31 ②

(1) $f(x)$ が $x=-1$ で極値をとるので $f'(-1)=0$

$f'(x)=3x^2+2px+q$ より

$\begin{cases}0=3-2p+q\\2=-1+p-q\end{cases}$ これをとくと $\begin{cases}p=0\\q=-3\end{cases}$

このことから $f(x)=x^3-3x$,$f'(x)=3x^2-3$ より右図の増減表から

$x=1$ で極小値 -2

x	$\cdots$	-1	$\cdots$	1	$\cdots$
$f'(x)$	$+$	0	$-$	0	$+$
$f(x)$	↗	2	↘	2	↗

(2) $y'=-2kx$ より,点 A における直線 ℓ

の方程式は
$$y-(-ka^2)=-2ka(x-a)$$
$$y=-2kax+ka^2\cdots\cdots①$$

ℓ と x 軸との交点は
$$0=-2kax+ka^2 \quad つまり \quad x=\frac{a}{2}$$

下図より D,x 軸,直線 $x=a$ で囲まれた図形の面積は
$$-\int_0^a(-kx^2)\,dx$$
$$=\left[\frac{1}{3}kx^3\right]_0^a$$
$$=\frac{k}{3}a^3$$

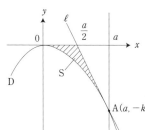

S は上で求めた面積から,三角形を引けばよく,その面積は
$$\frac{1}{2}\cdot\frac{a}{2}\cdot ka^2=\frac{k}{4}a^3$$

なので,$S=\dfrac{k}{3}a^3-\dfrac{k}{4}a^3=\dfrac{k}{12}a^3$

(3) A が C 上にあることから $-ka^2=a^3-3a$
$$k=\frac{3}{a}-a$$

また,$y-(b^3-3b)=(3b^2-3)(x-b)$
$$y=3(b^2-1)x-2b^3\cdots\cdots② \quad より$$
$$f(x)-g(x)=(x^3-3x)-\{3(b^2-1)x-2b^3\}$$
$$=x^3-3b^2x+2b^3$$
$$=(x-b)^2(x+2b)$$

①,②はどちらも接線 ℓ を表しているので,傾きを比較して,$-2ka=3(b^2-1)$

$k=\dfrac{3}{a}-a$,$b=-\dfrac{1}{2}a$ を代入して,
$$-2a\left(\frac{3}{a}-a\right)=3\left(\frac{1}{4}a^2-1\right)$$
$$-6+2a^2=\frac{3}{4}a^2-3$$
$$\frac{5}{4}a^2=3$$
$$a^2=\frac{12}{5}$$

したがって,$ka=3-a^2=3-\dfrac{12}{5}=\dfrac{3}{5}$ より
$$S=\frac{k}{12}a^3=\frac{1}{12}\cdot\frac{3}{5}\cdot\frac{12}{5}=\frac{3}{25}$$

R2 ②

(1) $y=x^2+2x+1$ を微分すると $y'=2x+2$

よって,点 $(t,\ t^2+2t+1)$ における接線の方程式は
$$y-(t^2+2t+1)=(2t+2)(x-t)$$
$$y=(2t-2)x-t^2+1$$

また,$f'(x)=2x-(4a-2)$ より
$$y-(s^2-(4a-2)s+4a^2)=(2s-(4a-2))(x-s)$$

$$y=(2s-4a+2)x-s^2+4a+1$$

よって係数比較をすると $a>0$ に注意して

$$\begin{cases} 2t+2=2s-4a+2 \\ -t^2+1=-s^2+4a^2+1 \end{cases}$$

$$\iff \begin{cases} t-s=-2a \\ (t-s)(t+s)=-4a^2 \end{cases} \iff \begin{cases} t-s=-2a \\ t+s=2a \end{cases}$$

これを解くと $t=0,\ s=2a$

よって，直線 ℓ は

$$y=2x+1$$

(2) 放物線 C と D の交点は

$$\begin{cases} y=x^2+2x+1 \\ y=x^2-(4a-2)x+4a^2+1 \end{cases}$$

の解であり，これを解くと $x=a$　よって，

$$S=\int_0^a \{(x^2+2x+1)-(2x+1)\}dx$$

$$=\left[\frac{1}{3}x^3\right]_0^a=\frac{a^3}{3}$$

(3) グラフは次図のようになるので，$a>1$ のときと，$\frac{1}{2}\leqq a\leqq 1$ のときとで場合分けをする。

$a>1$ のとき，

$$T=\int_0^1 \{(x^2+2x+1)-(2x+1)\}dx$$

$$=\int_0^1 x^2 dx=\left[\frac{1}{3}x^3\right]_0^1=\frac{1}{3}$$

$\frac{1}{2}\leqq a\leqq 1$ のとき，

$$T=\int_0^a \{(x^2+2x+1)-(2x+1)\}dx$$
$$+\int_a^1 [\{x^2-(4a-2)x+4a^2+1\}-(2x+1)]dx$$

$$=\frac{a^3}{3}+\int_a^1 (x^2-4ax+4a^2)dx$$

$$=\frac{a^3}{3}+\left[\frac{1}{3}x^3-2ax^2+4a^2x\right]_a^1$$

$$=\frac{a^3}{3}+\left\{\frac{1}{3}-2a+4a^2-\left(\frac{a^3}{3}-2a^3+4a^3\right)\right\}$$

$$=-2a^3+4a^2-2a+\frac{1}{3}$$

(4) $\frac{1}{2}\leqq a\leqq 1$ のとき，

$$U=2\left(-2a^3+4a^2-2a+\frac{1}{3}\right)-3\cdot\frac{a^3}{3}$$

$$=-5a^3+8a^2-4a+\frac{2}{3}$$

U を a で微分すると

$$U'=-15a^2+16a-4=-(3a-2)(5a-2)$$

$\frac{1}{2}\leqq a\leqq 1$ において $U'=0$ を解くと，$a=\frac{2}{3}$

よって，下図の増減表より U は $a=\frac{2}{3}$ で最大値 $\frac{2}{27}$

a	$\frac{1}{2}$	$\cdots$	$\frac{2}{3}$	$\cdots$	1
U'		$+$	0	$-$	
U	$\frac{1}{24}$	↗	$\frac{2}{27}$	↘	$-\frac{1}{3}$

R 3 　②

(1) $y=3x^2+2x+3$ ……①

　　$y=2x^2+2x+3$ ……②

$x=0$ のとき

　　$y=3\cdot 0^2+2\cdot 0+3=3$

　　$y=2\cdot 0^2+2\cdot 0+3=3$

よって，y 軸との交点の y 座標は 3 である。

y 軸との交点における接線の方程式は

$$y-f(0)=f'(0)(x-0)$$

$$y-3=2x \qquad y=2x+3$$

①〜⑤の中から

　　$f(0)=3,\ f'(0)=2$ となるものを選べばよい。

$f(0)=3$ ……③，④，⑤

$f'(0)=2$ ……①，②，④　よって④

$a,\ b,\ c$ を 0 でない実数とする

　　$f(x)=ax^2+bx+c$ とすると，$f(0)=c$ より

点 $(0,\ c)$ における接線 ℓ は

$$y-f(0)=f'(0)(x-0)$$

$$y-c=bx \qquad y=bx+c$$

接線 ℓ と x 軸との交点の x 座標は $y=0$ のときの x より

$$0=bx+c \qquad bx=-c \qquad x=\frac{-c}{b}$$

$a,\ b,\ c$ が正の実数であるとき，曲線 $y=ax^2+bx+c$ と接線 ℓ および直線 $x=\frac{-c}{b}$ で囲まれた図形の面積を S とすると，

$$S=\int_{-\frac{c}{b}}^{0} \{ax^2+bx+c-(bx+c)\}dx$$

$$=\int_{-\frac{c}{b}}^{0} ax^2 dx$$

$$=\left[\frac{a}{3}x^3\right]_{-\frac{c}{b}}^{0}=\frac{ac^3}{3b^3}$$

$a=1$ のときの S の値は

$$S=\frac{c^3}{3b^3}=\frac{1}{3}\left(\frac{c}{b}\right)^3$$

これが一定となるように

正の実数 bc を変化させる

$$\frac{1}{3}\left(\frac{c}{b}\right)^3=\frac{1}{3}k^3 \quad (k は 0 ではない一定値)$$

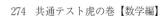

$c^3=k^3b^3$

$0=k^3b^3-c^3$

$=(kb-c)(k^2b^2+kbc+c^2)$

$=(kb-c)\left\{\left(c+\dfrac{kb}{2}\right)^2+\dfrac{3}{4}k^2b^2\right\}$

ここで $kb-c=0$ か $\left\{\left(c+\dfrac{kb}{2}\right)^2+\dfrac{3}{4}k^2b^2\right\}=0$ となればよい

が，$b>0$，$c>0$ より

$\left\{\left(c+\dfrac{kb}{2}\right)^2+\dfrac{3}{4}k^2b^2\right\}>0$，

よって $kb-c=0$ となればよい。

$c=kb(b>0,\ c>0)$ より b と c は
比例の関係，よって ⓪

(2) $y=4x^3+2x^2+3x+5\cdots\cdots$④

$y=-2x^3+7x^2+3x+5\cdots\cdots$⑤

$y=5x^3-x^2+3x+5\cdots\cdots$⑥

④⑤⑥はすべて

$x=0$ のとき $y=5$ となるので

y 軸との交点の y 座標は **5** である。

また

y 軸との交点における接線の方程式は

$y-f(0)=f'(0)(x-0)$

$y-5=3(x-0)$ $y=3x+5$

a, b, c, d を 0 でない実数とする。

$y=ax^3+bx^2+cx+d$ 上の接点の x 座標が 0 なので，

$(0,\ f(0))=(0,\ \boldsymbol{d})$

$y=f(x)$ とおくと，

$y-f(0)=f'(0)(x-0)$

$y-d=c(x-0)$ $y=\boldsymbol{cx+d}$

$f(x)=ax^3+bx^2+cx+d$, $g(x)=cx+d$ とし

$h(x)=f(x)-y(x)$

$=ax^3+bx^2+cx+d-(cx+d)=ax^3+bx^2$

$h'(x)=3ax^2+2bx=3ax\left(x+\dfrac{2b}{3a}\right)$

x		$-\dfrac{2b}{3a}$		0	
$h'(x)$	$+$	0	$-$	0	$+$
$h(x)$	↗	0	↘	0	↗

よって上の増減表より

$x=-\dfrac{2b}{3a}$ のとき極大，

$x=0$ のとき極小

右のグラフのようになる。

　よって $y=h(x)$ のグラフの
概形は②

$y=f(x)$ のグラフと
$y=g(x)$ のグラフの共有点を
求める。

$f(x)=g(x)$

$ax^3+bx^2+cx+d=cx+d$

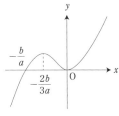

$ax^3+bx^2=0$

$ax^2\left(x+\dfrac{b}{a}\right)=0$ $x=\dfrac{-\boldsymbol{b}}{\boldsymbol{a}},\ \boldsymbol{0}$

x が $-\dfrac{b}{a}$ と 0 の間を動くとき

右図より

$f(x)-g(x)>0$ なので

$|f(x)-g(x)|$ の最大値は

$f(x)-g(x)$ の最大値のとき

よって

$$x=\dfrac{-\boldsymbol{2b}}{\boldsymbol{3a}}$$

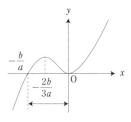

R3 追試 ② [1] [2]

[1]

$F'(x)=\left[\displaystyle\int_0^x f(t)\,dt\right]'$

$=f(x)$

$=(x-a)(x-2)$ と言えるので，

$F'(x)=0$ となるのは，

$x=a,\ 2$

(1) $a=1$ より，極小は $x=2$ の時である。

(2) $F(x)$ が単調増加するためには極値があってはいけない
ので，$a=\boldsymbol{2}$ の時である。

また，

$F(0)=\displaystyle\int_0^0 f(t)\,dt$

$=\boldsymbol{0}$ であるから

$F(2)$ は **正** になる（∵ $F(x)$ は単調増加より）

(3) $G(x)=\displaystyle\int_b^x f(t)\,dt$

$=\displaystyle\int_0^x f(t)\,dt-\int_0^b f(t)\,dt$

$=F(x)-F(b)$

　よって $y=F(x)$ を **y軸** 方向に $-\boldsymbol{F(b)}$ だけ平行移動した
ものである。

　また $a>2$ であり，$G(x)$ は $F(x)$ を上下移動させたもの
なので，極大，極小の x 座標は $F(x)$ と変化しない。

　よって極大は $x=\boldsymbol{2}$ の時で極小は $x=\boldsymbol{a}$ の時である。

　ここで，$G(b)=\displaystyle\int_b^b f(t)\,dt$

$=\boldsymbol{0}$ より

　$b=2$ の時，$G(2)=0$ となり，x 軸に接するので，共有点
は **2** 個になる。

[2]

$g(x)=|x|(x-1)$ より

$g(x)=\begin{cases} x(x+1) & (x\geqq0\text{ の時}) \\ -x(x+1) & (x<0\text{ の時}) \end{cases}$ となる

点 P は $(-1,\ 0)$ で x 座標は負なので，

$g(x)=-x(x+1)$ において

$g'(x)=-2x-1$ より，

$g'(-1)=1$

ℓ は $y=c(x+1)$ と表せるので,

$\begin{cases} y=|x|(x+1) \\ y=c(x+1) \end{cases}$ を連立すると

$|x|(x+1)=c(x+1)$

$\therefore x=-1,\ \pm c$

$x=-1$ は点 P で Q の方が R よりも P に近いので Q の x 座標は $-c$, R の x 座標は c となる。

$S=\displaystyle\int_{-1}^{-c}\{-x(x+1)-c(x+1)\}dx$

$=-\dfrac{1}{6}(c^3-3c^2+3c-1)$

$=\dfrac{-c^3+3c^2-3c+1}{6}$

$T=\displaystyle\int_{-c}^{0}\{c(x+1)-(-x)(x+1)\}dx+$

$\displaystyle\int_{0}^{c}\{c(x+1)-x(x+1)\}dx$

$=\displaystyle\int_{-c}^{0}\{(x+1)(c+x)\}dx+\int_{0}^{c}\{(c-x)(x+1)\}dx$

$=\left[\dfrac{2}{3}x^3+\dfrac{c+1}{2}x^2+cx\right]_{-c}^{0}+\left[-\dfrac{2}{3}x^3+\dfrac{c-1}{2}x^2+cx\right]_{0}^{c}$

$=c^2$

R4 ② [1] [2]
[1]

(1) $f'(x)=3x^2-6a$ より

$a=0$ の時 $f'(x)=3x^2$ となり

x	$\cdots$	0	$\cdots$
$f'(x)$	$+$	0	$+$
$f(x)$	↗	16	↗

上図より, $f(x)$ は単調増加なので①

$a<0$ の時 $f'(x)=3x^2-6a$

ここで $-6a>0$ ($a<0$ より) なので,

$3x^2-6a>0$ となり $f(x)$ は単調増加。$f'(x)=0$ にはならないので, グラフは⓪になる。

(2) $a>0$ の時

$f'(x)=3x^2-6a$ が 0 となるのは,

$3x^2-6a=0$

$\therefore x^2-2a=0$

$\therefore x=\pm\sqrt{2a}$

よって増減表は, 下図となる。

x	$\cdots$	$-\sqrt{2a}$	$\cdots$	$\sqrt{2a}$	$\cdots$
$f'(x)$	$+$	0	$-$	0	$+$
$f(x)$	↗	極大	↘	極小	↗

概形は

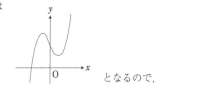

となるので,

共有点が3つ以上になるのは,

極小値 $<p<$ 極大値 のときである。

極小値は $x=\sqrt{2a}$ の時で,

$f(\sqrt{2a})=(\sqrt{2a})^3-6a\sqrt{2a}+16$

$=-4a\sqrt{2a}+16$

$=-4\sqrt{2}\,a^{\frac{3}{2}}+16$

極大値は $x=-\sqrt{2a}$ の時で,

$f(-\sqrt{2a})=(-\sqrt{2a})^3-6a(-\sqrt{2a})+16$

$=4a\sqrt{2a}+16$

$=4\sqrt{2}\,a^{\frac{3}{2}}+16$

よって, $-4\sqrt{2}\,a^{\frac{3}{2}}+16<p<4\sqrt{2}\,a^{\frac{3}{2}}+16$ (③<p<②)

$p=-4\sqrt{2}\,a^{\frac{3}{2}}+16$ の時

増減表より $r=\sqrt{2a}$ と分かるので, $r=\sqrt{2}\,a^{\frac{1}{2}}$

また q は

$-4\sqrt{2}\,a^{\frac{3}{2}}+16=q^3-6aq+16$ と表せるので,

$q^3-6aq-4\sqrt{2}\,a^{\frac{3}{2}}=0$

$(q-\sqrt{2a})^2(q+2\sqrt{2a})=0$

よって $q=\sqrt{2a},\ -2\sqrt{2}\,a^{\frac{1}{2}}$

$q=\sqrt{2a}$ は不適より $q=-2\sqrt{2}\,a^{\frac{1}{2}}$

(3) 実数解の個数は

(i) $a\leqq0$ の時 $f(x)$ が単調増加なので

$n=1$

(ii) $a>0$ の時

$-4\sqrt{2}\,a^{\frac{3}{2}}+16=0$ となるのは

$\sqrt{2}\,a^{\frac{3}{2}}=4$

$a^{\frac{3}{2}}=2\sqrt{2}$

$a=\sqrt{2}$

よって $a>\sqrt{2}$ で $n=3$

$a=\sqrt{2}$ で $n=2$

$0<a<\sqrt{2}$ で $n=1$

(i), (ii)より, 答えは, ①と④

[2]

C_1 と C_2 の共有点は $C_1=C_2$ より, $C_1-C_2=0$ のときの x の値を求めればよい。

$g(x)-h(x)=x^3-3bx+3b^2-x^3+x^2-b^2$

$=x^2-3bx+2b^2$

$=(x-2b)(x-b)$

よって $x=b,\ 2b$

$\alpha<\beta$ より $\alpha=b,\ \beta=2b$

$S=\displaystyle\int_{\alpha}^{\beta}\{h(x)-g(x)\}dx$ … ②

$T=\displaystyle\int_{\beta}^{t}\{g(x)-h(x)\}dx$ … ①

(下図より)

$$S-T=\int_\alpha^\beta \{h(x)-g(x)\}dx-\int_\beta^t \{g(x)-h(x)\}dx$$

$$=\int_\alpha^\beta \{h(x)-g(x)\}dx+\int_\beta^t \{k(x)-g(x)\}dx$$

$$=\int_\alpha^t \{h(x)-g(x)\}dx$$

$$S-T=\int_\alpha^t \{h(x)-g(x)\}dx$$

$$=\int_b^t (-x^2+3bx-2b^2)dx$$

$$=\left[-\frac{1}{3}x^3+\frac{3}{2}bx^2-2b^2x\right]_b^t$$

$$=-\frac{1}{3}t^3+\frac{3}{2}bt^2-2b^2t+\frac{1}{3}b^3-\frac{3}{2}b^3+2b^3$$

$$=-\frac{1}{6}(2t^3-9bt^2+12b^2t-5b^3)$$

よって $S=T$ となるのは，$S-T=0$ なので

$$-\frac{1}{6}(2t^3-9bt^2+12b^2t-5b^3)=0$$

$$2t^3-9bt^2+12b^2t-5b^3=0$$

$$(2t-5b)(t-b)^2=0$$

$t>\beta=2b$ より

$$t=\frac{5}{2}b$$

H25 ③

(1) ①において，$p_{n+1}=p_n=\alpha$ とおくと，$\alpha=\frac{1}{3}\alpha+1$

これを解くと $\alpha=\frac{3}{2}$

よって $p_{n+1}=\frac{1}{3}p_n+1$ は

$$p_{n+1}-\frac{3}{2}=\frac{1}{3}\left(p_n-\frac{3}{2}\right) \quad \cdots Ⓐ \quad と変形できる。$$

Ⓐより，数列 $\left\{p_n-\frac{3}{2}\right\}$ は

初項 $p_1-\frac{3}{2}=3-\frac{3}{2}=\frac{3}{2}$，公比 $\frac{1}{3}$ の等比数列であるとわかるので，

$$p_n-\frac{3}{2}=\frac{3}{2}\cdot\left(\frac{1}{3}\right)^{n-1}=\frac{1}{2}\cdot\frac{1}{3^{-1}}\cdot\frac{1}{3^{n-1}}=\frac{1}{2\cdot 3^{n-2}}$$

$$\therefore p_n=\frac{1}{2\cdot 3^{n-2}}+\frac{3}{2}$$

したがって，自然数 n に対して

$$\sum_{k=1}^n p_k=\sum_{k=1}^n\left(\frac{1}{2\cdot 3^{n-2}}+\frac{3}{2}\right)$$

$$=\sum_{k=1}^n\left\{\frac{3}{2}\cdot\left(\frac{1}{3}\right)^{n-1}\right\}+\frac{3}{2}n$$

（〜〜〜線部は初項 $\frac{3}{2}$，公比 $\frac{1}{3}$ の等比数列の第 n 項までの和を表している。）

$$=\frac{\frac{3}{2}\left\{1-\left(\frac{1}{3}\right)^n\right\}}{1-\frac{1}{3}}+\frac{3}{2}n=\frac{\frac{3}{2}\left(1-\frac{1}{3^n}\right)}{\frac{2}{3}}+\frac{3}{2}n$$

$$=\frac{9}{4}\left(1-\frac{1}{3^n}\right)+\frac{3n}{2} \quad である。$$

(2) $a_1=a_2=a_3=3$ と②から

$$a_4=\frac{a_1+a_2}{a_3}=\frac{3+3}{3}=2$$

$$a_5=\frac{a_2+a_3}{a_4}=\frac{3+3}{2}=3$$

$$a_6=\frac{a_3+a_4}{a_5}=\frac{3+2}{3}=\frac{5}{3}$$

$$a_7=\frac{a_4+a_5}{a_6}=\frac{2+3}{\frac{5}{3}}=3 \quad である。$$

したがって

$b_1=a_1=3$，$b_2=a_3=3$，$b_3=a_5=3$，$b_4=a_7=3$

つまり $b_1=b_2=b_3=b_4=3$ 　となるので，

$b_n=3$ $(n=1,\ 2,\ 3\cdots)$ 　$\cdots$③と推定できる。

③を示すために，すべての自然数 n に対して

$b_{n+1}=b_n$ 　　$\cdots$④

であることを数学的帰納法を用いて証明する。∴②

[Ⅰ] $n=1$ のとき，$b_1=3$，$b_2=3$ であることから④は成り立つ。

[Ⅱ] $n=k$ のとき，④が成り立つ，すなわち
$$b_{k+1}=b_k \quad \cdots⑤$$
と仮定する。

②に $n=2k$ を代入すると
$$a_{2k+3}=\frac{a_{2k}+a_{2k+1}}{a_{2k+2}}$$
$$a_{2(k+2)-1}=\frac{a_{2k}+a_{2(k+1)-1}}{a_{2(k+1)}}$$
$$b_{k+2}=\frac{c_k+\boldsymbol{b}_{k+1}}{\boldsymbol{c}_{k+1}}$$

②に $n=2k-1$ を代入すると，
$$a_{2(k-1)+3}=\frac{a_{2k-1}+a_{2(k-1)+1}}{a_{2(k-1)+2}}$$
$$a_{2(k+1)}=\frac{a_{2k-1}+a_{2k}}{a_{2(k+1)-1}}$$
$$c_{k+1}=\frac{\boldsymbol{b}_k+c_k}{\boldsymbol{b}_{k+1}} \quad \cdots ⑱$$

となるので，b_{k+2} は，⑱を代入して
$$b_{k+2}=\frac{c_k+b_{k+1}}{\dfrac{b_k+c_k}{b_{k+1}}}=\frac{(c_k+\boldsymbol{b}_{k+1})\boldsymbol{b}_{k+1}}{b_k+c_k}$$

と表される。これと⑤より
$$b_{k+2}=\frac{(b_k+c_k)\,b_{k+1}}{b_k+c_k}=b_{k+1}$$

が成り立つので，④は $n=k+1$ のときにも成り立つ。

[Ⅰ]，[Ⅱ] より，すべての自然数 n に対して④が成り立つ，すなわち③が成り立つので，数列 $\{b_n\}$ の一般項は $b_n=3$ である。

次に，②の n を $2n-1$ に置き換えて等式
$$c_{n+1}=\frac{b_n+c_n}{b_{n+1}} \qquad ([Ⅱ] より)$$

これと③より
$$c_{n+1}=\frac{3+c_n}{3}$$
$$\therefore c_{n+1}=\frac{1}{3}c_n+1 \qquad (n=1,\ 2,\ 3,\ \cdots)$$

となり，$c_1=a_2-3$ であることと①から，
数列 $\{c_n\}$ の一般項は数列 $\{p_n\}$ の一般項と等しくなることがわかる。

H26 ③

(1) $\{a_n\} \Rightarrow$

$$\begin{array}{cccc} & a_1 & a_2 & a_3 \\ & 6 & ⑮ & ㉘ \\ 階差 \Rightarrow & & 9 \quad 13 & \\ & & +4 & \end{array}$$

したがって $a_2=6+9=\mathbf{15}$

$a_3=15+13=\mathbf{28}$

階差数列は初項 9，公差 4 の等差数列なので，第 n 項は，
$$9+(n-1)\cdot 4=\mathbf{4n+5}$$

よって，$a_n=a_1+\sum_{k=1}^{n-1}(4n+5)$
$$=6+4\cdot\frac{1}{2}\cdot(n-1)\cdot n+5(n-1)$$

$$=6+2n^2-2n+5n-5$$
$$=2n^2+3n+1$$

(2) $b_2=\dfrac{a_1}{a_2-1}\,b_1=\dfrac{6}{15-1}\times\dfrac{2}{5}=\dfrac{\mathbf{6}}{\mathbf{35}}$

①より，$a_n=2n^2+3n+1$
$$a_{n+1}=2(n+1)^2+3(n+1)+1$$

これを②に代入すると，
$$b_{n+1}=\frac{2n^2+3n+1}{2(n+1)^2+3(n+1)+1-1}\,b_n$$
$$=\frac{2n^2+3n+1}{2n^2+7n+5}\,b_n$$
$$=\frac{(n+1)(2n+1)}{(n+1)(2n+5)}\,b_n=\frac{2n+1}{2n+5}\,b_n$$

ここで $C_n=(2n+1)\,b_n$ とおくと，
$$C_{n+1}=\{2(n+1)+1\}\,b_{n+1}$$
$$=(2n+3)\,b_{n+1}$$

③を C_n と C_{n+1} を用いて変形すると
$$b_{n+1}=\frac{2n+1}{2n+5}\,b_n$$
$$\frac{C_{n+1}}{2n+3}=\frac{C_n}{2n+5}$$
$$(2n+5)C_{n+1}=(2n+3)C_n$$

ここで $d_n=(2n+3)C_n$ とおくと，
$$d_{n+1}=\{2(n+1)+3\}C_{n+1}$$
$$=(2n+5)C_{n+1}$$ なので，
$$d_{n+1}=d_n$$ が成り立つ。

$b_1=\dfrac{2}{5}$，④，⑤より，$d_1=(2\cdot1+3)C_n$
$$=5\cdot(2\cdot1+1)b_1$$
$$=5\times3\times\frac{2}{5}=6$$

よって，$d_1=6$，$d_{n+1}=d_n$ より，すべての自然数 n に対して $d_n=6$ である。

④より $b_n=\dfrac{1}{2n+1}C_n$，⑤より $C_n=\dfrac{1}{2n+3}d_n$

なので，$b_n=\dfrac{1}{2n+1}\cdot\dfrac{1}{2n+3}d_n=\dfrac{6}{(2n+1)(2n+3)}$

これを変形させると，$b_n=\left(\dfrac{1}{2n+1}-\dfrac{1}{2n+3}\right)\times3$
$$=\frac{3}{2n+1}-\frac{3}{2n+3}$$

これを利用すると
$$S_n=\left(\frac{3}{3}-\frac{3}{5}\right)+\left(\frac{3}{5}-\frac{3}{7}\right)+$$
$$\cdots\cdots+\left(\frac{3}{2n-1}-\frac{3}{2n+1}\right)+\left(\frac{3}{2n+1}-\frac{3}{2n+3}\right)$$
$$=1-\frac{3}{2n+3}=\frac{(2n+3)-3}{2n+3}=\frac{2n}{2n+3}$$

H27 ③

(1) $\begin{cases} a_2\cdots 2^2=4 & \therefore a_2=4 \\ a_3\cdots 2^3=8 & \therefore a_3=8 \\ a_4\cdots 2^4=16 & \therefore a_4=6 \\ a_5\cdots 2^5=32 & \therefore a_5=2 \end{cases}$

したがって，$a_n=2$，4，8，6，2，……という数列であることがわかるので，$a_5=a_1$ より，$a_{5n}=a_n$ または $a_{n+4}=a_n$

(2) ① より $b_{n+4}=\dfrac{a_{n+3}\,b_{n+3}}{4}=\dfrac{a_{n+3}\cdot\dfrac{a_{n+2}\,b_{n+2}}{4}}{4}$

$=\dfrac{a_{n+3}\,a_{n+2}\,b_{n+2}}{16}=\dfrac{a_{n+3}\,a_{n+2}\cdot\dfrac{a_{n+1}\,b_{n+1}}{4}}{16}$

$=\dfrac{a_{n+3}\,a_{n+2}\,a_{n+1}\,b_{n+1}}{64}$

$=\dfrac{a_{n+3}\,a_{n+2}\,a_{n+1}\cdot\dfrac{a_n\,b_n}{4}}{64}$

$=\dfrac{a_{n+3}\,a_{n+2}\,a_{n+1}\,a_n\,b_n}{256}=\dfrac{a_{n+3}\,a_{n+2}\,a_{n+1}\,a_n}{2^8}\,b_n$

$n=1$ のときを考えれば，

$a_{n+3}\,a_{n+2}\,a_{n+1}\,a_n=a_4\,a_3\,a_2\,a_1=6\times8\times4\times2=3\cdot 2^7$

よって，$b_{n+4}=\dfrac{3\cdot 2^7}{2^8}\,b_n=\dfrac{3}{2}\,b_n$

$b_{n+4}=\dfrac{3}{2}\,b_n$ という式は，b_1，b_5，b_9，b_{13}…というように，4項ごとに等比数列を形成することを表しているので，

ⅰ）$n=1$，5，9，$\cdots_{4k-3}$ のとき，

$b_1=1$ より，初項1，公比 $\dfrac{3}{2}$ の等比数列である。

よって，$b_{4k-3}=1\cdot\left(\dfrac{3}{2}\right)^{k-1}=\left(\dfrac{3}{2}\right)^{k-1}$

ⅱ）$n=2$，6，10，$\cdots_{4k-2}$ のとき，

$b_2=\dfrac{a_1 b_1}{4}=\dfrac{2\cdot1}{4}=\dfrac{1}{2}$ より，初項 $\dfrac{1}{2}$，公比 $\dfrac{3}{2}$ の等比数列である。よって，$b_{4k-2}=\dfrac{1}{2}\cdot\left(\dfrac{3}{2}\right)^{k-1}$

ⅲ）$n=3$，7，11，$\cdots_{4k-1}$ のとき，

$b_3=\dfrac{a_2 b_2}{4}=4\times\dfrac{1}{2}\times\dfrac{1}{4}=\dfrac{1}{2}$ より，

初項 $\dfrac{1}{2}$，公比 $\dfrac{3}{2}$ の等比数列である。

よって，$b_{4k-3}=\dfrac{1}{2}\cdot\left(\dfrac{3}{2}\right)^{k-1}$

ⅳ）$n=4$，8，12，$\cdots_{4k}$ のとき，

$b_4=\dfrac{a_3 b_3}{4}=8\times\dfrac{1}{2}\times\dfrac{1}{4}=1$ より，

初項1，公比 $\dfrac{3}{2}$ の等比数列である。

よって，$b_{4k}=1\cdot\left(\dfrac{3}{2}\right)^{k-1}=\left(\dfrac{3}{2}\right)^{k-1}$

(3) $S_{4m}=(b_1+b_2+b_3+b_4)+(b_5+b_6+b_7+b_8)$
$+\cdots\cdots+(b_{4m-3}+b_{4m-2}+b_{4m-1}+b_{4m})$

$=\displaystyle\sum_{k=1}^{m}(b_{4k-3}+b_{4k-2}+b_{4k-1}+b_{4k})$

$=\displaystyle\sum_{k=1}^{m}\left\{\left(\dfrac{3}{2}\right)^{k-1}+\dfrac{1}{2}\left(\dfrac{3}{2}\right)^{k-1}+\dfrac{1}{2}\left(\dfrac{3}{2}\right)^{k-1}+\left(\dfrac{3}{2}\right)^{k-1}\right\}$

$=\displaystyle\sum_{k=1}^{m}\left\{3\left(\dfrac{3}{2}\right)^{k-1}\right\}=\dfrac{3\left\{\left(\dfrac{3}{2}\right)^m-1\right\}}{\dfrac{3}{2}-1}=6\left(\dfrac{3}{2}\right)^m-6$

(4) $b_{4k-3}\,b_{4k-2}\,b_{4k-1}\,b_{4k}$

$=\left(\dfrac{3}{2}\right)^{k-1}\times\dfrac{1}{2}\left(\dfrac{3}{2}\right)^{k-1}\times\dfrac{1}{2}\left(\dfrac{3}{2}\right)^{k-1}\times\left(\dfrac{3}{2}\right)^{k-1}$

$=\dfrac{1}{4}\times\left\{\left(\dfrac{3}{2}\right)^{k-1}\right\}^4=\dfrac{1}{4}\left(\dfrac{3}{2}\right)^{4(k-1)}$

$T_{4m}=(b_1\times b_2\times b_3\times b_4)\times(b_5\times b_6\times b_7\times b_8)\quad\times\cdots\cdots\times$

$(b_{4m-3}\times b_{4m-2}\times b_{4m-1}\times b_{4m})$

$=\dfrac{1}{4}\left(\dfrac{3}{2}\right)^0\times\dfrac{1}{4}\left(\dfrac{3}{2}\right)^4\times\cdots\cdots\times\dfrac{1}{4}\left(\dfrac{3}{2}\right)^{4(m-1)}$

$=\left(\dfrac{1}{4}\right)^m\times\left(\dfrac{3}{2}\right)^{\square}$

□ に入るのは，$0+4+\cdots\cdots+4(m-1)$ なので，初項 0，末項 $4(m-1)$，項数 m の等差数列の和。

$\Rightarrow\dfrac{m\{0+4(m-1)\}}{2}=2m^2-2m$

$T_{10}=T_8\times b_9\times b_{10}$

$\begin{cases} \cdot\ T_8=T_{4\times2}=\left(\dfrac{1}{4}\right)^2\times\left(\dfrac{1}{2}\right)^{2\cdot2^2-2\cdot2}=\dfrac{3^4}{2^8} \\ \cdot\ b_9\cdots b_{4k-3}\ \text{において，}\ k=3\ \text{のときであるから，} \\ \quad b_9=\left(\dfrac{3}{2}\right)^{3-1}=\dfrac{3^2}{2^2} \\ \cdot\ b_{10}\cdots b_{4k-2}\ \text{において，}\ k=3\ \text{のときであるから，} \\ \quad b_{10}=\dfrac{1}{2}\left(\dfrac{3}{2}\right)^{3-1}=\dfrac{3^2}{2^3} \end{cases}$

よって，$T_{10}=\dfrac{3^4}{2^8}\times\dfrac{3^2}{2^2}\times\dfrac{3^2}{2^3}=\dfrac{3^8}{2^{13}}$

H28 ③

(1) 分母に注目して，群数列を作る。

$\left|\dfrac{1}{2}\right|\dfrac{1}{3}, \dfrac{2}{3}\left|\dfrac{1}{4}, \dfrac{2}{4}, \dfrac{3}{4}\right|\dfrac{1}{5}, \cdots$

第1群 第2群　第3群　　第4群

$15=1+2+3+4+5$ より，a_{15} は第5群の末項であることがわかる。よって，$a_{15}=\dfrac{5}{6}$

分母に初めて8が現れるのは，第7群の初項である。第6群まで項数は，$1+2+3+4+5+6=21$ なので，第7群の初項は a_{22}。

(2) $\dfrac{1}{k}$ が初めて現れる第 M_k 項は，第 $(k-1)$ 群の初項である。第 $(k-2)$ 群までの項数は，$1+2+3+\cdots\cdots+(k-2)$ と，初項1，公差1，末項 $(k-2)$ の等差数列の第 $(k-2)$ 項までの和なので，

$\{1+(k-2)\}\times\dfrac{k-2}{2}=\dfrac{1}{2}(k-1)(k-2)$

$=\dfrac{1}{2}k^2-\dfrac{3}{2}k+1$

よって，$M_k = \dfrac{1}{2}k^2 - \dfrac{3}{2}k + 2$

$N_k = M_{k+1} - 1$ より，

$N_k = \dfrac{1}{2}(k+1)^2 - \dfrac{3}{2}(k+1) + 2 - 1$

$\qquad = \dfrac{1}{2}k^2 - \dfrac{1}{2}k$

第 $(k-1)$ 群の中に a_{104} があるとする。

$$\left| \dfrac{1}{k},\ \dfrac{2}{k},\ \dfrac{3}{k},\ \cdots\cdots\ \dfrac{k-1}{k} \right|$$
$$\Downarrow \qquad\qquad\qquad \Downarrow$$
$$\underset{\underset{\displaystyle\nwarrow\ \text{このどこかに } a_{104} \text{ がある。}}{}}{M_k \qquad\qquad\qquad N_k}$$

そうすると，$\dfrac{1}{2}k^2 - \dfrac{3}{2}k + 1 \leqq 104 \leqq \dfrac{1}{2}k^2 - \dfrac{1}{2}k$

$k^2 - 3k + 2 \leqq 208 \leqq k^2 - k$

$(k-2)(k-1) \leqq 208 \leqq (k-1)k$

これを満たす k を考えてみると，

$13 \cdot 14 \leqq 208 \leqq 14 \cdot 15$

$182 \leqq 208 \leqq 210$

より，$k = 15$

したがって，a_{104} は第 14 群の中にあることがわかる。

第 13 群までの項数は，

$1 + 2 + 3 + \cdots\cdots + 13 = (1+13) \times \dfrac{13}{2} = 91$ より，

a_{92} が第 14 群の初項 $\dfrac{1}{15}$ である。

よって，$a_{104} = \dfrac{104 - 92 + 1}{15} = \dfrac{13}{15}$

(3) (2)より，第 M_k 項から第 N_k 項までの和は，

$\dfrac{1}{k} + \dfrac{2}{k} + \dfrac{3}{k} + \cdots\cdots + \dfrac{k-1}{k}$

$= \dfrac{1 + 2 + 3 + \cdots\cdots + (k-1)}{k}$

$= \dfrac{\{1 + (k-1)\} \times \dfrac{k-1}{2}}{k}$

$= \dfrac{1}{2}k - \dfrac{1}{2} \quad\text{——①}$

したがって，初項から第 N_k 項までの和は，①に 1 から k を代入したものを足せば求められるので，

$\displaystyle\sum_{\ell=1}^{k}\left(\dfrac{1}{2}\ell - \dfrac{1}{2}\right) = \dfrac{1}{2} \times \dfrac{1}{2}k(k+1) - \dfrac{1}{2}k$

$\qquad\qquad\qquad = \dfrac{1}{4}k^2 - \dfrac{1}{4}k$

(2)より，$a_{104} = \dfrac{13}{15}$ なので，$a_{105} = \dfrac{14}{15}$

したがって，$\displaystyle\sum_{n=1}^{103} a_n$ は初項から第 N_{15} 項までの和から，a_{104} と a_{105} を引けばよい。

よって，$\displaystyle\sum_{n=1}^{103} a_n = \dfrac{1}{4} \times 15^2 - \dfrac{1}{4} \times 15 - \dfrac{13}{15} - \dfrac{14}{15}$

$\qquad\qquad = \dfrac{507}{10}$

H29 ③

(1) s_n の一般項は 2^{n-1} より，

$s_1 s_2 s_3 = 1 \cdot 2 \cdot 4 = 8$

$s_1 + s_2 + s_3 = 1 + 2 + 4 = 7$

(2) s_n の一般項は xr^{n-1} より

$s_1 s_2 s_3 = x \cdot xr \cdot xr^2 = x^3 r^3$

$s_1 + s_2 + s_3 = x + xr + xr^2 = x(1 + r + r^2)$

つまり，$\begin{cases} x^3 r^3 = a^3 \quad\text{——①} \\ x(1 + r + r^2) = b \quad\text{——②} \end{cases}$

①より $xr = a$

②の両辺に r をかけると，

$xr(1 + r + r^2) = rb$

$a(1 + r + r^2) = rb$

よって $ar^2 + (a-b)r + a = 0 \quad\text{——④}$

④の判別式を D とおくと，r は実数なので $D \geqq 0$ より，

$D = (a-b)^2 - 4 \cdot a \cdot a$

$\quad = -3a^2 - 2ab + b^2 \geqq 0$

よって $3a^2 + 2ab - b^2 \leqq 0$

(3) (2)の④に $a = 64$，$b = 336$ を代入すると，

$64r^2 + (64 - 336)r + 64 = 0$

$64r^2 + 16(4 - 21)r + 64 = 0$

$4r^2 - 17r + 4 = 0$

$(r - 4)(4r - 1) = 0$

$r = \dfrac{1}{4},\ 4$

$r > 1$ より $r = 4$

(2)の③より $4x = 64$ なので $x = 16$

したがって，$s_n = 16 \cdot 4^{n-1}$

$\qquad\qquad = 2^4 \cdot 2^{2n-2}$

$\qquad\qquad = 2^{2n+2} = 4^{n+1}$

よって，$t_r = 4^{n+1} \log_4 4^{n+1} = (n+1) \cdot 4^{n+1}$

$U_n = 2 \cdot 4^2 + 3 \cdot 4^3 + 4 \cdot 4^4 + \cdots + (n+1)4^{n+1}$

$\underline{-)\ 4U_n = 2 \cdot 4^3 + 3 \cdot 4^4 + \cdots + n \cdot 4^{n+1} + (n+1)4^{n+2}}$

$-3U_n = 2 \cdot 4^2 + 4^3 + 4^4 + \cdots + 4^{n+1} - (n+1)4^{n+2}$

$\qquad = \underbrace{4^2 + 4^2 + 4^3 + 4^4 + \cdots + 4^{n+1}}_{} - (n+1)4^{n+2}$

初項 4^2，公比 4，項数 n の等比数列の和

$= 4^2 + \dfrac{4^2(4^n - 1)}{4 - 1} - (n+1)4^{n+2}$

$= 16 + \dfrac{1}{3} \cdot 4^{n+2} - \dfrac{16}{3} - (n+1)4^{n+2}$

$= \dfrac{1}{3} \cdot 4^{n+2}(1 - 3n - 3) + \dfrac{32}{3}$

$= \dfrac{-3n - 2}{3} \cdot 4^{n+2} + \dfrac{32}{3}$

よって，$U_n = \dfrac{3n+2}{9} \cdot 4^{n+2} - \dfrac{32}{9}$

H30　③

(1) $\{a_n\}$ の公差を d とおくと，初項から第8項までの和は，

$(a_4-3d)+(a_4-2d)+(a_4-d)+a_4+(a_4+d)$
$+(a_4+2d)+(a_4+3d)+(a_4+4d)$
$=8\cdot a_4+4d=8\cdot30+4d=288$

よって，$d=\mathbf{12}$

また，初項は　$a_1=a_4-3d=30-3\cdot12=\mathbf{-6}$

これらのことから

$a_n=-6+(n-1)\cdot12=12n-18$ より

$S_n=\displaystyle\sum_{k=1}^{n}a_k=\sum_{k=1}^{n}(12k-18)=12\cdot\frac{1}{2}n(n+1)-18n$

$=6n(n+1-3)=6n(n-2)=\mathbf{6n^2-12n}$

(2) $\{b_n\}$ の公比を $r\,(r>1)$ とおくと，

$\dfrac{b_2}{r}+b_2+rb_2=b_2\left(\dfrac{1}{r}+1+r\right)=156$

$b_2=36$ を代入して，式を整理すると，

$3r^2-10r+3=0$

$(3r-1)(r-3)=0$

$r=\dfrac{1}{3},\,3$　　$r>1$ より $r=3$

また，初項は $b_1=\dfrac{b_2}{r}=\dfrac{36}{3}=\mathbf{12}$

これらのことから $b_n=12\cdot3^{n-1}$ より

$T_n=\displaystyle\sum_{k=1}^{n}12\cdot3^{n-1}=\frac{12(3^n-1)}{3-1}=\mathbf{6(3^n-1)}$

(3) $d_n=c_{n+1}-c_n$

$=(n+1)(a_1-b_1)+n(a_2-b_2)+\cdots$
$\quad+(a_{n+1}-b_{n+1})-\{n(a_1-b_1)+(n-1)(a_2-b_2)$
$\quad+\cdots+(a_n-b_n)\}$

$=(a_1-b_1)+(a_2-b_2)+\cdots+(a_n-b_n)$
$\quad+(a_{n+1}-b_{n+1})$

$=\boldsymbol{S_{n+1}-T_{n+1}}$

$=\{6(n+1)^2-12(n+1)\}-6(3^{n+1}-1)$

$=(6n^2-6)-6\cdot3^{n+1}+6$

$=\mathbf{6n^2-2\cdot3^{n+2}}$

よって，$c_{n+1}=c_n+6n^2-2\cdot3^{n+2}$ となり，$\{c_n\}$ は階差数列

$c_1=a_1-b_1=-6-12=\mathbf{-18}$ より

$c_n=c_1+\displaystyle\sum_{k=1}^{n-1}(6n^2-2\cdot3^{n+2})$

$=-18+\displaystyle\sum_{k=1}^{n-1}(6n^2-54\cdot3^{n-1})$

$=-18+6\cdot\dfrac{1}{6}(n-1)\cdot n(2n-1)-\dfrac{54(3^{n-1}-1)}{3-1}$

$=-18+n(n-1)(2n-1)-27(3^{n-1}-1)$

$=\mathbf{2n^3-3n^2+n+9-3^{n+2}}$

H29　試行　③

(1) 「a_1 は P と一致すると考えてよい」とあるので，$a_1=P$ $=5$。「薬を服用した直後に血中濃度が P だけ上昇する」とあるので，$a_{n+1}=\dfrac{T}{12}a_n+P=\dfrac{1}{2}a_n+5$

考え方1について，a_n-d が等比数列になるので，公比を r とおくと $a_{n+1}-d=r(a_n-d)$ という形になる。

式を整理して，a_n の漸化式と係数比較を行うと，

$r=\dfrac{1}{2}$, $(1-r)d=5$　つまり $d=10$, $r=\dfrac{1}{2}$

考え方2について，$n\geqq2$ のとき，

$a_{n+1}-a_n=\left(\dfrac{1}{2}a_n+5\right)-\left(\dfrac{1}{2}a_n+5\right)$

$\qquad\qquad=\dfrac{1}{2}(a_n-a_{n-1})$

これは数列 $\{a_{n+1}-a_n\}$ が公比 $\dfrac{1}{2}$ の等比数列であることを表す。

ここでは考え方1を用いて一般項を求める。

数列 $\{a_n-10\}$ は公比 $\dfrac{1}{2}$ の等比数列なので，

$a_n-10=(a_1-10)\left(\dfrac{1}{2}\right)^{n-1}=-5\left(\dfrac{1}{2}\right)^{n-1}$

よって，$a_n=10-5\left(\dfrac{1}{2}\right)^{n-1}$

(2) ⓪～②血中濃度が L を超えるかどうかは $a_n\geqq L$ を解けばよい。しかし，これを整理すると $\left(\dfrac{1}{2}\right)^{n-1}\leqq-6$ となり，どんな自然数 n に対してもこの式は成り立たない。よって，②が答えとなる。

③～⑤血中濃度が服用直前に M を下回るかどうかは $a_n-P<M$（ただし $n\geqq2$）を解けばよい。しかし，これを整理すると $\left(\dfrac{1}{2}\right)^{n-1}>\dfrac{3}{5}$ となり，どんな $n\geqq2$ に対してもこの式は成り立たない。よって，③が答えとなる。

(3) 服用間隔を24時間に変えると血中濃度は $\dfrac{1}{4}$ 倍となるので，数列 $\{b_n\}$ の漸化式は $b_{n+1}=\dfrac{1}{4}b_n+5$ となる。

(1)のときと同様に b_n の一般項を求めると

$b_n=-\dfrac{5}{3}\left(\dfrac{1}{4}\right)^{n-1}+\dfrac{20}{3}$

したがって，

$b_{n+1}-P=-\dfrac{5}{3}\left(\dfrac{1}{4}\right)^n+\dfrac{5}{3}=-\dfrac{5}{3}\left(\left(\dfrac{1}{4}\right)^n-1\right)$

$a_{2n+1}-P=-5\left(\dfrac{1}{2}\right)^{2n}+5=-5\left(\left(\dfrac{1}{4}\right)^n-1\right)$ より，

$\dfrac{b_{n+1}-P}{a_n-P}=\dfrac{-\dfrac{5}{3}\left(\left(\dfrac{1}{4}\right)^n-1\right)}{-5\left(\left(\dfrac{1}{4}\right)^n-1\right)}=\dfrac{1}{3}$

(4) 薬Dを24時間ごとに k 錠ずつ服用するときの，n 回目

の服用直後の血中濃度 c_n とおく。(3)と同様に考えて漸化式を立てると $c_{n+1}=\dfrac{1}{4}c_n+5k$

これを解くと $c_n=-\dfrac{5}{3}k\left(\dfrac{1}{4}\right)^{n-1}+\dfrac{20}{3}k=b_nk$

このとき，$c_{n+1}-kP$ と $a_{2n+1}-P$ が一致する。

つまり $\dfrac{c_{n+1}-kP}{a_{2n+1}-P}=1$ となる k を求めればよい。

$c_{n+1}=kb_{n+1}$ より(3)から，

$$1=\frac{c_{n+1}-kP}{a_{2n+1}-P}=k\frac{b_{n+1}-P}{a_{2n+1}-P}=\frac{k}{3}$$

よって，$k=3$。また，血中濃度が L を超えないかどうかは(2)と同様，$c_n\leqq L$ を調べればよい。

H30　試行　④

(1) (i) $a_{n+1}-k=3(a_n-k)$ を a_{n+1} について解くと
　　　$a_{n+1}=3a_n-2k$　したがって，定数項を見比べて
　　　$-2k=-8$，つまり $k=4$
　　(ii)(i)より $a_{n+1}-4=3(a_n-4)$ より
　　　$a_n-4=(a_1-4)3^{n-1}$　$a_1=6$ より
　　　$a_n=2\cdot3^{n-1}+4$

(2) (i) $p_1=b_2-b_1=10-4=6$
　　(ii) $p_{n+1}=\alpha p_n-\beta$ とおくと，
　　　$b_{n+2}-b_{n+1}=\alpha(b_{n+1}-b_n)-\beta$
　　　　$(3b_{n+1}-8(n+1)+6)-b_{n+1}=\alpha b_{n+1}-\alpha b_n-\beta$
　　　$(\alpha-2)b_{n+1}=\alpha b_n-8n+\beta-2$
　　　漸化式と見比べて，$\alpha=3$，$\beta=8$

(3) (i) b_n の漸化式の b_n 以外の項が n についての1次式になっていることから，$q_n=b_n+sn+t$ とおくとよい。
　　　また，q_{n+1} は q_n の n を $n+1$ に変えればよいので
　　　$q_{n+1}=b_{n+1}+s(n+1)+t$ となる。
　　(ii) $q_{n+1}=3q_n$ を(1)(i)と同様に b_{n+1} について整理する。
　　　$b_{n+1}+s(n+1)+t=3(b_n+sn+t)$
　　　$b_{n+1}=3b_n+2sn-s+2t$
　　　係数比較をすると $\begin{cases}2s=-8\\-s+2t=6\end{cases}$
　　　これを解くと $s=-4$，$t=1$

(4) (2)の方法を用いると，数列 $\{p_n\}$ は(1)の数列 $\{a_n\}$ と一致するので，$p_n=2\cdot3^{n-1}+4$
　　　よって，$b_{n+1}=b_n+2\cdot3^{n-1}+4$　これは階差数列の漸化式なので，

$$b_n=b_1+\sum_{k=1}^{n-1}(2\cdot3^{n-1}+4)$$

$$=4+2\sum_{k=1}^{n-1}3^{k-1}+4(n-1)$$

$$=4n+2\cdot\frac{3^{n-1}-1}{3-1}=3^{n-1}+4n-1$$

　　　(3)の方法を用いると，数列 $\{q_n\}$ は等比数列なので
　　　$b_n-4n+1=(b_1-4+1)\cdot3^{n-1}=3^{n-1}$
　　　よって $b_n=3^{n-1}+4n-1$

(5) (3)(i)と同様に考えると，$r_n=c_n+sn^2+tn+u$ とおいて，

$r_{n+1}=3r_{n+1}$ と変形できればよい。
　この式を整理して
　　$c_{n+1}+s(n+1)^2+t(n+1)+u$
　　　$=3(c_n+sn^2+tn+u)$
　　$c_{n+1}=3c_n+2sn^2+(2t-2s)n+2u-s-t$

係数比較をして $\begin{cases}2s=-4\\2t-2s=-4\\2u-s-t=-10\end{cases}$

これを解くと $s=-2$，$t=-4$，$u=-8$
よって $c_n-2n^2-4n-8=2\cdot3^{n-1}$，
つまり $c_n=2\cdot3^{n-1}+2n^2+4n+8$

H31　③

(1) 　$S_2=3+3\cdot4=\mathbf{15}$
　　　$T_2=-1+S_1=-1+3=\mathbf{2}$

(2) 　$S_n=\dfrac{3(4^n-1)}{4-1}=4^n-1$

　　$n\geqq2$ のとき

$$T_n=-1+\sum_{k=1}^{n-1}S_k$$

$$=-1+\sum_{k=1}^{n-1}(4^k-1)$$

$$=-1+\frac{4(4^{n-1}-1)}{4-1}-(n-1)$$

$$=\frac{4^n}{3}-n-\frac{4}{3}$$

　　$n=1$ を代入すると -1 になるので上の式は $n=1$ のときも含む。

(3) 　$b_1=a_1+2T_1=-3+2\cdot(-1)=\mathbf{-5}$
　　　T_n は $\{S_n\}$ を階差数列にもつ数列なので，
　　　漸化式は $T_{n+1}=T_n+4^n-1$ ———①
　　　また，$T_n=\dfrac{4^n}{3}-n-\dfrac{4}{3}$ より
　　　　$4^n=3T_n+3n+4$
　　　これを①に代入して
　　　　$T_{n+1}=T_n+(3T_n+3n+4)-1$
　　　　　$=4T_n+3n+3$
　　　　$b_{n+1}=\dfrac{a_{n+1}}{n+1}+\dfrac{2T_{n+1}}{n+1}$ ———②
　　　ここで，$a_{n+1}=\dfrac{4(n+1)a_n}{n}+\dfrac{8T_n}{n}$

$$\frac{a_{n+1}}{n+1}=\frac{4a_n}{n}+\frac{8T_n}{n(n+1)}$$

$$\frac{4a_n}{n}=4b_n-\frac{8T_n}{n}\ \text{より}$$

$$\frac{a_{n+1}}{n+1}=4b_n-\frac{8T_n}{n}+\frac{8T_n}{n(n+1)}$$

$$=4b_n-\left(\frac{8T_n}{n}-\frac{8T_n}{n(n+1)}\right)$$

$$=4b_n-\frac{8T_n}{n+1}\qquad\text{———③}$$

②に③を代入して

$$b_{n+1}=4b_n-\frac{8T_n}{n+1}+\frac{2}{n+1}T_{n+1}$$

$$=4b_n-\frac{8T_n}{n+1}+\frac{2}{n+1}(4T_n+3n+3)$$

$$=4b_n+6$$

よって，$b_{n+1}+2=4(b_n+2)$ より

$$b_n+2=(b_1+2)\cdot4^{n-1}=-3\cdot4^{n-1}$$

$$b_n=-3\cdot4^{n-1}-2$$

したがって

$$\frac{a_{n+1}}{n+1}=4(-3\cdot4^{n-1}-2)-\frac{8}{n+1}\left(\frac{4^n}{3}-n-\frac{4}{3}\right)$$

$$=-3\cdot4^n-8-\frac{1}{3(n+1)}(8\cdot4^n-24n-32)$$

$$=\frac{-9\cdot4^n(n+1)-24(n+1)-(8\cdot4^n-24n-32)}{3(n+1)}$$

$$=\frac{-(9n+17)\cdot4^n+8}{3(n+1)}$$

よって，$a_{n+1}=\dfrac{-(an+17)\cdot4^n+8}{3}$

$$\therefore a_n=\frac{-\{9(n-1)+17\}\cdot4^{n-1}+8}{3}$$

$$=\frac{-(9n+8)\cdot4^{n-1}+8}{3}$$

R2　3

(1)　$a_2=\dfrac{4}{2}(3\cdot0+3^2-2\cdot3)=6$

(2)　$a_1=0$ より $b_1=0$　また，

$$b_{n+1}=\frac{1}{3^{n+1}(n+1)(n+2)}$$

$$\cdot\{3a_n+3^{n+1}-(n+1)(n+2)\}$$

$$=b_n+\frac{1}{(n+1)(n+2)}-\left(\frac{1}{3}\right)^{n+1}$$

$\dfrac{1}{(n+1)(n+2)}$ の部分分数分解を考えることで，

$$b_{n+1}-b_n=\left(\frac{1}{n+1}-\frac{1}{n+2}\right)-\left(\frac{1}{3}\right)^{n+1}$$

ここで $n\geqq2$ のとき，

$$\sum_{k=1}^{n-1}\left(\frac{1}{k+1}-\frac{1}{k+2}\right)$$

$$=\left(\frac{1}{2}-\frac{1}{3}\right)+\left(\frac{1}{3}-\frac{1}{4}\right)+\cdots+\left(\frac{1}{n}-\frac{1}{n+1}\right)$$

$$=\frac{1}{2}-\frac{1}{n+1}=\frac{1}{2}\left(\frac{n-1}{n+1}\right),$$

$$\sum_{k=1}^{n-1}\left(\frac{1}{3}\right)^{k+1}=\frac{1}{3^2}+\frac{1}{3^3}+\cdots+\frac{1}{3^n}$$

$$=\frac{\frac{1}{3^2}\left(1-\left(\frac{1}{3}\right)^{n-1}\right)}{1-\frac{1}{3}}=\frac{1}{6}-\frac{1}{2}\left(\frac{1}{3}\right)^n$$

b_n の漸化式は階差数列の形をしているので，

$$b_n=b_1+\frac{1}{2}\left(\frac{n-1}{n+1}\right)-\left\{\frac{1}{6}-\frac{1}{2}\left(\frac{1}{3}\right)^n\right\}$$

$$=\frac{n-2}{3(n+1)}+\frac{1}{2}\left(\frac{1}{3}\right)^n$$

(3)　$b_n=\dfrac{a_n}{3^n(n+1)(n+2)}$ より，

$$a_n=3^{n-1}(n^2-4)+\frac{(n+1)(n+2)}{2}$$

(4)　a_n が3の倍数であるかどうかは $\dfrac{1}{2}(n+1)(n+2)$ が3の倍数であるかを判断すればよい。ここで連続する3つの整数は6の倍数なので，$\dfrac{1}{2}n(n+1)(n+2)$ は3の倍数。

$n=3k$ のときは n が，$n=3k+1$ のときは $n+2$ が，$n=3k+2$ のときは $n+1$ が3の倍数なので，a_{3k+1}，a_{3k+2} を3で割った余りは0　　a_{3k} については

$$\frac{1}{2}(3k+1)(3k+2)=3\cdot3\frac{k(k+1)}{2}+1$$

であり，連続する2つの整数が2の倍数であることから，a_{3k} を3で割った余りは1。このことから，a_{9k+1} から a_{9k+9} までの和がちょうど3の倍数になる。ここで2020は9で割ると，余りは4なので求める値は1。

R3　4

(1)　$a_nb_{n+1}-2a_{n+1}b_n+3b_{n+1}=0\ (n=1,\ 2,\ 3,\ \cdots)$　……①
初項3，公差 p の等差数列を $\{a_n\}$，初項3，公比 r の等比数列を $\{b_n\}$ とすると

$$a_n=3+(n-1)p\cdots②\qquad b_n=3\cdot r^{n-1}$$

$$a_{n+1}=3+np\cdots③$$

$\dfrac{b_{n+1}}{b_n}=r$ であることから，

$a_nb_{n+1}-2a_{n+1}b_n+3b_{n+1}=0$ の両辺を b_n でわると，

$$ra_n-2a_{n+1}+3r=0$$

$$2a_{n+1}=ra_n+3r$$

$$2a_{n+1}=r(a_n+3)\cdots④$$

が成り立つことがわかる。④に②と③を代入すると，

$$2(3+np)=r\{3+(n-1)p+3\}$$

$$6+2pn=6r+rpn-rp$$

$$(r-2)pn=r(p-6)+6\cdots⑤$$

⑤がすべての n で成り立つこと，および $p\neq0$ により $r=2$ を得る。

さらにこのことから，⑤に $r=2$ を代入

$$0=2(p-6)+6$$

$$2p=6\qquad p=3$$

以上からすべての自然数 n について，a_n と b_n が正であることもわかる。

(2)　$a_n=3+(n-1)\cdot3$

$$\sum_{k=1}^{n}ak=\frac{n}{2}\{3+3+(n-1)\cdot3\}$$

$$=\frac{n}{2}(3n+3)=\frac{3}{2}n(n+1)$$

$$b_n=3\cdot2^{n-1}$$

$$\sum_{k=1}^{n} bk = \frac{3(1-2^n)}{1-2} = 3(2^n - 1)$$

(3) 数列 $\{a_n\}$ に対して初項3の数列 $\{c_n\}$ が次を満たすとする。

$$a_n c_{n+1} - 4a_{n+1}c_n + 3c_{n+1} = 0$$

$$(n=1, 2, 3, \cdots) \cdots\cdots ⑥$$

a_n が正であることから，

$$a_n c_{n+1} - 4a_{n+1}c_n + 3c_{n+1} = 0$$

$$c_{n+1}(a_n + 3) = c_n \cdot 4a_{n+1}$$

$$c_{n+1} = \frac{4a_{n+1}}{a_n + 3}c_n$$

さらに $p=3$ であることから，

$$c_{n+1} = \frac{4\{3+(n-1)\cdot 3\}}{3+(n-1)\cdot 3}c_n = \frac{12n}{3n}c_n = 4c_n$$

よって，

　数列 $\{c_n\}$ は公比が 1 より大きい等比数列であることがわかる。　②

(4) $d_n b_{n+1} - qd_{n+1}b_n + ud_{n+1} = 0$

$$(n=1, 2, 3, \cdots) \cdots\cdots ⑦$$

すべての自然数 n について $b_n \neq 0$ であるから両辺を b_n で割る。

$$\frac{d_n b_{n+1}}{b_n} - qd_{n+1} + \frac{ub_{n+1}}{b_n} = 0$$

$$\frac{b_{n+1}}{b_n} = r = 2 \ \text{より}$$

$$2d_n - qd_{n+1} + 2u = 0$$

$$d_{n+1} = \frac{2}{q}(d_n + u)$$

ここで d_n が等比数列となるには　$u=0$

公比が 0 より大きく 1 より小さいので

$$0 < \frac{2}{q} < 1 \quad 2 < q$$

　したがって，数列 $\{d_n\}$ が公比が 0 より大きく，1 より小さい等比数列となるための必要十分条件は

$q>2$ かつ $u=0$ である。

R3　追試　④

[1]

$S_1 = a_1$ より

$a_1 = 5^1 - 1$

　$= 4$

また $n \geq 2$ の時，$S_n - S_{n-1} = a_n$ より

$a_n = (5^n - 1) - (5^{n-1} - 1)$

　$= 4 \cdot 5^{n-1}$

これは $n=1$ の時も成り立つ

さらに

$$\sum_{k=1}^{n} \frac{1}{ak} = \sum_{k=1}^{n} \frac{1}{4 \cdot 5^{k-1}}$$

$$= \frac{1}{4}\sum_{k=1}^{n} \frac{1}{5^{k-1}}$$

$$= \frac{1}{4} \cdot \frac{1-\left(\frac{1}{5}\right)^n}{1-\frac{1}{5}}$$

$$= \frac{1}{4} \cdot \frac{1-5^{-n}}{\frac{4}{5}}$$

$$= \frac{5}{16}(1-5^{-n})$$

[2]

(1)(ⅰ)

　斜線部分にタイルを縦置きする時，3×2 のマスの埋め方は 3 通り

(ⅱ)

　斜線部分にタイルを横置きする時，残りのマスの埋め方は 1 通り

　よって(ⅰ)，(ⅱ)を合わせて $t_1 = 4$

Ⅰ)

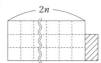

　斜線部分にタイルを縦置きする時，残りのマスの埋め方は r_n 通り

Ⅱ)

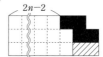

　斜線部分にタイルを横置きする時，黒く塗りつぶした所まではタイルの置き方が確定する。

　よって残りのマスの形は T_{n-1} となるので置き方は t_{n-1} となる。

　よってⅠ)，Ⅱ)を合わせて

　$t_n = r_n + t_{n-1}$ となるので，$A=1$，$B=1$ と分かる。

　よって $t_2 = r_2 + t_1$

　　　　$= 11 + 4$

　　　　$= 15$

R4　④

(1) 追いつく時刻を $2+t$ とすると

　$(2+t) \times 1 = t \times 2$

　$2 + t = 2t$

　$t=2$ より，追いついたのは $x=4$ の時で座標は $(4, 4)$

　また，a_1 から追いつくまでの時間は，別れてから自宅につく時間と等しいので

　$a_2 = a_1 + 2 + 1 + 2 + 1$

　　$= a_1 + 6$

　　$= 8$

　時刻 8 までに歩行者は 1 だけ止まっているので，

　$b_2 = 8 - 1 = 7$

花子さんの二言目より, b_n の距離を自転車が埋めるためには, 時間が b_n だけかかるので, 追いつく時刻は a_n+b_n ③

自宅からは $2b_n$ ④

よって以上より

$a_{n+1}=a_n+b_n+1+b_n+1$

$\qquad =a_n+2b_n+2$

歩行者は a_n から a_{n+1} までの間で, 1だけ止まるので

$b_{n+1}=b_n+2b_n+2-1$

$\qquad =3b_n+1$

$b_{n+1}=3b_n+1$ より

$b_{n+1}+\dfrac{1}{2}=3\left(b_n+\dfrac{1}{2}\right)$

$b_n+\dfrac{1}{2}$ を c_n とすると,

$\quad c_{n+1}=3c_n$

$b_1=2$ より $c_1=\dfrac{5}{2}$ なので,

$c_n=\dfrac{5}{2}\cdot 3^{n-1}$

$\therefore b_n+\dfrac{1}{2}=\dfrac{5}{2}\cdot 3^{n-1}$

$b_n=\dfrac{5}{2}\cdot 3^{n-1}-\dfrac{1}{2}$ ⑦

$a_{n+1}=a_n+2b_n+2$

$\qquad =a_n+2\left(\dfrac{5}{2}\cdot 3^{n-1}-\dfrac{1}{2}\right)+2$

$\qquad =a_n+5\cdot 3^{n-1}+1$

ここで $n\geqq 2$ について考えると,

$a_n=a_1+\displaystyle\sum_{k=1}^{n-1}(5\cdot 3^{k-1}+1)$ と言え, $a_1=2$ より,

$a_n=2+5\dfrac{3^{n-1}-1}{3-1}+(n-1)$

$\qquad =\dfrac{5}{2}\cdot 3^{n-1}+n-\dfrac{3}{2}$

これに $n=1$ を代入すると

$a_1=2$ となり成り立つので

$a_n=\dfrac{5}{2}\cdot 3^{n-1}+n-\dfrac{3}{2}$ と言える。 ⑨

(2) b_n に出発した自転車は $2b_n$ で歩行者に追いつくので求める n は $2b_n\leqq 300$ を満たす最大の整数である。

よって $2b_n\leqq 300$

$\therefore 2\left(\dfrac{5}{2}\cdot 3^{n-1}-\dfrac{1}{2}\right)\leqq 300$

$\therefore 5\cdot 3^{n-1}-1\leqq 300$

$\therefore 3^{n-1}\leqq 60.2$

$n=4$ と分かるので, 4回追いつく。

よって時刻 x は

$x=a_4+b_4$

$\quad =\dfrac{5}{2}\cdot 3^3+4-\dfrac{3}{2}+\dfrac{5}{2}\cdot 3^3-\dfrac{1}{2}$

$\quad =137$ となる。

H25 4

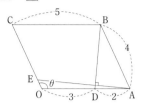

(1) $\overrightarrow{AE}=\overrightarrow{OE}-\overrightarrow{OA}=t\vec{c}-\vec{a}$

$\overrightarrow{DB}=\overrightarrow{OB}-\overrightarrow{OD}=(\vec{a}+\vec{c})-\dfrac{3}{5}\vec{a}=\dfrac{2}{5}\vec{a}+\vec{c}$

$\vec{a}\cdot\vec{c}=|\vec{a}||\vec{c}|\cos\theta=5\cdot 4\cdot\cos\theta=20\cos\theta$

$\overrightarrow{AE}\perp\overrightarrow{DB}$ なので $\overrightarrow{AE}\cdot\overrightarrow{DB}=0$ により,

$(t\vec{c}-\vec{a})\left(\dfrac{2}{5}\vec{a}+\vec{c}\right)=0$

$-\dfrac{2}{5}|\vec{a}|^2+t|\vec{c}|^2+\left(\dfrac{2}{5}t-1\right)\vec{a}\cdot\vec{c}=0$

$-\dfrac{2}{5}\cdot 5^2+t\cdot 4^2+\left(\dfrac{2}{5}t-1\right)\cdot 20\cos\theta=0$

$8(\cos\theta+2)t=10(2\cos\theta+1)$

$t=\dfrac{5(2\cos\theta+1)}{4(\cos\theta+2)}$ …①

となる。

(2) 点 E が線分 OC 上にあることから, $0\leqq t\leqq 1$ である。

$-1<r<1$ なので, ①の右辺の分母は正である。

したがって, 条件 $0\leqq t\leqq 1$ は

$\qquad 0\leqq\dfrac{5(2r+1)}{4(r+2)}\leqq 1$

$\qquad 0\leqq 5(2r+1)\leqq 4(r+2)$ …②

となる。

$\qquad 0\leqq 5(2r+1)$ より $-\dfrac{1}{2}\leqq r$

$\qquad 5(2r+1)\leqq 4(r+2)$ より $r\leqq\dfrac{1}{2}$

よって $-\dfrac{1}{2}\leqq r\leqq\dfrac{1}{2}$

つまり $-\dfrac{1}{2}\leqq\cos\theta\leqq\dfrac{1}{2}$

であるので, $0<\theta<\pi$ において

$\dfrac{\pi}{3}\leqq\theta\leqq\dfrac{2}{3}\pi$ であることがわかる。

(3)

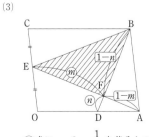

①式に $\cos\theta=-\dfrac{1}{8}$ を代入して

$$t=\frac{5\left\{2\left(-\frac{1}{8}\right)+1\right\}}{4\left(-\frac{1}{8}+2\right)}=\frac{5\cdot\frac{3}{4}}{4\cdot\frac{15}{8}}=\frac{1}{2}$$

ここで，EF：FA＝m：$1-m$
　　　　DF：FB＝n：$1-n$　　　とおく。

$$\overrightarrow{OF}=m\overrightarrow{OA}+(1-m)\overrightarrow{OE}=m\vec{a}+\frac{1-m}{2}\vec{c}\qquad\cdots③$$

また，

$$\overrightarrow{OF}=(1-n)\overrightarrow{OD}+n\overrightarrow{OB}$$

$$=\frac{3}{5}(1-n)\vec{a}+n(\vec{a}+\vec{c})=\frac{3+2n}{5}\vec{a}+n\vec{c}\qquad\cdots④$$

③，④より係数を比較して

$$\begin{cases}m=\dfrac{3+2n}{5}\\[2mm]\dfrac{1-m}{2}=n\end{cases}\qquad\begin{cases}m=\dfrac{3}{2}\\[2mm]n=\dfrac{1}{6}\end{cases}$$

よって

$$\overrightarrow{OF}=\frac{2}{3}\vec{a}+\frac{1}{6}\vec{c}\qquad となる。$$

$\overrightarrow{OC}=2\overrightarrow{OE}$　より

$$\overrightarrow{OF}=\frac{2}{3}\overrightarrow{OA}+\frac{1}{6}\overrightarrow{OC}$$

$$=\frac{2}{3}\overrightarrow{OA}+\frac{1}{3}\overrightarrow{OE}=\frac{2\overrightarrow{OA}+\overrightarrow{OE}}{3}$$

したがって，点 F は線分 AE を 1：2 に内分する。
ここで

$$\sin\theta=\sqrt{1-\left(-\frac{1}{8}\right)^2}=\frac{3\sqrt{7}}{8}\qquad なので，$$

平行四辺形 OABC の面積を S とおくと

$$S=|\vec{a}||\vec{c}|\sin\theta=5\cdot4\cdot\frac{3\sqrt{7}}{8}=\frac{15\sqrt{7}}{2}$$

　また，明らかに △ABE＝$\frac{1}{2}S$ であり

△ABE の底辺を線分 AE，△BEF の底辺を線分 EF と見ると，

△BEF は △ABE と高さが等しく，底辺が $\frac{2}{3}$ 倍となっている。

したがって，

$$△BEF=\frac{2}{3}△ABE=\frac{2}{3}\times\frac{1}{2}S=\frac{1}{3}S=\frac{1}{3}\times\frac{15\sqrt{7}}{2}=\frac{5\sqrt{7}}{2}$$

（△BEF の別解）

△BEF＝$S-(△BCE+△OAE+△ABF)$

点 E は線分 OC の中点なので

$$△BCE=△OAE=\frac{1}{2}\times S\times\frac{1}{2}=\frac{1}{4}S$$

点 F は線分 AE を 1：2 に内分する点なので

$$△ABF=\frac{1}{3}\times S\times\frac{1}{2}=\frac{1}{6}S$$

$$\therefore△BEF=S-\left(\frac{1}{4}S+\frac{1}{4}S+\frac{1}{6}S\right)$$

$$=\frac{1}{3}S=\frac{1}{3}\times\frac{15\sqrt{7}}{2}=\frac{5\sqrt{7}}{2}$$

H26 〔4〕

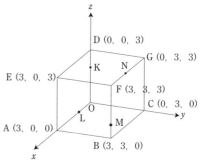

(1) 点 K は OD を 2：1 に内分するので，$\overrightarrow{OK}=(0,\ 0,\ 2)$
　点 L は OA を 1：2 に内分するので，$\overrightarrow{OL}=(1,\ 0,\ 0)$

$$\overrightarrow{LK}=\overrightarrow{OK}-\overrightarrow{OL}$$

$$=(0,\ 0,\ 2)-(1,\ 0,\ 0)=(-1,\ 0,\ 2)$$

平行四辺形であるためには，向かい合う辺が等しくなければならないので，図より，$\overrightarrow{LK}=\overrightarrow{MN}$　∴ ③

$$\overrightarrow{LK}=(-1,\ 0,\ 2)$$

$$\overrightarrow{MN}=(t,\ 3,\ 3)-(3,\ 3,\ s)=(t-3,\ 0,\ 3-s)$$

$$\overrightarrow{LK}=\overrightarrow{MN}\ より\ \begin{cases}-1=t-3\\2=3-s\end{cases}$$

これを解いて，s＝**1**，t＝**2**。

したがって，M(3, 3, 1)，N(2, 3, 3) なので，

N は FG を 1：2 に内分することがわかる。

$$\overrightarrow{LM}=(3,\ 3,\ 1)-(1,\ 0,\ 0)=(2,\ 3,\ 1)\ より，$$

$$\overrightarrow{LK}\cdot\overrightarrow{LM}=(-1,\ 0,\ 2)\cdot(2,\ 3,\ 1)$$

$$=-2+0+2=\mathbf{0}$$

$$|\overrightarrow{LK}|=\sqrt{(-1)^2+0^2+2^2}=\sqrt{5}$$

$$|\overrightarrow{LM}|=\sqrt{2^2+3^2+1^2}=\sqrt{14}$$

なので，四角形 KLMN は，平行四辺形のなかでも，縦 $\sqrt{5}$，横 $\sqrt{14}$ の長方形であることがわかる。

よって，その面積は $\sqrt{5}\times\sqrt{14}=\sqrt{70}$

(2) $\overrightarrow{OP}$ は $\overrightarrow{LK}$，$\overrightarrow{LM}$ と垂直なので，$\overrightarrow{OP}\cdot\overrightarrow{LK}=\overrightarrow{OP}\cdot\overrightarrow{LM}=\mathbf{0}$。

$$\overrightarrow{OP}\cdot\overrightarrow{LK}=(p,\ q,\ r)\cdot(-1,\ 0,\ 2)=-p+2r=0$$

$$\therefore p=2r$$

$$\overrightarrow{OP}\cdot\overrightarrow{LM}=(p,\ q,\ r)\cdot(2,\ 3,\ 1)=2p+3q+r=0$$

$$p=2r\ より，\ 2\cdot2r+3q+r=0\qquad\therefore q=\frac{-5}{3}r$$

$\overrightarrow{OP}$ と $\overrightarrow{PL}$ が垂直であることにより，

$$\overrightarrow{OP}\cdot\overrightarrow{PL}=(p,\ q,\ r)\cdot(1-p,\ -q,\ -r)$$

$$=p(1-p)-q^2-r^2=0$$

$p=2r$，$q=-\frac{5}{3}r$ を代入して

$$2r(1-2r)-\left(-\frac{5}{3}r\right)^2-r^2=0$$

$$2r-4r^2-\frac{25}{9}r^2-r^2=0$$

$$\frac{70}{9}r^2-2r=0\qquad 70r^2-18r=0$$

$$r=0, \ \frac{9}{35}$$

しかし，$r=0$ であるとすると，$p\,(0,\ 0,\ 0)$ となり不適。

したがって $r=\dfrac{9}{35}$。

よって，$p=2\times\dfrac{9}{35}=\dfrac{18}{35}$，$q=-\dfrac{5}{3}\times\dfrac{9}{35}=-\dfrac{3}{7}$ なので，

$p\left(\dfrac{18}{35},\ -\dfrac{3}{7},\ \dfrac{9}{35}\right)$。

$$|\overrightarrow{\mathrm{OP}}|=\sqrt{\left(\frac{18}{35}\right)^2+\left(-\frac{3}{7}\right)^2+\left(\frac{9}{35}\right)^2}$$
$$=\sqrt{\frac{324}{35^2}+\frac{9}{7^2}+\frac{81}{35^2}}$$
$$=\sqrt{\frac{324+9\times25+81}{35^2}}=\sqrt{\frac{630}{35^2}}=\frac{3\sqrt{70}}{35}$$

底面である三角形 LMN の面積は，四角形 KLMN の面積の半分なので，$\dfrac{\sqrt{70}}{2}$

よって三角錐 OLMN の体積 $=\dfrac{\sqrt{70}}{2}\times\dfrac{3\sqrt{70}}{35}\times\dfrac{1}{3}$

$$=\frac{70}{70}=1$$

H27 ④

(1)

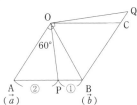

$$\overrightarrow{\mathrm{OP}}=\overrightarrow{\mathrm{OA}}+\overrightarrow{\mathrm{AP}}$$
$$=\overrightarrow{\mathrm{OA}}+\frac{2}{3}\overrightarrow{\mathrm{AB}}$$
$$=\vec{a}+\frac{2}{3}(\vec{b}-\vec{a})$$
$$=\frac{1}{3}\vec{a}+\frac{2}{3}\vec{b}\ \text{——①}$$

$\vec{a}$ と $\vec{b}$ がなす角 $\angle\mathrm{AOB}$ は，$\angle\mathrm{AOC}\times\dfrac{1}{2}=60°$。

$|\vec{a}|=|\vec{b}|=1$ より，

$$\vec{a}\cdot\vec{b}=|\vec{a}||\vec{b}|\cos\angle\mathrm{AOB}=1\times1\times\frac{1}{2}=\frac{1}{2}$$

$\overrightarrow{\mathrm{OP}}\perp\overrightarrow{\mathrm{OQ}}$ より，$\overrightarrow{\mathrm{OP}}\cdot\overrightarrow{\mathrm{OQ}}=\boldsymbol{0}$

①，②より，$\overrightarrow{\mathrm{OP}}\cdot\overrightarrow{\mathrm{OQ}}=\left(\dfrac{1}{3}\vec{a}+\dfrac{2}{3}\vec{b}\right)\cdot(-t\vec{a}+\vec{b})$

$$=-\frac{1}{3}t|\vec{a}|^2+\left(\frac{1}{3}-\frac{2}{3}t\right)\vec{a}\cdot\vec{b}+\frac{2}{3}|\vec{b}|^2$$
$$=-\frac{1}{3}t+\left(\frac{1}{3}-\frac{2}{3}t\right)\times\frac{1}{2}+\frac{2}{3}=-\frac{1}{3}t+\frac{1}{6}-\frac{1}{3}t+\frac{2}{3}$$
$$=-\frac{2}{3}t+\frac{5}{6}=0 \qquad \therefore t=\frac{5}{4}$$

$$\overrightarrow{\mathrm{OQ}}=(1-t)\overrightarrow{\mathrm{OB}}+t\overrightarrow{\mathrm{OC}}$$
$$=(1-t)\overrightarrow{\mathrm{OB}}+t\overrightarrow{\mathrm{AB}}$$
$$=(1-t)\overrightarrow{\mathrm{OB}}+t(\vec{b}-\vec{a})$$
$$=-t\vec{a}+\vec{b}\ \text{——②}$$

したがって，$|\overrightarrow{\mathrm{OP}}|^2=\left(\dfrac{1}{3}\vec{a}+\dfrac{2}{3}\vec{b}\right)^2$

$$=\frac{1}{9}|\vec{a}|^2+\frac{4}{9}\vec{a}\cdot\vec{b}+\frac{4}{9}|\vec{b}|^2=\frac{1}{9}+\frac{4}{9}\times\frac{1}{2}+\frac{4}{9}=\frac{7}{9}$$

$|\overrightarrow{\mathrm{OP}}|>0$ より，$|\overrightarrow{\mathrm{OP}}|=\dfrac{\sqrt{7}}{3}$

$$|\overrightarrow{\mathrm{OQ}}|^2=(-t\vec{a}+\vec{b})^2$$
$$=t^2|\vec{a}|^2-2t\vec{a}\cdot\vec{b}+|\vec{b}|^2$$

$t=\dfrac{5}{4}$ より，$\left(\dfrac{5}{4}\right)^2-2\times\dfrac{5}{4}\times\dfrac{1}{2}+1=\dfrac{21}{16}$

$|\overrightarrow{\mathrm{OQ}}|>0$ より，$|\overrightarrow{\mathrm{OQ}}|=\dfrac{\sqrt{21}}{4}$

$$S_1=\frac{1}{2}|\overrightarrow{\mathrm{OP}}|\cdot|\overrightarrow{\mathrm{OQ}}|\sin90°$$
$$=\frac{1}{2}\times\frac{\sqrt{7}}{3}\times\frac{\sqrt{21}}{4}\times1=\frac{7\sqrt{3}}{24}$$

(2)

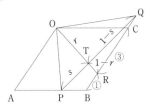

・$\overrightarrow{\mathrm{OT}}=r\overrightarrow{\mathrm{OR}}=r\left(\dfrac{3\overrightarrow{\mathrm{OB}}+\overrightarrow{\mathrm{OC}}}{4}\right)=r\left(\dfrac{3\vec{b}+\vec{b}-\vec{a}}{4}\right)$

$$=-\frac{1}{4}r\vec{a}+r\vec{b}\ \text{——③}$$

・$\overrightarrow{\mathrm{OT}}=(1-s)\overrightarrow{\mathrm{OP}}+s\overrightarrow{\mathrm{OQ}}$

$$=(1-s)\cdot\left(\frac{1}{3}\vec{a}+\frac{2}{3}\vec{b}\right)+s\left(-\frac{5}{4}\vec{a}+\vec{b}\right)$$
$$=\left(\frac{1}{3}-\frac{19}{12}s\right)\vec{a}+\left(\frac{2}{3}+\frac{1}{3}s\right)\vec{b}\ \text{——④}$$

③，④において，$\vec{a}\neq\vec{0}$，$\vec{b}\neq\vec{0}$，$\vec{a}\nparallel\vec{b}$ なので，

係数比較して，$\begin{cases} -\dfrac{1}{4}r=\dfrac{1}{3}-\dfrac{19}{12}s \\ r=\dfrac{2}{3}+\dfrac{1}{3}s \end{cases}$

この連立方程式を解くと，$r=\dfrac{7}{9}$，$s=\dfrac{1}{3}$

③に代入して，$\overrightarrow{\mathrm{OT}}=\dfrac{-7}{36}\vec{a}+\dfrac{7}{9}\vec{b}$

求めた r，s の値を上の図に入れると，下図のようになる。

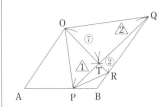

三角形 PRT の面積 $S_2=2$ とおくと，

TR：OT $=2：7$ より，

$\triangle\mathrm{OPT}=7$

PT：PQ $=1：3$ より

$\triangle\mathrm{OPQ}$ の面積

$S_1=7\times3=21$

よって $S_1：S_2=\boldsymbol{21：2}$

H28 $\boxed{4}$

(1)

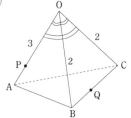

$$\begin{cases} \vec{a}\cdot\vec{b}=|\vec{a}||\vec{b}|\cos60°=3\times2\times\dfrac{1}{2} \\ \vec{a}\cdot\vec{c}=|\vec{a}||\vec{c}|\cos60°=3\times2\times\dfrac{1}{2} \end{cases}=3$$

$$\vec{b}\cdot\vec{c}=|\vec{b}||\vec{c}|\cos60°=2\times2\times\dfrac{1}{2}=2$$

$$\begin{aligned}\overrightarrow{PQ}&=\overrightarrow{OQ}-\overrightarrow{OP}\\&=(1-t)\vec{b}+t\vec{c}-s\vec{a}\\&=-s\vec{a}+(1-t)\vec{b}+t\vec{c}\quad\text{———①}\end{aligned}$$

$$\begin{aligned}|\overrightarrow{PQ}|^2&=|-s\vec{a}+(1-t)\vec{b}+t\vec{c}|^2\\&=s^2|\vec{a}|^2+(1-t)^2|\vec{b}|^2+t^2|\vec{c}|^2-2s(1-t)\vec{a}\cdot\vec{b}\\&\quad+2t(1-t)\vec{b}\cdot\vec{c}-2st\vec{a}\cdot\vec{c}\end{aligned}$$

$|\vec{a}|=3$, $|\vec{b}|=2$, $|\vec{c}|=2$, $\vec{a}\cdot\vec{b}=\vec{a}\cdot\vec{c}=3$, $\vec{b}\cdot\vec{c}=2$ より,

$$\begin{aligned}|\overrightarrow{PQ}|^2&=9s^2+4(1-t)^2+4t^2-6s(1-t)+\\&\qquad4t(1-t)-6st\\&=9s^2-6s+4t^2-4t+4\\&=(3s-1)^2-1+(2t-1)^2-1+4\\&=(3s-1)^2+(2t-1)^2+2\end{aligned}$$

したがって, $|\overrightarrow{PQ}|$ が最小になるのは, $(3s-1)^2=0$, $(2t-1)^2=0$ のとき,

つまり, $s=\dfrac{1}{3}$, $t=\dfrac{1}{2}$ のときである。

このとき, $|\overrightarrow{PQ}|^2=2$, $|\overrightarrow{PQ}|=\sqrt{2}$

(2) $|\overrightarrow{PQ}|=\sqrt{2}$ のとき, $s=\dfrac{1}{3}$, $t=\dfrac{1}{2}$ より

①に代入して, $\overrightarrow{PQ}=-\dfrac{1}{3}\vec{a}+\dfrac{1}{2}\vec{b}+\dfrac{1}{2}\vec{c}$

$$\begin{aligned}\overrightarrow{OA}\cdot\overrightarrow{PQ}&=\vec{a}\cdot\left(-\dfrac{1}{3}\vec{a}+\dfrac{1}{2}\vec{b}+\dfrac{1}{2}\vec{c}\right)\\&=-\dfrac{1}{3}|\vec{a}|^2+\dfrac{1}{2}\vec{a}\cdot\vec{b}+\dfrac{1}{2}\vec{a}\cdot\vec{c}\end{aligned}$$

$|\vec{a}|=3$, $\vec{a}\cdot\vec{b}=\vec{a}\cdot\vec{c}=3$ より

$$\overrightarrow{OA}\cdot\overrightarrow{PQ}=-\dfrac{1}{3}\times3^2+\dfrac{3}{2}+\dfrac{3}{2}=0$$

よって$\angle APQ=90°$。

したがって, $AP=\dfrac{2}{3}OA=2$, $PQ=\sqrt{2}$ より,

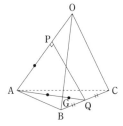

三角形APQの面積

$$\begin{aligned}&=AP\times PQ\times\dfrac{1}{2}\\&=2\times\sqrt{2}\times\dfrac{1}{2}\\&=\sqrt{2}\end{aligned}$$

G は三角形 ABC の重心なので,

$$\overrightarrow{OG}=\dfrac{\vec{a}+\vec{b}+\vec{c}}{3}$$

ここで $\overrightarrow{OQ}=\dfrac{\vec{b}+\vec{c}}{2}$ より,

$$\begin{aligned}\overrightarrow{OG}&=\dfrac{1}{3}\vec{a}+\dfrac{2}{3}\left(\dfrac{\vec{b}+\vec{c}}{2}\right)\\&=\dfrac{1}{3}\overrightarrow{OA}+\dfrac{2}{3}\overrightarrow{OQ}\\&=\dfrac{\overrightarrow{OA}+2\overrightarrow{OQ}}{2+1}\end{aligned}$$

したがって, 点 G は AQ を $2:1$ に内分する点である。よって,

三角形 GPQ の面積＝三角形 APQ の面積$\times\dfrac{1}{3}$

$$=\dfrac{\sqrt{2}}{3}$$

H29 $\boxed{4}$

(1) 右図より
$\angle AOB=60°$ なので
B$(2\cos60°, 2\sin60°)$
$=(1, \sqrt{3})$
D$(-2, 0)$

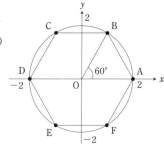

(2) 点 M は線分 BD の
中点より,

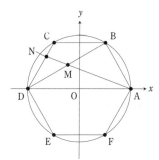

$$\begin{aligned}\overrightarrow{OM}&=\dfrac{1}{2}\overrightarrow{OB}+\dfrac{1}{2}\overrightarrow{OD}\\&=\dfrac{1}{2}(1, \sqrt{3})+\dfrac{1}{2}(-2, 0)\\&=\left(\dfrac{1}{2}-1, \dfrac{\sqrt{3}}{2}+0\right)=\left(-\dfrac{1}{2}, \dfrac{\sqrt{3}}{2}\right)\end{aligned}$$

よって, $\overrightarrow{AM}=\overrightarrow{OM}-\overrightarrow{OA}$

$$=\left(-\frac{1}{2},\ \frac{\sqrt{3}}{2}\right)-(2,\ 0)$$

$$=\left(-\frac{5}{2},\ \frac{\sqrt{3}}{2}\right)$$

$\mathrm{C}(-1,\ \sqrt{3})$ より，$\overrightarrow{\mathrm{DC}}=\overrightarrow{\mathrm{OC}}-\overrightarrow{\mathrm{OD}}$

$$=(-1,\ \sqrt{3})-(-2,\ 0)$$

$$=(\mathbf{1},\ \sqrt{\mathbf{3}})$$

$$\overrightarrow{\mathrm{ON}}=\overrightarrow{\mathrm{OA}}+r\overrightarrow{\mathrm{AM}}=(2,\ 0)+r\left(-\frac{5}{2},\ \frac{\sqrt{3}}{2}\right)$$

$$=\left(2-\frac{5}{2}r,\ \frac{\sqrt{3}}{2}r\right)$$

$$\overrightarrow{\mathrm{ON}}=\overrightarrow{\mathrm{OD}}+s\overrightarrow{\mathrm{DC}}=(-2,\ 0)+s(1,\ \sqrt{3})$$

$$=(s-2,\ \sqrt{3}\,s)$$

したがって，成分を比較して

$$\begin{cases}2-\dfrac{5}{2}r=s-2\\[2mm]\dfrac{\sqrt{3}}{2}r=\sqrt{3}\,s\end{cases}$$

これを解くと，$r=\dfrac{\mathbf{4}}{\mathbf{3}}$，$s=\dfrac{\mathbf{2}}{\mathbf{3}}$

よって，$\overrightarrow{\mathrm{ON}}=\left(\dfrac{2}{3}-2,\ \sqrt{3}\cdot\dfrac{2}{3}\right)=\left(-\dfrac{\mathbf{4}}{\mathbf{3}},\ \dfrac{\mathbf{2}\sqrt{\mathbf{3}}}{\mathbf{3}}\right)$

(3) $\overrightarrow{\mathrm{OP}}=(1,\ a)$，$\overrightarrow{\mathrm{OE}}=(-1,\ -\sqrt{3})$ より

$$\overrightarrow{\mathrm{EP}}=\overrightarrow{\mathrm{OP}}-\overrightarrow{\mathrm{OE}}$$

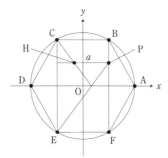

$$=(1,\ a)-(-1,\ -\sqrt{3})$$

$$=(\mathbf{2},\ \mathbf{a}+\sqrt{\mathbf{3}})$$

$\overrightarrow{\mathrm{OH}}=(k,\ a)$ (k は実数) とおくと，

$\overrightarrow{\mathrm{CH}}=\overrightarrow{\mathrm{OH}}-\overrightarrow{\mathrm{OC}}=(k,\ a)-(-1,\ \sqrt{3})$

$$=(k+1,\ a-\sqrt{3})$$

$\overrightarrow{\mathrm{CH}}\perp\overrightarrow{\mathrm{EP}}$ より，$\overrightarrow{\mathrm{CH}}\cdot\overrightarrow{\mathrm{EP}}=0$

$$(k+1,\ a-\sqrt{3})\cdot(2,\ a+\sqrt{3})=0$$

$$2(k+1)+(a-\sqrt{3})(a+\sqrt{3})=0$$

$$\therefore\ k=\frac{-a^2+1}{2}$$

よって，$\mathrm{H}\left(\dfrac{-a^2+1}{2},\ a\right)$

また，$|\overrightarrow{\mathrm{OP}}|=\sqrt{a^2+1}$，$|\overrightarrow{\mathrm{OH}}|=\sqrt{\left(\dfrac{-a^2+1}{2}\right)^2+a^2}$

$$=\frac{a^2+1}{2}$$

$\overrightarrow{\mathrm{OP}}\cdot\overrightarrow{\mathrm{OH}}=(1,\ a)\left(\dfrac{-a^2+1}{2},\ a\right)=\dfrac{a^2+1}{2}$ より，

$\overrightarrow{\mathrm{OP}}\cdot\overrightarrow{\mathrm{OH}}=|\overrightarrow{\mathrm{OP}}|\cdot|\overrightarrow{\mathrm{OH}}|\cos\theta$

$$=\sqrt{a^2+1}\cdot\frac{a^2+1}{2}\cdot\frac{12}{13}=\frac{a^2+1}{2}$$

$$\sqrt{a^2+1}=\frac{13}{12}$$

$$a^2+1=\frac{169}{144}$$

$$a^2=\frac{25}{144}$$

$$\therefore\ a=\pm\frac{\mathbf{5}}{\mathbf{12}}$$

H30 $\boxed{4}$

(1) $\overrightarrow{\mathrm{AB}}=\overrightarrow{\mathrm{FB}}-\overrightarrow{\mathrm{FA}}=\vec{q}-\vec{p}$ より

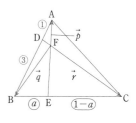

$$|\overrightarrow{\mathrm{AB}}|^2=|\vec{q}-\vec{p}|^2$$

$$=|\vec{q}|^2-2\vec{p}\cdot\vec{q}+|\vec{p}|^2$$

(2) 点 D は線分 AB を $1:3$ に内分する点なので，

$$\overrightarrow{\mathrm{FD}}=\frac{3\vec{p}+\vec{q}}{4}=\frac{3}{4}\vec{p}+\frac{1}{4}\vec{q}$$

(3) (2)より，$s\vec{r}=\dfrac{3}{4}\vec{p}+\dfrac{1}{4}\vec{q}$，よって $\vec{q}=-3\vec{p}+4s\vec{r}$

また，点 E は線分 BC を $a:(1-a)$ に内分するので，

$$\overrightarrow{\mathrm{FE}}=(1-a)\vec{q}+a\vec{r}=t\vec{p}$$

よって，$\vec{q}=\dfrac{t}{1-a}\vec{p}-\dfrac{\mathbf{a}}{1-a}\vec{r}$

$\vec{p}$ と $\vec{r}$ は 1 次独立なので，

$$\begin{cases}-3=\dfrac{t}{1-a}\\[2mm]4s=\dfrac{-a}{1-a}\end{cases}\quad これを解くと，$$

$$\begin{cases}s=\dfrac{-\mathbf{a}}{4\,(1-a)}\\[2mm]t=-\mathbf{3}\,(1-a)\end{cases}$$

(4) $|\overrightarrow{\mathrm{BE}}|^2=|\overrightarrow{\mathrm{FE}}-\overrightarrow{\mathrm{FB}}|^2$

$$=|-3(1-a)\vec{p}-\vec{q}|^2$$

$$=9(1-a)^2+6(1-a)\vec{p}\cdot\vec{q}+|\vec{q}|^2$$

$|\overrightarrow{\mathrm{AB}}|^2=|\overrightarrow{\mathrm{BE}}|^2$ より，

$$1-2\vec{p}\cdot\vec{q}+|\vec{q}|^2=9(1-a)^2+6(1-a)\vec{p}\cdot\vec{q}+|\vec{q}|^2$$

$$(6a-8)\vec{p}\cdot\vec{q}=9a^2-18a+8$$

$$\vec{p}\cdot\vec{q}=\frac{(3a-2)(3a-4)}{2(3a-4)}$$

$$\vec{p}\cdot\vec{q}=\frac{\mathbf{3a-2}}{\mathbf{2}}$$

H29 試行 ④

(1) $\vec{a}\cdot\vec{b}=1\cdot1+1\cdot0+0\cdot1=1$

また，$\overrightarrow{BC}=\overrightarrow{OC}-\overrightarrow{OB}=(-1,\ 1,\ 0)$ より，

$\overrightarrow{OA}\cdot\overrightarrow{BC}=1\cdot(-1)+1\cdot1+0\cdot0=0$

$\overrightarrow{OA}\neq\vec{0}$, $\overrightarrow{BC}\neq\vec{0}$ であること，結論から OA⊥BC から判断してもよい。

(2) $\overrightarrow{OA}\neq\vec{0}$, $\overrightarrow{BC}\neq\vec{0}$ であることから，

OA⊥BC $\iff$ $\overrightarrow{OA}\cdot\overrightarrow{BC}=0$

また，$\overrightarrow{OA}\cdot\overrightarrow{BC}=\vec{a}\cdot(\vec{c}-\vec{b})=\vec{a}\cdot\vec{c}-\vec{a}\cdot\vec{b}$ と計算できるので，OA⊥BC $\iff$ $\vec{a}\cdot\vec{c}=\vec{a}\cdot\vec{b}$

(3) $\vec{a}\cdot\vec{c}=|\vec{a}||\vec{c}|\cos\angle AOC$ $\quad$ $\vec{a}\cdot\vec{b}=|\vec{a}||\vec{b}|\cos\angle AOB$

また，$|\vec{a}|\neq0$ より，(2)から OA⊥BC

$\iff |\vec{a}||\vec{c}|\cos\angle AOC=|\vec{a}||\vec{b}|\cos\angle AOB$

$\iff |\vec{c}|\cos\angle AOC=|\vec{b}|\cos\angle AOB$

よって，これをみたすのは②である。

(4) $\overrightarrow{OA}$ がどのように分解されるかを考える。

選択肢より，起点を B に合わせればよいので，

$\overrightarrow{OA}=\overrightarrow{BA}-\overrightarrow{BO}$

このとき，点 D は線分 OA の中点なので

$\overrightarrow{BD}=\dfrac{1}{2}(\overrightarrow{BA}+\overrightarrow{BO})$

また，後半も起点を C に合わせることで，

$\overrightarrow{OA}=\overrightarrow{CA}-\overrightarrow{CO}$

$\overrightarrow{CD}=\dfrac{1}{2}(\overrightarrow{CA}+\overrightarrow{CO})$ より $\overrightarrow{OA}\cdot\overrightarrow{CD}=\dfrac{1}{2}\left(\left|\overrightarrow{CA}\right|^2-\left|\overrightarrow{CO}\right|^2\right)$

よって，$|\overrightarrow{CO}|=|\overrightarrow{CA}|$ から $\overrightarrow{OA}\cdot\overrightarrow{CA}=0$ がわかる。

(5) (4)の証明において用いているのは OC＝AC，OB＝AB という条件である。

H30 試行 ⑤

(1) (i)点 M は線分 AB の中点なので $\overrightarrow{OM}=\dfrac{1}{2}(\vec{a}+\vec{b})$

また，$|\vec{a}|=|\vec{c}|=1$, $\angle AOC=60°$ より

$\vec{a}\cdot\vec{c}=|\vec{a}||\vec{c}|\cos\angle AOC=1\cdot1\cdot\dfrac{1}{2}=\dfrac{1}{2}$

(ii) $\overrightarrow{CN}=\overrightarrow{ON}-\overrightarrow{OC}=\dfrac{1}{2}\vec{c}+\dfrac{1}{2}\vec{d}-\vec{c}=\dfrac{1}{2}\vec{d}-\dfrac{1}{2}\vec{c}$

より，$\overrightarrow{OA}\cdot\overrightarrow{CN}=\vec{a}\cdot\left(\dfrac{1}{2}\vec{d}-\dfrac{1}{2}\vec{c}\right)=0$

一方，$\overrightarrow{ON}=k\overrightarrow{OM}=\dfrac{1}{2}k\vec{a}+\dfrac{1}{2}k\vec{b}$ より，

$\overrightarrow{CN}=\overrightarrow{ON}-\overrightarrow{OC}=\dfrac{1}{2}k\vec{a}+\dfrac{1}{2}k\vec{b}-\vec{c}$ なので，

$\overrightarrow{OA}\cdot\overrightarrow{CN}=\vec{a}\cdot\left(\dfrac{1}{2}k\vec{a}-\dfrac{1}{2}k\vec{b}-\vec{c}\right)$

$=\dfrac{1}{2}k+\dfrac{1}{4}k-\dfrac{1}{2}=\dfrac{3}{4}k-\dfrac{1}{2}$

以上より $\dfrac{3}{4}k-\dfrac{1}{2}=0$ これを解くと $k=\dfrac{2}{3}$

(iii)方針 1 について，点 N は線分 CD の中点なので(ii)より

$\vec{d}=\overrightarrow{OC}+\overrightarrow{CD}=\overrightarrow{OC}+2\overrightarrow{CN}$

$=\overrightarrow{OC}+2(\overrightarrow{ON}-\overrightarrow{OC})=2\overrightarrow{ON}-\overrightarrow{OC}$

$=\dfrac{4}{3}\overrightarrow{OM}-\overrightarrow{OC}$

$=\dfrac{4}{3}\left(\dfrac{1}{2}\vec{a}+\dfrac{1}{2}\vec{b}\right)-\vec{c}=\dfrac{2}{3}\vec{a}+\dfrac{2}{3}\vec{b}-\vec{c}$

一方，方針 2 について

$|\overrightarrow{ON}|^2=\left|\dfrac{1}{2}(\vec{c}+\vec{d})\right|^2$

$=\dfrac{1}{4}(|\vec{c}|^2+2\vec{c}\cdot\vec{d}+|\vec{d}|^2)=\dfrac{1}{2}+\dfrac{1}{2}\cos\theta$

(iv)方針 1 を用いると，

$\cos\theta=\vec{c}\cdot\vec{d}=\vec{c}\cdot\left(\dfrac{2}{3}\vec{a}+\dfrac{2}{3}\vec{b}-\vec{c}\right)=\dfrac{2}{3}+\dfrac{2}{3}-1$

$=-\dfrac{1}{3}$

方針 2 を用いると，

$\overrightarrow{OM}\cdot\overrightarrow{ON}=\dfrac{1}{2}(\vec{a}+\vec{b})\cdot\dfrac{1}{2}(\vec{c}+\vec{d})$

$=\dfrac{1}{4}(\vec{a}\cdot\vec{c}+\vec{a}\cdot\vec{d}+\vec{b}\cdot\vec{c}+\vec{b}\cdot\vec{d})$

$=\dfrac{1}{4}\left(\dfrac{1}{2}+\dfrac{1}{2}+\dfrac{1}{2}+\dfrac{1}{2}\right)=\dfrac{1}{2}$

$\overrightarrow{OM}=\dfrac{3}{2}\overrightarrow{ON}$ より $|\overrightarrow{OM}||\overrightarrow{ON}|=\dfrac{3}{2}|\overrightarrow{ON}|^2$

よって，$\overrightarrow{OM}\cdot\overrightarrow{ON}=|\overrightarrow{OM}||\overrightarrow{ON}|$ より，

$\dfrac{1}{2}=\dfrac{3}{2}\left(\dfrac{1}{2}+\dfrac{1}{2}\cos\theta\right)$

これを解くと $\cos\theta=-\dfrac{1}{3}$

(2) (i)$\vec{a}\cdot\vec{b}=|\vec{a}||\vec{b}|\cos\alpha=\cos\alpha$,

$\vec{c}\cdot\vec{d}=|\vec{c}||\vec{d}|\cos\beta=\cos\beta$ より，(1)(iii)と同様にして

$|\overrightarrow{OM}|^2=\dfrac{1}{2}+\dfrac{1}{2}\cos\alpha$

$|\overrightarrow{ON}|^2=\dfrac{1}{2}+\dfrac{1}{2}\cos\beta$

よって $\overrightarrow{OM}\cdot\overrightarrow{ON}=|\overrightarrow{OM}||\overrightarrow{ON}|$ より，

$\dfrac{1}{4}=\left(\dfrac{1}{2}+\dfrac{1}{2}\cos\alpha\right)\left(\dfrac{1}{2}+\dfrac{1}{2}\cos\beta\right)$

式を整理して $(1+\cos\alpha)(1+\cos\beta)=1$

(ii)$\alpha=\beta$ のとき，(i)より $(1+\cos\alpha)^2=1$

$\cos\alpha>-1$ より $1+\cos\alpha>0$ なので，

$1+\cos\alpha=1$。よって $\cos\alpha=0$，つまり $\alpha=90°$

ここで，(1)(i)の内積の計算において，

$\vec{a}\cdot\vec{b}=\vec{c}\cdot\vec{d}=0$ となることに注意して，(ii)と同様の計算を行う。$\overrightarrow{OA}\cdot\overrightarrow{CN}=0$ は変わらないので，

$\overrightarrow{OA}\cdot\overrightarrow{CN}=\vec{a}\cdot\left(\dfrac{1}{2}k\vec{a}-\dfrac{1}{2}k\vec{b}-\vec{c}\right)=\dfrac{1}{2}k-\dfrac{1}{2}$

よって，$\dfrac{1}{2}k-\dfrac{1}{2}=0$ これを解くと，$k=1$

したがって，$\overrightarrow{OM}=\overrightarrow{ON}$ より点 M と点 N は一致する。このことから，線分 AC と線分 BD は同一平面上にあるので点 D は平面 ABC 上にある。

H31 4

(1) $\vec{a}\cdot\vec{c}=0$ より $\angle AOC=\boldsymbol{90°}$

よって $\triangle OAC=\dfrac{1}{2}\cdot|\vec{a}||\vec{c}|=\boldsymbol{\dfrac{\sqrt{5}}{2}}$

(2) $\overrightarrow{BA}\cdot\overrightarrow{BC}=(\vec{a}-\vec{b})\cdot(\vec{c}-\vec{b})$

$\qquad\qquad =\vec{a}\cdot\vec{c}-\vec{a}\cdot\vec{b}-\vec{b}\cdot\vec{c}-|\vec{b}|^2$

$\qquad\qquad =\boldsymbol{-1}$

$|\overrightarrow{BA}|^2=|\vec{a}-\vec{b}|^2$

$\qquad\quad =|\vec{a}|^2-2\vec{a}\cdot\vec{b}+|\vec{b}|^2$

$\qquad\quad =2$

$|\overrightarrow{BA}|>0$ より $|\overrightarrow{BA}|=\boldsymbol{\sqrt{2}}$

$|\overrightarrow{BC}|=|\vec{c}-\vec{b}|^2$

$\qquad\quad =|\vec{c}|^2-2\vec{b}\cdot\vec{c}+|\vec{b}|^2$

$\qquad\quad =2$

$|\overrightarrow{BC}|>0$ より $|\overrightarrow{BC}|=\boldsymbol{\sqrt{2}}$

よって $\cos\angle ABC=\dfrac{\overrightarrow{BA}\cdot\overrightarrow{BC}}{|\overrightarrow{BA}||\overrightarrow{BC}|}=-\dfrac{1}{2}$ より

$\qquad\qquad \angle ABC=\boldsymbol{120°}$

錯角を考えて

$\angle BAD=180°-120°=\boldsymbol{60°}$

よって四角形 ABCD は右図

のように正三角形 3 枚ででで

きているので $\overrightarrow{AD}=\boldsymbol{2\overrightarrow{BC}}$

よって $\overrightarrow{OD}-\vec{a}=2(\vec{c}-\vec{b})$

$\qquad\quad \overrightarrow{OD}=\boldsymbol{\vec{a}-2\vec{b}+2\vec{c}}$

また, (四角形 ABCD)$=\dfrac{1}{2}\cdot\sqrt{2}\cdot\sqrt{2}\sin60°\times3$

$\qquad\qquad\qquad\qquad =\boldsymbol{\dfrac{3\sqrt{3}}{2}}$

(3) $\overrightarrow{BH}\perp\vec{a}$, $\overrightarrow{BH}\perp\vec{c}$ より $\overrightarrow{BH}\cdot\vec{a}=\boldsymbol{0}$, $\overrightarrow{BH}\cdot\vec{c}=0$

一方, $\overrightarrow{BH}\cdot\vec{a}=(\overrightarrow{OH}-\vec{b})\cdot\vec{a}$

$\qquad\qquad\qquad =s|\vec{a}|^2+t\vec{a}\cdot\vec{c}-\vec{a}\cdot\vec{b}$

$\qquad\qquad\qquad =s-1$

$\overrightarrow{BH}\cdot\vec{c}=(\overrightarrow{OH}-\vec{b})\cdot\vec{c}$

$\qquad\qquad =s\vec{a}\cdot\vec{c}+t|\vec{c}|^2-\vec{b}\cdot\vec{c}$

$\qquad\qquad =5t-3$ より

$s=1$, $t=\dfrac{3}{5}$

よって, $|\overrightarrow{BH}|^2=|\overrightarrow{OH}-\vec{b}|^2=\left|\vec{a}-\vec{b}+\dfrac{3}{5}\vec{c}\right|^2$

$=|\vec{a}|^2+|\vec{b}|^2+\dfrac{9}{25}|\vec{c}|^2-2\vec{a}\cdot\vec{b}-\dfrac{6}{5}\vec{b}\cdot\vec{c}+\dfrac{6}{5}\vec{a}\cdot\vec{c}$

$=\dfrac{1}{5}$

$|\overrightarrow{BH}|>0$ より $|\overrightarrow{BH}|=\boldsymbol{\dfrac{\sqrt{5}}{5}}$

したがって, $V=\dfrac{\sqrt{5}}{2}\cdot\dfrac{\sqrt{5}}{5}\cdot\dfrac{1}{3}=\boldsymbol{\dfrac{1}{6}}$

(4) 比較する体積比は $\triangle ABC$

と四角形 ABCD の面積比に

一致する。

右図よりその比は $1:3$ な

ので, 四角錐 OABCD の体

積は $\boldsymbol{3V}$

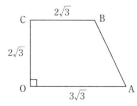

求める高さを h とすると

$3V=$(四角形 ABCD)$\times h\times\dfrac{1}{3}$

$\dfrac{1}{2}=\dfrac{3\sqrt{3}}{2}\times h\times\dfrac{1}{3}$

$\therefore h=\boldsymbol{\dfrac{\sqrt{3}}{3}}$

R2 4

(1) $|\overrightarrow{OA}|=\sqrt{3^2+3^2+(-6)^2}=\boldsymbol{3\sqrt{6}}$

$|\overrightarrow{OB}|=\sqrt{(2+2\sqrt{3})^2+(2-2\sqrt{3})^2+(-4)^2}$

$\qquad =\boldsymbol{4\sqrt{3}}$

$\overrightarrow{OA}\cdot\overrightarrow{OB}=3(2+2\sqrt{3})+3(2-2\sqrt{3})+(-6)(-4)$

$\qquad\qquad =\boldsymbol{36}$

(2) $\overrightarrow{OA}\perp\overrightarrow{OC}$ より

$0=\overrightarrow{OA}\cdot\overrightarrow{OC}=s|\overrightarrow{OA}|^2+t\overrightarrow{OA}\cdot\overrightarrow{OB}=54s+36t\cdots\cdots\cdots(I)$

$\overrightarrow{OB}\cdot\overrightarrow{OC}=24$ より

$24=\overrightarrow{OB}\cdot\overrightarrow{OC}=s\overrightarrow{OA}\cdot\overrightarrow{OB}+t|\overrightarrow{OB}|^2=36s+48t\cdots\cdots\cdots(II)$

(I), (II)より $s=\boldsymbol{\dfrac{-2}{3}}$, $t=\boldsymbol{1}$ したがって,

$\overrightarrow{OC}=-\dfrac{2}{3}\overrightarrow{OA}+\overrightarrow{OB}=(2\sqrt{3},\ -2\sqrt{3},\ 0)$ より

$|\overrightarrow{OC}|=\sqrt{(2\sqrt{3})^2+(-2\sqrt{3})^2+0^2}=\boldsymbol{2\sqrt{6}}$

(3) $\overrightarrow{CB}=\overrightarrow{OB}-\overrightarrow{OC}=(2,\ 2,\ -4)=\boldsymbol{\dfrac{2}{3}\overrightarrow{OA}}$

したがって, $\overrightarrow{OA}/\!/\overrightarrow{BC}$ より四角形 OABC は少なくとも台

形ではある。しかし, $|\overrightarrow{OA}|\neq|\overrightarrow{BC}|$ より平行四辺形ではな

い。よって③。このことから四角形 OABC の面積は

$\dfrac{1}{2}(3\sqrt{3}+2\sqrt{3})2\sqrt{3}=\boldsymbol{30}$

(4) $\overrightarrow{OD}=(x,\ y,\ 1)$ とおくと, $\overrightarrow{OA}\perp\overrightarrow{OD}$ より

$0=\overrightarrow{OA}\cdot\overrightarrow{OD}=3x+3y-6\cdots\cdots\cdots\cdots\cdots(III)$

$\overrightarrow{OC}\cdot\overrightarrow{OD}=2\sqrt{6}$ より

$2\sqrt{6}=\overrightarrow{OC}\cdot\overrightarrow{OD}=2\sqrt{3}\,x-2\sqrt{3}\,y\cdots\cdots\cdots\cdots\cdots(IV)$

(III), (IV)より $x=\boldsymbol{1+\dfrac{\sqrt{2}}{2}}$, $y=\boldsymbol{1-\dfrac{\sqrt{2}}{2}}$ このことから

$$|\overrightarrow{OD}|=\sqrt{\left(1+\frac{\sqrt{2}}{2}\right)^2+\left(1-\frac{\sqrt{2}}{2}\right)^2+1^2}=2$$

より $\cos\angle COD=\dfrac{2\sqrt{6}}{2\sqrt{6}\cdot2}=\dfrac{1}{2}$, つまり

$\angle COD=60°$　また, 平面 OCD は下図のようになるの

で, $\triangle ABC$ を底面とする四面体 DABC の高さは線分

DM のことである。

よって求める高さは $OD\sin\angle COD=\sqrt{3}$

したがって, 四面体 DABC の体積は

$$\frac{1}{3}\cdot\left(\frac{1}{2}\cdot2\sqrt{6}\cdot2\sqrt{6}\right)\cdot\sqrt{3}=4\sqrt{3}$$

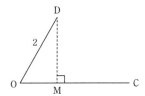

R3 ⑤

(1)　正五角形の 1 つの内角の大きさは

$$\frac{180°\times(5-2)}{5}=108°$$

この正五角形の外接円について弧の比は円周角の比に等し

いので

$$\angle A_1C_1B_1=\angle C_1A_1A_2$$
$$=\frac{108°}{3}=\mathbf{36°}$$

錯角が等しいので

$$\overrightarrow{A_1A_2}/\!/\overrightarrow{B_1C_1}$$

よって $\overrightarrow{A_1A_2}=k\overrightarrow{B_1C_1}$ となり,

$|\overrightarrow{A_1A_2}|=a|\overrightarrow{B_1C_1}|=1$ より

$\overrightarrow{A_1A_2}=\boldsymbol{a}\,\overrightarrow{B_1C_1}$ であるから

$$\overrightarrow{B_1C_1}=\frac{1}{a}\overrightarrow{A_1A_2}=\frac{1}{a}(\overrightarrow{OA_2}-\overrightarrow{OA_1})$$

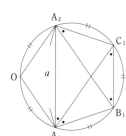

また, $\overrightarrow{OA_1}/\!/\overrightarrow{A_2B_1}$ で, さらに $\overrightarrow{OA_2}/\!/\overrightarrow{A_1C_1}$ より

$$\overrightarrow{B_1C_1}=\overrightarrow{B_1A_2}+\overrightarrow{A_2O}+\overrightarrow{OA_1}+\overrightarrow{A_1C_1}$$
$$=-a\,\overrightarrow{OA_1}-\overrightarrow{OA_2}+\overrightarrow{OA_1}+a\,\overrightarrow{OA_2}$$
$$=(a-1)\overrightarrow{OA_2}-(a-1)\overrightarrow{OA_1}$$
$$=(\boldsymbol{a}-\mathbf{1})(\overrightarrow{OA_2}-\overrightarrow{OA_1})$$

となる。したがって,

$$\frac{1}{a}=a-1$$
$$a^2-a-1=0$$
$$a=\frac{1\pm\sqrt{(-1)^2-4\cdot1\cdot(-1)}}{2}$$
$$=\frac{1\pm\sqrt{5}}{2}$$

a は辺の長さより $a>0$　よって $a=\dfrac{1+\sqrt{5}}{2}$

(2)　面 $OA_1B_1C_1A_2$ に着目すると, $\overrightarrow{OA_1}/\!/\overrightarrow{A_2B_1}$, (1) より

$$\overrightarrow{A_2B_1}=a\,\overrightarrow{OA_1}$$
$$\overrightarrow{OB_1}=\overrightarrow{OA_2}+\overrightarrow{A_2B_1}=\overrightarrow{OA_2}+a\,\overrightarrow{OA_1}$$

(1) より $|\overrightarrow{A_1A_2}|=a=\dfrac{1+\sqrt{5}}{2}$

$$|\overrightarrow{OA_2}-\overrightarrow{OA_1}|^2=|\overrightarrow{A_1A_2}|^2$$
$$=\left(\frac{1+\sqrt{5}}{2}\right)^2=\frac{3+\sqrt{5}}{2}$$
$$|\overrightarrow{OA_2}-\overrightarrow{OA_1}|^2=|\overrightarrow{OA_1}|^2-2\,\overrightarrow{OA_1}\cdot\overrightarrow{OA_2}+|\overrightarrow{OB}|^2$$
$$=1^2-2\,\overrightarrow{OA_1}\cdot\overrightarrow{OA_2}+1^2$$
$$=2-2\,\overrightarrow{OA_1}\cdot\overrightarrow{OA_2}$$

よって, $\dfrac{3+\sqrt{5}}{2}=2-2\,\overrightarrow{OA_1}\cdot\overrightarrow{OA_2}$

$$\overrightarrow{OA_1}\cdot\overrightarrow{OA_2}=\frac{1-\sqrt{5}}{4}$$

次に, 面 $OA_2B_2C_2A_3$ に着目すると

$$\overrightarrow{OB_2}=\overrightarrow{OA_3}+a\,\overrightarrow{OA_2}$$

である。さらに,

$$\overrightarrow{OA_2}\cdot\overrightarrow{OA_3}=\overrightarrow{OA_3}\cdot\overrightarrow{OA_1}=\frac{1-\sqrt{5}}{4}$$

が成り立つことがわかる。ゆえに

$$\overrightarrow{OA_1}\cdot\overrightarrow{OB_2}=\overrightarrow{OA_1}\cdot(\overrightarrow{OA_3}+a\,\overrightarrow{OA_2})$$
$$=\overrightarrow{OA_3}+\overrightarrow{OA_1}+a\,\overrightarrow{OA_1}\cdot\overrightarrow{OA_2}$$
$$=(a+1)\overrightarrow{OA_1}\cdot\overrightarrow{OA_2}$$
$$=\left(\frac{1+\sqrt{5}}{2}+1\right)\times\frac{1-\sqrt{5}}{4}$$
$$=\frac{-1-\sqrt{5}}{4}$$

⑨

$$\overrightarrow{OB_1}\cdot\overrightarrow{OB_2}=\overrightarrow{OB_1}\cdot(\overrightarrow{OA_3}+a\,\overrightarrow{OA_2})$$
$$=(\overrightarrow{OA_2}+a\,\overrightarrow{OA_1})(\overrightarrow{OA_3}+a\,\overrightarrow{OA_2})$$
$$=\overrightarrow{OA_2}\cdot\overrightarrow{OA_3}+a|\overrightarrow{OA}|^2+a\,\overrightarrow{OA_3}\cdot$$
$$\quad\overrightarrow{OA_1}+a^2\,\overrightarrow{OA_1}\cdot\overrightarrow{OA_2}$$
$$=\overrightarrow{OA_1}\cdot\overrightarrow{OA_2}+a|\overrightarrow{OA_2}|^2+a\,\overrightarrow{OA_1}\cdot$$
$$\quad\overrightarrow{OA_2}+a^2\,\overrightarrow{OA_1}\cdot\overrightarrow{OA_2}$$
$$=(a^2+a+1)\overrightarrow{OA_1}\cdot\overrightarrow{OA_2}+a$$

ここで (1) より

$$a^2-a-1=0$$
$$a=\frac{1+\sqrt{5}}{2}\quad a^2=a+1\ \text{より}$$
$$=(2a+2)\overrightarrow{OA_1}\cdot\overrightarrow{OA_2}+a$$
$$=(3+\sqrt{5})\times\frac{1-\sqrt{5}}{4}+\frac{1+\sqrt{5}}{2}=0\quad⓪$$

$\overrightarrow{OB_1}\cdot\overrightarrow{OB_2}=0$ より　$\overrightarrow{OB_1}\perp\overrightarrow{OB_2}$

面 $A_2C_1DEB_2$ に着目すると

$$\overrightarrow{B_2D}=a\,\overrightarrow{A_2C_1}=\overrightarrow{OB_1}$$

であることに注意すると, 4 点 O, B_1, D_2, B_2 は同一平

面上にある。

また, $\overrightarrow{OB_1}$, B_1D, DB_2, OB_2 はすべて合同な正五角形の

対角線なので,

$OB_1 = B_1D = DB_2 = OB_2 = a$

よって四角形 OB_1, D_2B_2 は 4 辺が等しく,

$\angle B_1OB_2 = 90°$ なので正方形である。 ⓪

R3 追試 ⑤

(1) $|\overrightarrow{OA}|^2 = (-1)^2 + 2^2 + 0^2$

$\qquad = 5$

点 D は線分 OA を 9 : 1 に内分するので,

$$\overrightarrow{OD} = \frac{9}{10}\overrightarrow{OA}$$

また点 C は線分 AB の中点より,

$$\overrightarrow{OC} = \frac{1}{2}\overrightarrow{OA} + \frac{1}{2}\overrightarrow{OB}$$ と表せるので,

$$\overrightarrow{CD} = -\overrightarrow{OC} + \overrightarrow{OD}$$

$$\qquad = -\frac{1}{2}\overrightarrow{OA} - \frac{1}{2}\overrightarrow{OB} + \frac{9}{10}\overrightarrow{OA}$$

$$\qquad = \frac{2}{5}\overrightarrow{OA} - \frac{1}{2}\overrightarrow{OB}$$

$\overrightarrow{OA} \perp \overrightarrow{CD}$ より

$\overrightarrow{OA} \cdot \overrightarrow{CD} = 0$ と言えるので

$$\overrightarrow{OA} \cdot \left(\frac{2}{5}\overrightarrow{OA} - \frac{1}{2}\overrightarrow{OB}\right) = 0$$

$$\frac{2}{5}|\overrightarrow{OA}|^2 - \frac{1}{2}\overrightarrow{OA} \cdot \overrightarrow{OB} = 0$$

$$\therefore \overrightarrow{OA} \cdot \overrightarrow{OB} = \frac{4}{5}|\overrightarrow{OA}|^2$$

$$\qquad = 4$$

ここで,

$$\overrightarrow{OA} \cdot \overrightarrow{OB} = (-1, 2, 0) \cdot (2, p, q)$$

$$\qquad = -2 + 2p$$ より

$4 = -2 + 2p$

$\therefore p = 3$

よって $\overrightarrow{OB} = (2, 3, q)$ と言え,

$|\overrightarrow{OB}|^2 = 20$ より

$2^2 + 3^2 + q^2 = 20$

$q = \pm\sqrt{7}$ となり, $q > 0$ より

$q = \sqrt{7}$ と求まる。

よって B の座標は, $(2, 3, \sqrt{7})$

(2) $\overrightarrow{GH} = \overrightarrow{OH} - \overrightarrow{OG}$

$$\qquad = -\overrightarrow{OG} + s\overrightarrow{OA} + t\overrightarrow{OB}$$ である。

$\overrightarrow{GH} \perp \overrightarrow{OA}$ なので

$\overrightarrow{GH} \cdot \overrightarrow{OA} = 0$

$(-\overrightarrow{OG} + s\overrightarrow{OA} + t\overrightarrow{OB}) \cdot \overrightarrow{OA} = 0$

$-\overrightarrow{OA} \cdot \overrightarrow{OG} + s|\overrightarrow{OA}|^2 + t\overrightarrow{OA} \cdot \overrightarrow{OB} = 0$

$-(-1, 2, 0) \cdot (4, 4, -\sqrt{7}) + s \cdot 5 + t \cdot 4 = 0$

$\therefore -4 + 5s + 4t = 0$

また $\overrightarrow{GH} \perp \overrightarrow{OB}$ より

$\overrightarrow{GH} \cdot \overrightarrow{OB} = 0$

$\therefore (-\overrightarrow{OG} + s\overrightarrow{OA} + t\overrightarrow{OB}) \cdot \overrightarrow{OB} = 0$

$\therefore -\overrightarrow{OB} \cdot \overrightarrow{OG} + s\overrightarrow{OA} \cdot \overrightarrow{OB} + t|\overrightarrow{OB}|^2 = 0$

$\therefore -(2, 3, \sqrt{7}) \cdot (4, 4, -\sqrt{7}) + s \cdot 4 + t \cdot 20$

$\therefore -13 + 4s + 20t$

以上より

$$\begin{cases} 5s + 4t - 4 = 0 \\ 4s + 20t - 13 = 0 \end{cases}$$ を解くと

$$s = \frac{1}{3}, \quad t = \frac{7}{12}$$ となる

$$\overrightarrow{OH} = \frac{1}{3}\overrightarrow{OA} + \frac{7}{12}\overrightarrow{OB}$$ となり, 点 H の存在範囲は

$$\frac{1}{3} + \frac{7}{12} = \frac{11}{12} < 1$$ なので, $\triangle OAB$ の内側と分かり,

$$\frac{1}{3} < \frac{7}{12}$$ なので, 点 C より点 B によった方向と分かる。

よって下図の斜線部分となる。

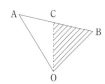

よって $\triangle OBC$ の内部の点なので①が答えになる。

R4 ⑤

(1) $\cos\angle AOB = \dfrac{\overrightarrow{OA} \cdot \overrightarrow{OB}}{|\overrightarrow{OA}||\overrightarrow{OB}|} = \dfrac{-\dfrac{2}{3}}{1 \cdot 1} = -\dfrac{2}{3}$

また, P は線分 AB を $t : (1-t)$ に内分するので

$\overrightarrow{OP} = (1-t)\overrightarrow{OA} + t\overrightarrow{OB}$ と表せる。

よって

$\overrightarrow{OQ} = k\overrightarrow{OP}$

$\qquad = (\boldsymbol{k-kt})\overrightarrow{OA} + \boldsymbol{kt}\overrightarrow{OB}$ ①, ⓪

$\overrightarrow{CQ} = \overrightarrow{OQ} - \overrightarrow{OC}$

$\qquad = \overrightarrow{OQ} + \overrightarrow{OA}$

$\qquad = (k-kt)\overrightarrow{OA} + kt\overrightarrow{OB} + \overrightarrow{OA}$

$\qquad = (\boldsymbol{k-kt+1})\overrightarrow{OA} + \boldsymbol{kt}\overrightarrow{OB}$ ④, ⓪

また, $\overrightarrow{OA}$ と $\overrightarrow{OP}$ が垂直となるのは

$\overrightarrow{OA} \perp \overrightarrow{OP} \Longleftrightarrow \overrightarrow{OA} \cdot \overrightarrow{OP} = 0$

$\overrightarrow{OA} \cdot \{(1-t)\overrightarrow{OA} + t\overrightarrow{OB}\} = 0$

$(1-t)|\overrightarrow{OA}|^2 + t\overrightarrow{OA} \cdot \overrightarrow{OB} = 0$

$1 - t - \dfrac{2}{3}t = 0$

$\therefore t = \dfrac{3}{5}$

(2) $\angle OCQ = 90°$ より

$\overrightarrow{OC} \cdot \overrightarrow{CQ} = 0$ なので,

$\overrightarrow{OC} \cdot \{(k-kt+1)\overrightarrow{OA} + kt\overrightarrow{OB}\} = 0$

$-\overrightarrow{OA} \cdot \{(k-kt+1)\overrightarrow{OA} + kt\overrightarrow{OB}\} = 0$

$(-k + kt - 1)|\overrightarrow{OA}|^2 - kt\overrightarrow{OA} \cdot \overrightarrow{OB} = 0$

$-k + kt - 1 + \dfrac{2}{3}kt = 0$

$5kt-3k=3$

$\therefore k=\dfrac{3}{5t-3}$

 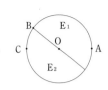 となる。

$0<t<\dfrac{3}{5}$ の時は右図のようになる

ので，③

$\dfrac{3}{5}<t<1$ の時は右図のようになる

ので，⓪

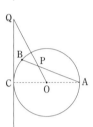

(3) $t=\dfrac{1}{2}$ より

$k=\dfrac{3}{5\cdot\dfrac{1}{2}-3}=-6$ なので

$\overrightarrow{OQ}=-6\overrightarrow{OP}$

$\qquad =-6\left(\dfrac{1}{2}\overrightarrow{OA}+\dfrac{1}{2}\overrightarrow{OB}\right)$

$\qquad =-3\overrightarrow{OA}-3\overrightarrow{OB}$

$|\overrightarrow{OQ}|^2=9|\overrightarrow{OA}|^2+18\overrightarrow{OA}\cdot\overrightarrow{OB}+9|\overrightarrow{OB}|^2$

$\qquad =9+18\cdot\left(-\dfrac{2}{3}\right)+9$

$\qquad =6$

よって $|\overrightarrow{OQ}|=\sqrt{6}$

直線 OA に関して $t=\dfrac{1}{2}$ での点 Q と対称な点で点 R なの

で

$\overrightarrow{CR}=-\overrightarrow{CQ}$

$\qquad =-(\overrightarrow{OQ}-\overrightarrow{OC})$

$\qquad =-\overrightarrow{OQ}+\overrightarrow{OC}$

$\qquad =3\overrightarrow{OA}+3\overrightarrow{OB}+\overrightarrow{OC}$

$\qquad =3\overrightarrow{OA}+3\overrightarrow{OB}-\overrightarrow{OA}$

$\qquad =2\overrightarrow{OA}+3\overrightarrow{OB}$

よって $2\overrightarrow{OA}+3\overrightarrow{OB}=(k-kt+1)\overrightarrow{OA}+kt\overrightarrow{OB}$ と表せる。

ここで $\overrightarrow{OA}$ と $\overrightarrow{OB}$ は一次独立なので，

$\begin{cases}2=k-kt+1\\ 3=kt\end{cases}$ と表せる。

よって

$\begin{cases}k-kt-1=0\\ kt=3\end{cases}$ より

$kt=3$ を代入して

$\quad k-3-1=0$

$\therefore k=4$

なので $t=\dfrac{3}{4}$

〈重要公式・定理〉

- ## 2次方程式の解の公式

$ax^2 + bx + c = 0$

$\Longleftrightarrow x = \dfrac{-b \pm \sqrt{b^2 - 4ac}}{2a}$

- ## 因数分解

$(a^3 \pm b^3) = (a \pm b)(a^2 \mp ab + b^2)$ （複号同順）

- ## 平方完成

$ax^2 + bx + c = a\left(x + \dfrac{b}{2a}\right)^2 + c - \dfrac{b^2}{4a}$

- ## 有理化

$\dfrac{\sqrt{b}}{\sqrt{a}} = \dfrac{\sqrt{b} \times \sqrt{a}}{\sqrt{a} \times \sqrt{a}} = \dfrac{\sqrt{ab}}{a}$

- ## 相加・相乗平均

$a > 0, \ b > 0$ のとき

$\dfrac{a + b}{2} \geqq \sqrt{ab}$ （等号が成り立つのは $a = b$ のとき）

- ## チェバの定理

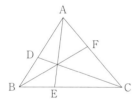

$\dfrac{DB}{AD} \cdot \dfrac{EC}{BE} \cdot \dfrac{FA}{CF} = 1$

- ## メネラウスの定理

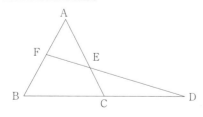

$\dfrac{AF}{FB} \cdot \dfrac{BD}{DC} \cdot \dfrac{CE}{EA} = 1$

- ## 円周角の性質

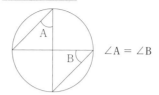

$\angle A = \angle B$

- ## 接弦定理

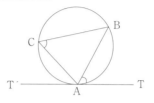

$\angle BAT = \angle ACB$（T T´は円の接線）

- ## 円に接する四角形

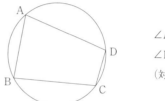

$\angle A + \angle C = 180°$

$\angle B + \angle D = 180°$

（対角の和は $180°$）

- ## 正弦定理

△ABCの外接円の半径を
Rとすると，

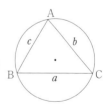

$\dfrac{a}{\sin A} = \dfrac{b}{\sin B} = \dfrac{c}{\sin C} = 2R$

- ## 余弦定理

$a^2 = b^2 + c^2 - 2bc \cos A$

$b^2 = a^2 + c^2 - 2ac \cos B$

$c^2 = a^2 + b^2 - 2ab \cos C$

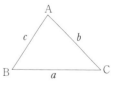

- ## 面積

△ABC の面積を S とすると，

$S = \dfrac{1}{2} bc \sin A$

$= \dfrac{1}{2} ac \sin B$

$= \dfrac{1}{2} ab \sin C$

重要公式・定理

・方べきの定理

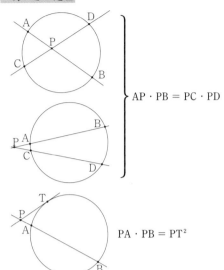

$$AP \cdot PB = PC \cdot PD$$

$$PA \cdot PB = PT^2$$

・内心 … 3 つの内角の二等分線の交点

内心 I

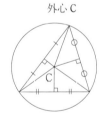

・外心 … 3 辺の垂直二等分線の交点

外心 C

・重心 … 3 つの中線の交点。重心は中線を 2：1 に内分する。

重心 G

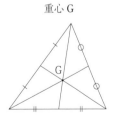

・垂心 … 三角形の各頂点から対辺またはその延長に下ろした垂線の交点

垂心 O

・接線

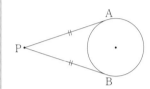

ある円に対して，円の外の任意の点 P からひいた 2 本の接線の長さは等しい

$$PA = PB$$

・三角比の相互関係

$$\cos^2\theta + \sin^2\theta = 1$$

$$\tan\theta = \frac{\sin\theta}{\cos\theta}$$

$$1 + \tan^2\theta = \frac{1}{\cos^2\theta}$$

・三角関数の合成

$$a\sin\theta + b\cos\theta = \sqrt{a^2+b^2}\,\sin(\theta+\alpha)$$

ただし，$\sin\alpha = \dfrac{b}{\sqrt{a^2+b^2}}$ $\quad\cos\alpha = \dfrac{a}{\sqrt{a^2+b^2}}$

・加法定理

$$\sin(\alpha \pm \beta) = \sin\alpha\cos\beta \pm \cos\alpha\sin\beta$$

$$\cos(\alpha \pm \beta) = \cos\alpha\cos\beta \mp \sin\alpha\sin\beta$$

$$\tan(\alpha \pm \beta) = \frac{\tan\alpha \pm \tan\beta}{1 \mp \tan\alpha\tan\beta} \qquad \text{(複号同順)}$$

・2 倍角の公式

$$\sin 2\alpha = 2\sin\alpha\cos\beta$$

$$\cos 2\alpha = \cos^2\alpha - \sin^2\alpha$$

$$= 1 - 2\sin^2\alpha = 2\cos^2\alpha - 1$$

$$\tan 2\alpha = \frac{2\tan\alpha}{1-\tan^2\alpha}$$

・半角の公式

$$\sin^2\frac{\alpha}{2} = \frac{1-\cos\alpha}{2} \qquad\qquad \cos^2\frac{\alpha}{2} = \frac{1+\cos\alpha}{2}$$

- **対数の性質**

$a > 0,\ a \neq 1,\ x > 0,\ y > 0$ のとき,

$\log_a x + \log_a y = \log_a xy$

$\log_a x - \log_a y = \log_a \dfrac{x}{y}$

$\log_a x^k = k \log_a x$ （k は実数）

とくに

$a > 1$ のとき, $\log_a x < \log_a y \Longleftrightarrow x < y$

$0 < a < 1$ のとき, $\log_a x < \log_a y \Longleftrightarrow x > y$

- **真数条件**

$\log_a b \Longleftrightarrow b > 0$

- **底の変換**

$\log_a b \Longleftrightarrow \dfrac{\log_c b}{\log_c a}$

- **$y = f(x)$ の接線・法線の方程式**

（接線）$y - f(a) = f'(a)(x - a)$

（法線）$y - f(a) = -\dfrac{1}{f'(a)}(x - a)$

- **放物線と面積**

$S = \displaystyle\int_\alpha^\beta (x - \alpha)(x - \beta)\,dx = -\dfrac{1}{6}(\beta - \alpha)^3$

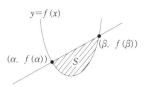

- **直線の方程式**

異なる2点 $(x_1,\ y_1),\ (x_2,\ y_2)$ を通る直線の方程式は

$y - y_1 = \dfrac{y_2 - y_1}{x_2 - x_1}(x - x_1)$

- **等差数列**

数列 $\{an\}$ の初項を a, 公差を d, 第 n 項を ℓ とすると,

一般項 $a_n = a + (n - 1)d$

和 $S_n = \dfrac{1}{2}n\{2a + (n - 1)d\} = \dfrac{1}{2}n(a + \ell)$

- **等比数列**

数列 $\{an\}$ の初項を a, 公比を r とすると,

一般項 $a_n = a \cdot r^{n-1}$

和 $r \neq 1$ のとき $S_n = \dfrac{a(1 - r^n)}{1 - r}$

$r = 1$ のとき $S_n = na$

- **階差数列**

数列 $\{a_n\}$ の階差数列を $\{b_n\}$ とすると

$b_n = a_{n+1} - a_n$

$n \geqq 2$ のとき $a_n = a_1 + \displaystyle\sum_{k=1}^{n-1} b_k$

- **数列の和の公式**

$\displaystyle\sum_{k=1}^n c = nc$

$\displaystyle\sum_{k=1}^n k = \dfrac{1}{2}n(n + 1)$

$\displaystyle\sum_{k=1}^n k^2 = \dfrac{1}{6}n(n + 1)(2n + 1)$

$\displaystyle\sum_{k=1}^n k^3 = \left\{\dfrac{1}{2}n(n + 1)\right\}^2$

$\displaystyle\sum_{k=1}^n r^{k-1} = \dfrac{1 - r^n}{1 - r}$ （$r \neq 1$）

- **$\sum$ の性質** $p,\ q$ は k に無関係な定数とする。

$\displaystyle\sum_{k=1}^n (pa_k + qb_k) = p\sum_{k=1}^n a_k + q\sum_{k=1}^n b_k$

- **ベクトル**

$\vec{a} = (a_1,\ a_2)$ のとき

$|\vec{a}| = \sqrt{a_1{}^2 + a_2{}^2}$

$\vec{a}$ と $\vec{b}$ のなす角を $\theta\ (0° \leqq \theta \leqq 180°)$ とすると,

$\vec{a} \cdot \vec{b} = |\vec{a}||\vec{b}|\cos\theta$

$\vec{a}$ と $\vec{b}$ のなす角が $90°$ のとき

$\vec{a} \cdot \vec{b} = 0$

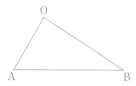

$\triangle$OAB の面積 S は

$S = \dfrac{1}{2}\sqrt{|\overrightarrow{OA}|^2 |\overrightarrow{OB}|^2 - (\overrightarrow{OA} \cdot \overrightarrow{OB})^2}$

令和5年

大学入学共通テスト
問題・解答解説

数　学①　　数学Ⅰ・数学A $\begin{bmatrix} 100点 \\ 70分 \end{bmatrix}$

数　学②　　数学Ⅱ・数学B $\begin{bmatrix} 100点 \\ 60分 \end{bmatrix}$

無料質問ができる　'とらサポ'

虎の巻の問題で「わからない」「質問したい」ときは、
"とらサポ" におまかせください！

【仮登録】→【本登録】→【会員番号発行】→質問開始！

左の QR コードが読み取れない方は、下記の URL へアクセスして下さい。

http://www.jukentaisaku.com/sup_free/

※ドメイン拒否設定をされている方は、〔本登録〕の URL が届きませんので解除して下さい。

第1問　（配点 30）

〔1〕　実数 x についての不等式

$$|x + 6| \leqq 2$$

の解は

$$\boxed{\text{アイ}} \leqq x \leqq \boxed{\text{ウエ}}$$

である。

よって、実数 a, b, c, d が

$$|(1 - \sqrt{3})(a - b)(c - d) + 6| \leqq 2$$

を満たしているとき，$1 - \sqrt{3}$ は負であることに注意すると，$(a - b)(c - d)$ のとり得る値の範囲は

$$\boxed{\text{オ}} + \boxed{\text{カ}} \sqrt{3} \leqq (a - b)(c - d) \leqq \boxed{\text{キ}} + \boxed{\text{ク}} \sqrt{3}$$

であることがわかる。

特に

$$(a - b)(c - d) = \boxed{\text{キ}} + \boxed{\text{ク}} \sqrt{3} \quad\cdots\cdots\cdots①$$

であるとき，さらに

$$(a - c)(b - d) = -3 + \sqrt{3} \quad\cdots\cdots\cdots②$$

が成り立つならば

$$(a - d)(c - b) = \boxed{\text{ケ}} + \boxed{\text{コ}} \sqrt{3} \quad\cdots\cdots\cdots③$$

であることが，等式①，②，③の左辺を展開して比較することによりわかる。

〔2〕

(1)　点 O を中心とし，半径5である円 O がある。この円周上に 2 点 A，B を AB = 6 となるようにとる。また，円 O の円周上に，2 点 A，B とは異なる点 C をとる。

(i)　$\sin\angle\mathrm{ACB} = \boxed{\text{サ}}$ である。また，点 C を $\angle\mathrm{ACB}$ が鈍角となるようにとるとき，$\cos\angle\mathrm{ACB} = \boxed{\text{シ}}$ である。

(ii)　点 C を △ABC の面積が最大となるようにとる。点 C から直線 AB に垂直な直線を引き，直線 AB との交点を D とするとき，

$$\tan\angle\mathrm{OAD} = \boxed{\text{ス}} \text{ である。また，△ABC の面積は } \boxed{\text{セソ}} \text{ である。}$$

$\boxed{\text{サ}} \sim \boxed{\text{ス}}$ の解答群（同じものを繰り返し選んでもよい。）

⓪ $\dfrac{3}{5}$	① $\dfrac{3}{4}$	② $\dfrac{4}{5}$	③ 1	④ $\dfrac{4}{3}$
⑤ $-\dfrac{3}{5}$	⑥ $-\dfrac{3}{4}$	⑦ $-\dfrac{4}{5}$	⑧ -1	⑨ $-\dfrac{4}{3}$

(2) 半径が 5 である球 S がある。この球面上に 3 点 P, Q, R をとったとき, これらの 3 点を通る平面 α 上で PQ = 8, QR = 5, RP = 9 であったとする。

球 S の球面上に点 T を三角錐 TPQR の体積が最大となるようにとるとき, その体積を求めよう。

まず, $\cos\angle QPR = \dfrac{\boxed{タ}}{\boxed{チ}}$ であることから, △PQR の面積は

$\boxed{ツ}\sqrt{\boxed{テト}}$ である。

次に, 点 T から平面 α に垂直な直線を引き, 平面 α との交点を H とする。このとき, PH, QH, RH の長さについて, $\boxed{ナ}$ が成り立つ。

以上より, 三角錐 TPQR の体積は $\boxed{ニヌ}\left(\sqrt{\boxed{ネノ}} + \sqrt{\boxed{ハ}}\right)$ である。

$\boxed{ナ}$ の解答群

⓪ PH < QH < RH	① PH < RH < QH
② QH < PH < RH	③ QH < RH < PH
④ RH < PH < QH	⑤ RH < QH < PH
⑥ PH = QH = RH	

第2問 (配点 30)

〔1〕 太郎さんは,総務省が公表している 2020 年の家計調査の結果を用いて,地域による食文化の違いについて考えている。家計調査における調査地点は,都道府県庁所在市および政令指定都市(都道府県庁所在市を除く)であり,合計 52 市である。家計調査の結果の中でも,スーパーマーケットなどで販売されている調理食品の「二人以上の世帯の 1 世帯当たり年間支出金額(以下,支出金額,単位は円)」を分析することにした。以下においては,52 市の調理食品の支出金額をデータとして用いる。

太郎さんは調理食品として,最初にうなぎのかば焼き(以下,かば焼き)に着目し,図 1 のように 52 市におけるかば焼きの支出金額のヒストグラムを作成した。ただし,ヒストグラムの各階級の区間は,左側の数値を含み,右側の数値を含まない。

なお,以下の図や表については,総務省の Web ページをもとに作成している。

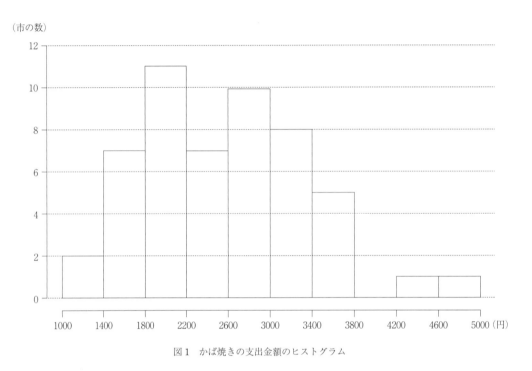

図 1 かば焼きの支出金額のヒストグラム

(1) 図 1 から次のことが読み取れる。

- 第 1 四分位数が含まれる階級は ア である。
- 第 3 四分位数が含まれる階級は イ である。
- 四分位範囲は ウ 。

ア. イ の解答群(同じものを繰り返し選んでもよい。)

⓪ 1000 以上 1400 未満	① 1400 以上 1800 未満
② 1800 以上 2200 未満	③ 2200 以上 2600 未満
④ 2600 以上 3000 未満	⑤ 3000 以上 3400 未満
⑥ 3400 以上 3800 未満	⑦ 3800 以上 4200 未満
⑧ 4200 以上 4600 未満	⑨ 4600 以上 5000 未満

ウ の解答群

- ⓪ 800 より小さい
- ① 800 より大きく 1600 より小さい
- ② 1600 より大きく 2400 より小さい
- ③ 2400 より大きく 3200 より小さい
- ④ 3200 より大きく 4000 より小さい
- ⑤ 4000 より大きい

(2) 太郎さんは，東西での地域による食文化の違いを調べるために，52市を東側の地域 E（19市）と西側の地域 W（33市）の二つに分けて考えることにした。

(i) 地域 E と地域 W について，かば焼きの支出金額の箱ひげ図を，図2，図3のようにそれぞれ作成した。

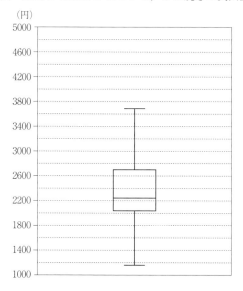

図2　地域 E におけるかば焼きの支出金額の箱ひげ図

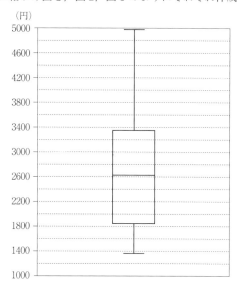

図3　地域 W におけるかば焼きの支出金額の箱ひげ図

かば焼きの支出金額について，図2と図3から読み取れることとして，次の⓪〜③のうち，正しいものは エ である。

エ の解答群

```
⓪  地域 E において，小さい方から 5 番目は 2000 以下である。
①  地域 E と地域 W の範囲は等しい。
②  中央値は，地域 E より地域 W の方が大きい。
③  2600 未満の市の割合は，地域 E より地域 W の方が大きい。
```

(ii) 太郎さんは，地域 E と地域 W のデータの散らばりの度合いを数値でとらえようと思い，それぞれの分散を考えることにした。地域 E におけるかば焼きの支出金額の分散は，地域 E のそれぞれの市におけるかば焼きの支出金額の偏差の オ である。

オ の解答群

```
⓪  2 乗を合計した値
①  絶対値を合計した値
②  2 乗を合計して地域 E の市の数で割った値
③  絶対値を合計して地域 E の市の数で割った値
④  2 乗を合計して地域 E の市の数で割った値の平方根のうち正のもの
⑤  絶対値を合計して地域 E の市の数で割った値の平方根のうち正のもの
```

(3) 太郎さんは，(2)で考えた地域 E における，やきとりの支出金額についても調べることにした。

　　ここでは地域 E において，やきとりの支出金額が増加すれば，かば焼きの支出金額も増加する傾向があるのではないかと考え，まず図 4 のように，地域 E における，やきとりとかば焼きの支出金額の散布図を作成した。そして，相関係数を計算するために，表 1 のように平均値，分散，標準偏差および共分散を算出した。ただし，共分散は地域 E のそれぞれの市における，やきとりの支出金額の偏差とかば焼きの支出金額の偏差との積の平均値である。

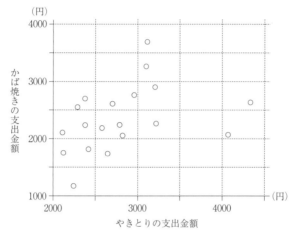

図 4　地域 E における，やきとりとかば焼きの支出金額の散布図

表 1　地域 E における，やきとりとかば焼きの支出金額の平均値，分散，標準偏差および共分散

	平均値	分　散	標準偏差	共分散
やきとりの支出金額	2810	348100	590	124000
かばやきの支出金額	2350	324900	570	

　　表 1 を用いると，地域 E における，やきとりの支出金額とかば焼きの支出金額の相関係数は　カ　である。　カ　については，最も適当なものを，次の⓪～⑨のうちから一つ選べ。

⓪　− 0.62　　　①　− 0.50　　　②　− 0.37　　　③　− 0.19
④　− 0.02　　　⑤　　0.02　　　⑥　　0.19　　　⑦　　0.37
⑧　　0.50　　　⑨　　0.62

〔2〕 太郎さんと花子さんは，バスケットボールのプロ選手の中には，リングと同じ高さでシュートを打てる人がいることを知り，シュートを打つ高さによってボールの軌道がどう変わるかについて考えている。

　二人は，図1のように座標軸が定められた平面上に，プロ選手と花子さんがシュートを打つ様子を真横から見た図をかき，ボールがリングに入った場合について，後の**仮定**を設定して考えることにした。長さの単位はメートルであるが，以下では省略する。

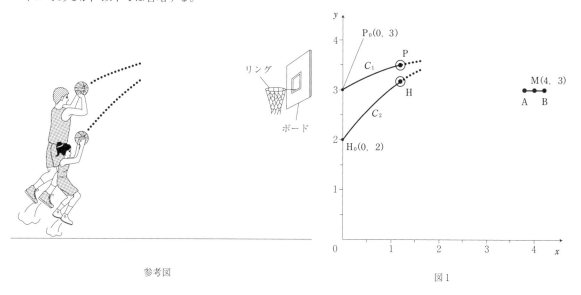

参考図　　　　　　　　　　　　　　　　　　　　図1

仮定

- 平面上では，ボールを直径 0.2 の円とする。
- リングを真横から見たときの左端を点 A (3.8, 3)，右端を点 B (4.2, 3) とし，リングの太さは無視する。
- ボールがリングや他のものに当たらずに上からリングを通り，かつ，ボールの中心が AB の中点 M (4, 3) を通る場合を考える。ただし，ボールがリングに当たるとは，ボールの中心と A または B との距離が 0.1 以下になることとする。
- プロ選手がシュートを打つ場合のボールの中心を点 P とし，P は，はじめに点 P_0 (0, 3) にあるものとする。また，P_0，M を通る，上に凸の放物線を C_1 とし，P は C_1 上を動くものとする。
- 花子さんがシュートを打つ場合のボールの中心を点 H とし，H は，はじめに点 H_0 (0, 2) にあるものとする。また，H_0，M を通る，上に凸の放物線を C_2 とし，H は C_2 上を動くものとする。
- 放物線 C_1 や C_2 に対して，頂点の y 座標を「**シュートの高さ**」とし，頂点の x 座標を「**ボールが最も高くなるときの地上の位置**」とする。

(1) 放物線 C_1 の方程式における x^2 の係数を a とする。放物線 C_1 の方程式は

$$y = ax^2 - \boxed{キ}\, ax + \boxed{ク}$$

と表すことができる。また，プロ選手の「シュートの高さ」は

$$- \boxed{ケ}\, a + \boxed{コ}$$

である。

放物線 C_2 の方程式における x^2 の係数を p とする。放物線 C_2 の方程式は

$$y = p\left\{x - \left(2 - \frac{1}{8p}\right)\right\}^2 - \frac{(16p - 1)^2}{64p} + 2$$

と表すことができる。

プロ選手と花子さんの「ボールが最も高くなるときの地上の位置」の比較の記述として，次の⓪〜③のうち，正しいものは サ である。

サ の解答群

⓪ プロ選手と花子さんの「ボールが最も高くなるときの地上の位置」は，つねに一致する。

① プロ選手の「ボールが最も高くなるときの地上の位置」の方が，つねに M の x 座標に近い。

② 花子さんの「ボールが最も高くなるときの地上の位置」の方が，つねに M の x 座標に近い。

③ プロ選手の「ボールが最も高くなるときの地上の位置」の方が M の x 座標に近いときもあれば，花子さんの「ボールが最も高くなるときの地上の位置」の方が M の x 座標に近いときもある。

(2) 二人は，ボールがリングすれすれを通る場合のプロ選手と花子さんの「シュートの高さ」について次のように話している。

太郎：例えば，プロ選手のボールがリングに当たらないようにするには，P がリングの左端 A のどのくらい上を通れば良いのかな。

花子：A の真上の点で P が通る点Dを，線分 DM が A を中心とする半径 0.1 の円と接するようにとって考えてみたらどうかな。

太郎：なるほど。P の軌道は上に凸の放物線で山なりだから，その場合，図２のように，P は D を通った後で線分 DM より上側を通るのでボールはリングに当たらないね。花子さんの場合も，H がこの D を通れば，ボールはリングに当たらないね。

花子さん：放物線 C_1 と C_2 が D を通る場合でプロ選手と私の「シュートの高さ」を比べてみようよ。

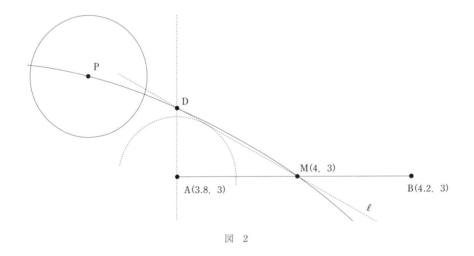

図　2

図2のように，Mを通る直線 ℓ が，Aを中心とする半径 0.1 の円に直線 AB の上側で接しているとする。また，Aを通り直線 AB に垂直な直線を引き，ℓ との交点を D とする。このとき，$AD = \dfrac{\sqrt{3}}{15}$ である。

よって，放物線 C_1 が D を通るとき，C_1 の方程式は

$$y = -\frac{\boxed{シ}\sqrt{\boxed{ス}}}{\boxed{セソ}}\left(x^2 - \boxed{キ}\,x\right) + \boxed{ク}$$

となる。

また，放物線 C_2 が D を通るとき，(1)で与えられた C_2 の方程式を用いると，花子さんの「シュートの高さ」は約 3.4 と求められる。

以上のことから，放物線 C_1 と C_2 が D を通るとき，プロ選手と花子さんの「シュートの高さ」を比べると，$\boxed{タ}$ の「シュートの高さ」の方が大きく，その差はボール $\boxed{チ}$ である。なお，$\sqrt{3} = 1.7320508\cdots$ である。

$\boxed{タ}$ の解答群

⓪ プロ選手	① 花子さん

$\boxed{チ}$ については，最も適当なものを，次の⓪〜③のうちから一つ選べ。

⓪ 約1個分	① 約2個分	② 約3個分	③ 約4個分

第3問（選択問題） （配点 20）   第3問～第5問は，いずれか2問を選択し，解答しなさい。

番号によって区別された複数の球が，何本かのひもでつながれている。ただし，各ひもはその両端で二つの球を
つなぐものとする。次の**条件**を満たす球の塗り分け方（以下，球の塗り方）を考える。

┌─ **条件** ─────────────────────────────────
│
│ ・それぞれの球を，用意した5色（赤，青，黄，緑，紫）のうちのいずれか1色で塗る。
│
│ ・1本のひもでつながれた二つの球は異なる色になるようにする。
│
│ ・同じ色を何回使ってもよく，また使わない色があってもよい。
│
└──────────────────────────────────────

例えば図Aでは，三つの球が2本のひもでつながれている。この三つの球を塗るとき，球1の塗り方が5通り
あり，球1を塗った後，球2の塗り方は4通りあり，さらに球3の塗り方は4通りある。したがって，球の塗り
方の総数は80である。

図 A

(1) 図Bにおいて，球の塗り方は アイウ 通りある。

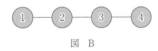

図 B

(2) 図Cにおいて，球の塗り方は エオ 通りある。

図 C

(3) 図Dにおける球の塗り方のうち，赤をちょうど2回使う塗り方は カキ 通りある。

図 D

(4) 図Eにおける球の塗り方のうち，赤をちょうど3回使い，かつ青をちょうど2回使う塗り方は クケ 通り
ある。

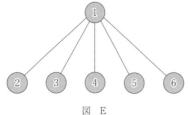

図 E

(5) 図Dにおいて，球の塗り方の総数を求める。

図 D（再掲）

そのために，次の**構想**を立てる。

図Fでは球3と球4が同色になる球の塗り方が可能であるため，図Dよりも図Fの球の塗り方の総数の方が大きい。

図Fにおける球の塗り方は，図Bにおける球の塗り方と同じであるため，全部で アイウ 通りある。そのうち球3と球4が同色になる球の塗り方の総数と一致する図として，後の⓪〜④のうち，正しいものは コ である。したがって，図Dにおける球の塗り方は サシス 通りある。

コ の解答群

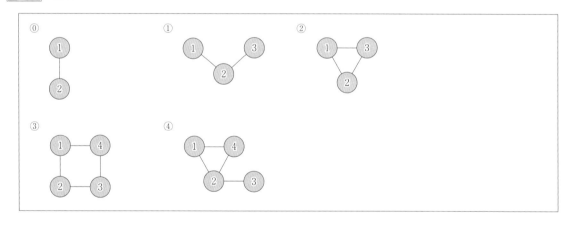

(6) 図Gにおいて，球の塗り方は セソタチ 通りある。

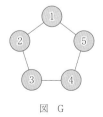

図 G

第4問（選択問題）　（配点 20）

　色のついた長方形を並べて正方形や長方形を作ることを考える。色のついた長方形は，向きを変えずにすき間なく並べることとし，色のついた長方形は十分あるものとする。

(1) 横の長さが462で縦の長さが110である赤い長方形を，図1のように並べて正方形や長方形を作ることを考える。

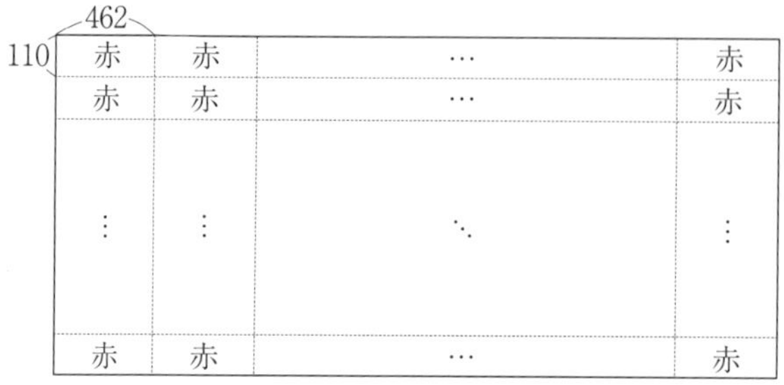

図　1

　462と110の両方を割り切る素数のうち最大のものは $\boxed{アイ}$ である。

　赤い長方形を並べて作ることができる正方形のうち，辺の長さが最小であるものは，一辺の長さが $\boxed{ウエオカ}$ のものである。

　また，赤い長方形を並べて正方形ではない長方形を作るとき，横の長さと縦の長さの差の絶対値が最小になるのは，462の約数と110の約数を考えると，差の絶対値が $\boxed{キク}$ になるときであることがわかる。

　縦の長さが横の長さより $\boxed{キク}$ 長い長方形のうち，横の長さが最小であるものは，横の長さが $\boxed{ケコサシ}$ のものである。

(2) 花子さんと太郎さんは，(1)で用いた赤い長方形を1枚以上並べて長方形を作り，その右側に横の長さが363で縦の長さが154である青い長方形を1枚以上並べて，図2のような正方形や長方形を作ることを考えている。

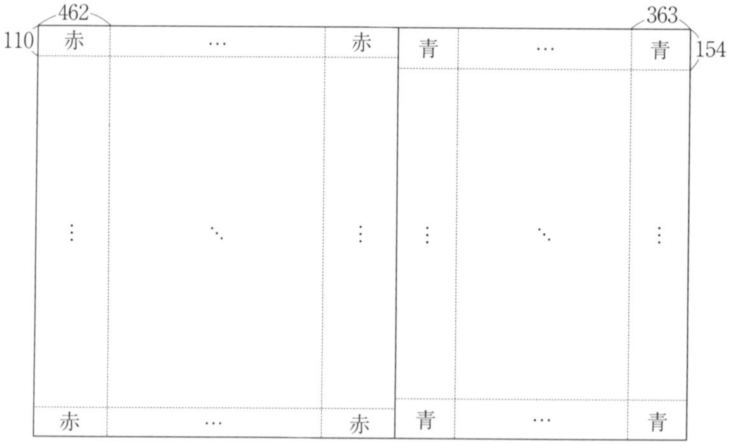

図　2

　このとき，赤い長方形を並べてできる長方形の縦の長さと，青い長方形を並べてできる長方形の縦の長さは等しい。よって，図2のような長方形のうち，縦の長さが最小のものは，縦の長さが $\boxed{スセソ}$ のものであり，図2のような長方形は縦の長さが $\boxed{スセソ}$ の倍数である。

二人は，次のように話している。

花子：赤い長方形と青い長方形を図2のように並べて正方形を作ってみようよ。

太郎：赤い長方形の横の長さが462で青い長方形の横の長さが363だから，図2のような正方形の横の長さは462と363を組み合わせて作ることができる長さでないといけないね。

花子：正方形だから，横の長さは スセソ の倍数でもないといけないね。

462と363の最大公約数は タチ であり， タチ の倍数のうちで スセソ の倍数でもある最小の正の整数は ツテトナ である。

これらのことと，使う長方形の枚数が赤い長方形も青い長方形も1枚以上であることから，図2のような正方形のうち，辺の長さが最小であるものは，一辺の長さが ニヌネノ のものであることがわかる。

第5問 （選択問題） （配点 20）

(1) 円 O に対して，次の**手順 1** で作図を行う。

手順 1

（Step 1） 円 O と異なる 2 点で交わり，中心 O を通らない直線 ℓ を引く。円 O と直線 ℓ との交点を A，B とし，線分 AB の中点 C をとる。

（Step 2） 円 O の周上に，点 D を $\angle COD$ が鈍角となるようにとる。直線 CD を引き，円 O との交点で D とは異なる点を E とする。

（Step 3） 点 D を通り直線 OC に垂直な直線を引き，直線 OC との交点を F とし，円 O との交点で D とは異なる点を G とする。

（Step 4） 点 G における円 O の接線を引き，直線 ℓ との交点を H とする。

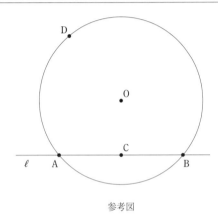

参考図

　このとき，直線 ℓ と点 D の位置によらず，直線 EH は円 O の接線である。このことは，次の**構想**に基づいて，後のように説明できる。

構想

　直線 EH が円 O の接線であることを証明するためには，
$\angle OEH = \boxed{\text{アイ}}\,^\circ$ であることを示せばよい。

　手順 1 の（Step 1）と（Step 4）により，4 点 C，G，H，$\boxed{\text{ウ}}$ は同一円周上にあることがわかる。よって，$\angle CHG = \boxed{\text{エ}}$ である。一方，点 E は円 O の周上にあることから，$\boxed{\text{エ}} = \boxed{\text{オ}}$ がわかる。よって，$\angle CHG = \boxed{\text{オ}}$ であるので，4 点 C，G，H，$\boxed{\text{カ}}$ は同一円周上にある。この円が点 $\boxed{\text{ウ}}$ を通ることにより，$\angle OEH = \boxed{\text{アイ}}\,^\circ$ を示すことができる。

$\boxed{\text{ウ}}$ の解答群

⓪ B	① D	② F	③ O

$\boxed{\text{エ}}$ の解答群

⓪ $\angle AFC$	① $\angle CDF$	② $\angle CGH$	③ $\angle CBO$	④ $\angle FOG$

⓪ ∠AED	① ∠ADE	② ∠BOE	③ ∠DEG	④ ∠EOH

カ の解答群

⓪ A	① D	② E	③ F

(2) 円 O に対して, (1)の**手順1**とは直線 ℓ の引き方を変え, 次の**手順2**で作図を行う。

手順2

(Step 1) 円 O と共有点をもたない直線 ℓ を引く。中心 O から直線 ℓ に垂直な直線を引き,直線 ℓ との交点を P とする。

(Step 2) 円 O の周上に,点 Q を ∠POQ が鈍角となるようにとる。直線 PQ を引き,円 O との交点で Q とは異なる点を R とする。

(Step 3) 点 Q を通り直線 OP に垂直な直線を引き,円 O との交点で Q とは異なる点を S とする。

(Step 4) 点 S における円 O の接線を引き,直線 ℓ との交点を T とする。

このとき, ∠PTS = キ である。

円 O の半径が $\sqrt{5}$ で, OT = $3\sqrt{6}$ であったとすると, 3 点 O, P, R を通る円の半径は $\dfrac{\boxed{ク}\sqrt{\boxed{ケ}}}{\boxed{コ}}$ であり, RT = サ である。

キ の解答群

⓪ ∠PQS	① ∠PST	② ∠QPS	③ ∠QRS	④ ∠SRT

第1問　(配点 30)

〔1〕 三角関数の値の大小関係について考えよう。

(1) $x = \dfrac{\pi}{6}$ のとき $\sin x$ $\boxed{\text{ア}}$ $\sin 2x$ であり，$x = \dfrac{2}{3}\pi$ のとき $\sin x$ $\boxed{\text{イ}}$ $\sin 2x$ である。

$\boxed{\text{ア}}$，$\boxed{\text{イ}}$ の解答群（同じものを繰り返し選んでもよい。）

⓪ $<$	① $=$	② $>$

(2) $\sin x$ と $\sin 2x$ の値の大小関係を詳しく調べよう。

$$\sin 2x - \sin x = \sin x \left(\boxed{\text{ウ}} \cos x - \boxed{\text{エ}} \right)$$

であるから，$\sin 2x - \sin x > 0$ が成り立つことは

　　「$\sin x > 0$　かつ　$\boxed{\text{ウ}} \cos x - \boxed{\text{エ}} > 0$」………①

または

　　「$\sin x < 0$　かつ　$\boxed{\text{ウ}} \cos x - \boxed{\text{エ}} < 0$」………②

が成り立つことと同値である。$0 \leqq x \leqq 2\pi$ のとき，①が成り立つような x の値の範囲は

$$0 < x < \dfrac{\pi}{\boxed{\text{オ}}}$$

であり，②が成り立つような x の値の範囲は

$$\pi < x < \dfrac{\boxed{\text{カ}}}{\boxed{\text{キ}}}\pi$$

である。よって，$0 \leqq x \leqq 2x$ のとき，$\sin 2x > \sin x$ が成り立つような x の値の範囲は

$$0 < x < \dfrac{\pi}{\boxed{\text{オ}}},\ \pi < x < \dfrac{\boxed{\text{カ}}}{\boxed{\text{キ}}}\pi$$

である。

(3) $\sin 3x$ と $\sin 4x$ の値の大小関係を調べよう。

　　三角関数の加法定理を用いると，等式

$$\sin (\alpha + \beta) - \sin (\alpha - \beta) = 2\cos \alpha \sin \beta \quad \text{………③}$$

が得られる。$\alpha + \beta = 4x$，$\alpha - \beta = 3x$ を満たす α，β に対して③を用いることにより，$\sin 4x - \sin 3x > 0$ が成り立つことは

　　「$\cos \boxed{\text{ク}} > 0$　かつ　$\sin \boxed{\text{ケ}} > 0$」………④

または

　　「$\cos \boxed{\text{ク}} < 0$　かつ　$\sin \boxed{\text{ケ}} < 0$」………⑤

が成り立つことと同値であることがわかる。

　　$0 \leqq x \leqq \pi$ のとき，④，⑤により，$\sin 4x > \sin 3x$ が成り立つような x の値の範囲は

$$0 < x < \dfrac{\pi}{\boxed{\text{コ}}},\ \dfrac{\boxed{\text{サ}}}{\boxed{\text{シ}}}\pi < x < \dfrac{\boxed{\text{ス}}}{\boxed{\text{セ}}}\pi$$

である。

ク ， ケ の解答群（同じものを繰り返し選んでもよい。）

⓪ 0	① x	② $2x$	③ $3x$	④ $4x$	⑤ $5x$
⑥ $6x$	⑦ $\dfrac{x}{2}$	⑧ $\dfrac{3}{2}x$	⑨ $\dfrac{5}{2}x$	ⓐ $\dfrac{7}{2}x$	ⓑ $\dfrac{9}{2}x$

(4) (2), (3)の考察から，$0 \leqq x \leqq \pi$ のとき，$\sin 3x > \sin 4x > \sin 2x$ が成り立つような x の値の範囲は

$$\frac{\pi}{\boxed{コ}} < x < \frac{\pi}{\boxed{ソ}}, \quad \frac{\boxed{ス}}{\boxed{セ}}\pi < x < \frac{\boxed{タ}}{\boxed{チ}}\pi$$

であることがわかる。

〔2〕

(1) $a > 0$, $a \neq 1$, $b > 0$ のとき，$\log_a b = x$ とおくと，$\boxed{ツ}$ が成り立つ。

$\boxed{ツ}$ の解答群

⓪ $x^a = b$	① $x^b = a$	② $a^x = b$
③ $b^x = a$	④ $a^b = x$	⑤ $b^a = x$

(2) 様々な対数の値が有理数か無理数かについて考えよう。

(i) $\log_5 25 = \boxed{テ}$，$\log_9 27 = \dfrac{\boxed{ト}}{\boxed{ナ}}$ であり，どちらも有理数である。

(ii) $\log_2 3$ が有理数と無理数のどちらであるかを考えよう。

　　$\log_2 3$ が有理数であると仮定すると，$\log_2 3 > 0$ であるので，二つの自然数 p, q を用いて $\log_2 3 = \dfrac{p}{q}$ と

表すことができる。このとき，(1)により $\log_2 3 = \dfrac{p}{q}$ は $\boxed{ニ}$ と変形できる。いま，2 は偶数であり 3 は奇

数であるので，$\boxed{ニ}$ を満たす自然数 p, q は存在しない。

　　したがって，$\log_2 3$ は無理数であることがわかる。

(iii) a, b を 2 以上の自然数とするとき，(ii)と同様に考えると，「$\boxed{ヌ}$ ならば $\log_a b$ はつねに無理数である」ことがわかる。

$\boxed{ニ}$ の解答群

⓪ $p^2 = 3q^2$	① $q^2 = p^3$	② $2^q = 3^p$
③ $p^3 = 2q^3$	④ $p^2 = q^3$	⑤ $2^p = 3^q$

$\boxed{ヌ}$ の解答群

⓪ a が偶数　　① b が偶数

② a が奇数　　③ b が奇数

④ a と b がともに偶数，または a と b がともに奇数

⑤ a と b のいずれか一方が偶数で，もう一方が奇数

第2問 （配点 30）

〔1〕

(1) k を正の定数とし，次の3次関数を考える。

$$f(x) = x^2(k - x)$$

$y = f(x)$ のグラフと x 軸との共有点の座標は $(0,\ 0)$ と $\left(\boxed{\text{ア}},\ 0\right)$ である。

$f(x)$ の導関数 $f'(x)$ は

$$f'(x) = \boxed{\text{イウ}}x^2 + \boxed{\text{エ}}kx$$

である。

$x = \boxed{\text{オ}}$ のとき，$f(x)$ は極小値 $\boxed{\text{カ}}$ をとる。

$x = \boxed{\text{キ}}$ のとき，$f(x)$ は極大値 $\boxed{\text{ク}}$ をとる。

また，$0 < x < k$ の範囲において $x = \boxed{\text{キ}}$ のとき $f(x)$ は最大となることがわかる。

$\boxed{\text{ア}}$，$\boxed{\text{オ}} \sim \boxed{\text{ク}}$ の解答群（同じものを繰り返し選んでもよい。）

⓪ 0	① $\dfrac{1}{3}k$	② $\dfrac{1}{2}k$	③ $\dfrac{2}{3}k$
④ k	⑤ $\dfrac{3}{2}k$	⑥ $-4k^2$	⑦ $\dfrac{1}{8}k^2$
⑧ $\dfrac{2}{27}k^3$	⑨ $\dfrac{4}{27}k^3$	ⓐ $\dfrac{4}{9}k^3$	ⓑ $4k^3$

(2) 後の図のように底面が半径9の円で高さが15の円錐に内接する円柱を考える。円柱の底面の半径と体積をそれぞれ x，V とする。V を x の式で表すと

$$V = \frac{\boxed{\text{ケ}}}{\boxed{\text{コ}}}\pi x^2 \left(\boxed{\text{サ}} - x\right) \quad (0 < x < 9)$$

である。(1)の考察より，$x = \boxed{\text{シ}}$ のとき V は最大となることがわかる。V の最大値は $\boxed{\text{スセソ}}\,\pi$ である。

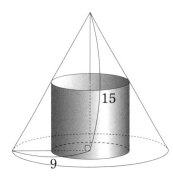

〔2〕

(1) 定積分 $\int_0^{30}\left(\dfrac{1}{5}x+3\right)dx$ の値は $\boxed{\text{タチツ}}$ である。

また，関数 $\dfrac{1}{100}x^2-\dfrac{1}{6}x+5$ の不定積分は

$$\int\left(\dfrac{1}{100}x^2-\dfrac{1}{6}x+5\right)dx=\dfrac{1}{\boxed{\text{テトナ}}}x^3-\dfrac{1}{\boxed{\text{ニヌ}}}x^2+\boxed{\text{ネ}}\,x+C$$

である。ただし，C は積分定数とする。

(2) ある地域では，毎年 3 月頃「ソメイヨシノ（桜の種類）の開花予想日」が話題になる。太郎さんと花子さんは，開花日時を予想する方法の一つに，2 月に入ってからの気温を時間の関数とみて，その関数を積分した値をもとにする方法があることを知った。ソメイヨシノの開花日時を予想するために，二人は図 1 の 6 時間ごとの気温の折れ線グラフを見ながら，次のように考えることにした。

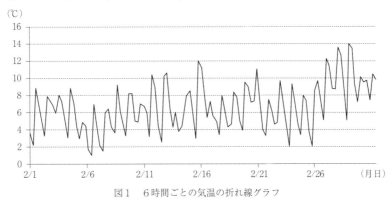

図1　6時間ごとの気温の折れ線グラフ

x の値の範囲を 0 以上の実数全体として，2 月 1 日午前 0 時から $24x$ 時間経った時点を x 日後とする。（例えば，10.3 日後は 2 月 11 日午前 7 時 12 分を表す。）また，x 日後の気温を y℃とする。このとき，y は x の関数であり，これを $y=f(x)$ とおく。ただし，y は負にはならないものとする。

気温を表す関数 $f(x)$ を用いて二人はソメイヨシノの開花日時を次の**設定**で考えることにした。

設定

正の実数 t に対して，$f(x)$ を 0 から t まで積分した値を $S(t)$ とする。すなわち，$S(t)=\int_0^t f(x)dx$ とする。この $S(t)$ が 400 に到達したとき，ソメイヨシノが開花する。

設定のもと，太郎さんは気温を表す関数 $y=f(x)$ のグラフを図 2 のように直線とみなしてソメイヨシノの開花日時を考えることにした。

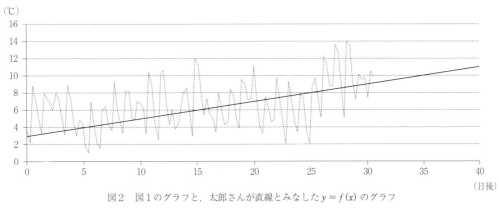

図2　図1のグラフと，太郎さんが直線とみなした $y=f(x)$ のグラフ

(i) 太郎さんは

$$f(x) = \frac{1}{5}x + 3 \quad (x \geqq 0)$$

として考えた。このとき，ソメイヨシノの開花日時は2月に入ってから □ノ□ となる。

□ノ□ の解答群

⓪ 30日後	① 35日後	② 40日後	③ 45日後
④ 50日後	⑤ 55日後	⑥ 60日後	⑦ 65日後

(ii) 太郎さんと花子さんは，2月に入ってから30日後以降の気温について話をしている。

> 太郎：1次関数を用いてソメイヨシノの開花日時を求めてみたよ。
> 花子：気温の上がり方から考えて，2月に入ってから30日後以降の気温を表す関数が2次関数の場合も考えてみようか。

花子さんは気温を表す関数 $f(x)$ を，$0 \leqq x \leqq 30$ のときは太郎さんと同じように

$$f(x) = \frac{1}{5}x + 3 \quad \cdots\cdots\cdots①$$

とし，$x \geqq 30$ のときは

$$f(x) = \frac{1}{100}x^2 - \frac{1}{6}x + 5 \quad \cdots\cdots\cdots②$$

として考えた。なお，$x = 30$ のとき①の右辺の値と②の右辺の値は一致する。花子さんの考えた式を用いて，ソメイヨシノの開花日時を考えよう。(1)より，

$$\int_0^{30} \left(\frac{1}{5}x + 3 \right) dx = \boxed{\text{タチツ}}$$

であり

$$\int_{30}^{40} \left(\frac{1}{100}x^2 - \frac{1}{6}x + 5 \right) dx = 115$$

となることがわかる。

また，$x \geqq 30$ の範囲において $f(x)$ は増加する。よって

$$\int_{30}^{40} f(x)\, dx \quad \boxed{\text{ハ}} \quad \int_{40}^{50} f(x)\, dx$$

であることがわかる。以上より，ソメイヨシノの開花日時は2月に入ってから □ヒ□ となる。

□ハ□ の解答群

⓪ <	① =	② >

□ヒ□ の解答群

⓪ 30日後より前	① 30日後	② 30日後より後，かつ40日後より前
③ 40日後	④ 40日後より後，かつ50日後より前	⑤ 50日後
⑥ 50日後より後，かつ60日後より前	⑦ 60日後	⑧ 60日後より後

第4問 （配点 20）

　花子さんは，毎年の初めに預金口座に一定額の入金をすることにした。この入金を始める前における花子さんの預金は 10 万円である。ここで，預金とは預金口座にあるお金の額のことである。預金には年利 1 ％で利息がつき，ある年の初めの預金が x 万円であれば，その年の終わりには預金は $1.01x$ 万円となる。次の年の初めには $1.01x$ 万円に入金額を加えたものが預金となる。

　毎年の初めの入金額を p 万円とし，n 年目の初めの預金を a_n 万円とおく。ただし，$p > 0$ とし，n は自然数とする。

　例えば，$a_1 = 10 + p$，$a_2 = 1.01(10 + p) + p$ である。

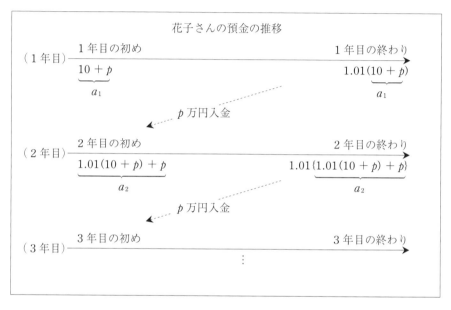

参考図

(1)　a_n を求めるために二つの方針で考える。

> **方針 1**
>
> n 年目の初めの預金と $(n + 1)$ 年目の初めの預金との関係に着目して考える。

　3 年目の初めの預金 a_3 万円について，$a_3 = \boxed{\text{ア}}$ である。すべての自然数 n について

$$a_{n+1} = \boxed{\text{イ}}\, a_n + \boxed{\text{ウ}}$$

が成り立つ。これは

$$a_{n+1} + \boxed{\text{エ}} = \boxed{\text{オ}}\left(a_n + \boxed{\text{エ}}\right)$$

と変形でき，a_n を求めることができる。

$\boxed{\text{ア}}$ の解答群

⓪　$1.01\{1.01(10 + p) + p\}$
①　$1.01\{1.01(10 + p) + 1.01p\}$
②　$1.01\{1.01(10 + p) + p\} + p$
③　$1.01\{1.01(10 + p) + p\} + 1.01p$
④　$1.01(10 + p) + 1.01p$
⑤　$1.01(10 + 1.01p) + 1.01p$

イ ～ オ の解答群（同じものを繰り返し選んでもよい。）

⓪ 1.01	① 1.01^{n-1}	② 1.01^n
③ p	④ $100p$	⑤ np
⑥ $100np$	⑦ $1.01^{n-1} \times 100p$	⑧ $1.01^n \times 100p$

方針2

もともと預金口座にあった 10 万円と毎年初めに入金した p 万円について，n 年目の初めにそれぞれがいくらになるかに着目して考える。

もともと預金口座にあった 10 万円は，2 年目の初めには 10×1.01 万円になり，3 年目の初めには 10×1.01^2 万円になる。同様に考えると n 年目の初めには $10 \times 1.01^{n-1}$ 万円になる。

- 1 年目の初めに入金した p 万円は，n 年目の初めには $p \times 1.01^{\boxed{カ}}$ 万円になる。
- 2 年目の初めに入金した p 万円は，n 年目の初めには $p \times 1.01^{\boxed{キ}}$ 万円になる。

$$\vdots$$

- n 年目の初めに入金した p 万円は，n 年目の初めには p 万円のままである。

これより

$$a_n = 10 \times 1.01^{n-1} + p \times 1.01^{\boxed{カ}} + p \times 1.01^{\boxed{キ}} + \cdots + p$$

$$= 10 \times 1.01^{n-1} + p \sum_{k=1}^{n} 1.01^{\boxed{ク}}$$

となることがわかる。ここで，$\displaystyle\sum_{k=1}^{n} 1.01^{\boxed{ク}} = \boxed{ケ}$ となるので，a_n を求めることができる。

カ ，キ の解答群（同じものを繰り返し選んでもよい。）

⓪ $n+1$	① n	② $n-1$	③ $n-2$

ク の解答群

⓪ $k+1$	① k	② $k-1$	③ $k-2$

ケ の解答群

⓪ 100×1.01^n	① $100(1.01^n - 1)$
② $100(1.01^{n-1} - 1)$	③ $n + 1.01^{n-1} - 1$
④ $0.01(101n - 1)$	⑤ $\dfrac{n \times 1.01^{n-1}}{2}$

(2) 花子さんは，10 年目の終わりの預金が 30 万円以上になるための入金額について考えた。

10 年目の終わりの預金が 30 万円以上であることを不等式を用いて表すと $\boxed{\text{コ}} \geqq 30$ となる。この不等式を p について解くと

$$p \geqq \frac{\boxed{\text{サシ}} - \boxed{\text{スセ}} \times 1.01^{10}}{101\left(1.01^{10} - 1\right)}$$

となる。したがって，毎年の初めの入金額が例えば 18000 円であれば，10 年目の終わりの預金が 30 万円以上になることがわかる。

$\boxed{\text{コ}}$ の解答群

⓪ a_{10}	① $a_{10} + p$	② $a_{10} - p$
③ $1.01a_{10}$	④ $1.01a_{10} + p$	⑤ $1.01a_{10} - p$

(3) 1 年目の入金を始める前における花子さんの預金が 10 万円ではなく，13 万円の場合を考える。すべての自然数 n に対して，この場合の n 年目の初めの預金は a_n 万円よりも $\boxed{\text{ソ}}$ 万円多い。なお，年利は 1 ％であり，毎年の初めの入金額は p 万円のままである。

$\boxed{\text{ソ}}$ の解答群

⓪ 3	① 13	② $3(n - 1)$
③ $3n$	④ $13(n - 1)$	⑤ $13n$
⑥ 3^n	⑦ $3 + 1.01(n - 1)$	⑧ $3 \times 1.01^{n-1}$
⑨ 3×1.01^n	ⓐ $13 \times 1.01^{n-1}$	ⓑ 13×1.01^n

第5問 （配点 20）

三角錐 PABC において，辺 BC の中点を M とおく。また，∠PAB = ∠PAC とし，この角度を θ とおく。ただし，$0° < \theta < 90°$ とする。

(1) $\overrightarrow{AM}$ は

$$\overrightarrow{AM} = \frac{\boxed{\text{ア}}}{\boxed{\text{イ}}}\overrightarrow{AB} + \frac{\boxed{\text{ウ}}}{\boxed{\text{エ}}}\overrightarrow{AC} \quad \text{と表せる。また}$$

$$\frac{\overrightarrow{AP} \cdot \overrightarrow{AB}}{|\overrightarrow{AP}||\overrightarrow{AB}|} = \frac{\overrightarrow{AP} \cdot \overrightarrow{AC}}{|\overrightarrow{AP}||\overrightarrow{AC}|} = \boxed{\text{オ}} \quad \cdots\cdots\cdots①$$

である。

$\boxed{\text{オ}}$ の解答群

⓪　$\sin\theta$	①　$\cos\theta$	②　$\tan\theta$
③　$\dfrac{1}{\sin\theta}$	④　$\dfrac{1}{\cos\theta}$	⑤　$\dfrac{1}{\tan\theta}$
⑥　$\sin\angle BPC$	⑦　$\cos\angle BPC$	⑧　$\tan\angle BPC$

(2) $\theta = 45°$ とし，さらに

$$|\overrightarrow{AP}| = 3\sqrt{2}, \quad |\overrightarrow{AB}| = |\overrightarrow{PB}| = 3, \quad |\overrightarrow{AC}| = |\overrightarrow{PC}| = 3$$

が成り立つ場合を考える。このとき

$$\overrightarrow{AP} \cdot \overrightarrow{AB} = \overrightarrow{AP} \cdot \overrightarrow{AC} = \boxed{\text{カ}}$$

である。さらに，直線 AM 上の点 D が ∠APD = 90° を満たしているとする。このとき，$\overrightarrow{AD} = \boxed{\text{キ}}\,\overrightarrow{AM}$ である。

(3) $\overrightarrow{AQ} = \boxed{\text{キ}}\,\overrightarrow{AM}$

で定まる点を Q とおく。$\overrightarrow{PA}$ と $\overrightarrow{PQ}$ が垂直である三角錐 PABC はどのようなものかについて考えよう。例えば (2)の場合では，点 Q は点 D と一致し，$\overrightarrow{PA}$ と $\overrightarrow{PQ}$ は垂直である。

(i) $\overrightarrow{PA}$ と $\overrightarrow{PQ}$ が垂直であるとき，$\overrightarrow{PQ}$ を $\overrightarrow{AB}$, $\overrightarrow{AC}$, $\overrightarrow{AP}$ を用いて表して考えると，$\boxed{\text{ク}}$ が成り立つ。さらに①に注意すると，$\boxed{\text{ク}}$ から $\boxed{\text{ケ}}$ が成り立つことがわかる。

したがって，$\overrightarrow{PA}$ と $\overrightarrow{PQ}$ が垂直であれば，$\boxed{\text{ケ}}$ が成り立つ。逆に，$\boxed{\text{ケ}}$ が成り立てば，$\overrightarrow{PA}$ と $\overrightarrow{PQ}$ は垂直である。

$\boxed{\text{ク}}$ の解答群

⓪　$\overrightarrow{AP} \cdot \overrightarrow{AB} + \overrightarrow{AP} \cdot \overrightarrow{AC} = \overrightarrow{AP} \cdot \overrightarrow{AP}$	①　$\overrightarrow{AP} \cdot \overrightarrow{AB} + \overrightarrow{AP} \cdot \overrightarrow{AC} = -\overrightarrow{AP} \cdot \overrightarrow{AP}$
②　$\overrightarrow{AP} \cdot \overrightarrow{AB} + \overrightarrow{AP} \cdot \overrightarrow{AC} = \overrightarrow{AB} \cdot \overrightarrow{AC}$	③　$\overrightarrow{AP} \cdot \overrightarrow{AB} + \overrightarrow{AP} \cdot \overrightarrow{AC} = -\overrightarrow{AB} \cdot \overrightarrow{AC}$
④　$\overrightarrow{AP} \cdot \overrightarrow{AB} + \overrightarrow{AP} \cdot \overrightarrow{AC} = 0$	⑤　$\overrightarrow{AP} \cdot \overrightarrow{AB} - \overrightarrow{AP} \cdot \overrightarrow{AC} = 0$

ケ の解答群

⓪ $|\overrightarrow{AB}| + |\overrightarrow{AC}| = \sqrt{2}\,|\overrightarrow{BC}|$	① $|\overrightarrow{AB}| + |\overrightarrow{AC}| = 2\,|\overrightarrow{BC}|$
② $|\overrightarrow{AB}|\sin\theta + |\overrightarrow{AC}|\sin\theta = |\overrightarrow{AP}|$	③ $|\overrightarrow{AB}|\cos\theta + |\overrightarrow{AC}|\cos\theta = |\overrightarrow{AP}|$
④ $|\overrightarrow{AB}|\sin\theta = |\overrightarrow{AC}|\sin\theta = 2\,|\overrightarrow{AP}|$	⑤ $|\overrightarrow{AB}|\cos\theta = |\overrightarrow{AC}|\cos\theta = 2\,|\overrightarrow{AP}|$

(ii) k を正の実数とし

$$k\,\overrightarrow{AP}\cdot\overrightarrow{AB} = \overrightarrow{AP}\cdot\overrightarrow{AC}$$

が成り立つとする。このとき，　コ　が成り立つ。

また，点 B から直線 AP に下ろした垂線と直線 AP との交点を B′ とし，同様に点 C から直線 AP に下ろした垂線と直線 AP との交点を C′ とする。

このとき，$\overrightarrow{PA}$ と $\overrightarrow{PQ}$ が垂直であることは，　サ　であることと同値である。特に $k=1$ のとき，$\overrightarrow{PA}$ と $\overrightarrow{PQ}$ が垂直であることは，　シ　であることと同値である。

コ の解答群

⓪ $k\,|\overrightarrow{AB}| = |\overrightarrow{AC}|$	① $|\overrightarrow{AB}| = k\,|\overrightarrow{AC}|$
② $k\,|\overrightarrow{AP}| = \sqrt{2}\,|\overrightarrow{AB}|$	③ $k\,|\overrightarrow{AP}| = \sqrt{2}\,|\overrightarrow{AC}|$

サ の解答群

⓪ B′ と C′ がともに線分 AP の中点
① B′ と C′ が線分 AP をそれぞれ $(k+1):1$ と $1:(k+1)$ に内分する点
② B′ と C′ が線分 AP をそれぞれ $1:(k+1)$ と $(k+1):1$ に内分する点
③ B′ と C′ が線分 AP をそれぞれ $k:1$ と $1:k$ に内分する点
④ B′ と C′ が線分 AP をそれぞれ $1:k$ と $k:1$ に内分する点
⑤ B′ と C′ がともに線分 AP を $k:1$ に内分する点
⑥ B′ と C′ がともに線分 AP を $1:k$ に内分する点

シ の解答群

⓪ △PAB と △PAC がともに正三角形
① △PAB と △PAC がそれぞれ ∠PBA = 90°，∠PCA = 90° を満たす直角二等辺三角形
② △PAB と △PAC がそれぞれ BP = BA，CP = CA を満たす二等辺三角形
③ △PAB と △PAC が合同
④ AP = BC

数学Ⅰ・A

問題番号(配点)	解答記号	正解	配点
第1問 (30)	アイ	−8	2
	ウエ	−4	1
	オ・カ	2・2	2
	キ・ク	4・4	2
	ケ・コ	7・3	3
	サ	0	3
	シ	7	3
	ス	4	2
	セソ	27	2
	タ・チ	5・6	2
	ツ・テト	6・11	3
	ナ	6	2
	ニヌ・ネノ・ハ	10・11・2	3
第2問 (30)	ア	2	2
	イ	5	2
	ウ	1	2
	エ	2	3
	オ	2	3
	カ	7	3
	キ・ク	4・3	3
	ケ・コ	4・3	3
	サ	2	3
	シ・ス・セソ	5・3・57	3
	タ・チ	0・0	3
第3問 (20)	アイウ	320	3
	エオ	60	3
	カキ	32	3
	クケ	30	3
	コ	2	3
	サシス	260	2
	セソタチ	1020	3
第4問 (20)	アイ	11	2
	ウエオカ	2310	3
	キク	22	3
	ケコサシ	1848	3
	スセソ	770	2
	タチ	33	2
	ツテトナ	2310	2
	ニヌネノ	6930	3

問題番号(配点)	解答記号	正解	配点
第5問 (20)	アイ	90	2
	ウ	3	2
	エ	4	3
	オ	3	3
	カ	2	2
	キ	3	3
	ク・ケ・コ	3・6・2	3
	サ	7	2

(注) 第1問，第2問は必答。第3問～第5問のうちから2問選択。計4問を解答。

数学Ⅱ・B

問題番号(配点)	解答記号	正解	配点
第1問 (30)	ア	0	1
	イ	2	1
	ウ・エ	2・1	2
	オ	3	2
	カ・キ	5・3	2
	ク・ケ	a・7	2
	コ	7	2
	サ・シ・ス・セ	3・7・5・7	2
	ソ	6	2
	タ・チ	5・6	2
	ツ	2	3
	テ	2	2
	ト・ナ	3・2	2
	ニ	5	2
	ヌ	5	3
第2問 (30)	ア	4	1
	イウ・エ	−3・2	3
	オ	0	1
	カ	0	1
	キ	3	1
	ク	9	1
	ケ・コ・サ	5・3・9	3
	シ	6	2
	スセソ	180	2
	タチツ	180	3
	テトナ・ニヌ・ネ	300・12・5	3
	ノ	4	3
	ハ	0	3
	ヒ	4	2
第4問 (20)	ア	2	2
	イ・ウ	0・3	3
	エ・オ	4・0	3
	カ・キ	2・3	2
	ク	2	2
	ケ	1	2
	コ	3	2
	サシ・スセ	30・10	2
	ソ	8	2
第5問 (20)	ア・イ・ウ・エ	1・2・1・2	2
	オ	1	2
	カ	9	2
	キ	2	2
	ク	0	3
	ケ	3	2
	コ	0	2
	サ	4	3
	シ	2	1

(注) 第3問削除。

第1問

〔1〕

$|x + 6| \leqq 2$ は，$-2 \leqq x + 6 \leqq 2$ より，$-8 \leqq x \leqq -4$

ここで $(1 - \sqrt{3})(a - b)(c - d) = x$ とすると，

$$-8 \leqq (1 - \sqrt{3})(a - b)(c - d) \leqq -4$$

$1 - \sqrt{3}$ は負より，

$$\frac{-4}{1 - \sqrt{3}} \leqq (a - b)(c - d) \leqq \frac{-8}{1 - \sqrt{3}}$$

$$2 + 2\sqrt{3} \leqq (a - b)(c - d) \leqq 4 + 4\sqrt{3}$$

左辺を展開すると，

$$ac - ad - bc + bd = 4 + 4\sqrt{3} \cdots\cdots①$$

$$ac - ad - bc + cd = -3 + \sqrt{3} \cdots\cdots②$$

①－②より，$ac - ab + bd - cd = 7 + 3\sqrt{3}$

$$(a - d)(c - b) = 7 + 3\sqrt{3}$$

〔2〕

(1) (i) 正弦定理より，

$$\frac{AB}{\sin\angle ACB} = 2R \text{ だから，} \quad \frac{6}{\sin\angle ACB} = 2 \times 5$$

$$\therefore \sin\angle ACB = \frac{3}{5}$$

(ii)

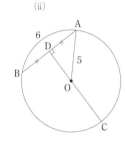

点 C から直線 AB に垂直な直線を引くと，CD は点 O を通り，AB の垂直二等分線になるので，

AD = 3，$\angle ADO = 90°$

したがって，△AOD において三平方の定理より，OD = 4

よって，$\tan\angle OAD = \dfrac{4}{3}$

DC = OD + OC = 4 + 5 = 9 より，

$$\triangle ABC = 6 \times 9 \times \frac{1}{2} = 27$$

(2) 余弦定理より，

$$\cos\angle QPR = \frac{PQ^2 + RP^2 - QR^2}{2 \cdot PQ \cdot RP} = \frac{8^2 + 9^2 - 5^2}{2 \cdot 8 \cdot 9} = \frac{5}{6}$$

$$\sin\angle QPR = \sqrt{1 - \left(\frac{5}{6}\right)^2} = \frac{\sqrt{11}}{6} \text{ より，}$$

$$\triangle PQR = \frac{1}{2} \cdot PQ \cdot RP \cdot \sin\angle QRP$$

$$= \frac{1}{2} \times 8 \times 9 \times \frac{\sqrt{11}}{6} = 6\sqrt{11}$$

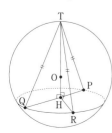

TH は共通，TP = TQ = TR より，直角三角形の斜辺と他の 1 辺がそれぞれ等しいので，

$\triangle TPH \equiv \triangle TQH \equiv \triangle TRH$ より，

対応する辺 **PH = QH = RH**

よって，点 H は △PQR の外心であり，△PQR の外接円の半径 PH

は正弦定理より，$\dfrac{QR}{\sin\angle QPR} = 2 \cdot PH$

$$\frac{5}{\frac{\sqrt{11}}{6}} = 2 \cdot PH \qquad\qquad \therefore PH = \frac{15}{\sqrt{11}}$$

円の中心を O とすると，△OHP において三平方の定理より，

$$OH = \sqrt{OP^2 - PH^2} = \sqrt{5^2 - \left(\frac{15}{\sqrt{11}}\right)^2} = \frac{5\sqrt{2}}{\sqrt{11}}$$

したがって，$TH = TO + OH = 5 + \dfrac{5\sqrt{2}}{\sqrt{11}}$

以上より，三角錐 TPQR の体積

$$= \triangle PQR \times TH \times \frac{1}{3}$$

$$= 6\sqrt{11} \times \left(5 + \frac{5\sqrt{2}}{\sqrt{11}}\right) \times \frac{1}{3}$$

$$= 10(\sqrt{11} + \sqrt{2})$$

第2問

〔1〕

(1) ・データの個数が 52 より，第1四分位数は 13 番目と 14 番目の平均値である。図1より，13 番目と 14 番目が含まれる階級はともに **1800 以上 2200 未満** なので，第1四分位数も同じ。

・第3四分位数は 39 番目と 40 番目の平均値で，図1より 39 番目と 40 番目が含まれる階級はともに **3000 以上 3400 未満** なので，第3四分位数も同じ。

・四分位範囲は，$3000 - 2200 = 800$，$3400 - 1800 = 1600$ より，**800 より大きく 1600 より小さい**。

(2) (i) ・地域 E の中央値は 10 番目より，第1四分位数は 5 番目である。図2より，第1四分位数は 2000 より大きいので⓪は誤り。

・図2，図3を見比べると明らかに範囲は異なるので，①は誤り。

・図2より地域 E の中央値は 2400 よりも小さく，地域 W の中央値は 2600 よりも大きいで②は正しい。

・2600 は地域 W の中央値付近であるが，地域 E では中央値をだいぶ超えている。したがって，2600 未満の割合は地域 W より地域 E の方が大きいことがわかる。よって，③は誤り。

(ii) 分散は偏差の 2 乗の平均値なので，②が答え。

(3) 相関係数 $= \dfrac{(x \text{ と } y \text{ の共分散})}{(x \text{ の標準偏差}) \times (y \text{ の標準偏差})}$

$$= \frac{124000}{590 \times 570}$$

$$= 0.368$$

$$\fallingdotseq \mathbf{0.37}$$

〔2〕

(1) ・放物線 C_1 を $y = ax^2 + bx + c$ とおくと、点 $(0, 3)$ を通るので、$3 = C$。点 $(4, 3)$ を通るので、

$3 = 16a + 4b + 3$ より、$b = -4a$

よって、$y = ax^2 - 4ax + 3$

平方完成して、$y = a(x - 2)^2 - 4a + 3$

$\begin{cases} \text{プロ選手の「ボールが最も高くなるときの地上の位置」} \\ \text{は } x = 2 \\ \text{花子さんの「ボールが最も高くなるときの地上の位置」} \\ \text{は } x = 2 - \dfrac{1}{8p} \\ \text{M の } x \text{ 座標は } x = 4 \end{cases}$

放物線 C_2 は上に凸なので、$p < 0$ より、$-\dfrac{1}{8p} > 0$

したがって、$2 - \dfrac{1}{8p} > 2$ なので、**花子さんの「ボールが最も高くなるときの地上の位置」の方が、つねに M の x 座標に近い。**

(2) $AD = \dfrac{\sqrt{3}}{15}$ より、

$D\left(3.8,\ 3 + \dfrac{\sqrt{3}}{15}\right) = \left(\dfrac{19}{5},\ 3 + \dfrac{\sqrt{3}}{15}\right)$

これが放物線 C_1 を通るので、$y = a(x - 2)^2 - 4a + 3$ に代入して、

$3 + \dfrac{\sqrt{3}}{15} = a\left(\dfrac{19}{5} - 2\right)^2 - 4a + 3$

$\dfrac{19}{25}a = -\dfrac{\sqrt{3}}{15}$

$a = -\dfrac{5\sqrt{3}}{57}$

したがって、C_1 の方程式は、$y = ax^2 - 4ax + 3$

$= a(x^2 - 4x) + 3$

$= -\dfrac{5\sqrt{3}}{57}(x^2 - 4x + 3)$

プロ選手の「シュートの高さ」は

$-4a + 3 = -4 \times \left(-\dfrac{5\sqrt{3}}{57}\right) + 3$

$= \dfrac{20\sqrt{3}}{57} + 3$

$\fallingdotseq \dfrac{20 \times 1.73}{57} + 3 \fallingdotseq 3.6$

したがって、プロ選手 $\fallingdotseq 3.6$、花子さん $\fallingdotseq 3.4$ を比べると**プロ選手の方が大きい。**

また、その差は $3.6 - 3.4 = 0.2$ なので、半径 0.1 の円の**約 1 個分**である。

第3問

(1) 球 1 の塗り方が 5 通り、球 2 の塗り方が 4 通り、球 3 の塗り方が 4 通り、球 4 の塗り方が 4 通りなので、

$5 \times 4 \times 4 \times 4 = \mathbf{320}$ 通り。

(2) 球 1 の塗り方が 5 通り、球 2 の塗り方が 4 通り、球 3 の塗り方は球 1 と球 2 の色以外の 3 通りなので、

$5 \times 4 \times 3 = \mathbf{60}$ 通り。

(3) 赤をちょうど 2 回使うには i）球 1 と球 3 を赤か ii）球 2 と球 4 を赤に塗る場合がある。

 i）球 1 と球 3 に赤を塗るとき

   球 2 の塗り方は 4 通り、球 4 の塗り方は 4 通りなので

   $4 \times 4 = 16$ 通り

 ii）球 2 と球 4 に赤を塗るとき

   球 1 の塗り方は 4 通り、球 3 の塗り方は 4 通りなので

   $4 \times 4 = 16$ 通り

 i）、ii）は互いに排反なので、$16 + 16 = \mathbf{32}$ 通り

(4) 球 1 に赤を塗ってしまうと球 2 ～球 6 に赤は塗れないので球 2 ～ 6 の中から、赤を塗る 3 つを選ばないといけない。その選び方は $_5C_3 = 10$ 通り

 そして、球 1 に青を塗ってしまうと同様に球 2 ～ 6 に青を塗れないので、球 2 ～ 6 から赤を 3 つ塗った後に残る 2 つに自動的に青を塗らなければならない。

 このとき球 1 の塗り方は赤、青以外の 3 通りなので、

 $10 \times 3 = \mathbf{30}$ 通り

(5) ・球 3 と球 4 の塗り方は 5 通り。球 1 の塗り方は 4 通り。球 2 の塗り方は 3 通りなので、$5 \times 4 \times 3 = \mathbf{60}$ 通り。これは(2)で求めた**図 C** の場合の数と一致する。

 ・図 F の塗り方は図 B と同じ 320 通り。この中に球 3 と球 4 が同色になる 60 通りが含まれている。したがって、図 D の塗り方は、図 F の塗り方から球 3 と球 4 が同色となる場合を除けばよいので、$320 - 60 = \mathbf{260}$ 通り。

(6) (5)と同様に考えると、

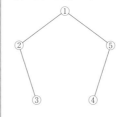

左図は①―②―③―④―⑤と同じなので、

$5 \times 4 \times 4 \times 4 \times 4 = 1280$ 通り。

このとき球 3 と球 4 が同色なのは、図 D と同じなので 260 通り。

したがって、図 G の球の塗り方は $1280 - 260 = \mathbf{1020}$ 通り。

第4問

(1) それぞれ素因数分解すると $462 = 2 \times 3 \times 7 \times 11$、$110 = 2 \times 5 \times 11$ より、両方を割り切る素数のうち最大のものは、**11**

・最小公倍数を求めればよいので、

 $2 \times 3 \times 5 \times 7 \times 11 = \mathbf{2310}$

・赤い長方形を横に n 枚、縦に m 枚並べるとすると横の長さと縦の長さの差の絶対値は、

 $|462n - 110 \times m| = 22|21n - 5m|$

これが最小となるには、$|21n - 5m|$ が 1 となる自然数 n、m が見付かればよいので、

 $21n - 5m = 1$ のとき、$n = 1$、$m = 4$

 $21n - 5m = -1$ のとき、$n = 4$、$m = 17$

したがって、$22 \times 1 = \mathbf{22}$

また，縦の長さが横の長さより 22 長いときが横の長さが最小なので，これは $n = 4$ のとき。したがって，横の長さは，$462 \times 4 = \mathbf{1848}$

(2)・$110 = 2 \times 5 \times 11$，$154 = 2 \times 7 \times 11$ より縦の長さが最小のものは最小公倍数なので，

$2 \times 5 \times 7 \times 11 = \mathbf{770}$

・$462 = 2 \times 3 \times 7 \times 11$，$363 = 3 \times 11 \times 11$ より，最大公約数は $3 \times 11 = \mathbf{33}$

$33 = 3 \times 11$，$770 = 2 \times 5 \times 7 \times 11$ より，最小公倍数は $2 \times 3 \times 5 \times 7 \times 11 = \mathbf{2310}$

したがって，正方形の 1 辺は 2310 の倍数なので，赤い長方形を横に s 枚，青い長方形を横に t 枚並べるとすると，$462s + 363t = 2310u$（s，t，u は自然数）とおくことができる。両辺を最大公約数の 33 で割ると，

$14s + 11t = 70u$

$11t = 70u - 14s$

$\quad\ = 14(5u - s)$ より，

$5u - s$ は 11 の倍数である。

このとき，最小の 11 を考えると，$5u - s = 11$ を満たす u と s は，$u = 3$，$s = 4$ が見付かる。

よって，1 辺の長さは $2310 \times 3 = \mathbf{6930}$

第5問

(1)

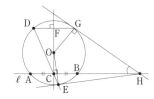

手順 1 通りに作図すると左図のようになるので，直線 EH が円 O の接線となることを証明するには，$\angle OEH = \mathbf{90°}$ であることを示せばよい。

OC は AB の垂直二等分線なので，$\angle OCH = 90°$

GH は円の接線なので，$\angle OGH = 90°$

したがって，四角形 OCHG において，向かい合う角の和が 180° なので，C，G，H，**O** は同一円周上にある。

また，もう 1 組の向かい合う角の和が 180° より，

$\angle CHG = 180° - \angle COG$

外角である $\angle FOG = 180° - \angle COG$

よって，$\angle CHG = \angle \mathbf{FOG}$

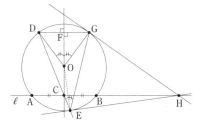

△ODG は OD = OG の二等辺三角形で，OF⊥DG より，

OF は $\angle DOG$ の二等分線なので，$\angle FOG = \dfrac{1}{2} \angle DOG$

E は円周上にあるので，円周角の定理より，

$\angle DEG = \dfrac{1}{2} \angle DOG$

したがって，$\angle FOG = \angle \mathbf{DEG}$

よって，$\angle CHG = \angle FOG = \angle DEG = \angle CEG$ より，円周角の定理の逆から，C，G，H，**E** は同一円周上にある。

(2)

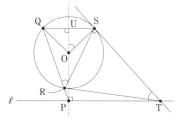

手順 2 通りに作図すると上図のようになる。

(1)と同様に $\angle OST = \angle OPT = 90°$ より，O，P，T，S は同一円周上にある。

よって，直線 OP と QS の交点を U とすると

$\angle PTS = \angle UOS$

また，(1)と同様に $\angle UOS = \dfrac{1}{2} \angle QOS = \angle QRS$ なので

$\angle PTS = \angle \mathbf{QRS}$

したがって，四角形 SRPT において，$\angle PTS = \angle QRS$ より向かい合う角 $\angle SRP + \angle PTS = 180°$ より，R，P，T，S は同一円周上にある。

よって，O，R，P，T，S は同一円周上にある。

$\angle OPT = 90°$ より，O，P，R を通る円の直径は OT なので

半径 $= OT \times \dfrac{1}{2} = 3\sqrt{6} \times \dfrac{1}{2} = \dfrac{3\sqrt{6}}{2}$

$\angle ORT = \angle OPT = 90°$ より，△ORT において三平方の定理から，

$RT = \sqrt{OT^2 - OR^2} = \sqrt{(3\sqrt{6})^2 - (\sqrt{5})^2} = \mathbf{7}$

第1問

〔1〕

(1) $\sin \frac{\pi}{6} = \frac{1}{2}$, $\sin \frac{\pi}{3} = \frac{\sqrt{3}}{2}$ より，$\sin x < \sin 2x$

$\sin \frac{2}{3}\pi = \frac{\sqrt{3}}{2}$, $\sin \frac{4}{3}\pi = -\frac{\sqrt{3}}{2}$ より，$\sin x > \sin 2x$

(2) 倍角の公式より，$\sin 2x = 2\sin x \cos x$ だから，

$\sin 2x - \sin x = 2\sin x \cos x - \sin x$
$\qquad\qquad\qquad = \sin x(2\cos x - 1)$

したがって，$\sin x(2\cos x - 1) > 0$ が成り立つのは

$\sin x > 0$ かつ $2\cos x - 1 > 0$ ……①

あるいは

$\sin x < 0$ かつ $2\cos x - 1 < 0$ ……②

のときである。

$0 \leqq x \leqq 2\pi$ のとき①を解くと，

$\sin x > 0 \Longrightarrow 0 < x < \pi$

かつ

$\cos x > \frac{1}{2} \Longrightarrow 0 \leqq x < \frac{\pi}{3}$, $\frac{5}{3}\pi < x \leqq 2\pi$

より，$0 < x < \frac{\pi}{3}$

$0 \leqq x \leqq 2\pi$ のとき，②を解くと

$\sin x < 0 \Longrightarrow \pi < x < 2\pi$

かつ

$\cos x < \frac{1}{2} \Longrightarrow \frac{\pi}{3} < x < \frac{5}{3}\pi$

より，$\pi < x < \frac{5}{3}\pi$

(3) $\begin{cases} \alpha + \beta = 4x \\ \alpha - \beta = 3x \end{cases}$ より，α, β の連立方程式を解くと，

$\alpha = \frac{7}{2}x$, $\beta = \frac{x}{2}$

$\alpha + \beta = 4x$, $\alpha - \beta = 3x$ を満たすα, β に対して③を用

いると，$\sin 4x - \sin 3x = 2\cos \frac{7}{2}x \sin \frac{x}{2}$ より

左辺 > 0 が成り立つには，$2\cos \frac{7}{2}x \sin \frac{x}{2} > 0$

つまり，$\cos \frac{7}{2}x > 0$ かつ，$\sin \frac{x}{2} > 0$ ……④

または，$\cos \frac{7}{2}x < 0$ かつ $\sin \frac{x}{2} < 0$ ……⑤

$0 \leqq x \leqq \pi$ のとき④を解くと，$0 \leqq \frac{7}{2}x \leqq \frac{7}{2}\pi$ より

$\cos \frac{7}{2}x > 0 \Longrightarrow 0 \leqq \frac{7}{2}x < \frac{\pi}{2}$, $\frac{3}{2}\pi < \frac{7}{2}x < \frac{5}{2}\pi$

つまり $0 \leqq x < \frac{\pi}{7}$, $\frac{3}{7}\pi < x < \frac{5}{7}\pi$

かつ，$0 \leqq \frac{x}{2} \leqq \frac{\pi}{2}$ より，$\sin \frac{x}{2} > 0 \Longrightarrow 0 < \frac{x}{2} \leqq \frac{\pi}{2}$

つまり，$0 < x \leqq \pi$

より，$0 < x < \frac{\pi}{7}$, $\frac{3}{7}\pi < x < \frac{5}{7}\pi$

ここで，⑤を解くにあたって，$0 \leqq \frac{x}{2} \leqq \frac{\pi}{2}$ のとき，

$\sin \frac{x}{2} \geqq 0$ より，$\sin \frac{x}{2} < 0$ を満たすxは存在しないの

で，⑤の場合はない。

よって，④で求めた $0 < x < \frac{\pi}{7}$, $\frac{3}{7}\pi < x < \frac{5}{7}\pi$ が答え。

(4) (3)より，$0 \leqq x \leqq \pi$ のとき，$\sin 3x > \sin 4x$ が成り立つ
ような x の値の範囲は，

$\frac{\pi}{7} < x < \frac{3}{7}\pi$, $\frac{5}{7}\pi < x < \pi$ ……⑥

そして，$0 \leqq x \leqq \pi$ のとき，$0 \leqq 2x \leqq 2\pi$ において(2)で求
めた $\sin 2x > \sin x$ で求めた x を $2x$ に換えたものが，

$\sin 4x > \sin 2x$ が成り立つ範囲なので，$0 < 2x < \frac{\pi}{3}$,

$\pi < 2x < \frac{5}{3}\pi$

つまり，$0 < x < \frac{\pi}{6}$, $\frac{\pi}{2} < x < \frac{5}{6}\pi$ ……⑦

よって，⑥，⑦より $\frac{\pi}{7} < x < \frac{\pi}{6}$, $\frac{5}{7}\pi < x < \frac{5}{6}\pi$

〔2〕

(1) $\log_a b = x \Longrightarrow a^x = b$

(2)(i) $\log_5 25 = \log_5 5^2 = 2\log_5 5 = 2$

$\log_9 27 = \frac{\log_3 27}{\log_3 9} = \frac{\log_3 3^3}{\log_3 3^2} = \frac{3\log_3 3}{2\log_3 3} = \frac{3}{2}$

(ii) (1)より，$\log_2 3 = \frac{p}{q} \Longrightarrow 2^{\frac{p}{q}} = 3$

$\left(2^{\frac{p}{q}}\right)^q = 3^q$

$2^p = 3^q$

(iii) (ii)と同様に考えると，$a^p = b^q$ と表すことができる。

このとき，a と b のいずれか一方が偶数で，もう一方
が奇数であれば，$a^p = b^q$ を満たす p, q は存在しないの
で，$\log_a b$ は常に無理数である。

第2問

〔1〕

(1) $x^2(k - x) = 0$ を解くと，$x = 0$, k より，共有点の座標
は $(0, 0)$ と $(k, 0)$

$f(x) = -x^3 + kx^2$ より，$f'(x) = -3x^2 + 2kx$

$f'(x) = 0$ のとき，$-3x^2 + 2kx = 0$

$3x\left(x - \frac{2}{3}k\right) = 0$ $\qquad\qquad \therefore x = 0, \frac{2}{3}k$

$x > 0$ より $0 < \frac{2}{3}k$ だから，増減表をかくと

x	$\cdots$	0	$\cdots$	$\frac{2}{3}k$	$\cdots$
$f'(x)$	$\searrow$	0	$\nearrow$	0	$\searrow$
$f(x)$		極小		極大	

したがって極小値は $x = 0$ のとき, $f(0) = 0$

極大値は $x = \dfrac{2}{3}k$ のとき,

$$f\left(\dfrac{2}{3}\right) = -\left(\dfrac{2}{3}k\right)^3 + k\left(\dfrac{2}{3}k\right)^2$$
$$= \dfrac{4}{27}k^3$$

(2)

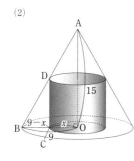

左図のように, O, A～D の点をおくと, △AOD∽△DCB より

AO : BO = DC : BC

$15 : 9 = \text{DC} : (9 - x)$

$$\text{DC} = \dfrac{5}{3}(9 - x)$$

DC は円柱の高さなので,

$$V = x \times x \times \pi \times \dfrac{5}{3}(9 - x)$$
$$= \dfrac{5}{3}\pi x^2 (9 - x)$$

(1)より $x^2(k - x)$ は $x = \dfrac{2}{3}k$ のとき最大となることがわかったので, V も $x = \dfrac{2}{3} \times 9 = 6$ のとき最大となる。

したがって, V の最大値は $\dfrac{5}{3}\pi \times 6^2 \times (9 - 6) = \mathbf{180\pi}$。

〔2〕

(1) $\displaystyle\int_0^{30}\left(\dfrac{1}{5}x + 3\right)dx = \left[\dfrac{1}{10}x^2 + 3x\right]_0^{30} = \dfrac{1}{10}\cdot 30^2 + 3\cdot 30$
$= \mathbf{180}$

$\displaystyle\int\left(\dfrac{1}{100}x^2 - \dfrac{1}{6}x + 5\right)dx = \dfrac{1}{300}x^3 - \dfrac{1}{12}x^2 + 5x + C$

(2)(i)
$$S(t) = \int_0^t\left(\dfrac{1}{5}x + 3\right)dx = \left[\dfrac{1}{10}x^2 + 3x\right]_0^t = \dfrac{1}{10}t^2 + 3t$$

$S(t) = 400$ のときにソメイヨシノが開花するので

$\dfrac{1}{10}t^2 + 3t = 400$

$t^2 + 30t - 4000 = 0$

$(t - 50)(t + 80) = 0$

$t > 0$ より, $t = 50$ 　　　　　　　∴**50日後**

(ii) $x \geqq 30$ の範囲において, $f(x)$ が増加するということは,

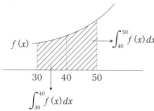

より, $\displaystyle\int_{30}^{40}f(x)dx < \int_{40}^{50}f(x)dx$

$S(40) = \displaystyle\int_0^{40}f(x)dx = \int_0^{30}f(x)dx + \int_{30}^{40}f(x)dx$

$= 180 + 115 = 295$

$S(50) = S(40) + \displaystyle\int_{40}^{50}f(x)dx > S(40) + \int_{30}^{40}f(x)dx$

$= 295 + 115$

$= 410$

したがって, $S(40) < 400 < S(50)$

よって, ソメイヨシノの開花日時は2月に入ってから,

40日後より後, かつ50日後より前である。

第4問

(1) a_3 は, a_2 に1％の利子がついたものに, p万円を加えたものだから, $a_3 = 1.01 \times a_2 + p$
$$= \mathbf{1.01\{1.01(10 + p) + p\} + p}$$

このことから, すべての自然数 n について,

$a_{n+1} = \mathbf{1.01}a_n + \mathbf{p}$ が成り立つことがわかる。

$a_{n+1} = 1.01a_n + p$ を特性方程式を用いて式変形すると, $a_{n+1} + \mathbf{100}p = \mathbf{1.01}(a_n + \mathbf{100}p)$

- 1年目の初めに入金した p万円は, n年目の初めには $(n-1)$ 回利子がつくので, $p \times 1.01^{n-1}$

- 2年目の初めに入金した p万円は, n年目の初めには, 上よりも1回少ない $(n-2)$ 回利子がつくので, $p \times 1.01^{n-2}$

- n年目の初めに入金した p万円には, n年目の初めには利子がまだついていないので, p万円のままである。

したがって,

$a_n = 10 \times 1.01^{n-1} + p \times 1.01^{n-1} + p \times 1.01^{n-2}$
$\qquad + \cdots + p$
$= 10 \times 1.01^{n-1} + p\displaystyle\sum_{k=1}^{n}1.01^{k-1}$

ここで, $\displaystyle\sum_{k=1}^{n}1.01^{k-1}$ は, 初項が1, 公比が1.01, 項数が n の等比数列の和だから,

$$\dfrac{1\cdot(1.01^n - 1)}{1.01 - 1} = \dfrac{1.01^n - 1}{0.01} = \mathbf{100(1.01^n - 1)}$$

(2) 10年目の終わりの預金は, 10年目の初めの金額に利子をつけたもので, これが30万円以上であることから,

$\mathbf{1.01}a_{10} \geqq \mathbf{30}$

$a_n = 10 \times 1.01^{n-1} + 100p(1.01^n - 1)$
$\quad = 10 \times 1.01^{n-1} + 100p \times 1.01^n - 100p$ より

$a_{10} = 10 \times 1.01^9 + 100 \times 1.01^{10} - 100p$

$1.01a_{10} \geqq 30$

$a_{10} \geqq \dfrac{30}{1.01}$

$10 \times 1.01^9 + 100p \times 1.01^{10} - 100p \geqq \dfrac{30}{1.01}$

$100p \times 1.01^{10} - 100p \geqq \dfrac{30}{1.01} - 10 \times 1.01^9$

$100p(1.01^{10} - 1) \geqq \dfrac{30 - 10 \times 1.01^{10}}{1.01}$

$p \geqq \dfrac{30 - 10 \times 1.01^{10}}{1.01 \times 100(1.01^{10} - 1)}$

$$p \geqq \frac{30 - 10 \times 1.01^{10}}{101\,(1.01^{10} - 1)}$$

(3) 1年目の入金額が $13 - 10 = 3$ 万円多ければ，年月が経つと利子がついた分だけ多くなる。n 年目の初めまでにつく年利は $\times 1.01^{n-1}$ なので，$3 \times 1.01^{n-1}$ 多くなる。

第5問

(1) $\triangle$ABC において，M は BC の中点なので，

$$\overrightarrow{AM} = \frac{\overrightarrow{AB} + \overrightarrow{AC}}{2}$$
$$= \frac{1}{2}\overrightarrow{AB} + \frac{1}{2}\overrightarrow{AC}$$

また，$\overrightarrow{AP} \cdot \overrightarrow{AB} = |\overrightarrow{AP}|\,|\overrightarrow{AB}|\cos\theta$
$\overrightarrow{AP} \cdot \overrightarrow{AC} = |\overrightarrow{AP}|\,|\overrightarrow{AC}|\cos\theta$

(2) $\overrightarrow{AP} \cdot \overrightarrow{AB} = \overrightarrow{AP} \cdot \overrightarrow{AC} = 3\sqrt{2} \times 3 \times \cos 45°$
$$= 3\sqrt{2} \times 3 \times \frac{1}{\sqrt{2}} = 9$$

$\overrightarrow{AD} = t\,\overrightarrow{AM}$ とすると，$\angle$APD $= 90°$ より，
$\overrightarrow{AP} \perp \overrightarrow{DP}$ だから，
$\overrightarrow{AP} \cdot \overrightarrow{DP} = 0$

$\overrightarrow{AP} \cdot \overrightarrow{DP} = \overrightarrow{AP} \cdot (\overrightarrow{AP} - \overrightarrow{AD}) = |\overrightarrow{AP}|^2 - \overrightarrow{AP} \cdot \overrightarrow{AD}$
$\quad = |\overrightarrow{AP}|^2 - \overrightarrow{AP} \cdot (t\,\overrightarrow{AM})$
$\quad = |\overrightarrow{AP}|^2 - t\,\overrightarrow{AP}\left(\frac{1}{2}\overrightarrow{AB} + \frac{1}{2}\overrightarrow{AC}\right)$
$\quad = |\overrightarrow{AP}|^2 - \frac{1}{2}t\,(\overrightarrow{AP} \cdot \overrightarrow{AB} + \overrightarrow{AP} \cdot \overrightarrow{AC})$
$\quad = (3\sqrt{2})^2 - \frac{1}{2}t\,(9 + 9)$
$\quad = 18 - 9t = 0$
$$\therefore t = 2$$

よって，$\overrightarrow{AD} = 2\,\overrightarrow{AM}$

(3) (i) $\overrightarrow{PA}$ と $\overrightarrow{PQ}$ が垂直であるとき $\overrightarrow{AQ} = 2\,\overrightarrow{AM}$ だから，

$$\overrightarrow{AQ} = 2\left(\frac{1}{2}\overrightarrow{AB} + \frac{1}{2}\overrightarrow{AC}\right) = \overrightarrow{AB} + \overrightarrow{AC}$$

$\overrightarrow{PA} \perp \overrightarrow{PQ}$ より $\overrightarrow{PA} \cdot \overrightarrow{PQ} = 0$
$\overrightarrow{PA} \cdot \overrightarrow{PQ} = \overrightarrow{PA} \cdot (\overrightarrow{AQ} - \overrightarrow{AP}) = \overrightarrow{PA}\,(2\,\overrightarrow{AM} - \overrightarrow{AP})$
$\quad = -\overrightarrow{AP} \cdot \left\{2 \cdot \left(\frac{1}{2}\overrightarrow{AB} + \frac{1}{2}\overrightarrow{AC}\right) - \overrightarrow{AP}\right\}$
$\quad = -\overrightarrow{AP} \cdot (\overrightarrow{AB} + \overrightarrow{AC} - \overrightarrow{AP})$
$\quad = -\overrightarrow{AP} \cdot \overrightarrow{AB} - \overrightarrow{AP} \cdot \overrightarrow{AC} + \overrightarrow{AP} \cdot \overrightarrow{AP} = 0$

したがって，$\overrightarrow{AP} \cdot \overrightarrow{AB} + \overrightarrow{AP} \cdot \overrightarrow{AC} = \overrightarrow{AP} \cdot \overrightarrow{AP}$ ……②

①より $\overrightarrow{AP} \cdot \overrightarrow{AB} = |\overrightarrow{AP}|\,|\overrightarrow{AB}|\cos\theta$,
$\quad\quad \overrightarrow{AP} \cdot \overrightarrow{AC} = |\overrightarrow{AP}|\,|\overrightarrow{AC}|\cos\theta$ より，

②は，$|\overrightarrow{AP}|\,|\overrightarrow{AB}|\cos\theta + |\overrightarrow{AP}|\,|\overrightarrow{AC}|\cos\theta = |\overrightarrow{AP}|^2$

$|\overrightarrow{AB}|\cos\theta + |\overrightarrow{AC}|\cos\theta = |\overrightarrow{AP}|$ ……③

(ii) $k\,\overrightarrow{AP} \cdot \overrightarrow{AB} = \overrightarrow{AP} \cdot \overrightarrow{AC}$
$k\,|\overrightarrow{AP}|\,|\overrightarrow{AB}|\cos\theta = |\overrightarrow{AP}|\,|\overrightarrow{AC}|\cos\theta$
$k\,|\overrightarrow{AB}| = |\overrightarrow{AC}|$ ……④

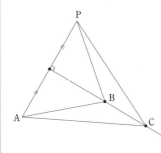

$\overrightarrow{PA} \perp \overrightarrow{PQ}$ であれば③が成り立つので
$|\overrightarrow{AB}|\cos\theta + k\,|\overrightarrow{AB}|\cos\theta = |\overrightarrow{AP}|$
$(1 + k)\,|\overrightarrow{AB}|\cos\theta = |\overrightarrow{AP}|$ ……⑤

ここで，B′ は点 B から直線 AP に下ろした垂線と直線 AP との交点であるから，
$|\overrightarrow{AB}|\cos\theta = |\overrightarrow{AB'}|$ より，
④に代入して，
$(1 + k)\,|\overrightarrow{AB'}| = |\overrightarrow{AP}|$
$|\overrightarrow{AB'}| = \frac{1}{1+k}|\overrightarrow{AP}|$

したがって，B′ は AP を $1:k$ に内分する点であることがわかる。

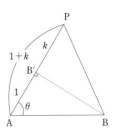

同様に C′ は点 C から直線 AP に下ろした垂線と直線 AP との交点であるから，
$|\overrightarrow{AC}|\cos\theta = |\overrightarrow{AC'}|$
④より，
$|\overrightarrow{AB}| = \frac{1}{k}|\overrightarrow{AC}|$

これを③に代入して，
$\frac{1}{k}|\overrightarrow{AC}|\cos\theta + |\overrightarrow{AC}|\cos\theta = |\overrightarrow{AP}|$
$\frac{1+k}{k}|\overrightarrow{AC}|\cos\theta = |\overrightarrow{AP}|$
$\frac{1+k}{k}|\overrightarrow{AC'}| = |\overrightarrow{AP}|$
$|\overrightarrow{AC'}| = \frac{k}{1+k}|\overrightarrow{AP}|$

したがって，C′ は AP を $k:1$ に内分する点であることがわかる。

よって，**B′ と C′ が線分 AP をそれぞれ $1:k$ と $k:1$ に内分する点である。**

$k = 1$ のとき，B′ と C′ はともに AP の中点であるから，B と C はともに AP の垂直二等分線上にある。

よって，**△PAB と △PAC がそれぞれ BP = BA，CP = CA を満たす二等辺三角形であることと同値である。**

令和6年

大学入学共通テスト
問題・解答解説

数　学①　数学Ⅰ・数学A $\left[\begin{array}{c}\text{100点}\\\text{70分}\end{array}\right]$

数　学②　数学Ⅱ・数学B $\left[\begin{array}{c}\text{100点}\\\text{60分}\end{array}\right]$

無料質問ができる　'とらサポ'

虎の巻の問題で「わからない」「質問したい」ときは、
"とらサポ"におまかせください！

【仮登録】→【本登録】→【会員番号発行】→質問開始！

左のQRコードが読み取れない方は、下記のURLへアクセスして下さい。

http://www.jukentaisaku.com/sup_free/

※ドメイン拒否設定をされている方は、〔本登録〕のURLが届きませんので解除して下さい。

第1問　(配点 30)

〔1〕　不等式

$$n < 2\sqrt{13} < n+1 \quad \cdots\cdots\cdots ①$$

を満たす整数 n は $\boxed{\text{ア}}$ である。実数 $a,\ b$ を

$$a = 2\sqrt{13} - \boxed{\text{ア}} \quad \cdots\cdots\cdots ②$$

$$b = \frac{1}{a} \quad \cdots\cdots\cdots ③$$

で定める。このとき

$$b = \frac{\boxed{\text{イ}} + 2\sqrt{13}}{\boxed{\text{ウ}}} \quad \cdots\cdots\cdots ④$$

である。また

$$a^2 - 9b^2 = \boxed{\text{エオカ}}\sqrt{13} \quad \text{である。}$$

①から

$$\frac{\boxed{\text{ア}}}{2} < \sqrt{13} < \frac{\boxed{\text{ア}}+1}{2} \quad \cdots\cdots\cdots ⑤$$

が成り立つ。

太郎さんと花子さんは，$\sqrt{13}$ について話している。

> 太郎：⑤から $\sqrt{13}$ のおよその値がわかるけど，小数点以下はよくわからないね。
> 花子：小数点以下をもう少し詳しく調べることができないかな。

①と④から

$$\frac{m}{\boxed{\text{ウ}}} < b < \frac{m+1}{\boxed{\text{ウ}}} \quad \text{を満たす整数 } m \text{ は } \boxed{\text{キク}} \text{ となる。よって，③から}$$

$$\frac{\boxed{\text{ウ}}}{m+1} < a < \frac{\boxed{\text{ウ}}}{m} \quad \cdots\cdots\cdots ⑥$$

が成り立つ。

$\sqrt{13}$ の整数部分は $\boxed{\text{ケ}}$ であり，②と⑥を使えば $\sqrt{13}$ の小数第1位の数字は $\boxed{\text{コ}}$，小数第2位の数字は $\boxed{\text{サ}}$ であることがわかる。

〔2〕　以下の問題を解答するにあたっては，必要に応じて3ページの三角比の表を用いてもよい。

水平な地面（以下，地面）に垂直に立っている電柱の高さを，その影の長さと太陽高度を利用して求めよう。

図1のように，電柱の影の先端は坂の斜面（以下，坂）にあるとする。また，坂には傾斜を表す道路標識が設置されていて，そこには7％と表示されているとする。

電柱の太さと影の幅は無視して考えるものとする。また，地面と坂は平面であるとし，地面と坂が交わってできる直線を ℓ とする。

電柱の先端を点Aとし，根もとを点Bとする。電柱の影について，地面にある部分を線分BCとし，坂にある部分を線分CDとする。線分BC，CDがそれぞれ ℓ と垂直であるとき，電柱の影は坂に向かってまっすぐにのびているということにする。

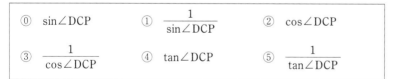

太陽光の向き

A

電柱

B 電柱の影

D

C

ℓ

図1

A

D

B C P

図2

電柱の影が坂に向かってまっすぐにのびているとする。このとき，4点 A，B，C，D を通る平面は ℓ と垂直である。その平面において，図2のように，直線 AD と直線 BC の交点を P とすると，太陽高度とは ∠APB の大きさのことである。

道路標識の 7 ％という表示は，この坂をのぼったとき，100 m の水平距離に対して 7 m の割合で高くなることを示している。n を 1 以上 9 以下の整数とするとき，坂の傾斜角 ∠DCP の大きさについて

$\qquad n° < ∠DCP < n° + 1°$

を満たす n の値は $\boxed{シ}$ である。

以下では，∠DCP の大きさは，ちょうど $\boxed{シ}$ ° であるとする。

ある日，電柱の影が坂に向かってまっすぐにのびていたとき，影の長さを調べたところ BC ＝ 7 m，CD ＝ 4 m であり，太陽高度は ∠APB ＝ 45° であった。点 D から直線 AB に垂直な直線を引き，直線 AB との交点を E とするとき

$\qquad$ BE ＝ $\boxed{ス}$ × $\boxed{セ}$ m であり

$\qquad$ DE ＝ $\left(\boxed{ソ} + \boxed{タ} × \boxed{チ}\right)$ m

である。よって，電柱の高さは，小数第 2 位で四捨五入すると $\boxed{ツ}$ m であることがわかる。

$\boxed{セ}$，$\boxed{チ}$ の解答群（同じものを繰り返し選んでもよい。）

⓪ $\sin∠DCP$　　① $\dfrac{1}{\sin∠DCP}$　　② $\cos∠DCP$

③ $\dfrac{1}{\cos∠DCP}$　　④ $\tan∠DCP$　　⑤ $\dfrac{1}{\tan∠DCP}$

$\boxed{ツ}$ の解答群

⓪ 10.4　　① 10.7　　② 11.0　　③ 11.3　　④ 11.6　　⑤ 11.9

別の日，電柱の影が坂に向かってまっすぐにのびていたときの太陽高度は∠APB = 42°であった。電柱の高さがわかったので，前回調べた日からの影の長さの変化を知ることができる。電柱の影について，坂にある部分の長さは

$$CD = \cfrac{AB - \boxed{テ} \times \boxed{ト}}{\boxed{ナ} + \boxed{ニ} \times \boxed{ト}} \, m$$

である。AB = $\boxed{ツ}$ m として，これを計算することにより，この日の電柱の影について，坂にある部分の長さは，前回調べた 4 m より約 1.2 m だけ長いことがわかる。

$\boxed{ト}$ ～ $\boxed{ニ}$ の解答群（同じものを繰り返し選んでもよい。）

⓪ sin∠DCP	① cos∠DCP	② tan∠DCP
③ sin 42°	④ cos 42°	⑤ tan 42°

三角比の表

角	正弦（sin）	余弦（cos）	正接（tan）	角	正弦（sin）	余弦（cos）	正接（tan）
0°	0.0000	1.0000	0.0000	45°	0.7071	0.7071	1.0000
1°	0.0175	0.9998	0.0175	46°	0.7193	0.6947	1.0355
2°	0.0349	0.9994	0.0349	47°	0.7314	0.6820	1.0724
3°	0.0523	0.9986	0.0524	48°	0.7431	0.6691	1.1106
4°	0.0698	0.9976	0.0699	49°	0.7547	0.6561	1.1504
5°	0.0872	0.9962	0.0875	50°	0.7660	0.6428	1.1918
6°	0.1045	0.9945	0.1051	51°	0.7771	0.6293	1.2349
7°	0.1219	0.9925	0.1228	52°	0.7880	0.6157	1.2799
8°	0.1392	0.9903	0.1405	53°	0.7986	0.6018	1.3270
9°	0.1564	0.9877	0.1584	54°	0.8090	0.5878	1.3764
10°	0.1736	0.9848	0.1763	55°	0.8192	0.5736	1.4281
11°	0.1908	0.9816	0.1944	56°	0.8290	0.5592	1.4826
12°	0.2079	0.9781	0.2126	57°	0.8387	0.5446	1.5399
13°	0.2250	0.9744	0.2309	58°	0.8480	0.5299	1.6003
14°	0.2419	0.9703	0.2493	59°	0.8572	0.5150	1.6643
15°	0.2588	0.9659	0.2679	60°	0.8660	0.5000	1.7321
16°	0.2756	0.9613	0.2867	61°	0.8746	0.4848	1.8040
17°	0.2924	0.9563	0.3057	62°	0.8829	0.4695	1.8807
18°	0.3090	0.9511	0.3249	63°	0.8910	0.4540	1.9626
19°	0.3256	0.9455	0.3443	64°	0.8988	0.4384	2.0503
20°	0.3420	0.9397	0.3640	65°	0.9063	0.4226	2.1445
21°	0.3584	0.9336	0.3839	66°	0.9135	0.4067	2.2460
22°	0.3746	0.9272	0.4040	67°	0.9205	0.3907	2.3559
23°	0.3907	0.9205	0.4245	68°	0.9272	0.3746	2.4751
24°	0.4067	0.9135	0.4452	69°	0.9336	0.3584	2.6051
25°	0.4226	0.9063	0.4663	70°	0.9397	0.3420	2.7475
26°	0.4384	0.8988	0.4877	71°	0.9455	0.3256	2.9042
27°	0.4540	0.8910	0.5095	72°	0.9511	0.3090	3.0777
28°	0.4695	0.8829	0.5317	73°	0.9563	0.2924	3.2709
29°	0.4848	0.8746	0.5543	74°	0.9613	0.2756	3.4874
30°	0.5000	0.8660	0.5774	75°	0.9659	0.2588	3.7321
31°	0.5150	0.8572	0.6009	76°	0.9703	0.2419	4.0108
32°	0.5299	0.8480	0.6249	77°	0.9744	0.2250	4.3315
33°	0.5446	0.8387	0.6494	78°	0.9781	0.2079	4.7046
34°	0.5592	0.8290	0.6745	79°	0.9816	0.1908	5.1446
35°	0.5736	0.8192	0.7002	80°	0.9848	0.1736	5.6713
36°	0.5878	0.8090	0.7265	81°	0.9877	0.1564	6.3138
37°	0.6018	0.7986	0.7536	82°	0.9903	0.1392	7.1154
38°	0.6157	0.7880	0.7813	83°	0.9925	0.1219	8.1443
39°	0.6293	0.7771	0.8098	84°	0.9945	0.1045	9.5144
40°	0.6428	0.7660	0.8391	85°	0.9962	0.0872	11.4301
41°	0.6561	0.7547	0.8693	86°	0.9976	0.0698	14.3007
42°	0.6691	0.7431	0.9004	87°	0.9986	0.0523	19.0811
43°	0.6820	0.7314	0.9325	88°	0.9994	0.0349	28.6363
44°	0.6947	0.7193	0.9657	89°	0.9998	0.0175	57.2900
45°	0.7071	0.7071	1.0000	90°	1.0000	0.0000	—

第2問 （配点 30）

〔1〕 座標平面上に 4 点 O(0, 0)，A(6, 0)，B(4, 6)，C(0, 6) を頂点とする台形 OABC がある。また，この座標平面上で，点 P，Q は次の**規則**に従って移動する。

規則

- P は，O から出発して毎秒 1 の一定の速さで x 軸上を正の向きに A まで移動し，A に到達した時点で移動を終了する。
- Q は，C から出発して y 軸上を負の向きに O まで移動し，O に到達した後は y 軸上を正の向きに C まで移動する。そして，C に到達した時点で移動を終了する。ただし，Q は毎秒 2 の一定の速さで移動する。
- P，Q は同時刻に移動を開始する。

この**規則**に従って P，Q が移動するとき，P，Q はそれぞれ A，C に同時刻に到達し，移動を終了する。

以下において，P，Q が移動を開始する時刻を**開始時刻**，移動を終了する時刻を**終了時刻**とする。

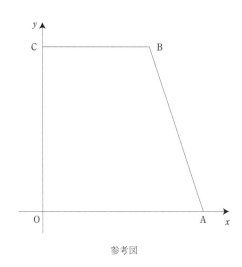

参考図

(1) **開始時刻**から 1 秒後の △PBQ の面積は ア である。

(2) **開始時刻**から 3 秒間の △PBQ の面積について，面積の最小値は イ であり，最大値は ウエ である。

(3) **開始時刻**から**終了時刻**までの △PBQ の面積について，面積の最小値は オ であり，最大値は カキ である。

(4) **開始時刻**から**終了時刻**までの △PBQ の面積について，面積が 10 以下となる時間は

$$\left(\boxed{ク} - \sqrt{\boxed{ケ}} + \sqrt{\boxed{コ}} \right) 秒間である。$$

〔2〕 高校の陸上部で長距離競技の選手として活躍する太郎さんは，長距離競技の公認記録が掲載されているWebページを見つけた。このWebページでは，各選手における公認記録のうち最も速いものが掲載されている。そのWebページに掲載されている，ある選手のある長距離競技での公認記録を，その選手のその競技でのベストタイムということにする。

なお，以下の図や表については，ベースボール・マガジン社「陸上競技ランキング」のWebページをもとに作成している。

(1) 太郎さんは，男子マラソンの日本人選手の 2022 年末時点でのベストタイムを調べた。その中で，2018 年より前にベストタイムを出した選手と 2018 年以降にベストタイムを出した選手に分け，それぞれにおいて速い方から 50 人の選手のベストタイムをデータ A，データ B とした。

ここでは，マラソンのベストタイムは，実際のベストタイムから2時間を引いた時間を秒単位で表したものとする。例えば2時間5分30秒であれば，60 × 5 ＋ 30 ＝ 330（秒）となる。

（i）図1と図2はそれぞれ，階級の幅を30秒としたAとBのヒストグラムである。なお，ヒストグラムの各階級の区間は，左側の数値を含み，右側の数値を含まない。

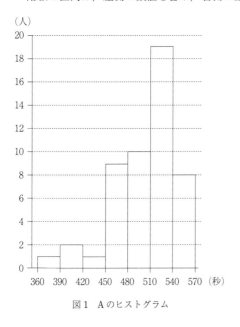

図1　Aのヒストグラム

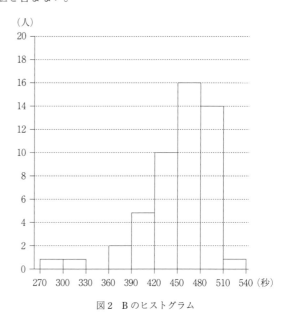

図2　Bのヒストグラム

図1からAの最頻値は階級 サ の階級値である。また，図2からBの中央値が含まれる階級は シ である。

サ ， シ の解答群（同じものを繰り返し選んでもよい。）

⓪ 270 以上 300 未満	① 300 以上 330 未満	② 330 以上 360 未満
③ 360 以上 390 未満	④ 390 以上 420 未満	⑤ 420 以上 450 未満
⑥ 450 以上 480 未満	⑦ 480 以上 510 未満	⑧ 510 以上 540 未満
⑨ 540 以上 570 未満		

（ii）図3は，A，Bそれぞれの箱ひげ図を並べたものである。ただし，中央値を示す線は省いている。

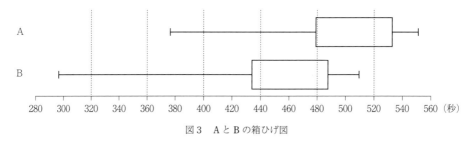

図3　AとBの箱ひげ図

図3より次のことが読み取れる。ただし，A，Bそれぞれにおける，速い方から13番目の選手は，一人ずつとする。

- Bの速い方から13番目の選手のベストタイムは，Aの速い方から13番目の選手のベストタイムより，およそ　ス　秒速い。

- Aの四分位範囲からBの四分位範囲を引いた差の絶対値は　セ　である。

ス　については，最も適当なものを，次の⓪～⑤のうちから一つ選べ。

⓪　5	①　15	②　25	③　35	④　45	⑤　55

セ　の解答群

⓪　0 以上 20 未満	①　20 以上 40 未満	②　40 以上 60 未満
③　60 以上 80 未満	④　80 以上 100 未満	

(ⅲ)　太郎さんは，Aのある選手とBのある選手のベストタイムの比較において，その二人の選手のベストタイムが速いか遅いかとは別の観点でも考えるために，次の**式**を満たす z の値を用いて判断することにした。

式

（あるデータのある選手のベストタイム）＝
　　　　（そのデータの平均値）＋ z ×（そのデータの標準偏差）

二人の選手それぞれのベストタイムに対する z の値を比較し，その値の小さい選手の方が優れていると判断する。

表1は，A，Bそれぞれにおける，速い方から1番目の選手（以下，1位の選手）のベストタイムと，データの平均値と標準偏差をまとめたものである。

表1　1位の選手のベストタイム，平均値，標準偏差

データ	1位の選手のベストタイム	平均値	標準偏差
A	376	504	40
B	296	454	45

式と表1を用いると，Bの1位の選手のベストタイムに対する z の値は

$$z = -\ \boxed{ソ}.\boxed{タチ}$$

である。このことから，Bの1位の選手のベストタイムは，平均値より標準偏差のおよそ　ソ　.　タチ　倍だけ小さいことがわかる。

A，Bそれぞれにおける，1位の選手についての記述として，次の⓪～③のうち，正しいものは　ツ　である。

ツ の解答群

⓪ ベストタイムで比較するとAの1位の選手の方が速く，zの値で比較するとAの1位の選手の方が優れている。

① ベストタイムで比較するとBの1位の選手の方が速く，zの値で比較するとBの1位の選手の方が優れている。

② ベストタイムで比較するとAの1位の選手の方が速く，zの値で比較するとBの1位の選手の方が優れている。

③ ベストタイムで比較するとBの1位の選手の方が速く，zの値で比較するとAの1位の選手の方が優れている。

(2) 太郎さんは，マラソン，10000 m，5000 m のベストタイムに関連がないかを調べることにした。そのために，2022年末時点でのこれら3種目のベストタイムをすべて確認できた日本人男子選手のうち，マラソンのベストタイムが速い方から50人を選んだ。

図4と図5はそれぞれ，選んだ50人についてのマラソンと10000 m のベストタイム，5000 m と10000 m のベストタイムの散布図である。ただし，5000 m と10000 m のベストタイムは秒単位で表し，マラソンのベストタイムは(1)の場合と同様，実際のベストタイムから2時間を引いた時間を秒単位で表したものとする。なお，これらの散布図には，完全に重なっている点はない。

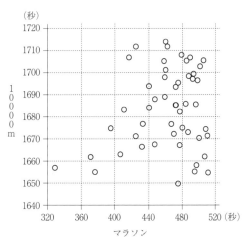

図4 マラソンと10000 m の散布図

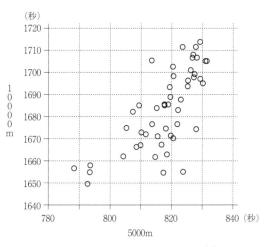

図5 5000 m と10000 m の散布図

次の(a)，(b)は，図4と図5に関する記述である。

(a) マラソンのベストタイムの速い方から3番目までの選手の10000 m のベストタイムは，3選手とも1670秒未満である。

(b) マラソンと10000 m の間の相関は，5000 m と10000 m の間の相関より強い。

(a)，(b)の正誤の組合せとして正しいものは テ である。

テ の解答群

	⓪	①	②	③
(a)	正	正	誤	誤
(b)	正	誤	正	誤

第3問（選択問題）　　(配点 20)　　$\boxed{\text{第3問〜第5問は，いずれか2問を選択し，解答しなさい。}}$

箱の中にカードが2枚以上入っており，それぞれのカードにはアルファベットが1文字だけ書かれている。この箱の中からカードを1枚取り出し，書かれているアルファベットを確認してからもとに戻すという試行を繰り返し行う。

(1) 箱の中に $\boxed{\text{A}}$，$\boxed{\text{B}}$ のカードが1枚ずつ全部で2枚入っている場合を考える。

以下では，2以上の自然数 n に対し，n 回の試行でA，Bがそろっているとは，n 回の試行で $\boxed{\text{A}}$，$\boxed{\text{B}}$ のそれぞれが少なくとも1回は取り出されることを意味する。

(i) 2回の試行でA，Bがそろっている確率は $\dfrac{\boxed{\text{ア}}}{\boxed{\text{イ}}}$ である。

(ii) 3回の試行でA，Bがそろっている確率を求める。

例えば，3回の試行のうち $\boxed{\text{A}}$ を1回，$\boxed{\text{B}}$ を2回取り出す取り出し方は3通りあり，それらをすべて挙げると次のようになる。

1回目	2回目	3回目
A	B	B
B	A	B
B	B	A

このように考えることにより，3回の試行でA，Bがそろっている取り出し方は $\boxed{\text{ウ}}$ 通りあることがわかる。よって，3回の試行でA，Bがそろっている確率は $\dfrac{\boxed{\text{ウ}}}{2^3}$ である。

(iii) 4回の試行でA，Bがそろっている取り出し方は $\boxed{\text{エオ}}$ 通りある。よって，4回の試行でA，Bがそろっている確率は $\dfrac{\boxed{\text{カ}}}{\boxed{\text{キ}}}$ である。

(2) 箱の中に $\boxed{\text{A}}$，$\boxed{\text{B}}$，$\boxed{\text{C}}$ のカードが1枚ずつ全部で3枚入っている場合を考える。

以下では，3以上の自然数 n に対し，n 回目の試行で初めてA，B，Cがそろうとは，n 回の試行で $\boxed{\text{A}}$，$\boxed{\text{B}}$，$\boxed{\text{C}}$ のそれぞれが少なくとも1回は取り出され，かつ $\boxed{\text{A}}$，$\boxed{\text{B}}$，$\boxed{\text{C}}$ のうちいずれか1枚が n 回目の試行で初めて取り出されることを意味する。

(i) 3回目の試行で初めてA，B，Cがそろう取り出し方は $\boxed{\text{ク}}$ 通りある。

よって3回目の試行で初めてA，B，Cがそろう確率は $\dfrac{\boxed{\text{ク}}}{3^3}$ である。

(ii) 4回目の試行で初めてA，B，Cがそろう確率を求める。

4回目の試行で初めてA，B，Cがそろう取り出し方は，(1)の(ii)を振り返ることにより，$3 \times \boxed{\text{ウ}}$ 通りあることがわかる。よって，4回目の試行で初めてA，B，Cがそろう確率は $\dfrac{\boxed{\text{ケ}}}{\boxed{\text{コ}}}$ である。

(iii) 5回目の試行で初めてA，B，Cがそろう取り出し方は $\boxed{\text{サシ}}$ 通りある。

よって，5回目の試行で初めてA，B，Cがそろう確率は $\dfrac{\boxed{\text{サシ}}}{3^5}$ である。

(3) 箱の中に A，B，C，D のカードが1枚ずつ全部で4枚入っている場合を考える。

以下では，6回目の試行で初めて A，B，C，D がそろうとは，6回の試行で A，B，C，D のそれぞれが少なくとも1回は取り出され，かつ A，B，C，D のうちいずれか1枚が6回目の試行で初めて取り出されることを意味する。

また，3以上5以下の自然数 n に対し，6回の試行のうち n 回目の試行で初めて A，B，C だけがそろうとは，6回の試行のうち1回目から n 回目の試行で，A，B，C のそれぞれが少なくとも1回は取り出され，D は1回も取り出されず，かつ A，B，C のうちいずれか1枚が n 回目の試行で初めて取り出されることを意味する。6回の試行のうち n 回目の試行で初めて B，C，D だけがそろうなども同様に定める。

太郎さんと花子さんは，6回目の試行で初めて A，B，C，D がそろう確率について考えている。

太郎：例えば，5回目までに A，B，C のそれぞれが少なくとも1回は取り出され，かつ6回目に初めて D が取り出される場合を考えたら計算できそうだね。

花子：それなら，初めて A，B，C だけがそろうのが，3回目のとき，4回目のとき，5回目のときで分けて考えてみてはどうかな。

6回の試行のうち3回目の試行で初めて A，B，C だけがそろう取り出し方が ク 通りであることに注意すると，「6回の試行のうち3回目の試行で初めて A，B，C だけがそろい，かつ6回目の試行で初めて D が取り出される」取り出し方は スセ 通りあることがわかる。

同じように考えると，「6回の試行のうち4回目の試行で初めて A，B，C だけがそろい，かつ6回目の試行で初めて D が取り出される」取り出し方は ソタ 通りあることもわかる。

以上のように考えることにより，6回目の試行で初めて A，B，C，D がそろう確率は $\dfrac{チツ}{テトナ}$ であることがわかる。

第4問（選択問題）　（配点 20）

T3，T4，T6 を次のようなタイマーとする。

T3：3進数を3桁表示するタイマー

T4：4進数を3桁表示するタイマー

T6：6進数を3桁表示するタイマー

なお，n 進数とは n 進法で表された数のことである。

これらのタイマーは，すべて次の**表示方法**に従うものとする。

┌─ 表示方法 ──────────────────────────
(a) スタートした時点でタイマーは 000 と表示されている。

(b) タイマーは，スタートした後，表示される数が1秒ごとに1ずつ増えていき，3桁で表示できる最大の数が表示された1秒後に，表示が 000 に戻る。

(c) タイマーは表示が 000 に戻った後も，(b)と同様に，表示される数が1秒ごとに1ずつ増えていき，3桁で表示できる最大の数が表示された1秒後に，表示が 000 に戻るという動作を繰り返す。
└──────────────────────────────────

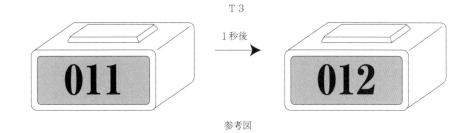

T 3

1秒後 →

参考図

例えば，T 3 はスタートしてから 3 進数で $12_{(3)}$ 秒後に 012 と表示される。その後，222 と表示された 1 秒後に表示が 000 に戻り，その $12_{(3)}$ 秒後に再び 012 と表示される。

(1) T 6 は，スタートしてから 10 進数で 40 秒後に ┃アイウ┃ と表示される。

T 4 は，スタートしてから 2 進数で $10011_{(2)}$ 秒後に ┃エオカ┃ と表示される。

(2) T 4 をスタートさせた後，初めて表示が 000 に戻るのは，スタートしてから 10 進数で ┃キク┃ 秒後であり，その後も ┃キク┃ 秒ごとに表示が 000 に戻る。

同様の考察を T 6 に対しても行うことにより，T 4 と T 6 を同時にスタートさせた後，初めて両方の表示が同時に 000 に戻るのは，スタートしてから 10 進数で ┃ケコサシ┃ 秒後であることがわかる。

(3) 0 以上の整数 ℓ に対して，T 4 をスタートさせた ℓ 秒後に T 4 が 012 と表示されることと

ℓ を ┃スセ┃ で割った余りが ┃ソ┃ であること

は同値である。ただし，┃スセ┃ と ┃ソ┃ は 10 進法で表されているものとする。

T 3 についても同様の考察を行うことにより，次のことがわかる。

T 3 と T 4 を同時にスタートさせてから，初めて両方が同時に 012 と表示されるまでの時間を m 秒とするとき，m は 10 進法で ┃タチツ┃ と表される。

また，T 4 と T 6 の表示に関する記述として，次の ⓪～③ のうち，正しいものは ┃テ┃ である。

┃テ┃ の解答群

⓪ T 4 と T 6 を同時にスタートさせてから，m 秒後より前に初めて両方が同時に 012 と表示される。

① T 4 と T 6 を同時にスタートさせてから，ちょうど m 秒後に初めて両方が同時に 012 と表示される。

② T 4 と T 6 を同時にスタートさせてから，m 秒後より後に初めて両方が同時に 012 と表示される。

③ T 4 と T 6 を同時にスタートさせてから，両方が同時に 012 と表示されることはない。

第5問（選択問題）　（配点 20）

　図1のように，平面上に5点 A，B，C，D，E があり，線分 AC，CE，EB，BD，DA によって，星形の図形ができるときを考える。線分 AC と BE の交点を P，AC と BD の交点を Q，BD と CE の交点を R，AD と CE の交点を S，AD と BE の交点を T とする。

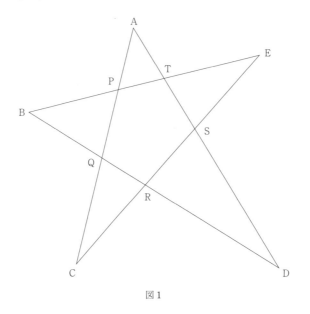

図1

　ここでは
$$AP : PQ : QC = 2 : 3 : 3, \quad AT : TS : SD = 1 : 1 : 3$$

を満たす星形の図形を考える。

　以下の問題において比を解答する場合は，最も簡単な整数の比で答えよ。

(1)　△AQD と直線 CE に着目すると

$$\frac{QR}{RD} \cdot \frac{DS}{SA} \cdot \frac{\boxed{\text{ア}}}{CQ} = 1$$

　が成り立つので
$$QR : RD = \boxed{\text{イ}} : \boxed{\text{ウ}}$$
　となる。また，△AQD と直線 BE に着目すると
$$QB : BD = \boxed{\text{エ}} : \boxed{\text{オ}}$$
　となる。したがって
$$BQ : QR : RD = \boxed{\text{エ}} : \boxed{\text{イ}} : \boxed{\text{ウ}}$$
　となることがわかる。

　$\boxed{\text{ア}}$ の解答群

⓪ AC	① AP	② AQ	③ CP	④ PQ

(2) 5点 P，Q，R，S，T が同一円周上にあるとし，AC ＝ 8 であるとする。

(i) 5点 A，P，Q，S，T に着目すると，AT：AS ＝ 1：2 より

$$AT = \sqrt{\boxed{カ}}$$ となる。さらに，5点 D，Q，R，S，T に着目すると DR ＝ $4\sqrt{3}$ となることがわかる。

(ii) 3点 A，B，C を通る円と点 D との位置関係を，次の**構想**に基づいて調べよう。

> ─ 構想 ─
> 線分 AC と BD の交点 Q に着目し，AQ・CQ と BQ・DQ の大小を比べる。

まず，AQ・CQ ＝ 5・3 ＝ 15 かつ BQ・DQ ＝ $\boxed{キク}$ であるから

$$AQ \cdot CQ \boxed{ケ} BQ \cdot DQ \quad \cdots\cdots\cdots ①$$

が成り立つ。また，3点 A，B，C を通る円と直線 BD との交点のうち，B と異なる点を X とすると

$$AQ \cdot CQ \boxed{コ} BQ \cdot XQ \quad \cdots\cdots\cdots ②$$

が成り立つ。①と②の左辺は同じなので，①と②の右辺を比べることにより，XQ $\boxed{サ}$ DQ が得られる。したがって，点 D は 3点 A，B，C を通る円の $\boxed{シ}$ にある。

$\boxed{ケ}$ ～ $\boxed{サ}$ の解答群（同じものを繰り返し選んでもよい。）

⓪ ＜	① ＝	② ＞

$\boxed{シ}$ の解答群

⓪ 内部	① 周上	② 外部

(iii) 3点 C，D，E を通る円と 2点 A，B との位置関係について調べよう。

この星型の図形において，さらに CR ＝ RS ＝ SE ＝ 3 となることがわかる。したがって，点 A は 3点 C，D，E を通る円の $\boxed{ス}$ にあり，点 B は 3点 C，D，E を通る円の $\boxed{セ}$ にある。

$\boxed{ス}$ ，$\boxed{セ}$ の解答群（同じものを繰り返し選んでもよい。）

⓪ 内部	① 周上	② 外部

第1問 (配点 30)

〔1〕

(1) $k > 0$, $k \neq 1$ とする。関数 $y = \log_k x$ と $y = \log_2 kx$ のグラフについて考えよう。

　(i) $y = \log_3 x$ のグラフは点 $\left(27, \boxed{\text{ア}}\right)$ を通る。また，$y = \log_2 \dfrac{x}{5}$ のグラフは点 $\left(\boxed{\text{イウ}}, 1\right)$ を通る。

　(ii) $y = \log_k x$ のグラフは，k の値によらず定点 $\left(\boxed{\text{エ}}, \boxed{\text{オ}}\right)$ を通る。

　(iii) $k = 2, 3, 4$ のとき

　　　$y = \log_k x$ のグラフの概形は $\boxed{\text{カ}}$

　　　$y = \log_2 kx$ のグラフの概形は $\boxed{\text{キ}}$

　　である。

　　　$\boxed{\text{カ}}$，$\boxed{\text{キ}}$ については，最も適当なものを，次の ⓪～⑤ のうちから一つずつ選べ。ただし，同じものを繰り返し選んでもよい。

⓪ 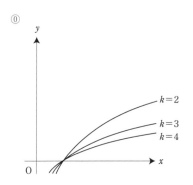　　　①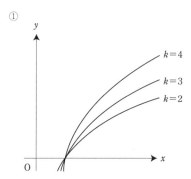

② 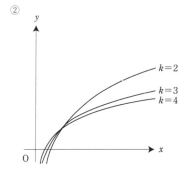　　　③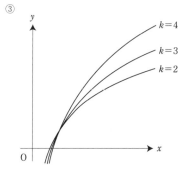

④ 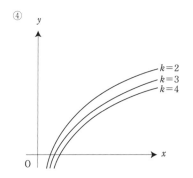　　　⑤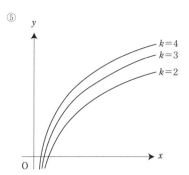

(2) $x > 0$, $x \neq 1$, $y > 0$ とする。$\log_x y$ について考えよう。

(ⅰ) 座標平面において，方程式 $\log_x y = 2$ の表す図形を図示すると， ク の $x > 0$, $x \neq 1$, $y > 0$ の部分となる。

ク については，最も適当なものを，次の ⓪〜⑤ のうちから一つ選べ。

⓪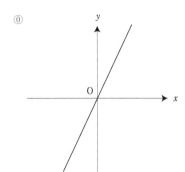

①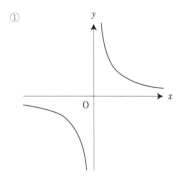

②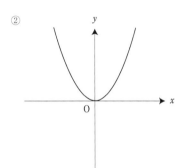

③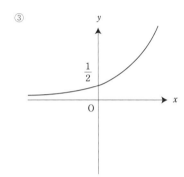

④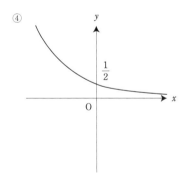

⑤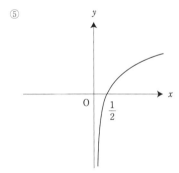

(ⅱ) 座標平面において，不等式 $0 < \log_x y < 1$ の表す領域を図示すると， ケ の斜線部分となる。ただし，境界（境界線）は含まない。

ケ については，最も適当なものを，次の⓪〜⑤のうちから一つ選べ。

⓪
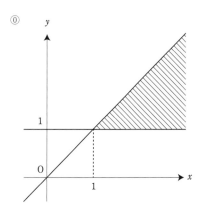

①
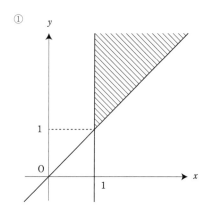

②
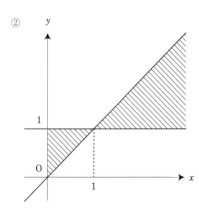

③
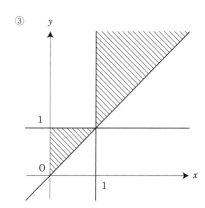

④
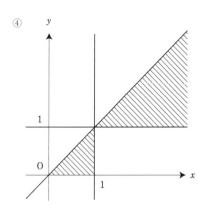

⑤
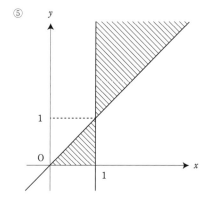

〔2〕 $S(x)$ を x の2次式とする。x の整式 $P(x)$ を $S(x)$ で割ったときの商を $T(x)$，余りを $U(x)$ とする。ただし，$S(x)$ と $P(x)$ の係数は実数であるとする。

(1) $P(x) = 2x^3 + 7x^2 + 10x + 5$，$S(x) = x^2 + 4x + 7$ の場合を考える。

方程式 $S(x) = 0$ の解は $x = \boxed{コサ} \pm \sqrt{\boxed{シ}}\, i$ である。

また，$T(x) = \boxed{ス}\, x - \boxed{セ}$，$U(x) = \boxed{ソタ}$ である。

(2) 方程式 $S(x) = 0$ は異なる二つの解 α，β をもつとする。このとき

$P(x)$ を $S(x)$ で割った余りが定数になる

ことと同値な条件を考える。

(i) 余りが定数になるときを考えてみよう。

仮定から，定数 k を用いて $U(x) = k$ とおける。このとき，$\boxed{チ}$。

したがって，余りが定数になるとき，$\boxed{ツ}$ が成り立つ。

$\boxed{チ}$ については，最も適当なものを，次の⓪〜③のうちから一つ選べ。

⓪ $P(\alpha) = P(\beta) = k$ が成り立つことから，$P(x) = S(x)T(x) + k$ となることが導かれる。また，$P(\alpha) = P(\beta) = k$ が成り立つことから，$S(\alpha) = S(\beta) = 0$ となることが導かれる

① $P(x) = S(x)T(x) + k$ かつ $P(\alpha) = P(\beta) = k$ が成り立つことから，$S(\alpha) = S(\beta) = 0$ となることが導かれる

② $S(\alpha) = S(\beta) = 0$ が成り立つことから，$P(x) = S(x)T(x) + k$ となることが導かれる。また，$S(\alpha) = S(\beta) = 0$ が成り立つことから，$P(\alpha) = P(\beta) = k$ となることが導かれる

③ $P(x) = S(x)T(x) + k$ かつ $S(\alpha) = S(\beta) = 0$ が成り立つことから，$P(\alpha) = P(\beta) = k$ となることが導かれる

$\boxed{ツ}$ の解答群

⓪ $T(\alpha) = T(\beta)$　　① $P(\alpha) = P(\beta)$　　② $T(\alpha) \neq T(\beta)$　　③ $P(\alpha) \neq P(\beta)$

(ii) 逆に $\boxed{ツ}$ が成り立つとき，余りが定数になるかを調べよう。

$S(x)$ が2次式であるから，m，n を定数として $U(x) = mx + n$ とおける。$P(x)$ を $S(x)$，$T(x)$，m，n を用いて表すと，$P(x) = \boxed{テ}$ となる。この等式の x に α，β をそれぞれ代入すると $\boxed{ト}$ となるので，$\boxed{ツ}$ と $\alpha \neq \beta$ より $\boxed{ナ}$ となる。以上から余りが定数になることがわかる。

$\boxed{テ}$ の解答群

⓪ $(mx + n)S(x)T(x)$　　① $S(x)T(x) + mx + n$　　② $(mx + n)S(x) + T(x)$

③ $(mx + n)T(x) + S(x)$

ト の解答群

┌───┐
│ ⓪　$P(\alpha) = T(\alpha)$　かつ　$P(\beta) = T(\beta)$ │
│ ①　$P(\alpha) = m\alpha + n$　かつ　$P(\beta) = m\beta + n$ │
│ ②　$P(\alpha) = (m\alpha + n)\,T(\alpha)$　かつ　$P(\beta) = (m\beta + n)\,T(\beta)$ │
│ ③　$P(\alpha) = P(\beta) = 0$ │
│ ④　$P(\alpha) \neq 0$　かつ　$P(\beta) \neq 0$ │
└───┘

ナ の解答群

┌───┐
│ ⓪　$m \neq 0$　　　　　　　　　　①　$m \neq 0$　かつ　$n = 0$ │
│ ②　$m \neq 0$　かつ　$n \neq 0$　　③　$m = 0$ │
│ ④　$m = n = 0$　　　　　　　　　　⑤　$m = 0$　かつ　$n \neq 0$ │
│ ⑥　$n = 0$　　　　　　　　　　　　⑦　$n \neq 0$ │
└───┘

(i), (ii)の考察から, 方程式 $S(x) = 0$ が異なる二つの解 α, β をもつとき, $P(x)$ を $S(x)$ で割った余りが定数になることと ツ であることは同値である。

(3) p を定数とし, $P(x) = x^{10} - 2x^9 - px^2 - 5x$, $S(x) = x^2 - x - 2$ の場合を考える。$P(x)$ を $S(x)$ で割った余りが定数になるとき, $p = $ ニヌ となり, その余りは ネノ となる。

第2問 （配点 30）

m を $m > 1$ を満たす定数とし，$f(x) = 3(x-1)(x-m)$ とする。また，$S(x) = \int_0^x f(t)\,dt$ とする。
関数 $y = f(x)$ と $y = S(x)$ のグラフの関係について考えてみよう。

(1) $m = 2$ のとき，すなわち，$f(x) = 3(x-1)(x-2)$ のときを考える。

(i) $f'(x) = 0$ となる x の値は $x = \dfrac{\boxed{ア}}{\boxed{イ}}$ である。

(ii) $S(x)$ を計算すると

$$S(x) = \int_0^x f(t)\,dt$$

$$= \int_0^x \left(3t^2 - \boxed{ウ}\,t + \boxed{エ}\right)dt$$

$$= x^3 - \frac{\boxed{オ}}{\boxed{カ}}x^2 + \boxed{キ}\,x$$

であるから

$x = \boxed{ク}$ のとき，$S(x)$ は極大値 $\dfrac{\boxed{ケ}}{\boxed{コ}}$ をとり

$x = \boxed{サ}$ のとき，$S(x)$ は極小値 $\boxed{シ}$ をとることがわかる。

(iii) $f(3)$ と一致するものとして，次の ⓪〜④ のうち，正しいものは $\boxed{ス}$ である。

$\boxed{ス}$ の解答群

⓪ $S(3)$

① 2点 $(2,\ S(2))$，$(4,\ S(4))$ を通る直線の傾き

② 2点 $(0,\ 0)$，$(3,\ S(3))$ を通る直線の傾き

③ 関数 $y = S(x)$ のグラフ上の点 $(3,\ S(3))$ における接線の傾き

④ 関数 $y = f(x)$ のグラフ上の点 $(3,\ f(3))$ における接線の傾き

(2) $0 \leqq x \leqq 1$ の範囲で，関数 $y = f(x)$ のグラフと x 軸および y 軸で囲まれた図形の面積を S_1，$1 \leqq x \leqq m$ の範囲で，関数 $y = f(x)$ のグラフと x 軸で囲まれた図形の面積を S_2 とする。このとき，$S_1 = \boxed{セ}$，$S_2 = \boxed{ソ}$ である。

$S_1 = S_2$ となるのは $\boxed{タ} = 0$ のときであるから，$S_1 = S_2$ が成り立つような $f(x)$ に対する関数 $y = S(x)$ のグラフの概形は $\boxed{チ}$ である。また，$S_1 > S_2$ が成り立つような $f(x)$ に対する関数 $y = S(x)$ のグラフの概形は $\boxed{ツ}$ である。

セ ， ソ の解答群（同じものを繰り返し選んでもよい。）

⓪ $\int_0^1 f(x)\,dx$	① $\int_0^m f(x)\,dx$	② $\int_1^m f(x)\,dx$
③ $\int_0^1 \{-f(x)\}\,dx$	④ $\int_0^m \{-f(x)\}\,dx$	⑤ $\int_1^m \{-f(x)\}\,dx$

タ の解答群

⓪ $\int_0^1 f(x)\,dx$	① $\int_0^m f(x)\,dx$	② $\int_1^m f(x)\,dx$
③ $\int_0^1 f(x)\,dx - \int_0^m f(x)\,dx$	④ $\int_0^1 f(x)\,dx - \int_1^m f(x)\,dx$	⑤ $\int_0^1 f(x)\,dx + \int_0^m f(x)\,dx$
⑥ $\int_0^m f(x)\,dx + \int_1^m f(x)\,dx$		

チ ， ツ については，最も適当なものを，次の⓪〜⑤のうちから一つずつ選べ。ただし，同じものを繰り返し選んでもよい。

⓪
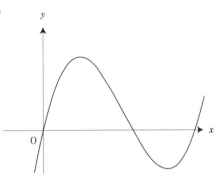

①
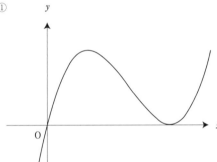

②
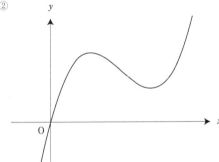

③
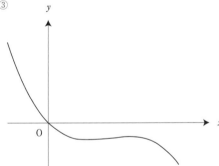

④
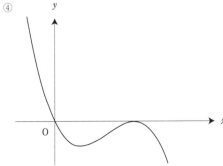

⑤
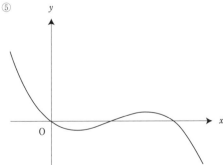

(3) 関数 $y = f(x)$ のグラフの特徴から関数 $y = S(x)$ のグラフの特徴を考えてみよう。

　　関数 $y = f(x)$ のグラフは直線 $x = \boxed{テ}$ に関して対称であるから，すべての正の実数 p に対して

$$\int_{1-p}^{1} f(x)dx = \int_{m}^{\boxed{ト}} f(x)dx \qquad \cdots\cdots\cdots①$$

が成り立ち，$M = \boxed{テ}$ とおくと $0 < q \leqq M - 1$ であるすべての実数 q に対して

$$\int_{M-q}^{M} \{-f(x)\}dx = \int_{M}^{\boxed{ナ}} \{-f(x)\}dx \qquad \cdots\cdots\cdots②$$

が成り立つことがわかる。すべての実数 α, β に対して

$$\int_{\alpha}^{\beta} f(x)dx = S(\beta) - S(\alpha)$$

が成り立つことに注意すれば，①と②はそれぞれ

$$S(1-p) + S\left(\boxed{ト}\right) = \boxed{ニ}$$

$$2S(M) = \boxed{ヌ} \qquad となる。$$

　　以上から，すべての正の実数 p に対して，2 点 $(1-p, \; S(1-p))$，$\left(\boxed{ト}, \; S\left(\boxed{ト}\right)\right)$ を結ぶ線分の中点についての記述として，後の ⓪～⑤ のうち，最も適当なものは $\boxed{ネ}$ である。

$\boxed{テ}$ の解答群

⓪ m 　　　　　① $\dfrac{m}{2}$ 　　　　　② $m + 1$ 　　　　　③ $\dfrac{m+1}{2}$

$\boxed{ト}$ の解答群

⓪ $1 - p$ 　　　① p 　　　　② $1 + p$ 　　　　③ $m - p$ 　　　　④ $m + p$

$\boxed{ナ}$ の解答群

⓪ $M - q$ 　　　　　① M 　　　　　② $M + q$

③ $M + m - q$ 　　　④ $M + m$ 　　　⑤ $M + m + q$

$\boxed{ニ}$ の解答群

⓪ $S(1) + S(m)$ 　　　① $S(1) + S(p)$ 　　　② $S(1) - S(m)$

③ $S(1) - S(p)$ 　　　④ $S(p) - S(m)$ 　　　⑤ $S(m) - S(p)$

$\boxed{ヌ}$ の解答群

⓪ $S(M - q) + S(M + m - q)$ 　　　① $S(M - q) + S(M + m)$

② $S(M - q) + S(M)$ 　　　　　　　③ $2S(M - q)$

④ $S(M + q) + S(M - q)$ 　　　　　⑤ $S(M + m + q) + S(M - q)$

$\boxed{ネ}$ の解答群

⓪ x 座標は p の値によらず一つに定まり，y 座標は p の値により変わる。

① x 座標は p の値により変わり，y 座標は p の値によらず一つに定まる。

② 中点は p の値によらず一つに定まり，関数 $y = S(x)$ のグラフ上にある。

③ 中点は p の値によらず一つに定まり，関数 $y = f(x)$ のグラフ上にある。

④ 中点は p の値によって動くが，つねに関数 $y = S(x)$ のグラフ上にある。

⑤ 中点は p の値によって動くが，つねに関数 $y = f(x)$ のグラフ上にある。

第3問～第5問は，いずれか2問を選択し，解答しなさい。

以下の問題を解答するにあたっては，必要に応じて23ページの正規分布表を用いてもよい。また，ここでの**晴れ**の定義については，気象庁の天気概況の「快晴」または「晴」とする。

(1) 太郎さんは，自分が住んでいる地域において，日曜日に**晴れ**となる確率を考えている。

晴れの場合は1，**晴れ**以外の場合は0の値をとる確率変数をXと定義する。また，$X = 1$である確率をpとすると，その確率分布は表1のようになる。

表　1

X	0	1	計
確　率	$1-p$	p	1

この確率変数Xの平均（期待値）をmとすると
$$m = \boxed{\text{ア}}$$
となる。

太郎さんは，ある期間における連続したn週の日曜日の天気を，表1の確率分布をもつ母集団から無作為に抽出した大きさnの標本とみなし，それらのXを確率変数X_1，X_2，$\cdots X_n$で表すことにした。そして，その標本平均$\overline{X}$を利用して，母平均mを推定しようと考えた。実際に$n = 300$として**晴れ**の日数を調べたところ，表2のようになった。

表　2

天　気	日　数
晴れ	75
晴れ以外	225
計	300

母標準偏差をσとすると，$n = 300$は十分に大きいので，標本平均$\overline{X}$は近似的に正規分布$N\left(m, \boxed{\text{イ}}\right)$に従う。

一般に，母標準偏差σがわからないとき，標本の大きさnが大きければ，σの代わりに標本の標準偏差Sを用いてもよいことが知られている。Sは

$$S = \sqrt{\frac{1}{n}\{(X_1 - \overline{X})^2 + (X_2 - \overline{X})^2 + \cdots + (X_n - \overline{X})^2\}}$$
$$= \sqrt{\frac{1}{n}(X_1{}^2 + X_2{}^2 + \cdots + X_n{}^2 - \boxed{\text{ウ}}}$$

で計算できる。ここで，$X_1{}^2 = X_1$，$X_2{}^2 = X_2$，$\cdots$，$X_n{}^2 = X_n$であることに着目し，右辺を整理すると，$S = \sqrt{\boxed{\text{エ}}}$と表されることがわかる。

よって，表2より，大きさ$n = 300$の標本から求められる母平均mに対する信頼度95％の信頼区間は$\boxed{\text{オ}}$となる。

$\boxed{\text{ア}}$ の解答群

⓪ p　　　　　① p^2　　　　　② $1-p$　　　　③ $(1-p)^2$

イ の解答群

⓪ σ　　　① σ^2　　　② $\dfrac{\sigma}{n}$　　　③ $\dfrac{\sigma^2}{n}$　　　④ $\dfrac{\sigma}{\sqrt{n}}$

ウ , エ の解答群（同じものを繰り返し選んでもよい。）

⓪ $\overline{X}$　　　① $(\overline{X})^2$　　　② $\overline{X}(1-\overline{X})$　　　③ $1-\overline{X}$

オ については，最も適当なものを，次の⓪～⑤のうちから一つ選べ。

⓪ $0.201 \leqq m \leqq 0.299$　　　① $0.209 \leqq m \leqq 0.291$　　　② $0.225 \leqq m \leqq 0.250$

③ $0.225 \leqq m \leqq 0.275$　　　④ $0.247 \leqq m \leqq 0.253$　　　⑤ $0.250 \leqq m \leqq 0.275$

(2)　ある期間において，「ちょうど3週続けて日曜日の天気が**晴れ**になること」がどのくらいの頻度で起こり得るのかを考察しよう。以下では，連続する k 週の日曜日の天気について，(1)の太郎さんが考えた確率変数のうち X_1, X_2, $\cdots$, X_k を用いて調べる。ただし，k は3以上300以下の自然数とする。

　　X_1, X_2, $\cdots$, X_k の値を順に並べたときの0と1からなる列において，「ちょうど三つ続けて1が現れる部分」をAとし，Aの個数を確率変数 U_k で表す。例えば，$k=20$ とし，X_1, X_2, $\cdots$, X_{20} の値を順に並べたとき

$$1,1,1,1,0,\underset{A}{\underline{1,1,1}},0,0,1,1,1,1,0,0,\underset{A}{\underline{1,1,1}}$$

であったとする。この例では，下線部分はAを示しており，1が四つ以上続く部分はAとはみなさないので，$U_{20}=2$ となる。

　　$k=4$ のとき，X_1, X_2, X_3, X_4 のとり得る値と，それに対応した U_4 の値を書き出すと，表3のようになる。

表　3

X_1	X_2	X_3	X_4	U_4
0	0	0	0	0
1	0	0	0	0
0	1	0	0	0
0	0	1	0	0
0	0	0	1	0
1	1	0	0	0
1	0	1	0	0
1	0	0	1	0
0	1	1	0	0
0	1	0	1	0
0	0	1	1	0
1	1	1	0	1
1	1	0	1	0
1	0	1	1	0
0	1	1	1	1
1	1	1	1	0

ここで，U_k の期待値を求めてみよう。(1)における p の値を $p = \dfrac{1}{4}$ とする。

$k = 4$ のとき，U_4 の期待値は

$$E(U_4) = \frac{\boxed{\text{カ}}}{128}$$

となる。$k = 5$ のとき，U_5 の期待値は

$$E(U_5) = \frac{\boxed{\text{キク}}}{1024}$$

となる。

4 以上の k について，k と $E(U_k)$ の関係を詳しく調べると，座標平面上の点 $(4,\ E(U_4))$，$(5,\ E(U_5))$，$\cdots$，$(300,\ E(U_{300}))$ は一つの直線上にあることがわかる。この事実によって

$$E(U_{300}) = \frac{\boxed{\text{ケコ}}}{\boxed{\text{サ}}}$$

となる。

正 規 分 布 表

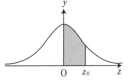

次の表は，標準正規分布の分布曲線における右図の灰色部分の面積の値をまとめたものである。

z_0	0.00	0.01	0.02	0.03	0.04	0.05	0.06	0.07	0.08	0.09
0.0	0.0000	0.0040	0.0080	0.0120	0.0160	0.0199	0.0239	0.0279	0.0319	0.0359
0.1	0.0398	0.0438	0.0478	0.0517	0.0557	0.0596	0.0636	0.0675	0.0714	0.0753
0.2	0.0793	0.0832	0.0871	0.0910	0.0948	0.0987	0.1026	0.1064	0.1103	0.1141
0.3	0.1179	0.1217	0.1255	0.1293	0.1331	0.1368	0.1406	0.1443	0.1480	0.1517
0.4	0.1554	0.1591	0.1628	0.1664	0.1700	0.1736	0.1772	0.1808	0.1844	0.1879
0.5	0.1915	0.1950	0.1985	0.2019	0.2054	0.2088	0.2123	0.2157	0.2190	0.2224
0.6	0.2257	0.2291	0.2324	0.2357	0.2389	0.2422	0.2454	0.2486	0.2517	0.2549
0.7	0.2580	0.2611	0.2642	0.2673	0.2704	0.2734	0.2764	0.2794	0.2823	0.2852
0.8	0.2881	0.2910	0.2939	0.2967	0.2995	0.3023	0.3051	0.3078	0.3106	0.3133
0.9	0.3159	0.3186	0.3212	0.3238	0.3264	0.3289	0.3315	0.3340	0.3365	0.3389
1.0	0.3413	0.3438	0.3461	0.3485	0.3508	0.3531	0.3554	0.3577	0.3599	0.3621
1.1	0.3643	0.3665	0.3686	0.3708	0.3729	0.3749	0.3770	0.3790	0.3810	0.3830
1.2	0.3849	0.3869	0.3888	0.3907	0.3925	0.3944	0.3962	0.3980	0.3997	0.4015
1.3	0.4032	0.4049	0.4066	0.4082	0.4099	0.4115	0.4131	0.4147	0.4162	0.4177
1.4	0.4192	0.4207	0.4222	0.4236	0.4251	0.4265	0.4279	0.4292	0.4306	0.4319
1.5	0.4332	0.4345	0.4357	0.4370	0.4382	0.4394	0.4406	0.4418	0.4429	0.4441
1.6	0.4452	0.4463	0.4474	0.4484	0.4495	0.4505	0.4515	0.4525	0.4535	0.4545
1.7	0.4554	0.4564	0.4573	0.4582	0.4591	0.4599	0.4608	0.4616	0.4625	0.4633
1.8	0.4641	0.4649	0.4656	0.4664	0.4671	0.4678	0.4686	0.4693	0.4699	0.4706
1.9	0.4713	0.4719	0.4726	0.4732	0.4738	0.4744	0.4750	0.4756	0.4761	0.4767
2.0	0.4772	0.4778	0.4783	0.4788	0.4793	0.4798	0.4803	0.4808	0.4812	0.4817
2.1	0.4821	0.4826	0.4830	0.4834	0.4838	0.4842	0.4846	0.4850	0.4854	0.4857
2.2	0.4861	0.4864	0.4868	0.4871	0.4875	0.4878	0.4881	0.4884	0.4887	0.4890
2.3	0.4893	0.4896	0.4898	0.4901	0.4904	0.4906	0.4909	0.4911	0.4913	0.4916
2.4	0.4918	0.4920	0.4922	0.4925	0.4927	0.4929	0.4931	0.4932	0.4934	0.4936
2.5	0.4938	0.4940	0.4941	0.4943	0.4945	0.4946	0.4948	0.4949	0.4951	0.4952
2.6	0.4953	0.4955	0.4956	0.4957	0.4959	0.4960	0.4961	0.4962	0.4963	0.4964
2.7	0.4965	0.4966	0.4967	0.4968	0.4969	0.4970	0.4971	0.4972	0.4973	0.4974
2.8	0.4974	0.4975	0.4976	0.4977	0.4977	0.4978	0.4979	0.4979	0.4980	0.4981
2.9	0.4981	0.4982	0.4982	0.4983	0.4984	0.4984	0.4985	0.4985	0.4986	0.4986
3.0	0.4987	0.4987	0.4987	0.4988	0.4988	0.4989	0.4989	0.4989	0.4990	0.4990

第4問（選択問題） （配点 20）

(1) 数列 $\{a_n\}$ が

$$a_{n+1} - a_n = 14 \quad (n = 1, 2, 3, \cdots)$$

を満たすとする。

$a_1 = 10$ のとき，$a_2 = \boxed{アイ}$，$a_3 = \boxed{ウエ}$ である。

数列 $\{a_n\}$ の一般項は，初項 a_1 を用いて

$$a_n = a_1 + \boxed{オカ}\,(n-1)$$

と表すことができる。

(2) 数列 $\{b_n\}$ が

$$2b_{n+1} - b_n + 3 = 0 \quad (n = 1, 2, 3, \cdots)$$

を満たすとする。

数列 $\{b_n\}$ の一般項は，初項 b_1 を用いて

$$b_n = \left(b_1 + \boxed{キ}\right)\left(\frac{\boxed{ク}}{\boxed{ケ}}\right)^{n-1} - \boxed{コ}$$

と表すことができる。

(3) 太郎さんは

$$(c_n + 3)(2c_{n+1} - c_n + 3) = 0 \quad (n = 1, 2, 3, \cdots) \quad \cdots\cdots\cdots ①$$

を満たす数列 $\{c_n\}$ について調べることにした。

(ⅰ)
- 数列 $\{c_n\}$ が①を満たし，$c_1 = 5$ のとき，$c_2 = \boxed{サ}$ である。
- 数列 $\{c_n\}$ が①を満たし，$c_3 = -3$ のとき，$c_2 = \boxed{シス}$，$c_1 = \boxed{セソ}$ である。

(ⅱ) 太郎さんは，数列 $\{c_n\}$ が①を満たし，$c_3 = -3$ となる場合について考えている。

$c_3 = -3$ のとき，c_4 がどのような値でも

$$(c_3 + 3)(2c_4 - c_3 + 3) = 0$$

が成り立つ。

- 数列 $\{c_n\}$ が①を満たし，$c_3 = -3$，$c_4 = 5$ のとき

$$c_1 = \boxed{セソ},\ c_2 = \boxed{シス},\ c_3 = -3,\ c_4 = 5,\ c_5 = \boxed{タ}$$

である。

- 数列 $\{c_n\}$ が①を満たし，$c_3 = -3$，$c_4 = 83$ のとき

$$c_1 = \boxed{セソ},\ c_2 = \boxed{シス},\ c_3 = -3,\ c_4 = 83,\ c_5 = \boxed{チツ}$$

である。

(ⅲ) 太郎さんは(ⅰ)と(ⅱ)から，$c_n = -3$ となることがあるかどうかに着目し，次の**命題 A** が成り立つのではないかと考えた。

> $\boxed{\text{命題 A}}$ 数列 $\{c_n\}$ が①を満たし，$c_1 \neq -3$ であるとする。このとき，すべての自然数 n について $c_n \neq -3$ である。

命題 A が真であることを証明するには，命題 A の仮定を満たす数列 $\{c_n\}$ について，$\boxed{\text{テ}}$ を示せばよい。実際，このようにして命題 A が真であることを証明できる。

$\boxed{\text{テ}}$ については，最も適当なものを，次の⓪～④のうちから一つ選べ。

⓪ $c_2 \neq -3$ かつ $c_3 \neq -3$ であること

① $c_{100} \neq -3$ かつ $c_{200} \neq -3$ であること

② $c_{100} \neq -3$ ならば $c_{101} \neq -3$ であること

③ $n = k$ のとき $c_n \neq -3$ が成り立つと仮定すると，$n = k+1$ のときも $c_n \neq -3$ が成り立つこと

④ $n = k$ のとき $c_n = -3$ が成り立つと仮定すると，$n = k+1$ のときも $c_n = -3$ が成り立つこと

(iv) 次の(I)，(II)，(III)は，数列 $\{c_n\}$ に関する命題である。

(I) $c_1 = 3$ かつ $c_{100} = -3$ であり，かつ①を満たす数列 $\{c_n\}$ がある。

(II) $c_1 = -3$ かつ $c_{100} = -3$ であり，かつ①を満たす数列 $\{c_n\}$ がある。

(III) $c_1 = -3$ かつ $c_{100} = 3$ であり，かつ①を満たす数列 $\{c_n\}$ がある。

(I)，(II)，(III)の真偽の組合せとして正しいものは $\boxed{\text{ト}}$ である。

$\boxed{\text{ト}}$ の解答群

	⓪	①	②	③	④	⑤	⑥	⑦
(I)	真	真	真	真	偽	偽	偽	偽
(II)	真	真	偽	偽	真	真	偽	偽
(III)	真	偽	真	偽	真	偽	真	偽

第5問（選択問題） （配点 20）

点 O を原点とする座標空間に 4 点 A $(2, 7, -1)$, B $(3, 6, 0)$, C $(-8, 10, -3)$, D $(-9, 8, -4)$ がある。A, B を通る直線を ℓ_1 とし, C, D を通る直線を ℓ_2 とする。

(1)

$$\overrightarrow{AB} = (\boxed{\text{ア}}, \boxed{\text{イウ}}, \boxed{\text{エ}})$$

であり, $\overrightarrow{AB} \cdot \overrightarrow{CD} = \boxed{\text{オ}}$ である。

(2) 花子さんと太郎さんは, 点 P が ℓ_1 上を動くとき, $|\overrightarrow{OP}|$ が最小となる P の位置について考えている。

P が ℓ_1 上にあるので, $\overrightarrow{AP} = s\overrightarrow{AB}$ を満たす実数 s があり, $\overrightarrow{OP} = \boxed{\text{カ}}$ が成り立つ。

$|\overrightarrow{OP}|$ が最小となる s の値を求めれば P の位置が求まる。このことについて, 花子さんと太郎さんが話をしている。

> 花子：$|\overrightarrow{OP}|^2$ が最小となる s の値を求めればよいね。
>
> 太郎：$|\overrightarrow{OP}|$ が最小となるときの直線 OP と ℓ_1 の関係に着目してもよさそうだよ。

$$|\overrightarrow{OP}|^2 = \boxed{\text{キ}}\,s^2 - \boxed{\text{クケ}}\,s + \boxed{\text{コサ}}$$ である。

また, $|\overrightarrow{OP}|$ が最小となるとき, 直線 OP と ℓ_1 の関係に着目すると $\boxed{\text{シ}}$ が成り立つことがわかる。

花子さんの考え方でも, 太郎さんの考え方でも, $s = \boxed{\text{ス}}$ のとき $|\overrightarrow{OP}|$ が最小となることがわかる。

$\boxed{\text{カ}}$ の解答群

⓪ $s\overrightarrow{AB}$	① $s\overrightarrow{OB}$	② $\overrightarrow{OA} + s\overrightarrow{AB}$
③ $(1 - 2s)\overrightarrow{OA} + s\overrightarrow{OB}$	④ $(1 - s)\overrightarrow{OA} + s\overrightarrow{OB}$	

$\boxed{\text{シ}}$ の解答群

⓪ $\overrightarrow{OP} \cdot \overrightarrow{AB} > 0$	① $\overrightarrow{OP} \cdot \overrightarrow{AB} = 0$	② $\overrightarrow{OP} \cdot \overrightarrow{AB} < 0$
③ $|\overrightarrow{OP}| = |\overrightarrow{AB}|$	④ $\overrightarrow{OP} \cdot \overrightarrow{AB} = \overrightarrow{OB} \cdot \overrightarrow{AP}$	⑤ $\overrightarrow{OB} \cdot \overrightarrow{AP} = 0$
⑥ $\overrightarrow{OP} \cdot \overrightarrow{AB} = |\overrightarrow{OP}||\overrightarrow{AB}|$		

(3) 点 P が ℓ_1 上を動き, 点 Q が ℓ_2 上を動くとする。このとき, 線分 PQ の長さが最小になる P の座標は $(\boxed{\text{セソ}}, \boxed{\text{タチ}}, \boxed{\text{ツテ}})$, Q の座標は $(\boxed{\text{トナ}}, \boxed{\text{ニヌ}}, \boxed{\text{ネノ}})$ である。

数学Ⅰ・A

問題番号(配点)	解答記号	正解	配点
第1問 (30)	ア	7	2
	イ・ウ	7・3	2
	エオカ	−56	2
	キク	14	2
	ケ・コ・サ	3・6・0	2
	シ	4	4
	ス・セ	4・0	4
	ソ・タ・チ	7・4・2	4
	ツ	3	4
	テ・ト・ナ・ニ	7・5・0・1	4
第2問 (30)	ア	9	3
	イ	8	3
	ウエ	12	2
	オ	8	1
	カキ	13	2
	ク・ケ・コ	3・3・2	4
	サ	8	2
	シ	6	2
	ス	4	2
	セ	0	2
	ソ・タチ	3・51	2
	ツ	1	2
	テ	1	3
第3問 (20)	ア・イ	1・2	2
	ウ	6	2
	エオ	14	2
	カ・キ	7・8	2
	ク	6	2
	ケ・コ	2・9	2
	サシ	42	2
	スセ	54	2
	ソタ	54	2
	チツ・テトナ	75・512	2
第4問 (20)	アイウ	104	2
	エオカ	103	3
	キク	64	2
	ケコサシ	1728	3
	スセ・ソ	64・6	3
	タチツ	518	4
	テ	3	3

問題番号(配点)	解答記号	正解	配点
第5問 (20)	ア	0	2
	イ・ウ	1・4	3
	エ・オ	3・8	2
	カ	5	3
	キク・ケ	45・0	3
	コ・サ・シ	1・0・2	4
	ス・セ	2・2	3

(注) 第1問，第2問は必答。第3問〜第5問のうちから2問選択。計4問を解答。

数学Ⅱ・B

問題番号(配点)	解答記号	正解	配点
第1問 (30)	ア	3	1
	イウ	10	1
	エ・オ	1・0	2
	カ	0	3
	キ	5	3
	ク	2	2
	ケ	2	3
	コサ・シ	−2・3	2
	ス・セ	2・1	2
	ソタ	12	1
	チ	3	3
	ツ	1	1
	テ・ト	1・1	2
	ナ	3	1*
	ニヌ	−6	2
	ネノ	14	1
第2問 (30)	ア・イ	3・2	2
	ウ・エ	9・6	1
	オ・カ・キ	9・2・6	2
	ク	1	1
	ケ・コ	5・2	1
	サ	2	1
	シ	2	1
	ス	3	3
	セ・ソ	0・5	2
	タ	1	2
	チ	1	4
	ツ	2	2
	テ	3	1
	ト・ナ	4・2	3
	ニ・ヌ	0・4	2
	ネ	2	2

数学Ⅱ・B

問題番号(配点)	解答記号	正解	配点
第3問 (20)	ア	0	2
	イ	3	2
	ウ・エ	1・2	3
	オ	0	3
	カ	3	3
	キク	33	3
	ケコ・サ	21・8	4
第4問 (20)	アイ・ウエ	24・38	2
	オカ	14	2
	キ・ク・ケ・コ	3・1・2・3	3
	サ	1	1
	シス・セソ	−3・−3	2
	タ・チツ	1・40	3
	テ	3	3
	ト	4	4
第5問 (20)	ア・イウ・エ	1・−1・1	2
	オ	0	2
	カ	2	3
	キ・クケ・コサ	3・12・54	3
	シ	1	3
	ス	2	3
	セソ・タチ・ツテ / トナ・ニヌ・ネノ	−3・12・−6 / −7・12・−2	4

(注)

1 ＊は，解答記号 テ・ト が両方正解の場合のみ3を正解とし，点を与える。

2 第1問，第2問は必答。第3問〜第5問のうちから2問選択。計4問を解答。

第1問

〔1〕

$2\sqrt{13} = \sqrt{52}$

$\sqrt{49} < \sqrt{52} < \sqrt{64}$

$7 < 2\sqrt{13} < 8$

よって $n < 2\sqrt{13} < n+1$ を満たす整数 n は **7** である。

$a = 2\sqrt{13} - 7 \cdots\cdots$②

$b = \dfrac{1}{a}$

$\quad = \dfrac{1}{2\sqrt{13} - 7}$

$\quad = \dfrac{2\sqrt{13} + 7}{(2\sqrt{13} - 7)(2\sqrt{13} + 7)}$

$\quad = \dfrac{\mathbf{7 + 2\sqrt{13}}}{\mathbf{3}}$

$a^2 - 9b^2 = (a + 3b)(a - 3b)$

$\quad = \{(2\sqrt{13} - 7) + (2\sqrt{13} + 7)\}$

$\quad\quad \{(2\sqrt{13} - 7) - (2\sqrt{13} + 7)\}$

$\quad = 4\sqrt{13} \cdot (-14)$

$\quad = \mathbf{-56\sqrt{13}}$

$\dfrac{m}{3} < b < \dfrac{m+1}{3}$

$\dfrac{m}{3} < \dfrac{2\sqrt{13} + 7}{3} < \dfrac{m+1}{3}$

$m < 2\sqrt{13} + 7 < m+1$

$7 < 2\sqrt{13} < 8$ より

$14 < 2\sqrt{13} + 7 < 15$

よって

$\dfrac{m}{3} < b < \dfrac{m+1}{3}$ を満たす整数 m は **14** となる。

$\dfrac{3}{m+1} < a < \dfrac{3}{m} \cdots\cdots$⑥

$\dfrac{3}{15} < a < \dfrac{3}{14}$

②, ⑥より

$\dfrac{3}{15} < 2\sqrt{13} - 7 < \dfrac{3}{14}$

$\dfrac{18}{5} < \sqrt{13} < \dfrac{101}{28}$

$3.6 < \sqrt{13} < 3.607\cdots$

よって $\sqrt{13}$ の整数部分は **3** であり，小数第1位の数字は **6**，小数第2位の数字は **0** であることがわかる。

〔2〕

道路標識が7％のとき右図。

よって

$\tan\angle DCP = \dfrac{7}{100}$

$\quad\quad\quad\quad\quad = 0.07$

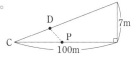

三角比の表より

$0.0699 < 0.07 < 0.0875$

$\tan 4° < \tan\angle DCP < \tan 5°$ となり，

$n° < \angle DCP < n° + 1°$ を満たす n の値は **4** である。

点 D から直線 BC に下ろした垂線の足を F とすると右図。

四角形 BFDE は長方形なので

$BE = DF$

$\quad = CD \times \sin\angle DCP$

$\quad = \mathbf{4} \times \sin\angle DCP(m)$

$\quad\quad (= ⓪)$

$DE = BF$

$\quad = BC + CD \times \cos\angle DCP$

$\quad = \mathbf{7} + \mathbf{4} \times \cos\angle DCP(m)$

$\quad\quad (= ②)$

$\angle APB = 45°$，$\angle ABP = 90°$ より $\angle BAP = 45°$

$\angle AED = 90°$ より $\angle ADE = 45°$

よって △AED は AE = DE の直角二等辺三角形。

$AB = AE + EB$

$\quad = DE + BE$

$\quad = 4 \times \sin\angle DCP + 7 + 4 \times \cos\angle DCP$

$\quad = 7 + 4 \times (0.0698 + 0.9976)$

$\quad = 11.2696$

$\quad \fallingdotseq \mathbf{11.3}$

D から AB に下ろした垂線の足を G とすると右図。

$BG = CD \times \sin\angle DCP$

$DG = BC + CD \times \cos\angle DCP$

$\quad = 7 + CD \times \cos\angle DCP$

$AG = AB - BG$

$\quad = AB - CD \times \sin\angle DCP$

$GD \mathbin{/\!/} BP$ より $\angle ADG = \angle APB = 42°$

$AG = DG \times \tan 42°$

$AB - CD \times \sin\angle DCP = DG \times \tan 42°$

$AB - CD \times \sin\angle DCP$

$\quad = (7 + CD \times \cos\angle DCP) \times \tan 42°$

$AB - 7 \times \tan 42°$

$\quad = CD(\sin\angle DCP + \cos\angle DCP \times \tan 42°)$

$CD = \dfrac{\mathbf{AB - 7 \times \tan 42°}}{\mathbf{\sin\angle DCP + \cos\angle DCP \times \tan 42°}}$

第2問

〔1〕

(1) P は毎秒1の速さで OA = 6 進み，Q は毎秒2の速さで OC × 2 = 12 進むので，開始時刻からの経過時間を t 秒とすると $0 \leqq t \leqq 6$ であり，P の座標は $(t, 0)$，Q の座標は $0 \leqq t \leqq 3$ のとき $(0, -2t + 6)$，$3 \leqq t \leqq 6$ のとき $(0, 2t - 6)$ である。

よって，1秒後の座標は
P(1, 0)，Q(0, 4) である。
右図より，△PBQ の面積は
台形 OABC の面積から
△OPQ，△APB，△BCQ の面積
をひいたものであるから，

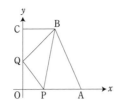

△PBQ の面積
$$= \frac{1}{2} \cdot (4 + 6) \cdot 6 - \left(\frac{1}{2} \cdot 1 \cdot 4 + \frac{1}{2} \cdot 5 \cdot 6 + \frac{1}{2} \cdot 2 \cdot 4 \right)$$
$$= 30 - 21$$
$$= \mathbf{9}$$

(2) $0 \leqq t \leqq 3$ のとき，(1)と同様にして t 秒後の座標は
P(t, 0)，Q(0, −2t + 6) であり，
△PBQ の面積
$$= 30 - \left\{ \frac{1}{2} \cdot t \cdot (-2t + 6) + \frac{1}{2} \cdot (6 - t) \cdot 6 + \frac{1}{2} \cdot 2t \cdot 4 \right\}$$
$$= 30 - (-t^2 + 3t + 18 - 3t + 4t)$$
$$= t^2 - 4t + 12$$
$$= (t - 2)^2 + 8$$
よって，t = 2 のとき最小値 $(2 - 2)^2 + 8 = \mathbf{8}$
　　　　t = 0 のとき最大値 $(0 - 2)^2 + 8 = \mathbf{12}$

(3) $3 \leqq t \leqq 6$ のとき(1)と同様にして t 秒後の座標は
P(t, 0)，Q(0, 2t − 6) であり，
△PBQ の面積
$$= 30 - \left\{ \frac{1}{2} \cdot t \cdot (2t - 6) + \frac{1}{2} \cdot (6 - t) \cdot 6 \right.$$
$$\left. + \frac{1}{2} \cdot (12 - 2t) \cdot 4 \right\}$$
$$= 30 - (t^2 - 3t + 18 - 3t + 24 - 4t)$$
$$= -t^2 + 10t - 12$$
$$= -(t - 5)^2 + 13$$
よって，t = 3 のとき最小値 $-(3 - 5)^2 + 13 = 9$
　　　　t = 5 のとき最大値 $-(5 - 5)^2 + 13 = 13$
(2)より $0 \leqq t \leqq 3$ のとき最小値 8，最大値 12 なので
$0 \leqq t \leqq 6$ のとき，最小値 **8**，最大値 **13** である。

(4) $0 \leqq t \leqq 3$ のとき
$$(t - 2)^2 + 8 \leqq 10$$
$$(t - 2)^2 \leqq 2$$
$$-\sqrt{2} \leqq t - 2 \leqq \sqrt{2}$$
$$2 - \sqrt{2} \leqq t \leqq 2 + \sqrt{2}$$
$0 \leqq t \leqq 3$ より右図
$$2 - \sqrt{3} \leqq t \leqq 3$$
$3 \leqq t \leqq 6$ のとき
$$-(t - 5)^2 + 13 \leqq 10$$
$$(t - 5)^2 \geqq 3$$
$$t - 5 \leqq -\sqrt{3}, \ \sqrt{3} \leqq t - 5$$
$$t \leqq 5 - \sqrt{3}, \ 5 + \sqrt{3} \leqq t$$
$3 \leqq t \leqq 6$ より右図
$$3 \leqq t \leqq 5 - \sqrt{3}$$

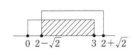

よって
$$2 - \sqrt{2} \leqq t \leqq 5 - \sqrt{3} \ \text{であり，}$$
$$(5 - \sqrt{3}) - (2 - \sqrt{2}) = \mathbf{3 - \sqrt{3} + \sqrt{2}} \ \text{（秒間）}$$

〔2〕

(1)(i) 図1より最頻値は **510 以上 540 未満**
中央値 $= \dfrac{25 \text{ 番目のデータ} + 26 \text{ 番目のデータ}}{2}$ であり，
図2より，25 番目のデータも 26 番目のデータも 450
以上 480 未満に含まれているため，B の中央値は **450
以上 480 未満**

(ii) 速い方から 13 番目の選手のベストタイムは A，B そ
れぞれにおける第 1 四分位数であり，図3より，B の速
い方から 13 番目の選手のベストタイムは約 435 秒，A
の速い方から 13 番目の選手のベストタイムは約 480 秒
なので
$$480 - 435 = \mathbf{45} \ \text{（秒）}$$
図3より A の四分位範囲は 535 − 480 = 55，B の四
分位範囲は 490 − 435 = 55 なので
$$55 - 55 = 0$$
よって **0 以上 20 未満**

(iii) 式に表1より
$$296 = 454 + z \times 45$$
$$z = -3.51$$
A も同様に求めると
$$376 = 504 + z \times 40$$
$$z = -3.2$$
したがって，ベストタイムで比較すると **B** の 1 位の
選手の方が速く，z の値で比較すると **B** の 1 位の選手の
方が優れている。

(2) 図4より，マラソンのベストタイムの速い方から 3 番目
までの選手の 10000m のベストタイムは 3 選手とも 1670
秒未満である。
図3，図4より 5000m と 10000m の散布図は，点の分布
が右上がりの直線に近く，正の相関が強いと言え，マラソ
ンと 10000m の散布図の点の分布は散らばっているため
相関が弱いと言える。
よって，(a)は **正しく**，(b)は **誤っている**

第3問

(1)(i) 2 回の試行で A，B がそろうのは，A を 1 回 B を 1 回
取り出す場合で（1 回目，2 回目）= (A, B)，(B, A) の
2 通りがある。2 回の試行におけるすべての取り出し方
は $2^2 = 4$ 通り
よって $\dfrac{2}{4} = \dfrac{1}{2}$

(ii) 3 回の試行で A，B がそろうのは
A を 1 回 B を 2 回，A を 2 回 B を 1 回取り出す場合，問
題文より A を 1 回，B を 2 回取り出す取り出し方は 3
通り，同様に A を 2 回，B を 1 回取り出す取り出し方は

3 通り

　　よって，$3 + 3 = 6$（通り）

(iii) 4 回の試行で A，B がそろうのは

　　A を 1 回 B を 3 回，A を 2 回 B を 2 回，A を 3 回 B を 1 回取り出す場合であるが，余事象がすべて A の場合とすべて B の場合の 2 通りであり 4 回の試行におけるすべての取り出し方は $2^4 = 16$ 通りであるから，4 回の試行で A，B がそろうのは

　　$16 - 2 = 14$ 通り

その確率は

$$\frac{14}{16} = \frac{7}{8}$$

(2)(i) 3 回目の試行で初めて A，B，C がそろう取り出し方は，A，B，C を 1 回ずつ取り出す場合なので，

　　$3! = 6$

(ii) 4 回目の試行で初めて A，B，C がそろう取り出し方は，3 回目の試行で 2 つの文字がそろい，4 回目で残りの文字が出る取り出し方であり，(1)(ii) より AB がそろっている取り出し方は 6 通り，そろう 2 つの文字の組み合わせが $_3\mathrm{C}_2 = 3$ 通りであるから，4 回目の試行で初めて A，B，C がそろう取り出し方は $3 \times 6 = 18$（通り）である。4 回の試行におけるすべての取り出し方は $3^4 = 81$ なので

$$\frac{18}{81} = \frac{2}{9}$$

(iii) 5 回目の試行で初めて A，B，C がそろう取り出し方は，4 回目の試行で 2 つの文字がそろい，5 回目で残りの文字が出る取り出し方であり，(1)(iii) より 4 回目の試行で AB がそろっている取り出し方は 14 通り，そろう 2 つの文字の組み合わせが $_3\mathrm{C}_2 = 3$ 通りであるから，5 回目の試行で初めて A，B，C がそろう取り出し方は $3 \times 14 = 42$（通り）である。

(3) 6 回の試行のうち 3 回目の試行で初めて A，B，C だけがそろう取り出し方は (2)(i) より 6 通りであり，6 回目の試行で初めて D が取り出されるのは，4 回目と 5 回目の試行で A，B，C のいずれかが取り出され，6 回目の試行で D が取り出されるときであるから，

　　$6 \cdot 3 \cdot 3 \cdot 1 = 54$（通り）

同じように考えると，4 回目の試行で初めて A，B，C だけがそろう取り出し方は，(2)(ii) より 18 通りであり，6 回目の試行で初めて D が取り出されるのは 5 回目の試行で A，B，C のいずれかが取り出され，6 回目の試行で D が取り出されるときであるから，

　　$18 \cdot 3 \cdot 1 = 54$（通り）

同じように考えると，5 回目の試行で初めて A，B，C だけがそろう取り出し方は (2)(iii) より 42 通りであり，6 回目の試行で初めて D が取り出されるのは 6 回目の試行で D が取り出されるときであるから，

　　$42 \cdot 1 = 42$（通り）

以上のことから，「6 回の試行のうち 5 回の試行で A，B，

C がそろい，かつ 6 回目の試行で D が取り出される」取り出し方は

　　$54 + 54 + 42 = 150$（通り）

であり，A，B，C の場合も同様，6 回目の試行におけるすべての取り出し方は 4^6 通りであるから，

$$\frac{150 \times 4}{4^6} = \frac{75}{512}$$

第4問

(1) 各位の数を x, y, z とおくと，10 進法の数を $x \cdot n^2 + y \cdot n^1 + z \cdot n^0$ の形で表すと，Tn のタイマーの表示を求めることがわかる。

　　$40 = 1 \cdot 6^2 + 0 \cdot 6^1 + 4 \cdot 6^0 = 104_{(6)}$

よって T6 はスタートしてから 10 進法で 40 秒後に

　　104

と表示される。

　　$10011_{(2)} = 1 \cdot 2^4 + 0 \cdot 2^3 + 0 \cdot 2^2 + 1 \cdot 2^1 + 1 \cdot 2^0 = 19$

　　$19 = 1 \cdot 4^2 + 0 \cdot 4^1 + 3 \cdot 4^0 = 103_{(4)}$

よって，T4 はスタートしてから 2 進数で $10011_{(2)}$ 秒後に

　　103

と表示される。

(2) T4 をスタートさせた後，初めて表示が 000 に戻るのは，スタートしてから 4 進法で $1000_{(4)}$ 秒後であるから

　　$1000_{(4)} = 1 \cdot 4^3 + 0 \cdot 4^2 + 0 \cdot 4^1 + 0 \cdot 4^0 = 64$

よって，

　　64 秒後

T6 をスタートさせた後，初めて表示が 000 に戻るのは，スタートしてから 6 進法で $1000_{(6)}$ 秒後であるから

　　$1000_{(6)} = 1 \cdot 6^3 + 0 \cdot 6^2 + 0 \cdot 6^1 + 0 \cdot 6^0 = 216$

よって，

　　216 秒後

T4 と T6 を同時にスタートさせた後，初めて両方の表示が同時に 000 に戻るのは $64 = 2^6$ と $216 = 3^3 \cdot 2^3$ の最小公倍数のときであるから

　　$3^3 \cdot 2^6 = 1728$（秒後）

(3) 0 以上の整数 ℓ に対して，T4 をスタートさせた ℓ 秒後に T4 が 012 と表示されるのは，000 と表示されてから $12_{(4)} = 1 \cdot 4^1 + 2 \cdot 4^0 = 6$ 秒後である。

　　よって，ℓ が $1000_{(4)} = 64$ の倍数に 6 をたした数であれば T4 が 012 と表示出来る。

　　よって，ℓ を **64** で割った余りが **6** であることと同値である。

　　0 以上の整数 ℓ に対して，T3 をスタートさせた ℓ 秒後に T3 が 012 と表示されるのは，000 と表示されてから $12_{(3)} = 1 \cdot 3^1 + 2 \cdot 3^0 = 5$ 秒後である。

よって，ℓ が $1000_{(3)} = 27$ の倍数に 5 をたした数であれば T3 が 012 と表示される。

よって ℓ を 27 で割った余りが 5 であることと同値である。

p, q を 0 以上の整数とすると
$$m = 64p + 6 = 27q + 5 \cdots\cdots ①$$
を満たす 0 以上の最小の整数である。
$$64p + 6 = 27q + 5$$
$$-64p + 27q = 1 \qquad \cdots\cdots ②$$
互除法の計算を行うと

$64 = 27 \cdot 2 + 10$ 移項すると	$10 = 64 - 27 \cdot 2$
$27 = 10 \cdot 2 + 7$ 移項すると	$7 = 27 - 10 \cdot 2$
$10 = 7 \cdot 1 + 3$ 移項すると	$3 = 10 - 7 \cdot 1$
$7 = 3 \cdot 2 + 1$ 移項すると	$1 = 7 - 3 \cdot 2$

よって
$$
\begin{aligned}
1 &= 7 - 3 \cdot 2 \\
&= 7 - (10 - 7 \cdot 1) \cdot 2 \\
&= -10 \cdot 2 + 7 \cdot 3 \\
&= -10 \cdot 2 + (27 - 10 \cdot 2) \cdot 3 \\
&= 27 \cdot 3 - 10 \cdot 8 \\
&= 27 \cdot 3 - (64 - 27 \cdot 2) \cdot 8 \\
&= -64 \cdot 8 + 27 \cdot 19 \\
\end{aligned}
$$
$$-64 \cdot 8 + 27 \cdot 19 = 1 \cdots\cdots ③$$
②$-$③
$$-64(p - 8) + 27(q - 19) = 0$$
$$64(p - 8) = 27(q - 19)$$
64 と 27 は互いに素であるから
p $-$ 8 は 27 の倍数，q $-$ 19 は 64 の倍数であり k を 0 以上の整数とすると
$$
\begin{aligned}
p - 8 &= 27k & q - 19 &= 64k \\
p &= 27k + 8 & q &= 64k + 19
\end{aligned}
$$
と表すことができる。
よって①を満たす 0 以上の最小の整数 m の値は $k = 0$ のとき p $= 8$　これを①に代入して
$$
\begin{aligned}
m &= 64 \cdot 8 + 6 \\
&= \textbf{518}
\end{aligned}
$$
T_6 をスタートさせて初めて表示が 012 となるのは
$$12_{(6)} = 6^1 \cdot 1 + 6^0 \cdot 2 = 8 \,(秒後)$$
$$1000_{(6)} = 216 \,より$$
T_6 の表示が 012 となるのは秒数が 216 の倍数に 8 をたした数であるとき。
T_4 と T_6 を同時にスタートさせてから両方が同時に 012 と表示されるまでの時間を n 秒とすると，r, s を 0 以上の整数とすると
$$n = 64r + 6 = 216s + 8$$
を満たす 0 以上の整数である。
$$
\begin{aligned}
64r + 6 &= 216s + 8 \\
64r - 216s &= 2 \\
4(8r - 27s) &= 1
\end{aligned}
$$
r, s が 0 以上の整数なので 8r $-$ 27s は整数であるから，4(8r $-$ 27s) は 4 の倍数であるが，1 は 4 の倍数ではないので，$\mathbf{T_4}$ と $\mathbf{T_6}$ を同時にスタートさせてから，両方が同時に 012 と表示されることはない。

第5問

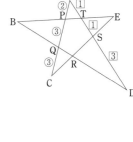

(1) 右図のようになるので，
△AQD と直線 CE について
メネラウスの定理より
$$\frac{QR}{RD} \cdot \frac{DS}{SA} \cdot \frac{AC}{CQ}$$
$$= 1$$
が成り立つので
$$\frac{QR}{RD} \cdot \frac{3}{2} \cdot \frac{8}{3} = 1$$
$$\frac{QR}{RD} = \frac{1}{4}$$
よって，QR : RD $= \mathbf{1 : 4}$
△AQD と直線 BE について
同様にして
$$\frac{QP}{PA} \cdot \frac{AT}{TD} \cdot \frac{DB}{BQ} = 1$$
$$\frac{3}{2} \cdot \frac{1}{4} \cdot \frac{DB}{BQ} = 1$$
$$\frac{DB}{BQ} = \frac{8}{3}$$
よって，QB : BD $= \mathbf{3 : 8}$

(2)(i)　右図のようになるので，
AP : PQ : QC $= 2 : 3 : 3$
より
AP : AQ : AC $= 2 : 5 : 8$,
AC $= 8$ より
AP $= 2$, AQ $= 5$
AT : AS $= 1 : 2$ より
AS $= 2$AT
方べきの定理より
AT $\cdot$ AS $=$ AP $\cdot$ AQ
AT $\cdot$ 2AT $= 2 \cdot 5$
AT$^2 = 5$
AT $= \sqrt{5}$

(ii)　右図のようになるので，
BQ : QR : RD $= 3 : 1 : 4$
より
BQ : DQ : DR $= 3 : 5 : 4$,
DR $= 4\sqrt{3}$ より
BQ $= 3\sqrt{3}$, DQ $= 5\sqrt{3}$
BQ $\cdot$ DQ $= 3\sqrt{3} \cdot 5\sqrt{3} = 45$
まず，AQ $\cdot$ CQ $= 15$, BQ $\cdot$ DQ $= 45$ であるから
AQ $\cdot$ CQ $<$ BQ $\cdot$ DQ
が成り立つ。また，3 点 A, B, C を通る円と直線 BD との交点のうち，B と異なる点を X とすると，
方べきの定理より
AQ $\cdot$ CQ $=$ BQ $\cdot$ XQ
よって，BQ $\cdot$ XQ $<$ BQ $\cdot$ DQ
よって，XQ $<$ DQ
となる。したがって，点 D は 3 点 A, B, C を通る円の

外部にある。

(iii) 3点CDEを通る円と直線ADとの交点のうちDと異なる点をY，直線BDとの交点のうちDと異なる点をZとすると右図のようになる。

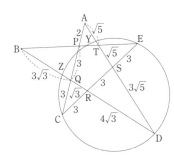

　　点Aと3点C，D，Eを通る円との位置関係について考えると，

CR = RS = SE = 3 より

CS・ES = (CR + RS)・SE = 6・3 = 18

AT : TS : SD = 1 : 1 : 3, AT = $\sqrt{5}$ より

AS = AT + TS = $2\sqrt{5}$, DS = SD = 3AT = $3\sqrt{5}$

AS・DS = $2\sqrt{5}$・$3\sqrt{5}$ = 30

となるので，

CS・ES < AS・DS

方べきの定理より

CS・ES = YS・DS

となるので

YS・DS < AS・DS

よって

YS < AS

したがって，

点Aは3点C，D，Eを通る円の**外部**にある。

点Bと3点C，D，Eを通る円との位置関係について考えると，

CR = RS = SE = 3 より

CR・ER = CR・(RS + SE) = 3・6 = 18

BQ : QR : RD = 3 : 1 : 4, DR = $4\sqrt{3}$ より，

BR = $4\sqrt{3}$

BR・DR = $4\sqrt{3}$・$4\sqrt{3}$ = 48

となるので，

CR・ER < BR・DR

方べきの定理より

CR・ER = ZR・DR

となるので

ZR・DR < BR・DR

よって

ZR < BR

したがって，点Bは3点C，D，Eを通る円の**外部**にある。

数学Ⅱ・B

第1問

〔1〕

(1)(ⅰ) $y = \log_3 27 = \log_3 3^3 = 3\log_3 3 = 3 \times 1 = 3$

$1 = \log_2 \dfrac{x}{5}$, $\log_2 2 = \log_2 \dfrac{x}{5}$ より

$2 = \dfrac{x}{5}$, $x = \mathbf{10}$

(ⅱ) $y = \log_k x \rightarrow x = k^y$ より，

$y = 0$ のとき，k の値によらず $x = 1$ となる。

よって，$(\mathbf{1, \ 0})$

(ⅲ) (ⅱ)より，$y = \log_k x$ は k の値によらず $(1, 0)$ を通るので，⓪か①

また，$\log_k x = \dfrac{1}{\log_x k}$ より，$x > 1$ のとき

$\log_x 2 < \log_x 3 < \log_x 4$ なので，

$\dfrac{1}{\log_x 4} < \dfrac{1}{\log_x 3} < \dfrac{1}{\log_x 2}$, つまり

$\log_4 x < \log_3 x < \log_2 x$ となる。

よって，これを表したのは⓪のグラフ。

$y = \log_2 kx$ は，$x > 0$ のとき

$\log_2 2x < \log_2 3x < \log_2 4x$ であるから，

これを表したのは⑤のグラフ。

(2)(ⅰ) $\log_x y = 2 \rightarrow y = x^2$ より，これを表したのは②のグラフ。

(ⅱ) $x > 1$ のとき，$0 < \log_x y < 1$

$x^0 < y < x^1$

$1 < y < x$

$0 < x < 1$ のとき，$x < y < 1$

よって，これを表した領域は②

〔2〕

(1) $x^2 + 4x + 7 = 0$ は解の公式より，$x = -2 \pm \sqrt{3}\,i$

$2x^3 + 7x^2 + 10x + 5$ を $x^2 + 4x + 7$ で割ると，

$2x^3 + 7x^2 + 10x + 5 = (2x - 1)(x^2 + 4x + 7) + 12$

となるので，

$T(x) = \mathbf{2x - 1}$, $U(x) = \mathbf{12}$

(2)(ⅰ) (1)より，$P(x) = S(x)T(x) + k$

また，$S(x) = 0$ の解が α, β より，$S(\alpha) = 0$, $S(\beta) = 0$

このとき，$P(\alpha) = S(\alpha)T(\alpha) + k = 0 \cdot T(\alpha) + k = k$

$P(\beta) = S(\beta)T(\beta) + k = 0 \cdot T(\beta) + k = k$

となるので，③

したがって，余りが定数となるとき，$P(\alpha) = P(\beta)$ より①

(ⅱ) $P(x)$ を $S(x)$ で割ったときの商が $T(x)$，余りが $U(x)$ なので，

$P(x) = S(x)T(x) + U(x)$

$= S(x)T(x) + mx + n$

x に α, β を代入すると，$S(\alpha) = S(\beta) = 0$ より

$$P(\alpha) = m\alpha + n \ \text{かつ} \ P(\beta) = m\beta + n$$

したがって，$P(\alpha) = P(\beta)$ が成り立つとき，

$$m\alpha + n = m\beta + n$$
$$m(\alpha - \beta) = 0$$

$\alpha \neq \beta$ より，$\boldsymbol{m = 0}$

(3) $S(x) = (x+1)(x-2)$ より，$S(x) = 0$ の解は，-1 と 2 である。

(2)より，$P(x)$ を $S(x)$ で割った余りが定数になることと，$P(-1) = P(2)$ であることは同値なので，

$$P(-1) = (-1)^{10} - 2(-1)^9 - p(-1)^2 - 5(-1)$$
$$= -p + 8$$
$$P(2) = 2^{10} - 2 \cdot 2^9 - p \cdot 2^2 - 5 \cdot 2 = -4p - 10$$

より，$-p + 8 = -4p - 10 \qquad \therefore p = -6$

余りは $P(-1) = -(-6) + 8 = \boldsymbol{14}$

第2問

(1)(i) $f(x) = 3x^2 - 9x + 6$ より，$f'(x) = 6x - 9$

したがって，$6x - 9 = 0, \ x = \dfrac{3}{2}$

(ii) $S(x) = \displaystyle\int_0^x f(t)\,dt$

$\qquad = \displaystyle\int_0^x (3t^2 - 9t + 6)\,dt$

$\qquad = \left[t^2 - \dfrac{9}{2}t^2 + 6t \right]_0^x$

$\qquad = x^3 - \dfrac{9}{2}x^2 + 6x$

$\qquad S'(x) = f(x) = 3(x-1)(x-2)$

$f(x) = 0$ のとき，$x = 1, \ 2$ より，増減表を書くと，

x	$\cdots$	1	$\cdots$	2	$\cdots$
$S'(x)$	$+$	0	$-$	0	$+$
$S(x)$	$\nearrow$	$\dfrac{5}{2}$	$\searrow$	2	$\nearrow$

となるので，$x = 1$ のとき，$S(x)$ は極大値 $\dfrac{5}{2}$ をとり

$\qquad\qquad x = 2$ のとき，$S(x)$ は極小値 2 をとる。

(iii) $S(x)$ を微分した $S'(x) = f(x)$ より，

$f(3)$ は関数 $y = S(x)$ 上の点 $(3, \ S(3))$ における接線の傾きである。

(2)

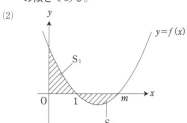

$$S_1 = \int_0^1 f(x)\,dx, \ \ S_2 = \int_1^m \left\{ -f(x) \right\}\,dx$$

$S_1 = S_2$ のとき，$S_1 - S_2 = 0$ なので，

$$\int_0^1 f(x)\,dx - \int_1^m \left\{ -f(x) \right\}\,dx = 0$$
$$\int_0^1 f(x)\,dx + \int_1^m f(x)\,dx = 0$$
$$\int_0^m f(x)\,dx = 0$$

したがって，仮定より，$S(m) = \displaystyle\int_0^m f(t)\,dt = 0$ となる。

$S'(x) = f(x) = 3(x-1)(x-m)$ より，$S(x)$ の増減表を書くと，

x	$\cdots$	1	$\cdots$	m	$\cdots$
$S'(x)$	$+$	0	$-$	0	$+$
$S(x)$	$\nearrow$		$\searrow$	0	$\nearrow$

となるので，グラフの概形は①

$S_1 > S_2$ となるとき，$S_1 - S_2 > 0$ だから，$\displaystyle\int_0^m f(x)\,dx > 0$

したがって，$S(m) > 0$ であるから，グラフの概形は②

(3) $f(x) = 3(x-1)(x-m)$ は二次関数なので，軸に対して対称である。

$$f(x) = 3x^2 - 3(m+1) + 3m$$
$$= 3\left(x - \dfrac{m+1}{2} \right)^2 - 3\left(\dfrac{m+1}{2} \right)^2 + 3m$$

より，軸は $x = \dfrac{m+1}{2}$ であるから，この直線に関して対称である。

グラフを書くと，

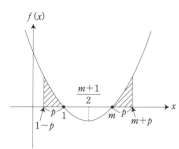

となるので，$\displaystyle\int_{1-p}^1 f(x)\,dx = \int_m^{m+p} f(x)\,dx \cdots\cdots$①

が成り立つ。

$M = \dfrac{m+1}{2}$ とおいて，グラフを書くと，

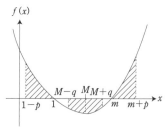

となるので，$\displaystyle\int_{M-q}^M \left\{ -f(x) \right\}\,dx = \int_M^{M+q} \left\{ -f(x) \right\}\,dx \cdots\cdots$②

ここで，$\displaystyle\int_\alpha^\beta f(x)\,dx = S(\beta) - S(\alpha)$ より，

①式は, $S(1) - S(1-p) = S(m+p) - S(m)$

したがって, $S(1-p) + S(m+p) = \boldsymbol{S(1) + S(m)}$

$$\cdots\cdots①'$$

②式は, $-\displaystyle\int_{M-q}^{M} f(x)\,dx = -\displaystyle\int_{M}^{M+q} f(x)\,dx$

$$\int_{M-q}^{M} f(x)\,dx = \int_{M}^{M+q} f(x)\,dx$$

となるので,

$$S(M) - S(M-q) = S(M+q) - S(M)$$
$$2S(M) = \boldsymbol{S(M+q) + S(M-q)} \cdots\cdots②'$$

2点 $(1-p,\ S(1-p)),\ (m+p,\ S(m+p))$ の中点は,

$$\left(\frac{(1-p)+(m+p)}{2},\ \frac{S(1-p)+S(m+p)}{2}\right)$$

$$= \left(\frac{m+1}{2},\ \frac{S(1-p)+S(m+p)}{2}\right)$$

$$= \left(M,\ \frac{S(1-p)+S(m+p)}{2}\right)$$

$①'$ より, $S(1-p) + S(m+p) = S(1) + S(m)$ だから,

$$\frac{S(1-p)+S(m+p)}{2} = \frac{S(1)+S(m)}{2} = S(M)$$

したがって, 中点の座標は $(M,\ S(M))$ である.

よって, **中点は $\boldsymbol{p}$ の値によらず一つに定まり, 関数 $\boldsymbol{y = S(x)}$ のグラフ上にある.**

第3問

(1) 期待値 $m = (1-p) \times 0 + p \times 1 = \boldsymbol{p}$

また, n は十分に大きいので, 標本平均 $\overline{X}$ は近似的に正規分布 $N\left(\boldsymbol{m},\ \dfrac{\boldsymbol{\sigma^2}}{\boldsymbol{n}}\right)$ に従う.

$$S = \sqrt{\frac{1}{n}\left\{(X_1-\overline{X})^2 + (X_2-\overline{X})^2 + \cdots + (X_n-\overline{X})^2\right\}}$$

$$= \sqrt{\frac{1}{n}\left\{(X_1{}^2 + X_2{}^2 + \cdots + X_n{}^2) - 2\overline{X}(X_1 + X_2 + \cdots + X_n) + n(\overline{X})^2\right\}}$$

$$= \sqrt{\frac{1}{n}(X_1{}^2 + X_2{}^2 + \cdots + X_n{}^2) - \frac{1}{n} \cdot 2\overline{X} \cdot n\overline{X} + (\overline{X})^2}$$

$$= \sqrt{\frac{1}{n}(X_1{}^2 + X_2{}^2 + \cdots + X_n{}^2) - (\overline{X})^2}$$

ここで, $X_1{}^2 = X_1,\ X_2{}^2 = X_2,\ \cdots,\ X_n{}^2 = X_n$ より,

$$S = \sqrt{\frac{1}{n}(X_1 + X_2 + \cdots + X_n) - (\overline{X})^2}$$

$$= \sqrt{\frac{1}{n} \cdot n\overline{X} - (\overline{X})^2}$$

$$= \sqrt{\overline{X}(1-\overline{X})}$$

n が十分に大きいとき, σ の代わりに S を用いてよいので, $n = 300$ の標本から求められる母平均 m に対する信頼度95%の信頼区間は,

$$\overline{X} - 1.96 \cdot \sqrt{\frac{S^2}{300}} \leqq m \leqq \overline{X} + 1.96 \cdot \sqrt{\frac{S^2}{300}}$$

$S = \sqrt{\overline{X}(1-\overline{X})}$ より,

$$\overline{X} - 1.96 \cdot \sqrt{\frac{\overline{X}(1-\overline{X})}{300}} \leqq m \leqq \overline{X} + 1.96 \cdot \sqrt{\frac{\overline{X}(1-\overline{X})}{300}}$$

表2より, $\overline{X} = \dfrac{75}{300} = \dfrac{1}{4}$ なので,

$$\frac{1}{4} - 1.96\sqrt{\frac{\frac{1}{4}\left(1-\frac{1}{4}\right)}{300}} \leqq m \leqq \frac{1}{4} + 1.96\sqrt{\frac{\frac{1}{4}\left(1-\frac{1}{4}\right)}{300}}$$

$$0.25 - 1.96 \times \frac{1}{40} \leqq m \leqq 0.25 + 1.96 \times \frac{1}{40}$$

$$\boldsymbol{0.201 \leqq m \leqq 0.299}$$

(2) X が1になる確率 $p = \dfrac{1}{4}$ より, X が0になる確率は

$$1 - \frac{1}{4} = \frac{3}{4}$$

$k = 4$ のとき $U_4 = 1$ となるのは, $(X_1,\ X_2,\ X_3,\ X_4) = (1,\ 1,\ 1,\ 0),\ (0,\ 1,\ 1,\ 1)$ の2通りで, それ以外は $U_4 = 0$ である.

$(1,\ 1,\ 1,\ 0)$ になる確率は $\dfrac{1}{4} \times \dfrac{1}{4} \times \dfrac{1}{4} \times \dfrac{3}{4} = \dfrac{3}{4^4}$

$(0,\ 1,\ 1,\ 1)$ になる確率も同様に, $\dfrac{3}{4^4}$

したがって, $U_4 = 1$ となる確率は, $\dfrac{3}{4^4} \times 2 = \dfrac{3}{4^3 \cdot 2}$

よって, $E(U_4) = 0 + \dfrac{3}{4^3 \cdot 2} \times 1 = \dfrac{3}{128}$

$k = 5$ のとき $U_5 = 1$ となるのは,

$(X_1,\ X_2,\ X_3,\ X_4,\ X_5) = (1,\ 1,\ 1,\ 0,\ 0),$
$(0,\ 1,\ 1,\ 1,\ 0),\ (0,\ 0,\ 1,\ 1,\ 1),\ (1,\ 1,\ 1,\ 0,\ 1),$
$(1,\ 0,\ 1,\ 1,\ 1)$ の5通りで, それ以外は $U_5 = 0$ である.

$(1,\ 1,\ 1,\ 0,\ 0),\ (0,\ 1,\ 1,\ 1,\ 0),\ (0,\ 0,\ 1,\ 1,\ 1)$ になる確率は, それぞれ $\dfrac{1}{4} \times \dfrac{1}{4} \times \dfrac{1}{4} \times \dfrac{3}{4} \times \dfrac{3}{4} = \dfrac{3^2}{4^5}$

$(1,\ 1,\ 1,\ 0,\ 1),\ (1,\ 0,\ 1,\ 1,\ 1)$ になる確率はそれぞれ $\dfrac{1}{4} \times \dfrac{1}{4} \times \dfrac{1}{4} \times \dfrac{3}{4} \times \dfrac{1}{4} = \dfrac{3}{4^5}$

したがって, $U_5 = 1$ である確率は,

$$\frac{3^2}{4^5} \times 3 + \frac{3}{4^5} \times 2 = \frac{27+6}{4^5} = \frac{33}{1024}$$

$\left(4,\ E(U_4)\right) = \left(4,\ \dfrac{3}{128}\right),\ \left(5,\ E(U_5)\right) = \left(5,\ \dfrac{33}{1024}\right)$ の2点を通る直線の式は,

$$y - \frac{3}{128} = \frac{\dfrac{33}{1024} - \dfrac{3}{128}}{5-4}(x-4)$$

$$y = \frac{9}{1024}x - \frac{3}{256}$$

この直線上に $(300,\ E(U_{300}))$ もあるので, 代入して,

$$E(U_{300}) = \frac{9}{1024} \times 300 - \frac{3}{256} = \boldsymbol{\frac{21}{8}}$$

第4問

(1) $n = 1$ を代入して，$a_2 - a_1 = 14$, $a_2 = 14 + 10 = 24$

$n = 2$ を代入して，$a_3 - a_2 = 14$, $a_3 = 14 + 24 = 38$

$\{a_n\}$ は初項 a, 公差 14 の等差数列なので，

$$a_n = a_1 + 14(n - 1)$$

(2) $b_{n+1} = \dfrac{1}{2}b_n - \dfrac{3}{2}$

この式は特性方程式より，$b_{n+1} + 3 = \dfrac{1}{2}(b_n + 3)$ と変形できるので，$\{b_n + 3\}$ は初項 $b_1 + 3$, 公比 $\dfrac{1}{2}$ の等差数列である。

したがって $b_n + 3 = (b_1 + 3) \cdot \left(\dfrac{1}{2}\right)^{n-1}$

$$b_n = (b_1 + 3) \cdot \left(\dfrac{1}{2}\right)^{n-1} - 3$$

(3)(i) ①に $n = 1$ を代入すると，

$$(c_1 + 3)(2c_2 - c_1 + 3) = 0$$
$$(5 + 3)(2c_2 - 5 + 3) = 0$$
$$8(2c_2 - 2) = 0$$
$$2c_2 - 2 = 0$$
$$c_2 = 1$$

①に $n = 2$ を代入すると，

$$(c_2 + 3)(2c_3 - c_2 + 3) = 0$$
$$(c_2 + 3)\{2 \cdot (-3) - c_2 + 3\} = 0$$
$$-(c_2 + 3) = 0 \quad \therefore c_2 = -3$$

①に $n = 1$ を代入すると，

$$(c_1 + 3)(2c_2 - c_1 + 3) = 0$$
$$(c_1 + 3)\{2 \cdot (-3) - c_1 + 3\} = 0$$
$$-(c_1 + 3) = 0 \quad \therefore c_1 = -3$$

(ii) ・①に $n = 4$ を代入すると，$c_4 = 5$ より，

$$(5 + 3)(2c_5 - 5 + 3) = 0 \quad \therefore c_5 = 1$$

・①に $n = 4$ を代入すると，$c_4 = 83$ より，

$$(83 + 3)(2c_5 - 83 + 3) = 0 \quad \therefore c_5 = 40$$

(iii) 命題Aの仮定より，$c_1 \neq -3$ なので，あとは「**$n = k$ のとき $c_n \neq -3$ が成り立つと仮定すると，$n = k + 1$ のときも $c_n \neq -3$ が成り立つこと**」を数学的帰納法を用いて証明すればよい。

(iv) それぞれを真である命題Aにあてはめてみる。

(Ⅰ) $c_1 \neq -3$ のとき，$c_{100} \neq -3$ となるので**偽**。

(Ⅱ) $c_1 = -3$ のとき，命題Aにはあてはまらず，$c_1 = c_2 = \cdots c_{99} = c_{100}$ といった数列が考えられるので**真**。

(Ⅲ) $c_1 = -3$ のとき，命題Aにはあてはまらず，(3)(ii)より，$c_{99} = -3$ のとき c_{100} はどんな値でも①を満たす。したがって，$c_1 = c_2 = \cdots = -3$, $c_{100} = 3$ といった数列が考えられるので**真**。

第5問

(1) $\overrightarrow{AB} = (3, 6, 0) - (2, 7, -1) = (1, -1, 1)$

$\overrightarrow{CD} = (-9, 8, -4) - (-8, 10, -3)$
$\quad = (-1, -2, -1)$ より，

$\overrightarrow{AB} \cdot \overrightarrow{CD} = (1, -1, 1), (-1, -2, -1)$
$\quad = -1 + 2 - 1$
$\quad = 0$

(2) $\overrightarrow{AP} = \overrightarrow{OP} - \overrightarrow{OA}$ より，$\overrightarrow{AP} = s\overrightarrow{AB}$

$$\overrightarrow{OP} - \overrightarrow{OA} = s\overrightarrow{AB}$$
$$\overrightarrow{OP} = \overrightarrow{OA} + s\overrightarrow{AB}$$

$\overrightarrow{OP} = (2, 7, -1) + s(1, -1, 1)$
$\quad = (2 + s, 7 - s, -1 + s)$

$|\overrightarrow{OP}|^2 = (2 + s)^2 + (7 - s)^2 + (-1 + s)^2$
$\quad = 3s^2 - 12s + 54$

Pは ℓ_1 上の点なので $|\overrightarrow{OP}|$ が最小となるのは，$\overrightarrow{OP}$ と $\overrightarrow{AB}$ が垂直に交わるときなので，$\overrightarrow{OP} \cdot \overrightarrow{AB} = 0$

$|\overrightarrow{OP}|^2 = 3s^2 - 12s + 54$
$\quad = 3(s - 2)^2 + 42$

より，$s = 2$ のとき最小となる。

(3)

Qが ℓ_2 上にあるので，$\overrightarrow{CQ} = t\overrightarrow{CD}$ と表すことができる。

(2)と同様にして，$\overrightarrow{OQ} = \overrightarrow{OC} + t\overrightarrow{CD}$
$\quad = (-t - 8, -2t + 10, -t - 3)$

また，$\overrightarrow{OP} = (s + 2, -s + 7, s - 1)$ より，

$\overrightarrow{PQ} = (-s - t - 10, s - 2t + 3, -s - t - 2)$

線分PQの長さが最小になるのは，線分PQが ℓ_1, ℓ_2 と垂直に交わるときである。

したがって，

$\overrightarrow{PQ} \cdot \overrightarrow{AB} = 0$ かつ $\overrightarrow{PQ} \cdot \overrightarrow{CD} = 0$

$\overrightarrow{PQ} \cdot \overrightarrow{AB} = 0$

$(-s - t - 10, s - 2t + 3, -s - t - 2) \cdot (1, -1, 1) = 0$
$-3s - 15 = 0 \quad \therefore s = -5$

$\overrightarrow{PQ} \cdot \overrightarrow{CD} = 0$

$(-s - t - 10, s - 2t + 3, -s - t - 2) \cdot (1, -2, -1) = 0$
$6t + 6 = 0 \quad \therefore t = -1$

したがって，線分PQの長さが最小になるのは，$P(-3, 12, -6)$, $Q(-7, 12, -2)$ である。